医学分子遗传学

（第六版）

汪　旭　薛京伦　高燕宁　李成涛　许正新　谷　峰　主编

科 学 出 版 社

北　京

内 容 简 介

本书呈现了医学分子遗传学的基本理论与技术、国内外最新前沿发展和应用的热点问题，融入了作者团队的最新研究成果。本书前五章围绕医学分子遗传学的基础理论和技术，系统地介绍了生物大分子与中心法则、基因组的结构功能与变异、人类基因组与功能基因组学、人类基因表达调控等知识板块，并跟进了分子遗传学主要技术方法，以求尽可能完整地体现医学分子遗传学基础理论和技术的概貌与前沿，助力读者在理论与实践层面的综合理解；第六章至第八章讨论了基因与疾病、疾病相关基因鉴定与基因诊断、恶性肿瘤的分子遗传学基础及其医学意义，为读者展示了遗传和表观遗传损伤与疾病的关联机制、诊疗的理论技术与发展，总结了学科发展与应用的历史与未来；第九章至第十三章介绍了法医分子遗传学、基因组稳定性与健康、公共健康与个体基因组学、遗传药理学与药物基因组学、基因治疗概论，是医学分子遗传学基础理论和技术在前沿领域的应用与拓展。

本书可供医学、生物学及大健康相关领域的中高级专业人员参考使用。

图书在版编目（CIP）数据

医学分子遗传学 / 汪旭等主编. -- 6 版. -- 北京 : 科学出版社, 2024. 6. -- ISBN 978-7-03-078691-3

Ⅰ. Q75

中国国家版本馆 CIP 数据核字第 2024NF0250 号

责任编辑：李 悦 赵小林 田明霞 / 责任校对：郑金红

责任印制：赵 博 / 封面设计：刘新新

科学出版社 出版

北京东黄城根北街 16 号

邮政编码: 100717

http://www.sciencep.com

三河市骏杰印刷有限公司印刷

科学出版社发行 各地新华书店经销

*

1990 年 3 月第 一 版 2024 年 6 月第 六 版

1999 年 6 月第 二 版 2025 年 1 月第十七次印刷

2005 年 3 月第 三 版 开本：787×1092 1/16

2013 年 1 月第 四 版 印张：26 1/2

2018 年 1 月第 五 版 字数：624 000

定价：228.00 元

（如有印装质量问题，我社负责调换）

谨以此书献给

中国现代遗传学奠基人
谈家桢院士

中国基因治疗第一人
薛京伦教授

《医学分子遗传学》（第六版）编委会名单

薛京伦	复旦大学遗传学研究所，台州市耶大基因与细胞治疗研究院
汪　旭	云南师范大学生命科学学院，台州市耶大基因与细胞治疗研究院
高燕宁	中国医学科学院北京协和医学院肿瘤医院
李成涛	复旦大学法庭科学研究院
倪　娟	云南师范大学生命科学学院
陈金中	复旦大学遗传学研究所
何冬旭	江南大学食品学院
许正新	扬州大学医学院
谷　峰	湖南师范大学医学院
张素华	复旦大学法庭科学研究院
范丽仙	云南师范大学生命科学学院
周彩红	合锦元（上海）生物科技有限公司
郭锡汉	云南师范大学生命科学学院
王　晗	云南师范大学生命科学学院
颜柏桓	台州市耶大基因与细胞治疗研究院
Michael Fenech	澳大利亚北布莱顿基因组健康基金会

李　琳　中国医学科学院北京协和医学院肿瘤医院

柯宏程　台州市耶大基因与细胞治疗研究院

包　赟　美国安捷伦技术公司

林盛榕　美国安捷伦技术公司

崔宇辉　台州市科学技术协会

第六版前言

时光荏苒，《医学分子遗传学》第六版如期而至。

无论是古老的原核生物，还是万物之灵的人类，都拥有遗传繁衍的基本生命秉性。人们对生命的深度探索，揭示了遗传物质不仅赋予地球形形色色的生灵，也悄无声息地影响着人类的生老病死。

医学分子遗传学是遗传学、分子生物学、医学等多学科交融渗透，诠释人体生老病死的生理病理变化的遗传基础、辨析遗传性疾病和疾病的遗传因素、提供预防与诊疗依据和策略的学科。医学分子遗传学借助现代生物学的理论与方法日新月异的引领作用，有效助推着临床医学、公共卫生与预防医学的交叉融合，契合了人类全面发展、民族昌盛和国家富强的需求。

本书在前五版的基础上，以遗传学中心法则、医学分子遗传学的理论与技术及其应用为主线，持续跟踪国内外本学科领域的前沿热点问题，融入、更新了作者团队的最新研究成果。全书涵盖了本学科重要的基础理论、最新进展、技术应用与前景。前五章系统地介绍了生物大分子与中心法则、基因组的结构功能与变异、人类基因组与功能基因组学、人类基因表达调控和分子遗传学主要技术方法，同时引入了大量学科前沿进展，旨在尽可能完整地体现医学分子遗传学基础理论和技术的概貌与前沿；第六章至第八章围绕遗传和表观遗传损伤与相关复杂疾病的关联、诊疗的理论与前沿进展，讨论了基因与疾病、疾病相关基因鉴定与基因诊断、恶性肿瘤的分子遗传学基础及其医学意义；第九章至第十三章围绕医学分子遗传学基础和技术在前沿领域的应用与拓展，介绍了法医分子遗传学、基因组稳定性与健康、公共健康与个体基因组学、遗传药理学与药物基因组学、基因治疗概论。

全书力求体现医学分子遗传学科研成果服务于生物医学、预防科学、医学诊断与治疗、营养与健康、司法鉴定和药物研发等主流新兴领域，希望本书可为立志人类遗传–环境–健康与疾病关联及其机制研究的有识之士提供及时的学科帮助与借鉴。

本书所涉及的领域一直在纵深飞速拓展，由于我们的学术水平有限，疏漏在所难免，欢迎读者批评指正。

谨将此书献给激励我们不断进取的前辈和与我们共同奋进的生力军，由衷地感谢台州市耶大基因与细胞治疗研究院和云南师范大学为本书出版提供的大力支持！

薛京伦　　汪　旭

2022 年 11 月 25 日

第五版前言

医学分子遗传学是以遗传学理论为基础、医学临床为实际应用目标，借助现代分子生物学技术，从分子水平揭示疾病与遗传因素的关系，探索新型的疾病诊断技术、预防和治疗途径的学科。医学分子遗传学一直以来是生命科学领域最活跃、与人类医疗健康最紧密相关的学科之一。

遗传学作为生命科学的重要分支，经历了经典遗传学、分子遗传学到转化医学遗传学的变化发展。随着该领域技术的不断发展，遗传学研究也开始由揭示生命本质的研究转向基因诊断和基因治疗等临床实际应用。目前，该领域的产业化正在蓬勃发展，社会经济效益正在逐步体现，本书力求结合国内外实际，反映本领域发展的特点与趋势。

这本《医学分子遗传学》已是第五版，它凝聚了本课题组自 20 世纪 80 年代起多年的教学、科研和产业化经验。新版在原有第一版至第四版的基础上，进一步融入了相关领域的最新研究成果，与时俱进地引入了高通量测序、无创产前诊断、高效基因编辑和肿瘤免疫治疗等相关领域的全新内容，力求在保证知识体系完整和知识深度到位的前提下，以最为简洁易懂的语言，介绍医学分子遗传学领域的基础理论、主要技术和实际应用。

本书以医学分子遗传学的理论、技术和应用为主线，分别介绍了分子遗传学的基本规律、基因变异和疾病的关系、医学遗传学的研究手段、分子诊断和基因治疗等分支领域的实际应用，着重强调产业化应用。本书前五章介绍了遗传物质的分子生物学本质和传递规律、人类基因组的特征，以及基因表达调控的规律等基础理论；第六章和第七章内容涉及经典医学分子遗传学内容，并试图从基因组全局角度阐述基因变异与疾病的关系，提炼了学科发展过程中的里程碑；第八章和第九章介绍了医学遗传学相关的分子生物学技术及其在遗传学研究和临床应用中的价值，该部分内容在第四版的基础上与时俱进地增加了高通量测序的内容；第十章至第十三章介绍了医学分子遗传学一些细分应用领域的发展，如法医分子遗传学、环境相关疾病遗传因素的探索、药物基因组学；第十四章重点介绍了与本团队 20 多年来的工作密切相关的基因治疗的基本理论、基本技术和基本策略，基因治疗领域的喜人进展，以及对基因编辑等全新技术的展望。

由于作者们水平有限，疏漏在所难免，欢迎读者批评指正。

谨将此书献给本课题组老师共同发起并新成立的台州市耶大基因与细胞治疗研究院！

薛京伦　潘雨堃

2017 年 12 月 9 日

于台州市耶大基因与细胞治疗研究院

第四版前言

无论最古老原始的微生物，还是万物之灵的人类，都拥有遗传繁衍这样的生命基本特征。核酸——DNA 和 RNA，是能够自我复制的遗传信息分子，是生命自我复制的真谛所在。研究这些遗传信息分子的结构、传递、功能及其调控规律，探索不同个体遗传差异与疾病易感性的关联，并将相关成果应用到医学研究与临床之中，是医学分子遗传学的重要内容，也是逾越遗传学基础研究和临床应用之间的屏障，将医学生物学基础研究成果有效地转化为临床药物、生物材料与方法的重要环节。

医学分子遗传学是遗传学-分子生物学-医学等多学科相互交融的交叉领域。本书在原有第一至第三版的基础上，进一步融入了我们和同仁的最新研究成果，引入了国内外研究的最新热点问题。本书首先介绍了人类基因组计划、基因表达调控、发育与疾病发生中的表观遗传学、肿瘤遗传学等基础内容和分子生物学的基础技术，并应近年兴起的转化医学所反映的生物医学科研与临床应用相结合的社会需求，力求体现医学遗传学科研服务于生物医学、医学诊断与治疗、营养与健康、司法鉴定和药物发现等主流方法。

根据潜在的读者范围与知识结构，本书前四章简要介绍了医学分子遗传学的基本理论与技术框架；基于人类基因组计划的发展沿革和后基因组时代人们对基因组功能及其调控本质探索的渴望，第五和第六章简要阐明人类基因组结构、人类基因表达与调控的一些基本原理；鉴于遗传物质的表观修饰在发育与疾病发生中的作用有可能推动医学的革命性发展，Beate Brand-Saberi 等 4 位德国教授在第七章严谨生动地介绍了表观遗传学在发育和疾病中的作用与原理。郭凌晨博士在第八章中大幅度地更新了遗传与肿瘤发生中的信号途径变化；基因诊断和基因治疗为本书前三版的重点内容，新版对原文作了少量更新并继续保留。陈金中副教授在本书的构架、组织中发挥了核心作用，完成多个章节的撰写与更新；李成涛研究员贡献了法医分子遗传学一章，对完善之前版本的知识体系大有裨益。汪旭教授和澳大利亚 Commonwealth Scientific and Industrial Research Organization（CSIRO）的 Michael Fenech 教授全面更新了营养基因组学的内容，分别完成了基因组稳定性与环境、公共健康及个性化基因组学内容的撰写，他们从营养和基因科学到公共政策的角度阐明了基因组时代的健康概念与策略。感谢王明伟教授和周彩红博士为本书贡献了基因组学与药物创新一章，向读者展示了医学遗传学基础研究转化为医学的动力和端倪。

本书所涉及的领域发展迅速、内容宽泛，对文献的引用难免挂一漏万；由于水平有限，撰写错误在所难免，欢迎读者批评指正。

我们对联合基因科技（集团）有限公司（United Gene Holdings Co.，Ltd.）为本书出版提供部分经费支持表示由衷的感谢！

薛京伦

于复旦大学

2012 年 4 月 8 日

第三版前言

医学分子遗传学是以遗传学理论为基础，医学遗传学为背景，借助分子生物学技术，从分子水平揭示疾病与遗传因素的关系，从而探索新的疾病诊疗技术和防治途径的学科。随着人类基因组结构与功能研究的深入和医学的飞速发展，人们不断发现，单基因遗传病、多基因遗传病、线粒体疾病、肿瘤、衰老、病毒性疾病、环境易感性疾病等都和遗传因素有千丝万缕的联系。因此，医学分子遗传学是一门涉及遗传学、医学、环境科学、生态学、分子生物学、生物信息学、人类学、伦理学和社会学等多学科的领域，医学分子遗传学的发展必将有力地推动人类健康和医学事业的进步。

这本《医学分子遗传学》是本课题组出版的同名专著的第三本，它凝聚了我们自 20 世纪 80 年代以来的研究和教学经验。从体细胞基因定位、人类遗传病基因治疗的基础和临床试验到目前向基因治疗载体安全性与有效性的挑战，不仅使我们整个课题组处于基因诊断和基因治疗研究的前沿，同时使本书独具特色，汇集了撰写者丰富的科研、教学实践与成就。

本书以遗传性疾病和疾病的遗传性因素为主线，从单基因疾病、多基因疾病、肿瘤、病毒性疾病及体细胞遗传病等多个角度，应用基因组结构和功能的知识，深入揭示基因突变和疾病发生的内在联系，同时阐述环境对遗传物质的作用，前 7 章着重介绍了人类基因组的结构特征、单基因和多基因疾病及肿瘤的分子遗传学，充分介绍了本学科的基础知识及新进展；第八到第十一章，介绍了医学分子遗传学中若干新的领域和内容，其中包括表观遗传学、线粒体医学、环境基因组研究与环境相关疾病遗传因素的探索、转基因动物作为遗传疾病的模型及在医学研究中的地位等；第十二和第十三章重点介绍了与本课题组 20 多年来的工作密切相关的基因诊断与基因治疗的基本理论、基本技术和基本策略，旨在为进一步实现疾病的预防和分子水平的基因诊断，最终实现疾病基因治疗的目的。

本书可用作生物和医学类本科生及研究生的教材，以及高校及科研院所青年科技工作者和管理者的参考书。

由于水平有限，错误在所难免，欢迎读者批评指正。

谨将此书献给复旦大学建校 100 周年！

薛京伦

于复旦大学　jlxue@fudan.ac.cn

2005 年 3 月 27 日

第二版序

1953 年，J.D. Watson 和 F. H. C. Crick 提出了 DNA 双螺旋结构模型，这是生命科学研究历程中的一个具有划时代意义的里程碑。这一模型对遗传学发展具有深远影响，它不仅使遗传学研究从此深入到分子水平，而且奠定了现代遗传学的基础，进一步推动和影响着生命科学各个学科的飞速发展。目前，遗传学科已经成为生命科学领域中最活跃和最引人注目的一个带头学科。

30 余年来，现代遗传学无论在理论研究还是在生产应用方面，都取得了一系列重大突破，尤其是 70 年代初重组 DNA 技术的建立和发展，为遗传学发展走上产业化道路奠定了基础。遗传工程的兴起，使人类有可能按照自己的意愿和需要，来直接操纵遗传物质，有目的地改造各种生物的遗传组成及至建立新的遗传特性。遗传工程已经并将继续对人们的日常生活产生巨大的影响，对人类社会发挥重要作用。今天，以遗传工程为主体的生物工程技术已同微电子技术、能源技术一起，成为关系到人类生存和社会进步的世界高技术领域的重要支柱。

众所周知，遗传学研究在我国曾几度波折，历经沧桑，有过一段坎坷曲折的历程。随着我国“四化”建设的步伐，遗传学研究逐渐走上健康发展的道路，改革开放政策的实施，更推动着我国的遗传学研究走向世界。目前，遗传学研究在我国已得到广泛开展，某些领域还达到了国际先进水平。然而，面对世界新技术革命的潮流，我们必须清醒地认识到我国科学技术发展中还有薄弱环节；而要改变这一切，跻身于世界科技强国之列，首要的战略措施就是必须抓紧人才的培养，这在任何国家都是一样的。造就和培养一大批具有高水平的科学家是我国科学技术实现现代化的体现和保证。因此，作为生命科学带头学科的遗传学，就更要求造就一大批一流的遗传学家，为现代遗传学的发展、为遗传工程和生物技术在我国的各个领域开展服务，这是一项有战略意义的重要措施。

就是在这种形势下，复旦大学出版社为了加速我国遗传学人才的培养，适应国内的遗传学教学的需要，特约请了复旦大学遗传学研究所和国内的遗传学专家撰写《遗传学丛书》各分册。在这些论著中，作者不仅详细介绍了遗传学各个分支领域的基本理论和基础知识，还充分反映了最新的研究成果和进展，力求内容新颖、资料丰富、文笔流畅。这套丛书对遗传学专业的大学生、研究生和正在从事遗传学及其相关领域的教学、科研工作者无疑是一套水平较高的专业参考书。我相信，这套丛书的出版必将对我国蓬勃发展的遗传学事业起到积极的推动和促进作用，为我国科学技术现代化的早日实现做出应有的贡献。

谈家桢

1998 年 1 月于上海复旦大学遗传学研究所

第二版前言

医学分子遗传学是近年来在医学遗传学基础上发展起来的一门现代新兴学科，它运用分子生物学技术，从 DNA 水平、RNA 水平及蛋白质水平对遗传性疾病或疾病的遗传因素进行研究，揭示基因突变与疾病发生的关系，建立在分子水平上对遗传性疾病等的诊断方法，进一步实现对遗传性疾病等的基因治疗，达到从根本上治愈遗传病的目的。

数十年来，医学的发展和进步令人眼花缭乱、目不暇接，生物科学对医学的影响最为直接和深刻。而遗传学是生物科学的基石，20 世纪分子遗传学领域里的重要发现对医学的发展起了决定性的作用，医学分子遗传学已经成为遗传学和医学领域里最为活跃的学科之一。

我们从 1984 年起为遗传学专业的本科生开设了医学分子遗传学课程，并于 1988 年编写了《医学分子遗传学》教材，它在历年的教学过程中，受到了老师和同学的好评。鉴于学科发展的迅速和知识更新的加快，原有教材难以反映最新的医学分子遗传学研究进展，我们为了及时将这个研究领域的成果系统地介绍给大家，在原有教材的基础上，并结合科研实践，编写了这本书，供大家参考和使用。

全书共分 18 章，包括绪论、医学分子遗传学基础、基因的表达调控、单基因病、多基因病、肿瘤、病毒性疾病、免疫系统疾病、线粒体疾病、细胞遗传学与分子遗传学、转基因动物、环境诱变剂、医学分子遗传学研究热点、基因定位、基因克隆、基因诊断和基因治疗。为了便于理解和复习，每章后均有小结和思考题，全书的末尾列出了主要的参考文献，可供进一步查阅。教材的讲授时间为 60 学时，一学期讲完，因材施教，讲授内容可以有所取舍。

本书各章分别由卢大儒(第一、第四、第十一、第十三、第十五、第十六、第十七和第十八章)、施前(第二、第三章)、邱晓赟(第四章)、高啸波(第五、第六章)、王琪(第七章)、包赟(第八章)、张克忠(第九章)、郑冰(第十章)、戴旭民(第十一章)、胡以平(第十二章)、刑永娜(第十三、第十四章)、谈珉(第十四章)、周其南(第十四章)撰写。由于书籍出版的周期较长，而这一领域的进展又如此迅速，本书难免会遗漏一些重要内容，同时由于我们的知识水平有限，尽管尽了最大的努力，肯定还会存在不少问题和错误，欢迎批评指正。

作　者

1997 年 8 月于复旦大学遗传学研究所

第一版前言

医学分子遗传学是近年来出现的一门新兴的边缘学科，它是遗传学的一个重要分支，是医学遗传学与现代生物学技术结合的产物。这门学科从诞生至今不到10年，但在这一阶段中所取得的进展，使人类和医学遗传的研究完全进入了一个崭新的阶段，对整个生命科学的研究产生了巨大的影响。这方面的资料大多零散地刊登在各种杂志上，国内外还没有一本系统的教科书。为了将这一领域的最新研究成果及时系统地介绍给大家，我们在已经开设了 4 年的体细胞遗传学和医学分子遗传学课程的基础上，编写了这本书，供大家参考和使用。

由于对遗传病发病机制的研究已进入基因的结构、表达和调控阶段，所以在前面几章中简要地介绍了有关人体基因的结构和功能方面的基础内容。在各章末尾都列出了主要的参考文献，可供进一步查阅。全书共分 15 章，包括绪论、医学遗传学基础、人体基因组的结构解剖、人体基因的表达与调控、流式细胞分类学、单基因病分子遗传学、染色体异常的细胞和分子遗传学、多基因病分子遗传学、肿瘤分子遗传学、免疫系统疾病分子遗传学、限制性片段长度多态性、基因定位、基因诊断、基因药物学和基因治疗。

在历年来的教学过程中，不少老师和学生提出了许多宝贵的意见，才使这本书以今天这样的面目出版，在此一并致以深切的谢意，并恳切希望能继续得到各位读者和同行的批评指正。

由于本书籍出版的周期较长，而这一领域的进展又是如此快，所以我们正在把所有最新的资料都输入软盘，希望以后能以微机(IBM-PC)软盘的形式为大家提供及时而又价廉的第二版。

谨以此书献给我们敬爱的导师刘祖洞教授。

薛京伦

1988 年 8 月 5 日于复旦大学遗传学研究所

目　录

第一章

生物大分子与中心法则

生命的五彩缤纷、新陈代谢、衰老病死是生物大分子结构与功能的综合体现，生物大分子之间的相互作用与信息传递成就了各种生命现象。中心法则作为生物学最基本、最重要的理论之一，呈现了生物大分子间信息传递的核心规则，是诠释各种生命现象的分子基础。参与遗传信息传递的生物大分子主要包括脱氧核糖核酸（deoxyribonucleic acid，DNA）、核糖核酸（ribonucleic acid，RNA）和蛋白质，遗传数据和表征数据从 DNA 流向 RNA，再流向蛋白质，即完成遗传信息的复制、转录和翻译。随着非编码序列的发现，中心法则的定义已经从线性拓展到了非线性，生物大分子的信息流传递构架了新的时空范式。

第一节　生物信息流与中心法则

生物遗传信息的传递是生命现象的核心，是生物多样性的基础。1953 年，沃森（J. Watson）和克里克（F. Crick）提出的 DNA 双螺旋结构，为遗传信息流传递规律的解析提供了重要的理论基础。1957 年，Crick 提出，在 DNA 与蛋白质之间可能存在一个中间体——RNA，故提出了著名的连接物假说，讨论了核酸中碱基顺序同蛋白质中氨基酸顺序之间的线性对应关系，并提出“从 DNA 到 RNA 到蛋白质”的遗传信息流，称为中心法则（central dogma）（图 1-1）。1961 年，雅克布（F. Jacob）和莫诺（J. Monod）证明，在 DNA 与蛋白质之间的中间体是信使 RNA（messenger RNA，mRNA）。随着遗传密码的破译，到 20 世纪 60 年代，蛋白质的合成过程基本被揭示。中心法则概括了大多数生物的遗传信息存储和表达规律，奠定了其在分子水平上研究遗传、进化、生长、发育、健康和疾病等生命科学问题的重要理论基础。

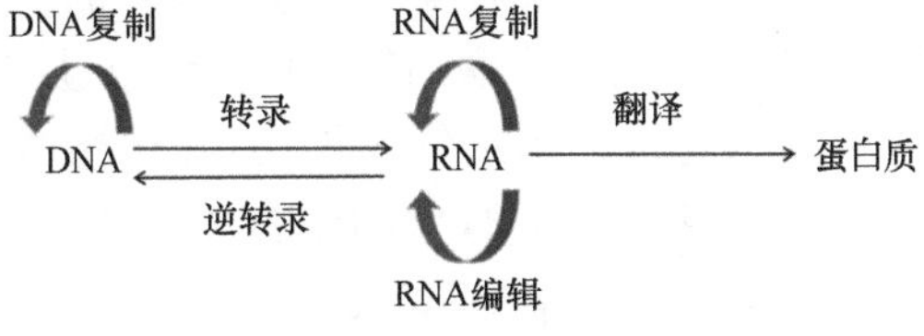

图 1-1　中心法则

中心法则提出的单向遗传信息流为“DNA→RNA→蛋白质”，即 DNA 遗传信息被转录形成有着相同序列信息（U 代替了 T）的 RNA 分子，再根据遗传密码，RNA 上的遗传信息被翻译形成一条具特定氨基酸序列的肽链。当然，遗传信息的传递还包括 DNA 的复制。在细胞分裂之前，DNA 必须进行自我复制，以保证将一套与亲代细胞完全相同的 DNA 分子传递给子代细胞。

随着研究的不断深入，中心法则得到修正和补充。1970 年，特明（H. Temin）和巴尔的摩（D. Baltimore）等发现并证实了逆转录酶（reverse transcriptase）的存在。许多病毒以 RNA 为遗传物质，如人类免疫缺陷病毒（HIV）以单链 RNA 为模板，形成一个双链 DNA 的拷贝并插入到宿主细胞基因组中。因此，遗传信息不仅可以从 DNA 流向 RNA，RNA 携带的遗传信息同样也可以流向 DNA，该流向称为逆转录（reverse transcription）。同时，一些以 RNA 为遗传物质的病毒，其 RNA 可以复制合成一条互补的 RNA 链，再以这条链为模板，合成更多的基因组 RNA。但是，DNA 和 RNA 中包含的遗传信息只是单向地流向蛋白质，这种遗传信息的流向，就是中心法则的遗传学意义。

病原体朊病毒（prion）曾对中心法则提出了挑战。朊病毒是一种感染性蛋白质粒子（proteinaceous infectious particle），是羊瘙痒病、人类库鲁病（Kuru disease）和克罗伊茨费尔特-雅各布病，又称克雅脑病（Creutzfeldt-Jacob disease，CJD）、牛海绵状脑病（bovine spongiform encephalopathy，BSE）的病原体。朊病毒不含核酸，能在受感染的宿主细胞内产生与自身相同的分子，且实现相同的生物学功能，即引起相同的症状，暗示这种蛋白质分子似乎也负载和传递了遗传信息。后经研究证实，朊病毒蛋白（prion protein，PrP）是人和动物正常细胞基因的编码产物。朊病毒蛋白有两种构象：细胞型（正常型 PrPc）和瘙痒型（致病型 PrPSc），两者的主要区别在于空间构象上的差异。PrPc 是正常细胞的一种糖蛋白，仅存在 α-螺旋，而 PrPSc 有多个 β-折叠存在，溶解度低，对蛋白酶表现出抗性。朊病毒是空间构型改变了的正常蛋白质，是正常蛋白质变性所致，它不是传递遗传信息的载体，也不能自我复制，是宿主细胞基因编码产生的一种正常蛋白质的异构体。由此可见，中心法则至少在目前无须因此而修正。

尽管目前对中心法则的信息流向没有更改的必要性与紧迫性，但是随着生物科学的发展，生物学中心法则的内涵已经发生了巨大改变。除了经典的序列信息，在 DNA 水平的遗传信息上，表观遗传学的信息对性状和遗传本身都有巨大的影响。除了已知的遗传印记和 X 染色体失活等经典事件，现在几乎可以肯定大部分基因都存在表观遗传学的调节机制，而这种机制是蛋白质或 RNA 通过对 DNA 或 DNA 结合蛋白的相互作用来实现的。微 RNA（microRNA，miRNA）调节基因功能不仅提供了一种广泛的调控机制，也提供了涵盖从染色体活性、转录、转录后调控到翻译调控的多水平基因调节机制。在一些机体中，RNA 从 DNA 转录后会发生序列的变化，这个过程称为 RNA 编辑（RNA editing）。所以，DNA 的序列信息也并非完全被忠实地用于蛋白质合成。结合以前发现的多种RNA可以不依赖蛋白质而独立决定性状的先例，生物学中心法则派生一个从RNA到性状的线路是必要的，进化研究的线索提示生命最早期的形式可能就是 RNA。

第二节　核酸与蛋白质结构

核酸是由多个核苷酸聚合成的生物大分子。核酸可分为 DNA 和 RNA。DNA 是储存、复制和传递遗传信息的物质基础，RNA 在蛋白质合成过程中起着重要作用，也可以作为遗传信息的储存载体，并具类似酶的活性作用而广泛参与各类生命过程。

一、DNA 结构

脱氧核糖核酸（deoxyribonucleic acid，DNA）由脱氧核糖、含氮碱基、磷酸组成。在 DNA 分子中，脱氧核糖和磷酸分子是不变的，含氮碱基主要包括 4 种：腺嘌呤（A）、鸟嘌呤（G）、胸腺嘧啶（T）、胞嘧啶（C），由 *N*-糖苷键将碱基和脱氧核糖连接形成 4 种脱氧核苷，再连接磷酸后形成 4 种脱氧核糖核苷酸（表 1-1），4 种脱氧核苷酸经 3′-5′ 磷酸二酯键连接形成 DNA 单链。因此，DNA 的一级结构为 4 种核苷酸，即 4 种碱基 A、G、T、C 的顺序，构成了 DNA 分子的多样性。DNA 通常以线性或环状形式存在，绝大多数 DNA 分子由两条互补的单链形成双螺旋，也有少数生物的 DNA 以单链形式存在。

表 1-1　DNA 的碱基、核苷和核苷酸

碱基	核苷	核苷酸	DNA
腺嘌呤（adenine）	腺苷（adenosine）	腺苷酸（adenylic acid）	dAMP
鸟嘌呤（guanine）	鸟苷（guanosine）	鸟苷酸（guanylic acid）	dGMP
胸腺嘧啶（thymine）	胸苷（thymidine）	胸苷酸（thymidylic acid）	dTMP
胞嘧啶（cytosine）	胞苷（cytidine）	胞苷酸（cytidylic acid）	dCMP

DNA 的二级结构为两条多聚脱氧核苷酸链形成的双螺旋结构。莫里斯·威尔金斯（Maurice Wilkins）和罗莎琳德·富兰克林（Rosalind Franklin）依据 DNA 的 X 衍射照片，提出 DNA 是由两条长链组成的双螺旋。埃尔文·查戈夫（Erwin Chargaff）测定了 DNA 的分子组成，发现 DNA 中 4 种碱基的含量并不相等，但是 A 和 T 的含量总是相等，G 和 C 的含量也相等。沃森和克里克首先意识到该比值的重要性，由约翰·格里菲斯（John Griffith）计算出 A+T 的宽度与 G+C 的宽度相等。随后，他们结合 X 衍射照片构建出了 DNA 分子双螺旋结构模型。

DNA 双螺旋结构的解析成为现代分子生物学的标志性成就，它不仅说明了 DNA 为什么是遗传信息的携带者，而且说明了基因的复制和表达等机制，其基本特点包括以下两个方面。

（1）DNA 由脱氧核糖和磷酸基团通过酯键交替连接而成，其主链有两条，它们绕一共同轴心以右手方向盘旋，相互平行而走向相反，形成双螺旋构型。由糖和磷酸构成的主链处于螺旋的外侧，具备亲水性。

（2）碱基位于螺旋的内侧，它们以垂直于螺旋轴的取向通过糖苷键与主链糖基相连。同一平面的碱基在两条主链间形成碱基对，总是 A 与 T 配对、G 与 C 配对。碱基对以氢键维系，A 与 T 间形成两个氢键，G 与 C 间形成三个氢键。两种碱基对的几何大小十分相近，具备了形成氢键的适宜键长和键角条件。

二、RNA 分类与结构

核糖核酸（ribonucleic acid，RNA）与 DNA 不同，其骨架含有核糖，碱基中尿嘧啶

（U）取代了胸腺嘧啶（T），RNA 主要以单链的形式存在，其分子的某些区域可自身回折发生链内碱基互补配对，形成局部双螺旋。在局部双螺旋中 A 与 U 配对、G 与 C 配对。此外，还存在非标准配对，如 G 与 U 配对。通过分子内部的碱基互补配对，RNA 可形成复杂的高级结构。与 DNA 相比，RNA 种类繁多，分子量较小，含量变化大。

细胞内的 RNA 是以 DNA 为模板、在 RNA 聚合酶催化下合成的，这个过程称为转录。经转录生成多种 RNA，主要包括 mRNA、转运 RNA（transfer RNA，tRNA）、核糖体 RNA（ribosomal RNA，rRNA）、核小 RNA（small nuclear RNA，snRNA）和 miRNA 等（图 1-2）。

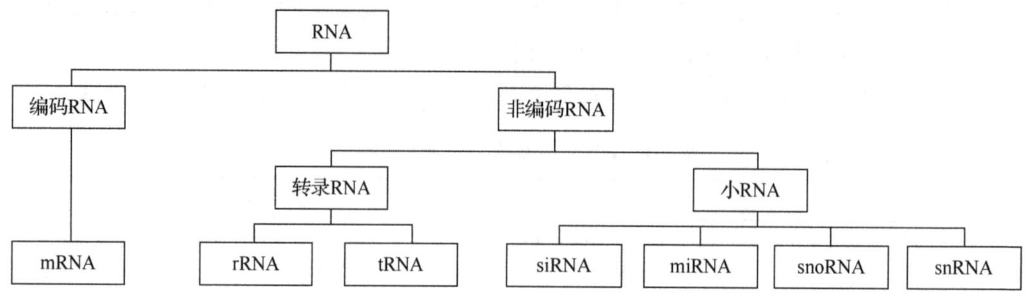

图 1-2　RNA 的分类

snoRNA：核仁小 RNA（small nucleolar RNA）；siRNA：小干扰 RNA（small interfering RNA）

（一）mRNA

信使核糖核酸（messenger RNA，mRNA），由 RNA 聚合酶以双链 DNA 中的反义链为模板，通过碱基互补配对原则合成。在原核生物中 mRNA 转录后直接进行蛋白质翻译，转录和翻译不仅发生在同一空间，而且两个过程几乎是同时进行的。因此，原核生物的 mRNA 结构简单，在 5′端与 3′端存在与翻译起始和终止有关的非编码序列，原核生物 mRNA 中没有修饰碱基，5′端无帽子结构，3′端无多聚腺苷酸（polyA）。因原核生物基因组具有操纵子结构，若干功能上相关的蛋白质基因转录为一个 mRNA，称为多顺反子。

真核细胞的基因表达，首先在细胞核中完成转录，之后在细胞质中进行翻译，两个过程在时间和空间上不偶联。在细胞核中转录生成的 mRNA 称为前体 RNA，由于基因的长度和序列差异，原始转录产物称为核内不均一 RNA（heterogeneous nuclear RNA，hnRNA），hnRNA 经过剪接、修饰、加工等过程，形成成熟的 mRNA 后进入细胞质参与蛋白质合成。真核生物成熟的 mRNA 中 5′端有 m^7GpppN 的帽子结构，其可保护 mRNA 不被外切核酸酶水解，并与帽结合蛋白结合识别核糖体，参与翻译起始。3′端的 polyA 尾巴，为 20～250 个多聚腺苷酸，与 mRNA 的稳定性有关。少数成熟 mRNA 没有 polyA 尾巴（如组蛋白 mRNA），它们的半衰期较短。真核生物每个功能基因形成一个 mRNA，故为单顺反子。

（二）tRNA

转运 RNA（transfer RNA，tRNA）约占总 RNA 的 15%，主要生理功能是按照 mRNA

的碱基序列，在蛋白质生物合成过程中转运专一氨基酸和识别密码子。细胞内 20 种氨基酸都有专一的 tRNA，具有多个密码子的氨基酸还会有多种 tRNA。原核生物有 30～40 种 tRNA，真核生物有 50～100 种 tRNA。

tRNA 的一级结构：tRNA 是单链分子，含 73～93 个核苷酸；有 10%的稀有碱基，例如，二氢尿嘧啶（dihydrouracil，DHU）、核糖胸腺嘧啶（rT）和假尿苷酸（pseudouridylic acid，ψ），以及不少被甲基化的碱基，3′端为 CCA-OH，5′端多为 pG，分子中大约 30%的碱基是保守的。

tRNA 的二级结构：tRNA 二级结构为三叶草形。配对碱基形成局部双螺旋而构成臂，不配对的单链部分则形成环。三叶草结构由 4 臂 4 环组成。5′端与 3′端序列构成的双螺旋区称为氨基酸臂，由 7 对碱基组成。3′端为 4 个碱基（XCCA）的单链区，在其末端有 2′-OH 或 3′-OH，腺苷酸残基的羟基可与氨基酸 α 羧基结合而携带氨基酸。二氢尿嘧啶环（D loop）以含有 2 个二氢尿嘧啶而得名，由 8～14 个碱基组成，二氢尿嘧啶臂由 3～4 对碱基组成。反密码子环（anticodon loop）由 7 个碱基组成，其中央 3 个核苷酸组成反密码子（anticodon），在蛋白质生物合成时与 mRNA 上相应密码子配对。可变环（variable loop）在不同 tRNA 分子中变化较大，可在 4～21 个碱基之间变动，是 tRNA 分类的重要指标。TψC 环含有 7 个碱基，所有的 tRNA 在此环中都含 TψC 序列，TψC 臂由 5 对碱基组成。

tRNA 的三级结构：20 世纪 70 年代初，科学家用 X 射线衍射分析发现 tRNA 的三级结构为倒“L”形。tRNA 三级结构的特点是氨基酸臂与 TψC 臂构成“L”的横，CCA-OH 3′端就在这一横的端点上，是结合氨基酸的部位；而二氢尿嘧啶臂与反密码子臂及反密码子环共同构成“L”的竖，反密码子环在一竖的端点上，能与 mRNA 上对应的密码子识别；二氢尿嘧啶环与 TψC 环在“L”的拐角上。三级结构氢键的形成与 tRNA 中保守的核苷酸密切有关，各种 tRNA 三级结构都呈倒“L”形。

（三）rRNA

核糖体 RNA（ribosomal RNA，rRNA）约占细胞总 RNA 的 80%，rRNA 分子为单链，局部双螺旋区域具有复杂的空间结构，原核生物主要的 rRNA 有 3 种，即 5S rRNA、16S rRNA 和 23S rRNA，大肠杆菌的这 3 种 rRNA 分别由 120 个、1542 个和 2904 个核苷酸组成。真核生物 rRNA 则有 4 种，即 5S rRNA、5.8S rRNA、18S rRNA 和 28S rRNA，在小鼠中分别由 121 个、158 个、1874 个和 4718 个核苷酸组成，rRNA 分子作为骨架与多种核糖体蛋白装配成核糖体。由于 rRNA 较高的丰度和确定的分子量，因此在评估 RNA 质量和数量的实验中，28S rRNA 和 18S rRNA 的比值可以作为评估 RNA 样本分子量和质量的参考指标。

（四）其他 RNA 分子

20 世纪 80 年代以后，研究人员发现了许多新的 RNA 及其功能。

核小 RNA（small nuclear RNA，snRNA）是核小核糖核蛋白（small nuclear ribonucleoprotein，snRNP）颗粒的组成成分，参与 mRNA 前体的剪接及成熟 mRNA 由

核内向细胞质转运的过程。核仁小 RNA（small nucleolar RNA，snoRNA）是一类新的核酸调控分子，参与 rRNA 前体的加工及核糖体亚基的装配。胞质小 RNA（small cytoplasmic RNA，scRNA）的种类很多，其中 7SL RNA 与蛋白质一起组成信号识别颗粒（signal recognition particle，SRP），SRP 参与分泌性蛋白质的合成。反义 RNA（antisense RNA）可以与特异的 mRNA 序列互补配对，阻断 mRNA 翻译以调节基因表达。核酶（ribozyme）是具有催化活性的 RNA 分子或 RNA 片段，作用于靶 mRNA 的核酶，可以抑制其蛋白质的生物合成，为基因操作开辟了新的途径。

微 RNA（microRNA，miRNA）是一种具有发卡结构的小分子非编码 RNA，长度一般为 20～24nt，在 mRNA 翻译过程中起到开关作用，它可以与靶 mRNA 不同程度地结合，发挥转录后基因沉默（post-transcriptional gene silencing，PTGS）作用。miRNA 的表达具有阶段特异性和组织特异性，它们在基因表达调控和控制个体发育中发挥重要作用。miRNA 也参与 mRNA 稳定、异构体形成等多种过程，可能代表一类全局式调节方式。

与 Piwi 相互作用 RNA（Piwi-interacting RNA，piRNA）是一类约 30nt 的小 RNA，富集于动物生殖细胞和干细胞。piRNA 的生物发生途径不同于 miRNA 和 siRNA，piRNA 簇的转录子转运到细胞质后经过初级加工途径形成初级 piRNA，初级 piRNA 结合到 Piwi/Aub 上，随后进入次级加工途径，经 PIWI 家族蛋白的协同加工，细胞中的 piRNA 大量扩增。piRNA 与 PIWI 亚家族蛋白结合形成复合物，可调控靶基因的表达，以及转录和转录后水平的修饰。

三、蛋白质结构

蛋白质（protein）是参与构成有机体细胞、组织的重要成分，由一条或多条多肽链组成的生物大分子。组成蛋白质的基本单元是 20 种氨基酸（表 1-2），氨基酸通过脱水缩合形成肽链。在蛋白质中，某些氨基酸残基还可以在翻译后被进一步修饰，从而影响蛋白质的激活或调控。多肽的氨基酸序列决定了蛋白质的基本潜能。多肽需要折叠成一定的空间结构发挥其特定功能。多个蛋白质可以结合在一起形成蛋白质复合物，共同实现特定生物学过程。

表 1-2 氨基酸的基本分子结构和性质

缩写	全称	中文名	支链	相对分子质量	等电点	解离常数（羧基）	解离常数（氨基）	R 基
G Gly	glycine	甘氨酸	亲水性	75.07	6.06	2.35	9.78	—H
A Ala	alanine	丙氨酸	疏水性	89.09	6.11	2.35	9.87	$—CH_3$
V Val	valine	缬氨酸	疏水性	117.15	6.00	2.39	9.74	$—CH—(CH_3)_2$
L Leu	leucine	亮氨酸	疏水性	131.17	6.01	2.33	9.74	$—CH_2—CH(CH_3)_2$
I Ile	isoleucine	异亮氨酸	疏水性	131.17	6.05	2.32	9.76	$—CH(CH_3)—CH_2—CH_3$
F Phe	phenylalanine	苯丙氨酸	疏水性	165.19	5.49	2.20	9.31	$—CH_2—C_6H_5$
W Trp	tryptophan	色氨酸	疏水性	204.23	5.89	2.46	9.41	$—CH_2—C_8NH_6$
Y Tyr	tyrosine	酪氨酸	疏水性	181.19	5.64	2.20	9.21	$—CH_2—C_6H_4—OH$
D Asp	aspartic acid	天冬氨酸	酸性	133.10	2.85	1.99	9.90	$—CH_2—COOH$

续表

缩写	全称	中文名	支链	相对分子质量	等电点	解离常数（羧基）	解离常数（氨基）	R 基
N Asn	asparagine	天冬酰胺	亲水性	132.12	5.41	2.14	8.72	$-CH_2-CONH_2$
E Glu	glutamic acid	谷氨酸	酸性	147.13	3.15	2.10	9.47	$-(CH_2)_2-COOH$
K Lys	lysine	赖氨酸	碱性	146.19	9. 60	2.16	9.06	$-(CH_2)_4-NH_2$
Q Gln	glutamine	谷氨酰胺	亲水性	146.15	5.65	2.17	9.13	$-(CH_2)_2-CONH_2$
M Met	methionine	甲硫氨酸	疏水性	149.21	5.74	2.13	9.28	$-(CH_2)-S-CH_3$
S Ser	serine	丝氨酸	亲水性	105.09	5.68	2.19	9.21	$-CH_2-OH$
T Thr	threonine	苏氨酸	亲水性	119.12	5.60	2.09	9.10	$-CH(CH_3)-OH$
C Cys	cysteine	半胱氨酸	亲水性	121.16	5.05	1.92	10.70	$-CH_2-SH$
P Pro	proline	脯氨酸	疏水性	115.13	6.30	1.95	10.64	$-C_3H_6$
H His	histidine	组氨酸	碱性	155.16	7.60	1.80	9.33	$-CH_2-C_3N_2H_3$
R Arg	arginine	精氨酸	碱性	174.20	10.76	1.82	8.99	$-(CH_2)_3-NH-C(NH_2)=NH$

氨基酸间通过肽键将 α-氨基和 α-羧基缩合连接，形成一条有 N 端和 C 端的多肽链，为蛋白质的一级结构，即氨基酸顺序；由一条多肽链折叠形成固定的结构为蛋白质的二级结构，如 α-螺旋和 β-折叠，多肽链中各部分由氢键维系；二级结构的不同部分和连接区域折叠成一个明确的三级结构，亲水氨基酸多在蛋白质表面，疏水氨基酸多在内部。这个结构通过非共价相互作用稳定；许多蛋白质有一个以上的多肽亚基，如血红蛋白有两条 α 链和两条 β 链，由多亚基组成蛋白质的四级结构，变构效应通常取决于亚基间的相互作用。

第三节　DNA 复制

DNA 复制（DNA replication）是以 DNA 为模板，DNA 聚合酶、解旋酶、引发酶等多种酶及蛋白因子协作完成的酶促反应。DNA 的复制使得亲代遗传信息忠实地传递给子代，生物体保持遗传稳定性。

一、复制的基本原则

1958 年，马修·梅塞尔森（Matthew Meselson）和富兰克林·斯塔尔（Franklin Stahl）的实验证明 DNA 在复制时，以亲代 DNA 链作模板，合成完全相同的两个双链子代 DNA，每个子代 DNA 中都含有一条亲代 DNA 链，这种现象称为 DNA 的半保留复制（semiconservative replication）。DNA 聚合酶只能以 5′→3′方向聚合子代 DNA 链，两条作为模板的亲代 DNA 链是反向平行的，以 3′→5′方向的亲代 DNA 链为模板的子代链在聚合时可按 5′→3′的方向连续进行合成，这一条链被称为前导链（leading strand）。以 5′→3′方向的亲代 DNA 链为模板的子链在聚合时则是不连续的，这条链被称为后随链（lagging strand），所形成的多个子代 DNA 短链称为冈崎片段（Okazaki fragment），通过冈崎片段进行复制的方式称为半不连续复制（semidiscontinuous replication）。大部分原核和真核生物 DNA 复制过程都遵循以上两个特点，从复制起点开始，双向进行复制。

二、真核生物 DNA 复制过程

DNA 复制是一个由 DNA 聚合酶、解旋酶、拓扑异构酶、单链结合蛋白及连接酶等酶和蛋白质参与的复杂过程，大致可以分为起始、延伸和终止三个阶段。

（一）起始

真核生物 DNA 分子通常比较大，且为复杂的核酸-蛋白质复合物（染色质），在复制开始前，DNA 必须从核小体上解开，这使得真核生物的复制叉移动速度约为 50bp/s，不到大肠杆菌的 1/20。因此，真核生物通过多复制子来解决复制慢的问题。多复制子是真核生物的独特性质，哺乳动物平均每个染色体的复制子数约为 1000 个，单个复制子长度多为 100～200kb，多个相邻复制子可活化成大的复制眼。在不同组织、不同细胞的 S 期，并不是所有的复制子都一起启动，能够活化进行复制的不超过总数的 15%。酵母复制起点最先被克隆，称为自主复制序列（autonomously replicating sequence，ARS），后来在其他真核生物中也发现类似酵母 ARS 元件的序列。不同的 ARS 序列的共同特征是具有一个富含 A-T 碱基对的保守序列。G_1 期，该序列与起始点识别复合体（origin recognition complex，ORC）结合后，招募两个解旋酶装载蛋白 Cdc6 和 Cdt1，再共同招募解旋酶 MCM，形成 pre-RC，此时 pre-RC 处于非活化状态。细胞从 G_1 期进入 S 期后，Cdc6 被 Cdk 磷酸化后 pre-RC 被激活，诱发起点上其他蛋白质的组装和复制的起始。细胞周期蛋白依赖性激酶 Cdk 在 G_1 期无活性，但在 S、G_2 和 M 期一直具有高活性。Cdk 既激活 pre-RC，启动复制，又参与抑制新的 pre-RC 形成。因此，在每个细胞周期内，pre-RC 只能在 G_1 期形成一次，这就确保了真核生物的复制在每个细胞周期只能启动一次。

（二）延伸

解旋酶 MCM 解开 DNA 双链后，单链结合蛋白 RPA 结合在单链上。3 种不同的 DNA 聚合酶参与了延伸过程。由于 DNA 链不能从头合成，必须要有一段 RNA 引物，而 DNA 聚合酶 α 具有引发酶的功能，在前导链和后随链上分别合成一段 RNA-DNA 引物。之后，DNA 聚合酶 δ 负责延伸前导链，DNA 聚合酶 δ 或 ε 负责延伸后随链。真核生物的冈崎片段引物清除主要有两种模型：一种为侧向剪切模型，邻近冈崎片段的 3′端延伸使下一个冈崎片段的引物推向一侧，结构特异性核酸酶 FEN1 利用其核酸内切酶活性将推开的片段切掉，DNA 连接酶将两个冈崎片段连接在一起；另外一种为 RNase H 模型，RNase H 为一种可特异性切除 RNA-DNA 杂合底物的核酸内切酶，其在靠近 RNA 与 DNA 连接处切开引物，由 FEN1 利用核酸外切酶活性从 5′端降解 RNA 片段。最后，DNA 连接酶将相邻两个冈崎片段连接起来。复制叉经过后，新的核小体进行组装，经过 S 期后 DNA 和组蛋白的含量都翻倍了。

（三）终止

真核生物中迄今尚未分离到与细菌类似的终止顺序及 Tus 蛋白，很有可能真核生物的复制叉随机相遇即终止了复制过程。

在线性分子的两端以 5′→3′为模板的后随链的合成中，其末端的 RNA 引物被切除后是无法被 DNA 聚合酶填充的。1941 年，芭芭拉·麦克林托克（Barbara McClintock）提出了端粒的假说，认为染色体末端必然存在一种特殊结构——端粒（telomere），其作用包括保持染色体末端稳定和参与使染色体核纤层相连定位。1978 年，四膜虫的端粒结构首先被测定。1990 年凯文·哈里（Calvin Harley）就把端粒与衰老相联系，提出“细胞越老，其端粒长度越短”的观点，他认为细胞每分裂一次，其端粒的 DNA 丢失 30～200bp。端粒的复制独立于染色体的复制过程，由一种特殊的逆转录酶——端粒酶（telomerase）完成。真核生物染色体末端 DNA 复制是由端粒酶将一个新的末端 DNA 序列加在刚刚完成复制的 DNA 3′端。例如，在四膜虫细胞中的线性 DNA 分子末端有 30～70 拷贝的 5′-TTGGGG-3′序列，端粒酶可以将 TTGGGG 序列加在事先已存在的单链 DNA 3′端的 TTGGGG 序列上。这样有较长的末端单链 DNA 回折作为引物，DNA 聚合酶将 5′空缺端填平变成双链，这样就可以避免其 DNA 随着复制的不断进行而逐渐变短。但在正常人体细胞中一般检测不到端粒酶活性，在一些良性病变细胞、体外培养的成纤维细胞中也测不到端粒酶活性。细胞的端粒随着每一次分裂复制逐渐缩短，到达编码序列时，细胞便走向衰老和死亡。但在生殖细胞及胚胎干细胞中端粒酶为阳性，恶性肿瘤细胞具有高活性的端粒酶。人类肿瘤中广泛地存在着较高水平的端粒酶活性，用其作为肿瘤治疗的靶点是较受关注的研究热点。

第四节 生物信息传递——以 DNA 为模板的转录及转录产物加工

转录（transcription）是以 DNA 为模板合成 RNA 的酶促过程。转录是基因表达的第一步，其将 DNA 中的遗传信息传递到 RNA 上，用于指导蛋白质的合成。RNA 聚合酶催化转录的发生，以 DNA 为模板，4 种核糖核苷三磷酸（ATP、GTP、CTP 和 UTP）为底物，从 5′→3′的方向合成 RNA 链。在某一基因进行转录时，DNA 双链中只有一条链为模板指导 RNA 合成，称为模板链（template strand）或反义链（antisense strand），与模板链互补的另一链为编码链（coding strand）或有义链（sense strand）。新合成的 RNA 链序列与模板链互补，与编码链一致（U 代替了 T）。

转录和复制都是酶促核苷酸聚合的过程，有很多相似之处：都以 DNA 为模板遵从碱基配对原则进行，都需依赖聚合酶沿 5′→3′方向延伸新生的多聚核苷酸链。但二者也存在明显的差别：①与 DNA 聚合酶不同，RNA 聚合酶具有从头合成的能力，所以 RNA 合成不需要引物。②转录具有选择性，DNA 复制必须将整个基因组全部拷贝，并且在每个细胞周期内只复制一次。RNA 转录则是选择性地复制基因组的特定部分，可以产生几个到上千个相同的拷贝。在不同细胞、同一细胞的不同时间点转录的基因都可能不同。③RNA 聚合酶缺乏 3′→5′外切酶的活性，没有校对功能，故 RNA 合成的错误率较 DNA

合成的错误率高得多，每添加 10 000 个核苷酸可发生一次错误。

一、转录的基本过程

（一）转录起始

启动子（promoter）是能被 RNA 聚合酶识别、结合并开始转录的一段 DNA 序列，位于基因编码区的上游，碱基序列具有高度保守性。转录的起始主要指 RNA 聚合酶识别并结合到启动子序列上，形成松散结合的封闭复合物（closed complex）后，使启动子附近的 DNA 双链解旋，为 RNA 合成提供模板，形成紧密结合的开放复合物（open complex）。转录的起始位点为 DNA 分子上与转录生成 RNA 链的第一个核苷酸互补的碱基，该碱基的序号为+1。

1. RNA 聚合酶

原核生物 RNA 聚合酶（RNA polymerase）中研究得最透彻的是大肠杆菌 RNA 聚合酶，它由 5 个亚基（包括 2 个 α 亚基、1 个 β 亚基、1 个 β′亚基、1 个 ω 亚基）和 1 个 δ 亚基构成，$\alpha_2\beta\beta'\omega$ 称为核心酶，加上 δ 亚基称为全酶。α 亚基通常以二聚体的形式存在，主要功能是装配核心酶及识别启动子。β 与 β′亚基一起构成 RNA 聚合酶的催化中心，它们在序列上与真核生物 RNA 聚合酶的两个大亚基有同源性。ω 亚基功能尚不清楚。δ 亚基负责模板链的选择和转录起始，细胞内哪条 DNA 链被转录及转录起始位点的选择都与 δ 亚基有关。δ 亚基可以极大地提高 RNA 聚合酶对启动子 DNA 序列的亲和力，同时降低对非专一位点的亲和力，一旦合成开始，σ 因子便脱落，去识别新的启动子，故 σ 因子可重复利用。细菌细胞内含有能识别不同启动子的 δ 亚基，以适应不同生长发育阶段的基因转录起始调控。例如，δ^{70} 为通常情况下的 δ 亚基，δ^{32} 与热休克相关基因表达有关，δ^{54} 与氮代谢基因表达有关。

真核生物中存在 3 种 RNA 聚合酶，它们在细胞核中的位置不同，负责转录的基因不同，对 α-鹅膏蕈碱的敏感性也不同。RNA 聚合酶 I 存在于细胞核的核仁中，其转录产物是 45S rRNA 前体，经剪切修饰后生成 5.8S、18S 和 28S 的 rRNA，对 α-鹅膏蕈碱不敏感；RNA 聚合酶 II 位于核质内，在核内转录生成 mRNA 的前体（pre-mRNA），也称 hnRNA，经剪接加工后生成成熟的 mRNA 被运送到细胞质中作为蛋白质合成的模板，其对 α-鹅膏蕈碱敏感；RNA 聚合酶III也位于核质内，主要转录产物为 tRNA 前体、5S rRNA 前体和 snRNA，对 α-鹅膏蕈碱的敏感性存在种属特异性。真核生物除上述 3 种 RNA 聚合酶外，在线粒体和叶绿体中，也发现少数相对分子质量较小、活性较低的 RNA 聚合酶，它们都是经过核基因编码、在细胞质中合成后再运送到细胞器中，这与细胞器 DNA 的简单性相适应。

与原核生物 RNA 聚合酶不同，真核细胞的 RNA 聚合酶不能直接识别启动子，必须借助辅助蛋白因子的参与，这些因子称为转录因子（transcription factor，TF），TF 与 RNA 聚合酶共同形成起始前复合体（preinitiation complex，PIC）后才开始转录。

2. 启动子

细菌 RNA 聚合酶体积很大，结合于启动子（promotor）区域，覆盖 75～80bp 的 DNA，即在–55bp 到+20bp 处形成复合物。细菌启动子含有两个保守序列，分别位于转录起点上游–10bp 和–35bp 处。–10 序列在 1975 年被大卫·普里布诺（David Pribnow）首次识别，因此称为 Pribnow 框，其保守序列为 TATAAT，也称为 TATA 框（TATA box），是 RNA 聚合酶的紧密结合位点，富含 AT 碱基，利于 DNA 双链解链。–35 序列为 TTGACA 提供了 RNA 聚合酶全酶识别的信号。–35 序列和–10 序列之间的距离通常是 16～19bp，小于 15bp 或大于 20bp 都会降低启动子的活性，因此，保持启动子这两段序列及它们之间的距离对转录起始效率十分重要。

真核基因转录起始位点上游也有保守的共有序列，需要 RNA 聚合酶对这些起始序列辨认和结合，形成 PIC 启动转录。1979 年美国科学家戈德堡（Goldberg）首先注意到真核生物中由 RNA 聚合酶Ⅱ催化转录的 DNA 上游有一段与原核生物 Pribnow 框相似的、富含 AT 的保守序列，该序列位于–25 区附近，前 4 个碱基为 TATA，其是核心启动子的组分主要决定转录起点。在核心启动子上游 100～200bp，有多个启动子元件，如–70～–80 区含有 CCAAT 框（CCAAT box），–80～–110 区含有 GCCACACCC 或 GGGCGGG，即 GC 框（GC box）。通常，将 TATA 框上游的保守序列称为上游启动子元件（upstream promoter element，UPE）。TATA 框和 UPE 的功能有所不同，前者主要负责转录的精确起始，后者主要控制转录起始效率，基本不参与起始位点的识别。尽管这 3 种保守序列都有着很重要的功能，但并不是每个基因的启动子都包含这 3 种序列，不同物种、不同细胞或不同的基因，可以有不同的上游 DNA 序列。

（二）转录延伸

原核生物和真核生物转录的延伸过程区别不大。转录起始复合物形成后，复合体中核心酶的构象发生改变，与 DNA 模板的结合变得松散，有利于 RNA 聚合酶沿模板链的 3′→5′方向迅速向前移行，每移行一步都与一分子三磷酸核苷生成一个新的磷酸二酯键，使合成的 RNA 链按 5′→3′方向不断延伸。在转录延伸过程中，需要 DNA 双螺旋小段解旋，暴露长度约为 17bp 的单链模板，由 RNA 聚合酶、DNA 模板和转录 RNA 三者结合成转录泡（transcription bubble），也称为转录复合物。随 RNA 聚合酶前移，后面的 DNA 又恢复双螺旋结构。由于转录过的 DNA 链生成双螺旋的趋势更强，也更稳定，因此在转录过程中，转录泡中的新生 RNA 链 3′端部分与 DNA 模板链只形成长约 12bp 的 RNA-DNA 杂交链，而大部分 5′端离开模板伸展在转录泡外。

（三）转录终止

DNA 链上存在一段终止转录的序列，称为终止子（terminator），当 RNA 聚合酶移动到终止子区时，会停止加入新的核苷酸，与模板 DNA 脱落，并释放新合成的 RNA 链。原核生物的转录终止有两种形式：一种是依赖 ρ 因子的终止，一种是不依赖 ρ 因子的终止。不依赖 ρ 因子的终止子为强终止子，为回文结构，富含 GC 碱基对，GC 下游为 6～8 个 AT 碱基对，使得 RNA 的 3′端为寡聚 U。当 RNA 聚合酶移动到终止子时，产生的 mRNA 在该序列形成发卡结构或称茎-环结构，导致 RNA 聚合酶的暂停，破坏 RNA-DNA 杂合结构，使转录终止。当终止子结构中的 GC 碱基对含量低、下游 AT 碱基对含量低时，转录终止就需要依赖 ρ 因子。ρ 因子是 *ρ* 基因的产物，广泛存在于原核和真核细胞中，由 6 个亚基组成，分子质量为 300kDa，其结合在新生的 RNA 链上，借助水解 ATP 获得能量，推动其沿着 RNA 链移动，但移动速度比 RNA 聚合酶慢，当 RNA 聚合酶遇到终止子时便发生暂停，ρ 因子得以赶上。ρ 因子与 RNA 聚合酶相互作用，导致 RNA 释放，并使 RNA 聚合酶与该因子一起从 DNA 上释放下来，转录过程结束。

二、转录产物的加工

转录产生的 RNA 分子直接作为成熟 RNA 发挥功能的情况较少，大部分原初转录产物 RNA 分子都需要进行加工，形成成熟的 RNA。最常见的 RNA 加工方式包括：①核酸内切酶和外切酶切除部分核苷酸；②在原初转录产物或切割产物的 5′端或 3′端添加核苷酸；③对碱基或糖苷进行核苷酸修饰；④进行非编码顺序或居间序列的剪接等。在原核和真核生物中都存在 RNA 的加工过程，原核生物主要涉及 rRNA 和 tRNA 的加工；而真核生物的基因大多是断裂的，即一个基因可由多个内含子（非编码区）和外显子（编码区）间隔排列形成，前体 mRNA 需经过加工和修饰，删除内含子而转化为成熟 mRNA，才能进一步将遗传信息翻译成蛋白质。因此，真核生物 RNA 加工至少涉及 rRNA、tRNA 和 mRNA。

（一）真核生物 rRNA 的加工

真核生物 rRNA 基因（rDNA）位于核仁中，不同物种中 rDNA 的大小不一，重复单位有数百个至数千个。重复单位间有间隔区（spacer region）。由 RNA 聚合酶 I 转录在核仁部位的 rDNA，形成 45S rRNA 的 rRNA 前体，45S rRNA 经加工和酶裂解形成 28S、18S 和 5.8S 的成熟 rRNA；真核生物 5S rRNA 基因也是高丰度串联重复的，在核仁外转录为 5S rRNA 后转移到核仁，和 28S rRNA、5.8S rRNA 及 49 种蛋白质装配成大亚基，18S rRNA 与 33 种蛋白质装配成小亚基，共同组成核糖体由核内转运到细胞质中。

（二）真核生物 tRNA 的加工

tRNA 前体由 RNA 聚合酶Ⅲ催化生成，其加工包括切除 5′端及 3′端多余的核苷酸、去除内含子、3′端加 CCA，以及碱基的修饰。tRNA 的剪接反应由不同的蛋白酶催化完成，如 RNase D、RNase E、RNase F、RNase P 等。在 RNase P 的作用下，将 tRNA 前体 5′端多余的核苷酸切除而产生成熟的 5′端。由 RNase D 切除 tRNA 前体 3′端多余的 U，加上 CCA-OH 末端，完成 tRNA 柄部结构。tRNA 前体中的内含子通过核酸内切酶催化切除，再通过连接酶将外显子部分连接起来。

tRNA 中含有多种稀有碱基，是在 tRNA 前体加工过程中通过化学修饰作用形成的，tRNA 前体中约 10%的核苷酸经酶促修饰，其修饰的方式包括：①甲基化反应，在 tRNA 甲基转移酶的催化下，某些嘌呤生成甲基嘌呤，如 A→mA，G→mG；②还原反应，某些尿嘧啶还原为二氢尿嘧啶（DHU）；③脱氢反应，某些腺苷酸脱氢成为次黄嘌呤核苷酸；④碱基转位反应，尿嘧啶核苷酸转化为假尿嘧啶核苷酸。

（三）真核生物 mRNA 的加工

真核细胞核前体 mRNA 加工主要包括转录初产物 5′端加“帽子结构”、3′端加 polyA 尾巴、剪接除去由内含子转录来的序列及外显子拼接等过程（图 1-3）。

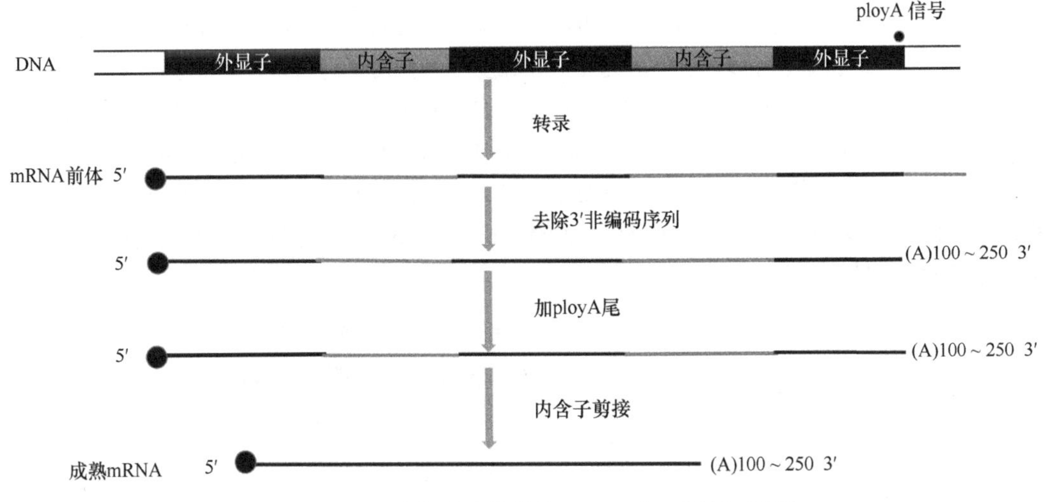

图 1-3 真核生物核前体 mRNA 加工过程示意图

1. 5′端加帽

核基因转录产物第一个核苷酸为三磷酸核苷（通常为 A 或 G，5′ppp$^{A/G}$pNpNpNp…），当 RNA 聚合酶Ⅱ转录目标基因产生 20～30nt RNA 链时，其 5′端开始发生 7-甲基鸟苷（m^7G）的化学修饰，形成 N^7-甲基-鸟嘌呤三磷酸的帽子结构（$m^7G^{5'}ppp^{5'}Np$…）。帽子结构广泛存在于真核生物 mRNA 中。该反应由 mRNA 鸟苷酰转移酶催化，在第一和第二转录核苷酸上的糖苷也会发生甲基化。帽子结构可以通过保护 mRNA 的 5′端免受核酸外切酶降解而加强 mRNA 的稳定性，延长其半衰期；其还是重要的转录后调控单元，能使 mRNA 顺利被翻译起始启动因子识别。因此，帽子结构在 mRNA 稳定性、核转运和翻译起始等过程中均具有重要作用。

2. 3′端多聚腺苷化

真核生物 mRNA 前体（pre-mRNA，也称 hnRNA）的多聚腺苷化是转录终止、mRNA 从细胞核转运到细胞质并有效翻译、mRNA 免受核酸外切酶攻击的重要机制之一。大多数 hnRNA 的 3′端切割点上游 10～30nt 处有一段非常保守的 5′-AAUAAA-3′序列，为多聚腺苷化信号，在切割点下游 20～40nt 处，有一个富含 GU 的序列（图 1-4）。hnRNA 加尾是经核酸内切酶在多聚腺苷化信号和下游 GU 富集区序列之间切割，释放 hnRNA 和 RNA 聚合酶Ⅱ，形成可以进行多聚腺苷化的 3′自由末端，在该位点添加 100～250 个腺苷酸的 polyA 尾巴。

3. hnRNA 剪接

绝大多数真核生物的核基因为断裂基因（interrupted gene），其结构基因由编码和非

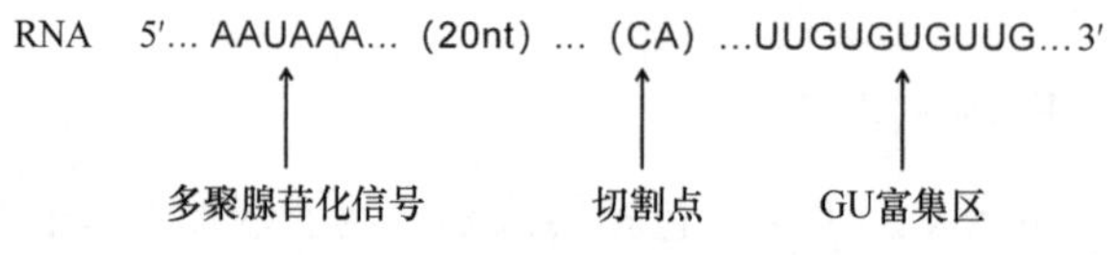

图 1-4 hnRNA 加尾特征序列

编码序列相间排列而成，其中编码序列称为外显子（exon），非编码的可转录序列为内含子（intron），断裂基因转录初产物为极不稳定、分子大小分布宽、序列复杂程度高的hnRNA。在细胞核内，前体 RNA 加工时，内含子被有序删除、邻近外显子连接的过程称为 RNA 剪接（RNA splicing）。hnRNA 中内含子的两端边界存在保守的剪接信号，内含子 5′端的剪接位点为保守的 GU 序列，3′端的剪接位点为保守序列 AG（图 1-5）。GU-AG 作为剪接位点，都是被成对识别的，不同的 hnRNA 之间和不同组织间没有剪接位点的特异性。

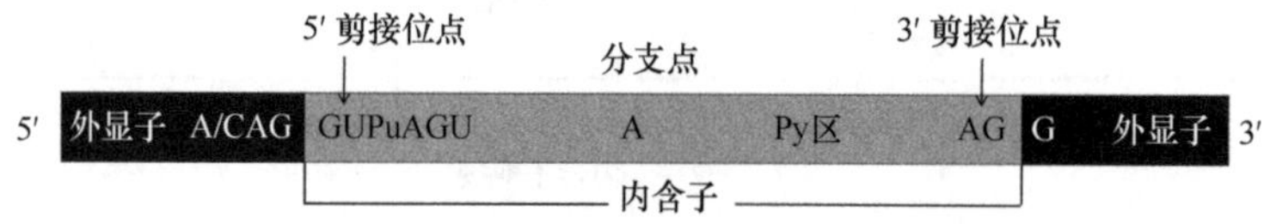

图 1-5 hnRNA 内含子末端 GU-AG 规则

不同基因的内含子结构不同，因此剪接机制也多样化。Ⅰ型和Ⅱ型内含子为自我剪接，不需要蛋白酶的协助，只需要产生亲核攻击的羟基就可以完成自我剪接过程，多见于线粒体、叶绿体及 rRNA 基因。自我剪接是由内含子内特定的 RNA 所催化的，这种具有核酸内切酶功能的 RNA 分子称为核酶（ribozyme），这一催化功能对于了解生命的进化具有重要价值。Ⅲ型内含子通常指细胞核 mRNA 前体即 hnRNA 的内含子，由剪接体（spliceosome）介导完成。所有类型的内含子剪接均由两步连续的转酯反应完成。

hnRNA 内含子的剪接由两步转酯反应完成（图 1-6），使得 hnRNA 中原有的某些磷

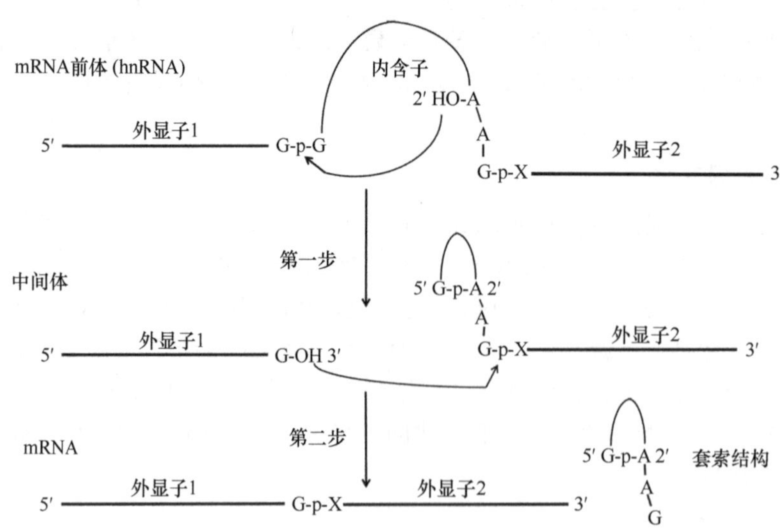

图 1-6 转酯反应移除核前体 mRNA 内含子示意图

酸二酯键断开并在另一位置形成新的磷酸二酯键。第一步转酯反应是由位于内含子分支点的保守 A 的 2′-OH 亲核攻击 5′剪接位点的 G，使得外显子 3′端与内含子 5′剪接位点之间的磷酸二酯键断开，游离出来的内含子 5′端通过 5′-2′磷酸二酯键与分支点 A 的 2′-OH 连接，形成套索（lariat）。第二步转酯反应中，由上一步释放的 5′外显子的游离 3′-OH 亲核攻击内含子 3′剪接位点，使得 5′和 3′外显子连接起来，并释放包含内含子的套索结构。

上述的转酯反应由剪接体介导完成，剪接体是 mRNA 前体与富含 U 的核小核糖核蛋白（small nuclear ribonucleoprotein，snRNP）颗粒构成的复合物，snRNP 含 150 种蛋白质和 5 种 RNA（U1、U2、U4、U5 和 U6）。在 ATP 酶存在下，剪接体在外显子间形成 3′-5′磷酸二酯键，完成转酯反应，继而 U1、U2、U4、U5 和 U6 snRNP 与形成套索状的内含子复合结构脱离外显子，外显子剪接完成。

每种 snRNP 的功能不同，U1 snRNP 识别 hnRNA 内含子 5′剪接信号和相邻的外显子 3′端并互补配对，形成前剪接体（pre-spliceosome），起始剪接过程。随着 U2 snRNP 和内含子分支点 A 的配对结合，U1 与 U2 snRNP 完成了内含子的识别与定界，创造了它们之间的内含子两端序列在空间上相互接近的条件，是剪接反应之必需。U5 snRNP 识别内含子 3′剪接位点，促使相邻两个外显子的 3′端和 5′端靠近。U4/U6 和 U5 snRNP 三聚体与前剪接体结合形成完整剪接体。在随后的降解过程中，U1 snRNP 被释放以便 U6 snRNP 与内含子的 5′剪接位点相互作用；随即 U4 从 U6 snRNP 分离，使后者能和 U2 snRNP 配对形成催化活性位点，保证了 U6/U2 snRNP 催化完成两次转酯反应，使两个外显子拼接在一起（图 1-7）。

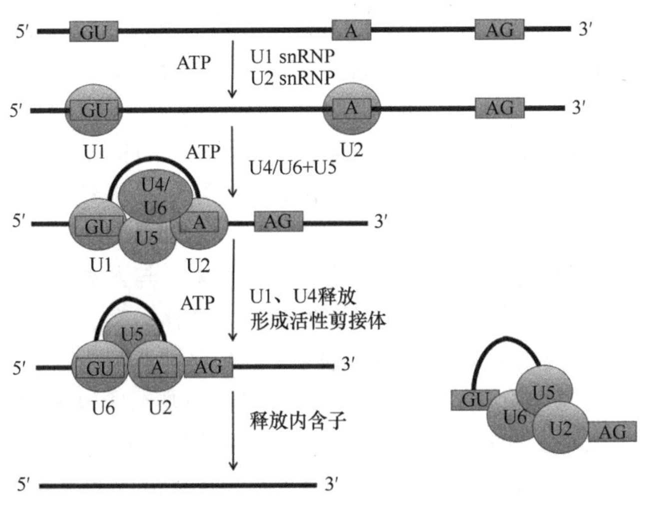

图 1-7　剪接体剪接内含子

（四）mRNA 的可变加工

在高等真核生物中，内含子通常是有序或组成性地从 mRNA 前体中被规范地剪接。然而在个体发育或细胞分化时，需要产出组织或发育特异性 mRNA，为可变 mRNA 加工，该过程可将前体 mRNA 转化为一种以上的成熟 mRNA，通过利用不同的剪接位点和 polyA 位点，以及 RNA 编辑等过程来实现对前体 mRNA 进行可变加工。人类基因组中，大约 60%的基因能发生可变剪接，最大限度扩展了基因组的蛋白编码潜力。

mRNA 的可变加工包括：可变启动子、可变剪接和可变 polyA 位点等类型。许多真核生物基因利用可变启动子产生不同的转录物及蛋白质产物，以适应不同的发育阶段或组织特异性需求；另外，某些前体 mRNA 含有一个以上的 polyA 位点，可产生不同类型的成熟 mRNA。在可变加工中比较重要的是可变剪接（alternative splicing），通过利用内含子的不同 5′和 3′剪接位点，可从一个单一前体 mRNA 产生出相异的成熟 mRNA。类型包括：外显子跳读（exon skipping）、外显子互相排斥（exon mutually exclusion）、可变 5′供体位点（alternative 5′ donor site）、可变 3′受体位点（alternative 3′ acceptor site）和内含子滞留（intron retention）等。剪接由剪接复合体完成，由顺式元件决定边界、供受体等特性。果蝇中的性别决定蛋白就与 RNA 的可变剪接有关。

由 Benne 等于 1986 年首先发现的 RNA 编辑（RNA editing）也是 RNA 可变加工的一种形式，已从病毒到高等动植物，从 tRNA 到 rRNA、mRNA、snRNA 都发现了 RNA 编辑的存在，其具体方式包括 U 的插入或删除，C、G、A 等碱基的插入及 C 与 U 或 A 与 G 的取代等，可改变特定密码子的含义甚至整个阅读框。

载脂蛋白 B 合成过程中的 RNA 编辑是核苷酸置换的一个典型实例。哺乳动物的载脂蛋白 B 为单拷贝基因的产物，其编码区由来自 29 个外显子的 4563 个密码子所组成，在肝中转录和翻译得到肝型载脂蛋白 B；在小肠中获得的肠型载脂蛋白 B 不再拥有 C 端的 LDL 受体结合区，原因在于 mRNA 第 2153 个密码子中的 C 变成了 U，将编码谷氨酰胺的 CAA 变成了终止密码子 UAA。C 到 U 的转变依赖于识别 RNA 靶序列的胞嘧啶脱氨酶或转糖酰酶，与 RNA 编辑有关的 RNA 序列被定位于该密码子下游约 55 个核苷酸所形成的茎环结构，其中第 5～15 位上的碱基最为重要，可能是蛋白质识别和结合的区域。碱基的置换在编辑体中进行，成年鼠的肝中同时存在两种类型的载脂蛋白 B，甲状腺素则可以诱导肝细胞中发生 RNA 编辑。

U 的插入或删除主要出现在锥虫和植物的线粒体中。与人类相比，锥虫线粒体的细胞色素氧化酶亚基Ⅱ的基因在 170 位密码子处存在一个移码突变，但在其转录产物中由于插入了 4 个 U 而恢复了正确的读码框，表明 RNA 编辑不仅能够调节基因的表达，而且是一种重要的补救机制。U 的插入或删除需要以其他基因所编码的指导 RNA（guide RNA，gRNA）作为模板。线粒体内的 gRNA 是一种小分子 RNA，长 55～70nt，其 5′锚定区能以正常碱基配对或 G-U 配对方式与 mRNA 上的互补序列形成双链，然后以 3′羟基对编辑位点处的磷酸二酯键发起亲核攻击，通过与Ⅰ型内含子自我剪接相似的催化中心结构和两步转酯反应完成 U 的插入或缺失。

RNA 编辑在真核生物基因表达中有着重要的生物学功能，首先，其具有校正作用，可以使有些基因在突变过程中丢失的遗传信息通过 RNA 编辑得以恢复，如锥虫线粒体的细胞色素氧化酶亚基Ⅱ的基因；其次，通过 RNA 编辑可以构建或去除起始密码子和终止密码子，这是真核基因表达调控的一种方式；最后，RNA 编辑还扩充了遗传信息，能使基因产物获得新的结构和功能，有利于生物的进化。

第五节　生物信息传递——mRNA 指导下的蛋白质合成

蛋白质是基因表达的最终产物，其生物合成过程是遗传信息传递的翻译过程，即将 DNA 的遗传信息传递给 mRNA，再转换为蛋白质中特定的氨基酸排列顺序，是基因表达的最后一步。DNA 基因中的遗传信息，通过转录成为携带遗传信息的 mRNA，其作为合成各种多肽链的模板，指导合成具有特定氨基酸排列顺序的蛋白质。

一、翻译模板 mRNA 及遗传密码

（一）遗传密码

mRNA 作为蛋白质生物合成的模板，以核苷酸序列的形式指导多肽链氨基酸序列的合成。从 mRNA 5′端起始密码子到终止密码子前的一段 DNA 序列，代表一个假定或已知的基因，称为可读框（open reading frame，ORF）。ORF 内每 3 个碱基组成的三联体称为遗传密码子（genetic codon），其决定一种氨基酸。依据人工设计合成的各种 mRNA 进行体外翻译所得实验结果，破译了遗传密码子（表 1-3）。

表 1-3　通用遗传密码表

第一个核苷酸（5′端侧）	第二个核苷酸				第三个核苷酸（3′端侧）
	U	C	A	G	
U	苯丙氨酸	丝氨酸	酪氨酸	半胱氨酸	U
	苯丙氨酸	丝氨酸	酪氨酸	半胱氨酸	C
	亮氨酸	丝氨酸	终止密码	终止密码	A
	亮氨酸	丝氨酸	终止密码	色氨酸	G
C	亮氨酸	脯氨酸	组氨酸	精氨酸	U
	亮氨酸	脯氨酸	组氨酸	精氨酸	C
	亮氨酸	脯氨酸	谷氨酰胺	精氨酸	A
	亮氨酸	脯氨酸	谷氨酰胺	精氨酸	G
A	异亮氨酸	苏氨酸	天冬酰胺	丝氨酸	U
	异亮氨酸	苏氨酸	天冬酰胺	丝氨酸	C
	异亮氨酸	苏氨酸	赖氨酸	精氨酸	A
	甲硫氨酸	苏氨酸	赖氨酸	精氨酸	G
G	缬氨酸	丙氨酸	天冬氨酸	甘氨酸	U
	缬氨酸	丙氨酸	天冬氨酸	甘氨酸	C
	缬氨酸	丙氨酸	谷氨酸	甘氨酸	A
	缬氨酸	丙氨酸	谷氨酸	甘氨酸	G

（二）遗传密码的特点

（1）连续性：从 mRNA 的 5′起始密码子开始，各三联体密码子连续阅读而无间断也没有重叠，即起始密码子决定了所有后续密码子的位置，如果阅读框架中有碱基的插入或缺失，就会造成移码突变（frameshift mutation）。

（2）简并性：除色氨酸和甲硫氨酸只有一个密码子外，其余氨基酸有多个密码子。

这种由多种密码子编码一种氨基酸的现象称为简并性（degeneracy），代表同一种氨基酸的密码子称为同义密码子（synonymous codon）。

（3）摆动性：从遗传密码表可以看到，决定同一种氨基酸密码子的前两个核苷酸往往是相同的，只是第三个核苷酸不同，表明密码子的特异性由第一、第二个核苷酸决定，第三位碱基发生点突变时仍可翻译出正常的氨基酸。这是由于 mRNA 密码子与 tRNA 分子上的反密码子间通过碱基配对正确识别，密码子的前两位碱基和反密码子严格配对，而第三位碱基与反密码子第一位碱基不严格遵守 A-T、G-C 的配对规则，只形成松散的氢键，这一特性称为遗传密码配对的摆动（wobble），其决定了密码子的简并性。

（4）通用性：遗传密码无论是在体内还是在体外，也不论是对病毒、细菌、动物还是植物都是通用的，这表明密码子可能在生命进化的早期就已建立。正是因为生物界共用一套遗传密码，不同物质之间的遗传转化才成为可能，也才能在遗传工程中得到充分的运用。虽然遗传密码具有通用性，但研究者也发现了少数例外，如线粒体密码子与标准密码子不同，AUA 与 AUG 含义相同，代表 Met 和起始密码子；UGA 为 Trp 的密码子而不是终止密码子；AGA 和 AGG 是终止密码子等。

二、tRNA 和氨酰-tRNA

在氨酰-tRNA 合成酶的催化下，特定的 tRNA 可与相应的氨基酸结合，生成氨酰-tRNA，从而携带氨基酸参与蛋白质的生物合成。tRNA 3′端共有的 CCA 序列是氨基酸结合部位。tRNA 中的反密码子环上的反密码子能识别 mRNA 中的密码子并且与它配对结合。因此，在蛋白质的生物合成过程中，tRNA 起着运输氨基酸和介导密码子与氨基酸之间转换的作用。

tRNA 与相应氨基酸的正确结合依赖于氨酰-tRNA 合成酶（aminoacyl-tRNA synthetase）。该酶具有绝对的专一性，能特异性地识别氨基酸和 tRNA，并利用 ATP 释放的能量完成氨酰-tRNA 的合成。氨酰-tRNA 的合成分两步完成：首先，氨基酸被 ATP-酶（E）复合体（ATP-E）活化成氨基酰-AMP-E；其次，活化的氨基酸与 tRNA 结合。酶分别对氨基酸和 tRNA 两种底物进行特异性识别，从而准确无误地完成氨酰-tRNA 的合成。同时氨酰-tRNA 合成酶还有校正活性，对上述两步反应任何错误都会加以更正。

原核生物的起始密码子只能辨认甲酰化的甲硫氨酸，即 *N*-甲酰甲硫氨酸（formylmethionine，fMet）。但在真核生物中，起始密码子 AUG 也为甲硫氨酸的密码子，参与翻译起始的甲硫氨酰 tRNA 为起始 tRNA（initiator tRNA，$tRNAi^{Met}$），它与 mRNA 中间的 AUG 密码子的甲硫氨酰-tRNA（elongation tRNA，$tRNAe^{Met}$）结构不同，$tRNAi^{Met}$ 和 $tRNAe^{Met}$ 分别被起始因子和延长中起催化作用的酶辨认。

三、rRNA 和核糖体

核糖体是指导蛋白质合成的大分子机器，为一个致密的核糖核蛋白颗粒，是 rRNA 和几十种蛋白质组成的亚细胞结构。核糖体分为两类：一类附着于粗面内质网，主要参与分泌性蛋白质的合成；另一类游离于胞质参与细胞固有蛋白质的合成。原核生物中的核糖体大小为 70S，含 30S 小亚基和 50S 大亚基。小亚基由 16S rRNA 和 21 种蛋白质构成，大亚基由 5S rRNA、23S rRNA 和 36 种蛋白质构成。真核生物中的核糖体大小为 80S，含 40S 小亚基和 60S 大亚基。小亚基由 18S rRNA 和 33 种蛋白质构成，大亚基则由 5S rRNA、28S rRNA 和 49 种蛋白质构成，在哺乳动物中还含有 5.8S rRNA。大肠杆菌核糖体的空间结构为椭圆球体，其 30S 亚基呈哑铃状，50S 亚基中间凹陷形成空穴，将 30S 小亚基抱住，两亚基的结合面为蛋白质生物合成的场所。

核糖体的小亚基可与 mRNA、GTP 和起始 tRNA 结合。大亚基具有两个不同的 tRNA 结合点，A 位（氨基酸部位或受位）可与新进入的氨酰-tRNA 结合；P 位（肽基部位或供位）可与延伸中的肽酰基 tRNA 结合。大亚基具有转肽酶活性，可将供位上的肽酰基转移给受位上的氨酰-tRNA，形成肽键。大亚基具有 GTP 酶（GTPase）的活性，为起始因子、延伸因子及释放因子的结合部位。

在蛋白质生物合成过程中，多个核糖体结合在同一 mRNA 分子上同时进行翻译，形成念珠状的多聚核糖体（polyribosome）。细胞通过多聚核糖体的方式合成蛋白质，大大提高了翻译的效率。

四、蛋白质合成过程

蛋白质合成包括起始、延伸和终止三个阶段，由 mRNA 序列中的密码子指导，在核糖体上从 N 端到 C 端合成特定氨基酸序列的肽链。其需要多种辅助因子，参与多肽链起始和延伸的蛋白质是细胞内含量最为丰富的蛋白质组群之一。

（一）翻译的起始

起始密码子是位于 mRNA 5′端起始部位的 AUG，编码甲硫氨酸。翻译的起始是把带有甲硫氨酸的起始 tRNA、mRNA 结合到核糖体上，形成核糖体-mRNA-起始 tRNA 复合物，此过程还需要多种起始因子共同参与。

原核生物翻译的起始可分为 4 步：①核糖体大、小亚基分离，起始因子（initiation factor，IF）IF-3、IF-1 和核糖体结合，使核糖体大、小亚基分开，以利于 mRNA 和 fMet-tRNA 结合到核糖体小亚基上；②mRNA 与小亚基结合，原核生物中每一个 mRNA 的 5′端都具有核糖体结合位点，它是位于翻译起始 AUG 上游 8～13 个核苷酸处、由 4～6 个核苷酸组成的富含嘌呤的序列，称为 SD 序列（Shine-Dalgarno sequence）。这段序列正好与 30S 小亚基中的 16S rRNA 3′端一部分序列互补，因此 SD 序列又称为核糖体结合序列（ribosome binding sequence，RBS）；③密码子与反密码子配对，紧接 SD 序列的小段核苷酸又可以被核糖体小亚基蛋白辨认，然后 fMet-tRNA 与 mRNA 分子中的 AUG 结合；④核糖体大、小亚基结合，fMet-tRNA 结合后，IF-3 脱离小亚基，核糖体 50S 大亚基与 30S 小亚基结合形成 70S 的起始复合物，同时 GTP 水解，IF-1 和 IF-2 脱离起始复合物，甲酰甲硫氨酰 tRNA 占据 P 位，A 位空出，与 mRNA 上第二个密码子对应的氨酰-tRNA 即可进入 A 位。

真核生物翻译的起始比原核生物要复杂。总体上看，真核生物需要更多起始因子（eIF）的参与；真核生物的核糖体是由 40S 的小亚基和 60S 的大亚基组成的 80S 的核糖体；真核生物翻译的起始 tRNA 所携带的甲硫氨酸不需要甲酰化。目前在真核生物的 mRNA 起始密码子上游未发现有 SD 序列。实验证明，带帽子的 mRNA 5′端与 18S rRNA 的 3′端序列之间存在不同于 SD 序列的碱基配对相互作用，因此，真核 mRNA 的 5′帽子结构能促进起始反应。40S 起始复合物形成过程中有一种蛋白因子——帽子结合蛋白（eIF-4E），能专一地识别 mRNA 的帽子结构，与 mRNA 的 5′端结合生成蛋白质-mRNA 复合物，促进起始复合物的形成。除了帽子结构，40S 小亚基还能识别 mRNA 上的起始密码子 AUG。1978 年，Kozak 等提出一个“扫描模型”，即 40S 小亚基先识别 mRNA 的帽子结构，结合到 mRNA 链上，然后沿 mRNA 移动，当遇到 AUG 时，由于 $tRNAi^{Met}$ 反密码子与 AUG 配对，移动暂停。60S 大亚基与 40S 复合物结合，生成 80S 的起始复合物。

（二）翻译的延伸——肽链的延长

与翻译的起始不同，肽链的延伸机制在原核和真核细胞之间非常相似，为一个不断连续、循环进行的过程，称为核糖体循环（ribosomal cycle），每个循环过程包括氨酰-tRNA 进位、肽键生成和移位三个步骤，每循环一次延长一个氨基酸，直到出现肽链合成终止信号。延长过程需要的蛋白质因子称为延伸因子（elongation factor，EF）。

起始复合物形成后，fMet-tRNA 或 Met-tRNAi 占据了核糖体的 P 位，第二个密码子相应的氨酰-tRNA 进入核糖体 A 位，称为进位（entrance）。延伸因子 EF-T 促进这一过程，EF-T 由 EF-Tu 和 EF-Ts 两个亚基组成，当 EF-Tu 与 GTP 结合后可释放出 EF-Ts，EF-Tu-GTP 与氨酰-tRNA 形成三元复合物——氨酰-tRNA-Tu-GTP，并进入核糖体 A 位，消耗 GTP 水解能量完成进位，并释放出 EF-Tu-GDP，EF-Ts 促进 EF-Tu 释放出 GDP 并重新形成 EF-Tu-EF-Ts 二聚体（EF-T），再次被利用，催化另一分子氨酰-tRNA 进位。之后，在转肽酶的催化下将 P 位上的 tRNA 所携带的甲酰甲硫氨酰基或肽酰基转移到 A 位上的氨酰-tRNA 上，与其 α-氨基缩合形成肽键，该过程称为成肽（peptide bond formation）。最后一步是易位（translocation），即核糖体向 mRNA 的 3′端方向移动一个密码子，使得二肽酰-tRNA 进入 P 位，A 位再次空缺，且对应 mRNA 第三个密码，原 P 位上已失去甲酰甲硫氨酰基或肽酰基的 tRNA 从核蛋白上脱落。继而第三号氨基酸按密码子指引进入 A 位，重复上述循环，使肽链延长。EF-G 有转位酶活性，水解 GTP 供能量。

（三）多肽合成的终止——翻译的终止

在肽链的延伸过程中，当终止密码子 UAA、UAG 或 UGA 出现在核糖体的 A 位时，没有氨酰-tRNA 与其对应，而释放因子（release factor，RF）能识别这些密码子并与之结合，水解 P 位上多肽链与 tRNA 之间的二酯键，释放出新生成的肽链和 tRNA，解离核糖体大小亚基，蛋白质合成结束。RF 具有 GTP 酶活性，其中 RF-1 辨认终止密码子 UAA、UAG，RF-2 可辨认 UAA、UGA，RF-3 为释放因子，与核糖体解离有关。真核细胞多肽合成终止时，只有一种释放因子有 GTP 酶活性，可以和原核细胞的三种释放因子一样促进肽链合成终止。

五、翻译后加工

核糖体新合成的多肽链是蛋白质的前体分子，需要在细胞内经各种加工修饰，才能转变成有生物活性的蛋白质，此过程称翻译后加工。

（一）一级结构的加工修饰

（1）肽段的切除：由专一性的蛋白酶催化，将部分肽段切除，如某些酶原的激活。肽段切除的酶系有时具有细胞特异性，部分仅仅表达于特异的细胞，如切除胰岛素C肽的酶只在胰岛β细胞中表达。

（2）N端甲酰甲硫氨酸或甲硫氨酸的切除：每个多肽链合成时第一个氨基酸多是N端甲酰甲硫氨酸，但在成熟的蛋白质结构中却很少见，在加工时被切除，而且必须在多肽链折叠成一定的空间结构之前被切除。

（3）氨基酸的修饰：由专一性的酶催化进行修饰，包括糖基化、羟基化、磷酸化、甲酰化等。

（二）蛋白质的折叠

（1）二硫键的形成：由专一性的氧化酶催化，将—SH 氧化为—S—S—。该反应一般是一个双向的过程。还原剂可以将—S—S—还原为—SH，烫发和蛋白质电泳时一般要用药物打断—S—S—。

（2）构象的形成：在分子内伴侣、辅酶及分子伴侣的协助下，形成特定的空间构象。分子伴侣（molecular chaperone）是细胞内结构上互不相同的蛋白质家族，其ATP酶活性能利用ATP的能量使结合肽段释放，促进新生肽逐段折叠为功能构象。

（三）高级结构的修饰

具有四级结构的蛋白质各亚基分别合成，再聚合成四级结构。亚基聚合过程有一定顺序，各亚基聚合方式及次序由亚基的氨基酸序列决定。细胞内多种结合蛋白如脂蛋白、色蛋白、核蛋白、糖蛋白等，合成后需要和相应辅基结合，如血红蛋白结合血红素、核蛋白结合核酸。糖蛋白的多肽合成后，可在内质网、高尔基体等部位添加糖链。

（四）蛋白质合成后的靶向分拣

细胞内合成的蛋白质按合成后的功能和去向分成两类：一类是胞液蛋白，由游离核糖体合成，包括过氧化物酶体（peroxisome）蛋白、线粒体蛋白及核内蛋白；另一类蛋白为分泌蛋白和膜蛋白，由结合于粗面内质网膜的核糖体合成。许多蛋白质合成后经靶向运送到其相应功能部位，称为蛋白质的靶向运输（targeting transport）或蛋白质分选（protein sorting）。而蛋白质靶向运输的信号存在于蛋白质的氨基酸序列中，如线粒体的蛋白质一般在N端有12～30个疏水氨基酸；细胞核定位的蛋白质一般有7～9个内在的连续的碱性氨基酸；而最后定位于过氧化物酶体的蛋白质一般含有C

端 SKL 保守序列。

各种分泌蛋白合成后经内质网、高尔基体以分泌颗粒的形式分泌到细胞外。指引分泌蛋白分送过程的信号序列被称为信号肽（signal peptide）。信号肽位于新合成的分泌蛋白前体 N 端，含 15～30 个氨基酸残基，包括氨基端带正电荷的亲水区（1～7 个残基）、中部疏水核心区（15～19 残基）、近羧基端含小分子氨基酸的信号肽酶切识别区共三部分。实验证明信号肽对分泌蛋白的靶向运输起决定作用。在转基因表达中，需要依据目的对信号肽做出取舍。

粗面内质网上的核糖体还合成各种膜蛋白及溶酶体蛋白。除信号肽外，膜蛋白前体序列中还含有其他定位序列，它们富含疏水氨基酸序列，能形成跨膜结构。膜蛋白合成后，按上述过程穿入内质网膜，并以各定位序列固定于内质网膜，成为膜蛋白。然后以膜囊（membrane vesicle）形式把膜蛋白靶向运输到膜结构部位与膜融合，这样膜蛋白根据其功能定向镶嵌于相应膜中。

（倪　娟　汪　旭　薛京伦）

参考文献

陈启民，耿运琪. 2010. 分子生物学. 北京：高等教育出版社.

薛京伦，潘雨堃，陈金中，等. 2018. 医学分子遗传学. 5 版. 北京：科学出版社.

朱玉贤，李毅，郑晓峰，等. 2019. 现代分子生物学. 5 版. 北京：高等教育出版社.

Avery O T, MacLeod C M, McCarty M. 1944. Studies on the chemical nature of the substance inducing transformation of pneumococcal types: induction of transformation by a desoxyribonucleic acid fraction isolated from pneumococcus type III. J Exp Med, 79(2): 137-158.

Cai Y M, Yu X M, Hu S N, et al. 2009. A brief review on the mechanisms of miRNA regulation. Genomics Proteomics & Bioinformatics, 7(4): 147-154.

Cramer P. 2019. Organization and regulation of gene transcription. Nature, 573(7772): 45-54.

Crick F H C, Barnett L, Brenner S, et al. 1961. General nature of the genetic code for proteins. Nature, 192(4809): 1227-1232.

Dai Q, Smibert P, Lai E C. 2012. Exploiting Drosophila genetics to understand microRNA function and regulation. Curr Top Dev Biol, 99: 201-235.

Diener T O. 1999. Viroids and the nature of viroid diseases. Arch Virol Suppl, 15: 203-220.

Grogan D W, Carver G T, Drake J W. 2001. Genetic fidelity under harsh conditions: analysis of spontaneous mutation in the thermoacidophilic archaeon *Sulfolobus acidocaldarius*. Proc Natl Acad Sci USA, 98(14): 7928-7933.

Hershey A D, Chase M. 1952. Independent functions of viral protein and nucleic acid in growth of bacteriophage. J Gen Physiol, 36(1): 39-56.

Huang Y, Shen X J, Zou Q A, et al. 2010. Biological functions of microRNAs. Bioorg Khim, 36(6): 747-752.

Kozak M. 1989. The scanning model for translation: an update. J Cell Biol, 108(2): 229-241.

Krebs J E, Goldstein E S, Kilpatrick S T. 2017. Lewin's GENES XII. Sudbury, MA: Jones and Bartlett Publishers, Inc.

Lin H F. 2007. piRNAs in the germline. Science, 316(5823): 397.

Mclennan A, Bates A, Turner P, et al. 2012. Instant Notes in Molecular Biology. Fourth Edition. New York: Garland Science.

Meselson M, Stahl F W. 1958. The replication of DNA in *Escherichia coli*. Proc Natl Acad Sci USA, 44(7): 671-682.

Passmore L A, Coller J. 2022. Roles of mRNA poly(A) tails in regulation of eukaryotic gene expression. Nat Rev Mol Cell Biol, 23(2): 93-106.

Peláez N, Carthew R W. 2012. Biological robustness and the role of microRNAs: a network perspective. Curr Top Dev Biol, 99: 237-255.

Pellicer A, Wigler M, Axel R, et al. 1978. The transfer and stable integration of the HSV thymidine kinase gene into mouse cells. Cell, 14(1): 133-141.

van Wynsberghe P M, Chan S P, Slack F J, et al. 2011. Analysis of microRNA expression and function. Methods Cell Biol, 106: 219-252.

Wilkins M F H, Stokes A R, Wilson H R. 1953. Molecular structure of DNA. Nature, 171: 738-740.

Yanofsky C, Carlton B C, Guest J R, et al. 1964. On the colinearity of gene structure and protein structure. Proc Natl Acad Sci USA, 51(2): 266-272.

第二章

基因组的结构功能与变异

生物多样性是地球独有的宝贵财富，其维持和延续依赖于细胞对自身遗传物质进行高效而忠实地存储、复制及翻译。基因（gene）是遗传物质中高度信息化、决定某一物种生物学属性的脱氧核糖核酸（deoxyribonucleic acid，DNA）片段。gene 一词于 1909 年由丹麦植物学家威廉·约翰森（Wilhelm Johannsen）首次提出，取代了格雷戈尔·孟德尔（Gregor Mendel）提出的 factor（因子）一词。gene 的汉语译名“基因”不仅体现了音译，更完美地诠释了基因的本质，即生命的基本因子。

自孟德尔开创遗传学以来，人们就在不断地探究基因的本质及其化学结构。染色质（chromatin）最早是华尔瑟·弗莱明（Walther Flemming）于 1879 年提出的用于描述细胞核中易被碱性染料染上颜色的物质。随后，科学家发现染色质在细胞进入有丝分裂时会发生形态上的改变，形成丝状结构，故而引入染色体（chromosome）的概念。染色体是由 DNA 和蛋白质组成的，是基因的载体，控制物种形态、生理和生化等特征的结构基因以线性方式排列在染色体上。1953 年，詹姆斯·沃森（James Watson）和弗兰克斯·克里克（Francis Crick）解析了 DNA 双螺旋结构，标志着遗传学和分子生物学的发展进入了新纪元。20 世纪 90 年代开始的人类基因组计划（Human Genome Project，HGP），使遗传学研究从传统的一次研究单个或少数几个基因转变为以生命体所有基因和遗传功能因子为研究对象，并催生了一门既有全基因组规模和广度，又有分子遗传学深度的新学科——基因组学（genomics）。

后基因组学时代的遗传学发展日新月异，基因组学经过 20 余年的发展也已经成为一门成熟的科学学科，推动了生命科学其他学科的高速发展。人类对地球上主要生命体的基因组的结构与功能及其变异也有了更为全面、系统的认识。一方面，基因组不稳定与发育异常、衰老、肿瘤、心血管疾病及神经退行性疾病等密切关联；另一方面，基因组不稳定诱导的基因组多样性也为物种或细胞的适应性演化提供了原始驱动力。

本章内容主要集中在基因组的结构与变异及其在疾病和物种演化中的作用，以及合成基因组学的兴起等方面。对此部分内容的学习有助于我们多尺度、跨层级地理解基因组结构与功能的高度复杂性。

第一节　DNA 和基因的线性结构与功能

一、DNA 双螺旋结构

DNA 具有以下三级结构。

（一）一级结构

DNA 的每一条单链都是由 4 种核苷酸通过磷酸二酯键连接而成。每一种核苷酸包括 1 个脱氧核糖、1 个磷酸基团及 1 个含氮碱基。不同核苷酸之间的差异体现在含氮碱基的不同。含氮碱基为腺嘌呤（adenine，A）、鸟嘌呤（guanine，G）、胞嘧啶（cytosine，C）和胸腺嘧啶（thymine，T）共 4 种。一个脱氧核糖的 5′位和下一个脱氧核糖的 3′位通过共价的 5′-3′磷酸二酯键连接，构成了 DNA 链的骨架。因此，DNA 的一级结构即 DNA 多核苷酸链上的碱基顺序。

（二）二级结构

核苷酸首尾的化学基团存在差异，5′端为磷酸基团，而 3′端为羟基基团。因此，每一条 DNA 链具有了极性，分为 5′磷酸端和 3′羧基端。DNA 两条链的排列为反向平行状态，当两条链靠近的时候，其中一条链上的 A 只能与另一条上的 T 形成 2 个氢键（即配对），而 G 只能与 C 形成 3 个氢键。DNA 两条多核苷酸链围绕同一中心轴相互缠绕，形成双螺旋结构。介导 A-T 和 G-C 之间配对的氢键是稳定 DNA 双螺旋的主要化学相互作用力。此外，相邻碱基间的疏水相互作用（即碱基堆积力）也能有效增加 DNA 双螺旋的稳定性。两条链的缠绕轴并非位于螺旋中心，而是偏向一侧，形成大沟和小沟。

（三）三级结构

在真核生物中，双螺旋是 DNA 自身螺旋化的最高形式。但是在原核生物中，双螺旋的 DNA 可进一步螺旋化形成超螺旋（superhelix）。超螺旋形成的原因是原核生物的染色体是环状的，DNA 双螺旋发生进一步螺旋或者去螺旋后产生的张力无法消除，分别形成正超螺旋和负超螺旋。超螺旋是环状 DNA 分子组装进入空间有限的原核细胞的理想方式。真核生物的线性染色体可以有效释放进一步螺旋化产生的张力，因而不存在大范围的超螺旋现象。但在某些条件下（如 DNA 转录），真核生物的 DNA 也出现局部超螺旋。

由沃森和克里克所提出的双螺旋模型是生物体内最常见的 DNA 类型，又被称为 B-DNA。B-DNA 为右手螺旋，直径为 2.37nm，每一圈螺旋有 10 个碱基对（base pair，bp），螺距为 3.4nm。此外，当 DNA 暴露在不同的湿度环境下时，会产生一些非 B-DNA 结构，如 A-DNA。A-DNA 与 B-DNA 同为右手螺旋，二者差异甚微。A-DNA 直径为 2.55nm，每一圈螺旋有 11bp，螺距为 3.2nm。

二、基因的结构

简单而言，基因就是 DNA 上具有遗传信息、能编码相应 RNA 或蛋白质产物的片段。原核生物和低等真核生物的基因结构较为简单，其编码信息连续存在于 DNA 片段上。高等真核生物的基因结构较为复杂，包括具有编码信息的外显子（exon）和非编码信息的内含子（intron），二者交替出现。平均而言，外显子仅约占基因序列的 5%。蛋白质编码基因被转录后生成信使 RNA（mRNA）前体，随后经过剪接与加工后产生成熟 mRNA。

在该过程中，mRNA 前体中的内含子序列可被切除，外显子则被接合，该过程称为剪接（splicing）。真核生物的基因由于含有外显子/内含子及剪接过程，又被称为断裂基因（interrupted gene）。

哺乳动物中约 94%的基因属于断裂基因。比较基因组学（comparative genomics）研究发现，随着物种演化程度的增加，基因的内含子数量也明显上升。例如，昆虫基因的内含子数通常少于 10 个，而哺乳动物中约 50%的基因内含子数超过 10 个，部分基因内含子数甚至超过 60 个。不同物种间的同源基因内含子的相对位置较为保守，但是内含子的长度差异巨大。例如，在线虫和果蝇中，内含子的长度与外显子相当，但是在脊椎动物中，内含子的长度为 200bp～60kb。因此，真核生物基因长度巨大差异的本质是内含子数量和长度的差异，而不同基因的总外显子长度无明显差异。此外，同源基因之间的内含子序列组成差异也较大，外显子序列极为保守，表明这些基因中内含子的演化速度明显快于外显子。

mRNA 前体在成熟过程中通常利用剪接体将内含子切除，部分类型的内含子可以不依赖外源蛋白的帮助而完成自我剪接。然而，内含子在真核生物中广泛存在，并且随着生物演化程度的增加变得更为复杂。这一看似相悖的现象提示内含子具有潜在的生物学功能。早期研究已经发现内含子序列可编码一些具有调控功能的小 RNA。近几年来，科学家利用酵母作为模式生物开始了对内含子生物学功能的解析。部分 mRNA 前体并未发生剪接，其 5′端序列经过相互作用形成特定的三维结构，并直接影响酵母在营养匮乏等逆境条件下的应答能力。此外，一些被切除的内含子序列也并未被降解而是彼此聚集，与一些剪接因子结合形成稳定的结构。利用基因编辑技术系统地敲除酵母细胞内的全部内含子，这些酵母在营养匮乏的时候较野生酵母更易死亡。因此，内含子可以使真核生物在面对复杂多变的外界环境时，通过增加群体内个体间表型异质性和多样性使群体获得更好的适应能力。

三、DNA 碱基的化学修饰

DNA 碱基可发生一些可逆的甲基化修饰（图 2-1），主要包括三类：C^5-甲基胞嘧啶（C^5-methylcytosine，5mC）、N^4-甲基胞嘧啶（N^4-methylcytosine，4mC）和 N^6-甲基腺嘌呤（N^6-methyladenine，6mA）。一般而言，基因组 DNA 碱基的修饰增加了 DNA 结构、

图 2-1　常见的 DNA 甲基化修饰（彩图请扫封底二维码）

化学性质与功能的多样性，对基因表达具有重要的调节作用。这种不依赖 DNA 序列的改变而引起的基因表达改变有别于传统遗传学所认为的基因表达改变通常由 DNA 序列改变（即突变）所引起，属于表观遗传学（epigenetics）的调控方式。

学术界对 5mC 的研究最为深入。胞嘧啶的甲基化通常由 DNA 甲基转移酶负责，如 DNMT1 和 DNMT3。胞嘧啶的去甲基化则由去甲基化酶 TET 家族负责。哺乳动物基因组中 5mC 占胞嘧啶总量的 2%～7%，约 70%的 5mC 存在于 CpG 二核苷酸中的 C 碱基上。通常而言，5mC 可以增加 DNA 双螺旋的稳定性，使基因表达失活。因此，DNA 甲基化程度越高，该 DNA 附近的基因被转录成 RNA 的可能性就越小。除了沉默基因表达，5mC 还在 X 染色体失活、基因组印记、干细胞多能性和分化等方面发挥了重要作用。此外，TET 酶家族可以氧化 5mC 产生多种新的化学修饰，如 5-羟甲基胞嘧啶、5-羧基胞嘧啶和 5-甲酰基胞嘧啶等。虽然这些氧化型修饰一度被认为是 5mC 去甲基化过程中的中间体，但是它们同样可能发挥了表观遗传调控的功能。

6mA 的产生通常由腺嘌呤甲基转移酶从 *S*-腺苷甲硫氨酸中将甲基基团转移到腺嘌呤上，而 6mA 去甲基化过程可以由多种酶完成，包括 TET 酶家族。6mA 最早发现于原核生物和原生生物中。随着检测技术的革新，6mA 被发现存在于大部分真核生物类群中，如海藻、植物、无脊椎动物，甚至哺乳动物。虽然对 6mA 的功能研究不如对 5mC 系统，但已发现 6mA 在原核生物免疫系统、基因转录、核小体定位、DNA 损伤应答、细胞周期调控等方面有着较为保守的作用。此外，6mA 还参与了环境胁迫应答和染色质结构的调控，甚至介导了部分肿瘤亚型的生长和跨代遗传效应。作为一个新的研究领域，6mA 还有诸多待解决的问题。研究发现 6mA 集中在高转录活性基因的转录起始位点附近，但需要确证 6mA 是否与 5mC 一样是一类用于表观遗传调控基因表达的定向修饰。

4mC 主要发现于一些嗜热的（thermophilic）的细菌和古菌中，对 4mC 的研究较少。与 6mA 一样，4mC 能降低 DNA 双螺旋的稳定性。目前，已报道的有关 4mC 的功能包括对细菌免疫系统、DNA 复制、DNA 修复和基因表达具有调控作用。

除了上述 DNA 碱基的正常修饰，一些异常的修饰也会发生。细胞内的有氧呼吸产生的活性氧会对碱基形成氧化损伤，如 8-氧代-7-羟基-脱氧鸟嘌呤。近期研究发现了一类发生在胸腺嘧啶 5-甲基上的氧化修饰，产生 5-羟甲基尿嘧啶，后者可被进一步氧化产生 5-甲酰基尿嘧啶。这些氧化碱基通常都会诱发碱基错配而在基因组中引入 DNA 点突变。

四、DNA 重复序列和转座子

真核生物 DNA 序列由 A、T、G、C 四种碱基构成，但是它们出现的顺序和频率却不是随机的。在对变性 DNA 的复性动态曲线分析后，科学家发现真核生物 DNA 可以分为重复序列（repetitive sequence）和非重复序列。非重复序列是指在单倍体基因组中仅存在单个拷贝的序列；重复序列则是存在两个及以上拷贝的序列，包括中度重复序列和高度重复序列。中度重复序列的片段长度在 100bp 以上，重复次数在 10～1000 次，散布于基因组内。编码 tRNA 和 rRNA 的基因均属于中度重复序列。高度重复序列的片段长度<100bp，重复次数>1000 次，以串联的方式存在。染色体的着丝粒（centromere）和端粒（telomere）DNA 就是典型的高度重复序列。HGP 的研究结果显示，人类基因组中>50%

的序列为重复序列。这些序列曾经被错误地认为是垃圾 DNA，如今它们在基因表达、DNA 复制、基因重组和基因组稳定等方面的重要调控作用正逐渐被揭示。

中度重复序列的一个重要组成部分是转座子（transposon）。转座子是一类长度较短（通常<5kb）的 DNA 片段，具有从基因组内的某一位置移动到另一位置的能力，又称为可移动元件（mobile element）。不同真核生物中的转座子的含量有所差异，酵母基因组中转座子占比约为 4%，而在某些两栖类和植物基因组中转座子占比>70%。转座子是引起基因组变异和演化的一个重要因素。转座子通常分为保守型转座子和复制型转座子。保守型转座是指对转座子进行剪切并将其插入到基因组的其他位点中，该过程不引起转座子拷贝数的改变。复制型转座是指对转座子先进行复制，并将复制后的片段插入到基因组其他位置中，该过程会导致转座子拷贝数的增加。

逆转座子（又称反转录转座子）是复制型转座子中的一种，是需要 RNA 作为中间体的特殊类型。首先，逆转座子通过转录产生 RNA，后者经过逆转录产生互补 DNA（complementary DNA），随后被整合到新的位点内。逆转座子又分为两种：一种是源自外源性逆转录病毒、带有长末端重复（long terminal repeat，LTR）的逆转座子；另一种是非 LTR 逆转座子。非 LTR 逆转座子包含两大类：长散在核元件（long interspersed nuclear element，LINE）和短散在核元件（short interspersed nuclear element，SINE）。在人类基因组中，逆转座子约占基因组总量的 35%，均属于非 LTR 逆转座子，其中 LINE-1（L1）最为常见，也是被研究得最为深入的一类。人类基因组中含>50 万拷贝的 L1，约占基因组的 17%。人 L1 全长 6kb，在 5′-非翻译区中带有启动子（promoter），因而可自主转录。L1 含有 *ORF1* 和 *ORF2* 两个基因，分别编码 ORF1p 和 ORF2p。ORF1p 是一种 RNA 结合蛋白，ORF2p 具有逆转录酶和内切酶活性，对于 L1 逆转录转座过程是必不可少的。L1 同时还编码可促进自身移动的反义肽 ORF0。大部分 L1 在经过较长时期的演化后积累了大量突变，丢失了自主转座能力。每个基因组内仅有 100～150 拷贝、在演化上较年轻的 L1 可自主转座。L1 随机转座可能对基因组稳定性产生巨大破坏，因此细胞可通过多种途径抑制 L1 的转座，包括异染色质化、5mC 和 6mA、小干扰 RNA、RNA 编辑和降解等。

正常情况下，人类基因组的转座子组分处于被监管和抑制状态。随着年龄的增长或遗传物质修饰的异常，L1 的监管机制逐渐减弱甚至丢失，使 L1 活性增加。因此，L1 的过度活化被认为在个体衰老、肿瘤和神经退行性疾病的发生发展中发挥关键作用。由于 L1 的转座是近乎随机的过程，根据转座发生的位置，L1 激活可导致 DNA 发生双链断裂和基因组重排，造成基因组不稳定和遗传多样性。同时，L1 可以通过改变染色质的结构并发挥类似于增强子（enhancer）或启动子的功能，从而调控基因表达。当 L1 插入到基因的编码区并被一起转录后，便产生了新的 mRNA 转录本异构体，可能通过改变该转录本的剪接、位置和稳定性，进而对转录产生全方位的影响，这一现象被称为转录噪声（transcriptional noise）。当逆转座过程中产生的 mRNA 和互补 DNA 进入细胞质时会激活模式识别受体感知病原体相关分子模式，激活抗菌/病毒信号通路并诱导 I 型干扰素（如 INFβ）及促炎性细胞因子（如 TNFα 和 IL-1β 等）的产生进而诱导细胞凋亡。因此，大量证据表明 L1 的过度活化引起的遗传稳定性改变是许多生理病理变化的诱因。

五、DNA 的非典型结构

DNA 重复序列的一个典型特性是可以折叠形成种类繁多的非典型的高级结构，包括 Z-DNA、H-DNA、G4-DNA、十字形 DNA、R 环等（图 2-2）。Z-DNA 与 B-DNA 差异较大，前者为左手螺旋，直径 1.84nm，每一圈螺旋有 12bp，螺距 4.5nm。Z-DNA 一般常见于连续的 CGC 重复序列。嘌呤和嘧啶的交替出现，使 DNA 骨架发生扭曲而形成 Z 形结构。H-DNA 出现于多聚嘧啶或多聚嘌呤的重复片段内，其中单链 DNA 的一个重复片段在大沟处侵入到另一个重复片段内，并通过非典型的胡斯坦（Hoogsteen）氢键形成 DNA 三链结构。G4-DNA 存在于 4 个间隔出现的 GGG 重复序列内，4 个重复内的 G 通过胡斯坦氢键形成 G 四联体，3 个 G 四联体则形成一个 G4-DNA。十字形 DNA 的形

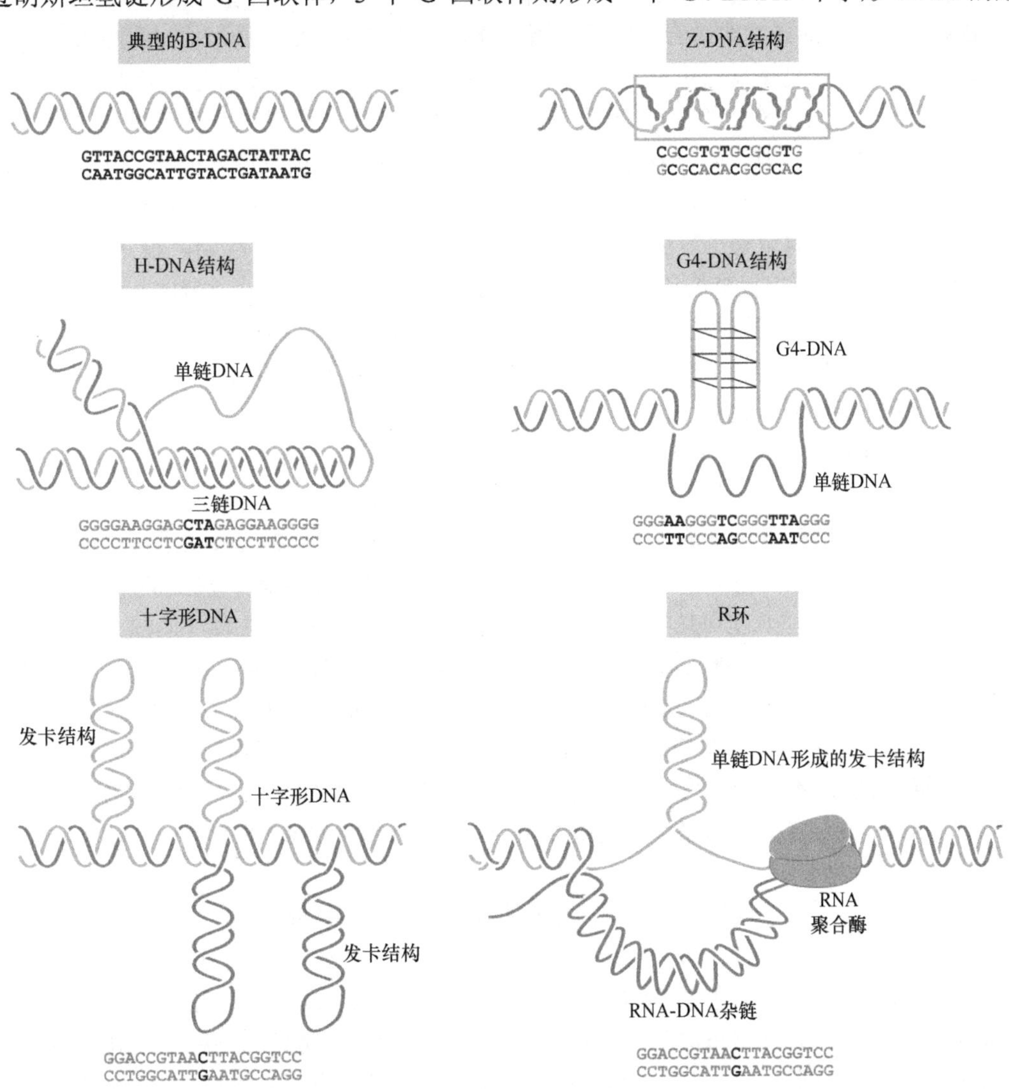

图 2-2　DNA 的常见非典型结构（引自 Wang and Vasquez，2022）（彩图请扫封底二维码）

成需要反向重复序列，其中一条 DNA 链上的对称臂发生自配对，形成茎环结构，两个茎环结构相对时便形成十字形 DNA。

因为形成这些非 B-DNA 结构高度依赖 DNA 自身的序列组成，通过开发新的算法和深度学习技术，利用人工智能的方法可模拟出人类基因组中非 B-DNA 的位置分布范围。此外，非 B-DNA 的形成也取决于外界因素与 DNA 的相互作用，相同或相似的 DNA 可以在不同的环境条件下形成不同类型的非 B-DNA 结构。影响非 B-DNA 结构形成的因素较多，包括核小体和染色质重塑、局部 DNA 负超螺旋、非 B-DNA 结合蛋白，以及 DNA 损伤和修复过程。在细胞中过表达染色质重塑复合体的关键组分 BRG1 或 BRM 后，基因组内的 Z-DNA 含量显著增加；而敲除 *BRG1* 或 *BRM* 后，Z-DNA 含量显著下降。*Myc* 基因转录启动时所产生的局部负超螺旋使得该基因启动子区形成大量 Z-DNA。Z-DNA、G4-DNA 和 R 环特异性地结合了数百种蛋白质，在非 B-DNA 结构形成过程中发挥了关键作用。当细胞修复短反向重复片段附近的 DNA 双链断裂时，会倾向于形成发卡结构。

基因组内非 B-DNA 的存在会影响染色质的构象，继而影响其功能。例如，在人类细胞中，G4-DNA 通常富集于核小体缺失的区域，但是研究也发现形成非 B-DNA 所需的重复序列可以促进核小体形成。在真核生物中，G4-DNA 和 Z-DNA 通常富集于基因（特别是高表达基因）的启动子区域，提示非 B-DNA 可能调控转录的起始。非 B-DNA 的存在影响了 DNA 作为模板链的连续性，进而干扰转录的延伸。因此，非 B-DNA 可能通过类似于表观遗传的方式调控基因表达。非 B-DNA 还能影响 DNA 复制的起始和延伸、DNA 重组，甚至诱发 DNA 复制和转录的时空碰撞。端粒 DNA 亦可形成 G4-DNA，对于染色体末端的保护可能发挥关键作用。

单链 RNA 有时会侵入到 DNA 双链中，与其中的一条 DNA 链互补配对形成 DNA-RNA 杂链，被替换的 DNA 链则处于单链状态，这样的三链结构称为 R 环。R 环是一类不依赖重复序列便可形成的非 B-DNA。虽然在转录泡和复制叉移动过程中会短暂地形成 DNA-RNA 杂链和 R 环，但是新生的 RNA 链在合成后能整条入侵至 DNA 双链，产生相对稳定的 R 环，长度可达 100～2000bp。着丝粒和端粒是产生 R 环的热点区域，这些区域内的 DNA 重复序列在转录后会被所产生的 RNA 链入侵，形成 R 环。当发生 DNA 双链断裂的时候，也会产生大量的 R 环。线粒体基因组内也发现了 R 环的存在。虽然 R 环参与基因表达调控、DNA 修复和 mRNA 前体加工，但其过度积累会干扰 DNA 复制和转录，导致基因组不稳定，增加神经退行性疾病和癌症发生的风险。因此，在 DNA 复制和转录过程中，多种机制可有效地限制 R 环的产生或降解现有的 R 环。

第二节　染色体的结构与组装

间期细胞核中的染色质分为两种：异染色质（heterochromatin）和常染色质（euchromatin）。异染色质和常染色质在化学组成上相同，只是螺旋化程度不同。在细胞分裂间期，异染色质区的染色质仍然是高度螺旋化而紧密折叠的，DNA 密度高，染色深；而常染色质区的染色质因为螺旋化程度低而呈松散状态，DNA 密度低，染色较浅。异染色质又可分为组成性（constitutive）异染色质和兼性（facultative）异染色质。组成性异染色质主要是高度重复的 DNA 序列，大多分布在染色体的特殊区域，如着丝粒、端粒等部位，这些区域与染色体结构有关，一般不含蛋白质编码基因。哺乳动物基因组内最典型的兼性异染色质是 X 小体（X body），是雌性动物任意一条 X 染色体随机失活后的产物。

染色体只是染色质在分裂期的另一种形态。它和染色质的组成成分一致，只是构型更紧密。分裂间期，DNA 疏松，在光学显微镜下呈不规则伸展细丝状的染色质。有丝分裂时，DNA 高度螺旋化而呈现特定的形态，此时易被碱性染料着色，表现为染色体。染色体的超微结构显示染色体是由直径仅 100Å 的 DNA-组蛋白高度螺旋化的染色质纤维所组成。每条染色单体可看作一条双螺旋 DNA 分子。

1970 年后陆续问世的各种显带技术对染色体的识别做出了很大贡献。由于每条染色体带纹的数目和宽度是相对恒定的，根据带型的差异可识别每条染色体及其片段。比较同一细胞内的同源染色体的带型是发现染色体异常最直接可靠的方法。由于同一细胞内染色体包装的紧密程度是一致的，彼此可以作为可靠的内对照。20 世纪 80 年代以来，根据 DNA 杂交原理，应用已知序列 DNA 探针进行染色体荧光原位杂交（fluorescence *in situ* hybridization，FISH）可以识别特定染色体的着丝粒、染色体的一个臂或一条带，甚至一个基因，大大提高了染色体识别的准确性和敏感性。

一、原核生物染色体

以细菌为代表的原核生物没有严格意义上的染色体，其染色体定义为细菌细胞中的单个基因组环状双链 DNA。细菌染色体与质膜相附着，位于拟核（nucleoid）区。细菌染色体依其种类不同可编码 1000～5000 个蛋白质。除了染色体，细菌还有一个或多个较小的 DNA 分子，称为质粒（plasmid）。质粒通常是环状双链 DNA 分子，在染色体为线性的细菌中质粒 DNA 也可以为线性。质粒编码的大多数或全部蛋白质在正常环境条件下并不是细胞生存所必需的，但是可促进细胞抵抗某些化学物质（如抗生素）。

原核生物的染色体通常只有一个核酸分子，其遗传信息的含量也比真核生物少得多。病毒染色体通常只含一条 DNA 或者 RNA 分子，可以是单链也可以是双链，大多呈环状，少数呈线性。细菌染色体均为环状双链 DNA 分子。虽然病毒和细菌的染色体比真核生物小得多，但其伸展长度仍然比自身的最大长度要大得多。例如，λ 噬菌体 DNA 伸展长度为 17μm，而其染色体存在的噬菌体头部直径只有 0.1μm。大肠杆菌的 DNA 分子伸展长度为 1200μm，而细菌直径只有 1～2μm。如此长的 DNA 是如何装配到微小的病毒或者细菌里的呢？

原核生物的染色体 DNA 并不是“裸露”的，而是与蛋白质和 RNA 等其他分子结合。这些 DNA 结合蛋白很小，但在细胞内数量很多，它们含有较高比例的带正电荷的氨基酸，可以与 DNA 中带负电荷的磷酸基团相结合，其特性与真核生物染色体中的组蛋白相似。大肠杆菌的染色体 DNA 除与蛋白质结合外，还与 RNA 结合。它的染色体是由 50～100 个独立的负超螺旋组成的环状结构，RNA 和蛋白质结合在上面，以维持其高度浓缩的状态。

二、真核生物染色体

真核生物的基因分布于多条大小不一的染色体上，真核生物染色体含有线性双链DNA，结构成分中并没有RNA。染色体的基本化学成分是DNA和5种组蛋白，其构成染色体的基本结构单位是核小体（nucleosome）。核小体的核心是由4种组蛋白（H2A、H2B、H3和H4）各两个分子构成的扁球状八聚体。DNA双螺旋依次在每个组蛋白八聚体分子的表面盘绕约1.75圈，其长度相当于140bp。组蛋白八聚体与其表面上盘绕的DNA分子共同构成核小体。在相邻的两个核小体之间，有长50～60bp的DNA连接片段。相邻的连接片段之间结合着一个H1组蛋白。H1结合于连接片段和核小体的接合部位。密集成串的核小体形成了核质中的100Å左右的纤维，这就是染色体的“一级结构”。核小体使DNA分子装配变得更加规律，DNA分子长度大约被压缩到原来的1/7。

染色体的一级结构经螺旋化形成中空螺线管（solenoid）或核丝（nucleofilament），这是染色体的“二级结构”，其外径约300Å，内径100Å，相邻螺旋间距为110Å。螺线管的每一周螺旋包括6个核小体，因此DNA的长度在这个等级上又被压缩到原来的1/6。300Å左右的螺线管（二级结构）再进一步螺旋化，形成直径为0.4μm的筒状体，称为超螺旋体，这就是染色体的“三级结构”，DNA再被压缩到原来的1/40。超螺旋体进一步折叠盘绕后，形成染色体的“四级结构”，DNA长度再被压缩到原来的1/5。至此，从染色体的一级结构到四级结构，DNA分子一共被压缩至原来的约1/10 000。

三、着丝粒和端粒

着丝粒是染色体的缢缩部位，它的存在将染色体分为长臂（q）和短臂（p）。着丝粒是细胞分裂过程中纺锤丝结合的区域，染色体在有丝分裂过程中由于纺锤丝的牵引分向两极。因此在细胞分裂过程中，着丝粒对于母细胞中的遗传物质能否均衡地分配到子细胞中是至关重要的。缺少着丝粒的染色体片段不能和纺锤丝相连，在细胞分裂过程中容易丢失。着丝粒区域由110～120bp的DNA链组成，可分为三个部分：两端为保守的边界序列，中间为90bp左右富含A+T（A+T>90%）的中间序列。边界序列中DNA的碱基序列非常保守，可能是与纺锤丝结合的识别位点。而中间序列的碱基组成变化较大，因此中间序列的长度及富含A+T的特性，可能比具体的碱基序列更为重要。

端粒是染色体末端的特殊结构，由重复序列构成，端粒末端的DNA为黏性结构，突出的3′端可入侵到前面的端粒重复区域，通过氢键相互作用依次形成T环和D环。端粒DNA上还结合了许多端粒保护蛋白复合物（shelterin）用于维持端粒结构的稳定性。端粒主要功能包括：防止染色体末端被DNA酶降解；防止染色体末端与其他DNA分子结合；使染色体末端在DNA复制过程中保持完整。尽管不同物种的端粒重复序列有所不同，但均可用下列通式表示：$5'\text{-}T_{1\sim4}\text{-}A_{0\sim1}\text{-}G_{1\sim8}\text{-}3'$。例如，人类为TTAGGG、原生动物嗜热四膜虫（*Tetrahymena thermophila*）为TTGGG，而植物拟南芥（*Arabidopsis thaliana*）为TTTAGGG。但这种保守序列的重复次数在不同生物、同一生物的不同染色体，甚至同一染色体在不同的细胞生长时期也可能不同。染色体在每轮复制后其端粒长度会有一定的缩短，然而端粒过快缩短会导致细胞衰老，甚至诱发骨髓衰竭、个体早衰和肿瘤等疾病。

四、染色体核型

染色体核型（karyotype）指的是描述一个生物体内所有染色体的大小、形状和数量信息的图像。染色体核型一般以处于体细胞有丝分裂中期的染色体的数目和形态来表示。关于整个染色体组的情况可如下加以区分：各自的长度、粗细；着丝粒的位置；随体及次缢痕的有无、数目、位置；异染色质和常染色质的分布；染色粒、端粒的形态、大小及分布情况等。对于染色体组的表示，现已提出几种方法。例如，以 *n*、2*n* 分别表示配子和合子的染色体数目特性；为了表示各个染色体的形态特征，还可以采用“V”形、“J”形等名称，或者根据着丝粒的位置进行分类的方法等。

1956 年，蒋有兴等明确了人类每个细胞有 46 条染色体，按其大小、形态和功能配成 23 对，第 1～22 对为男女共有的常染色体，第 23 对是性染色体（女性为 XX，男性为 XY）。由于性染色体的不平衡，女（雌）性细胞会随机将其中的 1 条 X 染色体失活，而保证了雌雄两性细胞中都只有一条 X 染色体保持转录活性，使两性 X 连锁基因产物的量保持在相同水平，这种遗传效应被称为剂量补偿效应（dosage compensation effect），失活的 X 染色体称为 X 染色质（X chromatin），又称巴氏小体（Barr body）。人类 X 染色体上约有 1098 个蛋白质编码基因。有趣的是，这 1098 个基因中只有 54 个在对应的 Y 染色体上有相应的同源基因。2022 年，人类 Y 染色体的测序工作也已经基本完成，仅注释到 107 个蛋白质编码基因。Y 染色体上有一个“睾丸”决定基因 *Sry* 对性别决定至关重要。目前已知的与 Y 染色体有关的疾病有十几种。Y 染色体的另外一个用途是鉴定家族的演变和人群的基因流方向，其与线粒体基因组代表的意义相互补充验证。Y 染色体也是亲源和身源鉴定的重要目标染色体。

第三节　基因组的三维结构

早在 1885 年，德国科学家卡尔·拉贝尔（Carl Rabl）通过观察蝾螈幼体的细胞，提出间期细胞核内的染色体应该有独立的物理空间。1905 年，德国科学家西奥多·博法瑞（Theodor Boveri）提出染色体疆域（chromosome territory）的概念。当时，也有模型认为染色体中的 DNA 纤维是随机徜徉在细胞核内的，近年来的证据支持了染色体疆域假说。随着研究技术的快速革新，大量研究证实细胞核内的染色体彼此间并非交互缠绕，而是占据了复杂的三维空间。

一、基因组的空间构型

单个人体细胞的全部 DNA 长达 2m，如此长的 DNA 如何通过缠绕、折叠及压缩的方式排布在直径只有约 20μm 的细胞核内，又如何快速响应环境变化并对全部基因在不同时空下的差异表达做出精确调控是近些年来三维基因组学（3D genomics）研究的热点。很长一段时间内，荧光原位杂交（FISH）是研究染色质构型的经典方法，它通过光学显微镜观察细胞内整体或特定区段的染色质空间构型。但是 FISH 有明显的局限性，例如，

DNA 杂交探针的灵敏度较低，同时光学显微镜的分辨率较低，且不能量化染色质区段的空间距离。

近年来，随着新一代测序和电子显微成像技术，特别是高通量染色体构象捕获（high-throughput chromosome conformation capture，Hi-C）技术的发展，通过体外测序和体内原位观察的方法实现了染色质构型的精细定量和分析。基因组的构象具有多个层级结构，其结构单元由小到大依次为染色质纤维（chromatin fiber）、染色质环（chromatin loop）、拓扑相关域（topologically associating domain，TAD）、染色质区室（chromatin compartment）和染色体疆域（图 2-3）。

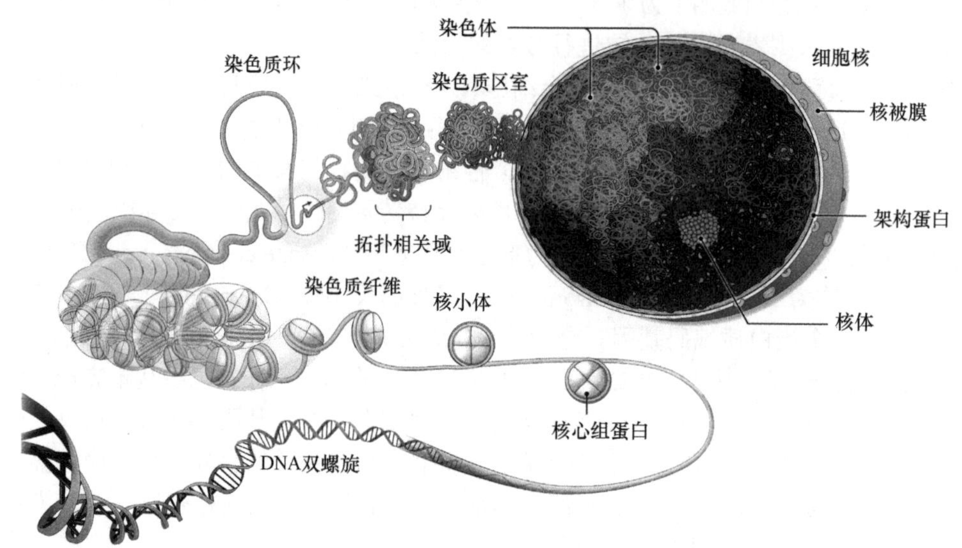

图 2-3 真核基因组的三维空间结构（引自 Misteli，2020）

哺乳动物的单个染色体疆域为球形，直径为 2～3μm，虽然彼此间未发生缠绕，但是各条染色体之间有着明确的交界面。在交界面和非交界面，每条染色体通常将其内部的异染色质和表达不活跃的区域朝向细胞核内膜，而将常染色质和基因密度较高的区域朝向交界面。此外，染色体在细胞核内的空间分布并非随机的。较长的染色体位于细胞核的内侧边缘，而较短的染色体更倾向于占据细胞核中心空间。

A/B 区室代表处于不同状态的染色质区域，A 区室富含转录因子结合位点和活性组蛋白标记，属于转录活跃区域（类似于常染色质），而 B 区室含有抑制性组蛋白标记，属于转录抑制区域（类似于异染色质）。A/B 区室由不同的 TAD 组成，TAD 的大小可达数百千碱基对，由多个染色质环通过彼此间突出的环相互折叠形成。不同 TAD 之间具有明显的边界，可以阻断 TAD 内的基因表达调控元件发生越界工作的可能。不同 TAD 的边界划定需要构型蛋白 CCCTC 结合因子（CCCTC-binding factor，CTCF）的参与。染色质环是由不同长度的染色质纤维在黏连蛋白（cohesin）复合体的介导下形成的结构，在大部分物种的基因组中十分常见。通过染色质环，平面空间较远的基因表达调控元件（如增强子和启动子）可以发生高频率的相互作用。此外，多个增强子还可以通过染色质环的作用形成超级增强子簇（super-enhancer cluster）或者形成多增强子竞争中心（multi-enhancer competition hub）。因此，染色质环通过将基因上游的调控元件依次联系起来，而实现基因在特定时空下的精细化表达调控。

由此可见，基因组的空间构型是一种重要的表观遗传调控手段。当前，基于生物信息学的染色质构型研究，特别是促进或抑制不同染色体之间或染色体内部区域发生信息交流的分子和生物物理学机制，已成为分子生物学的热点研究领域之一。

二、3D 基因组的构建

虽然基因组的多尺度、跨层级的空间构型已经得到较好的解析，但是空间构型是如何组建的？基因组特定区域的 3D 位置是如何被确定的？当细胞面对不同环境和处在不同时空下，基因组能产生功能可塑性的关键是什么？目前认为有 4 种核心机制调控了基因组空间构型的组建。

第一，多聚体间的相互作用。染色质纤维是一种典型的多聚体，具有自我排斥特性，能进行局部扩散运动。因此，当染色质纤维达到热稳定状态时，许多空间结构，如染色质环、TAD 和染色质区室，便会自发形成。需要注意的是，裸露的 DNA 不具备这种相互作用，只有当 DNA 上结合组蛋白和一些辅助的结构蛋白（如黏连蛋白和 CTCF）形成染色质纤维后才能发生多聚体间的相互作用。

第二，基因组的动态性。活细胞成像技术显示，染色质上的基因座可以在有限的范围内进行扩散运动，扩散半径约 1μm。这种扩散运动在很大程度上并不依赖基因组或细胞核的大小，在细胞周期的不同阶段变化较小。较长距离的基因座扩散较为罕见，且需要核内的肌动蛋白和肌球蛋白。染色质纤维的动态性具有重要的功能，能帮助增强子找到与它同族的启动子或者多个基因簇连形成转录中心（transcription hub）。此外，在染色质上发挥功能的结合蛋白（如转录因子）也具有动态性，可以在细胞核内快速穿梭，迅速定位到靶位点。

第三，相分离（phase separation）。相分离又称相变（phase transition），是一种细胞内的不同成分间发生相互碰撞或融合形成液滴，从而使一些成分被包裹在液滴内，一些成分被阻隔在液滴外的现象。例如，在一个含有多种蛋白质的混合物中，当其中的几类蛋白质因为与其他分子间发生同型相互作用（homotypic interaction）而超过饱和界限时便会形成分离的动态相。细胞核内的相分离可以促进形成无膜的亚细胞核结构，如核仁。相分离还有助于染色质的组装，因为异染色质蛋白 HP1α 和组蛋白 H1 均存在相分离。局部的相分离，如转录因子和 RNA 聚合酶也能形成转录中心的动态凝聚体（dynamic condensate）。相分离是生物界中普遍存在的现象，在拥挤的细胞内各种生物大分子间均存在相分离现象，相分离异常与神经退行性疾病密切相关。如今，相分离已经成为生物学各学科领域的研究热点之一。

第四，细胞核架构元件（architectural element）。细胞核架构元件既是基因组空间构型的外部限制因素也是内部限制因素。核被膜（nuclear envelope）是限制基因组空间构型的主要因素，因为基因组内含有大量沉默态基因的核纤层相关域（lamina-associated domain）需要结合在核包被内缘的核纤层上。另外，细胞核内部空间充斥着大量无膜包裹的核内小体（nuclear body），不同的核内小体由不同类型的结构蛋白和 RNA 构成。这些核内小体，如核仁和早幼粒细胞白血病（promyelocytic leukemia，PML）核内小体，是限制染色质形成空间构型的物理屏障。

三、3D 基因组的结构与功能的关系

基因组学的一个重大科学问题是解答整个基因组的结构特征与其功能的辩证关系。可以肯定的是，基因组的结构与功能具有相关性。例如，异染色质的存在意味着该区域内的基因转录被抑制，增强子-启动子环的存在意味着其附近的基因转录被激活。但是，从全基因组层面来看结构与功能的关系更为复杂，即基因组结构能调控基因组功能，基因组功能亦可促进基因组空间结构的改变。

一方面，虽然染色质凝缩程度可以决定其内部基因的表达活性，但是染色质结构并不是决定基因状态的唯一因素。例如，处于凝缩态染色质内部的基因并不完全沉默，而增强子-启动子的相互作用也并非基因表达所必需的。现有的模型认为基因组结构是基因表达的调节因子，而不是决定因素。转录因子与启动子/增强子的结合及其效应与染色质的局部环境有关，如核小体位置、DNA 超螺旋和染色质修饰等。这种影响呈渐变非线性的模式，而不是二元性的全或无的关系。与转录机器一样，DNA 复制和修复机器也具有一定的动态性。因此，基因组的空间结构以一种渐变非线性的方式调节着 DNA 复制和修复。

另一方面，不同类型的细胞具有不同空间构型的基因组，造成这种差异的原因之一可能是它们通常表达不同的基因集。利用不同的转录抑制剂抑制转录的起始和延伸虽然对于 TAD 的形成没有明显的影响，但是可以导致 TAD 重排、TAD 边界强度衰减，以及 TAD 之间的相互作用增强。目前，仍不清楚转录活跃的基因是如何影响 TAD 构型的，推测是多方面因素叠加产生的影响。例如，启动子、转录因子及活性基因的去凝缩状态共同影响了 TAD 的局部空间结构。在果蝇中，仅仅依靠转录组数据就足以精确地在计算机中模拟出基因组 3D 结构。然而，利用实验手段让失活的基因重新表达并不足以在该基因座附近产生新的 TAD。因此，转录活性虽然不足以影响全基因组的 3D 构型，但是对于基因组区室及亚区室的形成和结构具有一定程度的影响。

第四节　细胞分裂期染色体的结构和分离

细胞分裂是一个母细胞分裂为两个子细胞的过程。细胞分裂通常包括细胞核分裂和细胞质分裂两步，在核分裂过程中母细胞把遗传物质传给子细胞。在单细胞生物中细胞分裂就是个体的繁殖，在多细胞生物中细胞分裂是个体生长、发育和繁殖的基础。细胞分裂的核心任务是将染色体均等地分向两个子代细胞，而任何的染色体分离异常都会导致子代细胞出现染色体结构或数目的畸变。因此，细胞具有多重机制确保染色体的精确分离，维护基因组的稳定性。除了压缩程度的差异，有丝分裂期染色体的结构和间期染色质的结构存在明显的差异。自染色体被发现后，许多科学家针对染色体的组装提出了多类模型。近些年，随着高通量和高精密性的 Hi-C 技术与高分辨率显微拍摄等技术的发展，人们对有丝分裂染色体结构的认识实现了质的飞跃。

一、细胞分裂

真核细胞的分裂按细胞核分裂的状况可分为三种：有丝分裂（mitosis）、减数分裂（meiosis）和无丝分裂（amitosis）。

无丝分裂又称直接分裂，其典型过程是核仁首先伸长，在中间缢缩分开，随后核也伸长并在中部从一面或两面向内凹进横缢，使核变成肾形或哑铃形，然后断开，一分为二。几乎同时，细胞也在中部缢缩分成两个子细胞，在分裂过程中不形成由纺锤丝构成的纺锤体，不发生染色质浓缩成染色体的变化。细胞进行无丝分裂时由于不经过染色体有规律的平均分配，故不能保证遗传物质均等分配，因此是一种不正常的分裂方式。过去认为，无丝分裂主要见于低等生物和高等生物体内的衰老或病态细胞中，但后来发现在动物和植物高度分化的细胞中也比较普遍地存在。有丝分裂又称为间接分裂，是最常见的分裂方式，一般分为细胞核分裂和细胞质分裂。核分裂是一个连续的过程，可划分为前期、前中期、中期、后期和末期。前期，核内的染色质凝缩成染色体，核仁解体，核膜破裂及纺锤体开始形成。前中期，染色体进一步凝缩并开始被纺锤丝拉向赤道板。中期，染色体排列到赤道板上，是纺锤体完全形成时期。后期，是各个染色体的两条染色单体分开，分别由赤道移向细胞两极的时期。末期，是形成两个子核和细胞质分裂的时期。染色体接近两极时，细胞质分裂开始。把两个新形成的细胞核和它们周围的细胞质分隔成为两个子细胞。通过细胞分裂，每一个母细胞分裂成两个基本相同的子细胞，子细胞染色体数目、形状、大小一样，每一条染色单体所含的遗传信息与母细胞基本相同，使物种保持比较稳定的染色体核型和遗传的稳定性。

减数分裂是有性生殖生物形成生殖细胞的分裂形式。因为在形成生殖细胞——精子或卵细胞时，染色体数目要减少一半，故名减数分裂。第一次分裂的前期，细胞中的同源染色体联会，染色体进一步螺旋化变粗，逐渐在光学显微镜下可见每条染色体都含有两条姐妹染色单体，由着丝粒相连，每对同源染色体则含有四条姐妹染色单体，称为四分体（tetrad）。把四分体时期和联会时比较，发现它们所含的染色单体、DNA 数目都是相同的。不同点主要是染色体的螺旋化程度，联会时染色体螺旋化程度低，染色体较细，在光学显微镜下还看不清染色单体；四分体时染色体螺旋化程度高，染色体变粗，在光学显微镜下可以看到每一条染色体有两条染色单体。随细胞分裂的进展，同源染色体彼此分离，一个初级精母细胞便分裂成两个次级精母细胞，而此时细胞内的染色体数目也减少了一半。联会的同源染色体分开是减数分裂的核心过程，两条同源染色体在细胞中央的排列位置是随机的，片段可以互相交换。这就决定了同源的两条染色体甚至染色体片段各自移向哪一极也是随机的，不同对的染色体之间可以自由组合。

遗传学的三大核心定律，即分离定律、自由组合定律和连锁定律都可以在减数分裂中找到细胞学依据。减数第二次分裂是从次级精母细胞开始的，细胞未经 DNA 的复制，直接进入第二次分裂。在细胞第二次分裂过程中，染色体的行为和前面所学的有丝分裂过程中染色体的行为相似，两条姐妹染色单体分离，分别移向细胞两极。减数分裂结束，累计产生 4 个子细胞。减数分裂过程中的第一次分裂实现同源染色体分离，第二次分裂实现两条姐妹染色单体分离。

二、有丝分裂期染色体的结构

在探索有丝分裂染色体结构变化过程的历史中，早期研究依靠光学显微镜技术先后提出了染色粒（chromomere）模型和螺线型染色线（coild chromonema）模型。随后，依靠电子显微镜观察技术，学术界又提出了折叠纤维（folded fiber）模型。但是这些模型始终无法解释染色体是如何仅仅依靠组蛋白就可以在整个有丝分裂过程中保持结构的稳定性这一科学问题的。随后，科学家尝试将有丝分裂染色体的组蛋白特异性敲除。通过电子显微镜观察发现，敲除组蛋白后的染色体边缘虽然变得较为弥散，但是内部仍然具有类似于中期染色体的“X 状”核心结构。因此科学家提出了骨架-辐射环（scaffold- radial loop）模型，认为染色体中心存在由非组蛋白构成的骨架，并由其向外辐射出许多染色质环。很长一段时间内，该模型都存在一定争议，因为科学家并没有在电子显微镜下观察到真正意义上的固态杆状骨架。相反，他们观察到的是开放式的网格样结构。因此，争议的焦点在于所谓的杆状骨架是不是人为实验所致，而并非真正存在。

随后，大量研究证明有丝分裂染色体的确存在非静态的“骨架”。其一，解析了骨架的主要成分是拓扑异构酶Ⅱα（topoisomeraseⅡα，TOP2A）、SMC 家族蛋白（包括 SMC1～SMC6 及黏连蛋白）、凝缩蛋白（condensin）复合体（包括凝缩蛋白Ⅰ和凝缩蛋白Ⅱ）、染色体驱动蛋白 KIF4A 等。其二，这些蛋白质对于有丝分裂染色体的组装是必需的。其三，这些蛋白质在染色体上呈轴向分布。随着电子显微技术的进一步发展，染色体骨架的真实面貌逐渐被还原：每一条姐妹染色单体的中心轴骨架并不是以直线的方式排列，而是以螺旋的方式排列。骨架蛋白除了和染色质环相互作用，自身还可以通过翻译后修饰和彼此间的相互作用共同维持着染色体的结构。

近年来，利用新兴的 Hi-C 技术，科学家发现当进入到有丝分裂后，间期染色质内部的 TAD 和染色质区室在几分钟内消失。在前期的后半段，染色体折叠成许多连续的染色质环阵列，这些环从中心轴骨架以不同却又十分相关的角度辐射出。进入到前中期，染色质环阵列发生了两点明显的变化。一方面，由于中心轴骨架开始螺旋化的扭曲，染色质环也开始呈现螺旋化的分布并伴随着环挤出（loop extrusion）。环的挤出是指分子马达在结合到染色质环后迫使染色质朝环内运动，使得染色质环逐渐变大，是染色体压缩的关键步骤之一。另一方面，不同染色质环的大小出现了分化，外围是约 400kb 的环，内部则是约 80kb 的环。当进入到中期，中心轴骨架开始进一步螺旋式扭转，每一圈螺旋上的 DNA 长度和环的数量逐渐增大，由原来的 3Mb/转、40 环/转增加到 12Mb/转、150 环/转。因此，染色体的长度开始缩短、宽度开始增加，直至形成彼此独立的、X 状的中期染色体。在该过程中，凝缩蛋白Ⅰ和凝缩蛋白Ⅱ对于染色质环阵列的形成必不可少，但是它们发挥了不同的功能：凝缩蛋白Ⅰ调节了内部染色质环的大小和排列，凝缩蛋白Ⅱ介导了骨架的螺旋式扭转。TOP2A 在调整染色体的长度和维持染色体的压缩态中发挥了重要功能。由此可见，形成有丝分裂染色体是一个高度动态的过程，依赖 DNA 和多种非组蛋白的协同互作。

在染色体形变过程中，为保持不同染色体之间的独立性，其表面还包裹着一层由蛋白质和 RNA 组成的复合物。在间期时，核蛋白 Ki-67 位于核仁内。随着细胞进入有丝分裂期及核仁解体，Ki-67 聚集到染色体表面并开始募集大量蛋白质和 RNA（如 rRNA），在染色体表面形成一层致密的包被，从有丝分裂的前期一直持续到末期。敲除 Ki-67 后中期染色体的形状没有明显改变，但是各中期染色体之间紧密相连形成形状不规则的染色质团。利用断层扫描电子显微镜和 3D 重构技术，研究发现中期染色体的包被体积占总体积的 30%～47%。作为一个蛋白质和 RNA 的复合物，包被中的蛋白质总量占整条染色体蛋白质总量的 33%，这说明了染色体包被在结构和功能上的重要性。

三、有丝分裂期染色体的运动和分离

自有丝分裂前期开始，染色质凝缩形成染色体，每条染色体包含两条由黏连蛋白复合体连接在一起的姐妹染色单体。同时，中心体分离到细胞两极，开始形成两个纺锤体。前期的开始以核被膜的解聚为标志，并且纺锤体上伸出的动粒微管开始捕捉染色体并将其调动到细胞赤道面附近。到中期，所有的染色体排布在纺锤体中央，并形成中期板。如果存在未排布或异常排布的染色体，纺锤体组装检查点（spindle assembly checkpoint，SAC）将会阻止细胞进入后期，直到所有染色体都正确结合在纺锤丝微管上。在后期，姐妹染色单体被微管逐渐拉向相反的纺锤体极，从纺锤体两极延伸到细胞中央的微管紧密地结合捆束在一起，形成指状交叉的纺锤体中区（spindle midzone），通过推动纺锤体极反向运动从而帮助姐妹染色单体的分离。在后末期，姐妹染色单体开始去凝缩，并开始形成核被膜。同时，在中区结构附近形成收缩环，开始胞质分裂，将细胞切割成两部分。胞质分裂之后，子代细胞之间会由一个桥状结构中体（midbody）连接，该结构会在 G_1 早期发生脱离。

微管是一类中空的、由 13 条原纤丝组成的管状结构，每条原纤丝由微管蛋白聚合而成，而微管蛋白本身是由 α 微管蛋白亚基和 β 微管蛋白亚基形成的二聚体聚合而成的，因而微管在结构上呈现极性。微管的组装又称成核（nucleation），该过程发生在微管组织中心。存在 α 微管蛋白亚基的一端组装较快，称为正极，而存在 β 微管蛋白亚基的一端组装较慢，称为负极。微管具有动态不稳定性，即微管的末端处于微管蛋白添加和剔除的动态平衡中，这一特性与纺锤体的结构和功能密切相关。

中心体（centrosome）是大部分真核细胞内最主要的一个微管组织中心，由两个圆柱形、垂直排布的中心粒（centriole）及中心粒外周物质组成。中心粒由九段三联体微管围绕而成的中空圆柱形骨架和大量的附属蛋白构成。自中心体成核而出的微管具有三种类型：动粒微管、极间微管和星体微管。三类微管对于染色体的忠实分离至关重要：动粒微管用于捕捉染色体，极间微管可以固定纺锤体的结构并在后期将纺锤体极推向两极，而星体微管用于矫正纺锤体极的位置和朝向。中心体的复制和 DNA 的复制同步（均发生在 S 期），复制后的两个中心体紧密连接在一起，在有丝分裂期之前发生断裂，并依附在靠近细胞核的细胞质中。进入有丝分裂期，它们向细胞两极移动。通常，中心体的分离时间决定了有丝分裂期的时长，但中心体过晚或过早分离会导致染色体异常分离。

着丝粒负责连接两个染色单体，并且是动粒（kinetochore）结合的部位。着丝粒区域高度凝缩，形成染色体上清晰可见的主缢痕。人染色体的着丝粒 DNA 由 α 卫星 DNA 重复序列组成，重复单位长 171bp。着丝粒的位置不受 DNA 序列的影响，表观遗传机制

才真正决定了着丝粒位置和功能。着丝粒蛋白 CENP-A 是一种特殊的组蛋白 H3 异构体，它可以取代组蛋白 H3 组装到核小体中。其作用是供其他动粒蛋白的停靠，从而为动粒的组装提供基础。动粒是一个由超过 100 种蛋白质构成的蛋白质超级结构，其主要作用是促进并稳固动粒微管与染色体的连接。动粒复合体分为内层和外层，内层存在一个组成型着丝粒相关网络，负责与着丝粒上的 CENP-A 结合，而外层存在一个负责与微管和各类 SAC 蛋白结合的蛋白质网络。

动粒-微管结合是驱动染色体向中期板集结的关键因素。动粒-微管的结合存在多种可能的方式（图 2-4）。正常的动粒-微管结合是指染色体的两个动粒分别结合来自其相对纺锤体极的微管，这种结合又称双向（amphitelic）结合。但是，微管捕捉染色体的初期是不同步且随机的，因此在前中期的动粒-微管结合并不完全是双向的，还存在一些中间结合类型，如单向（monotelic）结合，即染色体的单个动粒与同侧微管结合；侧向（lateral）结合，即微管与动粒以水平的方式结合。这些结合类型最终会通过一系列的动粒-微管相互作用形成双向结合。然而，动粒-微管结合的随机性带来的问题是容易发生错误的结合方式：单侧双向（merotelic）结合，指的是单侧动粒错误地与来自两极的微管同时结合；双侧单向（syntelic）结合，指的是来自同一极的微管错误地与染色体的两侧动粒同时结合。动粒-微管结合的动态性及动粒间的张力有助于修复这些异常结合，该修复过程也可以由激酶 Aurora-B 介导。

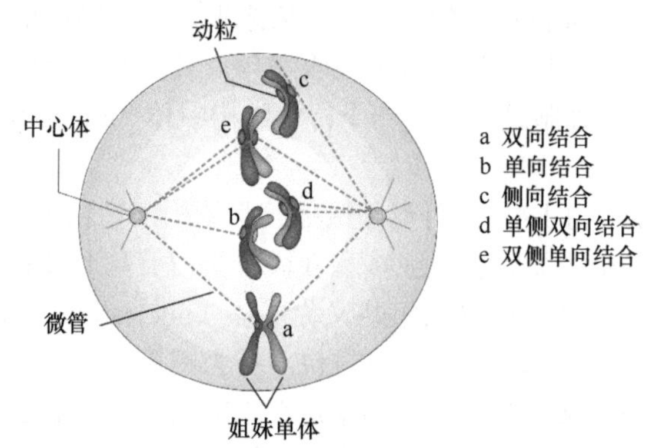

图 2-4　有丝分裂期动粒-微管结合的几种方式

SAC 又称有丝分裂检查点（checkpoint），是真核细胞在有丝分裂时的反馈调节系统。SAC 可以监控动粒-微管的双向结合，当存在异常结合的染色体时，它可以阻止中期细胞进入后期。SAC 最主要的作用是在细胞出现动粒-微管未结合或错误结合的时候，防止姐妹染色单体过早地发生去粘连和分离。因此，SAC 可以防止染色体出现结构和数量上的变异。当存在与微管未结合或异常结合的染色体时，动粒会感应到张力异常，随即启动 SAC 激活信号。动粒催化能与 APC/C 结合的有丝分裂检查点复合体在动粒上的组装。APC/C 是一个以 Cdc20 为底物特异性亚基的 E3 泛素连接酶，它能介导细胞周期蛋白 B1（cyclin B1）泛素化并促进其降解，从而使 Cdk1 失活，推动中期-后期转变。然而，当有丝分裂检查点复合体与 APC/C 结合时，后者的泛素连接酶活性被抑制，从而阻止中期-后期转变。一旦动粒-微管实现正确结合，SAC 沉默后，APC/C 就可自由地促进中期-后期转变。同时，APC/C 降解保全素（securing），从而释放分离酶（separase），使姐妹染色单体之间去粘连，促进它们的分离。

第五节　基因组不稳定与疾病

尽管存在多重机制确保细胞分裂时染色体的精确分离，但是复杂的内外环境因素会不同程度地扰动这些保护机制，造成较大范围的基因组不稳定性（genome instability）。常见的大范围基因组不稳定事件包括染色体畸变、基因组重复和微核等。机体如果长期受到这些事件的影响，会导致疾病发生。癌症是一个典型的与基因组不稳定密切相关的疾病。随着研究的深入，有证据表明越来越多的疾病发生的背后都存在基因组不稳定性的因素。

一、染色体畸变类型

染色体畸变包括数目畸变和结构畸变两大类，其发生的具体机制复杂多样。

染色体数目畸变又称非整倍体（aneuploid），通常源自细胞分裂期，包括以下几种机制：①因 SAC 功能缺陷所导致的动粒-微管未结合或异常结合的中期细胞进入后期；②因姐妹染色单体粘连存在缺陷而造成姐妹染色单体不分离（nondisjunction）；③存在未被修复的单边双向动粒-微管结合，SAC 无法检测到单侧双向结合，因而携带该结合类型的细胞便不受限制地进入后期；④多极纺锤体（multipolar spindle），通常由中心体的过度扩增或中心体片段化所致。多极纺锤体同样不能被 SAC 监测到。此外，即便正常的有丝分裂也会发生一定程度的染色体错误分离，根据组织和细胞类型的差异，错误频率为 0.5%～5%。

有丝分裂期染色体异常分离并非以随机的方式发生，不同染色体之间发生异常分离的频率有所区别。一般而言，尺寸较大的染色体在分离时出现错误的频率高于尺寸较小的染色体。大型染色体通常具有更大的着丝粒，因而可与更多的微管结合，增加了出现动粒-微管结合异常的可能性，更易发生分离错误。此外，染色体在间期时在核内所处的空间位置决定了其发生错误分离的概率，处于细胞核外围的染色体较处于细胞核中心的染色体具有更高的错误分离率。可能是因为距离细胞核中心越远的染色体在前期时向中期板集结的过程中需要移动更长的距离，增加了其产生错误排布的可能性。

染色体结构畸变最主要的诱发手段是断裂-融合-桥（breakage-fusion-bridge，BFB）循环。当两条染色体发生双链断裂或者端粒磨损殆尽的时候，它们倾向于发生末端融合，形成双着丝粒染色体。这种染色体在有丝分裂期的时候，由于两个着丝粒可能会被同时拉向两极而形成染色质桥（chromatin bridge）。在纺锤体和收缩环移动所产生的机械力的作用下，染色质桥最终断裂，断口两侧的两条染色体分别进入到两个子代细胞。当它们再次遇到断裂的染色体时便会发生新一轮的 BFB 循环。BFB 循环最早由美国著名遗传学家芭芭拉·麦克林托克（Babara McClintock）于 20 世纪 40 年代对玉米开展的一系列细胞遗传学研究时发现。

除了染色体结构畸变与数目畸变，有些染色体畸变不引发基因剂量的不平衡，只是细胞内同源染色体或染色体上的部分片段遗传自父亲或母亲中的一方，而不携带另一方的拷贝，这种畸变类型称为单亲二体（uniparental disomy，UPD）。虽然 UPD 不会导致基因拷贝数发生改变，但是会丢失父源或母源的等位基因，因此又被称为拷贝数中性的杂合性丢失（copy-neutral loss of heterozygosity）。UPD 的尺度范围较大，可小至单个基因序列，也可大至整条染色体甚至整个基因组。

目前已知的 UPD 发生机制主要包括：①分离错误，即姐妹染色单体分离时未能进入子代细胞核而丢失，子代细胞内剩余的同源染色体发生复制以补充缺失的染色体；②姐妹染色单体不分离，导致两条染色体均传递给同一子细胞；③体细胞重组，即处于 S/G_2 期的细胞基因组内，具有高相似性、低重复的区域发生非等位同源重组；④异常的双链断裂修复，即染色体发生断裂之后，以同源染色体上对应区域作为模板进行复制；⑤基因转换，即一条序列替换其同源序列，使之出现与自身相同的现象。

染色体畸变可分为组成型（constitutive）和嵌合型（mosaic）。组成型指的是染色体畸变来自于受精卵形成之前的精子或卵子，子代个体几乎所有细胞都表现为染色体畸变，又称同质型（homogeneous）。嵌合型又称获得型（acquired），指的是非整倍体来自于受精之后的一个或几个细胞有丝分裂过程中的分离错误，个体细胞含有该染色体畸变的比例依据发生畸变的时间而有所不同：发生畸变的时间离受精越近，个体细胞含有染色体畸变的比例越高，反之则越低（图 2-5）。

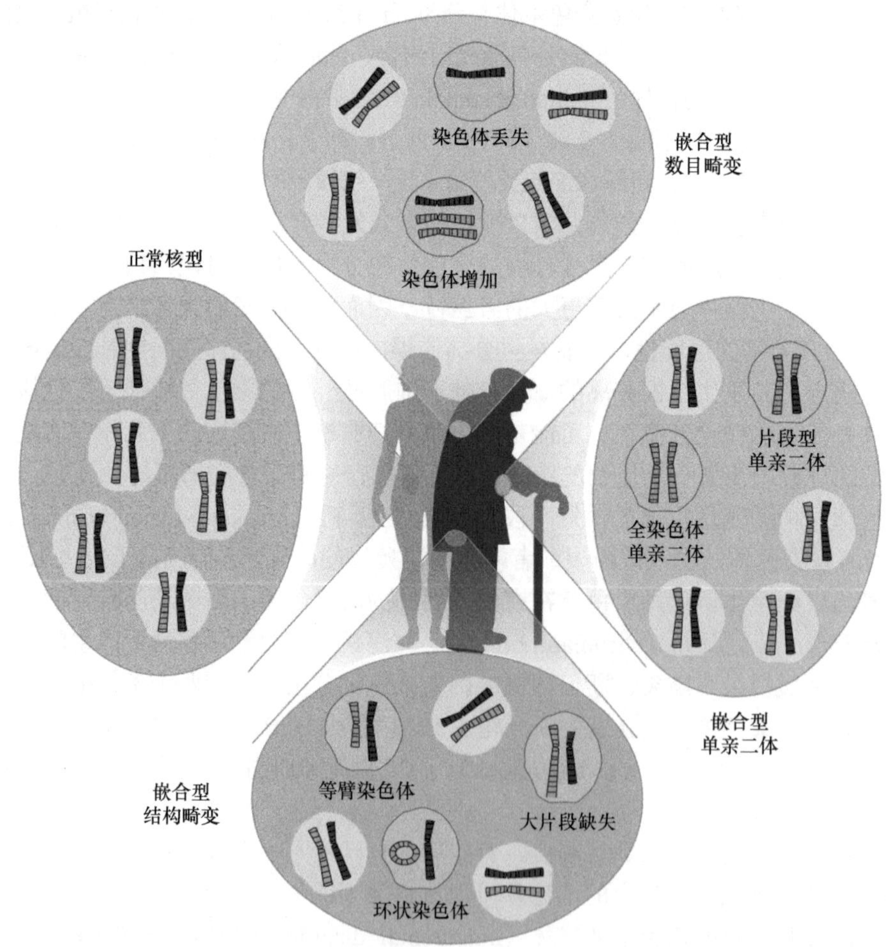

图 2-5　人类嵌合型染色体畸变的种类（引自 Dai and Guo，2021）（彩图请扫封底二维码）

二、基因组重复

除了非整倍体，广义的染色体异常还包括多倍体（polyploid）。哺乳动物的体细胞基因组通常都含有两套染色体，即二倍体，而多倍体通常含有两套以上的染色体组。多倍体源自基因组重复（genome duplication），多倍体个体的基因组重复发生于减数分裂，多倍体细胞的基因组重复则发生于有丝分裂。基因组重复通常由以下途径诱发（图 2-6）：①细胞融合，是指两个以上相同或不同类型的细胞之间通过其细胞膜融合形成一个同型或异型多倍体细胞的过程；②核内复制（endoduplication），这是一种异常的细胞周期模式，能正常地复制基因组，但不存在细胞分裂，多次循环之后产生一个单核多倍体细胞；

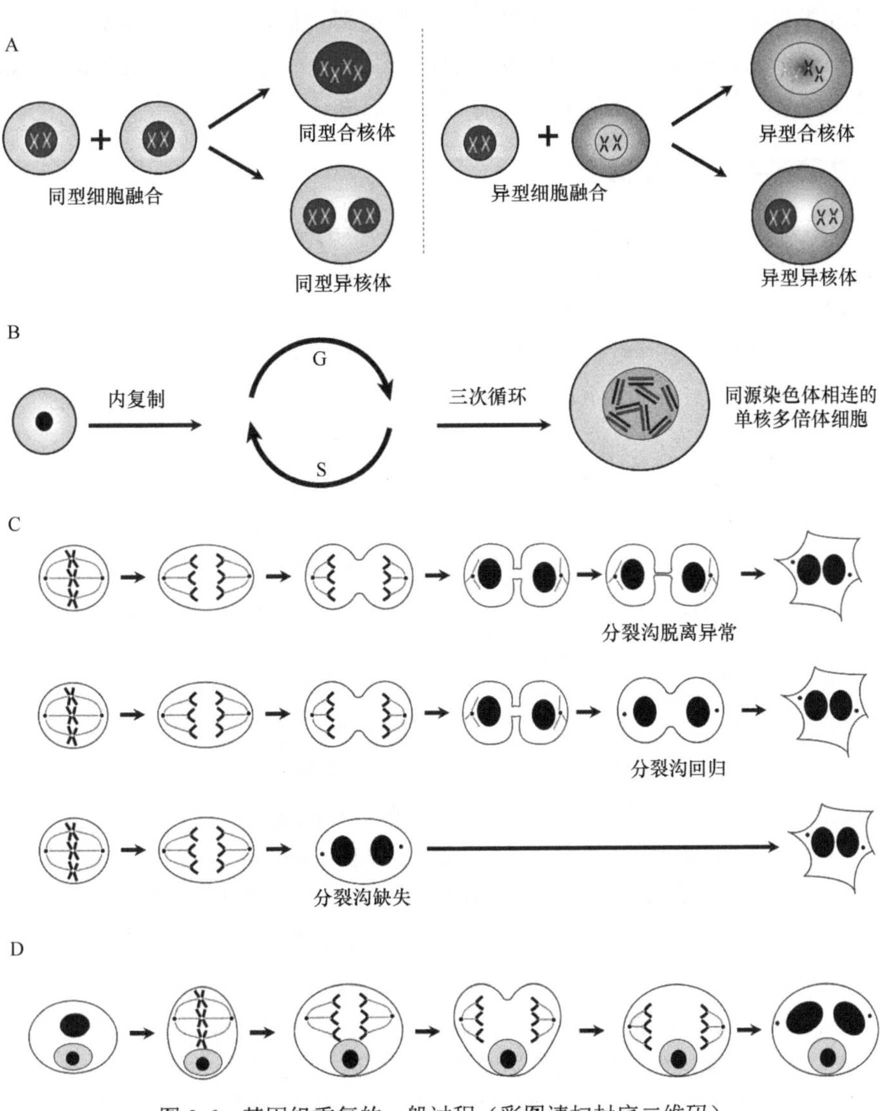

图 2-6　基因组重复的一般过程（彩图请扫封底二维码）

A. 细胞融合；B. 核内复制；C. 胞质分裂失败；D. 细胞侵入性死亡

③胞质分裂过程中无法形成分裂沟、分裂沟回归或缺失，以及细胞脱离异常，均会导致胞质分裂失败（cytokinesis failure），形成双核四倍体细胞；④细胞侵入性死亡（entosis）是指一个活细胞入侵到另一个活细胞中，可阻碍宿主细胞胞质分裂沟内移，进而引发胞质分裂失败。

多倍体在哺乳动物的一些组织器官，如胎盘滋养层巨细胞、骨骼肌和心肌细胞、骨髓中的巨核细胞，以及肝脏中的多核细胞的发育和分化中具有重要的作用。肝细胞中的多倍体细胞被认为是肝脏在面对外源性毒性物质暴露时的一种应对机制。同时，多倍体在损伤修复和组织再生中也扮演着重要的角色，如结肠中的多倍体细胞能促进结肠组织受损后的快速修复。但是，基因组重复也给基因组的稳定性带来了不利的一面。近期研究发现基因组重复后在下一个细胞分裂周期内便可严重破坏基因组稳定性。由于基因组的扩增，部分 DNA 复制蛋白出现短缺，造成基因组内的复制压力（replication stress），导致部分染色体区域出现过度复制或复制不足的现象。

三、染色体畸变与发育性疾病

目前，已发现 3000 余种人类染色体数目畸变和结构畸变情况，已确认染色体综合征 100 余种，智力低下、生长发育迟滞及高患癌风险是染色体病的共同特征。主要原因是染色体异常往往涉及大量的基因异常，严重打破了机体的遗传物质平衡，所以表现为影响发育、智力、生育等基本生物学特性，并表现出复杂的疾病特征。

唐氏综合征（Down syndrome）也称 21 三体综合征和先天愚型等。这是人类最常见的染色体疾病，新生儿发病率约为 1/800，是精神发育迟滞最常见的原因，占严重智力发育障碍病例的 10%。1866 年，英国医生约翰·唐（John Down）对本病做了全面描述，后来将本病称为唐氏综合征。1959 年，通过核型分析技术证实该病是由 21 号染色体三体性（trisomy）引起的。唐氏综合征患者中异常的 21 号染色体可能会游离于其他染色体而独立存在，也可能会通过易位（translocation）而结合在其他染色体末端，二者所引发的病理学表征没有明显区别。长期以来因为缺乏合适的动物模型，人们对 21 三体诱发唐氏综合征的分子病理学机制知之甚少。构建 21 三体模型的难点在于人类 21 号染色体上的基因在啮齿类等动物中位于多条染色体上。最近，科学家成功构建了跨染色体的唐氏综合征模型 TcHSA21 大鼠，加速了对唐氏综合征的病理学机制解析。

除唐氏综合征外，其他全染色体层面的常染色体疾病还包括 13 三体综合征，也称帕托综合征（Patau syndrome），以及 18 三体综合征，也称爱德华综合征（Edwards syndrome），分别由 13 三体和 18 三体所诱发。全染色体层面的其他常染色体三体均会导致胚胎死亡。比较这三类染色体疾病可以发现染色体三体综合征的病理表型的轻重程度与其多余染色体上的基因数量正相关。13、18、21 号染色体上基因数量逐渐减少，但均少于 500 个蛋白质编码基因。这说明在不引起个体死亡的前提下，人类基因组可以承受约 500 个基因的剂量加倍，意味着人类基因组具有较强的可塑性。目前，由于缺乏动物模型，人们对 13 三体综合征和 18 三体综合征病因学机制的解析仍十分有限。此外，任何一条常染色体出现单体性（monosomy）均会导致胚胎死亡。研究发现，常染色体三体和单体不仅仅影响该染色体上基因剂量的改变，同时会扰动整个基因组的稳定性和基因表达。从常染色体三体和单体在人群中的发生率来看，常染色体上基因剂量减少比增加所产生的基因组扰动效应更为严重。除全染色体层面，染色体臂级或片段级的剂量改变也会引发发育性疾病，如猫叫综合征（cri du chat syndrome，CdCS），其是由 5p 部分缺失所引起的遗传病。

除了常染色体，性染色体也存在数目上的畸变。克兰费尔特综合征（Klinefelter syndrome）和特纳综合征（Turner syndrome）分别是男性中出现 X 双体性（47，XXY）和女性中出现 X 单体性（45，XO）。男性中也存在双 Y 症（47，XYY）。通常而言，由于细胞对 X 染色体上存在天然剂量调控机制及 Y 染色体上基因较少，性染色体疾病的病理表型明显轻于常染色体疾病。例如，特纳综合征的女性除了不孕，无其他明显的发育缺陷。双 Y 症又被称为超雄基因型，患者身形高大，早期研究认为他们具有更高的犯罪率，但该结论还没有被系统性地证实或证伪。性染色体数目畸变发生率通常在 1/1000～1/500，因为除影响生殖外无其他明显症状，很多携带者终生并未被诊断。

不同类型染色体病预后不尽相同，多数预后不良。智力低下和生长发育迟滞是染色体病的共同特征。染色体病治疗困难、疗效不佳，所以预防显得更为重要。预防措施包括推行遗传咨询、染色体检测、产前诊断和选择性人工流产等，预防患儿出生是最为主动的策略。羊水检测能检验胎儿是否患有先天染色体缺陷症，其他需要做染色体检查的情况包括生殖功能障碍者、第二性征异常和外生殖器两性畸形者、先天性多发性畸形和智力低下的患儿及其父母、发育和性情异常者、接触过有害物质者。我国香港科学家卢煜明开创了无创产前检测，在无须对孕妇进行侵入性检测的前提下，仅仅抽取孕妇外周血，就可以通过孕妇血液中含有的胎儿 DNA 信息，来检测胎儿是否患有染色体畸变综合征，大大降低了孕妇因产前诊断而流产的风险。目前，基于胎儿游离 DNA 和高通量测序技术的无创产前 13 三体综合征、18 三体综合征、21 三体综合征基因检测正在我国各地进行大力推广。

基因治疗（gene therapy）是一种具有广阔应用前景的单基因遗传病治疗手段。基于此方案，科学家提出利用染色体治疗（chromosome therapy）的方法。利用雌性中天然存在的 X 染色体失活的原理，科学家尝试将 3 条有活性的 21 号染色体随机失活 1 条。目前，该方法在 21 三体综合征患者来源的体细胞和诱导性多能干细胞中取得了较为理想的 21 号染色体沉默效果，并且对部分细胞缺陷（如造血能力）具有恢复作用。未来，染色体治疗将为染色体病的临床干预提供一种可行的方案。

四、染色体畸变与肿瘤

早在一个世纪前，德国著名细胞学家西奥多·博法瑞（Theodor Boveri）就提出癌细胞中的染色体数目畸变（非整倍体）是癌细胞行为异常的基础。非整倍体虽然严重阻碍细胞增殖，但作为一种以细胞高速增殖为特征的疾病，癌症的一大特征就是具有非整倍体核型。超过 90%的实体肿瘤和 75%的血液癌症存在非整倍体现象，而且每一类肿瘤通常具备特异性的非整倍体核型。例如，结肠癌通常出现 7、8 和 13 号染色体扩增和 18 号染色体缺失，而鳞状细胞癌通常存在 3p 缺失和 3q 扩增的核型。通常将肿瘤细胞对特定类型的非整倍体产生依赖性的现象称为非整倍体成瘾（aneuploidy addiction）。如今，许多证据都表明非整倍体可以促进肿瘤发生，而不仅仅是肿瘤发生中的副产物。首先，在人源细胞和小鼠模型的研究中发现非整倍体的出现一般要先于肿瘤发生；其次，在许多肿瘤中都发现了控制染色体正确分离的基因异常表达的现象；再次，由基因突变诱发的非整倍体小鼠具有极高的患癌风险；最后，通过转基因的方法降低非整倍体小鼠的非整倍体率可有效减少癌症的发生。

非整倍体对细胞的增殖具有抑制作用，甚至导致细胞衰老（senescence）。例如，21三体细胞的体外增殖速率明显低于正常核型细胞。但是，研究发现在细胞遭遇环境胁迫时，非整倍体对细胞增殖则表现出促进效应。存在化疗药物或抗真菌药物环境时，非整倍体酿酒酵母（*Saccharomyces cerevisiae*）较正常核型酿酒酵母增殖更快。酵母会产生大量的非整倍体来适应不利的生存环境。对人正常细胞和癌细胞而言，非整倍体可以促进其在血清缺乏和化疗药物暴露等培养条件下的生长，因此可以促进癌细胞获得多重耐药性。近期研究发现，男性膀胱癌细胞存在较高水平的 Y 染色体丢失率（10%～40%），而 Y 染色体丢失可以通过促进肿瘤细胞逃避适应性免疫而驱动其生长。因此，非整倍体可能是真核生物中由环境胁迫引发的一种突变模式，对于胁迫环境的适应有驱动作用。综上，非整倍体对细胞增殖的影响存在明显的双向作用，这一特性又被称为非整倍体悖论（aneuploidy paradox）。

非整倍体在环境胁迫时如何增加细胞增殖速率是理解肿瘤发生，以及演化和耐药性形成的关键。目前，发现其潜在的原因包括：①非整倍体增加了胁迫应答基因；②一些非整倍体细胞同时携带了能降低蛋白毒性压力的突变；③剂量补偿效应中和了部分由基因扩增带来的不利影响；④某些细胞获得了提升增殖率的基因或丢失了抑制细胞增殖的基因；⑤非整倍体细胞间存在的表型偏差提高了群体在不利环境下的适合度（fitness）。非整倍体诱发肿瘤的机制可能还涉及了促进细胞内抑癌基因杂合性丢失（loss of heterozygosity）。因此，剖绘肿瘤基因组的非整倍体模式有望成为临床上判断肿瘤演化方向和预测肿瘤患者存活率和存活周期的手段之一。解析癌细胞是如何承受与适应高水平非整倍体的分子细胞学机制有助于开发新型的癌症治疗手段。例如，长期抑制 SAC 活性可以特异性地降低高非整倍体癌细胞的生存适合度。

五、基因组重复与肿瘤

癌细胞的染色体数量一般存在两个峰值，一个是近二倍体，另一个介于高三倍体和低四倍体之间，暗示着肿瘤在发生或演化的时候曾短暂地出现过基因组重复。利用全基因组测序，许多研究证实了基因组重复在各类肿瘤的多个阶段广泛存在过，其中在上皮细胞癌，如结肠癌、乳腺癌、肺癌、卵巢癌及食管癌中基因组重复发生率更是高达 50%以上。这些数据表明多倍体在肿瘤发生过程中扮演了重要角色，大量动物模型研究证实多倍体可以促进肿瘤发生和演化。

基因组重复后的细胞首要面临的问题是如何在有限的资源下对加倍的染色体进行复制。研究显示，基因组重复细胞由于存在蛋白质和酶的供应不足，在基因组加倍后的第一个 S 期会出现大范围的 DNA 复制压力，产生大片段的复制不足区和过度复制区，导致基因组不稳定。近期的一项研究提出一个重要的模型，认为肿瘤细胞群体内含不同基因型的细胞之间通过融合形成的多倍体细胞是一种准性重组（parasexual recombination）方式，可极大地促进肿瘤群体进行染色体的交换及克隆异质性，对于肿瘤快速适应不同的胁迫环境具有重要意义。除了增加染色体不稳定性，基因组重复还能够干扰染色质的组装，包括改变染色质区室的位置和接触频率，以及增加长染色体和短染色体之间的接触。这些改变促进了基因组重复细胞的表观遗传重编程，使得大量原癌基因转录程序被激活。因此，存在基因组重复的肿瘤细胞具有与未发生过基因组重复的肿瘤细胞截然不同的非整倍体模式及基因组 3D 构象。

与非整倍体一样，癌细胞需要特殊的分子细胞途径来适应基因组加倍，这也可能成为治疗基因组加倍肿瘤的靶向之一。例如，基因组加倍的癌细胞需要高水平的驱动蛋白 KIF18A，以保证有丝分裂过程中染色体的精确分离。敲除 KIF18A 的有丝分裂细胞出现大量染色体异常分离，诱发染色体不稳定并最终破坏了基因组重复细胞的适合度。

六、嵌合型染色体畸变与疾病风险

嵌合型染色体畸变，又被称为嵌合型染色体变异（mosaic chromosomal alteration），常见于人类生命周期的两个阶段——胚胎早期和衰老期。在受精作用发生之后，受精卵细胞在完成第一次有丝分裂之前面临着多重挑战。其一，两个配子细胞核在融合为一个合子细胞核的过程中，少数染色体会出现丢失的现象。其二，合子细胞核在 S 期进行 DNA 复制的时候易出现复制叉停滞和复制速度缓慢等现象，导致 DNA 复制延长至 G_2 期。其三，受精卵的第一次有丝分裂期内的 SAC 效率极为低下，之后才逐渐增强。以上因素导致早期人类胚胎出现高频率的染色体断裂和错误分离。对体外受精的人类胚胎核型进行统计发现，约 74%的 3～6 日龄人类胚胎存在嵌合型非整倍体现象。随着胚胎发育的进行，有丝分裂的错误率开始降低，嵌合率也随之逐渐下降，提示胚胎发育过程中存在清除染色体畸变细胞的机制。低程度染色体嵌合现象不影响胎儿的存活和出生，较高程度的嵌合现象均会导致胎儿死亡，这也解释了为什么人类的生殖效率（即受精卵最后成功发育成新生儿的概率）仅约为 30%。

随着全基因组测序的普及，生物学研究进入了大数据时代，在该背景下各国开始建设以本国国民为基础、具有代表性的大型生物银行（biobank，即生物医学数据库）。针对大型人群队列样本的深度测序分析发现健康个体的正常细胞中含染色体数目畸变和结构畸变的细胞克隆随个体的衰老急剧增加，产生随个体年龄依赖的嵌合型染色体畸变现象。对大量数据的整合分析发现，嵌合型染色体畸变有 4 个显著特点：①男女之间表现出明显的性别二态性，染色体畸变在男性中的流行率远高于同龄女性；②不同染色体之间出现克隆性畸变的倾向性并非随机的，性染色体出现克隆性畸变的频率远高于常染色体，男性以 Y 染色体丢失为主，女性以 X 染色体丢失为主，男性中 X 染色体丢失极为罕见；③虽然 Y 染色体丢失和 X 染色体丢失的发生率在 50 岁以上男性和女性群体中均急剧上升，但是前者上升的幅度远高于后者；④关联研究显示染色体克隆性畸变与多种衰老相关疾病的发生密切相关，如肿瘤、感染性疾病和神经系统疾病等。

衰老相关的嵌合型染色体畸变常见于血液、大脑、肝脏和皮肤等组织的细胞。血液中的嵌合型染色体畸变尤为受到关注。血液细胞成分复杂且更新快，全部起源于为数不多的（5 万～20 万个）造血干细胞。所以血液中的嵌合型染色体畸变被认为是源自最初的一个发生了染色体畸变的造血干细胞，其分化产生的畸变子代细胞较野生型子代细胞获得了更优的生存能力或适合度，这些染色体畸变子代细胞逐渐形成具有数量优势的克隆，该过程又被称为克隆性造血（clonal hematopoiesis）。基于此，科学家使用基因编辑技术构建了诸多小鼠模型，用于探究嵌合型染色体畸变在疾病发生发展过程中的具体作用。例如，研究发现血液中的嵌合型 Y 染色体丢失在雄性小鼠中可以诱导并加速心血管疾病和白血病的发生发展。

因此，嵌合型染色体畸变是广泛存在于健康组织中、对疾病具有推动甚至启动作用的一类分子表型，在慢性疾病的预测中具有潜在的指导作用。此外，嵌合型染色体畸变在人群中的性别差异可能也直接导致某些疾病在流行率、病程进展和死亡率等方面的性别二态性。特别是男性特有的并具有较高流行率的 Y 染色体丢失被认为是男性在寿命、心血管疾病和癌症等方面明显不同于女性的因素之一。因此，血细胞 Y 染色体丢失具有开发成疾病预测和早筛的生物标志物的巨大潜力。在全球老龄化持续加剧的背景下，着力开发针对降低嵌合型染色体畸变率的干预策略（如生活方式和营养干预），有望促进人类的健康增龄。此外，目前已有的嵌合型染色体畸变研究多来自西方发达国家人群，其结果并不能完全适用于中国人群。我国在生物学数据库和生物医学数据库的建设方面还暂时落后于西方发达国家，建设中国人群的遗传资源和数据信息资源库有助于获得适用于我国人群慢性病的遗传学证据，寻找更加切实可行的干预措施。

第六节　微核的结构与生理病理结局

细胞分裂后，子代染色体通常会聚集在一起形成一个单一的细胞核。19 世纪末至 20 世纪初，美国科学家威廉姆·霍威尔（William Howell）和法国科学家贾斯汀·乔利（Justin Jolly）先后在研究哺乳动物红细胞形成过程中发现红细胞在成熟过程中虽然会将细胞核排挤至细胞外，但是那些细胞核断裂碎片会遗留在细胞内，形成一个或多个细小的核状结构，后人将其命名为 Howell-Jolly 小体。之后，更多的研究发现部分有核细胞在细胞核周围会出现类似 Howell-Jolly 小体的结构，并将这些结构统称为微核（micronucleus）（图 2-7）。微核常见于着床前胚胎、衰老个体细胞和肿瘤细胞中。在不同病患群体中的研究发现，患病个体的淋巴细胞中微核发生率普遍高于正常个体。随着新技术和新方法在微核研究中的应用，近期的一系列重要发现重新唤起了人们对微核的广泛兴趣。

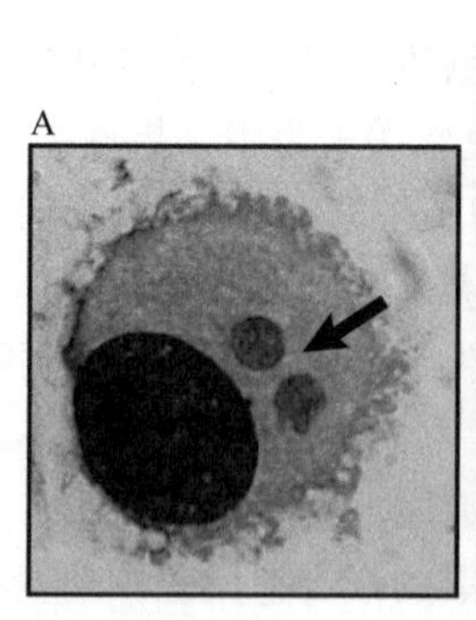

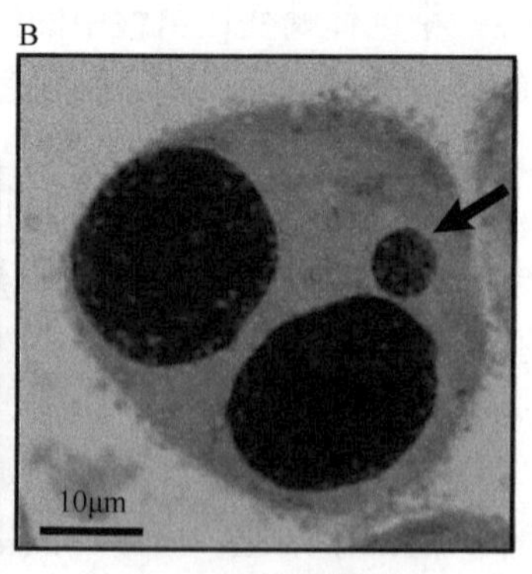

图 2-7　存在于单核细胞（A）和双核细胞（B）中的微核（箭头所示）（引自 Guo et al.，2019）

一、微核的起源、结构与转归

微核的起源可以分为有丝分裂起源和间期起源。有丝分裂起源包括断裂的染色体、单侧双向结合染色体、着丝粒/动粒缺陷染色体、SAC 功能异常，它们通常导致染色体在后期分离时出现滞后，大部分滞后染色体在末期未能及时融入主核而形成微核。由于处在细胞核外周的大型染色体在有丝分裂时出现错误分离的频率更高，这些染色体形成微核的频率也相应更高。此外，染色质桥在末期发生断裂，断裂后的片段可形成一个或多个微核。染色质桥的断裂会诱发 BFB 循环，导致微核反复形成。

间期起源包括细胞核挤出及细胞核泄漏。被细胞核主动挤出产生的微核又被称为双微体（double minute）。双微体是细胞核内可自主复制、无着丝粒和端粒的染色体外的环状结构。由于双微体上携带有基因拷贝，因此双微体通常是基因异常扩增的标志，常见于癌细胞。双微体虽然缺乏着丝粒，但是可以依附在染色体上，从而将其精准地传递给子代细胞。双微体的挤出发生在 S/G_2 期，由细胞膜向外拉和核膜向外推共同介导完成。此外，细胞核也会主动将扩增的染色体挤出主核形成微核。在细胞核被膜完整性被破坏时，会导致细胞核内的染色质被动性地往胞质内泄漏，形成细胞核出芽（nuclear budding）现象，最终脱落形成微核。近期，研究发现人类早期胚胎发育过程中，囊胚的快速扩张对滋养层细胞产生巨大的机械阻力，迫使其细胞核出芽，产生大量的微核。

微核的结构与主核存在一定区别。主核中的核被膜包括核膜、核纤层和核孔复合体。核膜分为包裹核质的内核膜和面朝胞质并与内质网相连的外核膜，二者通过负责胞质与核质交换与信息交流的核孔复合体相互融合，由核纤层蛋白构成的核纤层网络结构与内核膜紧密相连。在哺乳动物中，核纤层蛋白主要分为 A 型（lamin A 和 lamin C）和 B 型（lamin B1 和 lamin B2）。其中，A 型核纤层蛋白调控核被膜的刚性，B 型核纤层蛋白调控核被膜的完整性。此外，核纤层蛋白还与多种蛋白质相互结合以维持核被膜的稳定性。微核核被膜与主核核被膜高度相似，但二者在部分非核心蛋白的组成上存在明显差异，其中 lamin A/C、Lap2α、Emerin 等蛋白质在微核核被膜中的组装较为完整，而多种非核心蛋白，如核孔蛋白、lamin B、LBR 等，在微核核被膜中存在缺陷。微核核被膜的核孔复合体的组装密度较低，微核内外物质（特别是蛋白质和酶类）交换与信息交流存在缺陷，导致微核内 DNA 修复、复制、转录、表观遗传印记和蛋白酶降解等体系与主核存在天壤之别。此外，以上特征使得微核核被膜极为脆弱，且一旦破裂后就无法对其进行及时有效的修复，对宿主细胞会造成更为严重的后果。

微核在形成后并非一成不变，而是存在不同的转归途径，通常包括以下 5 条转归途径。①排出细胞。目前在小鼠骨髓细胞和人结肠癌细胞中发现了微核外排现象。被外排的微核包含整条染色体或者双微体。通常，微核会逐渐靠近细胞膜，然后被细胞膜胞吐似地挤到细胞外。该过程与细胞的胞吐作用类似，但对其分子机制仍一无所知。②重返主核。研究发现有很大比例的微核最终会在下一个有丝分裂过程中重新被并入主核。被并入的微核染色体在很长一段时间内仍然保留着表观遗传印记的异常，如异常的组蛋白翻译后修饰和染色质可及性等。③降解。研究发现在人骨肉瘤细胞 U2OS 中，65%的微核会在第一个间期内被完全分解。通常，带有 DNA 双链断裂的微核更容易被降解，而且形态学上该降解类似于凋亡时出现的 DNA 降解。微核的降解一般通过特异性的自噬完成，该过程称为微核自噬（micronucleophagy）。④继续保留。一些带有微核的细胞在下一个细胞周期之后仍然会保留该微核。⑤扩增。一些带有微核的细胞进入有丝分裂会产生一个没有微核的子代细胞和一个微核数量发生扩增的子代细胞。

二、微核诱发染色体碎裂

2011 年，科学家通过全基因组测序在肿瘤基因组内发现一种全新的突变范式——染色体碎裂（chromothripsis），指一条或几条染色体在发生大范围断裂后以无序的方式被重新组装的生物学过程。染色体碎裂的一个显著特点是约 40%的肿瘤基因组内染色体碎裂只发生在一条染色体上。为何大部分染色体碎裂仅限于基因组内一条或少数几条染色体呢？

通过活细胞成像和单细胞基因组测序相结合的方法，研究证实微核染色体会发生染色体碎裂，而背后的诱因是微核核被膜破裂或功能受损导致微核在 S 期不能募集正常数量的 DNA 复制因子和修复蛋白。微核的复制通常存在复制压力、DNA 复制效率低下、与主核异步等现象。因此当主核进入有丝分裂期时，微核仍处于 S 期。主核进入有丝分裂时会产生大量的染色体凝缩信号，导致微核染色体发生超前凝集（premature chromosome compaction）。染色体超前凝集对复制中的微核 DNA 产生强大的机械应力，推动了微核内染色体大规模断裂。此外，由于微核内的染色体上存在大量因为异常复制和转录而产生的 DNA-RNA 杂交链，随后 DNA 上的腺苷酸在脱氨酶的作用下产生大量的异常碱基脱氧肌苷（deoxyinosine）。脱氧肌苷在糖苷酶的作用下被切除产生无碱基位点，后者在内切酶的作用下产生 DNA 单链断裂。如果不同 DNA 链上的断裂点相距较近，则会产生双链断裂。单链断裂的 DNA 发生复制后也会产生双链断裂。因此，碱基切除修复系统可能是造成微核染色体发生碎裂的另一个因素。

微核内断裂的染色体片段是如何在有丝分裂期维持在一起的，又是如何重新连接的呢？研究发现一个由 DNA 损伤检查点蛋白 MDC1、DNA 拓扑异构酶Ⅱ结合蛋白 TOPBP1，以及 PP2A 细胞抑制子 CIP2A 组成的蛋白质复合体充当“胶水”的作用，将微核内染色体片段紧密联系在一起，确保了它们在有丝分裂末期被整体分离到某一子代细胞中。随后，非同源末端连接介导了微核内染色体片段重接形成一条新生染色体（neochromosome）。由于非同源末端连接的易错性，这些片段的连接是高度随机的。与此同时，一些未被连接到新生染色体上的 DNA 短片段发生环化形成染色体外环状 DNA（extrachromosomal circular DNA，eccDNA）。eccDNA 的长度在一至数千千碱基对，双微体可被看作一种巨大的 eccDNA，长度可达数兆碱基对。由于缺乏着丝粒，eccDNA 在母细胞分裂时被随机分离至两个子细胞中，eccDNA 还可被整合至染色体，造成染色体片段的扩增。此外，eccDNA 内染色质较为松散，且存在原癌基因和增强子大量扩增现象，使得其内部的原癌基因可以高效表达。因此，eccDNA 可促进肿瘤的遗传异质性和耐药性的形成。微核介导染色体碎裂的过程总结在图 2-8 中。

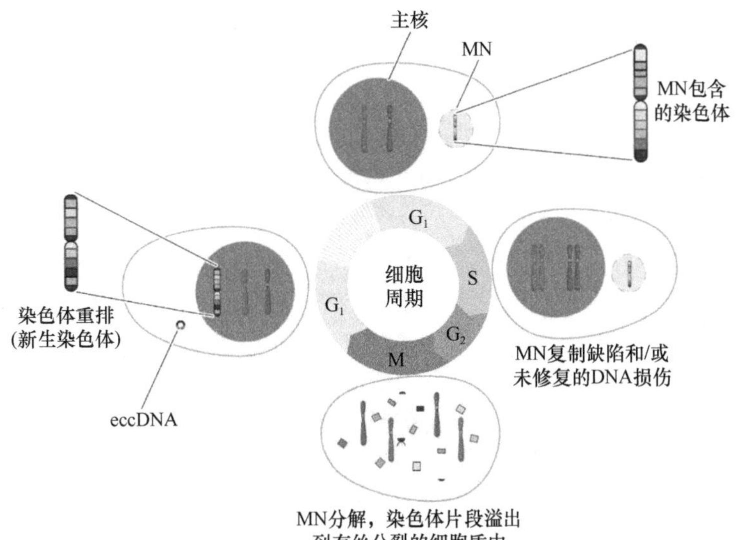

图 2-8 微核内发生染色体碎裂的分子过程（引自张城等，2022）（彩图请扫封底二维码）

微核（MN）化细胞在经历 S 期时，微核核被膜的功能缺陷导致微核复制效率下降，使微核中的 DNA 复制滞后于主核。当主核进入 M 期时，微核内正在复制的染色体超前凝集，发生大范围断裂。有丝分裂结束后，微核内的染色体碎片进入子代细胞主核并由非同源末端连接完成随机重排后形成新生染色体。部分未被整合的染色体片段形成染色体外环状 DNA（eccDNA）。如这条新生染色体包含有功能的着丝粒，则其可稳定遗传；如未包含有活性的着丝粒，则其会在下一个有丝分裂周期再次形成微核。因此，一条受损的染色体可能通过“微核化-染色体碎裂-微核化”循环达到染色体序列和结构的快速演化。

三、微核激活固有免疫

固有免疫是哺乳动物细胞中广泛存在、用于应对病原体入侵的机制，其通过模式识别受体感知病原体相关分子模式，激活抗菌/病毒信号通路并诱导 I 型干扰素及促炎性细胞因子的产生，进而诱导宿主细胞凋亡。环鸟苷酸-环腺苷酸合成酶（cGMP-cAMP synthase，cGAS）是细胞质中一类重要的、介导固有免疫的核酸受体。cGAS 识别细胞质内的外源和内源双链 DNA 并催化 ATP 和 GTP 生成 cGAMP。cGAMP 作为第二信使结合并激活内质网膜上干扰素刺激因子 STING，后者诱发 TBK1-IRF3 介导的信号通路，最终促进 INFβ、TNFα 和 IL-1β 等促炎性细胞因子的分泌。

2017 年，科学家首次发现 cGAS 能与微核结合。核被膜破裂的微核可以将其内部的一些 DNA 片段释放至细胞质中，激活了位于细胞质内的 cGAS，并进一步激活下游的炎症反应。此外，eccDNA 还具有极高的免疫活化作用，而微核内的染色体在发生染色体碎裂的同时会产生大量的 eccDNA。因此微核内 eccDNA 的多与寡可能是决定微核免疫原活性高与低的关键因素。免疫原性微核的存在对于细胞而言是一种危险信号，因此研究发现细胞会通过激活 DNA 酶、RNA 酶和微核自噬等方式降解免疫原性微核。如果这些降解途径异常导致免疫原性微核大量存在，它们就会通过 cGAS-STING 通路促进细胞衰老（图 2-9）。

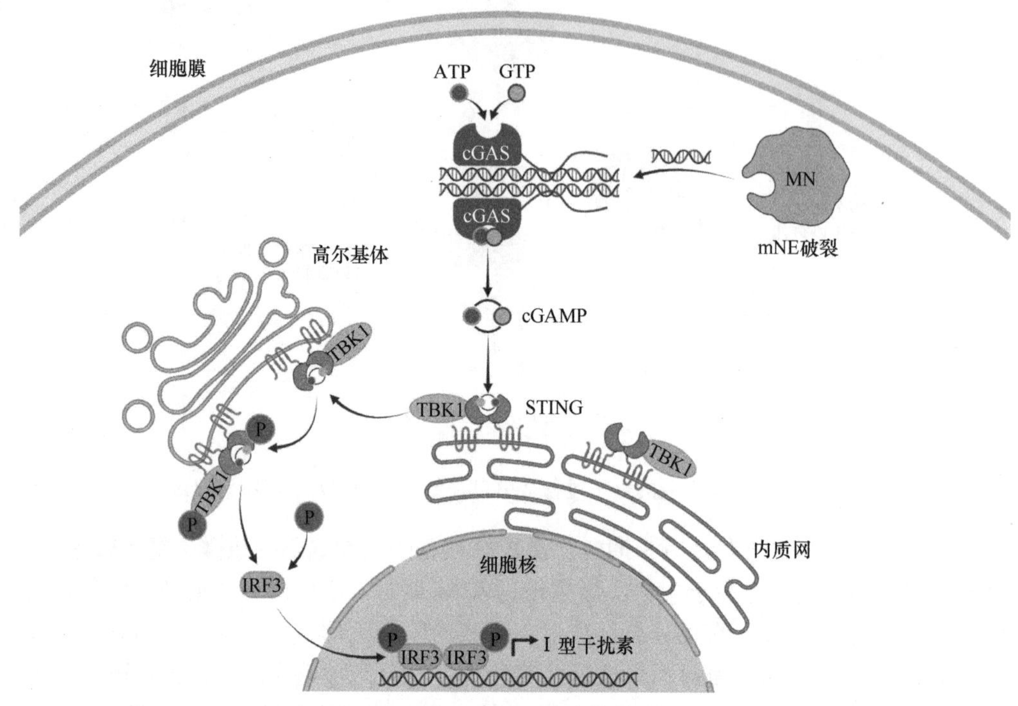

图 2-9　免疫原性微核激活 cGAS-STING 固有免疫通路的分子过程（引自张城等，2022）

（彩图请扫封底二维码）

微核（MN）的核被膜（mNE）破裂导致微核内的 DNA 释放至细胞质中。胞质内的 cGAS 识别这些 DNA 并形成二聚体，形成活化的 cGAS。活化的 cGAS 产生第二信使 cGAMP，后者与 STING 相互结合，促进 TBK1 磷酸化。随后，IRF3 转录因子被 TBK1 磷酸化并被转运至细胞核。二聚化的 IRF3 通过产生 I 型干扰素促进对病原菌的防御和炎症反应

不同来源的微核在激活 cGAS-STING 通路的能力上存在明显差异，其背后的影响因素主要包括微核核被膜的完整性、微核染色质组织结构、微核 DNA 的损伤程度、与线粒体 DNA 的互作、微核自噬的强弱等。

四、微核与肿瘤

与非整倍体类似，微核与肿瘤的相互作用极为复杂。一方面，微核可以驱动肿瘤的演化。相比于正常细胞，肿瘤细胞内自发性微核的频率显著升高，良性肿瘤中微核率远低于恶性肿瘤，且高微核率与肿瘤患者的不良预后密切相关。研究发现，免疫原性微核通过激活 cGAS-STING 通路，进一步激活 NF-κB 信号通路的非典型机制，进而促进肿瘤的扩散和转移。微核介导的染色体碎裂和 eccDNA 的形成对于肿瘤基因组结构与功能的快速演化起到了重要的助推作用。

另一方面，微核也具有抗肿瘤潜能。免疫原性微核的存在可以使宿主肿瘤细胞对免疫治疗更为敏感。研究发现，紫杉醇可以通过 cGAS-STING 通路激活三阴乳腺癌细胞的促凋亡分泌表型，而这一过程依赖于紫杉醇可以干扰有丝分裂产生的免疫原性微核。紫

杉醇还通过诱发免疫原性微核在 cGAS^{+}三阴乳腺癌中依次激活急性促炎反应、诱导巨噬细胞极化为 M1 经典活化型、募集大量的肿瘤浸润淋巴细胞，最终达到抗肿瘤作用。免疫原性微核在肿瘤的免疫治疗中的应用值得进一步挖掘与开发。此外，通过抑制 MDC1-TOPBP1-CIP 复合体的功能，使微核染色体在有丝分裂期发生解体，进而诱发细胞死亡也是靶向抑制微核化肿瘤细胞的途径之一。

第七节 基因组的演化与合成基因组学

生命的起源和演化是一个古老而又复杂的科学问题。演化遗传学研究需要解答的重要科学难题就是多细胞生物表型复杂性的遗传学基础。1858 年，查尔斯·达尔文（Charles Darwin）发现了自然选择这一演化规律，改变了人们对自然世界的认识。2002 年人类基因组的成功破译，革新了我们智人（*Homo sapiens*）对自身的认识。

著名遗传学家费奥多西·杜布赞斯基（Theodosius Dobzhansky）曾说过：离开了演化的观点，任何生物学问题都将是毫无意义的（Nothing in biology makes sense except in the light of evolution）。演化论是理解自然界生物多样的核心，也是理解基因组的结构、调控与功能的核心。借助持续发展的测序技术，大量非模式生物的基因组序列被解析，为从比较基因组学（comparative genomics）层面理解基因组的演化及其在物种形成中的作用提供了数据支撑。在基因组学快速发展的背景下，人类逐渐从被动地解码基因组步入主动地设计、改造和合成基因组的崭新时期。

一、基因的演化

在 HGP 之前，学术界普遍认为人类基因数量约有 10 万个。然而，HGP 的早期数据显示人类基因数约为 3 万个，近期的分析显示人类基因数仅有约 2 万个。虽然人类基因数量少于最初的估算数，但重要的问题是这些基因在人类的演化过程中是如何产生并稳定遗传下来的。不同物种之间基因数量有着明显的差异。例如，真核生物的基因数量可以从约 5000 个（酵母）到超过 10 万个（六倍体小麦）。从演化的尺度来看，越高等的生物类群所具有的基因数量也越多。那么新的基因是如何产生的呢？新基因的产生有以下几种方式：外显子混编（exon shuffling）、基因重复（gene duplication）、逆转录转座（retrotransposition）、可移动元件、水平基因转移（horizontal gene transfer）、基因融合或分裂，以及基因的从头起源（*de novo* origination）等。

外显子混编指的是来自不同基因的 2 个或 2 个以上的外显子被整合到一起。由于一个基因的外显子有时负责编码其蛋白质产物的一个结构域，因此外显子混编又被称为结构域混编。基因组学证据表明，通过外显子混编可以产生许多具有新功能的嵌合体蛋白。通过序列比对，研究证实许多基因的起源都来自于外显子混编。已有基因可以利用复制产生一个相同的基因拷贝。母本基因通常维持其原本的功能，而新的基因拷贝由于受到的选择压力小，可以通过突变演化出新功能。基因重复可以对单个基因进行扩增，也可能针对染色体片段上的多个基因进行复制。在逆转录转座途径中，需要亲本基因在转录后产生 RNA，然后经逆转录后产生互补 DNA，再将互补 DNA 插入到基因组内。由于互补 DNA 没有调控元件（如启动子），要么插入的位置正好处于调控元件的下游，要么募集到新的调控元件，不然子代基因最终会形成没有活性的假基因（pseudogene）。可移动元件的插入或移除可能导致已有的基因发生突变，形成新的功能。水平基因转移通常发生于原核生物，来自同一物种甚至不同物种的两个个体间发生基因的交换。两个相邻基因之间可能因为前个基因的终止子序列发生突变而造成与后一个基因在转录层面的融合，产生新的 mRNA 和蛋白质。相反，一个序列较长的基因可以分裂为两个新的基因。从头起源基因的产生较为罕见，因为这些基因的编码序列需要从非编码序列转变而来，这种偶然性事件在演化中出现的概率更低。

新基因的产生对于物种的演化具有决定性作用。生物从低等向高等演化的过程中通常伴随着新的复杂性状的产生，表型多样性的演化通常与新基因的产生密不可分。例如，新基因可以演化出新的生化功能和通路及新的蛋白质复合体，使得生物体对于环境胁迫具有更强的抗性。新基因在出现后能被快速用于个体发育和新器官的产生，推动了物种的生殖、行为和性别二态性的演化。据估算，人类基因组中有约 300 个人种特异性的基因和约 1000 个灵长类特异性的基因，这些基因对人类大脑的扩大和功能的复杂化及男性生殖等方面具有重要影响。

除了产生新的基因，现有基因也可能在演化过程中丢失。通常，基因的丢失都发生在具有拷贝数冗余的基因中，因此丢失其中一个或几个拷贝不会引起明显的功能变化。基因丢失发生的机制主要有两种：其一，通过减数分裂和有丝分裂期的非对等交换或者协同性的转座将整个功能基因快速地从基因组中移除；其二，利用缓慢的突变过程，让基因逐渐失去功能，成为假基因。基因丢失在不同物种类群中发生的频率并不相同，同时在同一物种的不同基因中的发生频率亦不相同。基因丢失的偏好性来自于基因本身所负责的功能对于宿主生存的必要程度，同时还来自于该基因在基因组中所处的物理位置。与获得新基因一样，基因丢失也能构成驱动物种演化的动力。例如，酵母中的基因丢失让它们获得了在高糖的培养基中生存的能力。在哺乳动物中，作为与 X 染色体同源的 Y 染色体在演化过程中丢失了大量与精子发生和性别决定无关的基因，仅保留了一些剂量敏感型的调控基因。

二、染色体的演化

真核生物的染色体数量有着较大的差异，斗牛犬蚁（*Myrmecia pilosula*）仅有 1 条染色体，而一些蕨类植物的染色体数量可达 100 条以上。同一物种的染色体之间也存在明显的大小和结构上的差异。染色体数量过少或过多在演化中都有不利的影响；染色体过少阻止了减数分裂过程中染色体联会和交换的次数，降低了子代配子的遗传多样性；而染色体过多可能会增加细胞有丝分裂和减数分裂时发生染色体错误分离的概率。染色体的结构也影响了细胞分裂的稳定性。例如，染色体的长臂如果超过了有丝分裂纺锤体轴的半径会导致姐妹染色单体不能完全分离，造成染色体断裂、非整倍体/微核化或多倍体化。因此，物种染色体的最大长度通常与其细胞及细胞核的大小成正比。染色体过短会限制其在细胞减数分裂时的同源配对，甚至会导致姐妹染色单体之间的粘连作用减弱，造成染色体的异常分离。对于一个二倍体生物而言，其最短和最长的染色体通常介于其染色体平均长度的 0.4035～1.8626 倍。

虽然染色体数目和结构的稳定是物种生存与繁衍的基础，但是新物种的形成往往伴随着复杂的染色体数目和结构的变化。例如，人类的核型是 $2n$=46，而人类近亲黑猩猩的染色体数量是 $2n$=48。通过带型比较，人类具有中着丝粒的 2 号染色体在黑猩猩中是分开的两条端着丝粒染色体（黑猩猩中的 12 和 13 号染色体）。因此，在人类祖先和黑猩猩祖先分开走上独立的演化道路后，人类系谱中发生了至少一次类似罗伯逊易位式的染色体融合，这一改变可能直接导致了人类始祖与黑猩猩始祖之间的生殖隔离，成为人类物种演化的关键性事件。

麂属（*Muntiacus*）动物是研究哺乳动物染色体演化的机制和意义的绝佳模型。麂属动物是鲸偶蹄目反刍亚目鹿科麂亚科下的一类哺乳动物。其中，小麂（*M. reevesi*）、黑麂（*M. crinifrons*）是我国特有的物种，黑麂和贡山麂（*M. gongshanensis*）是我国重点保护野生动物。黑麂和贡山麂都有 8 条（雌性）或 9 条（雄性）染色体，但是它们的核型却不相同，而小麂有 46 条染色体。20 世纪 80 年代施立明曾对多种麂属动物染色体进行了长期深入的研究，发现其多变的染色体数目和核型是由鹿科祖先染色体（$2n$=70）反复串联融合而来。近期，我国科研团队测序组装了具有祖先核型的獐（*Hydropotes inermis*，$2n$=70）、小麂、雌性和雄性黑麂的染色体水平基因组，以及黑麂最近缘物种贡山麂的草图基因组。比较基因组学分析证实染色体融合是导致麂属染色体数目在种间剧烈变化的主要重排类型。染色体融合对于基因组的区间和 TAD 没有明显的影响，但是可以促进基因组内不同基因座发生新的相互作用，驱动了麂属动物细胞和形态表型的创新。

为研究染色体结构和数目的改变对生物体的影响和意义，需要构建合适的实验模型。2018 年，我国科学家在国际上率先实现基于酵母的大规模染色体改造，利用头对尾的融合方式成功将酵母 16 条染色体合并为 1 条。近年来，我国科学家开发了基于 CRISPR/Cas9 基因编辑技术的染色体工程技术，成功实现了对小鼠染色体的改造。以“头对头”的方式融合了两条最大的小鼠染色体（1 号和 2 号染色体），以及两条中等大小的染色体（4 号和 5 号染色体）。结果显示，染色体融合对整个基因组内的基因表达，以及基因组的 3D 结构影响甚微。然而，1 号和 2 号染色体融合导致有丝分裂停滞、多倍体化和胚胎死亡，而由 4 号和 5 号染色体融合得到的重排染色体能够传递给纯合子后代。因此，生殖隔离和新物种的形成可能是通过积累染色体重排来降低杂合杂种的生育能力。此外，利用 Hi-C 技术发现染色体融合后的酵母细胞核增大、染色体的空间占有率增加、染色体间的互作减弱。然而，基因的表达、细胞形态和增殖速率等未受明显影响。这些发现表明基因组结构及表达调控存在稳态调控，体现了基因组的可塑性（plasticity）和鲁棒性（robustness）。

三、基因组的演化

真核生物的基因组大小有着巨大的差异，这种差异甚至体现在同一类生物中。例如，基因组最小的真核生物线虫（20 Mb）与基因组最大的真核生物日本重楼（*Paris japonica*，148.8 Gb）之间相差 7439 倍。显花植物的基因组大小之间有着超过 2400 倍的差异（从 <100Mb 到>100Gb）。在真核生物，特别是显花植物中，基因组的大小很难准确反映出基因的数量和物种的复杂程度，这一现象称为 *C* 值悖理（*C*-value paradox）。*C* 值悖理产生的原因一直是进化遗传学研究的热点，可能与某些物种基因组在演化过程中持续扩大或缩小有关。

复制型转座子通过对自身模板的大量拷贝，实现了其在基因组内的逐渐扩张，是基因组扩大的一种主要途径。转座子分为自主型和非自主型，前者内部具有编码基因，其产物可介导转座子的自主转座（如 L1 元件），后者因缺乏编码转座酶的基因而需要其他系统的转座酶才能完成转座（如 SINE 元件）。自主型转座由于转座子长度较大且能进行无限制的转座，因而被认为是基因组扩增的主要推动因素。例如，墨西哥钝口螈（*Ambystoma mexicanum*）的基因组大小为 32Gb，其中约 65%的序列是重复序列，这些重复序列中大部分是长度为 6～16kb 的自主型逆转录转座子。当然，非自主型转座子也是不同物种间基因组大小差异的因素之一。幼形纲生物（larvacean）的基因组大小为 72～874Mb，差异可达 11 倍。针对 6 种幼形纲生物的基因组测序显示，这些物种中基因组大小差异的 83%来自于 SINE 序列。转座子的扩增不仅增加了基因组的大小，对于物种的遗传多样性，以及物种对环境的适应能力也有着不可忽视的作用。研究表明，转座子具有一系列基因调控作用，可以起到类似于启动子、增强子、绝缘子和其他染色质边界元件的作用，甚至可以充当新的选择性剪接信号和选择性多聚腺苷酸（加尾）信号。

相比之下，基因组重复是促进基因组扩大的快速途径。基因组重复通常源自染色体组的多倍体化，后者可以产生同源多倍体（autopolyploid）和异源多倍体（allopolyploid）。同源多倍体来自于对自身基因组的重复，异源多倍体则来自于两个生殖兼容物种之间的杂交。基因组重复通常发生于植物中，是显花植物基因组大小差异如此巨大的主要原因。植物对基因组重复表现出的耐受性使得现代农作物育种通常使用多倍体化改变作物性状。在动物界，两栖类和爬行类中的许多动物在演化的过程中也发生过大规模基因组重复现象，在哺乳动物中极为罕见。基因组重复使得相同或相似基因的数量增加，可以有效地缓冲发生在某些基因上的非同义突变以及染色体片段的缺失、重排、倒位和易位等染色体结构畸变对表型所产生的不利影响。因此，基因组重复在演化中具有一定的选择优势，能有效促进新物种的形成，以及物种对灾难性环境变迁做出快速响应和适应。

当然，基因组并不会无止境地增大。目前已知的基因组大小超过 100Gb 的物种仅有 10 种。限制基因组过度扩增的因素有很多，如基因组越大需要更多的生化代谢途径和能量支出来维持；基因组越大，在 DNA 复制时需要花费更多的时间，也更易产生 DNA 损伤和突变，从而需要花费更多的能量用于维持基因组的完整性；基因组越大，用于有丝分裂和减数分裂的时间也就越长，导致细胞周期更长；基因组越大，细胞体积也会相应越大，导致细胞的表面积/体积比缩小，降低了细胞内的生物信号分子的浓度和传递效率。此外，细胞还具备限制基因组无限扩张的机制，如不对等的同源重组可以降低基因组大小。因此，科学家估算得出在演化进程中基因组扩增的上限应该是 150Gb。

四、合成基因组学

合成生物学（synthetic biology）是化学工程学科的前沿方向，基因组的合成是合成生物学的核心内容。合成基因组学（synthetic genomics）是基因组学发展到一定阶段的必然产物，意味着人类在实现对基因组的解码和重编之后，进入到对基因组的解读和编写的阶段。基因组的人工改造、设计和合成对揭示生命的化学本质具有重要的科学价值。

1995 年，科学家提出了“最小基因组”计划，旨在通过遗传学手段，删除不必要的基因，找到细胞在维持正常生命功能的前提下所含有一套数量最少的基因集合。至今，人们已先后在支原体、大肠杆菌、枯草芽孢杆菌、酿酒酵母等模式生物中找到了最小化基因组的蓝本。这些研究发现基因组的适度精简可以优化细胞代谢途径，改善细胞对底物和能量的利用效率，大幅度增加了细胞生理功能的可预测性和可控性。

2002 年，人类首次实现了对全基因组的设计和合成，合成了基因组大小仅为 7.5kb 的脊髓灰质炎病毒。至 2010 年，人类首次从头合成了长达 1Mb 的蕈状支原体基因组“辛西娅”（Synthia），并在山羊支原体受体细胞中成功复制、翻译并传代，标志着首个人造生命的诞生。2011 年开始，由美国、英国、中国等国联合启动了国际合成酵母基因组计划。2014 年，人类设计并合成了第一条能行使正常功能的酵母染色体，标志着合成基因组学向真核生物迈出了一大步。2017 年，我国研究团队成功突破了基因组合成中基因组缺陷序列定位和缺陷序列的精准修复等技术难题，化学合成了具有完整生命活性的 V 和 X 号两条酵母长染色体。并在此基础上，进一步建立了人工基因组精准可控的重排新方法，实现了基因组的快速定向进化。2023 年，国际科学合作团队宣布完成了酵母的全部 16 条染色体（总长度为 12Mb）和一条长 186.6kb 的 tRNA 新设计染色体的从头合成，是合成基因组学新的里程碑。

近期，合成基因组学又迎来了另一方面的突破。随着人口寿命的延长，器官移植的需求日益增大。面对供体器官的严重短缺，科学家将突破口瞄准器官异种移植（organ xenotransplantation）。家猪在多种器官的大小和结构上与人类有诸多相似之处，成了首选的异种器官供体。但是，首先需要解决的难题就是异种器官移植所产生的强烈免疫排斥反应。为此，研究人员对家猪进行了基因组改造，总计编辑了 10 个基因，包括敲除了 3 个会造成免疫排斥的糖基转移酶基因、关闭了 1 个基因以防止器官体积过大、敲入了 6 个人源基因以帮助人体接受异种器官。2022 年，美国的临床医生和科学家成功地将基因组编辑后的猪心脏移植到一位 57 岁的男性患者体内，移植后该患者存活了 2 个月。虽然该患者最后仍死于免疫排斥引起的器官衰竭，但是该结果仍然足够振奋人心，因为该生存期是世界首例人-人心脏移植患者术后生存期的 2 倍。2023 年，该团队陆续在第二例患者中开展了猪源心脏的移植。与此同时，针对其他器官（如肾脏）的异种移植的科学研究和临床试验也在进行中。

总而言之，虽然我们尚处于合成基因组学的早期阶段，但是在合成生物学思想的指导下，未来十年我们或许能看到该领域更大的突破，甚至可能实现对更为高效的生命系统的人工设计和构建。合成基因组学终将成为整个基因组学乃至生命科学的最高发展阶段，必将颠覆生命科学和生物医药产业的现有发展理念、思维模式和运作方式，对人类的未来产生深远影响。

（郭锡汉　汪　旭　薛京伦）

参考文献

国家自然科学基金委员会. 2021. 国家自然科学基金资助项目优秀成果选编. 杭州: 浙江大学出版社.

杨焕明. 2016. 基因组学. 北京: 科学出版社.

张城, 汪旭, 郭锡汉. 2022. 免疫原性微核的起源与生物医学意义. 生命科学, 34(4): 392-400.

中国科学院. 2013. 中国学科发展战略·生物学. 北京: 科学出版社.

Abdel-Hafiz H A, Schafer J M, Chen X, et al. 2023. Y chromosome loss in cancer drives growth by evasion of adaptive immunity. Nature, 619: 624-631.

Agustinus A S, Al-Rawi D, Dameracharla B, et al. 2023. Epigenetic dysregulation from chromosomal transit in micronuclei. Nature, 619: 176-183.

Bakhoum S F, Ngo B, Laughney A M, et al. 2018. Chromosomal instability drives metastasis through a cytosolic DNA response. Nature, 553(7689): 467-472.

Booth D G, Beckett A J, Molina O, et al. 2016. 3D-CLEM reveals that a major portion of mitotic chromosomes is not chromatin. Mol Cell, 64(4): 790-802.

Boulias K, Greer E L. 2022. Means, mechanisms and consequences of adenine methylation in DNA. Nat Rev Genet, 23(7): 411-428.

Cavazza T, Takeda Y, Politi A Z, et al. 2021. Parental genome unification is highly error-prone in mammalian embryos. Cell, 184(11): 2860-2877, e22.

Cohen-Sharir Y, McFarland J M, Abdusamad M, et al. 2021. Aneuploidy renders cancer cells vulnerable to mitotic checkpoint inhibition. Nature, 590: 486-491.

Cuylen S, Blaukopf C, Politi A Z, et al. 2016. Ki-67 acts as a biological surfactant to disperse mitotic chromosomes. Nature, 535(7611): 308-312.

Dai X Q, Guo X H. 2021. Decoding and rejuvenating human ageing genomes: Lessons from mosaic chromosomal alterations. Ageing Res Rev, 68: 101342.

De Cecco M, Ito T, Petrashen A P, et al. 2019. L1 drives IFN in senescent cells and promotes age-associated inflammation. Nature, 566(7742): 73-78.

Domingo-Muelas A, Skory R M, Moverley A A, et al. 2023. Human embryo live imaging reveals nuclear DNA shedding during blastocyst expansion and biopsy. Cell, 186: 3166-3181.

Gemble S, Wardenaar R, Keuper K, et al. 2022. Genetic instability from a single S phase after whole-genome duplication. Nature, 2022, 604(7904): 146-151.

Gibcus J H, Samejima K, Goloborodko A, et al. 2018. A pathway for mitotic chromosome formation. Science, 359(6376): eaao6135.

Girish V, Lakhani A A, Thompson S L, et al. 2023. Oncogene-like addiction to aneuploidy in human cancers. Science, 381(6660): eadg4521.

Guo X H, Dai X Q, Wu X, et al. 2020a. Understanding the birth of rupture-prone and irreparable micronuclei. Chromosoma, 129(3/4): 181-200.

Guo X H, Dai X Q, Wu X, et al. 2021a. Small but strong: mutational and functional landscapes of micronuclei in cancer genomes. Int J Cancer, 148(4): 812-824.

Guo X H, Dai X Q, Zhou T, et al. 2020b. Mosaic loss of human Y chromosome: what, how and why. Hum Genet, 139(4): 421-446.

Guo X H, Hintzsche H, Xu W J, et al. 2022. Interplay of cGAS with micronuclei: Regulation and diseases. Mutat Res Rev, 790: 108440.

Guo X H, Li J F, Xue J L, et al. 2021b. Loss of Y chromosome: an emerging next-generation biomarker for disease prediction and early detection? Mutat Res Rev, 788: 108389.

Guo X H, Ni J, Liang Z Q, et al. 2019. The molecular origins and pathophysiological consequences of micronuclei: New insights into an age-old problem. Mutat Res Rev Mutat Res, 779: 1-35.

Harding S M, Benci J L, Irianto J, et al. 2017. Mitotic progression following DNA damage enables pattern recognition within micronuclei. Nature, 548(7668): 466-470.

Hatch E M, Fischer A H, Deerinck T J, et al. 2013. Catastrophic nuclear envelope collapse in cancer cell micronuclei. Cell, 154(1): 47-60.

Hidalgo O, Pellicer J, Christenhusz M, et al. 2017. Is there an upper limit to genome size? Trends Plant Sci, 22(7): 567-573.

Hu Y, Manasrah B K, McGregor S M, et al. 2021. Paclitaxel induces micronucleation and activates pro-inflammatory cGAS-STING signaling in triple-negative breast cancer. Mol Cancer Ther, 20(12): 2553-2567.

Hung K L, Yost K E, Xie L Q, et al. 2021. ecDNA hubs drive cooperative intermolecular oncogene expression. Nature, 600(7890): 731-736.

Jiang J, Jing Y C, Cost G J, et al. 2013. Translating dosage compensation to trisomy 21. Nature, 500(7462): 296-300.

Kazuki Y, Gao F J, Yamakawa M, et al. 2022. A transchromosomic rat model with human chromosome 21 shows robust Down syndrome features. Am J Hum Genet, 109(2): 328-344.

Klaasen S J, Truong M A, van Jaarsveld R H, et al. 2022. Nuclear chromosome locations dictate segregation error frequencies. Nature, 607(7919): 604-609.

Lambuta R A, Nanni L, Liu Y L, et al. 2023. Whole-genome doubling drives oncogenic loss of chromatin segregation. Nature, 615(7954): 925-933.

Lange J T, Rose J C, Chen C Y, et al. 2022. The evolutionary dynamics of extrachromosomal DNA in human cancers. Nat Genet, 54(10): 1527-1533.

Lin Y F, Hu Q, Mazzagatti A, et al. 2023. Mitotic clustering of pulverized chromosomes from micronuclei. Nature, 618: 1041-1048.

Long M Y, Betrán E, Thornton K, et al. 2003. The origin of new genes: glimpses from the young and old. Nat Rev Genet, 4(11): 865-875.

Lukačišin M, Espinosa-Cantú A, Bollenbach T. 2022. Intron-mediated induction of phenotypic heterogeneity. Nature, 605(7908): 113-118.

Ly P, Teitz L S, Kim D H, et al. 2017. Selective Y centromere inactivation triggers chromosome shattering in micronuclei and repair by non-homologous end joining. Nat Cell Biol, 19(1): 68-75.

Mackenzie K J, Carroll P, Martin C A, et al. 2017. cGAS surveillance of micronuclei links genome instability to innate immunity. Nature, 548(7668): 461-465.

Miroshnychenko D, Baratchart E, Ferrall-Fairbanks M C, et al. 2021. Spontaneous cell fusions as a mechanism of parasexual recombination in tumour cell populations. Nat Ecol Evo, 5(3): 379-391.

Misteli T. 2020. The self-organizing genome: principles of genome architecture and function. Cell, 183(1): 28-45.

Mohiuddin M M, Singh A K, Scobie L, et al. 2023. Graft dysfunction in compassionate use of genetically engineered pig-to-human cardiac xenotransplantation: a case report. Lancet, 402: 397-410.

Morgan J T, Fink G R, Bartel D P. 2019. Excised linear introns regulate growth in yeast. Nature, 565(7741): 606-611.

Naville M, Henriet S, Warren I, et al. 2019. Massive changes of genome size driven by expansions of non-autonomous transposable elements. Curr Biol, 29(7): 1161-1168, e6.

Nowoshilow S, Schloissnig S, Fei J F, et al. 2018. The axolotl genome and the evolution of key tissue formation regulators. Nature, 554(7690): 50-55.

Palmerola K L, Amrane S, De Los Angeles A, et al. 2022. Replication stress impairs chromosome segregation and preimplantation development in human embryos. Cell, 185(16): 2988-3007, e20.

Parenteau J, Maignon L, Berthoumieux M, et al. 2019. Introns are mediators of cell response to starvation. Nature, 565(7741): 612-617.

Papathanasiou S, Mynhier N A, Liu S, et al. 2023. Heritable transcriptional defects from aberrations of nuclear architecture. Nature, 619: 184-192.

Parenteau J, Maignon L, Berthoumieux M, et al. 2019. Introns are mediators of cell response to starvation. Nature, 565: 612-617.

Paulson J R, Hudson D F, Cisneros-Soberanis F, et al. 2021. Mitotic chromosomes. Semin Cell Dev Biol, 117: 7-29.

Petermann E, Lan L, Zou L E. 2022. Sources, resolution and physiological relevance of R-loops and RNA-DNA hybrids. Nat Rev Mol Cell Biol, 23(8): 521-540.

Prasad K, Bloomfield M, Levi H, et al. 2022. Whole-genome duplication shapes the aneuploidy landscape of human cancers. Cancer Res, 82(9): 1736-1752.

Quinton R J, DiDomizio A, Vittoria M A, et al. 2021. Whole-genome doubling confers unique genetic vulnerabilities on tumour cells. Nature, 590: 492-497.

Sano S, Horitani K, Ogawa H, et al. 2022. Hematopoietic loss of Y chromosome leads to cardiac fibrosis and heart failure mortality. Science, 377(6603): 292-297.

Schindler D, Walker R S K, Jiang S, et al. 2023. Design, construction, and functional characterization of a tRNA neochromosome in yeast. Cell, 186(24): 5237-5253.

Schubert I, Oud J L. 1997. There is an upper limit of chromosome size for normal development of an organism. Cell, 88(4): 515-520.

Schubert I, Vu G T H. 2016. Genome stability and evolution: attempting a holistic view. Trends Plant Sci, 21(9): 749-757.

Shao Y Y, Lu N, Wu Z F, et al. 2018. Creating a functional single-chromosome yeast. Nature, 560(7718): 331-335.

Tang S M, Stokasimov E, Cui Y X, et al. 2022. Breakage of cytoplasmic chromosomes by pathological DNA base excision repair. Nature, 606(7916): 930-936.

Trivedi P, Steele C D, Au F K C, et al. 2023. Mitotic tethering enables inheritance of shattered micronuclear chromosomes. Nature, 618: 1049-1056.

Wang G L, Vasquez K M. 2023. Dynamic alternative DNA structures in biology and disease. Nat Rev Genet, 24(4): 211-234.

Wang L B, Li Z K, Wang L Y, et al. 2022. A sustainable mouse karyotype created by programmed chromosome fusion. Science, 377(6609): 967-975.

Yin Y, Fan H Z, Zhou B T, et al. 2021. Molecular mechanisms and topological consequences of drastic chromosomal rearrangements of muntjac deer. Nat Commun, 12(1): 6858.

Zhang C Z, Spektor A, Cornils H, et al. 2015. Chromothripsis from DNA damage in micronuclei. Nature, 522(7555): 179-184.

Zhang Q, Zhao L, Yang Y, et al. 2022a. Mosaic loss of chromosome Y promotes leukemogenesis and clonal hematopoiesis. JCI Insight, 7(3): e153768.

Zhang X M, Yan M, Yang Z H, et al. 2022b. Creation of artificial karyotypes in mice reveals robustness of genome organization. Cell Res, 32(11): 1026-1029.

Zhao M M, Wang F, Wu J H, et al. 2021. CGAS is a micronucleophagy receptor for the clearance of micronuclei. Autophagy, 17(12): 3976-3991.

Zhao Y, Coelho C, Hughes A L, et al. 2023. Debugging and consolidating multiple synthetic chromosomes reveals combinatorial genetic interactions. Cell, 186(24): 5220-5236.

第三章

人类基因组与功能基因组学

人类基因组计划（Human Genome Project，HGP）是有史以来最庞大的有关人类自身的研究计划，其意义可以比肩显微镜的应用对生命科学的影响，与“曼哈顿计划”（Manhattan Project）和“阿波罗计划”（Project Apollo）并称为三大科学计划。HGP 由美国科学家于 1985 年提出、1990 年正式启动。美国、英国、法国、德国、日本和中国科学家共同参与了这一计划，中国承担了 HGP 中 1%的任务，即人类 3 号染色体短臂上约 3000 万个碱基对的测序任务。2001 年 2 月，人类基因组计划的研究成果——“人类基因组的最初测序和分析”由《自然》（*Nature*）杂志率先发表，《科学》（*Science*）杂志随后又发表了 Celera 基因组公司的“人类基因组测序”研究成果。这两项相互竞争又各自独立完成的人类基因组草图的发表，是人类基因组计划的里程碑。这项历时十多年的研究计划所产生的成果改变了生命科学研究的格局和方式。

第一节　人类基因组计划

基因组（genome）是指一个生物体内所有遗传物质的总和，是单倍体细胞中的全套染色体，或是单倍体细胞中的全部 DNA，核基因组是单倍体细胞核内的全部 DNA 分子；线粒体基因组则是一个线粒体所包含的全部 DNA 分子。

HGP 是一项规模宏大、跨国跨学科的科学探索工程，其以解读人基因组的所有基因、揭示 24 条染色体的 DNA 分子中 30 亿碱基对序列为目标，产生了 4 张循序渐进的基因组图谱（图 3-1）。遗传图谱（genetic map），又称连锁图谱，是以具有遗传多态性的遗传标记为“路标”，以厘摩（centiMorgan，cM）代表两个位点间的距离，1%的重组率即为 1cM，50cM 则意味着两个位点不连锁。遗传图谱的建立为基因识别和基因定位创造了条件；物理图谱（physical map），是 DNA 链上各种多态性遗传标记［限制性片段长度多态性（restriction fragment length polymorphism，RFLP）、简单序列长度多态性（simple sequence length polymorphism，SSLP）、小/微卫星 DNA（microsatellite DNA）和单核苷酸多态性（single nucleotide polymorphism，SNP）等］构成的图谱，以碱基对（bp、kb）度量，其体现了 DNA 分子结构的特征，是测序的基础，可理解为指导 DNA 测序的蓝图；DNA 序列图谱（DNA sequence map），随着遗传图谱和物理图谱的完成，是通过各种大规模测序技术所得到的基因组碱基序列图谱；基因图谱（gene map），又称转录图谱，是在识别基因组所包含的蛋白质编码序列的基础上绘制的有关基因序列、位置及表达模式等信息的图谱。2000 年 6 月 26 日，美国、英国、法国、德国、日本和中国的科学家共同宣布，人类基因组草图的绘制工作已经完成，所得到的人类基因组“工作框架图”标注了人类 24 个 DNA 分子上 90%以上核苷酸的序列；2003 年 4 月 15 日，上述 6 个国家领导人联名发表《六国政府首脑关于完成人类基因组序列图的联合声明》，宣告人类基因组计划圆满完成，至此，历时 10 多年，耗资 27 亿美元的人类基因组计划终于以人类基因组序列图提前绘制完成告一段落。2006 年 5 月 18 日，美英科学家在《自然》杂志网络版上发表了人类破译难度最大的染色体——1 号染色体的基因测序，这一次杀青的“生命之书”更为精确。

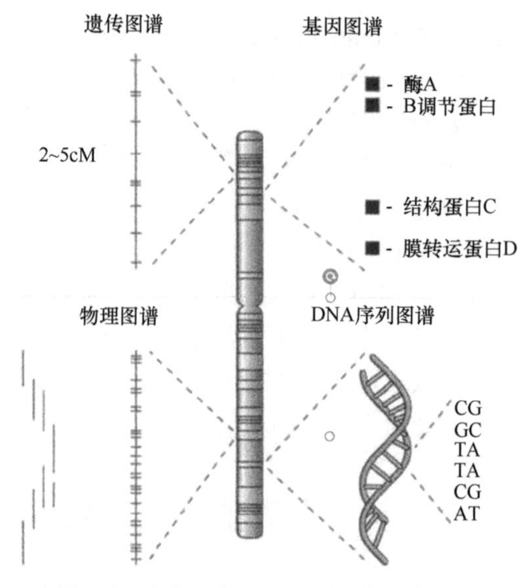

图 3-1　人类基因组计划完成的 4 张图谱

随着研究的进一步细致精准和技术的进步，科学家不止一次地宣布 HGP 完工，但版本依然在不断更新。2022 年，《科学》特刊连发 6 篇论文进一步解析了人类基因组，首次公布了人类基因组的完整序列，从片段重复、中心粒的结构及其表观图谱、人类基因组重复序列中的基因表达及其表观图谱、完整基因组的表观图谱等角度诠释了人类基因组（https://www.science.org/toc/science/376/6588）。

HGP 的开展使得人类科学史上第一次在生命科学研究中，将物质结构、功能及相互关系转换为信息，建立了全球共享的不断更新的数据库和信息网络，带动了一批新兴学科的诞生与发展。人类在揭开自身遗传信息神秘面纱的基础上，首次以基因为共同语言，以获得完整的人类基因组序列为目标，为疾病基因及其他突变位点的检测提供了可靠的参照物。

HGP 实施以来，已经显示了巨大的应用前景，基于特定基因或序列与疾病关联和机制的揭示，进一步探寻不同个体遗传差异对相同环境因素的差别响应的真相，均有力地加速了医学的进步。基因组计划产生了越来越多的遗传标记和更为便捷的检测手段，对于分子流行病学揭示海量的基因和性状之间的关联信息、辨析疾病的遗传风险奠定了良好的基础，为个性化治疗提供了精准的遗传学依据。基因组计划对生物医药产业的创新也发挥了突破性的推动作用。

HGP 对人类的另一个贡献是提高了司法鉴定的水平，使得全球的数据库具有空前的通用性，可以预期，在不久的将来可以把基因组身份作为个体最后或唯一标志。现在短串联重复序列（short tandem repeat，STR）组型或 SNP 组型都可以提供满足司法要求的鉴定结果。

科学技术的发展，永远是把双刃剑，生命科学的飞速发展对人类社会的利弊如影随形、已见端倪。生命科学的进步赋予人类改善健康和控制生物进化过程的能力，在社会、文化、法律和道德上引发了 20 世纪最有影响力的争论。为了阐述这一争论，一个新兴词汇“生物伦理学”被引入。HGP 从诞生、发展到至今的惊人成就，整个过程从来没有停止过生物伦理的考量与争论。在对基因功能的客观认知与基因决定论、基因和基因组数据的公开与基因歧视、基因治疗与遗传加强“改良”人种、基因专利与遗传资源的掠夺之间依旧缺乏泾渭分明的界限。

为了正视 HGP 进行中出现的各种伦理问题，1997 年 11 月在联合国教育、科学及文化组织第 29 届大会上通过了《世界人类基因组与人权宣言》（Universal Declaration on the Human Genome and Human Rights），并于 2003 年 10 月 16 日在联合国教育、科学及文化组织的第 32 届大会上通过了《国际人类基因数据宣言》，使得人类基因组计划的社会伦理性问题得到日益重视。在数据的采集过程中，被采集者具有知情和自愿的权利，在采集前被采集者一定要事先知道信息再决定是否同意；每个人都具有隐私权并应该得到尊重，任何机构处理人类基因组数据时都不能透露给第三方；人类的人权和基本自由要得到保护；关于基因数据的应用要保证其正确用途而且做到利益共享。联合国教育、科学及文化组织在 2004 年 4 月的一次生物安全问题的会议上，呼吁全球必须在人类基因组研究中，坚决反对基因决定论，不能把人体视为单纯的一堆基因的集合体，不能以“还原论”的观点看待基因功能。

我国也于 2019 年 3 月出台了《中华人民共和国人类遗传资源管理条例》、2023 年 5 月出台了《人类遗传资源管理条例实施细则》，为有效保护和合理利用我国人类遗传资源，维护公众健康、国家安全和社会公共利益制定了重要的法律法规和行为准则。

第二节　人类核基因组概论

通常所说的人类基因组是指人类的核基因组。事实上，人类还有一个线粒体基因组，线粒体的绝大部分蛋白质是由核基因组编码的，但人类线粒体本身还含有 37 个基因、特异的核糖体和遗传密码。

一、人类核基因组序列的更新

人类体细胞含 46 条染色体，其中有 22 对常染色体，性染色体 X、Y 不成对，所以人类核基因组有 22+XY 共 24 种 DNA 分子。2000 年版人类基因组测序并未完成所有 DNA 的测序，而是对约 3000Mb 的常染色质测序，加上约 200Mb 的结构性异染色质，基因组长度预期是 3200Mb。遗憾的是，由于当时的技术限制，人类基因组部分区域未能实现测序解读，基因在人类 24 条染色体上分布不均匀，只有大约 2%的人类基因组致力于蛋白质合成，仅约 20 000 个基因是蛋白质编码基因。截至 2018 年，人类参考基因组已经具有 18

个更新版本，最新的人类基因组版本为 GRCh38.p14（GRCh38），但 GRCh38 依然缺失了人类基因组约 8%的序列，169 段重要的重复序列未能成功拼接，相当一部分序列未成功分析组装，具重要生物学功能的近端着丝粒染色体短臂、着丝粒等区域也未解析，仍有数百万个未知碱基由字母“N”表示。2022 年完成的无间隙的人类基因组序列（T2T-CHM13，图 3-2），通过对葡萄胎（单倍体）的长读长测序，补全了人类基因组计划中 8%尚未揭示的具有挑战性的任务。除 Y 染色体外，核基因组的长度定义为 30.55 亿碱基对，比 GRCh38 版增加和修正了 2.38 亿碱基对，其中着丝粒卫星序列 180Mb、重复片段 68Mb 和 rDNA 10Mb，同时也揭示了在着丝粒和重复片段区域之间存在的重叠；T2T-CHM13 包含 1956 个预测的基因，其中 99 个被预测为蛋白质编码基因；主要完成了着丝粒、端着丝粒染色体短臂等区域的序列与功能预判。T2T-CHM13 共注释了 63 494 个人类基因和 233 615 个转录本，其中编码蛋白质的基因为 19 969 个，预测的蛋白质编码区域 86 245 个；与 GRCh38 比较，增加最多的是重复序列：卫星序列增加 96.6%，简单重复序列增加 112.9%，rDNA 增加 730.4%。rDNA 不仅长度可增加，还能发生远较于其他染色体 DNA 活跃的充足时间。

二、人类核基因组主要基因构成

人类核基因组大约有 3000 个 RNA 基因，其中 1200 个基因编码 rRNA 和 tRNA，通常呈簇排列。rRNA 基因有 700～800 个，具体的数值因为串联出现而存在变异。除了线粒体 26S rRNA 和 23S rRNA，还有组成核糖体的 4 个 rRNA（5S rRNA、5.8S rRNA、18S rRNA 和 28S rRNA）。5S rDNA 为位于 1q41—q42 的串联重复基因，估计有 200～300 个拷贝，其他 3 种 rDNA 为 3 基因串联重复的单一转录本，位于 D、G 组染色体的短臂，每处有 30～40 个串联重复。rDNA 的串联重复反映了细胞对该基因产物的需求量较大。tRNA 基因也是丰度较高的基因，在人类基因组中鉴定的 tDNA 约有 500 个，大部分分散在基因组中，少数 tDNA 可成簇分布。

除了 rDNA 和 tDNA，基因组中约有 100 个核小 RNA（snRNA）和 100 多个核仁小 RNA（snoRNA）基因。snRNA 参与 RNA 转录后修饰调控过程，其与蛋白因子结合形成核小核糖核蛋白（snRNP）颗粒，行使剪接 mRNA 的功能，其基因主要在 1 号和 17 号染色体上成簇排列。snoRNA 是最早在核仁发现的小 RNA，主要作用是参与 rRNA 转录后的碱基修饰过程，其基因通常散在分布。snoRNA 还与其他 RNA 的处理和修饰有关，是近来生物学研究的热点。

miRNA 由基因组编码而来。初始 miRNA 包含数百到数千个碱基并形成局部双链，经 Dicer 加工形成双链 miRNA，后在 RNA 解旋酶作用下转换为 22～25nt 的成熟单链状态，但不具备翻译活性。miRNA 通过与 mRNA 的 3′-UTR 识别配对，调节转录后的翻译过程。不完全的配对可促进靶 mRNA 的降解或翻译抑制，完全或接近完全的配对则促进靶 mRNA 的切割。miRNA 的功能代表一种新的广泛的基因表达调节方式。目前，在描述一个基因的背景时，指出其可能的 miRNA 调节已经成为常规，miRNA 数据库 miRBase 的发展反映了 miRNA 领域的研究进展。miRBase 收录的 miRNA 条目数从 2001 年的 218 个增加到 2018 年的 38 589 个，仅人类基因组所编码的初始微 RNA（pri-miRNA）就已达 1881 个，成熟体则达到了 2588 个。

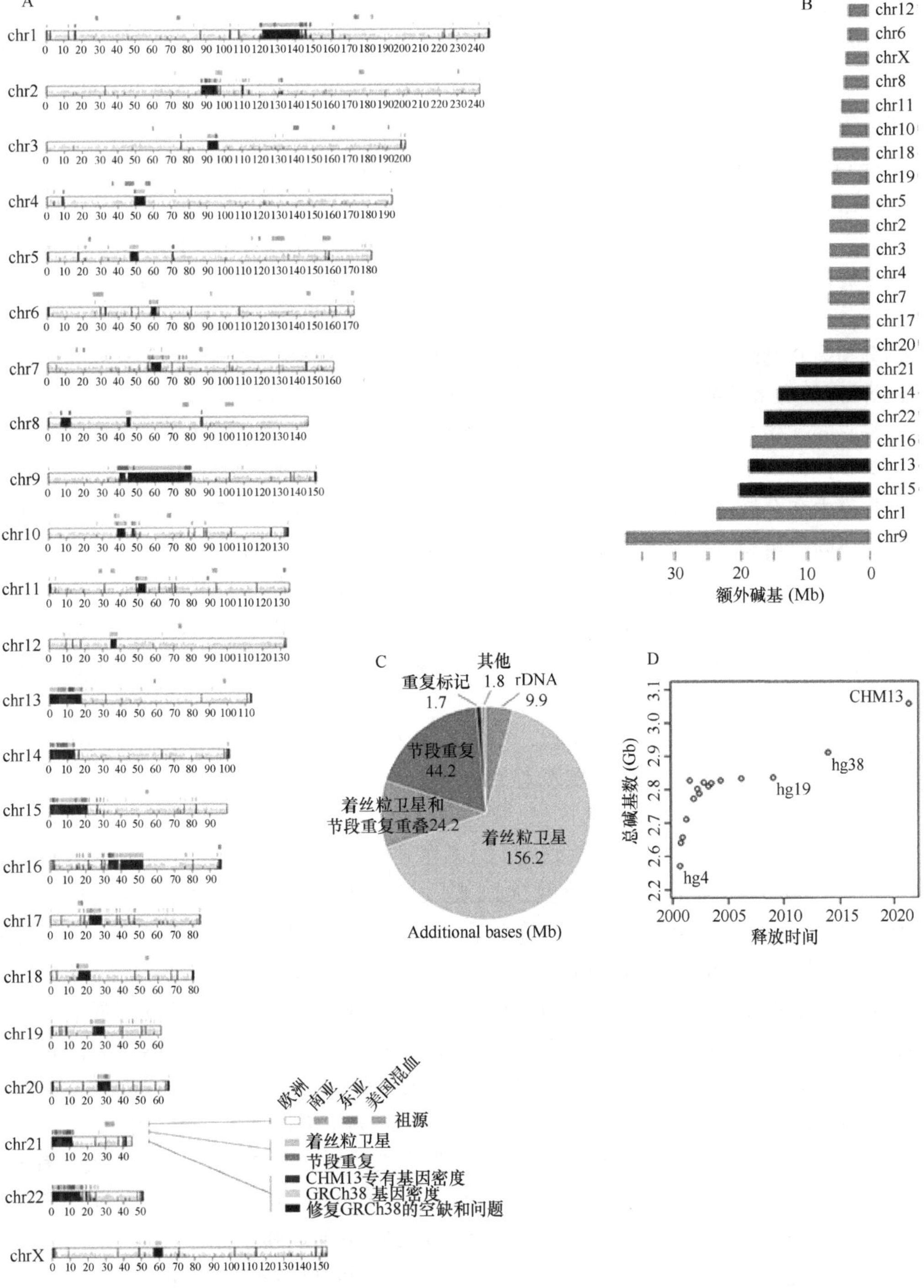

图 3-2 人类 T2T-CHM13 全基因组组装概述（引自 Nurk et al.，2022）（彩图请扫封底二维码）

（A）T2TCHM13v1.1 组装模式图；（B）相对于 GRCh38，CHM13 中每条染色体的的额外碱基；（C）额外碱基的序列类型；（D）UCSC 参考基因组中的总碱基数量（hg4，hg19，hg38，CHM13 为主要版本号）

中、大分子量的RNA是调节型RNA的另一个组成部分。研究得比较多的包括7SK RNA调节RNA聚合酶Ⅱ的延长，*SRA1*调节固醇受体活性，*XIST*和*TSIX*调节X染色体活性。该类基因的具体规模现在还没有定论，有研究提示在22号染色体上可能有16个该类基因。

编码蛋白质的基因表现出巨大的多样性。从基因组成上看，有单外显子基因（如组蛋白基因、干扰素基因、热休克蛋白基因等）和多外显子基因；基因的大小从100多碱基对到近2.5Mb；编码的蛋白质从数十个氨基酸的蛋白激素到4563个氨基酸的apoB。总体来看，平均一个基因约100kb，编码蛋白质的平均长度为500个氨基酸，平均9个外显子，外显子长度约122bp，内含子长度介于数十碱基对到800kb，5′-UTR和3′-UTR平均分别为0.25kb及0.77kb。部分功能相近的基因成簇分布（如组蛋白、泛素蛋白、珠蛋白等），但大多数散在分布。

编码同一蛋白质的多个基因位于同一染色体区域是一种常见的情况，如珠蛋白的两个基因簇，包含了多拷贝和多个类似编码序列及假基因的情况。泛素蛋白和组蛋白基因则存在集中和分散两种排列方式。功能相似的基因分布也多采用了类似的策略。考虑到基因的协同作用和对细微区别的识别需要，这两种分布方式都有其优越性。

多顺反子和基因重叠一直被认为是低等生物基因组的特性，但是在人类基因组中也发现了类似的例证。在涉及DNA修复、*HLA*基因和ncRNA的基因中发现存在上述特性。

基因家族各成员的产物通常有高度的相似性，功能相关的基因可归于一个超家族，如免疫球蛋白超家族、球蛋白超家族等。

假基因通常与编码基因结构类似，但丧失编码功能，可能为内部复制插入和逆转录插入的结果。以前认为假基因可能没有生物学作用，现在认为至少在部分基因中，假基因对于基因正确表达有一定意义。

基因组的绝大部分构成为非编码序列，其主要包括卫星DNA（satellite DNA）和基因间序列（intergenic sequence）。卫星DNA是一类高度重复序列DNA，通常是串联重复序列，位于染色体的着丝粒和端粒。按卫星DNA重复单元的核苷酸的多少，可分为小卫星DNA（minisatellite DNA）和微卫星DNA（microsatellite DNA）。小卫星DNA又称可变数目串联重复（variable number tandem repeat，VNTR），由15～65bp的基本单位串联而成，总长通常不超过20kb，重复次数在群体中高度变异。微卫星DNA又称短串联重复序列（short tandem repeat，STR）或简单重复序列（simple repeated sequence，SRS），广泛、随机地分布于真核生物基因组中，在DNA序列中平均每6kb就可能出现1个，约占人基因组的10%。卫星DNA还有其他分类方式，如α卫星DNA是灵长类特有的、单元为171bp的高度重复序列，分布在人所有染色体的着丝粒区；β卫星DNA家族是68bp的串联重复序列，富含GC；γ卫星DNA是220bp的串联重复。

间隔序列为基因组最大的组分。表现形式为转座子和反转座子，约占基因组的40%。绝大部分情况下，这些序列不具有转座功能，称为转座子化石，但是少量依然具有一定的活性。例如，中度重复序列SINE和LINE-1就具备某些转座相关结构组分和潜能，归属于SINE、散布在灵长类基因组中的Alu序列就是一类转座子序列，使用Alu锚定PCR可以判断基因插入位置。尽管经典结构基因的功能研究并未完全阐明，但HGP和

ENCODE（DNA 元件百科全书，Encyclopedia of DNA Elements）等项目的不断延伸和进展，已经揭示所谓垃圾序列也具有丰富的功能，成为生命科学研究的一个新的热点。

第三节 线粒体基因组

线粒体（mitochondrion）是存在于大多数真核细胞中的一种细胞器，是细胞进行有氧呼吸、制造能量的主要场所。线粒体起源有内生和外来两种不同的学说，大多数学者认同外来学说。约 20 亿年前，原始的真核细胞摄取了环境中的原始细菌，由于互利而存留，最后细菌丢失了大部分基因，而特化为现在的细胞器，且保留了与能量代谢、蛋白质合成相关的重要基因。该学说也被人类基因组残存的古菌基因片段和线粒体进化中的残留片段支持。最近还发现线粒体 DNA（mitochondrial DNA，mtDNA）片段可持续插入核基因组，其可能参与基因组的功能，也可能与人类疾病有关。线粒体的动态更新可能产生游离 DNA 片段并插入核基因组，这种生物学现象在复杂的身源认定中具有一定的标记价值。

人类线粒体基因组的唯一来源是卵细胞，一些研究认为父系 mtDNA 可能也有机会进入子代细胞，但来自精子的线粒体在受精后不久被膜包裹并被自噬作用吞噬，所以线粒体基因表现为母系遗传特点。目前研究提示子代细胞出现的父系 mtDNA 可能源于插入父方核基因组的 mtDNA 片段，而非父系的线粒体本身。不同生物的不同组织中线粒体的数量差异巨大。有许多细胞拥有多达数千个线粒体（如肝细胞中有 1000～2000 个线粒体），而一些细胞则只有一个线粒体（如酵母细胞的大型分支线粒体）；人 mtDNA 全长 16 569bp，不与组蛋白结合，是裸露环状双链 DNA 分子，依据离心沉降率可以区分为：外环的重链（H 链），其富含鸟嘌呤；内环的轻链（L 链），其富含胞嘧啶。mtDNA 分为编码区与非编码区。线粒体基因组的复制不受细胞周期控制，能够独立复制（半自主复制）、转录和翻译。线粒体呼吸链氧化磷酸化（oxidative phosphorylation，OXPHOS）系统的 80 多种蛋白质亚基中，mtDNA 仅编码 13 种，绝大部分需要依赖于核 DNA 编码。此外，维持线粒体结构和功能的大分子复合物也需要核 DNA 编码。因此，线粒体是一种半自主细胞器。mtDNA 以裸露状态暴露在高自由基环境中，其基因组突变几乎是一种必然，但由于线粒体基因组的精简性和所承担的重要功能，可能存在未被揭示的保守的保护机制，线粒体基因组至今依然是遗传分析中的一个可靠的分子模型。

尽管线粒体基因组规模有限，参与的功能也相对单纯，但是除能量代谢外，线粒体基因组还参与细胞凋亡、细胞周期调控等多种生物学过程。糖尿病、癫痫、阿尔茨海默病、肿瘤、肌肉和神经组织相关疾患等多种疾病与线粒体基因组突变的关系也有日益丰富的报道。线粒体基因组已测序完成，是一个生物进化研究的重要分子，也是一个重要的疾病生物标志和疾病治疗的关键基因操作靶标。

线粒体基因组编码区包括 37 个基因——13 个编码与 OXPHOS 有关的蛋白质、22 种 tRNA 和 2 种 rRNA。它们是线粒体完成蛋白质合成的基本保证。

mtDNA 可转录自身特异的密码子，其遗传密码与通用遗传密码有以下区别：①UGA 不是终止信号，而是色氨酸的密码子；②多肽内部的甲硫氨酸由 AUG 和 AUA 两个密码子编码，起始甲硫氨酸由 AUG、AUA、AUU 和 AUC 4 个密码子编码；③AGA、AGG 不是精氨酸的密码子，而是终止密码子，线粒体遗传密码系统中有 4 个终止密码子（UAA、UAG、AGA、AGG）。可能由于进化来源不同和分子规模有限，mtDNA 的基因排列非常紧密。在轻链和重链上都有基因分布，由一个轻链启动子和两个重链启动子控制。在长的多顺反子的转录方式中，基因间缺乏间隔，基因本身缺乏 5′和 3′序列。一些多肽基因相互重叠，很多基因没有完整的终止密码子，仅以 T 或 TA 结尾，终止信号是在转录后加工时加上去的。

一、线粒体基因组动力学与修复

mtDNA 有两段非编码区：一个是控制区（control region，CR），又称 D 环区（displacement loop region），另一个是 L 链复制起始区。D 环区位于双链 3′端，多为串联重复序列，D 环区由 1122bp 组成，与 mtDNA 的复制及转录有关，包含 H 链的复制起始点（OH）、H 链和 L 链转录的启动子（PH1、PH2、PL）及 4 个保守序列（分别位于 213～235bp、299～315bp、346～363bp 和终止区 16 147～16 172bp）。

mtDNA 突变率极高，多态现象比较普遍，两个无关个体的 mtDNA 中碱基差异可达 3%，尤其 D 环区是线粒体基因组中进化速度最快的 DNA 序列，极少有同源性，而且其中的碱基数目不等，16 024～163 65bp、73～340bp 和 438～574bp 三个区域为多态性高发区，分别称为高变区Ⅰ（HVⅠ）、高变区Ⅱ（HVⅡ）和高变区Ⅲ（HVⅢ），这三个区域的高度多态性是个体间出现显著差异的机制之一。相关区域适用于群体遗传学研究，如生物进化、种族迁移、亲缘关系鉴定等。

mtDNA 可进行半保留复制，其 H 链的复制起始点（OH）与 L 链的复制起始点（OL）相距 2/3 个 mtDNA。复制起始于控制区 L 链的转录启动子，首先以 L 链为模板合成一段 RNA 作为 H 链复制的引物，在 DNA 聚合酶的作用下，合成一条新的互补 H 链，取代亲代 H 链与 L 链互补。被置换的亲代 H 链保持单链状态，这段发生置换的区域称为置换环或 D 环，故此种 DNA 复制方式称为 D 环复制。随着新 H 链的合成，D 环延伸，L 链复制起始点 OL 暴露，L 链开始以被置换的亲代 H 链为模板沿逆时针方向复制。当 H 链合成结束时，L 链只合成了 1/3，此时 mtDNA 有两个环：一个是已完成复制的环状双链 DNA，另一个是正在复制、有部分单链的 DNA 环。两条链的复制全部完成后，起始点的 RNA 引物被切除，缺口封闭，两条子代 DNA 分子分离。新合成的 mtDNA 是松弛型的，约需 40min 成为超螺旋状态。在多细胞生物中，mtDNA 复制并不均一，有些 mtDNA 分子合成活跃，有些 mtDNA 分子不合成。复制所需的各种酶由核 DNA 编码。mtDNA 的复制形式除 D 环复制外，还有 θ 复制、滚环复制等，相同的细胞在不同环境中可以其中任何一种方式复制，也可以几种复制方式并存，其调节机制不明。

自从 1988 年发现第一个 mtDNA 突变以来，现已发现 100 多种与疾病相关的 mtDNA 点突变、200 多种缺失和重排，大约 60%的点突变影响 tRNA，35%影响多肽链的亚单位，5%影响 rRNA。mtDNA 基因突变可削弱 OXPHOS 功能，使 ATP 合成减少，一旦线粒体不能提供足够的能量则可引起细胞发生退变甚至坏死，导致相关组织和器官功能的减退，表征相应的临床症状。

mtDNA 突变率比核 DNA 高 10～20 倍，其主要原因为：①mtDNA 基因排列紧凑，任何 mtDNA 突变都可能影响其基因组内的其他重要功能区域。②mtDNA 为裸露的分子，不与组蛋白结合因而缺乏组蛋白的保护。③mtDNA 直接暴露于线粒体内膜附近的呼吸链代谢产生的羟自由基中，极易被氧化损伤。例如，mtDNA 链上的脱氧鸟苷（dG）可被氧化成羟基脱氧鸟苷（8-OH-dG），导致点突变或缺失。④mtDNA 复制频率较高，复制时不对称。亲代 H 链被替换下来后，长时间处于单链状态，直至子代 L 链合成，单链 DNA 易自发脱氨形成点突变。⑤细胞缺乏高效的 mtDNA 损伤修复机制。

mtDNA 的修复机制主要有两种。一种为切除修复，核酸内切酶先切除损伤 DNA 片段，然后 DNA 聚合酶以未损伤链为模板，互补添加核苷酸以填补形成的空缺，线粒体内存在上述过程所需的几种酶。另一种是转移修复，通过转移酶识别突变核苷酸（如甲基化核苷酸），并将该突变核苷酸清除。线粒体中虽然存在该修复类型所需的某些酶，但种类较少，而且仅在细胞分裂旺盛的组织中有酶活性，在分裂终末组织（如脑组织）中则酶活不足，因此，mtDNA 内清除突变碱基的能力远低于核 DNA。

二、线粒体基因组突变与疾病

确定 mtDNA 是否含致病性突变，有以下几个标准：①突变发生于高度保守的序列或发生突变的位点有重要功能；②该突变可引起呼吸链缺损；③正常人群中未发现该 mtDNA 突变类型，在来自不同家系但有类似表型的患者中发现相同的突变；④有异质性存在，而且异质性程度与疾病严重程度正相关。

每个细胞中 mtDNA 拷贝数目可多达数千个，因此，mtDNA 突变所引起的细胞病变就不可能像核 DNA 显隐性突变模式那么简单。mtDNA 缺失多发生于体细胞中，引起的疾病常呈散发式，无家族史。突变 mtDNA 随年龄增长在组织细胞中逐渐积累，故诱发的疾病可随年龄增长而表现并进行性加重，缺失的大小、位置与疾病的生化表现和严重程度是否相关尚无定论；发生在生殖细胞中的 mtDNA 突变达到一定比例，可引起母系家族性疾病。

在精卵结合时，卵母细胞拥有上百万拷贝的 mtDNA，而精子中只有很少的 mtDNA，受精时不进入受精卵或进入后被自噬过程破坏，因此，受精卵中的 mtDNA 全都来自于卵细胞，这种双亲遗传信息的不等量表现决定了线粒体遗传病的传递方式不符合孟德尔遗传，而表现为母系遗传（maternal inheritance），即母亲将 mtDNA 传递给她的儿子和女儿，但只有女儿能将其 mtDNA 传递给下一代。

如果同一组织或细胞中的 mtDNA 分子都是一致的，则称为同质性（homoplasmy），如果个体同时存在两种或两种以上类型的 mtDNA，则称为异质性（heteroplasmy）。异质性的发生机制可能是由于 mtDNA 发生突变导致一个细胞内同时存在野生型 mtDNA 和突变型 mtDNA，或受精卵中存在的异质 mtDNA 在卵裂过程中被随机分配于子细胞中，由此分化而成的不同组织中也会存在 mtDNA 异质性。线粒体的大量中性突变可使绝大多数细胞中存在多质性的 mtDNA。

mtDNA 异质性可分为序列异质性（sequence-based heteroplasmy）和长度异质性（length-based heteroplasmy），序列异质性通常仅为单个碱基的差异，2 个或 2 个以上碱基的差异较少见。mtDNA 异质性一般表现为：①同一个体不同组织、同一组织不同细胞、同一细胞甚至同一线粒体内部都可能存在不同的 mtDNA 拷贝；②同一个体在不同的发育时期也可能存在不同的 mtDNA。mtDNA 的异质性可以表现在编码区和非编码区，编码区的异质性通常与线粒体疾病相关。由于编码区和非编码区突变率及选择压力的不同，正常人 mtDNA 的异质性高发于 D 环区。

不同组织中 mtDNA 异质性发生率各不相同，中枢神经系统、肌肉比例较高，血液中较低；成人的 mtDNA 异质性发生率远远高于儿童，随着年龄的增长，mtDNA 异质性的发生率增高。

在 mtDNA 异质性细胞中，野生型 mtDNA 对突变型 mtDNA 通常有功能补偿作用，因此，突变 mtDNA 拷贝数较少时并不表现严重的生物学后果。

mtDNA 异质性在亲子代之间的传递非常复杂，人类的每个卵细胞中约含 10 万的 mtDNA，仅有一小部分随机地进入受精卵传给子代，这种卵细胞形成期 mtDNA 数量剧减的过程类似于进化中的遗传瓶颈效应。通过“瓶颈”的 mtDNA 经复制、扩增，成为子代 mtDNA 种群类型。携带 mtDNA 异质性的女性，遗传瓶颈效应可导致其卵细胞，以及子代异质 mtDNA 的数量及种类的差异，甚至同卵双生子也可表现不同的 mtDNA 异质性水平。由于阈值效应，子女中得到较多突变型 mtDNA 者发生相关疾病的风险要高于得到较少突变型 mtDNA 者。

mtDNA 突变可损伤线粒体 OXPHOS 的功能，引起 ATP 合成障碍，导致能量供给相关疾病发生，但 mtDNA 基因型和表型的关系并非简单的显隐性关系。突变型 mtDNA 的表达受细胞中线粒体的异质性水平，以及组织器官维持正常功能所需的最低能量的影响，可产生不同的外显率和表现度。

异质性细胞的表型依赖于细胞内突变型和野生型 mtDNA 的相对比例，能引起特定组织器官表现功能障碍的最少突变型 mtDNA 数量称为阈值。在特定组织中，突变型 mtDNA 积累超过阈值时，能量的产生就会急剧下降，低于细胞、组织和器官的功能最低需求量时，就可引起某些器官或组织功能异常，能量缺损程度与突变型 mtDNA 所占的比例成正比。

阈值是一个相对概念，易受突变类型、组织、衰老程度变化的影响，个体差异很大。例如，缺失 5kb 的 mtDNA 比率达 60%，产生能量的能力急剧下降，线粒体脑肌病伴高乳酸血症和卒中样发作（MELAS）患者 mtDNA 中的 tRNA 点突变达到 90%以上，能量代谢严重受损。

不同组织、器官对能量的依赖程度也不同，依赖程度较高的组织更易被 OXPHOS 损伤所影响，哪怕是低水平的突变型 mtDNA 也可诱发临床症状。中枢神经系统对 ATP 依赖程度最高，对 OXPHOS 缺陷敏感，易受阈值效应的影响而受累。其他依次为骨骼肌、心脏、胰腺、肾脏、肝脏。肝脏中突变型 mtDNA 达 80%时，尚无明显病理症状，而肌组织或脑组织中突变型 mtDNA 达同样比例时就出现异常症状，发生疾病。

同一组织在不同功能状态时对 OXPHOS 损伤的敏感性也不同。例如，线粒体脑病患者在癫痫突然发作时，对 ATP 的需求骤然增高，脑细胞中高水平的突变型 mtDNA 无法满足需求，导致细胞死亡，出现脑梗死。

线粒体疾病的临床多样性也与发育阶段有关。例如，新生儿肌组织中 mtDNA 的部分耗损或耗竭不表达相应症状，但随着机体的生长，受损的 OXPHOS 系统不能满足日益增长的能量需求，就会发生肌病。散发性线粒体脑肌病（Kearns-Sayre syndrome，KSS）和进行性眼外肌麻痹（progressive external ophthalmoplegia，PEO）患者均携带大量同源的缺失型 mtDNA，但临床表现却不同：KSS 患者表现为多系统紊乱，而 PEO 患者则主要累及骨骼肌，可能由于缺失型 mtDNA 发生在囊胚期不同时段。在胚层分化时，如果突变型 mtDNA 相对均一地进入所有胚层，那么将导致 KSS；如果仅分布在肌肉，则将导致 PEO。

突变型 mtDNA 随年龄增长在细胞中逐渐积累，因而线粒体疾病常表现为年龄相关的渐进性加剧。在一个肌阵挛癫痫伴破碎红纤维综合征（myoclonic epilepsy with ragged red fibre，MERRF）家系中，携带 85%突变型 mtDNA 的个体在 20 岁时症状轻微，但 60 岁时临床症状逐渐加剧。

细胞分裂时，突变型和野生型 mtDNA 可发生随机分离，分配到子细胞中，使子细胞中突变型 mtDNA 分子比例不一，这种随机分配导致 mtDNA 异质性变化的过程称为复制分离。在连续的分裂过程中，异质性细胞中突变型 mtDNA 和野生型 mtDNA 的比例可发生漂变，向同质性方向发展。分裂旺盛的细胞（如血细胞）往往有排斥突变型 mtDNA 的趋势，经多次分裂后，细胞逐渐成为只含野生型 mtDNA 的同质性细胞。在分裂不旺盛的细胞（如肌细胞）中，突变型 mtDNA 具有复制优势，可逐渐积累形成只含突变型 mtDNA 的细胞。这样的漂变导致细胞表型也随之发生改变。

三、线粒体遗传分析

线粒体基因组尽管很小，但其母系遗传特性使其在遗传分析中占有一席之地。现代人类源于非洲的基本结论首先就是基于化石线粒体的分析结果，线粒体单倍型分群也是鉴定人类种群的可靠遗传标记。人类线粒体有两个参考序列：剑桥序列（Cambridge reference sequence，NC_012920，16 569bp，确切地讲是 16 568bp，为了保持历史数据统一，在 nt3107 位置补了一个核苷酸）和 NCBI 序列（NC_001807，16 571bp）。后者较少使用，但 UCSC 的 hg19 参考基因组 ChrMT 用的是这个版本。

在线粒体基因组测序数据分析中，约有 1%的误差可能由染色体 DNA 同源序列导致，克服这些影响可能需要在 DNA 制备环节就尽可能分离两种 DNA，但是目前样本采集通常不具备这种分离条件。对于一般样本，选择完整参考基因组或线粒体参考基因组得出的结果会出现一些偏差，可以依据分析目标进行选择。关注精确性可选择全基因组作参考，关注线粒体覆盖率则选择线粒体基因组作参考。从结构上看，线粒体由于环形 DNA 具有首尾相连的特性，跨越首尾的测序分析时可能会丢失，增加测序深度或者设置一个跨越片段参考可作为这个缺陷的解决方案。

mtDNA 呈单倍体，无重组，表现严格的母系遗传。这一特点可以使它们完整地保存母系祖先的遗传信息，可直接追踪母系遗传的历史。因此，在分子人类学研究中，mtDNA 在探究人类历史及不同人群之间的渊源关系中具有优势。mtDNA 一方面在较短时间内积累了比较多的突变；另一方面容易形成人群特异的遗传标记，提高了

mtDNA 在进化研究中的信息量和分辨率。人类线粒体 DNA 单倍体群（human mitochondrial DNA haplogroup）是遗传学上依据 mtDNA 差异而定义的单倍体群。全球线粒体单倍体群主要分为 7 个大类：L0、L1、L2、L3、L4、L5、L6，被称为线粒体夏娃的“七个女儿”。线粒体夏娃理论是人类非洲单一起源假说的有力支持证据。L0、L1、L2、L4、L5、L6 主要分布在非洲，只有 L3 的后代走出了非洲，故 L3 及其亚型是非洲以外线粒体的主要类型，所以呈现了非洲多样性及其他地区的相对一致性。线粒体单倍体群的分析目前也用于司法鉴定和疾病相关的研究。Y 染色体标记指向父系，线粒体标记指向母系。如果考虑线粒体动态突变和核基因组插入，线粒体标记也可能用于诸如双生子的身源鉴定。

第四节　功能基因组学概论

基因组研究包括了以全基因组测序为目标的结构基因组学和以基因功能鉴定为目标的功能基因组学（functional genomics），功能基因组学亦称后基因组学（post-genomics），泛指基于结构基因组学提供的序列信息，应用各种组学高通量实验方法并结合统计和计算机分析，研究基因的表达、调控与功能，以及生命的生老病死的真谛，在系统水平上将基因组序列与包括基因网络在内的基因功能及表型有机联系起来，使得对单一基因或蛋白质的研究转向多个基因或蛋白质功能与关联的系统研究，以揭示不同层次生物系统功能。全转录组研究、基因组甲基化研究、蛋白质组学研究、代谢组学研究、组蛋白修饰组学研究和游离 DNA 片段组学研究等都可以归到功能基因组学。这些研究对生命科学、生物信息学、人工智能等领域提出了更高的要求。

一、模式生物基因组

自从 20 世纪 80 年代，若干细胞器、病毒和噬菌体的基因组测序完成后，随着测序和分析技术的改进，大量的基因组序列被确定。1997 年完成大肠埃希菌的基因组分析是一个重大进展，该物种是被研究得最为充分的细菌，在其基因组内鉴定的 4288 个基因约有近一半没有任何的功能研究背景；酵母是最广泛应用的微生物，但首先鉴定的裂殖酵母的 6340 个基因约 60%也没有功能研究报道。这表明基因组学研究开辟了理解生命真谛的新篇章而不是定论。研究模式生物基因组有两个基本目的：一是利用简单的模型阐明一些保守的生命机制，二是通过明确基因与人类疾病的关系以制定防治策略。至 2011 年 4 月底，约有 7250 个物种的基因组序列完成测序或部分完成测序。其中，人基因组为最主要的成果。一些与人类有关的疾病病原体基因组、疾病模式生物基因组、经济生物基因组和在进化树上有重要意义的生物基因组也是优先研究的内容。这些基因组的研究成果，对检验和完善人们对生命的统一性与多样性的认知具有积极的科学价值。HGP 的启动催生了相关模式生物基因组研究的展开。在报道的基因组中，病毒、细胞器、质粒和噬菌体等简单基因组接近 7000 个，细菌 100 多个。这些基因组较小，容易操作，或由于疾病流行有紧急诊断鉴定需求，这些新完成测序的小规模基因组数量在快速增加。例如，2003 年 5 月揭示的古菌基因组有 16 个，而在 2011 年 4 月底增至 107 个。严重急性呼吸综合征（severe acute respiratory syndrome，SARS）冠状病毒、新布尼亚病毒和新型冠状病毒肺炎（COVID-19）在短时间内的鉴定体现了疾病诊断和流行病学评估中基因组研究的科学与社会价值。

由于一些复杂性状在简单的生物中无法找到类似的遗传结构要素和分子机制，因此阐明人类关心的问题还需要更高级的模型生物。线虫、果蝇、斑马鱼、非洲爪蟾、鸡、小鼠、大鼠、犬和猴这些传统生物学研究的模式生物的基因组序列分析也已完成。总体看来，原核生物是一个比我们既往认识的更加多样的世界，如两种酵母基因数量差异可近 1/3；而高等生物之间的差异则要小得多，如小鼠 99%的基因组序列能在人的基因组中找到同源序列，但需要提示的是，不能理解为人的基因组与小鼠 99%相同。而且，无论是蛋白质编码基因还是非编码基因，人类和小鼠的基因表达均存在着显著差异。

目前在基因组领域的研究，出现越来越远离模式生物的趋势，科学界开始倾向于揭示所有生物基因组的奥秘。诸如 1 万种鱼类基因组计划之类的大科学，这些研究一方面反映了测序能力的释放，另一方面也推进了数据分析由量变到质变的过程。如果说模式生物主要是推进一般性的功能研究，那么对于经济生物的基因修饰虽然未必被大众接受，但在多种经济生物中不仅仅有物种鉴定标记，也有性状筛选标记，对于分子选择指导的育种仍然具有潜在的应用价值。鉴于人类不同个体间基因组序列 99%是相同的，仅非常少的序列因人而异，因此了解这些差异能有效帮助人们解析个体疾病的易感性、对药物和环境因素的不同响应的遗传学基础。由于现有图谱还不足以锁定与疾病相关的基因位点，为了更详尽地绘制具有医学应用价值的人类基因组遗传多态性图谱，使用遗传信息可以更快地开发常见疾病的诊断、治疗和预防的新策略，2010 年 6 月，由中国深圳华大基因研究院、英国 Sanger 研究所和美国国立卫生研究院人类基因组研究所（NHGRI）等机构共同发起并主导的国际“千人基因组计划”，对全球范围内 26 个主要群体的 1092 个个体进行了基因组测序比较。研究发现了 1000 多万个基因变种，其中约 800 万个都是前所未知的。对于人群携带率在 1%以上的基因变种，本次研究的覆盖率达到 95%以上，这些差异主要反映在 SNP 和插入/缺失（insertion-deletion，InDel）标记上。相关数据总量达到 200TB，是全球最大的人类基因变异数据集。

近年来，针对人体内所有的微生物群落对个体各种性状表型变化的影响及其机制研究是后基因组学的一个组成部分。对特定环境下“微生物群落中所有基因组的集合”的研究称为宏基因组学（metagenomics）。在人类生活环境中存在着众多微生物群落，对它们进行宏基因组学研究、了解人类周围环境中的微生物组成，以及彼此间的交互作用，对于促进健康、防治疾病有着重要意义。肠道菌群在人体健康稳态的维持、胃肠道系统稳定、人体特异性免疫和非特异性免疫的调节等层面发挥着重要作用。肠道菌群的失调影响各种疾病的发生发展已经是不争的事实，研究发现，肠道菌群能够影响人体多条代谢通路，肠道菌群紊乱与糖尿病、衰老、肥胖症、精神性疾病和肿瘤等疾病相关。人体肠道内寄生的细菌数目约 40 万亿个，基因总数约为人体基因数目的 150 倍。因此肠道菌群也被称为人体的“第二基因组”“第二大脑”“肠脑”。据不完全统计，利用宏基因组测序在全球 2 万多人类肠道菌群中已经发现约 1.7 亿个蛋白质序列、20 万个以上非冗余基因组、14 万种以上菌体及 4644 个原核物种。

二、转录组学

转录组学（transcriptomics）是研究细胞中基因转录的整体情况及其调控规律的学科。转录组即一个活细胞所能转录出来的所有 RNA 的总和，对转录组的分析是了解细胞时空表型和功能的重要手段。转录组的定义中有时间和空间的限定，同一细胞在不同的生长时期及生长环境下，其基因表达情况是不完全相同的。人类基因组包含有 30 亿碱基对，被翻译生成蛋白质的 mRNA 只占整个转录组的 40%左右。

转录首先涉及染色质活化，至少与染色质重塑、组蛋白修饰、组蛋白密码、蛋白质或 RNA 结合 DNA 片段组、DNA 修饰组（如甲基化）等板块相关联；涉及重编程、表观遗传调控、转录激活等生物学过程。全基因组甲基化测序、染色质沉淀测序和游离 DNA 片段测序为目前最主要的转录前功能基因组研究方法。检测的主要靶标是被修饰的序列和被保护的序列。

人类基因组计划描述基因功能的前提是转录本的分析。转录产物除了 mRNA、tRNA 和 rRNA 三大件，目前至少还包括 miRNA、长链非编码 RNA（long noncoding RNA，lncRNA）、snRNA、snoRNA、环状 RNA（circular RNA，circRNA）、piRNA、XistRNA、增强子 RNA（enhance RNA，eRNA）、7SL RNA 和 7SK RNA 等，其中 mRNA 具有完备的组学系统。miRNA、lncRNA 和 circRNA 也有初步的组学数据积累和分析方法。转录组关心的是可表达序列和差异表达序列。最常用的工具包括：GO 富集分析、KEGG 富集分析和 PPI 网络分析等。受益于大数据公开发表策略，公共数据库含有大量转录组数据，通过二次挖掘发现、验证和解释具体的转录调控途径事件成为可行的研究路径。DNA 活化调节的数据和转录组数据测序的副产物是变异组或突变组，通过分析变异组可以精细鉴定基因基本元件（碱基）的功能特性。

三、蛋白质组学

蛋白质组（proteome）是指由一个基因组或一个细胞、组织表达的所有蛋白质。蛋白质组与基因组的概念有许多差别，其随着组织、环境状态的不同而变化。由于基因的可变剪接，一个蛋白质组不是一个基因组的直接对应产物，蛋白质组中蛋白质的数目可超过基因组的基因数目。作为生命活动功能的执行者，蛋白质组学（proteomics）是从整体水平上对细胞内蛋白质组成、活动规律及蛋白质的相互作用进行研究。该研究最早依赖于蛋白质 2D 电泳技术，随后蛋白质质谱、基于表面等离子体共振（surface plasmon resonance，SPR）原理的生物分子相互作用的分析系统（Biacore）解析蛋白质相互作用，以及 X 射线衍射与冷冻电镜推动的结构组研究有力地推动了蛋白质组学研究的深入。

人类基因组携带了逾 2 万个蛋白质的指令，但只有约 1/3 蛋白质的三维结构通过实验方法得到了解析。近年来，AlphaFold 人工智能工具改变了现状，其数据库颠覆性地预测出了人类和 20 种模式生物的逾 35 万个蛋白质结构，几乎覆盖了人类和其他生物的完整蛋白质组。

代谢组学（metabonomics）作为后基因组学时代的新生组学技术，通过定性和定量表征不同生物中小分子代谢物的变化，以探索生物体与细胞代谢相关的关键科学问题。代谢组学是表型状态的描绘者，也是功能调控的活性物质，可调节蛋白质相互作用、改变蛋白质的稳定性和酶活性，进而调控机体代谢。因此，对蛋白质组学和代谢组学的整合分析，对于系统描述生物体内分子调控机制、寻找共同参与某类代谢通路或者具有相同变化趋势的差异蛋白质与代谢物均具有重要价值。

四、表型组学

表型组是指生物体从微观（即分子）组成到宏观、从胚胎发育到衰老死亡全过程中所有表型的集合。表型组学（phenomics）是一门在基因组水平上系统研究某一生物或细胞在各种不同环境条件下所有表型的学科，是指某一生物的全部性状特征。表型组学研究囊括了基因、表观遗传、共生微生物、饮食和环境暴露之间复杂的相互作用而产生的一系列可测量特征，包括个体和群体的物理特征、化学特征和生物特征。表型组学是继基因组学之后生命科学的又一个战略制高点和原始创新源。

（陈金中　薛京伦　范丽仙）

参 考 文 献

Adams M D, Celniker S E, Holt R A, et al. 2000. The genome sequence of *Drosophila melanogaster.* Science, 287(5461): 2185-2195.

Altshuler D, Pollara V J, Cowles C R, et al. 2000. An SNP map of the human genome generated by reduced representation shotgun sequencing. Nature, 407(6803): 513-516.

Anderson S, Bankier A T, Barrell B G, et al. 1981. Sequence and organization of the human mitochondrial genome. Nature, 290(5806): 457-465.

Andrews R M, Kubacka I, Chinnery P F, et al. 1999. Reanalysis and revision of the Cambridge reference sequence for human mitochondrial DNA. Nat Genet, 23(2): 147.

Bandelt H J, van Oven M, Salas A. 2012. Haplogrouping mitochondrial DNA sequences in Legal Medicine/Forensic Genetics. Int J Legal Med, 126(6): 901-916.

Blattner F R, Plunkett G Ⅲ, Bloch C A, et al. 1997. The complete genome sequence of *Escherichia coli* K-12. Science, 277(5331): 1453-1474.

Boore J L. 1999. Animal mitochondrial genomes. Nucleic Acids Res, 27(8): 1767-1780.

Britten R J, Davidson E H. 1971. Repetitive and non-repetitive DNA sequences and a speculation on the origins of evolutionary novelty. Q Rev Biol, 46(2): 111-133.

Cann R L, Stoneking M, Wilson A C. 1987. Mitochondrial DNA and human evolution. Nature, 325(6099): 31-36.

Cao Y C, Zhang K, Yu H L, et al. 2022. Pepper variome reveals the history and key loci associated with fruit domestication and diversification. Mol Plant, 15(11): 1744-1758.

Clark A G, Glanowski S, Nielsen R, et al. 2003. Inferring nonneutral evolution from human-chimp-mouse orthologous gene trios. Science, 302(5652): 1960-1963.

Cortes-Figueiredo F, Carvalho F S, Fonseca A C, et al. 2021. From forensics to clinical research: expanding the variant calling pipeline for the precision ID mtDNA whole genome panel. Int J Mol Sci, 22(21): 12031.

Deckert G, Warren P V, Gaasterland T, et al. 1998. The complete genome of the hyperthermophilic bacterium *Aquifex aeolicus*. Nature, 392(6674): 353-358.

Dib C, Fauré S, Fizames C, et al. 1996. A comprehensive genetic map of the human genome based on 5, 264 microsatellites. Nature, 380(6570): 152-154.

Eisenstein M. 2021.Closing in on a complete human genome. Nature, 590(7847): 679-681.

Goebl M G, Petes T D. 1986. Most of the yeast genomic sequences are not essential for cell growth and division. Cell, 46(7): 983-992.

Goh H H, Ng C L, Loke K K. 2018. Functional genomics. Adv Exp Med Biol, 1102: 11-30.

Gregory T R. 2001. Coincidence, coevolution, or causation? DNA content, cell size, and the *C*-value enigma. Biol Rev Camb Philos Soc, 76(1): 65-101.

Haley B, Roudnicky F. 2020. Functional genomics for cancer drug target discovery. Cancer Cell, 38(1): 31-43.

Ingman M, Kaessmann H, Pääbo S, et al. 2000. Mitochondrial genome variation and the origin of modern humans. Nature, 408(6813): 708-713.

Kellis M, Patterson N, Endrizzi M, et al. 2003. Sequencing and comparison of yeast species to identify genes and regulatory elements. Nature, 423(6937): 241-254.

Kopinski P K, Singh L N, Zhang S P, et al. 2021. Mitochondrial DNA variation and cancer. Nat Rev Cancer, 21(7): 431-445.

Kutschera U, Niklas K J. 2005. Endosymbiosis, cell evolution, and speciation. Theory Biosci, 124(1): 1-24.

Lander E S, Linton L M, Birren B, et al. 2001. Initial sequencing and analysis of the human genome. Nature, 409(6822): 860-921.

Lang B F, Gray M W, Burger G. 1999. Mitochondrial genome evolution and the origin of eukaryotes. Annu Rev Genet, 33: 351-397.

Maude H, Davidson M, Charitakis N, et al. 2019. NUMT confounding biases mitochondrial heteroplasmy calls in favor of the reference allele. Front Cell Dev Biol, 7: 201.

Mikos G L G, Rubin G M. 1996. The role of the genome project in determining gene function: insights from model organisms. Cell, 86(4): 521-529.

Mouse Genome Sequencing Consortium, Waterston R H, Lindblad-Toh K, et al. 2002. Initial sequencing and comparative analysis of the mouse genome. Nature, 420(6915): 520-562.

Nurk S, Koren S, Rhie A, et al. 2022. The complete sequence of a human genome. Science, 376(6588): 44-53.

Pääbo S. 2015. The diverse origins of the human gene pool. Nat Rev Genet, 16(6): 313-314.

Phizicky E, Bastiaens P I H, Zhu H, et al. 2003. Protein analysis on a proteomic scale. Nature, 422(6928): 208-215.

Pons C, Casals J, Palombieri S, et al. 2022. Atlas of phenotypic, genotypic and geographical diversity present in the European traditional tomato. Hortic Res, 9: uhac112.

Przybyla L, Gilbert L A. 2022. A new era in functional genomics screens. Nat Rev Genet, 23(2): 89-103.

Puertas M J, González-Sánchez M. 2020. Insertions of mitochondrial DNA into the nucleus-effects and role in cell evolution. Genome, 63(8): 365-374.

Roger A J, Muñoz-Gómez S A, Kamikawa R. 2017. The origin and diversification of mitochondria. Curr Biol, 27(21): R1177-R1192.

Sachidanandam R, Weissman D, Schmidt S C, et al. 2001. A map of human genome sequence variation containing 1.42 million single nucleotide polymorphisms. Nature, 409(6822): 928-933.

Shen F C, Weng S W, Tsai M H, et al. 2022. Mitochondrial haplogroups have a better correlation to insulin requirement than nuclear genetic variants for type 2 diabetes mellitus in Taiwanese individuals. J Diabetes Investig, 13(1): 201-208.

Skaletsky H, Kuroda-Kawaguchi T, Minx P J, et al. 2003. The male-specific region of the human Y chromosome is a mosaic of discrete sequence classes. Nature, 423(6942): 825-837.

Tuppen H A L, Blakely E L, Turnbull D M, et al. 2010. Mitochondrial DNA mutations and human disease. Biochim Biophys Acta, 1797(2): 113-128.

Venter J C, Adams M D, Myers E W, et al. 2001. The sequence of the human genome. Science, 291(5507): 1304-1351.

Wang C C, Yan S, Hou Z, et al. 2012. Present Y chromosomes reveal the ancestry of Emperor CAO Cao of 1800 years ago. J Hum Genet, 57(3): 216-218.

Wang T, Antonacci-Fulton L, Howe K, et al. 2022. The Human Pangenome Project: a global resource to map genomic diversity. Nature, 604(7906): 437-446.

Wei W, Pagnamenta A T, Gleadall N, et al. 2020. Nuclear-mitochondrial DNA segments resemble paternally inherited mitochondrial DNA in humans. Nat Commun, 11: 1740.

Wei W, Schon K R, Elgar G, et al. 2022. Nuclear-embedded mitochondrial DNA sequences in 66, 083 human genomes. Nature, 611(7934): 105-114.

White R, Leppert M, Bishop D T, et al. 1985. Construction of linkage maps with DNA markers for human chromosomes. Nature, 313(5998): 101-105.

Zeberg H, Pääbo S. 2020. The major genetic risk factor for severe COVID-19 is inherited from Neanderthals. Nature, 587(7835): 610-612.

第四章

人类基因表达调控

基因经过转录、翻译，产生具有特定功能的蛋白质分子或 RNA 分子的过程称为基因表达（gene expression）。基因表达受内源及外源信号调控，这个调控过程称为基因表达调控（gene expression regulation）。原核生物借助基因的开和关来应对环境变化，而真核生物因其更复杂的基因组结构，其基因表达要复杂得多，调控系统也更加完善。

根据对刺激的反应模式，人类基因的表达方式可分为组成型表达和选择性表达两大类。某些基因在个体的所有细胞中持续表达，这些基因通常被称为持家基因（housekeeping gene），其表达模式称为组成型表达（constitutive expression），如编码 rRNA、肌动蛋白、微管蛋白等的基因。一些基因响应环境信号的刺激，其基因表达产物增加，这些基因称为可诱导基因（inducible gene）；若基因的表达被环境信号抑制，则这类基因称为可阻遏基因（repressible gene）。基因表达调控大多数是对后二者即选择性表达基因的转录和翻译速率进行调节，从而使其编码产物的水平发生变化并影响其功能。

大多数真核生物都是多细胞的复杂有机体，在个体发育过程中，由一个受精卵经过一系列的细胞分裂和分化形成不同类型的细胞与组织。在不同的发育阶段和不同类型的细胞中，基因表达在时空上受到严密的调控。按功能需要，某一特定基因的表达严格按特定的时间顺序发生，即基因表达的时间特异性（temporal specificity）。真核生物基因表达的时间特异性又称为阶段特异性（stage specificity），其广泛存在于各种生命活动中，例如，人体不同类型珠蛋白基因的表达。在个体的生长过程中，某种基因产物按不同组织空间顺序出现且在不同组织中存在差异，即基因表达的空间特异性（spatial specificity），也称组织特异性（tissue specificity），例如，在动物胰脏细胞中不会产生视网膜色素，而在视网膜细胞中也不会产生胰岛素。无论何种基因，在正确的时间节点和空间表达都是实现基因功能的基本保证。

真核生物由于复杂的染色体结构和基因表达的时空分隔，其基因表达调控达到了原核生物所不能及的深度和广度。真核生物以核小体为基本单位的染色质结构、众多蛋白质与 DNA 的相互结合，以及组蛋白和转录因子的不同修饰都会对基因表达产生重要影响。真核生物染色体由核膜包被在细胞核中，基因的转录和翻译分别在细胞核和细胞质中进行。转录生成的 RNA 还必须经过加工及从细胞核中运输到细胞质中才能行使功能，由此形成真核生物的基因表达多层级调控系统。根据基因调控在同一事件中发生的先后顺序，可以分为转录水平调控和转录后水平调控，前者又包括遗传水平的 DNA 调控和表观遗传水平的染色质调控，后者则进一步分为 RNA 加工成熟过程的调控、翻译水平调控和蛋白质加工水平的调控等（图 4-1）。由此可见，真核生物基因表达的调控远比原核生物复杂，在基因表达的各事件中都能进行。

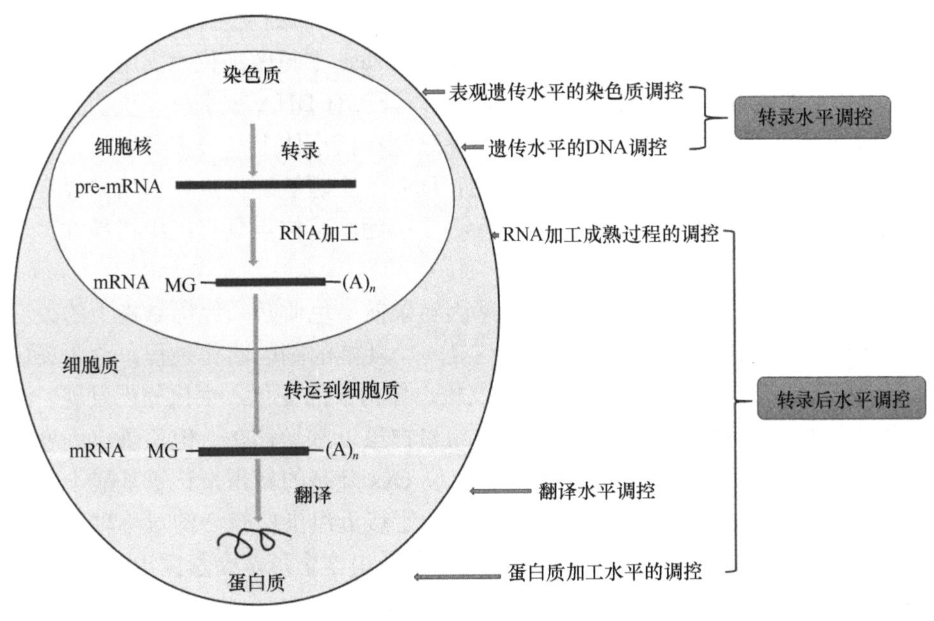

图 4-1　真核生物的多层级基因表达调控

人类核基因组超过 3×10^9bp，编码蛋白质的基因约为 2.5 万个。各基因分散在整个基因组的各个染色体上，因此不仅存在同一染色体上不同基因间的调控问题，还存在不同染色体之间的基因调控问题。在人体中，不同组织的细胞在功能上高度分化，也高度依赖于基因表达调控。

第一节　DNA 与组蛋白修饰

以核小体为基本单位的染色质是真核生物间期细胞基因组 DNA 主要的存在形式。DNA 盘绕组蛋白核心形成核小体，核小体会影响转录因子及 RNA 聚合酶对 DNA 的识别和结合，从而调节基因的活性。与 DNA 结合的组蛋白被视为转录的抑制因子，而这种影响又可以通过改变染色质的结构进行调节。借助一系列重要变化以暴露顺式作用元件及邻近区域的形式形成活性染色质，是真核基因组 DNA 结合转录调节因子并起始转录的首要条件。此外，还可通过改变基因组中有关基因的数量、结构顺序和活性，从而在 DNA 水平上对基因表达进行调控，其类型主要包括基因的扩增、丢失、重排和修饰等。

一、活性染色质与染色质重塑

具有转录活性的染色质称为活性染色质（active chromatin），与之对应的称为非活性染色质（in-active chromatin）。染色质的状态直接影响基因的转录活性，对多细胞而言，在特定阶段只有不到10%的基因具有转录活性，多数基因处于非活性状态。用DNase Ⅰ处理各种组织的染色质时，发现处于活性状态的DNA比非活性状态的DNA更容易被DNase Ⅰ降解。当用极低浓度的DNase Ⅰ处理染色质时，切割发生在少数特异性位点上，其敏感性超出其他区域100倍，这些位点被称为DNase Ⅰ超敏感位点。用专一切割单链DNA的SI核酸酶处理基因活跃表达的DNA时，证实有DNA被水解，说明基因在活跃表达时部分序列可能解开形成单链，从而不能缠绕在核小体上，失去了组蛋白结合的保护后便形成了对DNase Ⅰ的超敏感性。因此，DNase Ⅰ超敏感位点可以用来界定染色质结构变化规律及具有转录活性的区域。DNase Ⅰ的超敏感位点具有组织特异性，与基因表达密切相关。

转录因子与组蛋白处于动态竞争中，基因转录前染色质必须经历结构上的改变，即替换核小体中的部分或全部并进行组装，这是一个耗能的基因活化过程，称为染色质重塑（chromatin remodeling）。染色质重塑涉及核小体构象的变化。生化分析发现，活性染色质中组蛋白H1含量偏低，其他4种核心组蛋白虽以常量存在，但乙酰化程度较高。此外，染色质的活化还涉及组蛋白H3第110位Cys巯基的暴露，该氨基酸十分保守，也是多数物种核心组蛋白中唯一的半胱氨酸，由于接近组蛋白核心的对称轴，通常测不到它的巯基活性，但随着构象的改变，在活性染色质中这个巯基会暴露出来并保持稳定。因此，组蛋白的修饰参与了染色质的活化及重塑过程。

（一）核心组蛋白乙酰化

核心组蛋白的N端暴露于核小体之外，活跃地参与DNA-蛋白质之间的相互作用。组蛋白乙酰化由多种组蛋白乙酰转移酶（histone acetyltransferase，HAT）催化，以乙酰辅酶A为供体，可以将组蛋白的氨基酸尤其是赖氨酸和丝氨酸残基乙酰化，该过程使这些氨基酸正电荷削弱，降低核小体的稳定性，产生“松懈”的八聚体核心，并影响它同DNA的相互作用。组蛋白*N*-乙酰化以后，使其从念珠状结构进一步折叠为30nm螺线管的过程受阻。各种核心组蛋白都能被乙酰化，其中H3和H4上分布着乙酰化的主要位点。组蛋白乙酰化是一个与基因表达水平密切相关的动态过程，高乙酰化是活性染色质的标志之一，而低乙酰化常伴随着转录的沉默。失活的X染色体中H4组蛋白是完全不被乙酰化的。

组蛋白脱乙酰酶（histone deacetylase，HDAC）具有与组蛋白乙酰转移酶相反的作用，对乙酰化的组蛋白进行脱乙酰基修饰。脱乙酰化使转录活性下降直至消失，许多转录辅阻遏物的功能正是通过HDAC来实现的。HDAC1和HDAC2是哺乳动物组蛋白脱乙酰酶mSIN3和NURD中的催化亚基。乙酰化和脱乙酰化是活跃的动态过程，利用制滴菌素和丁酸等组蛋白脱乙酰化抑制剂可引起乙酰化核小体的累积并使基因活化，药物移除后很快便恢复到原先的状态。

HDAC通过可逆地调节组蛋白和非组蛋白的乙酰化状态，在癌症的发展中发挥关键作用。作为组蛋白乙酰化的清除剂和表观遗传学的关键调节器，HDAC被发现在癌症中失调和/或功能异常，为癌症的治疗提供了一个至关重要的靶点。尽管在多种癌细胞中HDAC的基因敲除诱导细胞周期停滞和细胞凋亡，但在某些情况下也观察到HDAC可能具有抑制肿瘤的作用。HDAC 抑制剂（HDACi）的开发有助于阐明不同 HDAC 的功能，更好地理解 HDAC 在癌症发展中的作用，可能为抗肿瘤药物的临床应用提供理论基础。到目前为止，临床前和临床评估中最常见的 HDACi 是广谱而非选择性的。非选择性 HDACi 治疗癌症的有效性依赖于其对 HDAC 的广谱抑制，这也是该药物具有毒性的主要原因。越来越多的研究表明，联合治疗可能是提高 HDACi 治疗效果的另一个重要方向。进一步阐明 HDAC 和 HDACi 的作用机制将为 HDACi 作为众多抗癌工具之一提供光明的未来。

（二）组蛋白甲基化

组蛋白甲基化（histone methylation）通常是非活性染色质的特征。组蛋白甲基化是由组蛋白甲基转移酶（histone methyltransferase，HMT）完成的。甲基化主要发生在组蛋白 H3 尾部的两个赖氨酸残基和组蛋白 H4 尾部精氨酸残基上。不同位点甲基化对基因表达的调节可能产生不同效应，在 H3 第 4 位赖氨酸甲基化（H3K4me3）与基因的激活相关，而在 H3 第 9 位赖氨酸甲基化（H3K9me3）则与异染色质化有关。发生在染色质中心粒、端粒区域的异染色质化，常由 HP1 蛋白介导，该蛋白形成二聚体识别并结合 H3K9me2/3。HP1 能与 H3K9 甲基转移酶 SUV39 发生相互作用，导致高水平的 H3K9me3 修饰，从而保持中心粒、端粒的异染色质化。组蛋白甲基化与 DNA 甲基化相关联，一方面，一些组蛋白甲基转移酶含有甲基化 CpG 岛的潜在结合位点，提高了已甲基化的 DNA 序列被组蛋白甲基转移酶结合的可能性；另一方面，组蛋白甲基化可能是招募 DNA 甲基化酶的信号，因此，表观遗传学修饰调控之间是存在相互作用的。

最早发现的赖氨酸去甲基化酶是 LSD1（lysine-specific demethylase 1），该酶以 FAD 为辅助因子可在体外系统中催化 H3K4me1/2 的去甲基化，但不能催化三甲基化的去甲基反应。体内研究发现，LSD1 可与不同的复合物相互作用并通过这些复合物被募集到相应的染色质区域。与不同的复合物相结合还能改变 LSD1 催化底物的特性。当 LSD1 与 Co-REST 抑制复合物相结合时催化 H3K4me1/2 的去甲基化，若与雄激素受体结合则可催化 H3K9 的去甲基化。因此，同一个去甲基化酶可以行使转录激活和转录抑制两种相反的功能，具体行使何种功能视与其合作的因子而定。

赖氨酸甲基化是调节染色质结构最显著的组蛋白修饰之一。在癌症发生和发展中观察到组蛋白赖氨酸甲基化状态的变化，认为是组蛋白赖氨酸甲基转移酶或相反的去甲基化酶失调的结果。KDM4/JJD2 蛋白是一种去甲基化酶，其靶向组蛋白 H3 的第 9 位、第 36 位赖氨酸和组蛋白 H4 上的第 26 位赖氨酸。该蛋白家族由 3 个 130kDa 蛋白（KDM4A、KDM4B、KDM4C）和 KDM4D/JMJD2D 组成，具有不同的底物特异性。研究表明，KDM4A/JMJD2A、KDM4B/JMJD2B 和/或 KDM4C/JMJD2C 在乳腺癌、结直肠癌、肺癌、前列腺癌和其他肿瘤中过表达，是癌细胞生长所必需的。可能由于它们能够调节转录因子，如雄激素受体和雌激素受体等，因此，KDM4 蛋白成为新的潜在药物靶点。

（三）组蛋白 H1 的磷酸化

组蛋白 H1 同连接 DNA 相结合，封住进出核小体的 DNA，稳定核小体结构，并引导其进一步组装进 30nm 螺线管中。组蛋白 H1 丝氨酸残基的磷酸化主要发生在有丝分裂期，它是控制细胞分裂的 CDC2 激酶催化的重要反应之一，分裂完成后组蛋白 H1 的磷酸化降至峰值的 20%。磷酸化可改变组蛋白 H1 与 DNA 的亲和力，使 DNA 和核小体松散结合，影响染色质的活性。由于核小体和染色质的凝集往往表现出 H1 依赖性，H1 组蛋白可能通过维持染色质的高级结构来实现对转录的抑制，因此，组蛋白 H1 丝氨酸磷酸化可形成活性染色质，促进基因表达。

二、基因扩增

在生理情况下，细胞中有些基因产物的需要量比另一些大得多，细胞保持这种特定比例的方式之一是基因组中不同基因的剂量不同。但是，当仅仅靠保存多个拷贝显得不经济时，细胞也选择把基因扩增作为基因表达调控的一个基本策略。基因扩增是指某些基因的拷贝数专一性大量增加的现象。组蛋白基因是基因剂量效应的一个典型实例。为了合成大量组蛋白用于形成染色质，多数物种的基因组含有数百个组蛋白基因拷贝。编码 rRNA 的基因——rDNA 的剂量则经基因扩增临时增加。核糖体含有 rRNA 分子，当基因组中的 rDNA 基因数目远远不能满足细胞合成核糖体的需要时，rRNA 基因数目可以临时增加近 4000 倍。例如，卵母细胞含有约 500 个 rDNA，因为其功能状态活跃，通过基因扩增可以使 rRNA 基因拷贝数高达 2×10^6。该数目可使得卵母细胞形成 1012 个核糖体，以满足胚胎发育早期蛋白质大量合成的需要。在基因扩增之前，这 500 个 rDNA 基因以串联方式排列。在发生扩增的时间里，rDNA 不再是一个单一连续的 DNA 片段，而是形成大量小环即复制环，以增加基因拷贝数目。在某些情况下，基因扩增发生在异常的细胞中。例如，人类癌细胞中的许多致癌基因，经大量扩增后高效表达，导致细胞增殖和生长失控。有些致癌基因扩增的速度与病症的发展及癌细胞扩散程度高度相关。肿瘤染色体异常中的均质染色区反映的就是一种基因扩增的现象。

与扩增相反的基因丢失现象也在细胞中发现。尽管人类红细胞的发育过程可以看作一种基因丢失的典型例子，但是通常所指的基因丢失是在一些低等真核生物的细胞分化过程中，有些体细胞可以通过丢失某些基因，从而达到调控基因表达的目的，这是一种极端而不可逆的基因调控方式。例如，某些原生动物、线虫、昆虫和甲壳类动物在个体发育到一定阶段后，许多体细胞常常丢失整条染色体或部分染色体，只在将来分化成生殖细胞的那些细胞中保留着整套的染色体。这种基因丢失现象在高等真核生物中还未发现。

三、基因重排

将一个基因从远离启动子的地方移动到距离它很近的位点从而启动转录，这种方式被称为基因重排（gene rearrangement），序列的重排可以形成新的基因，也可以调节基因的表达。通过基因重排调节基因活性的典型例子是免疫球蛋白结构基因和 T 细胞受体基因的表达。现代免疫学认为免疫系统为所有可能出现的抗原都预先准备好了生产抗体的细胞，抗原只是唤醒这些细胞而已。哺乳动物可产生 10^8 种以上不同的抗体分子，每一种抗体均具有与特定抗原结合的能力。如果抗体的表达按一个基因编码一条多肽链来计算，那么就需要 10^8 个以上的基因来编码抗体，这个数目至少是整个基因组中基因数目的1000倍。事实上，哺乳动物是采用了基因重排的方法来实现用有限的资源编码大量抗体的。抗体分子的结构包括两条分别约440个氨基酸的重链（heavy chain，H）和两条分别约214个氨基酸的轻链（light chain，L）。不同抗体分子的差别主要在重链和轻链的氨基端（N端），故将N端称为变异区（variable region，V），N端的长度约为110个氨基酸。不同抗体羧基端（C端）的序列非常相似，称为恒定区（constant region，C）。重链和轻链都不是由固定的完整基因编码的，而是由基因内片段经重排后形成的基因编码的。完整的重链基因由 *VH*、*D*、*J* 和 *C* 4个基因片段组合而成，完整的轻链基因由 *VL*、*J* 和 *C* 3个片段组合而成（表4-1）。人的14号染色体上具有86个重链变异区片段（VH）、30个多样区片段（diverse，D）、9个连接区片段（joining，J），以及11个恒定区片段（C）。轻链基因分为3个片段：变异区（VL）、连接区（J）和恒定区（C）。人类的轻链分为两种类型：κ型（Kappa轻链，κ）和λ型（Lambda轻链，λ）。κ轻链基因位于2号染色体上，λ轻链基因位于22号染色体上。

表4-1　人类基因组中抗体基因片段

抗体组成	基因座	所在染色体	基因片段数目（个）			
			V	*D*	*J*	*C*
重链	*IGH*	14	86	30	9	11
Kappa轻链（κ）	*IGK*	2	76	0	5	1
Lambda轻链（λ）	*IGL*	22	52	0	7	7

随着B淋巴细胞的发育，基因组中的抗体基因在DNA水平发生重组，形成编码抗体的完整基因。在每一个重链分子重排时，首先V区段与D区段连接，然后与J区段连接，最后与C区段连接，形成一个完整的抗体重链基因。每一个淋巴细胞中只有一种重排的抗体基因。轻链的重排方式与重链基本相似，所不同的是轻链由3个不同的片段组成。重链和轻链基因重排后转录，再翻译成蛋白质，由二硫键连接，形成抗体分子。此外，基因片段之间的连接点也可以在几个碱基对的范围内移动。因此，可以从约300个抗体基因片段中产生10^8数量级的免疫球蛋白分子。

四、DNA甲基化

DNA甲基化（DNA methylation）是一种重要的DNA修饰机制，它在维持正常细胞功能、遗传印记、胚胎发育过程中起着极其重要的作用。DNA甲基化是指在DNA甲基转移酶（DNA methyltransferase，DNMT）的作用下，使5′-CG-3′二核苷酸（CpG）的胞嘧啶转变为5-甲基胞嘧啶（5mC）的化学修饰过程。通常情况下，两条链上的C都被甲基化，称为完全甲基化；当复制刚刚完成时，只有亲代链中的C被甲基化称为半甲基化，子代链会复制亲代链的甲基化模式，在对应位点的C上带上甲基，半甲基化位点恢复为全甲基化状态。CpG在DNA中的含量并不均匀，在某些基因上游的转录调控区及其附近，常存在富含CpG的重复序列区域，长1～2kb，GC含量约60%，这些区域被称为CpG岛。在人类基因组中，分布着4500个这样的CpG岛，其中大部分不被甲基化。

当启动子区 CpG 岛发生甲基化时，影响了蛋白质与 DNA 的相互作用，抑制了转录因子与启动子区 DNA 的结合效率，会使基因表达沉默，这是细胞中抑制基因转录的一个重要机制，也是一种细胞中调节基因表达的正常事件，DNA 甲基化状态的改变是调节特殊组织分化的重要机制。甲基化的生物学效应依赖于 mCpG 结合蛋白，其中 MeCP1 和 MeCP2 是介导甲基化抑制转录的主要结合蛋白，当缺乏这些蛋白质时无法有效阻遏基因的活化。体外实验表明，这些蛋白质与 DNA 模板的结合可以阻断转录的发生。MeCP1 仅结合带有多个甲基的 DNA 模板，MeCP2 能够与单个甲基化的 mCpG 碱基结合，并常聚集在富含 mCpG 的异染色质化区域。除直接作用于起始复合物外，MeCP2 还可与具有脱乙酰酶活性的辅阻遏物 Sin3 相结合，表明 DNA 甲基化与组蛋白脱乙酰化之间存在着协调机制。

基因组印记（genomic imprinting）是指来自父源或母源（不同性别亲本）的等位基因在子代表达中呈现差异，表现为双亲的两个等位基因中一个不表达或很少表达，这种父母方基因的差异在子代形成生殖细胞时被重新修饰而消除，从而产生新印记，这种现象仅在哺乳动物中发现，在代与代之间可变，是 DNA 甲基化影响基因表达的重要例证。在 20 世纪 80 年代中期以前，人们一直认为二倍体细胞内来自父方的一套染色体与来自母方的另一套染色体在功能上是等价的，然而事实并非如此。大量实验证实，哺乳动物某些等位基因的性状表达会由于基因的来源不同而呈现差异，甚至只表达单亲系来源（父源或母源）的基因版本，如同基因被打上了亲代的印记。在小鼠胚胎中，一些基因能否表达取决于它们是来自父方还是母方，只有来自父方的胰岛素样生长因子 IGF-2 和来自母方的 IGF-2 受体基因能在子代得以表达，另一来源的等位基因则处于沉默状态。由此产生了胚胎对杂交方向的依赖，在杂合子杂交时，亲本的一个 IGF-2 等位基因存在失活突变，如果突变来自母方，胚胎就存活；如果突变来自父方，胚胎就死亡。基因组印记是一个可逆的过程，印记模式的失真还可能与遗传疾病相关。亨廷顿舞蹈症（Huntington chorea）由常染色体显性突变引起，患者智力逐步减退且发病年龄不定。统计发现，发病年龄越小的患者，其突变基因多来自父方，而发病年龄较晚的则携带母方的突变基因。DNA 分析表明，父源突变基因的甲基化程度明显低于母源基因。基因组印记由靶基因附近顺式作用位点的甲基化状态所决定，这些位点称为印记控制区域，缺失这些位点可以除去印记，使来自父系和母系的靶基因表现出同样的行为。

DNA 的甲基化还提高了该位点的突变频率。真核生物中 5mC 脱氨后生成的胸腺嘧啶（T）不易被识别和矫正。因此，特定部位的 5mC 脱氨基反应，将在 DNA 分子中引入可遗传的转化（C→T），若位点突变发生在 DNA 功能区域，就可能造成基因表达的紊乱。在脑瘤、乳腺癌和直肠癌细胞中，*p53* 基因第 273 位密码子含 CpG 序列，常由 CGT 突变为 CAT 或 TGT，造成 Arg 突变为 His 或 Cys。在非小细胞肺癌细胞中 *p53* 基因该位点 C→T 的突变频率高达 59.3%。由于 CpG 甲基化增加了胞嘧啶残基突变的可能性，5mC 也作为内源性诱变剂或致癌因子调节基因表达。

异常的表观遗传修饰是癌症发生的早期事件，在肿瘤进展和转移过程中，表观遗传模式持续发生变化。表观遗传模式是可遗传且可逆的，包括 DNA 甲基化、组蛋白修饰和非编码 RNA 的变化等。表观遗传模式的破坏可导致基因功能改变和细胞的恶性转化。

异常的表观遗传修饰可能发生在肿瘤发展的早期阶段，它们被作为癌症进程的重要标记。表观遗传学的最新进展提供了对致癌潜在机制的更好理解，并为早期检测、疾病监测、疾病治疗、预后和风险评估提供了生物标志物和靶点。

第二节　转录及转录后水平的调控

顺反子（cistron）是基因中指导一条多肽链合成的DNA序列，即结构基因，平均大小为 500～1500bp。双突变杂合二倍体有两种排列方式，顺反测验就是根据顺式表型和反式表型是否相同来推测两个突变是属于同一个顺反子还是分属于两个相邻的顺反子。如果两个隐性突变发生在同一个基因内的两个不同的位点上，在反式状态下，两条染色体上都产生突变的mRNA，编码突变的蛋白质，也就只产生突变的表型；在顺式状态下，由于隐性的突变基因不表达，因而表现为野生型。若两个突变不是发生在同一个基因内的不同位点上，而是分别发生在两个相邻的基因内，在反式条件下，两个隐性的突变基因都不表达，但它们的显性野生型等位基因都能正常表达，因而表现为野生型；在顺式状态下，也表现为野生型。

转录水平的基因表达的调控是特定的蛋白质分子和特定的DNA序列两个因素相互作用的结果。对基因转录起调控作用的 DNA 序列称为顺式作用元件（*cis*-acting element），直接或间接识别或结合到各类顺式作用元件核心序列上，参与调节靶基因表达的蛋白质，称为反式作用因子（*trans*-acting factor）。转录水平的调控主要为转录过程中顺式作用元件的共线性调节与反式作用因子扩散型调节，即顺式作用元件与反式作用因子的相互作用。

一、顺式作用元件

真核生物的顺式作用元件一般包括启动子（promoter）、启动子周边区域（proximal promoter region）、增强子（enhancer）、沉默子（silencer）、终止子（terminator）、边界元件（boundary element）等。

RNA 聚合酶Ⅱ的核心启动子界定于转录起始位点两侧–40～+45 的序列。最基本的成分是–10～–35 附近的 TATA 框（TATA box，也称 Goldberg-Hogness box），其序列为TATAAAA，为 TFⅡD 中 TATA 结合蛋白（TATA-binding protein，TBP）的结合部位。有一些基因缺乏 TATA 框，使用–2～+4 位的 Inr（initiator element），与 TBP 结合，但启动效率较弱，需刺激蛋白 1（stimulatory protein 1，Sp1）与上游 GC 框结合协助起始复合物的组装。核心启动子还包括位于TATA框上游的转录因子ⅡB识别元件（TFⅡB recognition element，BRE），其基本序列为 G/CG/CG/ACGCC。在核心启动子下游+35 处通常有一个下游启动子元件（downstream promoter element，DPE），与转录和 TFⅡD 识别有关。

启动子周边区域一般指–70～–80 区间内的 CAAT 框（CAAT box），保守序列为GGCCAATCT，以及–80～–110 区间内的 Sp1 框（Sp1 box，GC box），保守序列为 GGGCGG或 CCGCCC。两个序列分别与转录因子 Sp1 和 CAAT 框结合转录因子（CAAT box binding transcription factor，CTF）结合。两元件均加强核心启动子的效率，称为上游控制元件

（upstream control element，UCE），本质为增强子。

增强子（enhancer）指位于启动子上游、距离起始点 100bp 以上，能增强转录效率的 DNA 序列。病毒、植物、动物和人类正常细胞中均发现有增强子的存在。最早在 SV40 早期基因的上游发现有 2 个长 72bp 的正向重复序列，如果把这两个重复序列同时删除，基因表达水平会降低很多。如果将人 β-血红蛋白基因克隆到带有 72bp 重复序列的 DNA 上，这个基因在体内的转录水平将提高 200 倍以上，即使 72bp 的序列位于该基因转录起始位点上游 3kb 或下游 2.5kb，也能显著提高基因的表达效率。由此可见，增强子对转录起始效率的影响不受距离、位置和取向（5′→3′或 3′→5′）的限制，大多为重复序列，没有基因专一性。增强子通常位于距离转录起始位点较远的位置，这种远距离促进转录效率的机制可能有 3 种：①增强子可以影响附近 DNA 超螺旋密度，使 DNA 双螺旋弯曲或在反式作用因子的协助下，以蛋白质之间的相互作用为媒介形成增强子与启动子之间的“弯曲”连接，稳定起始复合物结构，增强起始效率。②将模板固定在细胞核内特定位置，如连接在核基质上，有利于拓扑异构酶改变 DNA 双螺旋张力，促进 RNA 聚合酶Ⅱ在 DNA 链上的滑动。③为 RNA 聚合酶Ⅱ或其他反式作用因子提供与染色质结合的“进入点”。研究发现，启动子的上游元件和增强子在结构和功能上都存在重叠，它们有时被看作一个连续体。

与增强子对应的是沉默子（silencer），即能够与转录调控因子结合，并对转录起负调控的 DNA 序列。转录调控因子结合到沉默子上会降低或阻止转录的起始，沉默子和增强子类似，也能远距离对转录效率发挥调节作用。边界元件即绝缘子（insulator）的作用在于防止调节向周围扩散，部分转基因试验为提高安全性可使用边界元件。

二、反式作用因子

真核基因转录水平的调控除需要与特定基因连锁在一起的 DNA 元件外，还需要与调控元件相互作用的蛋白质，即反式作用因子。反式作用因子常分为以下 3 类：具有识别启动子元件功能的基本转录因子、能识别增强子或沉默子的转录调节因子，以及不需要通过 DNA-蛋白质相互作用就参与转录调控的共调节因子（transcriptional co-factor）。常将前两类反式作用因子统称为转录因子（transcription factor，TF），包括各类 RNA 聚合酶和相应的转录辅助因子、转录激活因子、转录抑制因子等。这类调节蛋白能识别并结合到转录起始位点的上游序列、启动子或远端增强子元件上，通过 DNA-蛋白质的相互作用而调节转录活性，并决定不同基因的时间、空间特异性表达。共调节因子本身无 DNA 结合活性，主要通过蛋白质-蛋白质相互作用影响转录因子的分子构象，从而调节转录活性。

反式作用因子一般具有不同的功能区域，至少包括 DNA 结合结构域和转录激活结构域，通过前者结合到 DNA 的特定序列上，再利用后者与其他蛋白质的相互作用调节转录，此外许多转录因子还具有二聚化结构域或配体结合结构域，这些结构域对它们行使功能有重要意义。在反式作用因子与顺式作用元件之间，存在着复杂的相互作用，包括磷酸基团与带正电荷残基之间的离子键、亲水氨基酸与磷酸基团/戊糖/碱基之间的氢键、芳香氨基酸与碱基之间的堆积作用，以及非极性氨基酸与碱基之间的疏水相互作用等，多个较弱的非共价结合加以组合，可使 DNA-蛋白质之间的结合具有很高的强度和特异性。

根据 DNA 结合结构域的氨基酸序列和肽键的空间排布可归纳出具有典型特征的结构模式，包括螺旋-转角-螺旋、锌指结构、碱性亮氨酸拉链、碱性螺旋-环-螺旋、同源域蛋白等（图 4-2）。

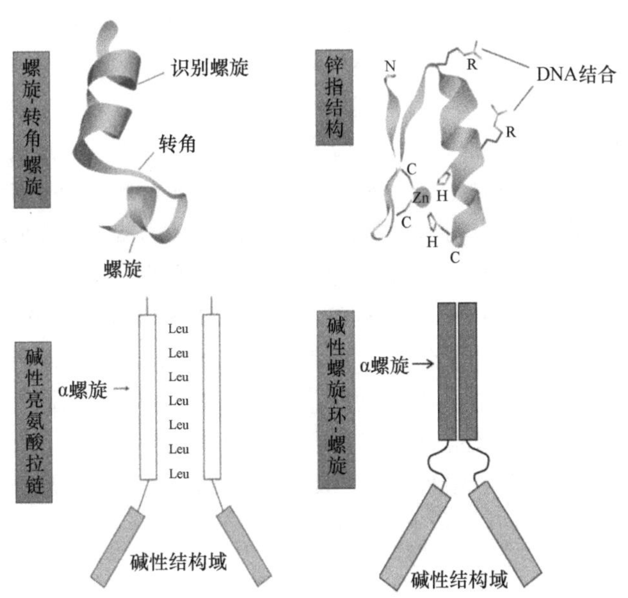

图 4-2 DNA 结合结构域的典型特征结构模式

（一）DNA 结合结构域

1. 螺旋-转角-螺旋

螺旋-转角-螺旋（helix-turn-helix，HTH）结构由至少两个 α-螺旋及连接它们的氨基酸残基短链形成的“转角”结构组成，一般长约 20 个氨基酸残基，由其中靠近 C 端的 α-螺旋与 DNA 大沟中的碱基直接接触，该螺旋称为识别 α-螺旋，另一段螺旋没有特异性，与 DNA 骨架相接触。

果蝇同源域（homeodomain，HD）蛋白是由真核基因中编码 60 个保守氨基酸序列的 DNA 片段编码，是真核细胞中第一个被证实的 HTH 蛋白，在果蝇基因组中克隆出，与生物个体发育、分化、生长密切相关。其由 3 个 α-螺旋组成，第 1 个和第 2 个螺旋通常靠在外侧，第 3 个螺旋则横向嵌入到 DNA 的大沟中，并通过其 N 端的多余氨基酸残基插入到 DNA 的小沟中。含 HD 结构的蛋白质存在于从酵母到人几乎所有的真核细胞中。

2. 锌指结构

在锌指（zinc finger）结构中，由锌离子与 4 个氨基酸（2 个组氨酸和 2 个半胱氨酸或 4 个半胱氨酸）以配位键连接，形成 Cys2/His2 锌指或 Cys2/Cys2 锌指，其中靠近 N 端一侧的肽链形成反向平行的 β-折叠片，对侧则盘绕为 α-螺旋，通过 C 端 α-螺旋中带正电荷的残基识别DNA序列，指环上突出的赖氨酸和精氨酸参与DNA结合。由于结合在DNA双螺旋大沟中重复出现的α-螺旋连成一线，这类蛋白质与DNA的结合很牢固，特异性也比较高。爪蟾RNA聚合酶Ⅲ转录因子TFⅢA由344个氨基酸残基组成，是第一个被发现的锌指蛋白。1985年，米勒（J. Miller）等发现，TFⅢA分子含有7～11个锌离子和9个有规律的重复单位，每个单位由约30个氨基酸所组成，其中23个残基构成锌指的突起部分，包括半胱氨酸和组氨酸各1对及其他保守残基。此后，相继在许多真核转录因子中证实了锌指结构的存在。对多数蛋白质而言，几个锌指基序常由长7～8个残基的连接肽段串联在一起，3段α-螺旋（即3个锌指基序）恰好能填满1个螺距之间的DNA大沟，其中每段螺旋可在2个位点与DNA发生序列特异性的结合。

利用不同的锌指结构识别特异DNA序列的特点及核酸酶能够切断靶DNA的原理，科研工作者获得了一类被称为锌指核酸酶（zinc-finger nuclease，ZFN）的新型限制性内切核酸酶。根据改变锌指结构通用序列中7个X序列就能识别不同的DNA序列这一特征，人工设计识别特异DNA序列的α-螺旋，用TGEK作为螺旋间的连接序列，构建人工锌指结构域和FokI融合蛋白（ZFN），就能在指定区域切断DNA双链。

Sp1是GC框结合蛋白，为真核细胞中普遍存在的反式作用因子，除了由3个锌指基序构成DNA结合结构域，还有两个谷氨酰胺的转录激活结构域及二聚化结构域。Sp1通过与TFⅡD及其他转录因子相互作用，促进转录起始复合物的形成和稳定，GC框的缺失或突变，可明显降低基础转录水平。

3. 碱性亮氨酸拉链

含有碱性亮氨酸拉链（basic leucine zipper，bZIP）蛋白的C端都存在一段富含亮氨酸的序列，易于形成两性α-螺旋。在螺旋中，包括亮氨酸在内的所有疏水氨基酸残基排列在螺旋一侧，而带电荷的氨基酸残基则排列于螺旋的另一侧。两个分子通过α-螺旋中部的疏水氨基酸残基（通常为亮氨酸）相互吸引而二聚化，形成同向平行的拉链状结构。亮氨酸以固定间隔重复出现在拉链区，每7个氨基酸残基中的第7位一定是亮氨酸。而在蛋白质的N端富含20～30个碱性氨基酸，形成DNA结合结构域，夹在DNA大沟两侧，因此，这类蛋白质的DNA结合结构域是以碱性区和亮氨酸拉链结构域整体作为基础的，若不形成二聚体，碱性区域对DNA的亲和力显著降低。bZIP是肝、小肠上皮、脂肪细胞及某些脑细胞中存在的一大类C1/EBP蛋白家族的特征结构，它们能够与CCAAT框和病毒的增强子结合。

激活蛋白1（activator protein 1，AP-1）是第一个得到鉴定的人类反式作用因子，能以异源二聚体的形式，同*IL-2*等许多基因的上游区及SV40增强子特异性结合，从而激活转录。AP-1的两个亚基分别是原癌基因*c-jun*和*c-fos*的产物，它们都是磷酸化蛋白质，并能被生长因子和佛波酯等外界信号快速而短暂地诱导表达。Jun可通过亮氨酸拉链基序形成同源或异源二聚体。尽管Fos同样含有亮氨酸拉链基序，但不能形成同源二聚体，也不能单独和DNA结合，只能与Jun形成异源二聚体，即AP-1。

4. 碱性螺旋-环-螺旋

在碱性螺旋-环-螺旋（basic helix-loop-helix，bHLH）DNA结合蛋白中，C端100～

200 个氨基酸残基可以形成两个双性 α-螺旋，被非螺旋的环状结构隔开，N 端则是碱性区，为 DNA 结合结构域，其 DNA 结合特性与亮氨酸拉链类似。

免疫球蛋白 κ 轻链基因的增强子结合蛋白 E12 和 E17、肌细胞定向分化调节因子 MyoD-1 家族、原癌基因产物 Myc 及其结合蛋白 Max 等都通过 bHLH 基序与 DNA 结合。

（二）转录激活结构域

具有转录激活结构域是反式作用因子的重要结构基础。由于反式作用因子的功能具有多样性，其转录激活结构域也有多种，不同的转录激活结构域大体上有下列几个特征性结构。①酸性（带负电）结构域（acidic activation domain）：AP-1 家族的 Jun 及 GAL4 都有酸性结构域，这种酸性螺旋结构特异性激活转录的能力并不是很强，它们可能与 TF ⅡD 复合物中某个通用因子或 RNA 聚合酶Ⅱ本身结合，并有稳定转录起始复合物的作用。②富含谷氨酰胺结构域（Gln-rich domain）：Sp1 是启动子 GC 框的结合蛋白，除结合 DNA 的锌指结构以外，Sp1 共有 4 个参与转录激活的区域，其中最强的转录激活结构域很少有极性氨基酸，却富含谷氨酰胺，达该区氨基酸总数的 25%左右。哺乳动物细胞中的 Oct1/2、Jun、AP-2、血清应答因子（serum response factor，SRF）等都有相同的富含谷氨酰胺的结构域。③富含脯氨酸结构域（Pro-rich domain）：CTF-NF1 因子的羧基端含有的脯氨酸达 20%～30%，很难形成 α-螺旋。在 Oct2、Jun、AP-2、SRF 等哺乳动物因子中也有富含脯氨酸的结构域。

在真核生物中，反式作用因子的功能由于受蛋白质-蛋白质之间相互作用的调节变得更加精密而复杂，完整的转录调控功能通常以复合物的方式来完成，这就意味着并非每个转录因子都直接与 DNA 结合。抑制物结构域可能通过以下作用方式进行。①阻挡：与激活蛋白结合从而阻止激活蛋白与调节序列的结合。②形成没有 DNA 结合结构域的复合物：结合在 DNA 结合结构域上，使激活蛋白不能与 DNA 相互作用。③掩盖：激活蛋白可以与 DNA 相互作用，但抑制物掩盖了激活蛋白上的激活结构域，使其失去转录激活能力。多种转录因子的联合作用可以准确接收细胞内外环境的信号并且做出适当的反应。

三、转录后水平的调控

真核基因中蕴涵的遗传信息，经过 RNA 中间体传递到执行者——多种多样的蛋白质，最终演绎出了丰富的生物性状。从 DNA 到蛋白质的每一个环节，都处于细胞的严格调控下，以确保个体发育过程中遗传信息的程序性表达，并对环境刺激产生有效的回应，这正是真核生物基因表达调控的主要目的。真核基因的表达调控在不同水平协同进行，包括染色质重塑、转录和转录后调控、翻译调控和翻译后修饰等，以此对特定时空环境中的基因表达进行激活或阻遏。转录水平的调控在各调控机制中居于重要地位，而转录后调控、翻译调控也成为研究热点，越来越详尽的调控网络机制被阐明。

转录后调控包括 mRNA 加工成熟水平上的调控，如 mRNA 的加工、可变剪接、mRNA 的出核和稳定性等，以及本章第三节介绍的非编码 RNA 的调控。mRNA 的加工和可变剪接等内容详见第一章。翻译水平上的调控主要涉及 mRNA 5′-UTR 和 3′-UTR 对翻译起始及 mRNA 稳定性的调控、蛋白质磷酸化对翻译效率的影响等。

（一）成熟 mRNA 的出核调控

对于 mRNA 来说，只有进入细胞质才能得以翻译成蛋白质，因此成熟的 mRNA 向细胞质的转运是一个激活的过程。真核细胞的 mRNA 一般要经过转录后的加工剪接并修饰成为成熟分子后才能被转运出核，剪接体的形成与核输出之间存在着竞争，以防止未加工完全的 mRNA 错误出核。5′端的帽子结构提供核输出所依赖的特定信号，并由帽结合蛋白所识别，在载体蛋白的协助下以 RNP 的形式通过核孔复合体。一些蛋白质，如 HIV 的 Rev 和真核转录因子 TFⅢA 等可以与 RNA 共同转运出核，通过与核输出蛋白-1（exportin-1）和 Ran-GTPase 等蛋白质的相互作用，介导 RNA 的核输出过程。

（二）polyA 尾对 mRNA 稳定性的调控

真核生物 mRNA 的稳定性相差悬殊，编码 Fos 调节蛋白的 mRNA，半寿期只有 10～30min，而鸡输卵管中的卵清蛋白 mRNA 的半寿期可达 24h，控制 mRNA 的稳定性，很可能是多聚腺苷酸尾的主要功能。polyA 结合蛋白（polyA binding protein，PABP）与 polyA 的结合可以防止核酸酶的攻击，对于某些种类的 mRNA 分子来说，去除 polyA 尾可导致核酸的降解。当 mRNA 被转运至细胞质后，在外切酶的作用下，polyA 尾将不断缩短，当剩余的长度少于 30 个腺苷酸残基而不足以同 PABP 结合时，mRNA 通常开始迅速降解。这样，细胞可以通过控制 polyA 尾削减的速度来调节 mRNA 的寿命，以控制该 mRNA 的蛋白质产量。

除影响稳定性之外，polyA 尾还直接影响 mRNA 的翻译效率。带有 polyA 的 mRNA 比脱尾的 mRNA 翻译效率要高得多，而且影响程度与 polyA 尾的长度呈正相关关系。某些情况下，mRNA 以非腺苷酸化的形式被储存，例如，在卵细胞中大量 mRNA 被储藏起来以备受精后快速卵裂的需要，其中许多 mRNA 的 polyA 尾长度仅 10～30nt，不能结合 PABP，亦无翻译活性。受精激活后将在这些 mRNA 分子的 3′端添加腺苷酸，随即起始翻译过程。

（三）蛋白质磷酸化对翻译效率的影响

翻译的每个阶段都有许多蛋白因子的参与，很多蛋白因子都以非活性的形式存在于胞内，磷酸化（phosphorylation）与蛋白因子的活化相关。真核细胞翻译起始因子 4F（eIF-4F）具有激酶活性，能使 eIF-4E 磷酸化，进而显著提高蛋白质的合成速度。eIF-2 与用于起始的 Met-tRNA 结合，引导 Met-tRNAi 与 40S 核糖体小亚基结合。在生理条件下，真核细胞中存在一定量的 eIF-2 蛋白激酶，eIF-2 蛋白激酶一般处于无活性状态。病毒感染、干扰素诱导、有害重金属处理、细胞进入 M 期或营养缺乏等因素会激活相关的蛋白激酶，从而启动 eIF-2 的磷酸化过程。因此，eIF-2 的磷酸化常表现为细胞对异常条件的一种应激反应，成为调控翻译起始的一个重要靶点。

第三节 非编码 RNA 的调控

非编码 RNA（noncoding RNA，ncRNA）是一类不编码蛋白质的 RNA。根据大小，非编码 RNA 可以分为小分子非编码 RNA 和长链非编码 RNA，小分子非编码 RNA 长度小于 200bp，包括干扰小 RNA（short interfering RNA，siRNA）、微 RNA（microRNA，miRNA）和环状 RNA（circular RNA，circRNA）等；长度大于 200bp 的非编码 RNA 称为长链非编码 RNA（long noncoding RNA，lncRNA）。其中 siRNA 和 miRNA 通常在基因沉默方面发挥作用，而 lncRNA 则通过与 RNA 聚合酶结合、与其他转录因子结合及改变染色质结构来调节基因转录。人类基因组中 3/4 的基因可以进行转录，但只有一小部分的 RNA 能翻译成蛋白质，很多非编码 RNA 都参与了基因的表达调控。

一、干扰小 RNA

RNA 干扰（RNA interference，RNAi）是由与靶基因序列同源的双链 RNA 所诱导的特异性转录后基因沉默现象，其中起干扰作用的小分子 RNA 称为干扰小 RNA（siRNA）。1990 年，乔根森（Jorgenson）和莫尔（Mol）在对矮牵牛花进行转基因时首次观察到 RNAi 现象。他们希望通过基因过表达的手段使牵牛花颜色变深，便在紫色牵牛花中转入产生紫色色素的基因，结果却发现花反而变白了。之后相类似的现象也在其他转基因植物中出现，科学家发现不论引入单链反义 RNA、单链正义 RNA 还是双链 RNA 都能使基因表达量下调，其中双链 RNA 具有更高效的基因沉默作用。因此，真正起到 RNA 沉默作用的应该是双链 RNA，由此发现了 siRNA。siRNA 长 21～23nt，经典的 siRNA 通常来源于和编码序列完全配对的长线性双链 RNA，这些双链 RNA（double-stranded RNA，dsRNA）既可以是病毒复制时产生的，也可以是人为导入细胞的，或来自细胞内的转座子。细胞质中的 dsRNA 被称为 Dicer 的 RNase Ⅲ外切核酸酶切割成 21～23bp 的双链分子，其中 19nt 形成配对双链，3′端各有两个不配对的核苷酸，而 5′端为磷酸基团，随后由 Dicer 利用其解旋酶活性将双链解开，其中一条链被称为引导链，与 Dicer 和核酸酶 Argonaute 等一起组成 RNA 诱导沉默复合物（RNA-induced silencing complex，RISC），另一条链则被外切核酸酶降解。siRNA 与互补的 mRNA 结合，引导 RISC 作用于靶 mRNA，随后 RISC 切割靶 mRNA，产生 5′磷酸和 3′羟基的末端，再由核酸外切酶将切开的转录物片段完全降解。研究表明，siRNA 介导的 mRNA 降解需要核酸酶催化及镁离子的帮助。

siRNA 还可以在结合靶 mRNA 后充当引物，借助 RNA 指导的 RNA 聚合酶（RNA-directed RNA polymerase，RdBP）扩增出大量全长 dsRNA，由 Dicer 加工出更多的 siRNA，常常只需几个 siRNA 分子就能在细胞里引发有效的抑制，产生次级 siRNA 放大效应，在器官和机体中建立和维持其沉默效果。在植物、线虫和酵母中都发现存在以 RNA 为模板的 RNA 扩增机制，但对哺乳动物和果蝇的基因组分析却没有发现相关基因。在植物中的研究发现，次级 siRNA 可以传递到其他细胞中，它既可以在相邻的细胞和细胞间近距离传递，也可以通过韧皮部在不同组织间广泛传播。

RNAi 可以在转录水平和转录后水平参与基因的表达调控，一方面，靶 mRNA 降解的过程，可以视作机体清除错误 mRNA 的机制，维持基因组的稳定性；另一方面可通过 RNAi 来降解病毒 RNA，从而抑制病毒对宿主细胞的破坏。

二、微 RNA

微 RNA（miRNA）是大小为 20～25nt 的小分子非编码 RNA，其在转录后可与靶 mRNA 特异结合，降解或阻遏靶 mRNA 的翻译，从而在基因表达调控中发挥重要作用。1993 年，Lee 等发现秀丽新小杆线虫的 *lin4* 基因产物为 24nt 的 RNA，其 10nt 与 *lin14* mRNA 3′-UTR 的一段重复序列互补，可以形成 *lin4-lin14* RNA-RNA 杂合结构，实现了 *lin4* 对 *lin14* 的转录后调控，进而调控线虫的发育过程，*lin4* 突变会引起虫体发育异常，为第一个被发现的 miRNA 基因。

miRNA 基因在动物和植物基因组中普遍存在，是一类重要的行使基因功能但不编码蛋白质的基因，其常位于基因组的非编码区，或者结构基因的内含子、外显子和非翻译区，有的成簇排列，由 RNA 聚合酶Ⅱ转录产生 pri-miRNA，再加工出 5′帽子和 3′polyA 尾巴。与许多真核结构基因相似，miRNA 也有自己的启动子区域，它们的表达会受到各种时空上的调节。之后 pri-RNA 被称为 Drosha 的 RNaseⅢ核酸内切酶剪切成长约 70nt 并具有茎环结构的 pre-miRNA，在 Ran-GTPase 依赖的核输出蛋白-5（exportin-5）的作用下由细胞核输出到细胞质内，由 Dicer 剪切成 21～24bp 的双链 miRNA。双链解旋后形成成熟的长 21nt 的单链 miRNA，其结合到 RISC 中，介导 RISC 与靶 RNA 分子的结合。miRNA 通常结合在靶基因 mRNA 的 3′-UTR，也有少数结合在 5′-UTR 或编码序列上。miRNA 与靶序列的互补程度决定了靶 RNA 的命运：完全配对将引发核酸酶对靶 RNA 的降解；若 miRNA 与靶位点不完全互补，则会介导靶 mRNA 的翻译抑制。有些被抑制的 mRNA 经脱帽等过程最终被降解，有些则被暂时储存起来，需要的时候再释放出来进行翻译。

miRNA 具有较高的组织特异性和时序性，通过对靶基因的翻译抑制或靶点切割介导转录后基因沉默，从而调节细胞分裂、组织分化、细胞凋亡、代谢和形态建成等重要的细胞功能。研究发现，拟南芥中的 miR-171 仅在其花序中高表达，在一些组织低表达，而在茎、叶等组织中却无任何表达的迹象。发育 20～24h 的果蝇胚胎提取物中可发现 miR-12，却找不到 miR3 和 miR6，而在成年果蝇中表达的 miR-1 和 let-7 在果蝇胚胎中也检测不到。miR-273 和 lys-6 参与线虫的神经系统发育过程，miR-430 参与斑马鱼的大脑发育，miR-181 控制哺乳动物血细胞分化为 B 细胞，miR-375 调节哺乳动物胰岛细胞发育和胰岛素分泌，miR-196 参与了哺乳动物四肢形成，miR-1 与心脏发育有关。miRNA 的调节网络复杂，既可以通过一个 miRNA 来调控多个基因的表达，也可以通过几个 miRNA 的组合来精细调控某个基因的表达，对 miRNA 调控基因表达的研究的逐步深入，将帮助我们理解高等真核生物基因表达调控的庞杂网络。

在人类中，miRNA 参与约 1/3 的基因表达调控过程。目前，已鉴定出 1800 多个人类 miRNA，它们在个体正常发育、分化、生长控制和癌症等人类疾病中具有重要作用。2002 年，Calin 和他的同事在白血病中发现了 miR-15a/16 簇的基因组改变，这成为第一个 miRNA 异常表达及其在人类癌症中作用的证据。癌症相关的 miRNA 通常分为两类：肿瘤抑制 miRNA 和致癌 miRNA。已确定的肿瘤抑制 miRNA 包括 miR-34a、miR-145 和 let-7 家族，致癌 miRNA 包括 miR-21 和 miR155。然而，一些 miRNA 似乎具有双重功能，既作为肿瘤抑制因子，又作为致癌基因。例如，尽管 miR-200c 抑制上皮细胞到间质转化并阻断癌症转移的开始，但它在晚期癌症中也经常过表达，并参与促进远处转移。因此，miR-200c 似乎同时具有抑癌和致癌功能。miRNA 是迄今为止在癌症中研究最多的 ncRNA，微阵列谱分析已经证明了 miRNA 在各种肿瘤类型中的表达失调，深入探究 miRNA 在癌症发生和发展中的作用，使其可能成为患者分层的诊断和预后生物标志物，也可能作为治疗的靶点和药物。

三、环状 RNA

环状 RNA（circRNA）是一种进化保守的 RNA，它形成一个共价闭合的连续 RNA 环。与含 5′和 3′端的线性 RNA 不同，circRNA 分子呈封闭环状结构，不受 RNA 外切酶影响，表达更稳定，不易降解。

circRNA 早在 1976 年就作为类病毒首次在 RNA 病毒中被发现，后来在 1979 年也被发现是真核生物中的内源性 RNA 剪接产物。之前，人们一直认为这是拼接错误的结果。进入 21 世纪后，随着高通量 RNA 测序技术和生物信息学的发展，人们发现了 circRNA 的丰富度和多样性，揭示了 circRNA 在不同发育阶段和生理条件下的动态表达模式。

经典真核 pre-mRNA 剪接由剪接体机制催化，去除内含子并连接外显子，形成具有 5′→3′极性的线性成熟 RNA。大多数 circRNA 是在后剪接过程中产生的，它不遵循规范的 5′→3′顺序，通常由剪接体机制或Ⅰ组和Ⅱ组核酶催化。circRNA 与它们的线性对应物不同，因为它们是封闭的共价键，缺少通常的末端结构，如 5′帽子或 polyA。circRNA 的表达并不总是与衍生出 circRNA 的线性转录物的表达水平相关，说明 circRNA 的表达受到调控，剪接体必须能够区分正向剪接（即标准线性剪接）和反向剪接。circRNA 可由外显子或内含子产生，形成 3 种不同类型的 circRNA。①外显子 circRNA 的形成是 pre-mRNA 剪接的结果，当 3′剪接供体连接到 5′剪接受体时形成外显子 circRNA。在某些情况下，这发生在单个外显子上，而在另一些情况下，上游外显子的开端连接到下游外显子的末端，中间的 RNA 呈环状，从多个外显子产生 circRNA。②如果外显子之间的内含子被保留，产生的环状转录物则被称为外显子-内含子 circRNA。③内含子套索可以产生内含子 circRNA，而内含子套索能够抵抗去分支酶的降解。内含子 circRNA 包含一个唯一的 2′-5′键，将它们与外显子 circRNA 区分开来。内含子 circRNA 的形成依赖于 5′剪接位点附近的富 GU 序列和分支点附近的富 C 序列。在回剪接过程中，两个片段先结合成一个圆，结合部分的外显子和内含子序列被剪接体剪切掉，剩下的内含子聚集在一起形成内含子 circRNA。

随着 circRNA 表达机制的明晰，更多的 circRNA 功能也被发现，如在蛋白质复合体的组装中充当支架，将蛋白质从其原生亚细胞定位中隔离，调节亲代基因的表达，调节选择性剪接和 RNA-蛋白质相互作用，以及作为 miRNA 海绵。研究发现，circRNA 与

miRNA 的结合比与 mRNA 的结合要容易得多，这使得 circRNA 可以抑制 miRNA 对 mRNA 的调控。此外，研究发现，circRNA 在真核细胞中大量存在，特别是在哺乳动物的大脑中，一些 circRNA 被报道与人类神经退行性疾病有关。最近的研究还表明，circRNA 参与了肿瘤的发生和发展。由于 circRNA 的保守性、丰度和组织特异性，以及其稳定性，其可以存在于外泌体和血浆中，它们可能成为某些疾病（如肿瘤）的分子标记。研究表明，外泌体中的 circRNA 比 MHCC-LM3 肝癌细胞内至少多 2 倍。一方面，与健康受试者相比，结直肠癌患者丢失了 67 个 circRNA，增加了 257 个新的 circRNA，circ-KLDHC10 在肿瘤患者血清中的表达水平较正常血清明显升高。另一方面，在胃癌患者血浆样本中，hsa-circ-0000190 的表达明显下调，胃癌患者术后 hsa-circ-002059 表达水平与术前胃癌患者存在明显差异。因此，与肿瘤组织相比，外泌体和血浆中 circRNA 的稳定存在为癌症的诊断提供了更方便的检测方法。目前临床上使用的分子生物标志物往往是器官特异性较低的蛋白质。如果将 circRNA 作为癌症的生物标志物应用于临床，其特异性表达可能有助于解决现有生物标志物器官特异性低的问题。

四、长链非编码 RNA

利用高通量技术分析全基因组的表达时发现，在 hnRNA 中存在着大量的 ncRNA，很多长度大于 200bp，称为长链非编码 RNA（lncRNA）。大部分 lncRNA 由 RNA 聚合酶Ⅱ转录，可能来源于基因组中的重复序列，如 SINE，其数量可能比结构基因的 mRNA 多 10～20 倍。lncRNA 表达呈现细胞特异性，并且能响应各种外界刺激，这表明其是重要的转录调控因子。lncRNA 可以调控转录的起始、延伸或终止等阶段，同时可能通过改变染色质结构来调节转录，与异染色质的形成有关。

研究表明，lncRNA 可以在顺式（邻近基因）或反式（远处基因）中介导基因表达的改变。这些 RNA 在转录水平的调控作用表明染色质结构上的改变不仅是一种局部效应，也是一种远距离的结构影响。例如，*Air* 或者 *eRNAs* 这类 lncRNA 可以通过转录调控的局部序列元件，如启动子或者增强子等，扩大其影响范围。*Air* 通过启动子位置，特异地与 lncRNA 和染色质互作，进一步沉默等位染色体上靶基因的转录。随后，启动子区域聚集的 *Air* 招募 G9a，导致靶点 H3K9 及其等位基因甲基化并沉默表达。受冷诱导的植物 lncRNA *COLDAIR* 则在建立及维持稳定的抑制性染色质中起作用。春化过程中，*COLDAIR* 引导 PRC2 到调控开花的抑制子 FLC 染色体上，通过三甲基化 H3K27 抑制基因表达。这些表明 lncRNA 能通过与染色体特异结合，以顺式方式介导抑制组蛋白修复物质的招募，进一步从表观遗传水平沉默转录。

相反，对于 *HOTAIR* 及 *linc-p21* 这类 lncRNA，长距离的基因调控作用则需要额外的互作组分参与，并且这些组分需要正确定位在所作用的位点。有报道表明 lncRNA *HOTAIR* 的表达与癌症转移有关。在原发性和转移型乳腺癌中均发现 *HOTAIR* 表达有所提高。另外，癌细胞中 *HOTAIR* 的缺失会导致 *PRC2* 基因高表达的细胞侵袭性降低。这些发现表明非编码 RNA 介导的多梳蛋白复合体在乳腺肿瘤发生中起着关键性作用，更说明 *HOTAIR* 这类 lncRNA 能通过反式作用的方式靶定染色质修复复合体的定位、酶活等，进一步调控细胞的表观遗传状态。另外，*linc-p21* 的反式作用在关键的肿瘤抑制因子 p53

的调控中起着重要作用。一方面，p53 本身是一种转录因子，它能激活包括 *linc-p21* 在内的数十种反式作用 lncRNA 的表达。这些 lncRNA 反过来又与蛋白质 hnRNP-K 结合，然后结合到许多 p53 依赖基因的启动子上，抑制它们的转录，从而促进凋亡。另一方面，p53 调控的另一种名为 *PANDA* 的 lncRNA 与转录因子 NF-YA 相互作用抑制细胞凋亡和细胞分裂。由此可见，lncRNA 似乎能够以一种复杂而综合的方式调控转录，类似于转录因子。

启动子或增强子的转录对 lncRNA 的转录调控具有重要作用。lncRNA 转录并结合在蛋白质靶点上，但不会附加额外的功能。这一类 RNA 作为一种“分子过滤器”，进一步诱导 RNA 结合蛋白与之结合。这些蛋白质可以是转录因子、染色质修复因子或者其他类型的调控因子等。同一个基因具有不同的启动子在基因表达中是一种较为普遍的现象，也成为基因表达调控的靶点。人二氢叶酸还原酶（dihydrofolate reductase，DHFR）基因具有依赖 RNA 的转录抑制调控机制。*DHFR* 基因弱启动子上游的 lncRNA 通过和启动子序列，以及通用转录因子ⅡB（TFⅡB）结合形成一个稳固的非编码 RNA-DNA 复合体，进一步抑制前起始复合物在主启动子上的聚集。但 lncRNA 被特异的 siRNA 沉默后，TFⅡB 仍然占据在主启动子上。这一机制能进一步靶定或抑制启动子，这也说明，lncRNA 对邻近基因表达调控的重要性。

一些 lncRNA 能通过与染色体互作，以及招募染色质修复装置等进一步参与介导大量基因的转录沉默。例如，在小鼠胎盘中，lncRNA *Kcnqlot1* 和 *Air* 能聚集在所沉默的等位基因的启动子染色质区域，并以等位基因特异的方式，进一步介导抑制效应的组蛋白修饰发生。*Kcnqlot1* 是一个来自父本的长为 90kb 的 lncRNA，其介导了 *Kcnq1* 印记区域的一类基因的沉默。*Kcnqlot1* 与组蛋白甲基转移酶 G9a 和 PRC2 互作，通过招募多梳蛋白复合体，迅速在顺式作用元件到转录位点之间形成一个抑制区域。同时，lncRNA 本身在 *Kcnq1* 区域双向沉默基因方面具有关键作用，其作用机制类似于 *Xist*RNA。

在胎盘哺乳动物的雌性中，一个 X 染色体被包装到一个完全由异染色质组成的被称为巴氏小体的转录沉默结构中而失活。使得 XX 雌性只有一条活跃的 X 染色体，因此 X 连锁基因的基因剂量与 XY 雄性相同。X 染色体失活是通过 X 染色体失活特异转录因子（X inactive specific transcript，Xist）的作用实现的。*Xist* 是一种在 X 染色体失活中起重要作用的 lncRNA。在雌性动物发育中，*Xist*RNA 在失活的 X 染色体上表达，进一步覆盖在 X 染色体上进行转录，此时大量的组蛋白被甲基化，导致 X 染色体上的基因表达被抑制，使 X 染色体失活。其反义转录物 *Tsix* 通过 RNAi 机制抑制 *Xist* 的表达，而另外一种非编码 RNA *Jpx* 能在失活的 X 染色体中积累，并进一步激活 *Xist* 的表达。

近期的许多研究已经逐渐证明了 lncRNA 在人类细胞中的功能，包括在高阶染色体动力学、胚胎干细胞分化、端粒生物学和亚细胞结构组织中的作用，已经发现很多 lncRNA 与心血管疾病、糖尿病和癌症等相关，特别是在癌症的发生和发展中起重要作用。例如，*MALAT-1* 与非小细胞肺癌和口腔鳞状细胞癌的不良预后有关。*HOTAIR* 已被证实能促进多种癌症的转移，包括乳腺癌、胃癌、结直肠癌、宫颈癌和肝癌。*SNHG1* 已被发现通过

miR-326 调节 *NOB1* 的表达，促进骨肉瘤的发生。Gioia 等（2017）观察到，沉默 *RP11-624C23.1* 或 *RP11-203E8* 可能通过调节 DNA 损伤反应途径，增加对基因毒性应激的抵抗力，从而为白血病细胞提供选择性优势。因此，lncRNA 最近被认为是一种可能的癌症生物标志物。*ZEB1-AS1* 可预测胃癌的不良预后，lncRNA-*ATB* 有潜力作为肝细胞癌预后的生物标志物，并作为患者的靶向治疗靶点。

（倪　娟　薛京伦　汪　旭）

参考文献

陈启民, 耿运琪. 2010. 分子生物学. 北京: 高等教育出版社.

薛京伦, 潘雨堃, 陈金中, 等. 2018. 医学分子遗传学. 4 版. 北京: 科学出版社.

朱玉贤, 李毅, 郑晓峰, 等. 2019. 现代分子生物学. 5 版. 北京: 高等教育出版社.

Bartel D P. 2004. MicroRNAs: genomics, biogenesis, mechanism, and function. Cell, 116(2): 281-297.

Berk A J. 2000. TBP-like factors come into focus. Cell(1), 103: 5-8.

Berry W L, Janknecht R. 2013. KDM4/JMJD2 histone demethylases: epigenetic regulators in cancer cells. Cancer Res, 73(10): 2936-2942.

Bird A. 2002. DNA methylation patterns and epigenetic memory. Genes Dev, 16(1): 6-21.

Blackwood E M, Kadonaga J T. 1998. Going the distance: a current view of enhancer action. Science, 281(5373): 60-63.

Eulalio A, Huntzinger E, Izaurralde E. 2008. Getting to the root of miRNA-mediated gene silencing. Cell, 132(1): 9-14.

Farhadova S, Gomez-Velazquez M, Feil R. 2019. Stability and lability of parental methylation imprints in development and disease. Genes, 10: 999.

Filipowicz W, Bhattacharyya S N, Sonenberg N. 2008. Mechanisms of post-transcriptional regulation by microRNAs: are the answers in sight? Nat Rev Genet, 9(2): 102-114.

Gerasimova T I, Corces V G. 2001. Chromatin insulators and boundaries: effects on transcription and nuclear organization. Annu Rev Genet, 35: 193-208.

Gioia R, Drouin S, Ouimet M, et al. 2017. LncRNAs downregulated in childhood acute lymphoblastic leukemia modulate apoptosis, cell migration, and DNA damage response. Oncotarget, 8(46): 80645-80650.

Graveley B R. 2001. Alternative splicing: increasing diversity in the proteomic world. Trends Genet, 17(2): 100-107.

Greene J, Baird A M, Brady L, et al. 2017. Circular RNAs: biogenesis, function and role in human diseases. Front Mol Biosci, 4: 38.

Hozumi N, Tonegawa S. 1976. Evidence for somatic rearrangement of immunoglobulin genes coding for variable and constant regions. Proc Natl Acad Sci USA, 73(10): 3628-3632.

Jansson M D, Lund A H. 2012. MicroRNA and cancer. Mol Oncol, 6(6): 590-610.

Kan R L, Chen J, Sallam T. 2022. Crosstalk between epitranscriptomic and epigenetic mechanisms in gene regulation. Trends Genet, 38(2): 182-193.

Kanwal R, Gupta S. 2012. Epigenetic modifications in cancer. Clin Genet, 81(4): 303-311.

Kim V N, Nam J W. 2006. Genomics of microRNA. Trends Genet, 22(3): 165-173.

Li Y X, Seto E. 2016. HDACs and HDAC inhibitors in cancer development and therapy. Cold Spring Harb Perspect Med, 6(10): a026831.

Lopez A J. 1998. Alternative splicing of pre-mRNA: developmental consequences and mechanisms of regulation. Annu Rev Genet, 32: 279-305.

Max E E, Seidman J G, Leder P. 1979. Sequences of five potential recombination sites encoded close to an immunoglobulin kappa constant region gene. Proc Natl Acad Sci USA, 76(7): 3450-3454.

Meng S J, Zhou H C, Feng Z Y. 2017. CircRNA: functions and properties of a novel potential biomarker for cancer. Mol Cancer, 16(1): 94.

Muller M M, Gerster T, Schaffner W. 1988. Enhancer sequences and the regulation of gene transcription. Eur J Biochem, 176(3): 485-495.

Orphanides G, Lagrange T, Reinberg D. 1996. The general transcription factors of RNA polymerase II. Genes Dev, 10(21): 2657-2683.

Paule M R, White R J. 2000. Survey and summary: transcription by RNA polymerases I and III. Nucleic Acids Res, 28(6): 1283-1298.

Pawlick J S, Zuzic M, Pasquini G, et al. 2021. miRNA regulatory functions in photoreceptors. Front Cell Dev Biol, 8: 620249.

Roberts G C, Smith C W J. 2002. Alternative splicing: combinatorial output from the genome. Curr Opin Chem Biol, 6(3): 375-383.

Schatz D G, Oettinger M A, Schlissel M S. 1992. V(D)J recombination: molecular biology and regulation. Annu Rev Immunol, 10: 359-383.

Schramm L, Hernandez N. 2002. Recruitment of RNA polymerase III to its target promoters. Genes Dev, 16(20): 2593-2620.

Sharp P A. 1987. Splicing of messenger RNA precursors. Science, 235(4790): 766-771.

Smale S T, Jain A, Kaufmann J, et al. 1998. The initiator element: a paradigm for core promoter heterogeneity within metazoan protein-coding genes. Cold Spring Harb Symp Quant Biol, 63: 21-31.

Thomas M L, Marcato P. 2018. Epigenetic modifications as biomarkers of tumor development, therapy response, and recurrence across the cancer care continuum. Cancers, 10(4): 101.

Tonegawa S. 1983. Somatic generation of antibody diversity. Nature, 302(5909): 575-581.

Wang J, Samuels D C, Zhao S L, et al. 2017. Current research on non-coding ribonucleic acid(RNA). Genes, 8(12): 366.

Woychik N A, Hampsey M. 2002. The RNA polymerase II machinery: structure illuminates function. Cell, 108(4): 453-463.

Ye B, Smerin D, Gao Q P, et al. 2018. High-throughput sequencing of the immune repertoire in oncology: applications for clinical diagnosis, monitoring, and immunotherapies. Cancer Letters, 416: 42-56.

第五章

分子遗传学主要技术方法

第一节　PCR 技术

聚合酶链反应（polymerase chain reaction，PCR）是体外快速扩增特定 DNA 或 cDNA 片段的分子生物学技术。1985 年，美国科学家凯利·穆利斯（Kary Mullis）发明了 PCR 技术，并因此荣获 1993 年诺贝尔化学奖。PCR 技术是 20 世纪分子生物学领域最重大的发明之一，被广泛应用于基因分析、序列分析、进化关系分析和临床诊断等领域。

一、PCR 技术原理

PCR 由变性、退火、延伸三个基本反应步骤构成。①模板 DNA 的变性：模板 DNA 经加热至 93℃左右一定时间后，DNA 双链或经 PCR 扩增形成的 DNA 双链解离成为单链。②模板 DNA 单链与引物退火（复性）：在 55℃左右，单链寡核苷酸引物与高温变性后的模板 DNA 单链互补配对。③引物的延伸：DNA 模板-引物互补结合物在 *Taq* DNA 聚合酶作用下，以 dNTP 为反应原料，靶序列为模板，按碱基配对与半保留复制原则，合成一条与模板 DNA 互补的新链，变性—退火—延伸这三个过程的重复循环可获得更多的、所需片段的“半保留复制链”。④这些新链又可作为下轮循环的模板。每完成一个循环需 2～4min，2～3h 就能将待扩增的目的片段扩增放大几百万倍，到达平台期所需循环次数取决于样品中模板的拷贝数。

PCR 体系的组成一般为：模板 DNA；15～30 个寡核苷酸构成的引物（primer）；dNTP；*Taq* DNA 聚合酶，通常来自于水生栖热菌（*Thermus aquaticus*），最适作用温度为 70～80℃，在 95℃条件下短时间不失活；缓冲体系和 Mg^{2+}。PCR 过程大致为：变性，90～95℃；复性，60℃左右，取决于引物 T_m 值；延伸，70～75℃；“变性—复性—延伸”过程循环 20～30 次。

二、常用 PCR 方法的变异

（一）反向 PCR

反向 PCR（inverse PCR）是以 3′端相互反向的互补引物来扩增引物以外的未知序列，从而探索已知 DNA 片段的邻接未知序列，并可将仅知部分序列的全长 cDNA 进行分子克隆，建立全长的 DNA 探针。适用于基因游走、转座子和已知序列 DNA 旁侧病毒整合位点分析等研究。与常规 PCR 扩增已知序列的两引物之间 DNA 片段不同，反向 PCR 需将基因组 DNA 经限制性内切酶消化后，在适当的条件下用连接酶使带有黏性末端的靶序列环化连接，再用一对反向的引物进行 PCR，其扩增产物将含两引物以外的未知序列，便于进一步分析。

（二）标记引物 PCR

标记引物 PCR（labelled primers PCR，LP-PCR）是利用同位素、荧光物质等对 PCR 引物 5′端进行标记，使 PCR 扩增产物 5′端带有相应标记，据此判断目的片段是否存在的技术。该技术简便、特异、敏感度高，可运用于法医学鉴定的多荧光标记 STR 长度多态性分析；亦能一次同时分析多种基因成分，特别适合大量临床标本的基因诊断。

（三）实时定量 PCR

实时定量 PCR（real time quantitative PCR，qRT-PCR）是一种在 DNA 扩增反应中，利用荧光信号积累实时监测整个 PCR 进程，最后通过标准曲线对未知模板进行定量分析的方法，为核酸相对定量的基本手段。

qRT-PCR 是 mRNA 表达定量分析的最常用手段，通常经反转录实时定量 PCR（reverse transcription real time quantitative PCR）将 mRNA 反转录为 cDNA，再设计引物扩增 cDNA 片段。定量分析根据 PCR 系统中荧光信号强度判断模板 cDNA 数量，间接对起始 mRNA 模板进行精确定量。常用的荧光报告基团为 SYBR Green，其特异性地掺入 DNA 双链后可激发产生绿色荧光信号，PCR 体系中荧光强度与 PCR 产物量成正比，通过在 PCR 反应体系中加入过量 SYBR Green 染料后，实时监测特异性掺入双链 DNA 的 SYBR Green 染料所发出的荧光强度，对 PCR 产物进行定量。该方法仅需要在 PCR 系统中加入 SYBR Green 即可，缺点是无法在同一反应体系中检测多个目的片段。

经典的定量 PCR 为 TaqMan 探针法荧光定量 PCR，TaqMan 探针 5′端和 3′端分别携带报告荧光基团和淬灭荧光基团。扩增前探针完整，报告基团的荧光信号被淬灭基团吸收；PCR 扩增时，*Taq* DNA 聚合酶的 5′→3′外切酶活性将探针酶切降解，报告荧光基团和淬灭荧光基团分离，每扩增一条 DNA 链，溶液中就增加一个发光的荧光分子，利用荧光强度可推断 PCR 的反应进程与模板量。该技术与 SYBR Green 比较，优点在于可以在同一体系中通过设计含不同波段的荧光探针，检测多种荧光以定量多个目的片段，但是每一个检测都需要一个特异性的第三引物来定量，会增加成本。

（四）锚定 PCR

锚定 PCR（anchored PCR）常用于扩增已知一端序列的目的 DNA。在未知序列一端加上一段多聚 dG 的尾巴，然后分别用多聚 dC 和已知的序列作为引物进行 PCR 扩增，可以克服未知序列带来的扩增障碍。

（五）不对称 PCR

不对称 PCR（asymmetric PCR）是在 PCR 扩增中，利用不等量的一对引物扩增大量单链 DNA 的手段。在 12～15 个循环以后，限制性引物的浓度降低，甚至基本耗尽，从而制约反应的进行，双链 DNA 合成速率显著下降，而非限制性引物继续引导单链 DNA 的合成，故反应的最后阶段只产生初始 DNA 中一条链的拷贝。

第二节　分子杂交

一、分子杂交技术原理

分子杂交（molecular hybridization）是利用分子间特异性结合的原理，对核酸或蛋白质进行定性、定量分析的技术，包括核酸分子杂交和蛋白质杂交。

核酸分子杂交是基于核酸分子复性、变性的特性，进行目的片段检测的技术。基本原理为互补的两条核苷酸单链片段，在适当条件下以氢键结合，形成双链分子（DNA-DNA、DNA-RNA、RNA-RNA），这个过程称为杂交（hybridization）。实践中，不同来源的核酸变性后，于同一系统复性，只要这些核酸分子含有可以形成碱基互补配对的片段，就可以形成异源双链（heteroduplex），杂交可发生于 DNA 与 DNA 之间，也可以发生于 RNA 与 RNA 之间或 DNA 与 RNA 之间。核酸分子杂交技术是目前鉴别目标序列，研究核酸结构、功能常用手段之一。当一段天然的 DNA 和这段 DNA 的若干碱基对缺失突变体杂交时，电子显微镜下可以看到互补的异源双链及因无法互补配对而鼓起的小泡，小泡位置和长度可确定缺失发生的部位和缺失的大小。核酸分子杂交技术还可以通过分辨不同生物种类在核酸分子中的共同和不同序列以确定它们在进化中的关系。

核酸分子杂交需要用探针（probe）来检测具有互补序列的核酸序列。探针是一段末端或全链被放射性同位素、各种半抗原或荧光素标记的寡核苷酸单链，其通过与互补的核酸分子特异地互补配对，释放探针携带的标记信号以鉴别目的片段是否存在。

目前应用最多的是以硝酸纤维素膜作为支持物进行的杂交，待测 DNA 变性并吸附在硝酸纤维素膜上，滤膜与探针共同孵育使变性的 DNA 与探针杂交，在非变性核酸被洗脱后，带有标记的探针若能与待测 DNA 互补，就可形成异源双链保留在滤膜上。通过放射自显影或荧光探针的激发显色，就可断定探针与被测 DNA 杂交，即被测 DNA 与探针碱基序列互补有同源性，从而为继续深入研究提供重要线索。

二、分子杂交技术应用

分子杂交是许多分子生物学技术的基础，被广泛应用于生物学、医学研究及临床诊断。较为常用的如 Southern 印迹法（也称 DNA 印迹法，Southern blotting）和 Northern 印迹法（也称 RNA 印迹法，Northern blotting）。Southern 印迹法由英国分子生物学家 E. M. Southern 发明，即将凝胶上的 DNA 片段转移到硝酸纤维素膜上进行杂交，检测靶 DNA。Northern 印迹法类似于 Southern 印迹法，但检测的目标是 RNA，将 RNA 变性后转移到硝酸纤维素膜上杂交，其探针通常是 cDNA，目的是检测细胞总 RNA 中某特定 mRNA 的存在。除了上述印迹法，还有一些基于该原理的常用杂交技术。

（一）染色体原位抑制杂交

染色体原位抑制杂交（chromosomal *in situ* suppression hybridization，CISS）为一种染色体原位杂交技术。以未标记的非特异重复序列和标记的 DNA 探针预杂交，从而封闭探针中的非特异重复序列，确保探针与染色体上的靶序列特异性杂交。以人类基因组为例，重复序列可串联成簇或散布在基因组内，当采用染色体文库探针或黏粒（cosmid）、酵母人工染色体（YAC）探针进行染色体原位杂交时，一些非特异的重复序列可穿插在探针中，导致与靶序列以外同源序列退火，因此探针对靶序列的识别特异性下降。CISS 以人类基因组总 DNA 作为竞争 DNA，阻断探针上的非特异性序列结合，此后再与染色体杂交，就会实现与靶序列之间的特异性结合，提高检测的准确性。

（二）消减杂交

消减杂交（subtracting hybridization）是指在核酸杂交基础上，比较不同组织、细胞或不同状态下的组织、细胞基因表达的差异性，用于差异基因片段的分离和筛选。该方法通过参照细胞的 mRNA 或 cDNA 与目的细胞的 cDNA 或 mRNA 杂交，形成的 RNA-cDNA 杂交体是两种细胞共有的，将其排除后，剩下的 cDNA 或 mRNA 即为彼此差异的 DNA 片段，将未形成杂交体的 mRNA 或 cDNA 片段分离，可作为消减探针，或与适当的载体连接，构建消减文库。

（三）荧光原位杂交

荧光原位杂交（fluorescence *in situ* hybridization，FISH）是指在保留组织、细胞或染色体原有结构、位置的基础上，以荧光标记的单链 DNA 探针和样本杂交，通过观察荧光信号的位置，判断相应 DNA 序列的存在及位置的技术。该技术能同时显示多种不同荧光色标记的探针，应用日趋广泛。利用不同的探针，可在中期和间期细胞核中体现染色体上的端粒、着丝粒、不同部位的 DNA 序列乃至整条染色体的变异。某些遗传性疾病如杜氏肌营养不良，约半数患者有亚显微水平的染色体微小缺失，在高分辨率染色体上也难以观察到，但用 FISH 就能很好地观察到这些微小缺失。

（四）反向斑点杂交

反向斑点杂交（reverse dot blot，RDB）是将一系列已知突变基因背景的 DNA 寡核苷酸探针固定在尼龙膜或硝酸纤维素膜上，与经 PCR 扩增并标记的待测 DNA 样本杂交，洗膜后留在特定位置，具有标记的位点提示样本中含有与已知突变探针互补的 DNA 片段。RDB 一次杂交可筛查样品中多种突变，从而为背景复杂的点突变和 DNA 的快速诊断开辟了新途径。

第三节　基 因 工 程

基因工程（genetic engineering）又称基因拼接技术和重组 DNA 技术（recombinant

DNA technique），是生物工程的一个重要分支，与细胞工程、酶工程、蛋白质工程和微生物工程共同组成了生物工程。基因工程以分子遗传学为理论基础，以分子生物学和微生物学的现代方法为手段，将不同来源的基因，按预先设计的蓝图，在体外构建重组 DNA 分子后导入活细胞，以改变生物原有的遗传特性。基因工程为基因结构和功能的研究提供了有力的技术支持。

基因工程在分子水平对基因进行操作，需将含有外源基因的 DNA 片段在体外与载体 DNA 分子（如质粒和温和噬菌体 DNA 等）连接成重组 DNA，再将重组 DNA 导入受体细胞，使该基因能在受体细胞内复制、转录和翻译合成蛋白质。例如，把含有人前胰岛素原基因的重组 DNA 引入大肠杆菌，便可让大肠杆菌在发酵过程中合成人的前胰岛素原。除人胰岛素外，人的生长激素、胸腺激素、干扰素和乙型肝炎病毒抗原等都可以通过基因工程技术合成。中国预防医学科学院病毒学研究所（现为中国疾病预防控制中心病毒病预防控制所）和中国科学院上海生物化学研究所（现为中国科学院生物化学与细胞生物学研究所）合作，于 1985 年成功研制了 α-甲型基因工程干扰素，这是我国第一个大规模生产的生物工程产品。1992 年，基因工程乙肝疫苗也批量生产投入使用。近 20 年来，基因工程技术又出现了一个新的领域，即蛋白质工程，其可以通过改变基因的核苷酸序列以获取变异蛋白质。

简单来说，基因工程的基本操作步骤包括 4 步：①获取目的基因；②核心步骤即基因表达载体的构建；③将含目的基因的重组载体导入受体细胞；④检测与鉴定导入目的基因后的受体细胞是否可以稳定维持和表达目的基因的遗传特性。

一、目的基因的分离制备

对于小分子肽，其已知的编码基因可通过人工化学合成。对于原核 DNA 片段，可直接切割基因组、筛选获得目的基因。对于真核 DNA 片段，则可从细胞中分离制备 mRNA，再通过反转录获得与 mRNA 序列互补的 cDNA。

二、目的基因与载体的重组

连接目的基因与载体的方法有很多种，最常用的有黏性末端连接法，即用同一个限制性核酸内切酶（restriction endonuclease）切割目的基因片段与载体，使它们产生具有互补结构的黏性末端，再通过“退火”处理而相互“黏合”。限制性核酸内切酶是基因工程中最重要的工具酶，可识别并切割 4～6bp、具有回文序列的 DNA 片段，并产生黏性末端。此外，还有平末端连接法和同聚物末端连接法等方法。

三、重组基因向受体细胞的转化

将重组 DNA 向大肠杆菌转化，一般采取低温下用 Ca^{2+}处理大肠杆菌，改变其膜的通透性，使其成为感受态细胞，处于最适摄取和容纳外来 DNA 的生理状态。为了提高转化率，受体细胞经 Ca^{2+}处理后，还可在 42℃保温热激 2min，以增加细胞膜流动性，让重组 DNA 分子更容易透过膜结构。

若将重组基因向真核细胞转化，可采用磷酸钙沉淀法、脂质体介导法，以及电穿孔法等。磷酸钙有利于促进外源 DNA 与靶细胞表面结合，磷酸钙-DNA 复合物黏附到细胞膜后，可通过胞饮作用进入靶细胞，被转化的 DNA 可以整合到靶细胞的染色体中从而产生不同基因型和表型的稳定克隆。脂质体是一种由脂类双分子层构成的囊状小泡，它可以与 DNA 结合或直接包裹 DNA，透过细胞膜把 DNA 运送到靶细胞内，实现外源基因的有效转化。脂质体几乎不具备通透性，可以有效保护包裹其内的 DNA 免受细胞核酸酶的降解。电穿孔法是通过电场作用于细胞几微秒到几毫秒后，在细胞膜上短暂形成小孔，使大分子如 DNA、RNA、蛋白质、药物、抗体和荧光探针等导入细胞的技术。

四、目的基因克隆至受体细胞的鉴定

当重组质粒或重组噬菌体 DNA 转入受体细胞后，需要对所形成的菌落或噬菌斑进行筛选和鉴定。常用的筛选鉴定方法有抗药性基因筛选、菌落或噬菌斑的颜色反应、重组质粒或噬菌体 DNA 限制性核酸内切酶图谱分析、PCR 鉴定、Western 印迹法（蛋白质印迹法，Western blotting）、菌落原位杂交，以及 DNA 序列分析等。测序是准确判定目的基因是否被成功克隆到受体细胞的关键技术。

质粒一般含有 1～2 个抗药性基因，将该质粒转入不具有抗药性的受体细胞内，则受体细胞被赋予抗药性，成为重组片段是否成功转入的标志；如果受体细胞本身带有抗药性基因，此时外源基因插入该基因使其失活，那么，受体细胞失去抗药性则可作为外源基因成功转入的判断标志。

当含有 β-半乳糖苷酶基因的质粒被转化到大肠杆菌中，并在 X-gal 培养基上生长时，β-半乳糖苷酶分解 X-gal 使菌落呈蓝色；如果重组 DNA 或外源基因插入 β-半乳糖苷酶基因，被转化的大肠杆菌在 X-gal 培养基中生长，就形成白色菌落。蓝白斑筛选有效提高了筛选阳性克隆菌落的效率。

PCR、菌落杂交法及 Western 印迹法可直接检测转入受体细胞的 DNA 及其产物。PCR 根据目的基因序列设计引物进行扩增，从产物判断目的基因是否已转化进入受体细胞；菌落杂交法以标记 DNA 探针对菌落进行原位杂交，通过阳性克隆判断转化成功与否；Western 印迹法用目的基因所编码的蛋白质标记抗体检测相关基因是否在受体细胞表达。

五、基因转移技术

基因转移技术是将外源目的基因或 DNA 片段引入受体细胞并使其表达的一种技术，是重组 DNA 技术和基因治疗的关键步骤之一。外源基因可转移到生殖细胞或体细胞中，生殖细胞基因转移引起的遗传变异可传递给后代，存在伦理学争议；体细胞基因转移仅涉及当代个体的遗传改变，不影响后代，在观念上和器官或组织移植类似。基因转移的体内（*in vivo*）和离体（*ex vivo*）两种方法均已在体细胞的基因治疗实践中应用。*ex vivo* 法是从患者体内收集细胞，并在体外培养、导入矫正所需重组基因，然后将经过遗传加工的细胞自体移植重新植回患者体内。*in vivo* 法是将矫正所需基因直接转移到活体的各种体细胞中。

迄今为止，基因转移方法可分为三大类：物理方法、化学方法和生物学方法（病毒法）。基因转移的物理和化学方法是近年来迅速发展的方向。常用的有电击法、磷酸钙转

移法和脂质体转移法等。基因转移的生物学方法（病毒法）仍然是当前基因治疗的主要手段，慢病毒和腺相关病毒是两个最常用的载体。

第四节　高通量测序

DNA 测序是现代分子生物学研究中常用的技术。第一代 DNA 测序技术出现于 1977 年，经过 30 多年的发展，该技术已成为分子诊断的金标准。目前自动化的基于荧光标志物和桑格-库森法（Sanger-Coulson method，也称为双脱氧链终止法）的第一代测序技术仍被广泛应用，基于该技术完成了首个人类基因组的测序工作。近年来，以高通量为特点的第二代测序技术（next-generation sequencing techniques）不断成熟，成为 DNA 测序技术发展历程中的一个新里程碑。所谓高通量测序是指一次性对几百万到几百亿条 DNA 分子进行序列测定。如今，第二代测序已经应用于分子生物学的许多方面，包括基因组测序、转录组测序、非编码 RNA 研究、表观基因组学研究和肠道宏基因组学研究，以及最近兴起的空间基因组学、空间转录组学和核酸-蛋白质相互作用研究等。与第一代测序相比，第二代测序的通量有极大提高，但每个 DNA 分子的测序读长通常较短，要进行序列拼接。近些年兴起的第三代测序技术主要是针对单个长链的 DNA（或 RNA）分子进行单个分子的直接测序。第三代测序相对于第二代测序，读长明显提高（从几百碱基提升到数千甚至数十万碱基），可以直接读取模板单分子的序列信息而无须扩增。同时第三代测序技术还具有一定的高通量（几百万分子到几亿分子），以及实时性读取（real-time base reading）测序结果等特点。在应用方面，第二代测序技术目前在全球测序市场上有最广泛的应用，第三代测序技术在一些应用场景中也有着快速的发展，例如，利用长读长的基因组测序拼接，无法扩增的困难模板测序，从采集样本到得出结果只有几小时的快速测序，以及原始 DNA 或 RNA 分子的直接测序等。第三代测序的缺点是单位测序成本偏高，样品通量比较低，错误率高，所以其进一步的广泛应用仍受到一定限制。下面列出从第一代到第三代测序技术，以及代表性的平台产品，着重介绍第二代和第三代测序技术。

一、第一代测序技术

第一代测序技术依据的是 Sanger 开创的双脱氧链终止法，或者 Maxam 和 Gilbert 发明的化学降解法。1977 年，Sanger 测定了第一个生物的全基因组——噬菌体 X174 的基因组序列，全长 5375 个碱基。在这之后，研究人员对 Sanger 的双脱氧链终止法进行了不断的改进。Sanger 法测序借助 PCR 技术，由三个部分构成：①待测目标片段、DNA 聚合酶、引物；②4 种用于合成 DNA 的 dNTP；③4 种不同的荧光标记的双脱氧核苷三磷酸（ddNTP）。它们互补性地掺入到新链中，使延长的寡核苷酸选择性地在 G、A、T 或 C 处终止。整个反应以目的片段为模板，在 DNA 聚合酶的催化下，从引物处开始复制 DNA，当遇到 ddNTP，反应就停止。根据片段 3′端的双脱氧核苷酸类型，可依次阅读合成片段的核苷酸排列顺序。目前最常用的方法是将 4 种 ddNTP 用不同荧光标记，将 PCR 反应获得的全部 DNA 进行毛细管电泳分离，从而进行碱基序列分析。一般第一代测序技术获得的序列长度可以达到 1000 个碱基，准确性高，但该测序方法单位成本高，一般只能同时读取几十到几百个 DNA 模板的碱基序列，通量比较低。

二、第二代测序技术

第二代测序降低了测序的成本，同时提高了测序的通量和速度。第二代测序的读长普遍较短，短读长测序主要包括两大技术：一是边连接边测序（sequencing by ligation，SBL），二是边合成边测序（sequencing by synthesis，SBS）。边连接边测序是利用 DNA 连接酶进行连接反应，并在此过程中进行测序的方法，具体步骤是：使用带有荧光标记的探针与 DNA 片段杂交，并与相邻的寡核糖核苷酸链进行连接，成像后通过荧光基团的发射波长来确定碱基的序列。边合成边测序是利用 DNA 聚合酶使碱基在 DNA 链的延伸过程中被插入，插入的碱基可以通过其所标记的荧光基团进行检测，或者通过离子浓度的变化进行检测。边合成边测序目前已经成为主流技术。以下简单介绍几个主要的第二代测序技术平台。

（一）Illumina 测序平台

Illumina 占据了目前最大的测序平台市场，测序仪器型号覆盖台式低通量到大型超高通量的测序要求。Illumina 平台采用循环可切除终止（cyclic reversible termination，CRT）的方法进行边合成边测序（图 5-1）。测序过程的主要步骤如下。

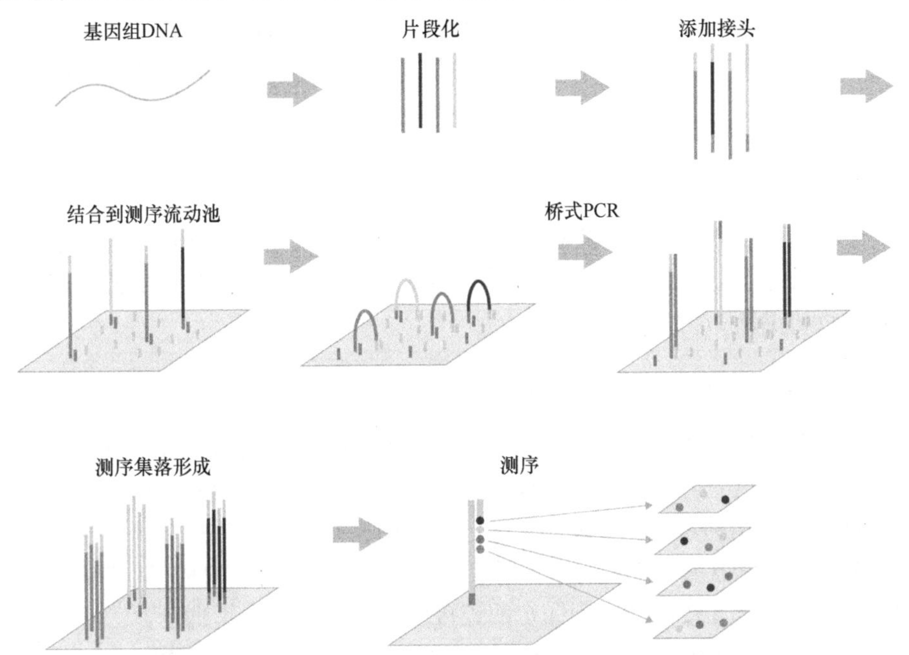

图 5-1 Illumina SBS 测序示意图（彩图请扫封底二维码）

（1）建立 DNA 文库：用超声或酶切的方法将 DNA 样本进行片段化（一般长度为 200～500bp），随后在 DNA 片段两端进行接头添加。此步骤可以通过直接将接头连接在 PCR

产物上，也可以通过在设计 PCR 引物的时候直接在引物的 5′端加上接头序列来实现。接头上两端序列和测序流动池（flowcell）表面固定的探针序列互补，所以可以结合到测序流动池上。

（2）桥式 PCR：DNA 文库通过接头上两端序列和测序流动池表面的探针互补结合，经过不断扩增和变性循环进行桥式扩增，形成测序集落。测序集落是在一个特定区域内形成的上千个拷贝的 DNA 分子，提供测序所需要的信号。

（3）测序：测序采用边合成边测序的方法。在反应过程中，DNA 聚合酶、DNA 模板和测序引物，以及 4 种带有不同标记并且 3′-OH 被屏蔽保护的 dNTP）依次被添加到反应中。每次只添加一种 dNTP 进行 DNA 聚合反应，反应结束后被添加的 dNTP 携带的荧光基团通过荧光成像进行读取并转换成测序碱基信号。随后，荧光基团和 dNTP 3′-OH 的保护基团被移除，而后进入下一轮的反应。Illumina 测序平台是通过 2 个或 4 个激光通道对荧光进行分析，在 4 个激光通道平台上，每种 dNTP 结合一种荧光基团，在 2 个激光通道平台（如 NextSeq、MiniSeq 和 NovaSeq 平台）使用的是双荧光基团系统。Illumina 目前的测序错误率为 1%～1.5%，即每测定 100 个碱基就有可能出现 1 个错误。

（二）Ion Torrent 测序平台

Ion Torrent 测序采用一种称为单核苷酸添加（single nucleotide addition，SNA）的方法进行边合成边测序。这种方法使用单信号标记的 dNTP 进行链延伸，4 种 dNTP 依次循环加入到测序反应过程中，当下一个应该被延伸的碱基和添加的 dNTP 不符时，链的延伸被终止。当一次循环中的 dNTP 正确对应应该被延伸的碱基时，就会被聚合酶添加上去，这时可以通过聚合反应产物（焦磷酸、热能、氢离子释放等）来进行反应检测和序列读取。第一台采用单核苷酸添加的测序仪是 Roche 的 454 焦磷酸测序仪。而 Ion Torrent 是第一个不使用光学感受器的测序平台，该系统检测的是核苷酸聚合反应中释放出来的氢离子。当 DNA 聚合酶把核苷酸聚合到延伸的 DNA 链上时，会释放出氢离子使得反应池中的 pH 发生改变，位于池下的离子感应器就会感受到信号，将化学信号转化成数字信号，从而读出 DNA 序列。

（三）SOLiD 和 Complete Genomics 测序平台

边连接边测序的方法目前已不常见，其代表是 Life Technologies 公司的 SOLiD 和 Complete Genomics（已被华大基因收购）平台。它包含了带有荧光标记探针的杂交和连接。SOLiD 平台使用的是双碱基编码的带有荧光的探针，每个荧光基团信号代表了一个二核糖核苷酸。探针含有两个特定碱基序列和通用序列，这可以使探针与模板之间进行互补配对，然后通过连接酶连接到锚定的连接引物上，连接引物则包含一段已知的和接头互补的序列用于提供连接位点。连接之后，模板被系统进行序列读取。SOLiD 测序过程由一系列的探针-连接引物的结合、连接、图像获取，以及切割的步骤进行循环而成。原始输出的数据并非直接显示核酸序列，因为有 16 种可能的二核糖核苷酸组合，所以每 4 种组合使用一种荧光信号，组成 4 种荧光信号，每种连接信号代表了几种可能的二核糖核酸组合。按照双碱基编码矩阵，只要知道所测 DNA 序列中任何一个位置的碱基类型，就可以将原始荧光信号解码成碱基序列。

Complete Genomics 使用探针-锚的连接方式（combinatorial probe-anchor ligation，cPAL）或者探针-锚的合成方式（combinatorial probe-anchor synthesis，cPAS）来进行测序。在 cPAL 中，锚的序列（与 4 种接头序列其中之一互补）及探针可杂交到 DNA 微球的不同位置。每个循环中，杂交探针是一组特定位置已知碱基序列的探针的一员。每个探针包含一段已知序列的碱基，以及对应的荧光基团。获取图像之后，全部的探针-锚复合物被移除，新的探针-锚复合物被杂交。cPAS 方法是在 cPAL 的基础上，增加了读长的长度。

边连接边测序的错误率很低（可以低至 0.01%），因为每个碱基都会被标记多次，但应用上最大的限制是读长很短。

（四）其他第二代测序技术和平台

最近兴起的其他第二代测序平台都是利用类似于边合成边测序的方法，加上一定的技术开发拓展，以获得更准确的测序结果，以及更低的测序成本。例如，Element Biosciences 公司的 Avidity 亲和力测序技术，通过多个同种核苷酸与巨大荧光分子形成的复合物来替代过去“一个核苷酸+一个荧光分子”的简单组合，可以实现更低的试剂浓度下更高的准确率，降低测序成本的同时提高质量（https://www.elementbiosciences.com）；而 Ultima Genomics 公司在圆形硅片上实现的测序反应和读取技术，可以极大地提高测序通量从而降低测序成本，实现了 100 美元的人类基因组测序（https://www.ultimagenomics.com）。

三、第三代测序技术 ——长读长的单分子测序技术

基因组中存在许多序列较长的重复序列，此外基因组的拷贝数变化和结构变化也会涉及长序列，第二代测序技术无法满足此类研究所需的测序长度要求。近年来研究人员开发了一些长读长的技术，包括 PacBio 公司的 SMRT（single molecule real time）技术和 Oxford Nanopore Technologies 纳米孔单分子测序技术，被称为第三代测序技术。与前两代测序技术相比，第三代测序技术的特点就是针对单分子进行长读长测序，测序文库制备过程或测序反应之前可以不进行 PCR 扩增。

PacBio SMRT 技术应用了边合成边测序的思想，并以 SMRT 芯片为测序载体。SMRT 测序是在一个被称为 Cell 芯片中开展的。每个 Cell 芯片中有一个阵列，上面有数十到数百万个零模式波导（zero-mode wave guide，ZMW）。长链 DNA 两端和发卡型接头连接，形成一个环状测序模板后被引入 ZMW 中已经固定住的 DNA 聚合酶上。每个 ZMW 只包含一个 DNA 聚合酶，所以只结合一条 DNA 模板链。之后 DNA 聚合酶根据对应的模板序列进行新链合成，加入 4 色荧光标记的 4 种 dNTP。在碱基配对阶段，正确配对而加入的碱基（带有荧光）会比游离的非正确的碱基（荧光）在 ZMW 中停留更长的时间。根据停留时间，以及荧光的波长与峰值可准确判断进入的碱基类型。SMRT 技术的测序速度很快，每秒约 10 个 dNTP。SMRT 测序的读长可以超过 50kb，平均读长可到 10～15kb。SMRT 技术非常适合基因组的从头拼接（*de novo* assembly）。PacBio SMRT 的单次测序错误率比较高，约为 15%，但因为产生的错误是随机错误，可以通过反复测定同一模板的

序列来进行一致性校验，提高准确率。由于测序模板是环状 DNA，因此重复测序可以在同一个 ZMW 里面进行，如果测序重复多次，错误率就会降到 0.1%以下。

Oxford Nanopore Technologies（ONT）公司所开发的纳米孔单分子测序技术是基于电信号而不是光信号的测序技术，它也不需要在测序时添加碱基或探针。该技术采用了一种特殊的以 α-溶血素为材料的纳米孔，在纳米孔内有共价结合分子接头的蛋白质。当 DNA 碱基通过纳米孔时，电荷会发生变化，从而影响流过纳米孔的电流强度，由于每种碱基所影响的电流变化幅度不同，电流信号强度的变化就成为检测碱基信息的信号。纳米孔测序的主要特点是：读长很长，在 2～300kb，因为它能够完整地把一条 DNA 链从头测到尾，所以它的测序读长就是提供的 DNA 片段的长度。纳米孔测序通量很高，样品制备简单便宜。ONT MinION 是一个小型的（约 3cm×10cm）USB 设备，并且可以在个人电脑上运行，使得其成为最小的测序平台。但是目前纳米孔测序的弱点是测序错误率比较高，在 10%左右，虽然它不像 PacBio 一样可以在原位反复读取同一模板序列来进行随机错误的校验，但还是可以通过一些其他方法校验错误来提高准确率。总结来说，第三代测序在 DNA 片段读长方面优于第二代测序，但在通量和单次测序准确度上低于第二代测序，随着技术的改善和进一步发展，未来第三代测序有望更为稳定和成熟。

四、高通量测序技术的应用

高通量测序一次可对几十万到几十亿 DNA 分子进行序列测定，这使得使用者可以对一个甚至多个物种的基因组、转录组、表观基因组和空间基因组等信息同时进行分析。这种分析既可以是全新的序列分析和从头拼接，也可以是重新测序以找出个体间的差异，或者寻找生理和病理状态下的基因组变化，有些应用甚至是利用高通量测序来进行核酸分子的分子计数（molecule counting），而非着重于测定序列本身。下面简单介绍高通量测序技术的主要应用领域。

（一）全基因组测序

全基因组测序（whole genome sequencing，WGS）是高通量测序的主要应用之一，它包括从头测序（*de novo* sequencing）和全基因组重测序（re-sequencing）。从头测序主要应用于新物种或基因组序列未知的物种的测序。全基因组重测序是指对物种基因组序列已知的个体进行基因组测序，它是以基因组 DNA 为初始样本构建测序文库，以全基因已知基因组序列为参考，可以快速鉴定单核苷酸多态性（SNP）、插入/缺失（InDel）、基因融合（gene fusion）、拷贝数变异（copy number variation，CNV）等基因组结构变化。随着基因组测序成本的不断降低，人类疾病的致病突变研究可在全基因组水平进行，具有重大的科研和产业价值。从头测序不需要任何现有的序列资料就可以对某个物种进行测序，建立该物种的基因组图谱，加速对该物种的了解。另外，像产前诊断中也应用全基因组测序来判断染色体数目和大片段的异常，这个就属于前面提到的分子计数的应用。

（二）全外显子组测序和目标区域测序

人类外显子组序列约占人类全部基因组序列的 1%，但包含大约 85%的致病突变。

全外显子组测序（whole exome sequencing）是通过覆盖外显子的捕获探针将全基因组外显子区域 DNA 杂交捕获富集后进行高通量测序的方法。相比于全基因组测序，外显子测序成本较低，可将多个样本在一个测序反应中实现。全外显子组测序对研究已知基因的 SNP 和 InDel 等具有较大的优势。全外显子组测序一般做（100～150）×的覆盖深度，相比于覆盖深度较浅的全基因组测序，全外显子组测序在肿瘤学研究中可以发现更小比例的突变。全外显子组测序在临床疾病致病基因的研究中取得了很大的成果，这些成果不仅集中在单基因遗传疾病上，还在涉及多基因的复杂疾病中发现了大量的疾病相关基因。

目标区域测序（又称靶向测序，target sequencing）是利用针对目标基因组区域设计的捕获探针与基因组 DNA 进行杂交，将目标基因区域 DNA 富集，再通过高通量技术进行测序的方法。测序所选定的目标区域可以是连续的 DNA 序列，也可以是分布在同一个染色体不同区域或不同染色体上的片段。目标区域测序大大降低了测序的成本，可以同时对很多样本进行测序，并可以通过提高测序的覆盖深度来检测低频率的突变。目标区域测序目前广泛应用在需要检测较低频率基因组变化的应用中，如癌症突变研究、肿瘤分子活检、液态活检等。

（三）转录组学和 RNA 测序

转录组学研究也同样得益于高通量测序。高通量测序使得转录组研究成本大大降低，提供了不依赖现有基因模型的大规模基因表达谱研究手段，促进了针对细胞全部转录产物及其功能的深度研究。RNA 测序的对象可包括 mRNA，也可包括 microRNA、siRNA 等非编码 RNA、低拷贝蛋白质编码（protein-coding）RNA 及剪接变体（splicing variant）。RNA 测序可以直接以 RNA 为初始样本，但大多以 RNA 反转录形成的 cDNA 为样本，再构建测序文库。某些直接测序 RNA 的技术手段，如第三代测序中的 ONT，还可以测定 RNA 的碱基修饰等。

（四）ChIP-seq

高通量测序也广泛应用于基因组表观遗传调控机制的研究。将染色质免疫共沉淀（chromatin immune coprecipitation，ChIP）技术和高通量测序相结合的 ChIP-seq 技术，能够高效地在全基因组范围内检测与组蛋白或转录因子相互作用的 DNA 区域。ChIP-seq 首先通过染色质免疫共沉淀技术富集与目标蛋白相结合的 DNA，对其纯化和构建测序文库，然后进行高通量测序。随后，将测序获得的大量序列精确定位到基因组上，从而获得全基因组范围内与组蛋白或转录因子相互作用的 DNA 区段。

（五）空间组学与高通量测序

空间组学是一种高通量的细胞分析技术，可以同时检测和定位细胞内大量不同类型的生物分子，如蛋白质、RNA 和 DNA 等。高通量测序在空间组学中的应用主要体现在两个方面。①基因组空间组学：是指利用高通量测序技术获取基因组区域的三维空间信息，研究染色质的空间结构和基因表达调控的关系。通过第二代测序技术获得大量基因组序列数据，并且结合 Hi-C、ChIA-PET、3C、4C 等染色质构象捕捉技术，可以研究染色质的空间结构和基因表达调控的关系。例如，可以通过分析染色质内基因座之间的空间距离和相对位置关系，探究基因调控的机制和染色体重排的现象。②转录组空间组学：是指利用高通量第二代测序技术获取转录组区域的三维空间信息，并且结合 FISH、smFISH、RNA-seq、PRO-seq 等转录组定位技术，从而研究基因表达的空间分布和调控机制。

（六）单细胞组学和高通量测序

传统的细胞组学技术往往需要成千上万个细胞作为样品，这会掩盖单个细胞的差异性，而单细胞组学技术则可以克服这个缺点，实现对单个细胞的高通量测序和分析，从而揭示不同细胞之间的差异和多样性。其主要应用包括单细胞转录组学、单细胞蛋白质组学、单细胞 DNA 甲基化组学等。高通量测序正在成为研究单细胞组学不可缺少的强有力工具。

第五节　基 因 编 辑

随着人类基因组计划（Human Genome Project，HGP）的实施，人们对严重危害人类健康的疾病有了更加全面和深入的认识。基因治疗这一概念自问世以来，正在逐渐改变人类治疗疾病的方式，尤其给单基因遗传病的患者带来了福音。传统的基因治疗是利用野生型基因去补偿突变基因的功能，但常面临随机插入、转基因沉默等安全性和有效性的困扰。研发高效且安全的基因编辑技术为基因的原位修复提供了可能。基因编辑技术可定点改变基因组 DNA 序列，从根本上改变物种的遗传信息。经典的基因编辑技术基于同源重组完成靶基因定向改造，其中基因敲除和敲入技术应用较为广泛，研究者可以将外源基因定点整合到基因组，达到改造基因组靶序列的目的。然而，传统的技术存在编辑效率低、应用范围局限、技术周期冗长及花费高等缺点。新型基因编辑技术极大地提高了基因编辑的效率。

一、基因编辑的基本原理

基因编辑技术的工具目前主要包括锌指核酸酶（zinc finger nuclease，ZFN）、转录激活因子样效应物核酸酶（transcription activator-like effector nuclease，TALEN）和最新发现的规律成簇间隔短回文重复和 Cas 蛋白的 DNA 核酸内切酶系统[clustered regularly interspaced short palindromic repeat（CRISPR）/Cas-based RNA-guided DNA endonuclease]。目前最常用的基因编辑是 CRISPR 系统，该系统首先在细菌中被发现，是细菌的适应性免疫反应系统，能有效抵抗噬菌体等外源 DNA 入侵。利用这些基因编辑工具可以使基因组的特定位置产生双链断裂（double strand break，DSB），在有同源序列的修复片段存在时发生同源重组修复（homology directed repair，HDR）或在无修复模板时发生非同源末端连接（non-homologous end-joining，NHEJ），从而达到基因编辑（敲除、敲入和敲低）的目的。

（一）锌指核酸酶

锌指核酸酶（ZFN）是一种人工设计的包含锌指结构的DNA限制性酶，由结合DNA的锌指蛋白结构域和非特异性的核酸内切酶 *Fok* Ⅰ结构域融合而成，为第一代应用于基因编辑的核酸酶。ZFN的N端为锌指蛋白（zinc finger protein，ZFP）结合域，由一系列Cys2-His2锌指蛋白串联组成，其基本组成序列为（Tyr，Phe）-Xaa-Cys-Xaa$_{2\text{-}4}$.Cys-Xaa$_3$-Phe-Xaa$_5$-Leu-Xaa$_2$-His-Xaa$_{3\text{-}5}$-His（其中Xaa代表未知氨基酸），不同锌指蛋白可识别并结合不同的三联体碱基，在一定程度上决定了识别的特异性；C端为非特异性核酸酶 *Fok* Ⅰ剪切结构域，*Fok* Ⅰ是一种限制性内切酶，为Ⅱ型内切酶，以二聚体形式进行基因编辑时发挥作用，其原理是通过在靶序列两侧设计特异性的锌指蛋白结合靶DNA，引导 *Fok* Ⅰ二聚体在两结合位点之间进行剪切，通过产生双链断裂实现同源重组修复或非同源末端连接，从而实现基因组特定位点的基因编辑，见图5-2。

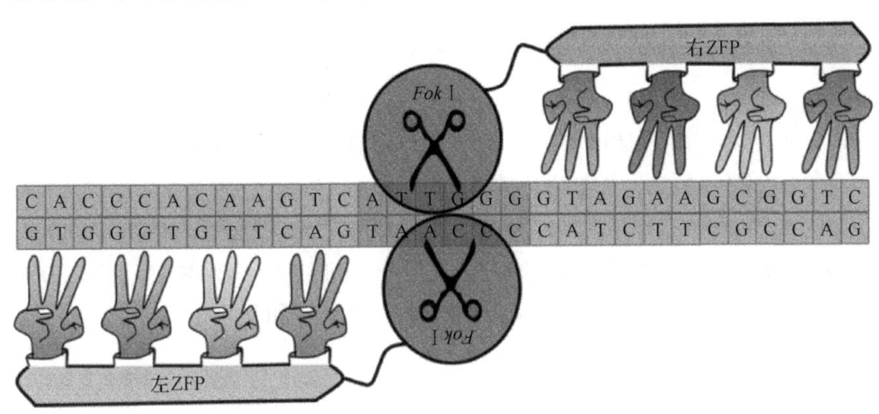

图5-2　锌指核酸酶的基因编辑作用原理（引自Jo et al.，2015）

（二）转录激活因子样效应物核酸酶

转录激活因子样效应物核酸酶（TALEN）是第二代基因编辑技术的工具酶，其结构域组成和作用模式与锌指核酸酶相似，通过转录激活因子样效应物（TALE）识别和结合DNA，引导 *Fok* Ⅰ在靶位点产生DSB，同样通过同源重组修复或非同源末端连接方式完成基因编辑。TALE蛋白家族是由黄单胞杆菌通过Ⅲ型分泌系统注入宿主细胞内的一类蛋白效应因子。TALE蛋白包括三个组成部分：第一部分是位于N端含有Ⅲ型分泌系统所需的分泌信号和易位信号，即易位结构域；第二部分是DNA结合结构域，是一段由1.5～33.5个TALE单元组成的重复氨基酸序列，每个单元又由33～35个氨基酸组成，其中大部分氨基酸高度保守，只有第12和13位氨基酸可变，它们能够特异性结合一个碱基，因此又被称为重复变异双残基；第三部分位于天然TALE蛋白的C端，含有一个核定位信号和转录激活结构域，该部分能帮助TALE蛋白进入细胞核并同时发挥转录激活作用。TALE蛋白核酸结合结构域的氨基酸序列与其靶位点的核酸序列有恒定的对应关系，因此，利用TALE的序列模块，可组装成特异结合任意DNA序列的模块化蛋白，仿照 ZFN 的模式，把 TALE 中的转录激活结构域替换成核酸内切酶的切割结构域，构建成 TALEN，对基因组的特定靶位点进行定向切割，从而达到靶向编辑内源性基因的目的（图 5-3）。

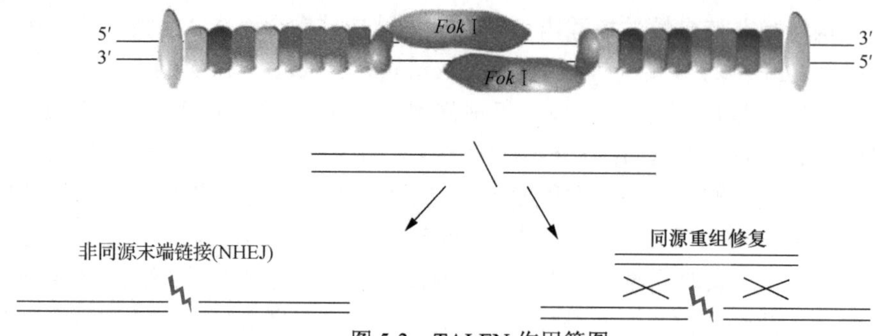

图 5-3　TALEN 作用简图

（三）规律成簇间隔短回文重复/Cas 核酸酶

规律成簇间隔短回文重复（CRISPR）系统是一种后天免疫防御体系，用于保护细菌或古菌免受外来质粒或噬菌体的侵入。这类生物基因组的 CRISPR 序列能表达与入侵者基因组序列相识别的 RNA，当噬菌体等入侵时，该防御系统通过表达这类 RNA 并识别互补结合入侵者的对应基因组序列，之后 CRISPR 相关酶（Cas）在序列识别处切割外源基因组 DNA，达到抵制入侵的目的。目前最常用于基因编辑的为 CRISPR/Cas9 和 CRISPR/Cpf1 系统，分别属于 CRISPR 2 类系统中的Ⅱ型和Ⅴ型。

1. CRISPR/Cas9

CRISPR/Cas9 系统由 Cas9 蛋白（含 HNH 和 RuvC 两个结构域）、crRNA 和 tracrRNA（trans-activating crRNA）组成，经改造，两个 RNA 可设计为一个单链向导 RNA（single guide RNA，sgRNA）引导 Cas9 蛋白靶向切割 DNA 产生双链断裂（图 5-4），并由 HDR 或 NHEJ 方式介导修复，识别的靶位点主要由互补的 sgRNA 和 3′端的 PAM（protospacer adjacent motif）序列决定，不同来源的 CRISPR 系统的 PAM 序列不尽相同。最先用于哺乳动物细胞基因编辑的 CRISPR/SpCas9 系统来源于化脓性链球菌（*Streptococcus pyogenes*），研究者采用 20nt 的 sgRNA 靶向带有 NGG 的 PAM 序列，成功对内源性基因进行编辑。来源于金黄色葡萄球菌、脑膜炎奈瑟菌、嗜热链球菌和最新发现来源于空肠弯曲菌的 CRISPR/CjCas9 系统都可成功用于哺乳动物细胞的基因编辑。

2.CRISPR/Cpf1

CRISPR/Cpf1 系统是新发现的基因编辑体系，其只需要一个类似于 RuvC 的 Cpf1 蛋白和单个 crRNA 即可进行基因编辑，目前发现的有来源于氨基酸球菌属、毛螺菌科和弗朗西斯菌属等多种 Cpf1（图 5-5）。与 Cas9 不同，Cpf1 具有以下几个特征：①Cpf1 只需要与成熟的 crRNA 结合，不需要额外的 tracrRNA；②相对 Cas9 而言，Cpf1-crRNA 复合物能够有效地靶向富含 T 的 PAM 序列，而不是富含 G 的 PAM 序列，且 PAM 序列在 5′端；③Cpf1 在靶序列 5′端上游的 4～5 个碱基处进行切割，产生双链断裂；④Cpf1 蛋白比 Cas9 小，若应用于基因治疗，其小型和便捷的特点使其更具有优势。

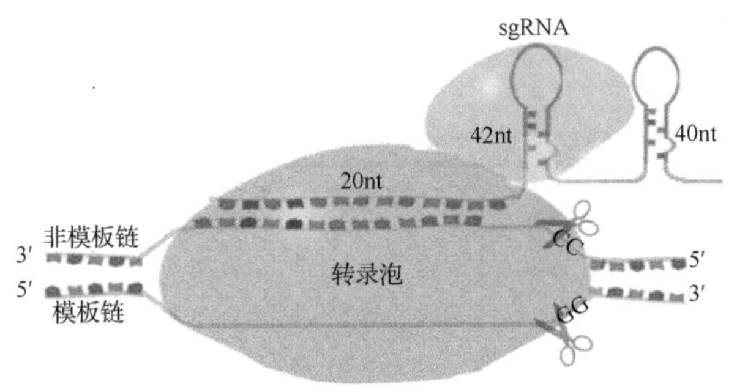

图 5-4　CRISPR/Cas9 系统图示

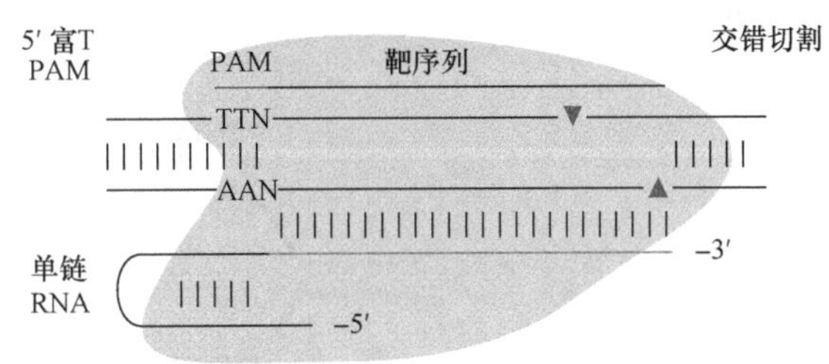

图 5-5　CRISPR/Cpf1 系统图示（引自 Zetsche et al.，2015）

（四）单碱基编辑器

经典的以切割双链为基础的基因编辑，对基因组损伤比较大，而以单碱基编辑为代表的新型基因编辑工具针对不同的、单个碱基进行编辑，因此不产生 DNA 双链断裂（DSB）缺口，不触发细胞的 DNA 双链修复机制。图 5-6 为 4 种不同碱基编辑器的示意图。

1. 胞嘧啶碱基编辑器

胞嘧啶碱基编辑器（cytosine base editor，CBE）由胞苷脱氨酶、尿嘧啶 DNA 糖基酶抑制物（UGI）和催化失活 Cas 核酸酶（dCas）或部分失活的 Cas 核酸酶（nCas9）三个融合元件组成。该编辑器将错误的 C-G 修复为 T-A。在 sgRNA 引导下，融合蛋白结合到特定的基因组位置上，然后胞嘧啶脱氨酶将 C 转变为 U，U 在 DNA 复制过程中再被转变为 T，最终实现精准的 C-G 到 T-A 的替换。

2. 腺嘌呤碱基编辑器

腺嘌呤碱基编辑器（adenine base editor，ABE）是将突变的 A-T 矫正为 G-C 的体系，其在结构和碱基编辑机制上与 CBE 相似。在 sgRNA 的引导下，融合蛋白结合到靶 DNA 区，并将突变的腺嘌呤（A）脱氨形成次黄嘌呤（I），产生 I-T，I 再转变成 G，完成 A-T 到 G-C 的替换。

CBE 和 ABE 高效、精准和低脱靶的特性使其逐渐成为基因编辑领域的新宠，尤其在疾病模型制作、精准基因治疗和耐药性筛选等领域展现出光明的前景。

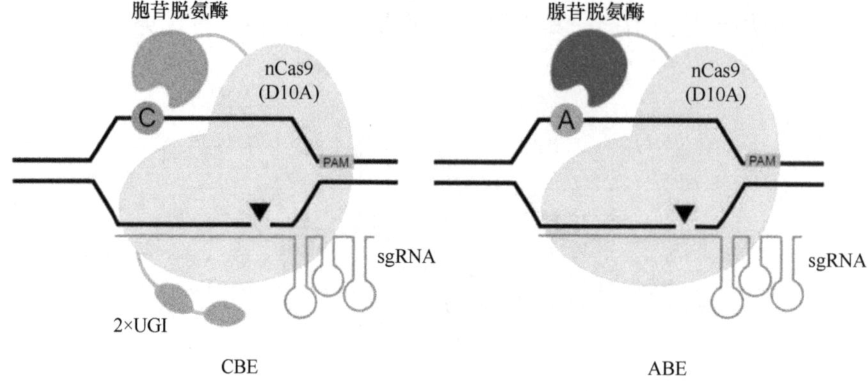

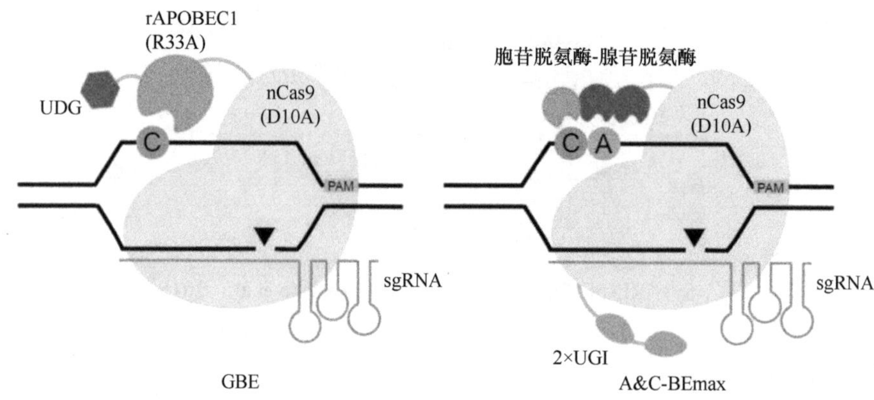

图 5-6　不同碱基编辑器示意图

3. C-G 碱基编辑器

CBE 和 ABE 可有效实现碱基的 4 种转换，但不能实现碱基的颠换。J. Keith Joung 和 Julian Grünewald 课题组发现 CBE 除了将 C-G 编辑为 T-A，也有一定概率将 C-G 颠换为 G-C 或 A-T，这种 CBE 所产生的“意外”为实现碱基颠换的编辑功能提供了契机。为增强 C-G 编辑的效率，研究者使用去除 CBE 的尿嘧啶糖基化酶抑制剂 UGI 元件、融合尿嘧啶-*N*-糖基化酶 UNG 以接触 U 碱基等策略，构建不同版本的 C-G 碱基编辑器（C-G base editor，CGBE），如 CGBE1 和 CGBE2.0 等。

（五）双碱基编辑器

上述 3 种编辑器只能完成单一碱基的转换或颠换，如果将两种脱氨酶和 Cas9 的缺口酶（Cas9 nickase）融合在一起，可在同一靶点实现 C>T 和 A>G 的转化，从而构建了一种腺嘌呤和胞嘧啶碱基编辑器。李大力课题组将人类胞嘧啶脱氨酶 hAID-腺嘌呤脱氨酶-nCas9（SpCas9 D10A 突变体）融合在一起，开发了一种新型双功能高活性碱基编辑器 A&C-BEmax，它可以在同一等位基因的靶序列上实现 C>T 和 A>G 的高效转换。与 CBE 和 ABE 相比，A&C-BEmax 拓宽了 C>T 的编辑窗口，提高了编辑效率；A>G 的窗口保持不变，效率略有下降，RNA 脱靶水平大幅降低。Nozomu Yachie 等团队还同时开发了多种新的双碱基编辑器，如 Target-ACE、Target-ACEmax 和 ACBEmax，成功地在哺乳动物细胞中实现了 A/C 的同时突变，平均编辑效率 C 可达 50%，A 为 40%。

双碱基编辑器具有光明的临床应用潜力，之前的研究表明重新激活胎儿血红蛋白（HbF）是治疗 β-地中海贫血的一种策略。转录抑制元件 BCL11A 负责抑制成人红细胞中胎儿血红蛋白基因的转录。在 γ-珠蛋白基因启动子（HBG1 和 HBG2）中具有−114C＞T 或−113A＞G 碱基突变的 β-地中海贫血患者，其贫血症状较轻。这是因为−114C＞T 和−115C＞T 突变破坏了 BCL11A 结合位点，−113A＞G 突变不会破坏 BCL11A 位点，但可以产生一个新的 GATA1 结合位点，该位点能激活胎儿血红蛋白基因的转录。将 A&C-BEmax 递送到红细胞前体细胞（HUDEP-2）中，能够高效地同时编辑这 3 个碱基位点。A&C-BEmax 编辑的 HUDEP-2 相较于 ABE 或 CBE 单独编辑一个位点的细胞具有更高水平的胎儿型血红蛋白的表达。通过对临床数据库的分析，有 203 种疾病有望通过 A&C-BEmax 进行双碱基修复而被治疗。

（六）先导编辑器

理想的基因编辑技术可以将目的 DNA 序列转换为任何序列，且具有高产量、低旁观者编辑和低脱靶编辑的特点。因此，开发具有高效率、多功能性、高纯度产物和序列特异性的基因编辑工具一直是生命科学领域长期以来追求的目标。以 CRISPR/Cas 为代表的基因编辑技术引发了一场生物技术革命，促进了 3 种基因编辑技术的发展——Cas 核酸酶、碱基编辑器和先导编辑器（prime editor），它们基本可以在各种类型的细胞和生物体中进行基因编辑。但因为这些技术在功能性和局限性方面存在很大差异，所以它们在基因操作中有不同的用途。

Cas 核酸酶（如 Cas9 或 Cas12）通过 gRNA 在指定的靶序列上进行 DNA 双链断裂来刺激靶 DNA 的修饰，但核酸酶产生的双链断裂可导致大量染色体缺失与易位、反转录转座子插入和 p53 激活等的事件发生，从而产生一系列不良后果。碱基编辑器可以实现高效率 C·G 到 T·A、A·T 到 G·C，以及 C·G 到 G·C 的点突变，且无须 DNA 双链断裂或 DNA 供体。但它既不能产生精确的 InDel，也不能避免旁观者编辑。相比之下，先导编辑器不需要 DNA 双链断裂，可以引入 12 种所有可能的转换和颠换，以及小片段的插入和缺失。所以，先导编辑器是通用的、精确的基因编辑工具。

第一代先导编辑器（PE1）以 CRISPR/Cas9 系统为基础，将 nCas9（H840A）与逆转录酶融合，获得新的融合蛋白。先导编辑指导 RNA（prime editing guide RNA，pegRNA）含有一段引物结合序列和转录模板序列，Cas9 切口酶在 pegRNA 上的单链向导 RNA（sgRNA）序列指引下，切割 DNA 单链，pegRNA 3′端的引物结合位点（primer binding site，PBS）可以与切割断点前的互补序列识别配对，逆转录酶以 pegRNA 的 PBS 序列后的人工设计的一条 RNA 为模板，逆转录出新的 DNA，这条新 DNA 直接连接于分子剪刀的切口处，可撬动原有序列，形成了由两个竞争的单链 DNA 组成的分支中间体。3′端包含逆转录酶合成的编辑序列，未编辑的 5′端序列可优先被具有 5′核酸内切酶和外切酶活性的 FEN1 或 5′核酸外切酶如 EXO1 切割。3′端可以更大概率地保留在修复后的序列中。最后，DNA 修复机制将信息从编辑链复制到互补链上，并使先导编辑成为永久编辑。PE1 可以介导人类细胞中的单碱基替换、小片段插入和缺失，但其效率通常小于 5%。

刘如谦团队继续优化和提高了逆转录酶的效率，推出了比 PE 编辑效率更高的 PE2 版本。由于 PE2 编辑后的 DNA 双链为杂合链，即一条为编辑链，另一条为非编辑链，因杂合双链错配修复的模板是随机的，可导致编辑效率降低。他们团队进一步开发出了 PE3 版本编辑系统，在非编辑链上距离 pegRNA 造成的切口处 50bp 的位置引入了一个新的切口（避免产生双链断裂），从而让细胞尽量多地以编辑链为模板进行 DNA 修复。这种方法可以将编辑率提高到 55%。在编辑链修复完成后，再切割非编辑链进行错配修复，理论上可以进一步降低 DNA 双链断裂的形成和非目标 InDel 的产生。根据这一思路，该团队又研发了 PE3b 系统，通过共表达介导非靶向 DNA 单链切口（nick）的 sgRNA，利用细胞内源性错配修复（mismatch repair）途径保护编辑链的修饰信息，这样非编辑链上的切口必须要在编辑链被编辑完成后才产生，于是就可以在保留 PE3 编辑效率的同时降低由 DSB 修复造成的随机插入/缺失。

（七）线粒体基因编辑

线粒体是一种半自主细胞器，其为细胞供能，参与细胞分化、细胞信息传递和细胞凋亡等过程，并具有调控细胞生长和细胞周期的能力。线粒体拥有自身的遗传物质和遗传体系，线粒体 DNA（mitochondrial DNA，mtDNA）为核外环状双链，编码 37 个基因，其表达受核 DNA 和 mtDNA 共同调控，线粒体基因组为多拷贝基因组。

线粒体 DNA 不被组蛋白包装和保护，暴露于线粒体产生的活性氧（ROS）中，容易发生突变。当突变的 mtDNA 比例超过一定阈值时，就可诱发线粒体功能障碍，从而导致各种遗传性线粒体疾病，如神经退行性疾病、糖尿病和癌症。

利用基因编辑技术对突变的线粒体基因进行定点修复，去除携带突变的线粒体，使突变线粒体百分比低于临床发病阈值，理论上可以达到治疗的目的。利用特定的人工核酸酶如锌指核酸酶（ZFN）和转录激活因子样效应物核酸酶（TALEN），可特异地识别突变的线粒体基因组。研究者将含有靶向线粒体的 TALEN 包装于腺相关病毒（AAV）中，以重组病毒的形式感染含突变 mtDNA（m.5024 C>T）的小鼠肌肉，发现骨骼肌和心肌中突变的 mtDNA 负荷明显降低，能够恢复线粒体 $tRNA^{Ala}$ 的表达水平，但该手段无法从根本上修复线粒体基因组，限制了临床应用。

CRISPR/Cas9 技术在核基因组编辑方面取得了重大的突破，但该系统进行 mtDNA 编辑时，单链向导 RNA（sgRNA）的线粒体靶向递送存在困难，谷峰团队通过将靶向线粒体的信号肽 COX8A 与 Cas9 融合形成 Mito-SaCas9，完成了线粒体靶向递送改造。研究发现 Mito-SaCas9 在线粒体微同源区域诱发特异性的双链断裂，通过联合使用多重 sgRNA 和双链断裂修复的小分子抑制剂，Mito-CRISPR/Cas9 显著提高了 mtDNA 的基因编辑效率，为线粒体疾病的基因治疗提供了新思路。

在最近的研究中，利用线粒体靶向信号肽（MTS）和 TALE 结合的双链 DNA 脱氨酶毒素 A（DddA），构建了无 RNA 的 DddA 衍生的胞嘧啶碱基编辑器（RNA-free DddA-derived cytosine base editor，DdCBE），成功地将 mtDNA 中的 C·G 碱基对转变为 T·A，且具有很高的靶向性和精确性。通过 DdCBE 成功构建了携带 mtDNA 致病点突变的细胞模型（MT-ND4，m.11922 G>A），并证明细胞模型能够产生对应的疾病表型。为了提高 DdCBE 的效率并减少其脱靶，研究人员展开了进一步的探索。例如，将 DdCBE mRNA 注入人受精卵以及 2-细胞期、4-细胞期和 8-细胞期的胚胎细胞中，证实 DdCBE 可以诱导人类胚胎细胞 mtDNA 中产生点突变，且在 8-细胞期的效率最高；通过噬菌体辅助连续进化（phage-assisted continuous evolution，PACE）和噬菌体辅助非连续进化（phage-assisted non-continuous evolution，PANCE）技术对 DdCBE 进行了定向进化，获得的 DddA6 和 DddA11 的 DdCBE 对 TC 位点的 mtDNA 碱基编辑效率平均提高了约 4.3 倍，且降低了序列偏好性；通过将进化的碱基编辑器的 MTS 替换为核定位信号（nuclear localization signal，NLS），改造的编辑器能对细胞核 DNA 进行高效的碱基编辑。

利用 GOTI（genome-wide off-target analysis by two-cell embryo injection）系统和全基因组测序（WGS）分析发现，DdCBE 对 mtDNA 和核 DNA 均会产生脱靶效应，这使得 DdCBE 的医学应用存在一定的安全隐患。为了降低其脱靶效应，研究人员进行了多种优化，包括使用核输出信号（nuclear export signal，NES）使 DdCBE 不定位在细胞核中；使用核定位的 DddIA 抑制核内 DdCBE 的核基因组编辑活性；寻找低核基因编辑活性的 DdCBE 突变体等。

以上碱基编辑研究都是 C 到 T 转换的编辑，在最近的研究中，新型线粒体基因编辑工具转录激活因子样效应物相关脱氨酶(TALED)，在线粒体基因组精准编辑工具 DdCBE 的基础上，进一步结合 tRNA 腺嘌呤脱氨酶（TadA）的研究成果，实现了人类 mtDNA 中 A 到 G 的转换，不仅扩展了 mtDNA 碱基编辑的范围，而且 TALED 具有不依赖于 5′-TC 位点、编辑没有明显的细胞和 mtDNA（nDNA）基因组毒性等优势。考虑到线粒体致病点突变 G>A 比较常见，TALED 有望成为修复这类突变强有力的工具，为线粒体基因功能解析和基因治疗应用奠定基础。

二、基因编辑技术的脱靶问题

锌指核酸酶（ZFN）、转录激活因子样效应物核酸酶（TALEN）和 CRISPR 系统在进行有效基因编辑的同时，都存在一定比例的脱靶（off-target），即对非靶位点的基因也有一定频率的操作，从而使非靶基因被损伤，引起相应的毒性作用。以下针对 3 种基因编辑技术的脱靶情况、检测方法和解决方案作简要介绍。

（一）基因编辑技术的脱靶与解决方案

1. 锌指核酸酶

锌指核酸酶（ZFN）编辑的靶向特异性与锌指蛋白的 DNA 识别特异性、靶位点序列和锌指核酸酶的转运方式等有关，但大部分取决于负责识别和结合 DNA 的锌指蛋白。一般每个锌指模块识别 3 个碱基，其识别长度的限制降低了锌指核酸酶靶向编辑的特异性，通常需要通过设计多个模块以提高识别的特异性，但仍存在脱靶问题。在对果蝇

yellow 基因的编辑时首次被发现，随后又在编辑斑马鱼 *kdra* 和 *kdrl* 基因、人 *CCR5* 和 *VEGF-A* 基因时被检测到。

针对影响锌指核酸酶脱靶的相关因素，可采取多种策略和方法来提高其特异性。在靶序列设计方面，可以运用在线的生物信息设计工具如 PROGNOS（predicted report of genome-wide nuclease off-target site），通过预测的脱靶情况来选择最佳的靶序列以最大限度减少脱靶。在锌指蛋白设计方面，锌指模块设计的个数越多，识别的序列就越长，相应序列在基因组中的唯一性也越强；另外，还可以通过设计异源的锌指蛋白二聚体来降低脱靶的发生率，相较于同源锌指蛋白二聚体，异源二聚体的相互作用会减弱，而与靶 DNA 位点的结合能力会相对增强，并且只有当锌指蛋白形成异源二聚体时才能发挥作用，降低脱靶的可能性。对于负责切割的非特异性 *Fok* I 内切酶，经改造使其只切割一条链，在增加同源重组修复（HDR）效率的同时降低了脱靶效应。在锌指核酸酶的转运方式方面，将锌指核酸酶以蛋白质的形式转入细胞，尽管作用时间短暂，但是显示了高效的编辑效率和较低的脱靶率。

2. 转录激活因子样效应物核酸酶

转录激活因子样效应物核酸酶（TALEN）通过转录激活因子样效应物（TALE）识别和结合 DNA，引导 *Fok* I 在靶位点产生 DSB，同样通过同源重组修复（HDR）或非同源末端连接（NHEJ）方式完成基因编辑。TALEN 编辑效率与 ZFN 相当，但是脱靶率较低，主要原因在于其每个串联重复序列只识别 1 个碱基，而 ZFN 的一个锌指模块识别 3 个碱基，TALEN 在精确度上更胜一筹。

尽管脱靶率较低，但是若应用于临床疾病的基因治疗，理论上需做到无脱靶，以期最大限度地降低对人体的毒性作用。因此，为进一步提高 TALEN 编辑基因的特异性，研究者也探索了多种手段和策略。第一，利用生物信息学专业在线工具设计和选择脱靶率低的靶序列，如 CHOPCHOP、PROGNOS 和 TALE-NT 2.0 等。第二，TALEN 的重复长度会影响特异性，这与结合 DNA 所需要的能量有关，较短的 TALEN 结合 DNA 所需的能量较少，对应识别每个碱基所分布到的能量就多，特异性也就强，反之则低；此外，TALEN 的作用浓度过高，使靶位点饱和，也会降低特异性，因此设计合适的长度、采用合适的浓度是降低脱靶率的关键。第三，通过获得 TALE 的变体筛选高特异性的 TALE，结果显示，改变 C 端的结构域可减少阳离子电荷量，特异性高出野生型 10 倍；减少 C 端残基的数目，可显著降低脱靶率。第四，将 TALE 与其他特异性核酸内切酶如 I-SceI 和 I-OnuI 嵌合，可提高识别的特异性。

3. CRISPR/Cas 核酸酶

1）脱靶的影响因素及解决策略

CRISPR/Cas9 系统特异性受靶位点选择、Cas9 蛋白、sgRNA 的长度、转运方式及小分子化合物等多种因素的影响。选择脱靶率低的靶位点是基因编辑的第一步，可采用一系列在线工具对靶位点进行脱靶评估和筛选。在 sgRNA 的设计方面，就 SpCas9 而言，17nt 或 18nt 的截短 sgRNA 能减少脱靶，这与 TALEN 长度设计的原理相似，且与 nCas9 组合可进一步提高特异性。在转运方式上，将 Cas9 蛋白和 sgRNA 与核糖核蛋白复合物融合导入细胞，而非将质粒导入细胞，能提高基因编辑的特异性，由于将 Cas9 蛋白导入细胞，其作用时间受到了限制，避免了导入质粒后持续表达及靶位点的编辑效率饱和，进而作用于其他脱靶位点。对于 Cas9 蛋白，采用双切口的 nCas9 对哺乳动物细胞和小鼠受精卵进行编辑，与野生型 Cas9 相比具有更高的特异性。利用单个的 nCas9 对牛受精卵进行基因敲入发现，脱靶率与野生型 Cas9 相比较低。对 Cas9 本身的结构改造也能提高特异性，如内含肽灭活的 Cas9 系统，Cas9 突变体带有雌激素受体结合域，只有当 4-羟基他莫昔芬（4-HT）与雌激素受体结合后，Cas9 才能被激活进行基因编辑；类似的系统还有光激活的 Cas9 系统、分离的 Cas9 突变体系统、小分子诱导的 Cas9 系统和变构调节的 Cas9 系统，它们都能不同程度地降低脱靶率。最直接的是获得高保真 Cas9 突变体（eSpCas9 和 SpCas9-HF1），通过抵消 Cas9 蛋白与 DNA 糖磷酸骨架的非特异性静电相互作用而降低脱靶率。此外，还可将失活的 Cas9（dead Cas9、dCas9）与 *Fok* Ⅰ融合，形成 dCas9-*Fok* Ⅰ系统，并以二聚体形式作用于靶位点来提高特异性，dCas9 虽然失去了活性，但是还保留着与 DNA 结合的能力。以上降低脱靶率的策略理论上可以相互联合，其协同作用可增加 CRISPR/Cas9 系统的靶向特异性。

2）碱基编辑减少脱靶

CRISPR 系统以往一直针对基因片段进行编辑，目前有研究者将 CRISPR/Cas9 与激活诱导的胞苷脱氨酶（activation induced-cytidine deaminase，AID）或相应的同源基因（*APOBEC1* 和 *PmCDA1* 等）联合用于编辑单个碱基，以修复单碱基突变。将之与 nCas9 或 dCas9 联合，可用于靶向单碱基的编辑（C→T），其脱靶率相较于 Cas9 较低。采用 nCas9-APOBEC1、dCas9-APOBEC1、nCas9-AID 或 dCas9-AID 介导的单碱基编辑相比于野生型 CRISPR 系统的编辑，显示出较低的脱靶率。有研究将 nCas9-rAPOBEC1 用于编辑小鼠胚胎，成功制造出杜氏综合征和白化病的小鼠疾病模型，且在该模型中未检测到其他突变位点。从目前的研究来看，针对单碱基编辑的脱靶率要比单用 Cas9 低很多甚至没有，这对于单碱基突变致病性疾病的基因治疗、部分疾病模型的制造和育种无疑是极具应用前景的手段。

3）CRISPR/Cpf1 具有较低的脱靶率

CRISPR/Cpf1 系统是近年最新发现的基因编辑系统，最先在小鼠上采用 AsCpf1 和 LbCpf1 对其受精卵进行基因敲除，靶向深度测序（targeted deep sequencing）结果显示在 2～4bp 的 sgRNA 错配序列中未发现脱靶现象，但在 1bp 错配时存在约 1/6 的脱靶率，将 Cpf1 与 RNP 组装同样编辑小鼠受精卵，采用全基因组测序（WGS）检测，在 7bp 及以上的错配中未发现脱靶现象。随后对植物进行基因编辑，在编辑大豆和烟草时，通过靶向深度测序在 4bp 及以上的错配中未检测到脱靶。有研究应用 Digenome-seq、GUIDE-seq 和靶向深度测序比较了 Cas9 与 Cpf1 的脱靶率，结果显示 Cpf1 在人类细胞编辑的特异性高于 Cas9，因此有望设计高效率的 Cpf1 突变体或复合物应用于基因治疗。

综上所述，以基因编辑为代表的新型分子治疗方法应用前景广阔。随着基因编辑技术的不断优化，CRISPR/Cas9 介导的人类疾病基因治疗正在开展相关的临床试验（表 5-1）。

表 5-1　临床疾病的分子治疗

疾病名称	基因治疗方式	疾病治疗表现
β-地中海贫血和镰状细胞病	CRISPR/Cas9 技术靶向敲除 *BCL11A* 红系特异性增强子	胎儿血红蛋白水平持续升高，同时患者也不再依赖输血治疗
转甲状腺素淀粉样变性	基于 CRISPR/Cas9 系统研发 NTLA-2001 全身应用	血清 TTR 蛋白浓度的深度和永久降低
视网膜病变 莱伯遗传性视神经病变	携带 *RPE65* 基因的 AAV 载体的视网膜下注射	视网膜各种检测功能恢复
肺癌	CRISPR/Cas9 编辑的 *PD-1* 敲除的 T 免疫细胞	结果未公布
B 细胞白血病	CRISPR/Cas9 编辑的自体 CD19 导向 CAR T 细胞清除内源性 HPK1 或者 TCR 和 B2M	症状及功能改善；延长存活率
EB 病毒阳性晚期恶性肿瘤	CRISPR/Cas9 编辑自体 T 细胞消除 PD-1	
多发性骨髓瘤/黑色素瘤	CRISPR/Cas9 编辑的 NY-ESO-1 导向的自体 T 细胞消除内源性 TCR 和 PD-1	

（二）脱靶的检测手段

脱靶的检测手段目前包括预测性检测和非预测性检测两大类。预测性检测即通过生物信息学软件或在线网站预测脱靶可能性较大的位点，再利用 T7E1、Survayor 或测序进行检测，该方法具有偏倚性，只能检测预测位点的脱靶情况，而对其他可能发生脱靶的位点不能进行检测。非预测性检测方法则是对整个基因组的脱靶情况进行检测，又分为体内和体外检测两类，目前的方法有全基因组测序（WGS）、染色质免疫共沉淀联合二代测序（ChIP-seq）、整合缺陷的慢病毒载体（IDLV）捕获联合二代测序、在体标记与链亲和素富集联合二代测序（BLESS）、全基因组非偏倚 DSB 检测联合二代测序（Guide-seq）、线性扩增介导的全基因组重排联合二代测序（LAM-HTGTS）、体外 Cas9 切割联合二代测序（Digenome-seq）、体外环化切割联合二代测序（CIRCLE-seq）和选择性富集标记联合二代测序（SITE-seq）。以上检测方法各有利弊，在选用时应综合考虑实验需求，如检测敏感性、覆盖范围、耗费的时间和成本等选择合适的检测方法。

（谷　峰　陈金中　包　赟　林盛榕　崔宇辉）

参 考 文 献

Alberts B. 1994. Molecular Biology of the Cell. New York and London: Garland publishing, Inc.

Becker W M, Kleinsmith L J, Hardin J. 1999. The World of the Cell. 4th ed. San Francisco: The Benjamin/Cummings Publishing Company.

Bentley D R, Balasubramanian S, Swerdlow H P, et al. 2008. Accurate whole human genome sequencing using reversible terminator chemistry. Nature, 456(7218): 53-59.

Botto C, Rucli M, Tekinsoy M D, et al. 2022. Early and late stage gene therapy interventions for inherited retinal degenerations. Prog Retin Eye Res, 86: 100975.

Bradford M M. 1976. A rapid and sensitive method for the quantitation of microgram quantities of protein utilizing the principle of protein-dye binding. Anal Biochem, 72(1/2): 248-254.

Chaisson M J P, Huddleston J, Dennis M Y, et al. 2015. Resolving the complexity of the human genome using single-molecule sequencing. Nature, 517(7536): 608-611.

Chen P J, Liu D R. 2023. Prime editing for precise and highly versatile genome manipulation. Nature Reviews Genetics, 24(3): 161-177.

Eid J, Fehr A, Gray J, et al. 2009. Real-time DNA sequencing from single polymerase molecules. Science, 323(5910): 133-138.

Frangoul H, Altshuler D, Cappellini M D, et al. 2021. CRISPR-Cas9 gene editing for sickle cell disease and β-thalassemia. N Engl J Med, 384(3): 252-260.

Gillmore J D, Gane E, Taubel J, et al. 2021. CRISPR-Cas9 *in vivo* gene editing for transthyretin *Amyloidosis*. N Engl J Med, 385(6): 493-502.

Goodwin S, McPherson J D, McCombie W R. 2016. Coming of age: ten years of next-generation sequencing technologies. Nat Rev Genet, 17(6): 333-351.

Jo Y, Kim H, Ramakrishna S, 2015. Recent developments and clinical studies utilizing engineered zinc finger nuclease technology, Cell Mol Life Sci, 72(20): 3819-3830.

Köhler G, Milstein C. 1975. Continuous cultures of fused cells secreting antibody of predefined specificity. Nature, 256(5517): 495-497.

Mullis K, Faloona F, Scharf S, et al. 1986. Specific enzymatic amplification of DNA *in vitro*: the polymerase chain reaction. Cold Spring Harbor Symposia on Quantitative Biology, 51 Pt 1: 263-267.

Niedringhaus T P, Milanova D, Kerby M B, et al. 2011. Landscape of next-generation sequencing technologies. Anal Chem, 83(12): 4327-4341.

Rothberg J M, Hinz W, Rearick T M, et al. 2011. An integrated semiconductor device enabling non-optical genome sequencing. Nature, 475(7356): 348-352.

Sambrook J, Russell D W. 2000. Molecular Cloning, A Laboratory Manual. 3rd ed. New York: Cold Spring Harbor Laboratory Press.

Sanger F, Nicklen S, Coulson A R. 1977. DNA sequencing with chain-terminating inhibitors. PNAS, 74(12): 5463-5467.

Shendure J, Ji H. 2008. Next-generation DNA sequencing. Nat Biotechnol, 26(10): 1135-1145.

Wang B, Lv X J, Wang Y F, et al. 2021. CRISPR/Cas9-mediated mutagenesis at microhomologous regions of human mitochondrial genome. Sci China Life Sci, 64(9): 1463-1472.

Zhang H M, Qin C H, An C M, et al. 2021. Application of the CRISPR/Cas9-based gene editing technique in basic research, diagnosis, and therapy of cancer. Mol Cancer, 20(1): 126.

Zhang X H, Zhu B Y, Chen L, et al. 2020. Dual base editor catalyzes both cytosine and adenine base conversions in human cells. Nature Biotechnology, 38(7): 856-860.

Zetsche B, Gootenberg J, Abudayyeh O, et al. 2015. Cpf1 is a single RNA-guided endonuclease of a class 2 CRISPR-Cas system. Cell, 163(3): 759-771.

第六章

基因与疾病

除了外伤，几乎所有的疾病均与遗传信息的变化相互关联。基因决定了蛋白质的表达及功能。寻找基因与疾病的关联，了解遗传因素对疾病影响的机制，是探索疾病的基础病因，以及挖掘基因与疾病发生、发展的关系，进而从医学分子生物学层面开展疾病预防与治疗的重要途径。对单基因病、复杂的多基因病乃至母系遗传的线粒体病开展病因的遗传学探索，认识遗传性疾病的分子病理学机制，是建立基因诊断方案、实现遗传性疾病干预和基因治疗的基础。

第一节 单基因病

单基因遗传病（monogenic disease），又称为单基因病，是指由一对等位基因控制的疾病或病理性状，其遗传方式遵循孟德尔分离定律，因此又称为孟德尔遗传病。单基因病在遗传性疾病中发现得最早、研究最得深入，也最容易定位与疾病表型相关的基因突变位点。随着人类基因组计划（Human Genome Project，HGP）中基因组测序工作的完成，越来越多的单基因病致病基因被克隆，迅速推动了相关疾病的致病机制及诊断治疗研究。目前已报道的单基因病（表型）有6000多种，已明确致病基因的有4000多种。流行病学调查显示，单基因病在儿童和青年（<25岁）中约占3.6‰，其中常染色体显性遗传约占1.4‰，常染色体隐性遗传约占1.7‰，X连锁隐性遗传约占0.5‰。研究单基因病的思路一般为：克隆疾病的致病基因，测定基因的突变位点，进一步分析基因突变与疾病发生的关系，最后探索该病的基因诊断和可能的基因治疗方法。

本节阐述的血红蛋白病、血友病及α1-抗胰蛋白酶缺乏症是单基因病的典型代表。

一、血红蛋白病

（一）正常血红蛋白的遗传控制

1. 血红蛋白的组成

血红蛋白（hemoglolin，Hb）是红细胞内的特殊蛋白质，由珠蛋白和血红素构成，分子质量为64 000Da，负责血液中O_2和CO_2分子的运输。每个血红蛋白分子由4个亚单位构成，每个亚单位由1条珠蛋白（globin）链和1个血红素（heme）辅基构成。血红素由原卟啉与亚铁原子组成。构成血红蛋白的珠蛋白肽链有7种：α、β、δ、Aγ、Gγ、 ε、ζ，正常血红蛋白的四聚体均由 1 对 α 链（α 或 ζ）和 1 对 β 链（β 或 δ、Aγ、Gγ、ε）组成。人类的整个生长发育时期可产生 3 种血红蛋白：①血红蛋白 A（HbA），由 1 对 α 链和 1 对 β 链组成（$α_2β_2$），占成人血红蛋白总量的 95%以上，HbA 在 2 个月胚胎时即开始产生，但量较少，胎儿出生时其占血红蛋白总量的 10%～40%，出生 6 个月后 HbA 可达到成人水平；②血红蛋白 A2（HbA2），由 1 对 α 链和 1 对 δ 链组成（$α_2δ_2$），在胎儿出生后 6～12 个月产生，占血红蛋白总量的 2%～3%；③胎儿血红蛋白（HbF），由 1 对 α 链和 1 对 γ 链组成（$α_2γ_2$），胎儿出生时占血红蛋白总量的 70%～90%，随月龄增长逐渐减少，出生 6 个月后，含量降到血红蛋白总量的 1%，因 γ 链有 2 种亚型，主要以第 136 位上的氨基酸变异进行分类，如为甘氨酸，则是 Gγ；如为丙氨酸，则是 Aγ，所以构成的 HbF 也有 2 种亚型。

在人体的不同发育阶段，血红蛋白的组成各不相同。在胚胎发育早期，有 3 种胚胎血红蛋白：Hb Gower 1（$ζ_2ε_2$）、Hb Gower 2（$α_2ε_2$）、Hb Portland（$ζ_2γ_2$）；在胎儿期，HbF 为主要的血红蛋白；在成人体内，HbA 占绝对优势，HbF 含量很少。在正常发育过程中，各种血红蛋白的构成彼此协调，2 个 α 珠蛋白和 2 个 β 珠蛋白亚单位按有序的空间关系结合成异质型四聚体，如 HbA、HbA2 等，但在疾病状态下，有时会出现由同种珠蛋白组成的同质型四聚体，如 HbH（$β_4$）及 Hb Bart（$γ_4$）。

2. 珠蛋白基因簇的结构

珠蛋白基因簇有两类：α 珠蛋白基因簇和 β 珠蛋白基因簇。

人的 α 珠蛋白基因簇定位于 16 号染色体短臂靠近端粒的位置（16p13.3），长度约为 26kb，整个 α 珠蛋白基因簇在进化上非常保守，它共由 7 个基因组成，包括 4 个可编码基因和 3 个假基因，这 4 个可编码基因为 2 个重复的 α 基因（$α_1$ 和 $α_2$）、1 个胚胎期表达的 α 类基因（$ζ_2$），以及 1 个功能未明的基因（$θ_1$），3 个假基因为 $ψζ_1$、$ψα_1$、$ψα_2$，它们在染色体上的排列顺序是：5′-$ζ_2$-$ψζ_1$-$ψα_1$-$ψα_2$-$α_2$-$α_1$-$θ_1$-3′。近年来还在 $α_1$ 和 $θ_1$ 之间发现了一个细胞质小分子 RNA 的 ρ 家族假基因，在 22 号染色体上发现了 $θ$ 基因的假基因（$ψθ_2$）。假基因 75%以上的核苷酸序列与正常基因相同，但突变积累、序列删除等原因导致其不能翻译为正确的结构蛋白，故又称为非功能性基因。与 β 珠蛋白基因簇相比，α 珠蛋白基因簇的基因密度较高，G+C 含量较高（54%），Alu 序列的密度也很高（占整个序列的 26%），另外还含有一些可变数目串联重复序列（variable number tandem repeat，VNTR）和 CpG 岛。

在 α 珠蛋白基因簇和端粒间还存在 4 个持家基因和 1 个 IL-9 受体的假基因，在染色体上的位置依次是：端粒-*ψIL-9*-未命名-*Dist1*-*MPG*-*Prox1*-$ξ_2$-，*MPG* 编码一种 DNA 修复酶，转录方向与 α 珠蛋白基因簇的转录方向一致，而 *Dist1* 和 *Prox1* 的转录方向与 α 珠蛋白基因簇的方向相反，它们分别位于 α 珠蛋白基因上游–89kb/–91kb 和–14kb 的位置，因此又分别被称为–89/–91 基因和–14 基因。3 种基因的表达都不是红系特异的，人的 *MPG* 基因的 3′端和 *Prox1* 基因序列有重叠，而 α 珠蛋白基因特异的增强子序列 HS-40 就位于 *Prox1* 基因的第 5 内含子中。

人的 α 珠蛋白基因簇上游 40kb 处有一个 DNase Ⅰ 超敏位点（HS-40），是最重要的 α

珠蛋白上游表达调控序列，HS-40 是 α 珠蛋白基因的增强子，又称为 5′位点控制区（locus control region，LCR），最新发现其也具有负调控的功能，因此将其更名为 α 位点调控元件（locus regulatory element）。HS-40 序列长约 300bp，在该区域内集中了多种组织特异和广泛存在的反式作用因子的结合位点。在 HS-40 基因的 10bp、100bp、270bp 和 290bp 处存在 4 个红系特异的 GATA 盒，在 120bp 和 150bp 处有 2 个重要的红系反式作用因子 NF-E2/AP1 的结合位点（GCTGAG/CT-CA），以及 3 个 CACCC 盒和 1 个 AG 盒。在第 2 个 GATA 盒和第 1 个 NF-E2/AP1 结合位点中间有 1 个 YY1 结合位点，还有一段与第 1 个 CACCC 盒重叠的 GGGCGG 序列。增强子 HS-40 的缺失会引起 α 珠蛋白表达的整体降低，造成严重的 α 地中海贫血。

α 珠蛋白基因的表达具有红系组织特异性和不同发育阶段的特异性，它有 1 个由胚胎期 ξ 基因向胎儿/成人期 α 基因的表达转换开关。在卵黄囊期，α 基因簇 5′端的 ξ 基因首先表达，同时 3′端的 α 基因表达也开启，但水平较低。ξ 基因的表达水平随胚胎的发育逐步降低，至第 5、6 周造血功能从卵黄囊转移到胎肝后，ξ 基因的表达基本关闭，仅在成人期可检测到 ξ 基因低水平的渗漏表达，而 α 基因的表达则逐步增加。α 基因有 2 个拷贝——α_1 和 α_2，二者编码的氨基酸序列完全相同，但结构上，二者在编码区有 2 个碱基的替代，第 2 内含子上有 7bp 的缺失，3′-非翻译区也存在一定的差异。在成人外周血红细胞中，α_2 和 α_1 的 mRNA 比例是 2.6∶1，它们的转录效率有一定差异，但是翻译水平的差异无法确证，因为 2 个基因所编码的多肽链完全相同。事实上 2 个 α 基因在发育过程中也存在转换，在胚胎早期，α_2 和 α_1 的 mRNA 比例接近 1∶1，但 α_2 基因的表达逐渐占优势，到第 8～10 周达到 2.6∶1 并维持到成人期。

人的 β 珠蛋白基因簇定位于 11 号染色体短臂 1 区 2 带（11p1.2），排列顺序是：$5'$-ε-$G\gamma$-$A\gamma$-$\psi\beta 1$-δ-β-$3'$。人的 α 珠蛋白基因和 β 珠蛋白基因的结构相似。值得注意的是，α 珠蛋白基因簇和 β 珠蛋白基因簇中 5′→3′基因排列序列与它们在个体发育中的表达顺序相同。在人体发育过程中，基因 ζ 和 ε 首先表达，接着是 α 基因表达。在胎儿期，基因 ζ 和 ε 关闭，γ 基因开始表达。到出生前，基因 δ 和 β 表达。在成人阶段，完全开放表达的基因主要为 α 和 β。珠蛋白基因有 3 个外显子，被 2 个内含子（IVS1、IVS2）隔断。在 α 珠蛋白基因中，IVS1 位于密码子 31～32，IVS2 位于密码子 99～100；在 β 珠蛋白基因中，IVS1 位于密码子 30～31，IVS2 位于密码子 104～105。

β 珠蛋白基因的正确表达主要依赖于 2 种类型的调控元件：一类是位于基因簇 5′端的位点控制区（LCR），另一类是各 β 珠蛋白基因启动子附近的调控序列。LCR 由 5 个 DNase Ⅰ 超敏位点（hypersensitive site，HS）构成，LCR 的 HS 及单个基因的启动子上，都含有红系特异和公共表达的反式作用因子结合位点。LCR 全长超过 20kb，其具有增强子和位点非依赖这 2 种互相独立的作用。动物试验发现，LCR 可大大增加外源珠蛋白的表达，且表达水平只与整合基因的拷贝数有关，不受整合位点的影响。除 HS1 外，其余 HS 位点均具有增强子的作用，5 个 HS 位点能协同增强基因表达的功能，HS2 和 HS3 被认为是最有活性的片段，各 HS 位点间的连接序列与相互之间的协同作用密切相关。在转基因鼠中，LCR 调控元件中不同的 HS 位点赋予了基因不同的表达模式，HS3 似乎与胚胎型 ε 珠蛋白基因表达相关，HS4 与 β 珠蛋白基因表达相关。LCR 的位点非依赖作用的实现则需要 3 个以上的 HS 位点及 β 珠蛋白基因簇附近的侧翼序列共同完成。β 珠蛋白 LCR 的作用机制仍在研究中。β 珠蛋白的另一类调控元件，启动子附近的调控序列包括位于–30 区的 TATA 盒，位于–70 区的 CCAAT 盒，位于–90 及–105 区的称为近端和远端的 CACACCC 序列，以及在 3′-非翻译区的一段附加 polyA 信号的高度保守的序列 AATAAA，这些序列对于转录起始位点的正确定位和有效转录具有极其重要的作用。大量研究表明，在 β 珠蛋白基因及其侧翼区域中发生的许多突变均可引起不同类型的血红蛋白病。

（二）血红蛋白病的分类

血红蛋白病（hemoglobinopathy）是指由珠蛋白分子结构异常或合成量异常所引起的疾病，是最常见的遗传病。据估计，全世界有一亿多人携带血红蛋白病的基因，在我国南方的发病率较高。血红蛋白病是人类孟德尔遗传病中研究最深入的分子病，也是研究人类遗传机制的理想模型，人类生化遗传病研究也是首先在血红蛋白病中取得了突破。

血红蛋白病大致可分为两类：异常血红蛋白病和地中海贫血。异常血红蛋白病是指珠蛋白的氨基酸序列发生改变而导致血红蛋白结构变异产生的疾病，该类疾病突变一般发生在血红蛋白结构基因上。地中海贫血是指某种珠蛋白链合成速率降低，导致珠蛋白 α 链和 β 链中一种成分合成过多，另一种成分合成过少甚至缺失，引起珠蛋白含量下降的现象，也称为珠蛋白链不平衡。地中海贫血中突变往往发生在珠蛋白基因的调控区，它是人类最常见的单基因病。

（三）异常血红蛋白病

异常血红蛋白病（abnormal hemoglobinopathy）又称血红蛋白结构变异型，是珠蛋白基因上碱基发生变化，导致了相应珠蛋白上的氨基酸序列发生变异。这些变异如果使血红蛋白分子的功能、溶解度和稳定性发生异常，就会导致血红蛋白病的发生。目前已发现的血红蛋白结构变异型包括单纯的 α 链异常、β 链异常、δ 链异常，以及同时涉及 2 种珠蛋白链变异等。国际血红蛋白信息中心（International Hemoglobin Information Center，IHIC）统计表明：到 1989 年，全世界总共发现 504 种异常血红蛋白，尽管异常血红蛋白的种类很多，但仅约 40%的异常血红蛋白对人体有不同程度的功能障碍。

1. 异常血红蛋白病的常见类型

（1）镰状细胞贫血（sickle cell anaemia），致病血红蛋白命名为 HbS。此病常见于黑种人。该病因 β 链第 6 位谷氨酸被缬氨酸取代，导致珠蛋白链的电荷改变，在低氧分压情况下血红蛋白聚合形成长棒状聚合物，使红细胞变成镰状细胞，引起血管梗阻、溶血等症状，严重时会危及生命。

（2）不稳定血红蛋白病（unstable hemoglobinopathy）。已报道的不稳定血红蛋白有 80 多种。血红蛋白不稳定，容易自发（或在氧化剂作用下）变性，形成变性珠蛋白小体，易黏附在红细胞膜上，导致膜离子通透性增加，变形性降低，当红细胞通过微循环时，红细胞被阻留破坏，导致血管内、外溶血。不稳定血红蛋白病一般为常染色体显性遗传

（不完全显性），杂合子可有临床症状，纯合子可致死。

（3）血红蛋白 M 病。肽链中与血红素铁原子连接的组氨酸或邻近的氨基酸发生了替代，导致部分铁原子呈稳定的高铁状态，从而影响了血红蛋白正常的携氧功能，导致组织供氧不足，临床上出现发绀和继发性红细胞增多。本病为常染色体显性遗传，杂合子血红蛋白 M 含量一般在 30%以内，可引起发绀症状。

（4）氧亲和力改变的血红蛋白病。此类血红蛋白病是肽链上氨基酸替代使血红蛋白分子与氧的亲和力增高或降低，导致运输氧功能改变。如果引起血红蛋白与氧亲和力增高，则输送给组织的氧量减少，导致红细胞增多症；如果引起血红蛋白与氧亲和力降低，则使动脉血的氧饱和度下降，严重者可引起发绀症状。

2. 异常血红蛋白病的发生机制

1）点突变

DNA 序列上单个碱基发生替换所引起的突变称为点突变，绝大多数血红蛋白异常都是由点突变引起的。

（1）错义突变（missense mutation）。单个碱基替换导致肽链中的氨基酸发生改变。如前面提到的镰状细胞贫血（HbS）是 β 链的第 6 位谷氨酸被缬氨酸替代，记作 β6 Glu→Val。

（2）无义突变（nonsense mutation）。某一碱基被替换后，原来编码某一氨基酸的密码子突变成为终止密码子，从而造成珠蛋白链尚未全部合成就翻译终止，形成了无功能的珠蛋白链。例如，Hb Mckees Rorks 变异型，是由于 β 链第 145 位编码酪氨酸的密码子 UAU 突变为终止密码子 UAA，β 链在合成了 144 个氨基酸后便终止翻译，使 C 端丢失了 2 个氨基酸。

（3）终止密码子突变。终止密码子上的某一个碱基发生改变，形成一个编码氨基酸的密码子，使肽链合成延长，直到遇见下一个终止密码子才停止翻译。例如，Hb seal Rock 变异型，α 链的终止密码子 UAA 突变成了谷氨酸密码子 GAA，从而使 α 链 3′端多了 31 个氨基酸。

2）移码突变

由于珠蛋白基因密码子中一个或两个碱基的缺失或插入，其后面的碱基排列顺序依次位移而重新编码，产生新的异常血红蛋白。例如，Hb Wayne 的产生是由于 α 链第 138 位丝氨酸的密码子 UCC 的第 3 个碱基 C 缺失，其后所有密码子重新编码，肽链翻译至第 147 位才终止。Hb Tak 的产生是由于 β 链第 147 位终止密码子 UAA 前插入 2 个碱基 AC。Hb anston 的产生是由于 β 链第 145 位酪氨酸密码子 UAU 的第 1 个 U 缺失。

3）密码子的缺失和插入

在珠蛋白基因上发生 3 的整数倍碱基的缺失或增加，导致所合成的肽链比正常肽链缺少或增加了数个氨基酸，从而引起血红蛋白的结构和功能异常。例如，Hb Grady 的产生是由于 α 链第 116～118 位插入了谷氨酸-苯丙氨酸-苏氨酸 3 个氨基酸对应的碱基序列。

4）融合突变

融合突变是指编码两条不同肽链的基因在减数分裂时发生了错误联会（mistaked

synapsis）或非同源性交换，结果形成了两种不同的基因，两个基因各自融合了对方基因中的部分序列，而缺失了自身的一部分序列。例如，Hb Lepone 变异型，它的非 α 链是由 δ 和 β 链融合而成的，其 N 端是 δ 链氨基酸序列，C 端是 β 链氨基酸序列。

3. 异常血红蛋白病的遗传效应

异常血红蛋白病的主要遗传效应有两方面：一方面改变了血红蛋白的稳定性（如镰状细胞贫血），主要表现在使肽链构象发生改变和使血红蛋白分子表面血红素所在位置的构象遭到不同程度的破坏和影响；另一方面的遗传效应是使血红蛋白携氧能力降低，从而造成了红细胞增多症或高铁血红蛋白血症。

在镰状细胞贫血中，当红细胞通过氧分压低的毛细血管时，溶解度低的血红蛋白 HbS 易聚合成棒状结构，使红细胞发生镰变，导致其变形能力降低，当它们通过狭窄的毛细血管时，易挤压破裂，引起溶血性贫血，此外，镰变细胞使血液黏度增加，阻塞微循环，致使组织局部缺血缺氧，从而引起缺血坏死。严重的镰状细胞贫血不但可以引起溶血，还可能损害人体的器官、组织，如骨、中枢神经系统和肾脏。镰状细胞含量过高，还易导致骨髓梗阻而引起全身性骨痛。溶血性贫血、暂时性骨髓增生障碍，甚至脾脏阻塞等严重的临床症状，都称为镰状细胞危象（sickling crisis）。

具有镰状细胞基因纯合子的个体，往往临床表现为镰状细胞贫血，可有不同程度的溶血和组织的缺血坏死，而具有这一基因杂合子的个体，仅仅在低氧或缺氧情况下，红细胞表现为镰形，在一般情况下，没有异常的临床表现。镰状细胞基因（β^s）常与另一种血红蛋白突变基因 β^c 呈双重杂合子（double heterozygote）状态存在，称为 HbSc 病，这一疾病的临床症状比镰状细胞贫血要轻微得多，不过它可以增加血管栓塞的危险性，有时会导致脑血管意外或由于视网膜动脉栓塞而引起失明等后果。

4. 异常血红蛋白病的 DNA 分析

对血红蛋白结构变异机制的研究，早期大多通过对基因产物的研究间接推测机制，近年来重组 DNA 技术的应用，使我们有可能直接在 DNA 水平上对血红蛋白结构变异进行分析，测定血红蛋白基因的序列或者借助一些基因诊断的常规方法进行试验，分析其变异类型，如聚合酶链反应-单链构象多态性（PCR-SSCP）、聚丙烯酰胺凝胶电泳（PAGE）、基因芯片技术等。随着实验技术手段的不断进步，我们对血红蛋白结构变异机制的研究也越来越深入。

（四）地中海贫血

地中海贫血（thalassemia）是一种或多种珠蛋白链合成速率降低，导致一些肽链缺乏，另一些肽链相对过剩，出现肽链数量不平衡，从而导致的溶血性贫血。据估计，全世界约有 7%的人口携带血红蛋白病的遗传基因，其中结构异常的血红蛋白病约占 0.3%，其余绝大部分是地中海贫血基因的携带者。

地中海贫血广泛分布于世界各地，以地中海地区、中东和东南亚等地区多见，我国南方是地中海贫血的高发区。地中海贫血的纯合子会产生严重的临床症状。

地中海贫血的特征是蛋白链合成障碍，根据合成受抑制的肽链种类，地中海贫血可区分为α地中海贫血（简称α地贫）、β地贫、γ地贫、δ地贫、δβ地贫、γβ地贫等，其中有重要临床意义的主要为α地贫和β地贫，γ地贫和δ地贫的相应血红蛋白在成人体内本身含量很低，所以即使发生合成障碍一般也不产生贫血症状。

1. α地中海贫血

1）临床类型

α地贫有两种重要的临床类型，一种称为Hb Bart水肿综合征，另一种称为HbH病。Hb Bart水肿综合征主要表现为胎儿在子宫内严重缺氧，形成死胎或者在出生后就死亡。这类患者完全不合成α链，而γ链则产生过多，结果形成了同型四聚体γ_4（图6-1），因此，这部分胎儿的红细胞中只含有Hb Bart（γ_4）和Hb Portland（$\zeta_2\gamma_2$），其中Hb Bart含量为60%，其余为Hb Portland，不含有正常胎儿中应有的HbF和HbA。Hb Bart对氧亲和力非常高，这会导致血红蛋白释放给组织的氧减少，造成组织严重缺氧，导致胎儿水肿致死。HbH病主要表现为出生后患者α链合成较少，β链合成相对过多，形成HbH(β_4)。HbH对氧的亲和力较高，失去了正常的运输氧的功能，而且它易被氧化，这会导致β_4

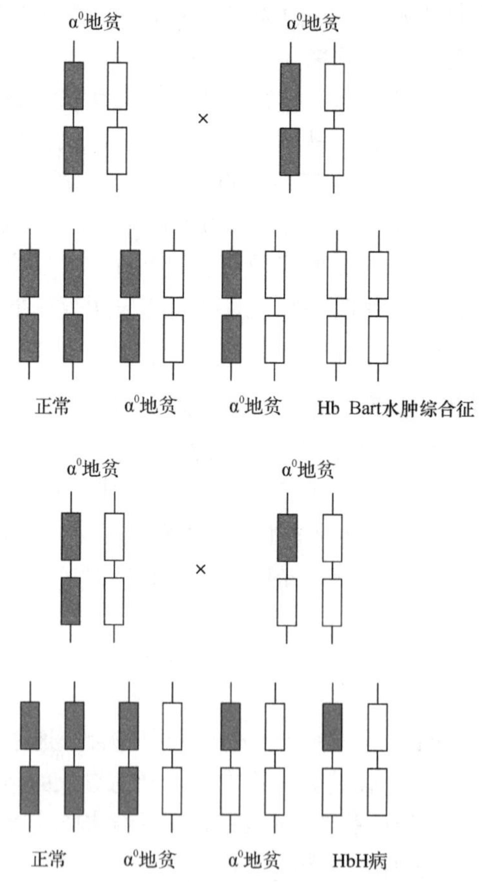

图6-1 α^0地中海贫血的遗传模型

在α^0地中海贫血中，两个α珠蛋白基因都失活；而在α^+地中海贫血中，一对连锁基因中只有一个失活。就α^0地中海贫血来说，两个α基因是缺失的；在α^+地中海贫血中，一个α基因或是缺失或是由于存在突变而阻止它的正常功能。正常基因以灰色的方框表示，缺失或失活的基因以白色的方框表示解体成游离的β单链而沉淀聚积为包涵体，附着于红细胞膜上，使红细胞膜受损，失去柔韧性，易被破坏，导致中度或较严重的溶血性贫血，其发生机制与Hb Bart相似。相比较而言，HbH病没有Hb Bart水肿综合征严重，临床表现较轻，患者可以一直活到成年。

2）遗传方式

人的16号染色体上连锁着2个α珠蛋白基因α_2和α_1。因正常的二倍体细胞中含有1对同源染色体，故含有4个α珠蛋白基因。如果一条染色体下连锁着的2个α基因都发生了突变，我们称为α^0，α^0表示α链合成完全缺失；如果连锁着的2个α基因中，一个发生了突变，另一个正常，称为α^+，α^+表示能合成一部分α链，但合成速率降低。α^+和α^0的不同组合产生α地贫的4种表型：静止型α地贫，含1个α^+地贫基因（另一条同源染色体上的α珠蛋白基因正常表达），没有明显的临床症状；标准型α地贫，含1个α^0地贫基因，导致轻型α地贫，表现为轻度溶血性贫血；HbH病，是α^+和α^0的杂合子，表现为中度溶血性贫血；Hb Bart水肿综合征，是α^0纯合子，严重贫血致死。其遗传方式如图6-1所示。

3）分子遗传学分析

分子遗传学研究证明，α^0地贫是α珠蛋白基因簇中发生了一系列不同长度的碱基序列缺失所引起的，序列缺失的范围可包括珠蛋白基因α_1、α_1上游和下游区域、基因α_2，有时还涉及珠蛋白基因$\psi\zeta$，这些缺失造成了16号染色体上的2个α基因部分或全部删除，因此在体内完全不能指导α珠蛋白的合成。但是，在这些缺失突变中，绝大多数都不涉及基因ζ，因而保留了基因ζ功能的完整性，这也成了Hb Bart水肿综合征患者虽然为基因α缺失的纯合子，但仍能产生Hb Portland（$\zeta_2\gamma_2$）的原因。

α^+地贫可以分为两类：一类为缺失型，另一类为非缺失型。所谓非缺失型，是指用限制性酶切图谱分析，没有发现大片段的缺失，但基因序列分析表明，在非缺失型中仍然存在一些很小的序列缺失。

A. 缺失型（deletion form）

缺失型可分左侧缺失（$-\alpha^{4.2}$）和右侧缺失（$-\alpha^{3.7}$）。左侧缺失是指缺失一个包括α_2基因在内的DNA片段。右侧缺失的缺失范围包括α_2基因3′端和α_1基因的5′端，结果形成了由α_1的3′端和α_2的5′端构成的融合基因。缺失型的发生机制是α基因发生不等交换。当2个α基因处于2个高度同源的重复单元中时，这些单元又可分为3个同源的片段(X、Y、Z)，其间为3个同源组分所分隔。在减数分裂时期，同源染色体在Z片段发生错配和不等交换，产生只有1个α基因的染色体。因互换在右侧基因α_1上进行，故称右侧缺失，又由于2个Z片段相距3.7kb，记作$-\alpha^{3.7}$。不等交换的同时还会产生含有3个α基因的染色体（$\alpha\alpha\alpha^{反3.7}$）。类似地，当交互重组发生在同源的X片段间，结果产生缺失左侧基因α_2的4.2kb的染色体（$-\alpha^{4.2}$）和含有3个α基因的染色体（$\alpha\alpha\alpha^{反4.2}$）。右侧缺失主要发生在地中海人和美洲黑人，左侧缺失则多见于亚洲人。

其实，珠蛋白基因α_1和α_2表达的产物均为α珠蛋白，产物的肽链组成完全一样，但对α_1和α_2基因的序列分析表明，两者在IVS2和3′端非编码区存在序列差异，可利用这些差异区分2个α基因及它们的转录物。由于2个α基因在染色体上所处位置不同，表达水平也存在差异，α_2基因的转录水平是α_1基因的2.6倍。当突变涉及α_2基因时，其严

重情况要比 α_1 基因大。例如，α_2 突变导致的 Hb CS-H 病要比缺失型的 HbH 病症状严重，其在胎儿期甚至会出现 Hb Bart 水肿综合征。

B. 非缺失型（non-deletion form）

非缺失型包括如下几种不同的子类型。

（1）剪接接头缺失型。这一突变型发生在 α_2 基因第 1 内含子供体剪接位点上。在这一位点上的固定序列为 GTGAGG，突变表现为第一个 G 之后的 5 个碱基 TGAGG 缺失，导致 α_2 的剪接加工过程不能正常进行。

（2）高度不稳定 α 链变异型。这一突变类型又称为 Hb Quong Sze 变异型，主要表现在 α_2 基因中的亮氨酸密码子 CTG 突变成脯氨酸密码子 CCG，翻译后肽链的螺旋易于受到破坏，产生一种高度不稳定的 α 链变异型，进而导致个体出现 α 地贫。

（3）移码突变型。α_1 基因的第 14 个密码子中的 1 个碱基缺失，导致缺失之后的密码子序列全部移位，形成错误密码子，使 α_1 肽链不能正常合成，这一类型将引起 HbH 病。

（4）无义突变型。在 α_1 基因中，由于单个碱基置换，阅读框中原来编码某一氨基酸的密码子突变成终止密码子 TGA，肽链合成提前终止，形成了一条无功能 α 短链。这一突变类型也可导致 HbH 病。

（5）mRNA 加尾信号突变型。这一突变表现为 α_2 基因 3′端的一段高度保守序列 AATAA 突变为 AATAAG，这个区域正好是 mRNA 成熟的加尾信号区，会引起 α_2 基因正常转录和剪接的 mRNA 无法加 polyA 尾，不能被运送到细胞质中，导致 α_2 肽链无法合成。

（6）终止密码子突变型。由于 α_2 基因的 3′端的终止密码子 UAA 上发生单个碱基置换，原来的终止密码子变成了编码的氨基酸密码子，造成 α_2 肽链的 C 端多合成了 31 个氨基酸残基，使得 α_2 链变得极不稳定并容易被破坏，α 链合成量明显减少。由这一突变引起的血红蛋白的结构变异类型称为 Hb constant spring，这类变异型往往同时出现 α^+地贫的表型。

虽然各类 α 地贫的表型都很相似，但从对这一疾病发生机制的分子遗传学研究中可看出，各类 α 地贫的发生机制完全不同，甚至同一类 α 地贫中的不同类型，其发生机制也不完全相同，疾病的异质性问题也进一步说明，人类单基因病的遗传机制其实相当复杂。

2. β 地中海贫血

β 地贫是 β 珠蛋白基因异常或缺失，使 β 珠蛋白链的合成受到抑制，导致溶血性贫血。与大部分因基因缺失而引起的 α 地中海贫血不同，已经发现的 100 多种 β 地贫中仅有 10 多种为基因缺失突变，绝大部分都是点突变。通常用 β^0 表示 β 基因失活或缺失，完全不能合成 β 链；用 β^+表示 β 基因缺陷，但还能部分合成 β 链。不同程度的 β 基因缺陷，造成 β 链合成量的差异，导致了不同类型的 β 地贫。

（1）重型 β 地贫。患者体内没有正常的 β 珠蛋白基因，不能合成 β 链或合成量极少。患者可能的基因型是 β^0/β^0、β^+/β^+、β^0/β^+或 $\delta\beta^0/\delta\beta^0$ 等。这些患者体内无 HbA 或含量很低，但 γ 链的合成相对增加，使 HbF/HbA 的比值升高。由于 HbF 较 HbA 的氧亲和力高，患者表现为组织缺氧症状。组织缺氧促使红细胞生成素大量分泌，刺激红骨髓大量增生，骨质受侵蚀导致骨质疏松，可出现“地中海贫血面容”。由于β链合成受抑制，过剩的游离α链还会形成α链包涵体，导致严重的溶血性贫血，患者需要靠输血才能维持生命。

（2）轻型β地贫。患者通常带有一个正常的β基因β^A，所以能保证一定量的β链，因此症状较轻，贫血不明显或轻度贫血。本病的特点是HbA2升高（可达4%～8%）或（和）HbF升高。患者可能的基因型为β^+/β^A、β^0/β^A或$\delta\beta^0/\beta^A$等。

（3）中间型β地贫。患者的症状介于重型与轻型之间，基因型通常有β^+（高F）/β^+（高F）、$\beta^+/\delta\beta^+$等，前者伴有HbF（$\alpha_2\gamma_2$）的明显增高。

（4）遗传性胎儿血红蛋白持续存在症（hereditary persistence of fetal hemoglobin，HPFH）。由于β基因簇中某些DNA片段的缺失或点突变，δ和β链合成受抑制，而γ链的合成明显增加，即便到成人阶段，红细胞内HbF含量也仍持续增多，故称为HPFH，该症状无明显的临床特征。

β地贫根据遗传缺陷的性质可分为两类：一类是单纯型β地贫（simple β thalassemia），是指突变只影响到一条β珠蛋白链的合成；另一类是复合型β地贫（complex β thalassemia），是指突变导致多条β珠蛋白链及非β珠蛋白链的合成障碍。

1）单纯型β地贫

该类型引起β地中海贫血的主要原因是β珠蛋白等位基因突变，突变涉及β基因上游或β基因内部单个碱基的替换或小片段的缺失/插入，进而导致基因转录、mRNA加工和蛋白质翻译等多层面异常。

A. 转录启动子区的突变

该突变主要影响β基因的转录效率，对珠蛋白合成的损害一般较温和，表型为β^+地贫，大部分中间型地贫患者也都携带这类突变基因。这类突变集中在TATA盒（实际序列是CATAAAA），以及近端CACACCC和远端CACACCC序列上。TATA盒的突变发生在–31、–30、–29、–28位上，但同一突变在不同种族中的临床表型可有很大差异，例如，黑种人的–29（A→G）突变的纯合子症状很轻，甚至为静止型β地贫，而同一突变纯合子发生在亚洲人个体上则会成为需要依赖输血的重型β地贫。造成这一显著差异的原因，主要是黑种人–29突变染色体同时存在Gγ珠蛋白基因上游–158位启动子区的一个取代突变（C→T），这一突变开启了已关闭的珠蛋白肽链的合成，HbF代偿了因β珠蛋白合成减少（HbA）而导致的贫血症状，但亚洲人没有这种代偿性突变，故贫血症状严重。

B.影响RNA加工过程的突变

i.加帽位点的突变

+1位的核苷酸是转录开始的起始点，也是RNA前体5′端修饰或加帽的位点。m^7GPPP的帽子对mRNA的有效翻译起关键作用。在β地贫中，如+1位点产生A→C突变，可在体外实验中观察到β珠蛋白的mRNA减少，突变纯合子血液学改变属温和的β地贫携带者，而杂合子则具有正常的平均红细胞体积（MCV）低值和正常HbA2的临界值。值得注意的是，+1突变的β地贫突变基因如果与其他严重的β地贫等位基因相互作用，则可能产生重型β地贫，患者需要依靠输血维持生命。

ii.polyA尾序的信号序列突变

在mRNA加尾信号序列AATAAA突变中，已发现4种不同的核苷酸替代（如

AATAAA→AACAAA）和 1 种 5 个连续核苷酸的缺失。体外实验证实，加尾信号序列突变后，只有少量的 mRNA 转录物可被正常切割，大部分转录物都会在超越信号序列 3′端 1～3kb 处切割，导致转录物延长，而这些延长的转录物极不稳定，会引起 β 珠蛋白合成缺陷。所有这类突变的表型都是 β^+地贫，因为它们能同时产生一部分正常转录物，合成正常的 β 珠蛋白。

iii.影响 RNA 剪接的突变

（1）剪接头序列改变。RNA 剪接过程的关键序列位于外显子与内含子的接合区域，每个内含子 5′端的 GT 和 3′端的 AG 序列对剪接尤为重要。在这一类突变中，如第 1 内含子供体 IVS1（G→A）突变，会导致突变接头上的剪接功能完全丧失，结果导致在剪接 RNA 初级转录产物时，只能应用其他与供体序列类似的序列作为剪接接头。由于这些类似供体样的接头序列在一般情况下不被采用，因此一般把它们称为潜在剪接位点。供体位置上的突变，以及潜在剪接位点的启用，产生了 1 条完全未被正常剪接的 mRNA 和 2 种不同的异常 mRNA，最终导致产生 β^0 地贫的表型。当发生 IVS1-6（T→C）突变时，则在临床上表现为 β^+地中海贫血（图 6-2）。

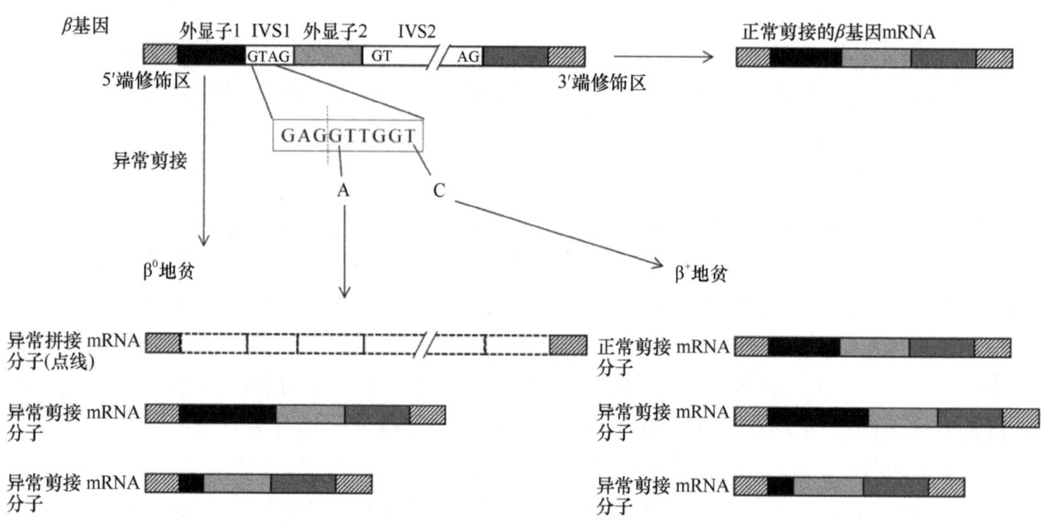

图 6-2　剪接接合点的突变

上面是正常剪接机制，外显子用阴影部分，内含子用非阴影部分表示；下面是两种不同碱基置换的结果，碱基置换或发生在剪接接合点，或者在靠近接合点的序列中。第一个包含不变的供体 GT 序列，产生未经正常拼接的 β 珠蛋白 mRNA（点线），发生在异常位点的剪接产生两种异常剪接 mRNA 分子。在第 6 位置上有一个 T→C，产生另一剪接位点，结果产生正常 mRNA 和几种不正常 mRNA，导致 β^+地中海贫血的表型

（2）内含子序列改变。内含子中的突变可产生新的剪接位点，这样就会造成突变后的 RNA 加工过程与正常 RNA 加工过程发生竞争，或者延迟正常 RNA 的加工过程。在 IVS1-110（G→A）突变中，突变会产生一段与受体剪接位点相似的序列，进而形成一个新的受体剪接位点（图 6-3）。这一新的位点将会优先进行 RNA 加工过程，结果使第 10 内含子中的 19 个核苷酸仍残留在加工后的 RNA 中，导致翻译过程提前终止。IVS1-110（G→A）突变增加的剪接位点受体使用率达到 90%，未突变的正常剪接位点 AG 受体的

使用率只有 10%，因此个体只能形成 10%的正常珠蛋白的 mRNA，极大地减少了 β 珠蛋白的合成量。这一突变的临床表现比较严重，属于重型 β^+地贫。此外，IVS2 的 3 个突变，包括 IVS2-745（C→G）、IVS2-705（T→G）和 IVS2-645（C→T），都可产生新的供体位点，同时激活隐匿的受体位点，结果都导致了 mRNA 加工时因无法正确剪接而增加了额外的核苷酸，不能指导正常的 β 珠蛋白合成，故这些突变都呈现 β^0 表型。

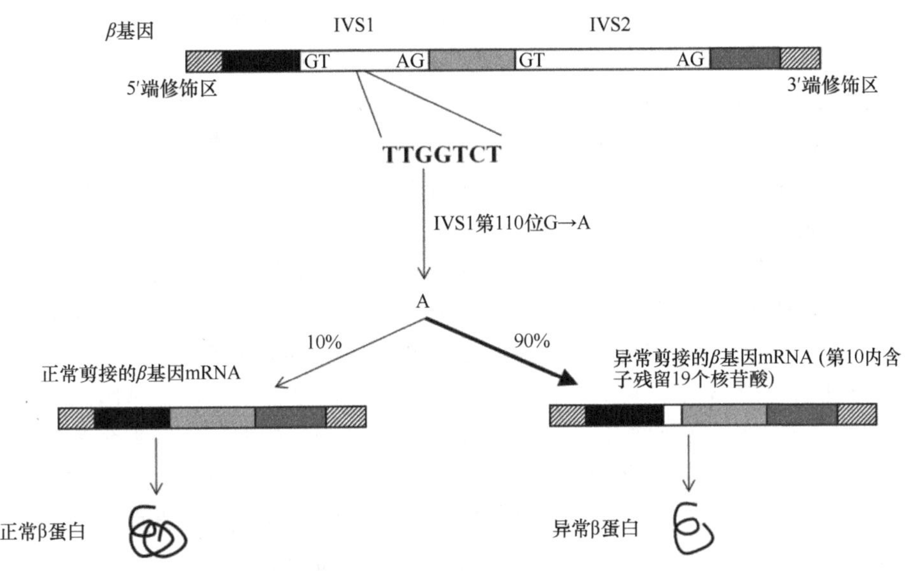

图 6-3　β 珠蛋白基因的第 1 内含子（IVS1）中，新的拼接位点的产生
在 IVS1 中第 110 位置上的 G→A 置换产生新的剪接受体（AG）

（3）潜在剪接位点活化。*β* 基因第 1 外显子的 24～26 位密码子序列为 GTGGTGAGG，与剪接供体序列相似，被认为是潜在的剪接供体位点，正常情况下并不被使用，处于失活状态。当 *β* 基因中第 1 内含子供体发生如 IVS1-26（G→A）突变时，这一潜在供体位点就会被激活，并以较低水平被利用而导致转录物的异常加工，产生缺乏部分外显子序列的异常 mRNA。该类型突变产生的 mRNA 含有一个提前终止的终止密码子，与此同时，正常 β 珠蛋白的 mRNA 的剪接过程反而被延迟进行。这一突变引起的血红蛋白结构异常称为 HbE，可引起轻度的 β 地贫表型。

C. 影响翻译过程的突变

β 基因的无义突变、移码突变和起始密码子突变都能导致 β^0 地贫。无义突变型的点突变分别位于 *β* 基因的第 15、17 和 39 密码子上。第 17 密码子上的突变为 U→A，这一类型见于中国人群中。第 39 密码子上的突变类型为 C→T，导致产生终止密码子，翻译提前终止，这一突变所产生的 mRNA 则被称为 β 39mRNA。β 39mRNA 的 3′端没有受到多聚核糖体的保护，所以 mRNA 结构很不稳定，表现为红细胞内 β 珠蛋白 mRNA 含量显著降低。在 β 地贫中，由缺失或插入 1 个、2 个、4 个碱基对所引起的移码突变已发现有 22 种。此外，发现的 2 个起始密码子的突变都影响同一核苷酸，如 ATG→AGG 和 ATG→ACG，这种类型的突变均不能起始正常 β 珠蛋白的合成。

D. 产生不稳定血红蛋白

目前发现 4 种不稳定血红蛋白，分别是 Hb Indianapolis[β 112（G14）Cys→Arg]、Hb Showa-Yakushiji[β 110（G12）Leu→Pro]、Hb Houston（127 Gln-Pro），以及 *β* 基因的密码子 127～128 位缺失 AGG，致使 Glu-Ala 被 Pro 取代。这 4 种不稳定血红蛋白常常产生中间型 β 地贫表型，对 Hb Indianapolis 和 Hb Houston 的肽链合成研究提示，这些异常肽链聚合成 $\alpha_1\beta_1$ 二聚体的能力很弱，由此形成的四聚体易于降解。

2）复合型 β 地贫

复合型 β 地贫与单纯型 β 地贫的不同之处在于，前者除了 *β* 基因发生突变，还同时涉及其他 β 珠蛋白的基因突变，因此表型比较复杂。临床上总称为复合型地中海贫血综合征（complex thalassemia syndrome）。根据分子水平缺陷，大致分为缺失型和非缺失型两类。

A. 缺失型

复合型 β 地贫大多由广泛的 DNA 缺失引起，较为典型的是遗传性胎儿血红蛋白持续存在症（HPFH）。HPFH 见于黑种人人群中，其在 β 珠蛋白基因簇存在着不同大小的 DNA 片段缺失，缺失主要涉及基因 *β* 和 *δ*，因此在这一部分患者中表现出基因 *γ* 持续开放表达，合成大量的 γ 链，使胎儿血红蛋白持续存在。复合型 β 地贫基因缺失甚至还会涉及基因 *Aγ*，使 HbF 只含有 Gγ 链。通常根据不能被合成的珠蛋白链来命名各类由基因缺失所引起的复合型 β 地贫，如缺失 β 链称为 β^0 地贫，缺失 β 链和 δ 链称为 $\delta^0\beta^0$ 地贫等。

在复合型 β 地贫中，有一类不在基因序列而是发生在基因簇 5′端的 DNA 序列缺失，较为特殊，这些序列是座位激活区（locus activating region），在适当的发育阶段，座位激活区对激活基因簇内所有基因的转录至关重要。因此，在这一类型缺失中，虽然 β 珠蛋白基因完整无缺，但它们的基因表达不能被激活，严重受到抑制，也不能产生珠蛋白。

B. 非缺失型

在某些伴有胎儿血红蛋白增高的综合征中，并没有发现明显的大片段 DNA 缺失，这一类型导致的 γ 珠蛋白表达增强可能与其他类型的突变（如点突变）有关。在对黑种人 $G\gamma\beta^{+\prime}$地贫研究中，有研究发现杂合子会产生大约 20%的 HbF，基本上都是 Gγ 型，β 链合成有所减少，此外，在基因 *Gγ* 上游 201bp 处有一个单碱基替换 C→G，这一突变形成了一个呈倒位形式的远端因子 PuCPuCCC 结构，这可能是一种上位启动子突变。在一个非缺失型 HPFH 和 Aγ 合成增加的地贫患者中，发现在 *Aγ* 基因上游 196bp 处有 1 个 C→T 突变。

二、血友病

血友病是单基因病的另一个经典代表，它是一组遗传性出血性疾病，是由血液中某些凝血因子的缺乏而导致的严重凝血功能障碍。根据缺乏的凝血因子种类，血友病可分为血友病 A（凝血因子Ⅷ缺乏）、血友病 B（凝血因子Ⅸ缺乏）及血友病 C（凝血因子Ⅺ缺乏）。血友病通常为性连锁隐性遗传或常染色体不完全隐性遗传。血友病的主要症状是受外伤后出血不止或者自发性的内脏出血，尤其是后者往往威胁到患者的生命。血友病在先天性出血性疾病中最为常见，其中又以血友病 A 发病率最高，一般认为血友病 A、血友病 B 和血友病 C 的发病率之比是 16∶3∶1。血友病 A 的发病率，在欧美国家为（5～

10）/10 万，在我国一些地区统计约为 3/10 万。

血友病 A 和血友病 B 的发病率较高，病情较重，缺乏有效的治疗方法，一般依靠输血和输血制品进行替代治疗，但容易感染肝炎和艾滋病等血源性传染病，而且凝血因子的半衰期短，多次反复治疗不仅费用高昂，而且会造成输血反应。目前，长效凝血因子和基因治疗是血友病治疗的发展方向。

（一）血友病 A

血友病 A 是由凝血因子Ⅷ（简称 FⅧ）基因缺乏而导致血浆中 FⅧ含量不足或功能缺陷，进而引起凝血障碍而出血的一类疾病。血友病 A 是典型的 X 染色体连锁的隐性遗传，其特点是男性发病，女性传递。此病早在 2000 年前就被犹太人注意到了，12 世纪时在阿拉伯文中有血友病的记载，19 世纪时由于英国王室人员中出现了血友病 A，并波及了欧洲各王室，因此该病又被称为王室病。美国最新调查显示，血友病 A 患病率在男性中为 1/（5000～10 000）。该病的病情程度与 FⅧ活性相关，根据病情可以分为：重症型（凝血因子Ⅷ水平<1%）、中症型（凝血因子Ⅷ水平 1%～5%）、轻症型（凝血因子Ⅷ水平 5%～25%）。由于替代治疗技术的成熟，而且重组人凝血因子Ⅷ已经成为商品，得到良好治疗的血友病 A 患者的寿命已可以达到 60 岁，这些治疗方式也在一定程度上提高了患者的生活质量。

1. 凝血因子Ⅷ的结构特征

成熟的 FⅧ是 1 条含有 2332 个氨基酸的多肽链，当肽链完成糖基化反应后，天然 FⅧ的分子质量为 330kDa。计算机辅助分析显示，FⅧ由重复出现的结构域（domain）构成。这些结构域可分为 3 类，即 A 区、B 区和 C 区。A 区又可分为 A1、A2 和 A3，每个 A 区由 330～380 个氨基酸组成，3 个 A 区的氨基酸之间约有 30%的同源性。B 区有 1 个，含有 925 个氨基酸。C 区分为 C1 和 C2，每个 C 区由 160 个氨基酸组成，C1 和 C2 之间有 37%的同源性。这些区域以 A1-A2-B-A3-C1-C2 顺序排列（图 6-4）。此外，A 区的氨基酸序列与血浆铜蓝蛋白较相似，两者约有 30%的同源性，可能有共同祖先，不同的是，血浆铜蓝蛋白中的 3 个 a 区紧密排列，而在 FⅧ因子中，A2 和 A3 之间插入了一

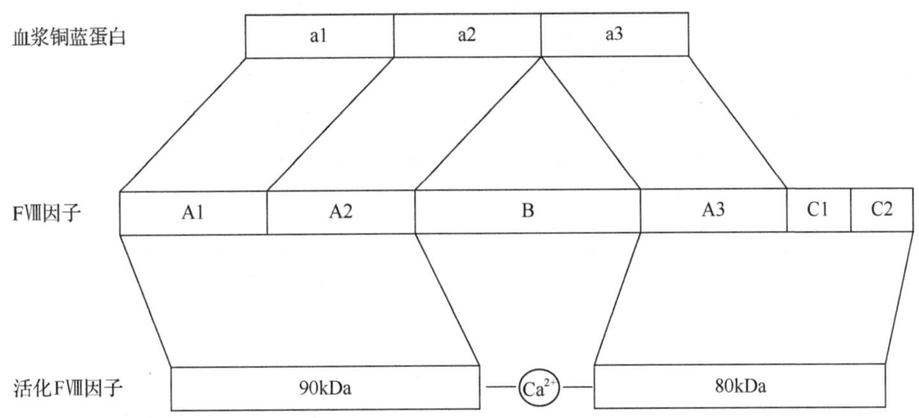

图 6-4 FⅧ因子结构示意图

个 135kDa 的 B 区。A2 区域对 FⅧ因子的功能最为重要，当 FⅧ因子在血液中被激活时，A2 与 A3 之间的 B 区会被酶解切除，Ca^{2+}将 2 个 A 区连接起来而形成有活性的 FⅧ。FⅧ在体内由肝脏合成，其生理功能发生在内源凝血系统中，在 Ca^{2+}及磷脂的存在下，以辅酶的形式参与 FⅨa 对 FⅩ的激活。在血液中，FⅧ会与血管性血友病因子（von Willebrand factor，vWF）形成复合物，含量为 0.1μg/mL，半衰期为 10h。

2. 凝血因子Ⅷ的基因结构

*FⅧ*基因位于 X 染色体长臂 28 区（Xq28），与葡萄糖-6-磷酸（G-6-PDH）基因非常接近。1984 年，美国加利福尼亚州旧金山基因泰克公司（Genetech Inc.）的研究人员经过 4 年的努力，成功地克隆了人 *FⅧ*基因。*FⅧ*基因的总长度达 186kb，由 26 个外显子及 25 个内含子组成。外显子的长度为 69～3106bp，最大的内含子长达 32.4kb。该公司还从一株 T 细胞的杂交瘤细胞（AL-7）中分离到了长约 9kb 的 *FⅧ*片段，得到了 *FⅧ*的 cDNA 克隆。经序列分析发现，*FⅧ*的这段 cDNA 可编码 2351 个氨基酸，其中包括 N 端 19 个疏水氨基酸组成的信号肽。

3. 凝血因子Ⅷ的基因突变

人们发现，许多基因突变并非遗传获得，而是当代因 DNA 复制、遗传诱变等原因形成的新的突变，这些突变是自发的、随机的。据估计，有 1/3～1/2 的血友病患者没有家族史，可能是当代突变而致病，这种类型的突变称为散发性突变。许多血友病家族均有其特有的突变类型，但也有些突变在基因的某些部位反复发生。对突变部位的直接测序或利用限制性片段长度多态性（RFLP）分析，可以进行携带者检测或产前诊断。但散发性突变患者基因缺陷常为 2 代以内和新发生的突变，难以运用 RFLP 方法进行产前诊断及携带者检查。通过对凝血因子的基因突变类型及其发病机制进行研究，目前已发现并研究了多种突变类型及其引起的血友病机制。血友病 A 患者基因突变众多，其中以基因缺失和点突变居多，已报道的有 174 种点突变、117 种缺失、10 种插入等，近年来又发现了 40%的血友病 A 患者基因缺陷是由倒位所引起的。

1）点突变

*FⅧ*基因外显子上有 2 个无义点突变和 1 个内含子上的点突变。2 个无义点突变均发生在 *Taq* Ⅰ酶切位点上，分别位于第 24 和第 26 外显子上，2 个突变都会造成 TCGA 转换成 TTGA，导致阅读框内新增终止密码子 TGA，使得翻译提前终止，产生了没有活性的 FⅧ因子。在第 26 外显子发生无义突变时，产生的肽链仅比正常 FⅧ少 26 个氨基酸，但形成的蛋白质却没有活性。根据氨基酸序列分析，提前终止导致肽链丢失的部分含有活性亚单位氨基酸，其中包括在 2 个 C 区均保守的半胱氨酸残基，其可能在 FⅧ的稳定和维持激活构象上起着重要作用。内含子上的点突变发生在第 2 内含子，也是 TCGA→TTGA 转换，导致 *Taq* Ⅰ位点丢失，不能产生类似于共同剪切供体或受体位点的序列，引起 mRNA 的剪切异常。

*FⅧ*基因的第 18 外显子第 1960 位密码子，以及第 22 外显子第 2135 位密码子也会发生 CG→TG 转换而导致无义突变。CG 位点在 *FⅧ*基因中可能是一个突变热点，这主要是由甲基化的胞嘧啶容易发生脱氨基作用变成胸腺嘧啶而导致 C→T 转换。如果 C→T

转换发生于 *Taq* I 酶切位点 TCGA 上，即可产生 TGA 终止密码子而使翻译提前终止，在 *FⅧ*编码区共有 CG 二核苷酸 71 个，其中 12 个发生转换突变时能形成新的终止密码子，这也成为血友病 A 最常见的点突变类型。

在 *FⅧ*基因的同一密码子上还可发生不同方向的点突变，进而产生轻重不同的血友病。例如，第 2307 位氨基酸精氨酸的密码子由 C→T 转换变成终止密码子，会使翻译提前终止，导致严重的血友病，患者血液中检测不到有活性的 FⅧ因子。而当 C→T 转换发生在另一条链的相应位置上时，即出现 G→A 转换，精氨酸密码子会变成谷氨酰胺密码子，此类血友病患者病情较轻，血液中 FⅧ因子的活性约为正常人的 9%，FⅧ因子抗原量也只有正常值的 6%。因精氨酸带正电荷，在维持蛋白质的完整性中起关键作用，所以当被中性氨基酸谷氨酰胺取代后，蛋白质的稳定性下降，易导致 FⅧ因子被降解。

2）缺失突变

缺失突变是血友病 A 发病的重要原因之一。基因片段的缺失会显著改变 DNA 酶切电泳图谱，因此，这些缺失易用限制性内切酶酶切图谱分析识别。在 *FⅧ*的整个基因上均可出现基因缺失，缺失的长度可以从 2bp 到 210kb 不等。血友病 A 患者的基因缺失可分为 *FⅧ*基因完全缺失、外显子长度不等的大片段缺失或翻译阅读框部分缺失。缺失导致 FⅧ因子不能翻译或产生无意义的蛋白质，或表达的 FⅧ因子多肽存在缺陷而被快速清除，基因缺失引起的血友病 A 多为重型。

值得一提的是，大片段的基因缺失与 FⅧ同种抗体的产生之间不存在必然联系。虽然偶有报道基因缺失的患者中 FⅧ有同种阳性抗体，但是也有大片段缺失甚至整个基因缺失的患者中无抗体产生的情况，另外在基因缺失相同的不同患者中，也会出现有的产生抗体，有的不产生抗体的情况。

3）倒位突变

随着单链构象多态性（single strand conformation polymorphism，SSCP）、变性梯度凝胶电泳（denaturing gradient gel electrophoresis，DGGE）等分子生物学技术的出现，大多数轻、中型血友病 A 的遗传缺陷已被阐明，但仍有约 1/2 重型血友病 A 的分子机制不明。1992 年，拉卡齐（Lakich）等证实近半数重型血友病 A 是由 *FⅧ*基因第 22 位内含子倒位这一共同分子缺陷引起的。第 22 内含子倒位与 FⅧ相关基因 A（*F8A*）有关。*F8A* 基因在 Xq28 有 3 个同源拷贝：1 个位于 *FⅧ*基因的第 22 内含子内，2 个位于 *FⅧ*基因上游约 500kb 处。位于上游的 *F8A* 基因转录方向与第 22 内含子相反，因此上游的任何一个 *F8A* 基因与第 22 内含子的 *F8A* 基因之间的 1 次交换均可在 Xq28 引起 1 个倒位。倒位会严重破坏 *FⅧ*基因结构，使之丧失功能，从而引起重型血友病 A。有调查表明，第 22 内含子倒位也是中国人血友病 A 患者的重要分子缺陷。

4）插入突变

基因 *FⅧ*的第 14 外显子富含 polyA，与 L1 重复序列中的 polyT 的核苷酸互相配对，如在第 14 外显子处插入 2.3kb 或 3.8kb 的人 L1 重复序列，会导致血友病 A。

5）基因重排

基因重排引起血友病 A 较少见，卡瑞亚（Kariya）报道了 1 例 FⅧ的外显子重排成 1-4、9-7、13、14-16 等，不能合成正常的 FⅧ因子，导致血友病 A。

4. 凝血因子FⅧ的基因突变和遗传学效应

凝血过程是由黏附到创伤部位的血小板所引起的，但是血小板很容易被去除，而血浆内一种称为纤维蛋白的不溶性聚合体可使血小板暂时停滞在原位直至凝血，因此，凝血的关键步骤就是由纤维蛋白的可溶性前体——纤维蛋白原组成纤维蛋白网。在血管受伤后，一连串酶发生瀑布式连锁酶促反应，形成纤维蛋白，这一连串作用的每一步都有一个蛋白质前体被切开，形成血浆中一种活性蛋白酶，这个酶随即切开另一个蛋白质，使它也变成蛋白酶。切开蛋白质的各个步骤几乎都涉及辅助因子，FⅧ就是其中的一种辅助因子，它的作用是协助蛋白酶因子Ⅸ一连串反应的中间阶段活化成 FⅨ。因此，当基因 *FⅧ*发生突变，导致 FⅧ合成障碍，就可以破坏整个凝血过程，一旦有伤口，就会引起严重的出血不止，甚至危及生命。FⅨ的基因突变也有同样的效应，其机制将在后面详细阐述。

（二）血友病B

1. 凝血因子Ⅸ的结构特征

凝血因子Ⅸ（简称 FⅨ）是一种分子质量为 56kDa 的糖蛋白，其含糖量约占整个分子的 17%，它主要由肝细胞产生，并在肝内经过一系列酶学修饰，成为成熟的 FⅨ，之后会被分泌到血液中，参与凝血过程中的生化反应。

在肝细胞内，*FⅨ*基因表达的最初产物是FⅨ前体，它由 461 个氨基酸残基组成，按功能不同可将其分为信号肽（从–46 至–18 共 29 个残基，也有学者认为是从–39 至–18，应为 22 个残基）、前导肽（从–17 至–1，共 17 个残基）和成熟蛋白（从+1 至+415，共 415 个残基）3 个部分（图 6-5）。

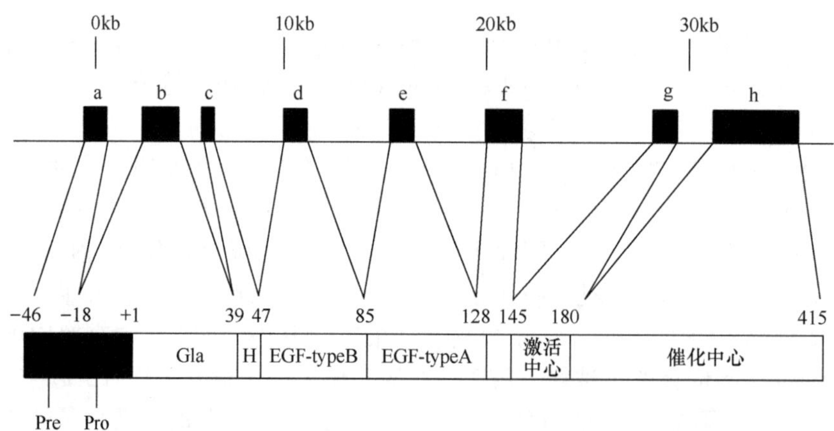

图 6-5　*FⅨ*基因结构及其与蛋白质之间的关系

上方：*FⅨ*基因的结构：实心框代表外显子，分别称为 a～h；细线代表内含子

下方：FⅨ蛋白的结构；实心框代表在成熟或活化过程中被切除的区域。Pre 为信号肽；Pro 为前导肽；Gla 为含 γ 羧化 Glu 残基的区域；H 为亲水区域；EGF-type B 为含有离子亲和力钙结合位点的上皮生长因子同源的区域；EGF-type A 为无钙结合位点的上皮生长因子样区域；激活中心（activation center）为在活化过程中被切除的肽段；催化中心（catalytic center）为丝氨酸蛋白酶区域

FⅨ前体的修饰发生在粗面内质网中，主要的步骤有：信号肽和前导肽的切除、糖基化、二硫键的形成、N 端 12 个谷氨酸残基的羧基化（此步骤需要维生素 K 的参与），以及在类表皮生长因子结构域（epidermal growth factor-like domain，简称 EGF 区域）内的第 64 位天冬氨酸的 β 羟基化等。FⅨ前体经过复杂的修饰过程后，便成为成熟蛋白，从高尔基体分泌出来。其实，除肝细胞外的其他组织（如肌肉）中，也存在着对 FⅨ前体进行修饰的酶系。

成熟的 FⅨ蛋白被肝细胞分泌进入血液，并以酶原形式存在。它在一级结构中被赋予的特点使其在蛋白分子结构中呈现出多个不同的区域（图 6-5），这些区域对于整个 FⅨ分子的生物学活性起着不同的作用。

（1）Gla 区域。该区域含有 46 个氨基酸残基（1～46 位氨基酸）。有人认为，当 Ca^{2+} 与区域内的含 γ 羧基 Glu 残基结合时，Gla 区会发生明显的构象改变，分子中与磷脂结合的部位会暴露于分子表面。

（2）EGF 区域。该区域由 81 个氨基酸残基（47～127 位氨基酸）组成，其中包括两个类似的结构，分别是第一 EGF 区域（47～84 位氨基酸）和第二 EGF 区域（85～127 位氨基酸），功能尚不清楚。

（3）活化区域。该区域由第 128～195 位氨基酸残基所组成。FⅨ在活化过程中，活化因子Ⅸ（FⅨa）会将活化区域内的 Arg-Ala（145～156）和 Arg-Val（180～181）之间的肽链切开，游离出含 35 个残基的一段肽段。位于这个肽段之前的肽链有 145 个氨基酸残基（1～145），称为轻链，位于之后的肽链有 235 个氨基酸残基（181～415），称为重链。轻链与重链之间借助第 132 位和第 289 位的半胱氨酸残基所形成的二硫键而相互连接。重链也是 FⅨa 的活性中心，是 FⅨa 中的一个催化亚基。FⅨa 的催化作用主要由位于第 221 位上的组氨酸和第 269 位上的天冬氨酸残基决定。除第 359 位上的天冬氨酸残基外，第 384 位上的丝氨酸残基、第 386 位上及第 395 位上的甘氨酸残基也能提供与底物的结合位点。

2. 凝血因子Ⅸ的 mRNA 特征

对 FⅨ mRNA 的认识主要通过对其相应的 cDNA 的研究来实现。1982 年，英国牛津大学的布朗利（Brownlee）实验室以 FⅨ的 cDNA 为探针进行序列分析，结果表明，完整的人的 FⅨ mRNA 的总长度为 2802 个核苷酸残基，在 5′端有一段 29 个残基长度的非编码序列，在 3′端有一段 1390 个残基长度的非编码序列，在其末端为 polyA 加尾位点，编码序列的长度为 1383bp，FⅨ mRNA 以甲硫氨酸密码子开头、苏氨酸密码子结尾。

3. 凝血因子Ⅸ的基因结构

1991 年，在伦敦举行的第十一次人类基因定位会议上公布，*FⅨ*基因在 X 染色体上的座位确定为 Xq26.3—q27.1。这个座位与 HPRT（次黄嘌呤一鸟嘌呤磷酸核糖转移酶）、黏多糖贮积症Ⅱ型、脆性 X 染色体综合征、色盲、G6PD 及凝血因子的基因相邻。

*FⅨ*基因的长度约为 33.5kb，由 8 个外显子和 7 个内含子，以及侧翼序列中的调控区所组成。序列测定的结果显示，在 *FⅨ*基因中所有内含子与外显子的交界区都具有规律，即内含子的 5′端和 3′端序列分别为 5′-GT 和 AG-3′。

关于*FⅨ*基因中的调控结构目前仅有两组比较直接的研究。

一组是由美国密歇根州立大学的撒利（Salier）等对其5′端的侧翼序列所进行的研究。结果发现：①在5′端侧翼序列中，从–175至–274（100bp）的区域是基因表达所必需的，在–238位的AGCCACT和–187位的TCAAAT都是功能性的CAAT盒和TATA盒；②转录的起始点可能位于–150处，但还有待进一步研究；③在5′端上游–1.4kb至–1.7kb区域内有一个弱化子存在，其中含有一段具有负调节作用的序列（ATCCTCTTCC）；④在–750至–80之间有一个具有很强功能的反向启动子，进一步分析表明，这个反向启动子不具有逆转录病毒LTR的结构特征，因而可以排除是逆转录病毒LTR序列整合的结果，然而，在它5′端邻近的上游序列中没有发现有意义的阅读框存在，所以这种结构的意义尚不清楚；⑤在编码链的–349处有一段TGGACC序列，在互补链的–79处有一段CTTTGGACT序列，这些序列被认为可能与组织特异性表达有关。

另一组是由美国洛克菲勒大学的雷伊宁（Reijnen）等对5′侧翼序列中肝细胞核因子4（hepatocyte nuclear factor 4，HNF-4）结合位点的研究，证明–26至–20这一区域能够与反式调节因子HNF-4结合，这对*FⅨ*基因在肝细胞内的特异性表达起着决定作用。

4. 凝血因子Ⅸ的基因突变

在目前所研究过的血友病B病例中，几乎都能在*FⅨ*基因的结构中找到异常。然而，却没有发现由于FⅨ蛋白在生物合成过程中有关酶系的异常而引起的病例。这样的结果至少可以认为血友病B主要是编码FⅨ蛋白的基因结构发生异常而导致血液中FⅨ的含量、结构或生物学特性改变的结果。因此，研究*FⅨ*基因在结构上的变异，可充分认识*FⅨ*基因的表达调控原理，以及血友病B的发病机制。

1）突变的类型

在*FⅨ*基因内，各种类型的突变均可发生，突变的位置也分布于整个基因内的任何区域，而且可以发生双重突变，甚至三重突变，突变的复杂性使得血友病B的表型在不同个体之间的差异很大。

（1）缺失。缺失的范围在不同的病例中存在很大差异，就缺失范围的大小，缺失可以分为全部缺失、部分缺失和小缺失。全部缺失是指整个*FⅨ*基因全部缺失，这种缺失的范围基本都在30kb以上，在有的病例中，由于*FⅨ*基因的一端或两端的侧翼序列同时受累，缺失片段的长度可达250kb之多。部分缺失是指在50bp以上的、*FⅨ*基因序列的部分缺失。小缺失则是指在50bp以下的个别核苷酸序列的缺失。不论是哪种缺失类型，在临床上的表现都是重型血友病B。

（2）插入。在目前所发现的插入突变中，插入片段的长度在不同病例中差异也很大，小的可为1个核苷酸插入，大的可到数千碱基对。例如，FⅨ wonrbory突变是由于第11、764位后面各插入了1个胞嘧啶（C），造成移码突变。又如，FⅨ E1 salvador突变中，FⅨ的第4内含子有一段长达6kb的插入。

（3）置换。在*FⅨ*基因中，已发现的置换突变位点已有200多处，但是在不同的血友病B病例中，置换位置却都不相同。

2）突变的热点

在近几年所报道的血友病 B 患者中，有几乎一半的病例在 *FⅨ*基因中突变位点和突变类型都各不相同，但其余的近一半病例是有相同的突变情况，又称为重复突变型。在这些重复的突变位点上，约 50%的突变涉及 CpG 二核苷酸序列中的 C→T 或 A，尤其在 *FⅨ*基因第 31 008 位上的 C 发生突变的病例就多达 30 例。CpG 序列是血友病 B 的一个突变热点。由于 CpG 序列中 80%～90%的脱氧胞嘧啶在甲基化酶的作用下，会被转变为 5-甲基胞嘧啶，而 5-甲基胞嘧啶很不稳定，在脱氨酶的作用下，容易转变为 T，但细胞内缺乏对这种突变进行修复的机制，从而使得该突变容易被积累下来，故其频率比其他非 CpG 序列的突变频率高。据估计，CpG 核苷酸序列中 C→T 的突变频率为每代 1.05×10^{-7}/配子。

5. 凝血因子Ⅸ的基因突变和遗传学效应

在血友病 B 中，由于 *FⅨ*基因的突变类型很多，故在不同病例之间突变所带来的表型效应有着很大的差异。从 FⅨ蛋白的变化情况来看，可能出现的表型效应有以下几类。

1）FⅨ蛋白量的变化

有些突变类型不会引起 FⅨ蛋白结构和功能的变化，但会显著影响血液中 FⅨ蛋白的浓度。在临床上，大多数病例都表现为 FⅨ蛋白的减少或完全缺乏。基因 *FⅨ*的调控区发生突变是导致蛋白减少的主要原因，如 FⅨ Leiden。但是，具有这种突变的病例，其血液中 FⅨ的量可随年龄的增长而增加，到青春发育后期，有的病例的 FⅨ蛋白浓度可提高到正常人的 60%。另外，也有报道发现雄激素可促进基因 *FⅨ*的表达，使血液中的 FⅨ浓度有所提高。导致 FⅨ蛋白完全缺乏的原因则比较复杂，基因 *FⅨ*的完全缺失或部分缺失可以引起蛋白质缺乏，范围很小的点突变同样也可引起蛋白质缺乏。据估计，在临床上有 1/3 的血友病 B 患者的血中有 FⅨ蛋白的存在，但不具有 FⅨ蛋白的生物学活性，其中大多数是由于基因 *FⅨ*点突变引起无义突变、错义突变或移码突变。

2）蛋白复合物形成异常

血液中的 FⅨ以酶原形式存在，它需要与一些辅助因子相结合成为复合物后，才能被活化。如果 FⅨ本身在结构上出现异常，则会导致它与某些辅助因子的结合发生异常，从而引起其活性的改变。例如，在正常情况下，FⅨ第 27 位的 Glu 会被羧基化，以保证 FⅨ钙依赖性的构象转变，而在 Seattle 3 突变型中，由于 Glu→Lys，从而失去了正常的羧基化修饰步骤，以致血液中的 FⅨ不具有生物活性，而表现为严重的血友病 B。

3）活化异常

在 FⅨ的活化过程中，有一个关键步骤是需要从分子中切去一段活性肽，剩下的轻链再以二硫键相互连接。FⅨ Chapel Hill 突变型则会在第 145 位密码子发生 Arg→His，使得其旁边的肽键不能被切开，FⅨ不能被活化，在临床上表现为中型或重型血友病 B。而 FⅨ Hilo 突变则是第 180 位密码子发生 Arg→Gln，同样导致旁侧的肽键不能被切开，FⅨ不能被活化。

4）催化活性异常

FⅨ的催化活性与其活性中心，尤其是与催化位点的构象直接相关。当相对应的氨基酸残基发生改变时，其构象也随之发生变化，从而导致催化活性异常。FⅨ HB24突变型、FⅨ HB1突变型等都会引起FⅨ催化活性不同程度的降低，从而导致血友病B的发生。

三、α1-抗胰蛋白酶缺乏症

α1-抗胰蛋白酶缺乏症（α1-antitrypsin deficiency，α1-AT缺乏症）是常染色体隐性遗传病，也是另一类常见的单基因病，其特征是血清中α1-AT水平明显降低，在儿童期主要表现为肝病，而成人期主要表现为肺气肿。α1-AT缺乏症是欧美地区最常见的致死性遗传病之一，它还与其他肺部疾病如囊性纤维化（CF）、急性肺损伤等有关。α1-AT是一种主要的血浆蛋白酶抑制剂，因最初发现其功能是抑制胰蛋白酶而得名，但后来发现它还能抑制各种不同的丝氨酸蛋白酶。α1-AT合成于肝脏，主要生理作用是抑制肺泡中的中性粒细胞弹性蛋白酶（neutrophil elastase，NE），保护肺泡结构中的弹性纤维免受弹性蛋白酶的水解。在正常生理条件下，α1-AT与NE的水平处于动态平衡状态，一旦由于某种原因平衡被打破，NE水平过高，就会导致肺泡结构的永久损伤，引起肺气肿。

（一）α1-抗胰蛋白酶的分子结构

α1-AT由肝细胞和单核细胞产生，成熟的α1-AT是一种较小的高度分级的糖蛋白分子，分子质量为52kDa，含有418个氨基酸（其中含有24个氨基酸的信号肽），在合成过程中折叠成球形。α1-AT是单链三级结构，其结构表面的3条碳水化合物侧链以Asn分别联结在第46、83和247位氨基酸残基上。α1-AT的N端有20个氨基酸残基序列，与由17个氨基酸残基序列（Glu342-Met358）所组成的结构相互连接，构成α1-AT的反应中心（Met358-Ser359）。这个结构有一定的张力，呈亚稳态，张力会使反应中心键拉紧，因此又叫绊状结构。反应中心又与NE有极大的亲和力，具有张力的绊状结构会因此容易断开，导致α1-AT失活。

α1-AT的分子结构高度有序。它有9个α-螺旋，占结构的30%，并有A、B、C等3个β-折叠片，组成平行和反向平行链，占结构的40%。这样的结构可使反应中心固定并易于暴露，容易形成合适的底物构象。α1-AT中还有2个内盐键，分别是Glu342-Lys290和Glu264-Lys387，它们对维持分子相对稳定具有关键作用。

（二）α1-抗胰蛋白酶的基因结构和表达

*α1-AT*基因位于人14号染色体上（14q31—q32），全长约12.3kb，含有7个外显子（A～G）和6个内含子（Ⅰ～Ⅵ）。*α1-AT*基因有2个具有组织特异性的启动子，即巨噬细胞启动子（仅在巨噬细胞中才可被激活）和肝细胞启动子（仅在肝细胞中才有活性），前者位于后者上游大约2kb处。通常将肝细胞启动子的转录起始位点的核苷酸编号为1。在转录起始位点上游约20bp处，有一段TATA盒，目前未发现该基因有CAAT盒。相关实验表明，*α1-AT*基因3′端的RNA裂解信号是ATTAAA，与一般

真核细胞的 AATAAA 稍有不同。

人们对肝细胞内 *α1-AT* 基因表达的调节区域研究得较为清晰。在肝细胞转录起始位点的上游，除 TATA 盒外，至少还存在 3 个肝细胞 *α1-AT* 基因的激活区域。前 2 个区域位于–488/–356 及–261/–110 区域内，但它们并非肝细胞 *α1-AT* 基因的特异激活区域；第 3 个区域位于转录起始位点上游–137/–37 处，这是肝细胞 *α1-AT* 基因表达的特异启动序列，该序列的缺失或突变将引起肝细胞内 *α1-AT* 表达功能丧失。同时，第 3 个区域还可分为 A 部位（–125/–100）和 B 部位（–84/–70），它们对肝细胞 *α1-AT* 基因转录调控至关重要。在鼠肝细胞核的提取物中发现，LFA1 和 LFB1 这 2 个蛋白可分别与 A 和 B 部位特异地结合，对 *α1-AT* 基因在肝细胞中的转录起正调控作用。但是，在非肝细胞中，A 和 B 部位与其他蛋白质结合可关闭 *α1-AT* 基因在非肝细胞中的表达，对转录起负调控作用。

巨噬细胞内 *α1-AT* 基因启动子位于–2066 位核苷酸的上游区域，有关此启动子启动巨噬细胞 *α1-AT* 基因转录的机制远没有肝细胞研究得清楚，但有证据表明，该启动子在巨噬细胞内可以启动 2 个不同的转录起始位点，分别位于–2066 和–2029 处，两者相距 37bp。由于起始位点的不同，它们转录的 mRNA 的长度也不一致：前者转录的 mRNA 包含 *α1-AT* 基因所有 7 个外显子序列，后者的 mRNA 因外显子 B 转录后被剪切，只剩 6 个外显子序列。但是，是什么原因导致同种细胞中同一基因转录产物差异剪接得到不同长度 mRNA 的现象还不清楚。

与巨噬细胞不同的是，大部分肝细胞的 *α1-AT* 基因 mRNA 的转录开始于外显子 C 的中部。尽管 mRNA 长度有所不同，但它们的翻译产物一致。*α1-AT* 基因的整个编码区由 1254 个核苷酸组成，起始密码子位于 5350～5352 的 ATG 处。转录后的 mRNA 在粗面内质网上翻译，产生有 418 个氨基酸的前体蛋白质，并分泌到粗面内质网池内，之后含 24 个氨基酸残基的信号肽被切除，留下含 394 个氨基酸残基的成熟多肽。在粗面内质网内，α1-AT 会被高甘露糖型碳水化合物糖苷化，并折叠成三维结构，糖苷化后的蛋白质会移位到高尔基体，在高尔基体处使碳水化合物调整为复合型，再被分泌出细胞。

肝脏是 α1-AT 表达的主要器官，每天从肝脏释放到循环中的 α1-AT 大约为 2g。正常人血清中的 α1-AT 水平是 20～53mol/L。α1-AT 的半衰期受碳水化合物侧链支配，一般是 4～5 天，如缺少 1 条侧链可使其半衰期明显缩短。α1-AT 很容易通过循环弥散到其他组织器官内，并与作为靶蛋白酶的 NE 以 1∶1 结合形成复合物，发挥保护组织器官免受中性白细胞释放的 NE 的破坏作用。α1-AT 会与 NE 迅速结合，一旦结合形成复合物后就很难再解离，当复合物通过血液循环到达肝脏和脾脏后会被分解去除。

（三）*α1-AT* 基因的突变和遗传学效应

α1-AT 基因是多型性的基因，已证明它有 75 种等位基因，可分为正常基因和有危险性基因两大类。正常基因有 Ml（Ala213）、M1（Val213）、M2 和 M3 这 4 种。在高加索人后裔中，M1（Val213）是最常见的一种，基因频率为 0.44～0.49；M3 最少见，其频率是 0.10～0.11。有危险性基因的结构变异可分为单个碱基的改变和多个碱基的改变两种类型。

最常见的*α1-AT*基因突变型是S型和Z型，它们都属于单碱基改变型。Z型较S型更常见，还有一种很少见的零型（null-null），其他突变型较罕见。Z突变型是*α1-AT*基因的第5外显子中发生单个碱基取代（A→G），导致α1-AT分子中的Glu342被Lys代替，丢失了离子键Glu342-Lys294，使得α1-AT分子不能在内质网内糖基化而发生错误折叠，沉淀于内质网并被降解，不能转运到细胞表面，导致血清中 α1-AT 分子的水平降低至10%～15%。S突变型是*α1-AT*基因的第3外显子发生单个碱基取代，致使合成的α1-AT分子中的Glu264被Val代替，导致离子键Glu264-Lys387丢失，改变了α1-AT分子内部的结构，分子稳定性受到影响。

ZZ型纯合子的α1-AT合成细胞内，α1-AT mRNA的转录水平正常，但分泌出来的α1-AT只有正常的10%～15%。这是由于α1-AT分子蓄积在门静脉周围的肝细胞内质网中而导致分泌减少，在ZZ型纯合子的肝细胞活检中可见到此现象。分泌缺陷的发生说法不一，有研究认为，Z型α1-AT分子折叠成三维结构的速度慢，α1-AT分子发生凝聚，掩盖了分子内部的疏水基团，导致α1-AT分子移位到高尔基体受阻，大量蓄积在内质网中；也有研究认为，Z型突变可能会引起一级结构或三级结构内的移位信号丢失，故α1-AT分子不能移向高尔基体。Z型突变的个体中，不仅血清α1-AT水平低于11μmol/L，少量分泌出的α1-AT分子功能还有所下降，这需要高于正常量12倍浓度的α1-AT才能达到正常抑制NE的作用，所以Z型突变是α1-AT量下降和功能异常的一种联合缺陷。

SS型纯合子的α1-AT合成细胞内，α1-AT mRNA以正常类型和正常量的α1-AT转录，但有部分新合成的α1-AT分子因失去稳定性而被降解，所以患者血清α1-AT水平有所下降，但一般在12μmol/L以上，个体发生肺气肿的危险性不大。

零型突变个体的α1-AT合成细胞内，α1-AT mRNA转录物缺失，表型的血清中完全测不到 α1-AT。Z型和零型个体都易发生肺气肿，SZ杂合子中有一小部分个体的血清α1-AT水平会低于11μmol/L，有中度发生肺气肿的危险性。4种正常基因形成任何一种纯合子（M2M3或M1M2等），或者正常基因和任何一种突变基因形成的杂合子都不会发生α1-AT缺乏症。

由多个碱基改变引起的α1-AT表达异常，目前只发现了Nichinan和Maltin两种类型，它们在基因水平上各有一个二联体密码子的缺失，导致了α1-AT分子中相应氨基酸的缺失。

（四）α1-AT缺乏症与疾病

α1-AT是人体内最主要的中性白细胞NE抑制剂，在保护肺泡组织免受NE损害中发挥重要作用。血液中90%的NE与α1-AT呈1∶1比例结合，形成复合物使NE失去活性，进而被内皮系统清除。正常人体血浆和呼吸道上皮黏液中 α1-AT 水平分别为 20～53μmol/L和2～5μmol/L，而α1-AT缺乏症患者则分别为<11μmol/L和0.5～0.8μmol/L，较低水平的α1-AT不足以结合NE，易导致蛋白酶NE对肺泡结缔组织中的弹力纤维持续损伤，使得终末气道扩张，进而形成肺气肿。α1-AT 缺乏症临床表现为胸闷、气短及渐进性呼吸功能下降，最终导致呼吸衰竭。α1-AT 突变型最初在北欧、高加索人中发现，之后传遍欧洲，又由于移民将该病传到美国和其他国家。

α1-AT 缺乏症患者儿童时期即有低度发生肺气肿的危险性，30～40 岁有高度发病的危险性。如果有 α1-AT 缺乏症的个体还伴随吸烟习惯，肺气肿将提早发生。α1-AT 缺乏症的个体发生肺气肿的严重程度有较大差异，这可能与 *NE* 基因表达的遗传差异有关。有 10%的 α1-AT 缺乏症个体在新生儿时期会发生肝炎和胆汁淤积，并偶尔发展为肝硬化。α1-AT 缺乏症的成人中，也会有一部分发生肝炎和肝硬化，进一步发展为肝衰竭。发生肝脏疾患的只见于 Z 突变型的个体，其机制可能与 α1-AT 在肝脏内蓄积有关，在将 Z 突变型基因转移到小鼠的实验中发现，α1-AT 在小鼠肝脏内蓄积，并伴随肝炎发生，至于为何 α1-AT 分子的蓄积引起肝细胞损伤和炎症仍需进一步研究探索。

四、非孟德尔式遗传与人类单基因病

除了核酸序列增减，DNA、组蛋白或染色体水平的不同修饰也能通过调控基因表达，导致个体表型性状的改变，并且这种修饰的改变可遗传到下一代，这些非 DNA 序列所储存的遗传信息由亲代传递给下一代的现象，称为表观遗传，因它不遵循孟德尔遗传规律，这一类遗传归为非孟德尔式遗传。与环境因素相关的疾病，如癌症、炎症、代谢性疾病、神经疾病等疾病中，表观遗传机制发挥着重要作用，并主要参与了疾病的发生及发展。表观遗传修饰主要通过 DNA 甲基化、组蛋白修饰、染色质重塑，以及非编码 RNA 这 4 种方式来调控基因的表达。现以 15 号染色体同一区域在基因组印记过程中两种不同的表观作用，分别引发两类单基因病来阐述这一类疾病。

（一）普拉德-威利综合征

普拉德-威利综合征（Prader-Willi syndrome，PWS）是一种由于缺乏 15 号染色体印记基因的表达而产生的罕见的、复杂的遗传疾病。因该区段基因在大脑所有组织区均有表达，基因缺陷导致其所编码的小 RNA 缺陷和核小 RNA 修饰异常，出现丘脑功能障碍和发育迟缓。由于下丘脑发生病变，患者易发生肥胖症，表现为进食后无饱腹感，而生长激素和促性腺激素缺乏进一步促使肥胖和代谢综合征。PWS 主要的临床特征和表现为：颅面畸形；智力残疾，智力障碍；婴儿期肌肉张力低下；生长激素缺乏导致性腺功能减退；行为问题；儿童早期肥胖，因此，PWS 又被称为小胖威利综合征，被认为是导致危及人生命的肥胖的最常见的遗传原因。PWS 患者在生命早期即可表现出颅面畸形，包括长头症、双额直径狭窄、斜视、上唇薄、嘴角下弯、口干伴牙釉质发育不全等症状。PWS 的发病率约为 1/15 000。

1. PWS 的遗传学特征

以人为例的二倍体生物，因受精过程是精子、卵细胞各提供一半遗传物质，后代的每对染色体的一条染色体源于母亲，称为母系染色体，另一条染色体源于父亲，称为父系染色体。正常情况下，人的 15 号染色体 15q11—q13 区域的部分基因受基因组印记的影响，只有来自父系染色体的这部分等位基因是活跃状态可正常表达，来自母系的 15 号染色体的相同等位基因应该被表观遗传修饰（主要是 DNA 甲基化）而表达沉默。

（1）15q11—q13 区域的父系遗传基因缺失，导致表达沉默或异常，有 65%～75%的病例都源于此类缺陷，从而出现 PWS 表型和综合征。按照缺失的大小进行细分，这一类型可分为Ⅰ型和Ⅱ型两种亚型。Ⅰ型缺失较大，涉及 15 号染色体长臂近端断点 BP1 和远端断点 BP3。Ⅱ型缺失较小，涉及 15 号染色体长臂近端断点 BP2 和远端断点 BP3。在大约 5%的 PWS 个体中，还存在不寻常或非典型缺失，这一类患者比典型的Ⅰ型或Ⅱ型缺失更大或更小，但同样产生严重的 PWS 表型。

（2）母系单亲源二体，这是 PWS 的第二大常见遗传原因，在 20%～35%的个体中发现。这一类型个体的 15 号染色体都为母系染色体。因为遗传自母亲的 15 号染色体上的 15q11—q13 区域部分基因通常被表观遗传因素沉默，因此也会因调控 RNA 无法编码而导致丘脑功能障碍和发育迟缓，出现 PWS 表型。

（3）印记中心缺陷或微缺失，发生在不到 3%的 PWS 家族中。这是比较罕见的家族性病例，可能是父亲从其母亲那里获得的印记中心存在微缺失所导致。

2. PWS 的分子检测

当临床通过部分表型特征产生 PWS 怀疑时，必须通过基因检测才可确认 PWS 的诊断。婴儿早期诊断可为 PWS 的早期干预提供充足的时间，也可减缓病情。基于表型的早期分子诊断、产前筛查仍然是预防和干预 PWS 的最佳途径。

PWS 的分子检测主要从血液标本的 DNA 甲基化分析开始，如果 DNA 甲基化检测正常，则应考虑其他临床疾病。荧光原位杂交（FISH）的染色体分析可识别典型的 15q11—q13 缺失，近年来也通过使用拷贝数变异（CNV）和单核苷酸多态性（SNP）探针的 DNA 染色体微阵列分析，这类分析不仅可识别 15q11—q13 缺失的大小（典型和非典型），而且有助于通过识别 15 号染色体等位基因的杂合性丢失（loss of heterozygosity，LOH）来确定母系单亲源二体亚型状态。如果甲基化测试显示 PWS 甲基化模式，但没有可识别的 15q11—q13 缺失，则需用 CNV 和 SNP 进行基因分型，并需要识别双亲的 15 号染色体，以确认是否存在印记缺陷。如果 CNV 和 SNP 探针没有识别 15 号染色体缺失或广泛的 LOH（如>8Mb），则表明个体是母系单亲源二体。

（二）天使综合征

同样是 15 号染色体印记基因区部分缺陷，如果是母系染色体缺陷，则产生另一种复杂的遗传病，即快乐木偶综合征，又称天使综合征、安格尔曼综合征（Angelman syndrome，AS），是一种较为罕见的严重神经精神系统疾病，多见于儿童。1965 年，英国儿科医生哈利·安格尔曼（Harry Angelman）首先发现并系统性地描述了该疾病，此后以他的名字命名了该疾病。AS 的发病率为 1/24 000～1/15 000，患者有癫痫、严重发育迟缓、智力低下、语言障碍及运动障碍等为特征的严重神经发育障碍的症状，但患者面部常露笑容，显示出天使般的神态，因此得名天使综合征。大多数 AS 患者会将双手举高，不断挥舞，并出现脚下不稳、枕部扁平的情况，而且喜欢吐舌。由于吮吸或吞咽功能障碍，AS 患儿喂养过程非常困难。AS 的临床表现与染色体异常具有密切联系，不同的突变类型有不同程度的表现，缺失片段的大小与表型具有相关性。

大部分情况下，AS 患者父母的染色体均正常，是父母精卵结合形成二倍体时发生了部分染色体片段表达异常或缺失，引发 AS，因此该病无明显家族遗传倾向。母系染色体 15q11—q13 上的 *UBE3A* 等位基因功能丧失是 AS 发生的主要原因，*UBE3A* 基因在印记基因的调控下差异表达，正常情况下，母系 *UBE3A* 基因表达活跃而父系 *UBE3A* 基因相对沉默。

根据染色体 15q11—q13 片段异常的类型，可以将 AS 染色体缺陷大致分为 5 种类型：①母系 15 号染色体的相关区段缺失或表达异常，约占 AS 的 70%；②基因突变导致 *UBE3A* 失活，占 AS 的 5%～10%；③母系 15 号染色体全部缺失，受精卵中只存在减数分裂未分离的父系 15 号染色体，即父系单亲源二体，占 AS 的 2%～7%；④印记基因缺陷导致 *UBE3A* 基因表达障碍，占 AS 的 3%～5%；⑤染色体重排，不足 1%，仅有个案报道。

UBE3A 基因异常在 AS 的发病机制中具有关键的作用。*UBE3A* 基因位于 15q11—q13，全长 101 853bp，由 20 个外显子组成。该基因编码的蛋白是 E6 相关蛋白（E6 associated protein，E6AP），属于泛素蛋白连接酶 E3 家族，具有组织特异性，尤其在大脑组织中过量表达。该蛋白质的作用主要表现在两个方面：第一是作为泛素蛋白连接酶，对目标蛋白进行泛素化修饰，通过蛋白酶体的降解作用调节蛋白表达水平；第二是作为甾醇类激素受体的共激活因子，定位细胞核内，调节下游基因转录。因 E6AP 蛋白广泛表达于神经元，提示 E6AP 蛋白可以维持神经元的正常功能，尤其是突触功能。*UBE3A* 基因异常会导致海马、黑质区泛素蛋白连接酶减少甚至消失，从整体上影响个体的神经系统。因此，由于在神经细胞中 *UBE3A* 只表达母系部分，母系基因异常会导致 UBE3A 的功能异常，从而导致 AS 发生。

作为一类严重的神经遗传病，目前针对 AS 患儿并没有实质性的治疗进展，AS 主要靠预防，为了提高 AS 患儿的生活自理能力，改善生活质量，产前咨询和遗传学筛查对预防 AS、提早诊断并积极治疗显得非常必要。

第二节　多基因病

多基因遗传是指生物体的一些表型性状由不同座位的两个以上基因协同决定，其性状呈现数量变化的特征，故又称为数量性状遗传，多基因遗传的数量性状为连续变异的性状，如人的身高、血压和智力等，性状的分布为正态分布曲线。多基因遗传中每对基因的性状效应是微小的，基因间的作用可累加，且基因间表现为共显性的特征。多基因遗传性状除受遗传因素影响外，还受环境因素的影响。

多基因病是指起源于多基因遗传和环境因素的疾病，是遗传因素和环境因素相互作用的结果，因此也称多因子病。这类疾病中遗传因素所起的作用的百分率称为遗传度，环境因素影响越大，遗传度越小。和单基因病不同的是，多基因病是一种异质性疾病，多基因病的确定比较困难，需要首先排除染色体病和单基因病，还要进行较为周密的家系调查，尤其是要获得单卵双生发病一致性的证据。此外，要揭示多基因病的致病机制也很困难，这是因为多基因病的遗传因子和环境因子的性质相当复杂，有些疾病仅仅是由单个基因座位与个别环境因子相互作用所致，而有些疾病则是由多个基因座位的微小效应叠加在一起相互作用所引起的。尽管多基因病的遗传因子较为复杂，但大部分多基因病中往往有一个或少数几个遗传因子的作用比较明显，容易检出，这就为多基因病的分子遗传学研究提供了重要途径，人们有可能应用重组 DNA 技术，从部分基因座位入手，揭示多基因病的分子机制。本节将对研究较为深入的多基因病——高脂蛋白血症和糖尿病的有关分子遗传学研究进行介绍，并对多基因病的相对危险度进行一定阐述。

一、高脂蛋白血症

高脂蛋白血症（hyperlipoproteinemia），又称为高脂血症（hyperlipidemia），是指血液中的一种或几种脂蛋白或脂质的含量高于正常值所引发的病症。血浆中的脂质包括胆固醇和甘油三酯，它们通过血浆脂蛋白在组织间进行转运，不同血浆脂蛋白的大小、所含的脂质成分和肽有所差异。脂蛋白颗粒是一个复合大分子，分子中间由非极性脂质构成核心，周围包绕着肽和磷脂。

血浆脂蛋白用超速离心法可分为 5 类：乳糜微粒（chylomicron，CM）、极低密度脂蛋白（very low density lipoprotein，VLDL）、中密度脂蛋白（intermediate density lipoprotein，IDL）、低密度脂蛋白（low density lipoprotein，LDL）和高密度脂蛋白（high density lipoprotein，HDL）。按颗粒大小和脂质含量排序：CM（主要含甘油三酯）＞VLDL（主要含甘油三酯）＞IDL＞LDL（主要含胆固醇）＞HDL。按其密度和载脂蛋白含量排序：HDL＞LDL＞IDL＞VLDL＞CM。载脂蛋白是脂蛋白的结构成分，是脂代谢中重要酶的激活因子或抑制因子，是脂蛋白细胞受体的配体，对脂质代谢起着关键性的作用。

（一）脂蛋白的代谢

富含甘油三酯的脂蛋白由小肠合成，以 CM 和 VLDL 形式分泌到血浆中。当它们抵达周围组织如肌肉、脂肪组织和心脏后，在脂蛋白脂肪酶的作用下会形成颗粒较小的 IDL，然后再进一步代谢成 LDL 和残留 CM。当血浆中富含甘油三酯的脂蛋白被分解时，从脂蛋白颗粒上去除的 C-脱辅基蛋白（C-apoprotein）和部分表面磷脂，可与血浆中的 HDL 结合，重新参与新的 VLDL 形成。LDL 在肝脏和周围组织中降解，这些组织中含有 LDL 细胞表面受体，能特异性地和 LDL 结合，刺激胞吞作用，使 LDL 颗粒被胞吞入细胞内并被溶酶体分解，这一作用还容易阻止细胞内胆固醇的生物合成途径，使胞内胆固醇酯化作用增加。

HDL 主要在小肠和肝脏中合成。由肝脏合成的 HDL 主要含有 E-脱辅基蛋白，而由小肠合成的 HDL 主要含有 A-脱辅基蛋白。HDL 至少有两类成熟颗粒——HDL2 和 HDL3，它们的直径分别为 9.5～10nm 和 7.0～7.5nm。在 VLDL 分解成 LDL 期间，部分表面成分如肽和磷脂会与 HDL3 结合，使其转变为 HDL2。因此，脂质在不同组织之间转运的时候，不同的脂蛋白颗粒还会经历复杂的相互转化过程（图 6-6）。载脂蛋白是脂蛋白中的重要成分，至少有 12 种不同的载脂蛋白存在于脂蛋白系统中，它们是 apo（a）、apoA-Ⅰ、apoA-Ⅱ、apoA-Ⅲ、apoA-Ⅳ、apoB-100、apoB-48、apoC-Ⅰ、apoC-Ⅱ、apoC-Ⅲ、apoE 和 apoJ。最初，载脂蛋白被认为是在脂蛋白颗粒的形成和稳定中起结构作用，现在发现，许多类型的载脂蛋白，如 apoA-Ⅰ、apoC-Ⅰ、apoC-Ⅱ、apoC-Ⅲ、apoE 在周围组织脂蛋白代谢中也发挥了重要功能，它们能调节脂蛋白代谢中的酶，并和有关受体发生相互作用。人血浆脂蛋白中载脂蛋白的类型和性质见表 6-1。

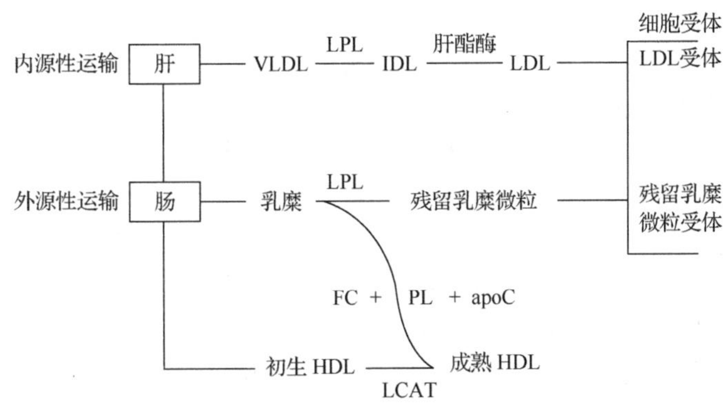

图 6-6　脂质运输简图

VLDL. 极低密度脂蛋白；IDL：中密度脂蛋白；LDL. 低密度脂蛋白；HDL. 高密度脂蛋白；FC. 游离胆固醇；apoC. C-脱辅基蛋白；LPL. 脂蛋白脂肪酶；PL. 磷脂；LCAT. 卵磷脂胆固醇酰基转移酶

表 6-1　人载脂蛋白的性质

载脂蛋白	分子质量（Da）	氨基酸数目（个）	合成部位	功能
apoA-Ⅰ	28 300	243	肠/肝	激活 LCAT
apoA-Ⅱ	17 000	154	肠/肝	
apoB-100	549 000	4536	肝	结合于 LDL 受体
apoB-48	246 000	5778	肠	甘油三酯运输
apoC-Ⅰ	6 331	79	肝	激活 LCAT
apoC-Ⅱ	8 837	99	肝	激活 LPL
apoC-Ⅲ	8 764	299	肝	抑制 LPL
apoE	33 000		肝/肠，巨噬细胞	结合于肝受体

注：LDL. 低密度脂蛋白；LCAT. 卵磷脂胆固醇酰基转移酶；LPL. 脂蛋白脂肪酶

（二）高脂蛋白血症的类型

根据血浆中积聚的脂蛋白类型，世界卫生组织将高脂蛋白血症分为Ⅰ、Ⅱ、Ⅲ、Ⅳ和Ⅴ型，其中Ⅰ型和Ⅳ型最为常见。每个类型的高脂蛋白血症都是某种特定脂蛋白升高所致，临床上通过判断哪一种脂蛋白含量升高，就可诊断为哪种类型的高脂蛋白血症。此外，每一个高脂蛋白血症类型又可进一步划分为原发性和继发性两种亚型。

原发性高脂蛋白血症是由遗传因素所致的脂质和脂蛋白代谢先天性缺陷，以及某些包括饮食和药物等环境因素引起的病症。

（1）遗传因素。遗传因素主要是指脂质代谢相关基因缺陷，容易影响细胞表面脂蛋白受体，以及细胞内某些酶（如脂蛋白脂肪酶）的缺陷或缺乏，导致脂蛋白代谢、转运异常，进而造成某种或多种脂蛋白含量异常。

（2）饮食因素。饮食因素作用比较复杂，大部分高脂蛋白血症患者患病与饮食因素和习惯密切相关。例如，个体糖类摄入过多会影响胰岛素分泌，加速肝脏 VLDL 的合成，易引起体内甘油三酯升高。个体胆固醇和动物脂肪摄入过多，则与胆固醇升高相关，个体膳食习惯若是不利于脂蛋白工作或脂质代谢，如长期摄入过量的蛋白质、脂肪、碳水化合物，但膳食纤维摄入量过少等，也容易导致高脂蛋白血症的发生。

继发性高脂蛋白血症是由其他原发疾病引起脂蛋白代谢异常而产生的疾病，这些原发疾病包括：糖尿病、肝病、甲状腺疾病、肾脏疾病和肥胖症等。继发性高脂蛋白血症多见于临床，如不仔细分析原发疾病的病因，治标而未治其本，将不能达到治疗高脂蛋白血症的目的。继发性高脂蛋白血症与原发疾病之间有密切的相互作用。

（1）糖尿病与高脂蛋白血症。人体内，糖代谢与脂肪代谢之间总是密切相关的。临床研究发现，约 40%的糖尿病患者可继发引起高脂蛋白血症。一般情况下，胰岛素依赖型糖尿病患者，血液中最常出现 CM 和 VLDL 代谢紊乱。非胰岛素依赖型糖尿病患者因常伴随有肥胖症，发生脂蛋白代谢异常更是多见。因此，非胰岛素依赖型糖尿病、肥胖症、高脂蛋白血症和冠心病常被称为中老年人群中最常见的综合征。在控制体重和限制糖类摄入后，这类患者的脂蛋白异常会得到一定程度的改善。

（2）肝病与高脂蛋白血症。现代医学研究资料证实，脂质和脂蛋白等物质都是在肝脏进行加工、生产和分解、排泄，一旦肝脏出现异常，脂质和脂蛋白代谢必将发生紊乱。以中老年人群最常见的脂肪肝为例，临床观察中可以发现，不论何种原因引起的脂肪肝，均有可能引起血脂和 VLDL 含量增高，表现为Ⅳ型高脂蛋白血症。

（3）肥胖症与高脂蛋白血症。临床医学研究资料表明，肥胖症最易继发引起血甘油三酯含量增高，部分患者血胆固醇含量也可能增高，主要表现为Ⅳ型高脂蛋白血症，其次为Ⅱb 型高脂蛋白血症。

此外，已有研究结果表明，生理和包括滥用药物等所致的病理变化，会引起胰岛素、甲状腺素、肾上腺皮质激素等激素的改变，以及机体代谢尤其是糖代谢的异常，这些因素均易引起高脂蛋白血症。

1. Ⅰ型高脂蛋白血症

Ⅰ型高脂蛋白血症极为罕见，是常染色体隐性遗传病，它是因脂蛋白脂肪酶（lipoprotein lipase，LPL）和载脂蛋白 C-Ⅱ（apoC-Ⅱ）缺陷引起 LPL 酶活力丧失，进而导致脂蛋白代谢失调所致。脂蛋白脂肪酶活性丧失后，外源性甘油三酯不能被水解，造成大量 CM 堆积于血液中，并伴随甘油三酯水平升高和胆固醇水平轻度升高。本病常在青少年时期被发现，它也可继发于如系统性红斑狼疮等其他全身性疾病，其主要临床症状有不能耐受脂肪饮食、复发性腹痛、疹状皮肤黄色瘤和肝脾肿大等。

1）*LPL* 基因变异

A. LPL 蛋白结构

脂蛋白脂肪酶（LPL）是脂肪细胞、心肌细胞、骨骼肌细胞、乳腺细胞及巨噬细胞等实质细胞合成和分泌的一种糖蛋白，它由 2 个相同的亚基组成，单亚基分子质量为 60kDa，含糖量约 8.3%。LPL 的前肽含 475 个氨基酸，翻译后修饰过程会除去由 27 个氨基酸残基组成的信号肽，并在第 43、257、359 位的 Asn 上糖基化，其中 Asn43 是 LPL 蛋白分泌和发挥正常功能所必需的。成熟的 LPL 蛋白由 448 个氨基酸残基构成。人类 LPL 分子结构推测分为 N 端区和 C 端区。N 端区包括 1～315 位氨基酸，形成一个以 β-折叠为主的近球形结构，它是 LPL 重要的功能区，催化活性中心 Ser132-His241-Asp156 位于此区，如用中性氨基酸取代活性中心附近的氨基酸，LPL 活性会明显下降或消失。C 端区呈一个折叠的柱状结构，与球状的 N 端区相连，C 端区的功能尚有争议，多数认为该区域介导酶与底物接触、形成活性的 LPL 同源二聚体，以及间接参与酶解过程。在 *LPL* 基因外显子 6 编码的肽段上，有正电荷丛集的氨基酸残基序列 Lys-Val-Arg-Lys-Arg-Ser-Ser-Lys，它与毛细血管壁上带负电荷的硫酸肝素结合，使有活性的 LPL 蛋白得以锚定在血管壁上，肝素可以促进锚定的 LPL 释放入血液。LPL 生理功能是催化 CM 和 VLDL 核心区的甘油三酯分解为脂肪酸和单酸甘油酯，以供组织氧化供能和能量储存，LPL 还能结合并附着在这些脂蛋白残粒中，形成肝脏摄取这些颗粒的信号。LPL 参与 VLDL 和 HDL 之间的载脂蛋白和磷脂的转换，apoC-Ⅱ为其必需的辅因子，其 C 端的第 61～79 位氨基酸具有激活 LPL 的能力，所以 apoC-Ⅱ的缺陷也会间接导致 LPL 的功能缺失。

LPL 在实质细胞的粗面内质网合成，经糖基化后转化成有活性的 LPL。LPL 如何从细胞中分泌，目前认为有两种机制：其一是细胞合成 LPL 后直接分泌，称为基本型分泌；其二是调节型分泌，即某些细胞新合成 LPL 后先储存于分泌管内，一旦细胞受到促分泌刺激，即分泌 LDL，此时分泌量往往大于合成量。所有细胞都具备基本型分泌，只有少部分细胞兼有两种分泌形式。

B. *LPL* 基因结构

人的 *LPL* 基因全长 35kb，位于 8 号染色体短臂（8p22）上，包含 10 个外显子和 9 个内含子，其与胰脂酶和肝脂酶基因具有高度同源性。*LPL* 基因的 2 号外显子所编码的 Asn43 糖基化位点为 LPL 催化活性所必需的，4 号外显子编码脂质结合区，6 号外显子编码肝素结合区，7～9 号外显子编码的区域负责与 apoC-Ⅱ结合，10 号外显子编码整个 3′-非翻译区。TATA 盒和 CAAT 盒结构分别位于 *LPL* 基因的–27 和–65 附近，这些区域还有一些重要的肾上腺皮质激素调节元件等。*LPL* 基因内含子 6 和 7 中都存在 Alu 序列，推测其功能与基因转录的调节、hnRNA 的加工，以及 DNA 复制的启动有关，此外，该区域还可能是基因重排的热点。利用限制性片段长度多态性（RFLP）技术检测出 *LPL* 基因位点多态性，主要分布在 *LPL* 基因内含子和侧翼序列中，其中内含子 6 中的 *Pvu*Ⅱ多态位点和内含子 8 中的 *Hin*dⅢ多态位点与高脂蛋白血症有关，可作为高脂蛋白血症的家系连锁分析的遗传标记。

C. *LPL* 基因突变

目前发现的 *LPL* 基因突变主要有以下 3 种类型。

i. 碱基置换突变

碱基置换突变按性质又可分为错义突变和无义突变。错义突变多集中在 LPL 活性中心所在的 N 端区，如 Gly142、Ala176、Gly188、Ile194、Leu207、Arg243 等，这些氨基酸如被取代则导致 LPL 活性显著降低。第 106 位氨基酸的编码基因如产生无义突变，则会导致合成肽链变短，短肽链产物不具有 LPL 催化功能，导致Ⅰ型高脂蛋白血症发生；而第 447 位氨基酸的 Ser→Thr 突变，其产物会导致 C 端缺失 2 个氨基酸，但不影响 LPL 活性。

ii. 移码突变

移码突变有的会生成终止密码子而使翻译过程提前终止。例如，G916 位碱基发生缺失会提前产生一个终止密码子，利用 Northern 印迹技术未检测到 LPL 的 mRNA，推测该突变可能导致 mRNA 稳定性下降。

iii. 基因重排

基因重排表现为大片段缺失或插入，目前发现外显子 6 中有 2kb 插入，外显子 9 中有 3kb 缺失，这些结构重排均使 *LPL* 基因失去正常表达能力，导致Ⅰ型高脂蛋白血症。另外，外显子和 Alu 重复序列的交换也可造成 *LPL* 基因部分序列的重复，导致 LPL 蛋白缺乏。

D. *LPL* 基因突变的遗传效应

人群中 *LPL* 突变基因携带者的频率为 1/500，发病率为 1/106，患者体内合成的 LPL 不具有正常的催化水解功能，导致体内脂代谢失调，使血浆中甘油三酯水平升高至 15～20mmol/L。LPL 缺陷的患者体内的 LPL 含量大致有以下 3 种水平：①LPL 绝对缺陷，用目前的方法检测不出 LPL 蛋白的存在；②可在注射肝素后的血浆中测到 LPL 蛋白活性；③可在注射肝素前的血浆中检测到少量 LPL 蛋白活性。

2）*apoC-Ⅱ*基因变异

A. *apoC-Ⅱ*基因结构

人的 *apoC-Ⅱ*基因位于 19 号染色体上，全长约 3.4kb，具有 4 个外显子和 3 个内含子，位于 50kb 的 *apoE* 和 *apoC-Ⅰ*基因的基因簇中。

B. *apoC-Ⅱ*基因突变

（1）无义突变。如 apoC-Ⅱ Padova、apoC-Ⅱ Paris 1、apoC-Ⅱ Paris 2、apoC-Ⅱ Nijmegan，这类突变型会合成较短肽链的 apoC-Ⅱ，造成 apoC-Ⅱ与 LPL 协同作用能力损失，诱导高脂蛋白血症发生。

（2）剪接位点突变。如 apoC-Ⅱ Hanburg 突变可导致血浆中 apoC-Ⅱ处于低水平。

（3）错义突变。如 apoC-Ⅱ Paris 1，由于关键部位的氨基酸密码子被替换，产生了无功能的 apoC-Ⅱ蛋白质。

大多数的 apoC-Ⅱ变异只发生在个别碱基上，一般不具有大段基因的缺失或重排现象。

C. *apoC-Ⅱ*基因突变的遗传效应

apoC-Ⅱ蛋白的分子质量为 8.8kDa，存在于血浆中的 CM、VLDL、HDL 中，主要功能是作为 LPL 的激活因子，可协同 LPL 水解 VLDL 和 CM 中的甘油三酯。对高脂蛋白血症患者血浆中的 apoC-Ⅱ分析表明，发生 *apoC-Ⅱ*基因突变后，血浆中会出现 apoC-Ⅱ绝对缺陷而检测不出，或检测出无功能的 apoC-Ⅱ变异体，或检测出含量显著减少的正常 apoC-Ⅱ。如果 apoC-Ⅱ缺乏，即使人体内有一定数量及功能正常的 LDL，也同样表现出脂蛋白代谢紊乱，发生并发症。

2. Ⅱ型高脂蛋白血症

Ⅱ型高脂蛋白血症最为常见，其与动脉粥样硬化的相关性最高，主要症状是LDL以正常速度合成，但由于肝细胞表面LDL受体数量减少，引起LDL的血浆清除速率下降，导致其在血液中堆积而引起疾病。因为LDL是胆固醇的主要载体，所以Ⅱ型高脂蛋白血症患者的血浆胆固醇水平升高，故又称它为高胆固醇血症（hypercholesterolemia）。Ⅱ型高脂蛋白血症可分为Ⅱa型和Ⅱb型。Ⅱa型：仅出现LDL水平升高，会引起胆固醇水平的升高，但甘油三酯水平正常。Ⅱb型：LDL和VLDL同时升高，由于VLDL富含甘油三酯，因此Ⅱb型患者甘油三酯和胆固醇水平都升高。

Ⅱ型高脂蛋白血症可分为3类：①家族性高胆固醇血症（familial hypercholesterolemia，FH）；②家族性混合型高脂蛋白血症（FCH）；③高胆固醇血症。前2种类型为常染色体显性遗传，第3种类型则不是以孟德尔方式遗传，却表现出强烈的家族倾向，提示这一类型可能属于多基因遗传类型，可能有2个或2个以上的缺陷基因参与这一类型的异常表达。

饮食中若胆固醇和饱和脂肪酸摄入过多还容易引发获得性Ⅱ型高脂蛋白血症，已有充分证据认为，Ⅱ型高脂蛋白血症是引起动脉粥样硬化的众多原因之一。但是在获得性高脂蛋白血症中，某些个体即使经常摄入高胆固醇饮食，也并不产生高胆固醇血症；而另一些个体饮食中虽然只含中等量的胆固醇，仍然会产生高胆固醇血症，说明这部分个体对该类疾病的易感性较高。这种对环境作用的不同易感性提示获得性Ⅱ型高脂蛋白血症存在遗传基础。

家族性高胆固醇血症（FH）是最为常见的Ⅱ型高胆固醇血症，它是一种常染色体显性遗传病，特征为人细胞膜上低密度脂蛋白受体（LDLR）基因突变引起LDLR功能异常，终身血浆胆固醇LDL-C水平显著升高，血浆胆固醇沉积于动脉血管，造成动脉粥样硬化性心血管疾病，沉积在皮肤薄弱处则形成皮肤肌腱黄色瘤，沉积在角膜则形成白色的角膜弓。一般人群中，FH杂合子的频率高达1/500，FH纯合子较为罕见，频率在1/1 000 000左右。

1）LDLR结构

LDLR是一种细胞表面糖蛋白，在肝细胞中含量最为丰富。细胞内新合成的LDLR前体由860个氨基酸残基组成，分子质量为120kDa，在由内质网向高尔基体转运过程中，会被切除由21个氨基酸残基组成的信号肽，并加上18个*O*-连接和2个*N*-连接的寡糖链，形成分子质量为160kDa的成熟LDLR，其合成后约45min可到达细胞表面。

从结构与功能的关系来看，LDLR由5个功能区组成。1区为LDL和β-VLDL配体的结合区，由位于胞外N端的292个氨基酸残基组成，含7个重复片段，每个片段内有6个以链内二硫键相连的Cys，在维持该区的空间结构中起重要作用。每一重复片段的C端，存在一个三肽保守序列Ser-Asp-Glu，它们对该区与配体结合的能力有密切关系。2区由约400个氨基酸残基组成，其序列与表皮生长因子（EGF）前体胞外有30%同源，内含3个重复片段（A、B、C），重复片段A在LDL与1区结合时起辅助作用。3区由58个氨基酸残基组成，内含18个羟基氨基酸，是与受体过程中的主要糖化部位。4区由横跨细胞膜的 22 个疏水氨基酸残基组成，其功能是将整个 LDLR 锚连在细胞膜上。5 区为受体伸入细胞质的尾部，由 C 端的 50 个氨基酸残基组成，该区在将细胞膜上的 LDLR 引入衣被小窝的过程中起重要作用。

2）*LDLR* 基因

LDLR 基因定位于 19 号染色体（19p13.1—p13.3），为单拷贝基因，长度约 45kb，由 18 个外显子和 17 个内含子组成。每个外显子与 LDLR 功能结构区之间有密切的对应关系。

LDLR 基因在结构上有一个重要特点，即它是一个外显子镶嵌物，外显子可由 *LDLR* 基因移动到另一个基因上，也可由另一个基因移动到 *LDLR* 基因上。现已证明，*LDLR*、*EGF* 前体和凝血因子基因中所具有的重复单位都由一个独立的外显子编码，这些蛋白质序列与外显子之间的关系表明它们属于一个超基因家族，同时也提示，这一超基因家族是经过外显子混编（exon shuffling）而形成的。外显子移动是进化中的一个重要机制，当某一蛋白质序列中的一个原始结构域进化到具有一定的结构或催化功能后，便可在基因组中扩散开来，以这种方式使整个进化速率显著加快。*LDLR* 基因中的某些突变或许是由与外显子移动相似的机制引起的。

3）*LDLR* 基因突变

在对 FH 患者 *LDLR* 基因分析中，目前已发现至少 150 种不同的基因突变。在 DNA 水平，*LDLR* 基因突变有缺失、错义突变、无义突变和插入突变 4 种类型，其中缺失最为多见，它涉及除外显子 6 以外所有外显子，缺失长度为 3bp～13kb，突变影响 LDLR 所有 5 个功能区。按突变对 LDLR 结构与功能的影响，可将 *LDLR* 基因突变分为Ⅰ～Ⅳ型，这 4 个突变型均可导致细胞表面功能性 LDLR 数量减少，引发 LDL 代谢障碍，导致血液中 LDL 含量大幅度升高。

Ⅰ型突变多为 *LDLR* 基因大片段 DNA 缺失。在 FH49 和 FH26 缺失类型中，缺失引起 *LDLR* 基因启动子和外显子 1 丢失，患者细胞中无 mRNA，导致个体 LDLR 蛋白完全缺失。FH381 和 FHTD 类型的缺失位于影响 LDLR 蛋白 2 区的基因中部，患者细胞内可检测到 mRNA，但用针对正常 LDLR 的特异抗体则不能检出细胞内 LDLR 蛋白，可能的原因是：①缺失导致 LDLR 抗原明显改变，使正常 LDLR 抗体不能与 LDLR 结合；②突变使 LDLR 合成后迅速被分解。

Ⅱ型突变多为错义突变，主要影响 LDLR 蛋白的 1 区和 2 区。LDLR 前体合成速度正常，但成熟缓慢，突变所致的单个氨基酸残基替换或小段 DNA 缺失会引起 LDLR 在细胞内转运或成熟受阻，导致到达细胞表面的未成熟受体不能与配体 LDL 结合。*LDLR* 基因的 2 区重复片段 C 内如发生 Pro644→Leu 替换，会引起蛋白质折叠异常，可能导致 LDLR 功能缺陷。

Ⅲ型突变主要影响 LDLR 的 1 区和 2 区的重复片段，干扰受体与配体的正常结合。FH626 类型的 *LDLR* 基因由于内含子 4 与内含子 5 内的 Alu 重复序列出现链内同源重组，外显子 4 直接连接到外显子 6 上，外显子 5 缺失，该缺失导致 LDLR 的 1 区重复片段 6 丢失，虽然受体可成熟并到达细胞表面，但不能与 LDL 结合，有趣的是，突变受体保留了与 β-LDLR 结合并将其内吞入胞的能力，提示 1 区的重复片段 6 仅为 LDL 但不为

β-VLDL 结合所必需。

Ⅳ型突变主要影响 LDLR 的跨膜区（4 区）和 C 端尾区（5 区）。突变产生的受体虽可运至细胞表面，但因不能进入衣被小窝中而出现内吞障碍。FH781、FH274 和 FH Helsink 三种突变型都发现 *LDLR* 基因内含子 15 与外显子 18 Alu 重复序列间的链内同源重组，导致外显子 16～18 缺失，相应地 LDLR 的跨膜区和 C 端尾区缺失，突变受体无力“锚”定在膜上而分泌入细胞外液中。由突变导致外显子 16 缺失，内含子 15 与外显子 18 内的剪接部位丢失，外显子 15 的阅读框会进入内含子 15 的残部，部分内含子 15 序列出现在了成熟的 mRNA 中。

4）*LDLR* 基因突变的遗传学效应

LDLR 位于细胞表面，它能和血清中富含胆固醇的 LDL 颗粒和 β-LDL 颗粒特异地结合，然后通过受体介导的胞吞作用进入细胞内，之后在溶酶体内分解，释放出胆固醇。如果 *LDLR* 基因发生突变，则可引起 LDLR 数目减少或受体蛋白结构发生改变，不能再与 LDL 结合或与 LDL 结合后胞吞障碍，最终导致血液内胆固醇水平显著增高。因此，具有 *LDLR* 基因突变的个体可表现为家族性高胆固醇血症（FH）。FH 除了会使血液胆固醇浓度增高，还可导致动脉粥样硬化和冠心病。

3. Ⅲ型高脂蛋白血症

Ⅲ型高脂蛋白血症较少见，是一种遗传性异常脂蛋白代谢性疾病，患者易发生早发性动脉粥样硬化，其临床特征包括冠状动脉，尤其是下肢的外周动脉粥样化损伤，常伴肥胖和血尿酸增高。该病另一更明显的临床特征是黄瘤的存在，患者常在 30～40 岁时出现橙黄色的脂质沉着的扁平黄色瘤（常发生于手掌部），以及肌肤黄色瘤，其生化特征是胆固醇和甘油三酯（TG）水平升高，通常分别为 8～20mmol/L 和 3.5～8mmol/L。该病发病原因是 apoE2 受体结合力下降，残留 CM 廓清障碍，导致 VLDL 向 LDL 的转化不完全，引起血浆中富含 apoE 的异常脂蛋白（β-VLDL）堆积，表现为高胆固醇血症和高甘油三酯血症。Ⅲ型高脂蛋白血症人群发病率为 0.01%～0.1%，往往与 apoE 多态变异型密切关联。

1）apoE 蛋白的结构和功能

apoE 是一种糖蛋白，分子质量为 34.2kDa，由 299 个氨基酸组成。由于其肽链中含精氨酸残基量占氨基酸残基总数的 10%以上，故又称为“富精肽”。apoE 主要存在于 VLDL、CM、CM 残余物（chylomicron remnant）、β-VLPL（β-极低密度脂蛋白），以及 HDL 的亚类 HDL1 和 HDL2 中。肝、脾、肾等组织均能合成和分泌 apoE。正常人血浆 apoE 浓度为 0.03～0.05mg/mL。apoE 以唾液酸化形式分泌，80%在血液循环中脱唾液酸化。作为存在于肝的 apoE 受体，以及存在于肝外和肝组织的 apoBE 受体的配基，apoE 能与这两种受体结合，其主要生理功能是通过受体中介，在脂蛋白代谢中起重要作用。

apoE 分子可分为两个结构区：一个是 N 端片段，由第 20～165 位氨基酸构成；另一个是 C 端片段，由第 255～299 位氨基酸构成。两个结构区之间由松散的“铰链区”连接，N 端片段结构稳定紧密，与球蛋白具有相似的性质，而 C 端片段稳定性较低，结构松散、伸展，与其他载脂蛋白类似。N 端第 126～191 位氨基酸残基区域是 apoE 受体结合区，区域中的碱性氨基酸 Arg 和 Lys 是 apoE 结合受体所必需的，区域中任何一个氨基酸被取代，均可对受体结合活性产生严重影响，并与遗传性脂质紊乱Ⅲ型高脂蛋白血症有密切关系。含有多个 α-螺旋结构的 apoE 的 C 端片段可能是主要的脂蛋白脂类结合区，当脂质缺乏时，apoE 通过 C 端片段介导可联结成四聚体，而 N 端片段则无此特性。但是，apoE 易与富含甘油三酯的脂蛋白结合，apoE 的异构体 apoE2 和 apoE3 易与 HDL 相结合，这些是 3 种异构体 N 端氨基酸序列不同所致，与 C 端片段功能无关。正常个体间血脂水平存在差异，源于异构体 apoE2 会导致受体结合力降低，而异构体 apoE4 则对脂蛋白有不同的结合力。

2）*apoE* 基因结构及其多态性

人的 *apoE* 基因位于 19 号染色体上，由 4 个外显子和 3 个内含子组成。与 mRNA 结构相比较，内含子分别位于 5′非编码区、编码甘氨酸信号肽位点的上游 4 区和编码精氨酸成熟肽位点的下游 61 区。*apoE* 基因及其对应的 mRNA 长度分别为 3597bp 和 1163bp。用 S1 核酸酶基因定位检查该基因 5′端，发现多个转录起始位点。5′侧翼区附近有一个 TATA 盒，是 *apoE* 基因启动子区。

apoE 基因位点存在多态性。3 种常见的等位基因为 *ε2*、*ε3*、*ε4*，分别编码 3 种主要 apoE 异构体 E2、E3、E4。日本人群中这 3 种基因频率分别为 2.4%、86.5%、11.1%。这 3 种等位基因中任何两种表达均可产生 6 种不同的表型，即 E4/4、E4/3、E4/2、E3/3、E3/2 和 E2/2，几乎所有的Ⅲ型高脂蛋白血症都是 apoE2/2。apoE 不同多态性的分子基础区别源于 112 位和 158 位 Cys 与 Arg 的单个氨基酸的互换。apoE 的这两个位置均为 Arg，E2 均为 Cys，而 E3 的 112 位上是 Cys，158 位是 Arg。因 E3 出现频率最高，故被认为是“野生型”，E2 和 E4 由它变异而来。

3）*apoE* 基因突变及其遗传学效应

apoE 基因突变会导致Ⅲ型高脂蛋白血症。近年来已发现很多与Ⅲ型高脂蛋白血症有关的 *apoE* 基因稀有突变。这些突变型表现出程度不同的受体结合力下降。

apoE2 导致的Ⅲ型高脂蛋白血症，遗传方式为隐性遗传，杂合子个体不患病。人群中 apoE2 纯合子出现率为 1%，并且在所有 apoE2/2 个体血浆中均能检测到 β-VLDL，然而其中仅 1%～10%的个体发生Ⅲ型高脂蛋白血症，这说明还有其他因素参与Ⅲ型高脂蛋白血症的发生，如家族性混合型高脂蛋白血症、内分泌障碍、环境因素、药物不良反应、年龄变化等。

与Ⅲ型高脂蛋白血症有关的 apoE 稀有突变中，仅一种已证实为隐性遗传，即 apoE1。一方面，它与 apoE2 有相同的第 158 位氨基酸被替换为 Cys，但同时它会在第 127 位氨基酸上出现 Asp 代替 Gly，但对突变的纯合子先证者进行家族研究，发现第 127 位氨基酸替换并不影响蛋白活性。另一方面，apoE 中有 4 种突变为显性遗传，即其杂合子也能表现出Ⅲ型高脂蛋白血症，这些突变几乎都是原发性异常 β-脂蛋白血症，均为Ⅲ型高脂蛋白血症。例如，apoE-leiden 突变型为含有 7 个串联氨基酸的插入，在研究其突变型的 5 个家族 128 个成员中，发现 42 个突变成员连续 3 代个体都是 apoE-leiden 杂合子，并且都患有异常 β-脂蛋白血症和不同程度的高脂蛋白血症。

apoE 缺失也会引起Ⅲ型高脂蛋白血症。某一家族同胞兄妹由于 apoE 第 3 个内含子的受体剪接位点突变，虽然 *apoE* 基因基本完整，但不能正常转录和翻译，血浆中检测不到 apoE。这种原因导致的Ⅲ型高脂蛋白血症为隐性遗传。

4. Ⅳ型高脂蛋白血症

Ⅳ型高脂蛋白血症的发病率低于Ⅱ型，但也较常见，患者常于 20 岁以后发病，可为家族性，呈显性遗传，其临床表现主要有肌胞黄色瘤、皮下结节状黄色瘤、皮疹样黄色瘤及眼睑黄色斑瘤、视网膜脂血症、进展迅速的动脉粥样硬化，伴胰腺炎、血尿酸增高，多数患者具有异常的糖耐量。

Ⅳ型高脂蛋白血症最主要的特征是 VLDL 升高，又因 VLDL 是肝内合成的甘油三酯和胆固醇的主要载体，因此将伴随引起甘油三酯水平的升高，有时也可引起胆固醇水平的升高。Ⅳ型高脂蛋白血症有 2 种不同的遗传类型：家族性联合性高脂蛋白血症和家族性高甘油三酯血症。该型往往继发各种其他类型疾病，常见的继发性疾病包括糖尿病、酒精摄入过多和肾脏疾病等。在Ⅳ型高脂蛋白血症中，肝细胞内 VLDL 生产速率显著增大，而 VLDL 的廓清则受到障碍，蛋白质表达还会明显受环境作用的影响。

5. Ⅴ型高脂蛋白血症

Ⅴ型高脂蛋白血症多见于成人，肥胖、高尿酸血症及糖尿病患者，饮酒、服用外源性雌激素及肾功能不全可加重本病。Ⅴ型高脂蛋白血症患者血浆中 CM 和 VLDL 都升高，由于这两类脂蛋白甘油三酯含量高，因此在Ⅴ型高脂蛋白血症中，血浆甘油三酯水平显著升高，而个体内 HDL、胆固醇水平通常为正常或偏低。Ⅴ型高脂蛋白血症患者的血清甘油三酯水平显著高于Ⅳ型患者，但Ⅴ型表型往往持续时间不长，很多Ⅴ型患者只要在食物中减少甘油三酯摄入，血浆中的 CM 水平就会降低。

Ⅴ型高脂蛋白血症也可继发于其他疾病。在家族性Ⅴ型高脂蛋白血症中，75%以上有葡萄糖耐受障碍，Ⅴ型中存在 CM 这一现象提示，该型存在周围脂解机制的部分缺陷，导致 CM 和 VLDL 廓清延迟，具体分子机制还有待解析。

二、糖尿病

糖尿病（diabetes mellitus）也是一种异质性疾病，表现为血糖慢性增高、尿糖丢失和脂肪分解过度，严重的还可出现酮症酸中毒。患者表现为“三多一少”的症状，即多吃、多饮、多尿，体重减轻。糖尿病分为原发性和继发性两种。原发性糖尿病通常根据其对胰岛素的治疗需求分为两种类型：①1 型糖尿病，又称为胰岛素依赖型糖尿病（insulin-dependent diabetes mellitus，IDDM），患者常常在 35 岁以前发病，占糖尿病患者的 10%以下。1 型糖尿病主要是由于胰岛 β 细胞受损，失去产生胰岛素的功能，胰岛素分泌绝对量减少而引起尿糖和血糖升高。患者从发病开始就需使用胰岛素治疗，并且终身依赖，发病时糖尿病症状较明显，容易发生酮症。在接受胰岛素治疗后，胰岛 β 细胞功能改善，胰岛 β 细胞数量也有所增加，当临床症状好转后，可以减少胰岛素的用量，这就是所谓的“蜜月期”，用量减少数月后，病情又会加重，需要再靠外援胰岛素控制血糖水平和遏制酮体生成。②2 型糖尿病，又称为非胰岛素依赖型糖尿病（noninsulin-dependent diabetes mellitus，NIDDM），患者多在 35 岁或 40 岁之后发病，占糖尿病患者的 90%以上。该类型患者胰岛细胞正常，胰岛素分泌也正常，有的患者体内胰岛素甚至产生过多，临床表现为胰岛素抵抗或相对不足而出现糖尿病，可以通过某些口服药物刺激体内胰岛素的分泌。但到后期仍有部分患者需要像 1 型糖尿病那样进行胰岛素治疗。

糖尿病还可由许多继发原因引起，它往往是多个遗传因子与环境因子共同作用的结果。为了研究清楚该病发生的分子病理机制，需对各个遗传因子进行详细的分析鉴定。大量研究表明，胰岛素基因和胰岛素受体基因等可能是糖尿病多基因遗传基础的主要因子。

（一）人胰岛素的分子结构

胰岛素原是一条含 3 条肽链的多肽链，在 3 个二硫键维系下弯曲成复合环结构。胰岛 β 细胞首先合成前胰岛素原，它具有一个前导肽，会在引导多肽链穿过细胞内膜的过程中被切除，留下的多肽称为胰岛素原，储存于胰岛细胞的膜结合囊泡中，经过酶解催化反应，裂解出 33 个氨基酸组成的多肽，成为成熟的胰岛素。成熟胰岛素由 2 条肽链组成，分为 A 链和 B 链。A 链和 B 链间由与胰岛素原上相同位置的 2 个二硫键维系，A 链内还有另一个二硫键。

（二）胰岛素的基因结构

人胰岛素基因位于 11 号染色体短臂，长度为 1355bp，包括 3 个外显子和 2 个内含子。1 号外显子编码成熟 mRNA 上的核糖体结合位点，2 号外显子编码包括起始密码子 ATG，以及编码信号肽、B 链和 C 链在内的所有 DNA 序列。编码 C 链的 DNA 序列被 2 号内含子分隔开。3 号外显子编码 A 链序列。位于胰岛素基因 3′端终止密码子 74 位核苷酸处的是 polyA 尾巴。胰岛素基因的 5′侧翼区是调控序列。启动子位于 1 号外显子上游 25bp 处。1 号外显子上游 168～258bp 的序列为增强子。

（三）胰岛素的基因变异

胰岛素是最为保守的生物分子之一，八目鳗类鱼胰岛素与人胰岛素具有 80%的同源性，哺乳动物之间的胰岛素基因结构差异更小。人胰岛素基因也存在着一定量的等位性差异，但一般不在编码区内，也没有发现这些差异具有病理效应。与不同动物胰岛素基因座位内的序列具有高度同源性这一特征相反，在胰岛素基因 5′端侧翼区，跨胰岛素 mRNA 合成起始上游 363～159bp 处，因插入了一段不同长度的 DNA 序列，而存在一个高度多态性的区域。根据插入的 DNA 序列长度不等，可将这一区域进一步分成 3 个等位基因：①Ⅰ类等位基因（class 1 allele），插入一段短 DNA 序列，为 0～600bp；②Ⅱ类等位基因（class 2 allele），插入一段中等大小的 DNA 序列，为 600～1600bp；③Ⅲ类等位基因（class 3 allele），插入一段较长的 DNA 序列，为 1600～2000bp。这 3 段插入序列尽管大小悬殊，但基本结构相似，都是由一段序列为 ACAGGGGTGTGGGG 的 14bp 的保守序列串联重复组成。因此，Ⅰ类、Ⅱ类和Ⅲ类等位基因的不同就在于各等位基因内部的这段寡核苷酸序列的串联重复数目不同，它们分别为 40 个、80 个和 160 个串联重复。在这 14bp 保守序列中，只有 GT 可变。研究发现，几乎每个个体的插入类型都存在一定的差异。据推测，该区域可能是胰岛素基因转录的重要功能调控区。由于人是二倍体，从父母处获得的胰岛素等位基因型会出现以下几种：Ⅰ/Ⅰ、Ⅰ/Ⅱ、Ⅰ/Ⅲ、Ⅱ/Ⅱ、Ⅱ/Ⅲ、Ⅲ/Ⅲ，据估计 63%以上的个体都是杂合子。人群中主要为Ⅰ类及Ⅲ类等位基因，在中国人及高加索人中频率分别为 0.98、0.22 及 0.67、0.33，Ⅱ类等位基因主要见于黑种人。

（四）胰岛素基因与糖尿病

1. 胰岛素基因突变型

目前发现的胰岛素基因突变型基本都是由点突变所致，按突变后的功能影响可分为裂解缺陷型、胰岛素受体结合缺陷型两大类。

1）裂解缺陷型

1976 年，有研究在一个患有高胰岛素原血症家系中鉴定出 1 例胰岛素基因突变型，这一突变是由于胰岛素原中的一个氨基酸——精氨酸被替换，从而阻止了 B 链与 C 链的裂解。这一突变呈常染色体显性遗传，但受累个体并不表现为糖尿病。1978 年，在一个日本家系中发现了另一个突变型，这一突变型是氨基酸的替换导致 A 链与 C 链之间的裂解不能正常进行，然而，具有这一突变型的患者不但表现出高胰岛素原血症，而且患有 2 型糖尿病。

2）胰岛素受体结合缺陷型

胰岛素受体结合缺陷型均由泰格（Tager）等发现。胰岛素受体结合缺陷型又可分为两类：一类位于 B 链第 24 位氨基酸，另一类位于 B 链第 25 位氨基酸。突变的形式均为苯丙氨酸被亮氨酸替换。研究认为，这一位置是胰岛素受体的结合位点，具有重要功能，突变将导致胰岛素受体结合障碍，出现 2 型糖尿病的一系列临床表现。

2. 胰岛素基因多态区与糖尿病的相关性

1）1 型糖尿病

在高加索人群中，将Ⅰ类和Ⅲ类等位基因频率用于 1 型糖尿病患者的研究发现，Ⅰ/Ⅰ基因型频率在 1 型糖尿病患者中显著增高，表明Ⅰ类等位基因型与 1 型糖尿病的发生呈高度相关性，而且研究发现，这一关系的显著性甚至高于Ⅲ/Ⅲ基因型与 2 型糖尿病之间的关系。

2）2 型糖尿病

将正常群体和 2 型糖尿病患者的有关基因型频率进行比较发现，在某些人群中，Ⅲ/Ⅲ纯合子的基因型频率在 2 型糖尿病患者中显著增高，疾病的相对发生率为 5，在另一部分人群中甚至达到 10.5，并且并发高甘油三酯血症，说明Ⅲ类等位基因型与 2 型糖尿病的发生有密切关系。

（五）胰岛素受体基因与糖尿病

胰岛素需要胰岛素受体的转膜信号活性才可作用于靶细胞。胰岛素受体是一种质膜糖蛋白，它由连接胰岛素的2个α亚单位和具有酪氨酸特异蛋白激酶活性的2个β亚单位组成。连接到α亚单位的胰岛素刺激β亚单位的酪氨酸激酶活性，导致受体的自动磷酸化、β亚单位的构象改变，以及作用于其他底物的受体激酶激活，从而产生一系列连锁的生理活动。

A型综合征和内分泌严重紊乱的Donohue综合征是对胰岛素有异常抵抗的两种罕见的临床综合征，它们为糖尿病受体缺陷作用的研究提供了论据。研究显示，这些基因缺陷包括影响mRNA的表达、改变受体前体产生过程的点突变，以及阻断成熟受体插入到质膜的点突变和其他导致胰岛素连接降低的缺陷。在受体酪氨酸激酶区域内的基因缺陷也常发生。A型综合征患者因为β亚单位发生点突变，引起激酶区域中一个丝氨酸残基代替了色氨酸。也有病例是点突变导致ATP连接所必需的受体Gly-X-Gly-X-X-Gly序列改变，出现杂合子。这些突变都会导致胰岛素受体与胰岛素的结合性降低，产生靶细胞抵抗胰岛素作用的现象，成为2型糖尿病的特征。

（六）糖尿病的病因

除胰岛素和胰岛素受体基因突变外，很多遗传及环境因素均影响着糖尿病的发生，下面分别就1型糖尿病和2型糖尿病谈谈其发病原因。

1. 1型糖尿病

1）自身免疫系统缺陷

在1型糖尿病患者的血液中可查出多种自身免疫抗体，如谷氨酸脱羧酶抗体（GADA）、胰岛细胞抗体（ICA）等，这些异常的自身抗体可以损伤人体分泌胰岛素的胰岛β细胞，使之不能正常分泌胰岛素。

2）其他遗传因素

目前研究提示遗传缺陷是1型糖尿病的发病基础，人6号染色体的人类白细胞抗原（HLA）遗传缺陷也与1型糖尿病相关。

3）病毒感染

1型糖尿病患者发病之前的一段时间内常常存在病毒感染，而且1型糖尿病的“流行”往往出现在病毒流行之后。病毒，如引起流行性腮腺炎和风疹的病毒，以及能引起脊髓灰质炎的病毒家族，都容易在1型糖尿病中起作用。

2. 2型糖尿病

1）遗传因素

和1型糖尿病类似，2型糖尿病也有家族发病的特点。因此很可能与基因遗传有关。这种遗传特性2型糖尿病比1型糖尿病更为明显。

2）肥胖

2型糖尿病的一个重要因素可能是肥胖症，遗传原因可引起肥胖，同样也可引起2型糖尿病。身体中心型肥胖患者的多余脂肪集中在腹部，他们比那些脂肪集中在臀部与大腿上的人更容易发生2型糖尿病。

3）年龄

年龄也是2型糖尿病的关键发病因素。有一半的2型糖尿病患者多在55岁以后发病。

高龄患者容易出现糖尿病也与年纪大的人容易超重有关。

4）生活方式

经常摄入高热量的食物和运动量减少也能引起糖尿病，有人认为这也是由于二者易引起肥胖，而肥胖多与糖尿病偶联。

（七）糖尿病的分子遗传学标志

糖尿病遗传学研究历时半个多世纪，目前认为，糖尿病遗传因素赋予个体的是发生糖尿病的易感性，而其表达则受各种环境因素修饰，只有在充分受环境因素作用下才能使糖尿病显现。早期，由于缺乏识别糖尿病的遗传标志，研究中的对照人群往往混有未发病的糖尿病遗传易感者。近年来，分子生物学技术的飞跃发展为糖尿病遗传学研究开辟了广阔前景。

人类白细胞抗原（HLA）能分辨体内自身细胞，并通过信号传递指挥免疫细胞破坏异己细胞。但当一些 HLA 错误地将胰岛 β 细胞认作“非己方”，进而被免疫细胞破坏，产生自身免疫反应时，就会使人易患糖尿病。在 1 型糖尿病患者中，可能在症状出现前很长时间，产生胰岛素的胰岛 β 细胞就被自身免疫攻击破坏。每个人都有许多种 *HLA* 基因，并且对应多种类型的 HLA 抗原，其中 *HLA-DR* 基因型与 1 型糖尿病连锁最紧密。*HLA-DR* 变异很大，但 95%的 1 型糖尿病患者有 DR3 型和 DR4 型或同时拥有二者，也有 45%的非 1 型糖尿病患者携带 DR3 和 DR4 可变区。*HLA-DQ* 基因也可能在 1 型糖尿病中起作用。值得注意的是，仅仅携带有易感性的 HLA 可变区并不意味着个体一定会患糖尿病，绝大多数 DR3 或 DR4 携带者都很健康，如果这些易感性人群有 1 型糖尿病家族史，那么疾病的发生危险度可以这样计算：家族中，某一直系亲属个体如果有两个 HLA-DR 可变区与 1 型糖尿病患者相同，那么将有 15%的机会患 1 型糖尿病；如果仅有一个可变区相同，患病危险性下降 5%；如果没有相同可变区，患病危险性只有 1%或者更小。

识别糖尿病分子遗传学标志，对阐明各种糖尿病遗传学发病机制有重要理论及临床实践意义。确定糖尿病遗传学标志就有可能建立从普通群体中找出高危人群的方法。此种方法将比任何临床生化诊断更早，被称为发病前诊断。对糖尿病高危人群，通过改善或避免某些环境因素，就有可能防止或延缓糖尿病发病。

三、多基因病的风险度描述

作为环境-遗传互作影响的多基因病，一般在研究患病概率时，也会采用前瞻性研究（队列研究）和回顾性研究（病例-对照研究）来进行评估。个体患病风险程度可用以下几类指标来进行描述。

（1）相对危险度（relative risk，RR），是前瞻性研究中常用的指标，指的是暴露组危险度与非暴露组危险度之比，RR 可说明暴露组发病是非暴露组发病的几倍的关系，主要用来表示暴露与疾病联系的强度。如果 RR 大于 1，则表示暴露因素对疾病是有害因素，RR 越大，暴露因素影响越大。如果 RR 小于 1，则表示暴露因素是疾病的保护因素，RR 越小，暴露因素的保护作用越大。RR 等于 1，则表示暴露因素与疾病无相关性。

（2）比值比（odds ratio，OR），也称优势比、比数比或交叉乘积比，是回顾性研究（病例-对照研究）中表示暴露与疾病之间关联强度的指标。计算为：OR=病例组中暴露人数与非暴露人数的比值/对照组中暴露人数与非暴露人数的比值。如果 OR 大于 1，则说明暴露因素使疾病的危险度增加，是疾病的危险因素，暴露与疾病有正相关关系。如果 OR 小于 1，则表示暴露因素使疾病危险度减少，暴露因素与疾病呈负相关关系。如果 OR 等于 1，则代表暴露因素与疾病的危险度无相关性。当所研究的疾病的发病率较低时，OR 与 RR 值近似，因在病例-对照研究中，我们不能计算危险度，故在回顾性研究也就是病例-对照研究中，可用 OR 来估计 RR。

由于 OR 是对暴露和疾病联系强度的一个点估计值，此估计值不考虑抽样误差，因此存在变异性，需要计算出变异区间，以便进一步了解其中联系的性质和强度，即按一定的概率（可信度）来估计本次研究总体的 OR 在什么范围内可信，这个可信区间的上下限的数值为可信限。一般采用 95%作为可信区间，计算 OR 值可信区间除了有助于估计变异范围的大小，还有助于检验 OR 值的判断意义，如区间跨越 1，则暴露与疾病无关联。

（3）风险比（hazard ratio，HR），主要用于生存分析，由 Cox 风险比例模型衍生出来，用于估计某种因素的存在导致结局事件（如疾病进展或死亡）风险变化的倍数。计算为：HR=暴露组的风险函数 $h_1(t)$ /非暴露组的风险函数 $h_2(t)$，t 指在相同的时间点上。HR 值的解读可通过一个例子来说明，在肿瘤免疫治疗临床研究中，比较新的治疗方案与标准治疗方案对晚期肿瘤患者的治疗效果可能会出现几种结果：①HR<1（如 HR=0.75），$P<0.05$，可解释为相比于标准治疗，新的治疗方案疗效更显著，可降低 25%的疾病进展或死亡风险；②HR=1，可解释为新的治疗方案的疗效与标准治疗方案无显著差异；③HR>1（如 HR=1.25），$P<0.05$，可解释为相比于标准治疗，新的治疗方案的疗效更差，增加了 25%的疾病进展或死亡风险。进行分析的过程中，选用计算 HR 有诸多好处。HR 结果相对客观，它不仅对研究数据的要求较低，即使是偏态分布或删失较多的数据，也都可以进行计算，而且 HR 的结果受到个别患者状态的影响较小。同时，HR 会使用截至数据分析时已经产生的所有数据，分析更加全面和稳定，可以反映出整个随访时间内的治疗效果。再者，HR 提供了试验组和对照组之间相对疗效的估计值，这使得判断的标准是相对而言的，具有可比性，更适合不同研究之间的间接比较。

第三节　线粒体遗传病

线粒体是真核细胞中一个重要的双层膜结构的细胞器，它通过氧化磷酸化（oxidative phosphorylation，OXPHOS）产生细胞能量（ATP），除红细胞外，几乎所有细胞的主要能量均来源于线粒体，因此也把它称为细胞的能量工厂。线粒体还参与细胞中重要的生物化学分解和合成过程，在调节铁和钙的稳态、氮代谢和细胞凋亡中发挥着至关重要的作用。

线粒体也是人体中唯一含有基因组的细胞器。有关线粒体遗传物质来源的争论目前仍没有确切的结论，但正是线粒体有限的基因组使其具有不同于其他细胞器的半自主特性。虽然线粒体基因组不可以独立存在，但其在基因表达调控和遗传中均与细胞核遗传物质有明显差异。

线粒体疾病是指一组主要由遗传性或获得性因素所引起的多系统异质性疾病，主要特点是线粒体呼吸链代谢功能异常，其中最常受影响的组织和器官是机体能量需求最高的组织和器官，以中枢神经系统与肌肉组织为主。临床症状可出现在儿童或成人中，并可独立地影响一个器官或成为多系统疾病。成人的患病率约为 12.5/10 万，儿童患病率约为 4.7/10 万。由于线粒体存在异质性，在许多线粒体疾病中普遍缺乏基因型-表型相关性，这意味着对许多患者来说，建立遗传诊断是一个相对复杂的过程，分子遗传学、肌肉病理学和神经病理学的三重检测才可更为明显地定义线粒体疾病。

一、线粒体基因组

哺乳动物线粒体基因组序列高度保守。人类线粒体 DNA（mitochondrial DNA，mtDNA）是具有 16 569bp 的闭合双链环状分子，由 37 个基因组成，其中包含 13 个氧化磷酸化酶复合体亚单位基因，2 个 rRNA 基因（12S rRNA、16S rRNA）及 22 个 tRNA 基因。构成线粒体的蛋白质在 1000 种以上，除 13 种由 mtDNA 编码并在线粒体合成外，其余大部分由核 DNA 编码并在细胞质中合成，再转运到线粒体内。

依据 GC 含量不同，mtDNA 的 2 条链具有不同的沉降特性，可以将 mtDNA 的 2 条链分为重链和轻链。大部分基因在 mtDNA 重链上，重链编码 2 个 rRNA、12 个蛋白质和 14 个 tRNA。轻链编码 1 个蛋白质和 8 个 tRNA（图 6-7）。

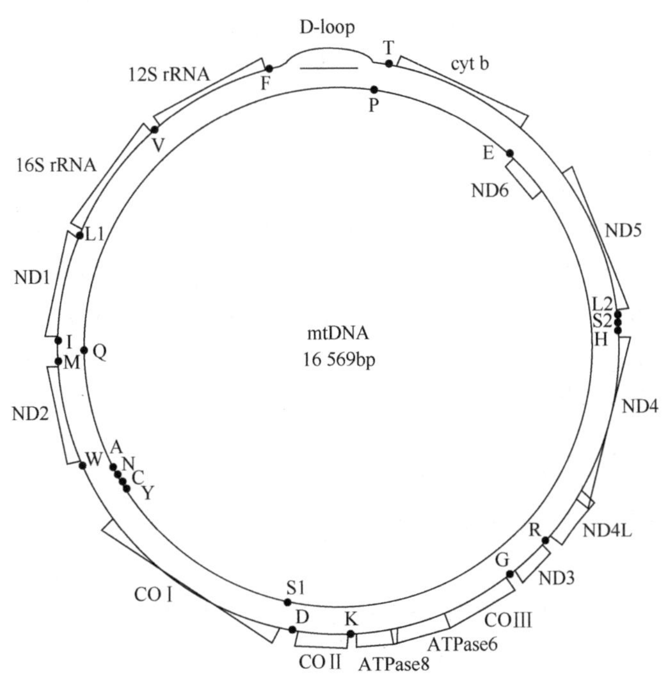

图 6-7　线粒体基因图谱

外圈为线粒体重链，内圈为线粒体轻链。tRNA 基因用黑点及对应氨基酸代码代表；ND. 呼吸链复合体亚基；CO. cyt c 氧化酶；D-loop. 取代环

二、线粒体疾病的遗传突变

与核 DNA 是二倍体、遵循孟德尔遗传定律不同，mtDNA 完全是母系遗传。mtDNA 的多拷贝性质会导致突变型和野生型 mtDNA 分子共存，产生 mtDNA 异质性（heteroplasmy），这是 mtDNA 相关遗传学的一个独特方面。相反，当所有的 mtDNA 分子具有相同的基因型时，就是 mtDNA 同源性。异质性突变通常有一个可变的阈值，即细胞能够耐受有缺陷的 mtDNA 分子的水平。当突变负荷超过这个阈值时，就会出现代谢功能障碍和相关的临床症状。点突变和大规模 mtDNA 缺失是原发性线粒体疾病最常见的两种原因，前者通常由母体遗传，后者通常在胚胎发育期间从头合成。基因突变是导致线粒体功能发生异常并引起疾病的最主要原因。线粒体疾病的基因突变类型主要包括以下几种。

（1）点突变，即碱基突变，不同患者的同一点突变可出现不同的异常临床症状，已发现的线粒体疾病 100 多个致病突变中有 2/3 是位于与线粒体编码有关的基因上，其中包括错义突变，以及蛋白质合成基因突变。人群发生 mtDNA 点突变的概率为 1/200，临床症状可出现在儿童期或成年期，有 75%的突变可遗传至下一代，约 25%的突变是当代发生。

（2）缺失、插入，单个或大规模的 mtDNA 缺失在人群中发生率为 1.5/100 000，线粒体的缺失可使线粒体基因组数量减少及序列缩减，发生原因主要是 mtDNA 在复制过程中异常滑动或异常重组。插入则是多余的或重复的 mtDNA 以核苷酸的形式插入线粒体基因组中，使得基因组发生重复而体积增大，此类型突变在线粒体疾病中较少见。

（3）mtDNA 拷贝数目突变，主要是指线粒体内 DNA 的拷贝数目减少，主要为常染色体显性或隐性遗传，这可能与核基因缺陷有关，在线粒体疾病中也比较少见，仅见于一些致死性婴儿呼吸障碍或肌肉、肝脏、肾脏衰竭的病例。

此外，编码线粒体组成蛋白的最主要的基因都位于细胞核基因组中，并以孟德尔方式遗传，由核基因所产生的基因突变、缺失，如 Complex Ⅰ（NADH dehydrogenase）p.Trp22Arg *NDUFB3*、p.Gly212Val *TMEM126B*、p.Cys115Tyr *NDUFS6*，也会通过影响线粒体呼吸链复合物组分的合成，导致线粒体功能障碍，引发线粒体疾病，但这一类线粒体疾病大多为 X 连锁、显性或隐性方式遗传。

三、线粒体疾病亚型及其遗传突变

线粒体疾病累及的人体系统及器官众多，临床表现异常复杂。作为机体耗能较大的系统和器官，该病最易累及的部位是神经组织，尤其是脑，以及肌肉组织。近年来，随着临床对线粒体疾病认识的逐步提高，以及基因检测技术的不断发展，线粒体疾病的临床谱系也在不断扩展，该疾病具有多种亚型，且各亚型之间存在明显临床表型及基因异质性。大部分线粒体疾病患者在幼儿、儿童及青少年期发病，但大多数亚型的线粒体疾病患者可发育成长至成年，其中部分患者在成年后才出现明显的神经系统损伤表现。目前发现，线粒体几乎所有基因和部分基因突变均可以导致线粒体疾病（表 6-2）。

表 6-2　部分线粒体疾病与基因突变

基因	线粒体组分	线粒体病
tRNA P	tRNA	肌病、进行性眼外肌麻痹
tRNA T	tRNA	心肌病、脑心肌病
tRNA E	tRNA	心肌病、脑心肌病
tRNA L2（CUN）	tRNA	心肌病、脑心肌病、肌病、进行性眼外肌麻痹
tRNA S2（AGY）	tRNA	糖尿病性耳聋
tRNA H	tRNA	
tRNA R	tRNA	
tRNA G	tRNA	心肌病、婴儿猝死综合征、脑心肌病
tRNA K	tRNA	心肌病、肌阵挛癫痫伴破碎红纤维综合征、耳聋、进行性眼外肌麻痹
tRNA D	tRNA	心肌病、肌阵挛
tRNA S1（UCN）	tRNA	掌跖角化病、耳聋、肌阵挛癫痫伴破碎红纤维综合征/MELAS
tRNA Y	tRNA	进行性眼外肌麻痹
tRNA C	tRNA	脑心肌病
tRNA N	tRNA	肌病、进行性眼外肌麻痹
tRNA A	tRNA	进行性眼外肌麻痹
tRNA W	tRNA	利氏病、共济失调、舞蹈症、肌病
tRNA M	tRNA	肌病、淋巴瘤
tRNA Q	tRNA	肌病、MELAS
tRNA I	tRNA	心肌病、肌病、进行性眼外肌麻痹
tRNA L1（UUR）	tRNA	心肌病、脑心肌病、肌病、进行性眼外肌麻痹、莱伯遗传性视神经病变、MELAS、糖尿病性耳聋
tRNA V	tRNA	利氏病、MELAS、多系统疾病
tRNA F	tRNA	MELAS、肌红蛋白尿
12s rRNA	ribosome	帕金森病、氨基糖苷类药物性耳聋
16s rRNA	ribosome	心肌病
ND1	Complex I	莱伯遗传性视神经病变
ND2	Complex I	心肌病、莱伯遗传性视神经病变
ND3	Complex I	进行性肌阵挛、癫痫和视神经萎缩
ND4	Complex I	莱伯遗传性视神经病变、肌病、莱伯遗传性视神经病变伴肌张力障碍
ND4L	Complex I	莱伯遗传性视神经病变
ND5	Complex I	利氏病、MELAS
ND6	Complex I	莱伯遗传性视神经病变、肌病、莱伯遗传性视神经病变伴肌张力障碍
CO Ⅰ	Complex Ⅳ	肌红蛋白尿、运动神经元病、铁粒幼细胞贫血
CO Ⅱ	Complex Ⅳ	肌病、多系统疾病、脑肌病
COⅢ	Complex Ⅳ	利氏病、脑心肌病、肌红蛋白尿
A8	Complex V	
A6	Complex V	周围神经病、共济失调、视网膜色素变性（RP）、母系遗利氏病、家族性双侧纹状体坏死
cyt b	Complex III	脑心肌病、莱伯遗传性视神经病变、肌病、心肌病、MELAS、帕金森病

由于线粒体在细胞内有多个拷贝，线粒体突变只有在积累到一定程度时才可能导致线粒体疾病。有学者认为，丧失功能的线粒体占线粒体总数 60%～90%时才会发生线粒体疾病的临床特征。以下是目前较为常见的线粒体疾病亚型。

（1）线粒体脑肌病伴高乳酸血症和卒中样发作（mitochondrial encephalomyopathy with lactic acidosis and stroke-like episode episode，MELAS），这是线粒体疾病最常见的亚型，最具特点的临床表现是卒中样发作，其发生率达到 100%。此外，MELAS 综合征通常伴随的临床表现还有认知与精神障碍、头痛、肌无力或运动不耐受、偏瘫、偏盲、智力下降、精神症状、肌阵挛癫痫伴破碎红纤维综合征等，部分患者存在身材矮小、生长发育迟缓，还有部分患者伴有糖尿病、心肌病、感音神经性听力障碍、色素性视网膜病、小脑共济失调等症状。MELAS 的发病年龄比较广泛，患者多为 40 岁之前发病，但也有报道 40 岁之后发病的极少数患者。

MELAS 多为母系遗传，最常见的突变位点为 mtDNA3243A>G，据报道约有 80%的患者携带此突变位点，因此可通过基因检测来确诊 MELAS。

作为一种遗传性疾病，MELAS 尚无根治方法，临床多以对症及针对其致病机制治疗为主，包括药物治疗、生酮饮食、运动训练、线粒体移植等，其中以药物治疗为主。常用的药物有抗癫痫等对症药物，抗氧化药物如艾地苯醌、硫辛酸及改善能量代谢的 L-精氨酸、B 族维生素、辅酶 Q10、肌酸、左卡尼汀等。值得注意的是，抗癫痫药物的选择需要避免对线粒体有毒性的药物，如丙戊酸，因为其会加重氧化磷酸化的损伤导致肝毒性，最终引起肝衰竭。

（2）利氏病（Leigh disease），又名亚急性坏死性脑脊髓病（sub-acute necrotizing encephalomyelopathy），是一种罕见的遗传性神经代谢疾病，线粒体疾病的常见亚型之一，发病率约为 1/40 000。1951 年由英国神经病理学家阿奇博尔德·丹尼斯·利（Archibald Denis Leigh）首次描述，故称利氏病。利氏病临床及致病因素复杂，具有临床和遗传异质性，临床主要表现有婴儿期进行性智力运动发育落后或倒退、肌张力低下、间歇性呼吸节律异常、惊厥、少年期步态异常、肌无力、眼外肌麻痹、肌张力增高等，异质性神经系统表现还伴随有痉挛、癫痫发作、发育迟缓、眼球震颤及多系统受累等。利氏病有婴儿发病型和儿童、青少年发病型，以儿童发病多见，成人发病和长期生存的情况极少，利氏病发病年龄越早预后越差，婴儿发病型多预后不良。

利氏病以点突变为主，目前已知的致病突变位点超过 95 种，常见突变位点有 mtDNA8993T>G/C、mtDNA89176T>C、mtDNA13513G>A，其中 mtDNA13513G>A 为该病最常见的突变位点，此突变会导致呼吸链复合物 I 缺陷从而引发线粒体功能障碍。如突变位点为 mtDNA8993T>G/C，则会引起母系遗传的利氏病（MILS），这也是较常见的另一类线粒体疾病亚型，多见于婴儿或儿童，少见于成人，主要临床表现有亚急性或急性脑病、乳酸酸中毒、癫痫、神经退行性发育、小脑及脑干的功能障碍等。

（3）慢性进行性眼外肌麻痹（chronic progressive external ophthalmoplegia，CPEO），属于线粒体脑肌病的另一种常见亚型，多青少年期发病，以散发为主，女性发病率较男性高。CPEO 病情通常较轻，患者的首发症状以进行性上睑下垂与眼球运动受限为特征，眼外肌麻痹。随着病情进展，还会出现肌无力、耳聋、卒中样发作及乳酸酸中毒，最终可能因吸入性肺炎、呼吸循环衰竭或肺栓塞而死亡。

CPEO 突变类型有大规模 mtDNA 删除、重排、点突变，常见的突变为 mtDNA3243A>G，与 MELAS 相同，因此该突变既可为 MELAS 的致病突变，也可造成临床 CPEO 的表型。

（4）莱伯遗传性视神经病变（Leber hereditary optic neuropathy，LHON），为视神经退行性变的线粒体母系遗传性疾病，由德国学者莱伯（Leber）于 1871 年首先报道。LHON 常见于 15～35 岁发病，男性患者居多，女性多为携带者。主要临床表现为视神经病变及双侧视力同时或者先后出现亚急性或急性恶化，伴有中心视野缺损及视觉障碍，其他包括心脏传导障碍、基底神经节退化相关性肌张力障碍等，单眼发病罕见。

LHON 以点突变为主，常见突变点有 mtDNA11778G>A（占比 40%）、mtDNA3460G>A（占比 6%～25%）、mtDNA14484T>G（占比 10%～15%）。mtDNA11778G>A 是引起 LHON 的主要突变，此突变导致呼吸链上 NADH 脱氢酶亚单位 4（ND4）中基因编码的第 340 位氨基酸由精氨酸变为组氨酸，降低了电子流动效率，影响了酶的活性，从而减少视神经细胞 ATP 的产生，细胞功能逐渐丧失，导致患者双侧视力受损。

（5）线粒体脑肌病（Kearns-Sayre syndrome，KSS），是 1958 年由卡恩斯（Kearns）和塞尔（Sayre）报道了 2 例具有眼外肌麻痹、视网膜色素变性和完全性房室传导阻滞三联征而得名，又可通过其综合征特点称为眼肌麻痹综合征、眼肌麻痹伴房室传导阻滞综合征及眼外肌麻痹-色素性视网膜炎-心肌传导阻滞综合征，慢性进行性眼肌麻痹，是线粒体疾病中的一个主要代表性疾病，也是线粒体疾病中唯一关联并受累心脏的疾病。75% 患者发病在 20 岁之前，男性患者比率高于女性。其主要临床表现有进行性眼肌麻痹、色素性视网膜病、脑脊液蛋白增多、小脑共济失调、心脏传导缺陷、感音神经性听力障碍、肌病、吞咽困难、糖尿病、痴呆等，80%的患者伴有心脏传导缺陷。

KSS 的常见突变类型有大规模 mtDNA 缺失及重排，缺失类型多样，一般缺失长度为 0.5～8kb，常见的类型是 5.0kb 的“普遍缺失”，大约 1/3 的 KSS 病例与 4977bp 缺失相关。

（6）周围神经病、共济失调伴视网膜色素沉着（neuropathy，ataxia and retinitis pigmentosa，NARP），又称共济失调和视网膜色素变性。NARP 是一种罕见的线粒体遗传病，多发生于儿童或成人，主要临床表现有周围神经病变导致刺痛或手脚疼痛、共济失调、色素性视网膜病变、肌肉无力等。NARP 以点突变为主，常见突变点为 mtDNA8993T>G/C。

（7）皮尔逊综合征，又称为骨髓-胰腺综合征（bone marrow-pancreatic syndrome），是由于 mtDNA 的重大缺失或重排造成先天性渐进的多系统损害。该病较为罕见，主要临床表现有铁幼粒细胞性贫血、全血细胞减少症、外分泌胰腺衰竭、肾小管缺陷。患者出生不久即发生严重贫血，骨髓中出现环形铁幼粒细胞。此外，还有胰腺外分泌功能不全、乳酸水平增高，偶有乳酸酸中毒，最后发生肝、肾衰竭。通常该病会导致患者婴儿期死亡，少数患者存活到成年往往发展为 KSS 的症状。

（8）肌阵挛癫痫伴破碎红纤维综合征（myoclonic epilepsy with ragged red fibre，MERRF），是以肌阵挛癫痫及肌肉活检可见破碎红纤维（ragged red fibre，RRF）为特征

的一种多系统疾病。常见于儿童或成人，主要临床表现为肌阵挛、癫痫发作、小脑共济失调、肌病，还可伴随痴呆、视神经萎缩、听力障碍、周围神经病变、强直状态、多发脂肪瘤等症状。该病以点突变为主，常见突变点为 mtDNA8344A>G，少数报道 mtDNA8356T>C、mtDNA8361G>A。

（9）阿尔茨海默病（Alzheimer's disease，AD）也是与 mtDNA 突变有关的疾病，甚至在正常衰老的细胞中也发现了 mtDNA 突变。研究发现，至少有 4 种 mtDNA 突变与 AD 有关。研究还发现 AD 神经细胞中 mtDNA 有特异性突变，该突变可能与 ROS 水平改变相关，而 ROS 升高可能是造成神经细胞出现 β 淀粉样物质的原因。研究 mtDNA 突变在 AD 中的地位有可能对 AD 的诊断、治疗方法的研究及线粒体病的研究都有重要意义。

由生殖细胞 mtDNA 突变所导致的线粒体病，由于在个体发育的过程中，2 条 DNA 链异常漂变，个体可能形成异质体，要诊断线粒体病就需要取相应的组织而不是像核遗传病一样，任何组织都适用。当然，对于一些像中枢神经系统等难以取材的组织，迫切需要研究是否可从外周血的 mtDNA 分析来判断相应组织的 mtDNA 突变情况。

对于体细胞 mtDNA 突变形成异质体而导致的线粒体病，定量分析发生突变的线粒体数量比较关键。同时，如果疾病表现出遗传倾向，核基因突变可能会影响 mtDNA 的修复，从而加速 mtDNA 突变的积累，所以也需要分析相关核基因的突变情况。

目前，还未发现行之有效的线粒体病治疗方法，因此，线粒体病的产前诊断及早期诊断尤为关键。而因为 mtDNA 在减数分裂及有丝分裂的过程中都会发生遗传漂变，进行线粒体病遗传风险的检测其实非常困难，这使得相关病例的统计学资料积累、找出参考组织 mtDNA 资料对产前诊断及患者进一步的处理都有重大指导意义。根据目前积累的有限资料，mtDNA 突变的基因型、突变负荷与表型之间有高度的相关性，外周血 mtDNA 与组织 mtDNA 基因型有高度相关性，母亲与子代的 mtDNA 突变基因也有高度相关性。mtDNA 母系遗传、仅含少量家族特异性的编码序列等特点，使得该细胞器在干细胞及生殖细胞水平的基因治疗中存在较少的伦理学争议。从理论上讲，正常卵细胞质移植可以基本杜绝线粒体病患儿出生。随着技术水平的不断提高和研究的不断深入，相信线粒体病的诊断、治疗及产前诊断的标准体系将会有更好发展。

（王 晗 陈金中 薛京伦 何冬旭）

参考文献

陈金中，汪旭，薛京伦. 2013. 医学分子遗传学. 4 版. 北京：科学出版社.

陈竺. 2005. 医学遗传学. 北京：人民卫生出版社.

周春水，于世辉. 1994. α1 抗胰蛋白酶基因调控与重组表达研究进展. 国外医学：遗传学分册，(6): 305-310.

Alston C L, Rocha M C, Lax N Z, et al. 2017. The genetics and pathology of mitochondrial disease. J Pathol, 241(2): 236-250.

Barraclough H, Simms L, Govindan R. 2011. Biostatistics primer: what a clinician ought to know: hazard ratios. J Thorac Oncol, 6(6): 978-982.

DiMauro S. 2001. Lessons from mitochondrial DNA mutations. Semin Cell Dev Biol, 12(6): 397-405.

Duchen M R. 2004. Mitochondria in health and disease: perspectives on a new mitochondrial biology. Mol Aspects Med, 25(4): 365-451.

Kim S J, Miller J L, Kuipers P J, et al. 2012. Unique and atypical deletions in Prader-Willi syndrome reveal distinct phenotypes. Eur J Hum Genet, 20(3): 283-290.

Lee S Y , Ramirez J , Franco M , et al. 2014. Ube3a, the E3 ubiquitin ligase causing Angelman syndrome and linked to autism, regulates protein homeostasis through the proteasomal shuttle Rpn10. Cell Mol Life Sci, 71(14): 2747-2758.

Ng Y S, Bindoff L A, Gorman G S, et al. 2021. Mitochondrial disease in adults: recent advances and future promise. Lancet Neurol, 20(7): 573-584.

Poulton J, Marchington D R. 2000. Progress in genetic counselling and prenatal diagnosis of maternally inherited mtDNA diseases. Neuromuscul Disord, 10(7): 484-487.

Pulkes T, Hanna M G. 2001. Human mitochondrial DNA diseases. Adv Drug Deliv Rev, 49(1/2): 27-43.

Rader D J, Cohen J, Hobbs H H. 2003. Monogenic hypercholesterolemia: new insights in pathogenesis and treatment. J Clin Invest, 111(12): 1795-1803.

Taanman J W. 1999. The mitochondrial genome: structure, transcription, translation and replication. Biochim Biophys Acta, 1410(2): 103-123.

Wills C J, Scott A, Swift P G F, et al. 2003. Retrospective review of care and outcomes in young adults with type 1 diabetes. BMJ, 327(7409): 260-261.

第七章

疾病相关基因鉴定与基因诊断

本章旨在明确疾病相关的基因诊断的基本概念和主要目的，以及相关理论依据和技术基础；较为详细地论述了疾病相关基因诊断的一般原则和基本方法，着重于目前在我国已稳定开展的疾病相关基因检测的方法。随后，介绍了基因诊断在三大类疾病中的临床应用，即基因诊断在遗传病中的应用、在恶性肿瘤中的应用、在感染性疾病中的应用。

第一节　基因诊断概述

疾病相关基因鉴定与基因诊断是现代医学经典实验室诊断的延展与深入，相对于前者的重要不同之处在于，基因诊断以检出与鉴定人体致病基因或者病原体的基因型为目的。其理论依据为，绝大部分疾病均具有患者的遗传物质（基因）异常改变或者外源性基因侵入（如病原体）的基础。而作为基因诊断重要的技术基础，DNA 探针、DNA 扩增、DNA 杂交等方法以针对性强、亲和性高、精确灵敏且相对省时而勾勒出基因诊断的技术特征，因此它最初亦被称为 DNA 诊断。相对于针对表型的经典临床检验方法，基因诊断可以用很明确的结论回答某些临床医学问题。例如，针对遗传病，能够明确地鉴别被检者的基因型究竟“正常”，还是“携带者”抑或“纯合子”；另外，还可以用“有”或“无”来简洁地回答被检者是否遭致病微生物感染等。

传统的遗传学和遗传咨询使用显性/隐性、获得/丢失功能来描述基因突变，但是对于分子病理学来说，突变是具体的序列特性，对应一定表达特性和生物性状。医学分子遗传学和分子病理学相关研究目前主要的工作是建立人类突变/疾病性状数据库。这些数据部分包含于人类基因突变数据库 OMIM（Online Mendelian Inheritance in Man）、HGMD（The Human Gene Mutation Database）等突变数据库中，但是迄今还没有一个权威的数据库包含所有的已知突变。

如果一个突变对生物性状没有影响，则它就仅仅是一个单纯的序列多态指标。而对于分子病理学所关心的突变，则首先要考虑它们是获得一个功能还是丢失一个功能。对于疾病来讲也就是获得一个疾病特性或丢失一个正常的功能特性。从这个层面上讲，基因突变可以产生无效等位基因（amorph）、低效等位基因（hypomorph）、高效等位基因（hypermorph）、新效等位基因（neomorph）和反效等位基因（antimorph）。单纯从基因产物来讲，丢失 50%通常并不重要，所以一个等位基因突变表现为隐性携带者，而在另外不多见的情况下，单个正常的等位基因不足以支持正常功能以致出现单倍剂量不足（haploinsufficiency）所导致的显性特性。而在大多数情况下，一般显性的性状多由新效和反效的基因突变，即所谓显性负效突变（dominant negative mutation）导致。

在实际工作中，确定一个基因突变是否为疾病的原因并不容易，通常需要依据以下的标准来判断。首先，如果功能研究发现该变化本身就是疾病发生的直接原因，如一个血红蛋白突变直接导致其功能的损害。其次，这个改变需要发生在病发之前而非疾病的结果。新突变与新疾病存在对应关系，且该突变不见于正常人群。

丢失功能的突变在功能上是指类似于缺失的突变，常见的情况有无义突变（nonsense mutation）和移码突变（frameshift mutation）。最近发现，一些影响转录后过程的突变可能通过影响不同异构体的比例而带来疾病特性，这是最难以鉴定的一种情况。当然，影响上游和下游序列来影响基因功能也是一种常见的情况。对于蛋白质以复合体形式来实现功能来说，尤其是同源聚合体蛋白，突变蛋白的加入可能使正常蛋白也丢失功能而表现出显性负效突变作用。在另外一些情况下，可能基因本身并没有发生任何突变，因为表观遗传学的因素也可以造成基因功能的丢失。

获得功能的突变并不是一种常见的情况，因为突变造成结构和功能丢失应该是错误的基本原理。一方面，有一些罕见的遗传病确实是该原因产生的。另一方面，这种突变在病变组织细胞中因为大量发生而变得相对常见。至于基因重排所导致新蛋白与新功能的发生——对于获得功能的突变，从严格意义上讲，各种原因导致过表达是一种常见的情况。这种情况在恶性肿瘤中更加常见。

在确定基因突变的具体意义之后，对于一些疾病相关基因突变进行群体筛查是基于针对各种因素的综合考量所做出的决定，目的是使社会、家庭和个体都有可能从中获益。能够被选择作为群体筛查的突变一定需要具有以下特点：后果严重但是已经有一些积极的应对方法。在我国，孕前诊断、产前诊断、出生前诊断和出生缺陷诊断都有包含部分重要的遗传性缺陷突变检测。然而，突变的病发前诊断和遗传易患性的筛查目前尚未广泛为政府和临床机构所接受。

第二节 基因诊断的一般原则和基本方法

病理学作为重要的现代医学基石学科，迄今已走过百余年历程，其内涵使之已经从单纯定性诊断发展到指导精准治疗的关键学科。在此以恶性肿瘤（癌症）为例，肿瘤的治疗方式经历了手术、放疗、化疗、分子靶向治疗、免疫治疗等。而基于肿瘤组织病理学、细胞病理学、分子病理学诊断在内的准确病理学诊断则是实施肿瘤精准治疗的前提，对于提高肿瘤患者总体生存率起到了关键作用。大部分的肿瘤病变具有典型的组织学或细胞学形态，常规苏木精-伊红染色（hematoxylin and eosin staining，HE staining）切片/涂片即可做出明确诊断。而部分形态不典型、来源不明确的肿瘤则可通过免疫组织/细胞化学分析或分子检测等辅助鉴别诊断技术，得以明确诊断并判断疾病的预后及转归。例如，软组织和骨肿瘤、淋巴造血系统肿瘤等，仅仅依靠显微镜下表现和已知的抗体已经无法满足诊断需求。

分子病理学诊断，是指通过对分子生物学技术的应用，在基因水平上对组织、细胞或血液等体液样品中的分子遗传学变化进行分析判断，直接检测出分子结构水平和分子表达水平是否存在异常，继而辅助病理诊断、风险预测、靶向治疗决策、治疗反应预测，以及判断预后等方面的一种病理学诊断技术，隶属转化医学范畴。随着近些年针对不同类型恶性肿瘤的靶向治疗领域理论与实践的持续进展，“肿瘤伴随诊断”应运而生——主要是基于基因/核酸的分子病理学检测和免疫组织化学分析。精准分子检测是治疗的先决条件，即接受某种药物治疗之前必须进行的体外诊断检测，检测结果直接决定患者是否能够获得相应靶向药物等治疗的机会。

一、基因检测方法

20 世纪 80 年代，DNA 原位杂交（*in situ* hybridization）开启了国内分子病理学检测的大门。随后有了在组织切片上进行原位杂交，检测肝炎和肝癌组织中的乙型肝炎病毒（HBV）感染；Southern 杂交检测 T 细胞受体基因和免疫球蛋白基因重排，鉴定 T/B 细胞的单克隆性增生以早期诊断淋巴瘤。现今越来越多的肿瘤相关基因被发现、鉴定，一批用于检测靶向治疗药物靶点的分子病理学技术迅速问世，如荧光原位杂交（fluorescence *in situ* hybridization，FISH）检测乳腺癌 *HER2* 基因扩增、扩增受阻突变系统（amplification refractory mutation system，ARMS）检测肺癌 *EGFR* 基因突变等。

本节主要介绍在我国已稳定开展的疾病基因检测的方法。

（一）免疫组织化学分析

免疫组织化学（immunohistochemistry staining，IHC）染色技术，是应用免疫学的基本原理，即抗原和抗体的特异性结合，来确定组织细胞内的抗原（多肽、蛋白质）并对其进行定位、定性及相对定量，是唯一能够通过对组织细胞原位染色来检测蛋白质表达水平的方法，具有重要意义。免疫组织化学染色是病理学检查的常规技术，它操作简单，可以配合组织细胞形态学分析与蛋白定位及相对定量，以辅助疾病的病理诊断、分子分型，从而指导靶向治疗。例如，针对乳腺癌和胃癌的 *HER2* 基因检测、肺腺癌 ALK 表达检测、PD-L1 表达检测等。该项技术适用于石蜡包埋的组织蜡块、细胞蜡块或细胞涂片等样品。其结果判读依赖专业医师的主观经验，具有一定的假阳性率或假阴性率。

（二）荧光原位杂交

荧光原位杂交（FISH）技术，是分子生物学、组织化学及细胞病理学相结合的新兴技术，利用核酸分子单链间碱基互补的原理，应用荧光素标记的探针与组织细胞中待测核酸反应形成杂交体，并采用荧光显微镜或激光共聚焦显微镜观察信号表达。多彩色荧光原位杂交（multicolor fluorescence *in situ* hybridization，mFISH）技术，用几种不同颜色的荧光素单独或者混合标记的探针进行原位杂交，能够同时检测多个基因，扩大了 FISH 技术的临床应用。

曲妥珠单抗（Trastuzumab，商品名 Herceptin，赫赛汀）是一种针对 *HER2* 基因异常扩增的抗体靶向治疗药物，能特异性地抑制具有 *HER2* 基因扩增的癌细胞的生长，改善患者预后。对于乳腺癌或胃癌患者免疫组化检测 HER2 蛋白表达 2+的患者，则需要采用作为金标准的 FISH 检测技术最终确定 *HER2* 基因的扩增情况，从而指导曲妥珠单抗的靶向治疗。对于肺癌，间变性淋巴瘤激酶（anaplastic lymphoma kinase，ALK）抑制剂的研究结果显示，ALK 阳性患者 5 年生存率达 62.5%。在针对 ALK-D5F3 进行免疫组化检测时，会出现因为组织固定欠佳等导致其染色结果不典型，无法明确 *ALK* 基因的易位状态，此时亦需 FISH 检测进一步明确 *ALK* 基因易位状况，从而精准指导 ALK 抑制剂的靶向治疗。此外，FISH 检测在具有特定基因易位的淋巴瘤、软组织肿瘤等中的应用也越来越广泛，以此辅助组织病理医师对这些肿瘤进行更准确的分型，以及预后分组等，从而更有效地指导临床医师对于治疗决策的选择。

FISH 技术主要应用于染色体和 DNA 水平上的分子病理学诊断，检测基因断裂、重排、扩增、缺失等，操作更加安全、快速，特异性好、定位准确、检测结果判读直观，但是对判读医师专业能力要求较高。该项技术适用于福尔马林固定的石蜡包埋的组织学标本、细胞学标本。

（三）聚合酶链反应

聚合酶链反应（polymerase chain reaction，PCR）技术是在体外通过酶促合成特异DNA 片段的方法，采用特异性寡核苷酸引物，在 *Taq* DNA 聚合酶的催化下，经过变性、退火和延伸等步骤反复循环，体外复制出大量与母链模板 DNA 互补的子链 DNA 的过程，反应结束后应用凝胶电泳或测序等方法分析产物。该技术可以直接检测病变组织、细胞中是否存在某种病原体的核酸或含有某些特定基因突变。

实时聚合酶链反应（real-time PCR）技术，又称荧光定量 PCR，基于上述普通 PCR 技术，针对已知突变基因位点设计引物，通过荧光染料或荧光标记的特异探针，对 PCR 产物进行标记跟踪，每经过一轮循环，荧光定量 PCR 仪收集一次荧光信号，实时监测整个 PCR 进程，检测待测样本中的目的基因是否有扩增信号。根据探针标记差异可分为 TaqMan 探针法和 ARMS 法。该技术灵敏度高，可检测出微小突变，操作简单、检测快速、成本低。目前已涌现出大量商品化试剂盒。国家药品监督管理局批准的单基因或多基因检测试剂盒绝大部分都是基于 ARMS 的检测方法，是目前各大医院和第三方检测机构开展基因检测的首选平台。其不足之处在于通量低、不能检测未知突变等。

数字 PCR（digital PCR，dPCR）是基于单分子 PCR 方法对被测核酸分子进行绝对定量的技术，通过检测可直接获得被测核酸分子的拷贝数。主要采用微流控或微滴化方法，将大量稀释后的核酸溶液分散至芯片的微反应器或微滴中，每个反应器的核酸模板数少于或者等于 1 个。这样经过 PCR 循环之后，有一个核酸分子模板的反应器就会给出荧光信号，没有模板的反应器就没有荧光信号。根据相对比例和反应器的体积，就可以推算出原始溶液中被测的核酸浓度。dPCR 是目前检测灵敏度最高的技术平台，适宜检测血液中含量很低的循环肿瘤 DNA（circulating-tumor deoxyribonucleic acid，ctDNA）中的突变。在中国临床肿瘤学（Chinese Society of Clinical Oncology，CSCO）发布的《原发性肺癌诊疗指南》中，这项技术已经被推荐用于检测 EGFR T790M 突变。

（四）基因芯片

基因芯片，又称 DNA 芯片或 DNA 微阵列，是在固相载体（如硅片、玻片、硝酸纤维素膜）上按特定排列方式集成大量已知 DNA 或 cDNA 片段，形成 DNA 或 cDNA 微矩阵的技术。该项技术能在一次实验中快速、稳定、高效、特异地检测成千上万条序列信息。DNA 芯片用于检测基因突变，有助于实现肿瘤早期诊断、预后判断等；而 cDNA 芯片则用于检测基因表达，有助于肿瘤的早期发现、分子分型等。

（五）核酸测序技术

DNA 测序技术有直接测序法和焦磷酸测序法。直接测序技术主要是 Sanger 等发明的双脱氧链终止法，其原理是根据核苷酸在某一固定的位点开始，随机在某一个特定的碱基处终止，并且在每个碱基后面进行荧光标记，产生 A、T、C、G 结束的 4 组不同长度的一系列核苷酸，然后在尿素变性的聚丙烯酰胺凝胶（PAGE）上进行电泳，从而获得 DNA 碱基序列。其优点是可准确检测整个测序范围内已知和未知突变点，不足之处是操作过程复杂不易控制、费时、检测灵敏度低，在检测已知突变位点方面将逐渐被荧光定量 PCR 方法替代。

高通量测序技术，即二代测序（next generation sequencing，NGS）技术是当前病理科分子病理学实验室或第三方检测机构应用最广泛的技术平台。NGS 可以同时对数以万计的 DNA 或 RNA 分子进行定性、定量测序，且可以同时对多个样本进行测序，可检测覆盖点突变、插入/缺失、重排、扩增等多种基因变异类型。目前最常见的供应商包括 Illumina、BGI、Life 等，不同测序平台测序原理有所不同。因为检测通量高，所以测序数据对生物信息学分析要求亦高，包括数据的质量控制分析、比对分析、变异识别、基因注释、结果报告和报告解读等。该方法虽然检测周期较长，同时对分子病理学数据分析人员提出的要求较高，但是能够鉴定罕见变异位点，且相对成本较低。针对非小细胞肺癌（non-small cell lung cancer，NSCLC），目前推荐对有条件的初治患者进行 NGS 检测筛选潜在靶点基因，以指导相应的靶向治疗；而对表皮生长因子受体酪氨酸激酶抑制剂（epidermal growth factor receptor tyrosine kinase inhibitor，EGFR TKI）耐药的患者也推荐 NGS 检测查找耐药相关位点。与此同时，亦需要正确认识基于 DNA 或 RNA 的 NGS 技术平台的不足或局限性，必要时可使用其他方法进行检测或验证。

二、基因检测方法的选择

在精准医学时代，精准规范的分子病理学诊断对于提高恶性肿瘤的诊断率和治愈率具有重要价值。不同的检测技术在遗传风险预测、辅助诊断、用药指导、疗效监测、预后评估等疾病诊疗全周期有不同程度的应用。针对同一个分子标志物，很可能有多种方法可供使用，而临床医师和病理医师需要把握的首要选择原则是如何能给患者带来最大的获益。分子病理学检测结果的判定需要结合检出限、检测样本具有多样性、检测标本的质量、肿瘤异质性等诸多因素进行综合判定。

以 NSCLC 中 *ALK* 基因融合检测为例，最近发布的《中国非小细胞肺癌 ALK 检测临床实践专家共识》推荐 IHC、FISH、real-time PCR 和 NGS 等多种方法，但每种方法都有各自的局限性和优势。因此，病理医生应该与临床医生有效沟通，在充分掌握了不同检测平台的应用场景前提下，合适的情况下可推荐多技术平台联合检测，以便最大限度地检出靶分子异常，同时平衡检出率和成本。如果能有快速的检测手段，短时间内得到结果，帮助患者尽快得到合适的治疗，则更符合患者实际利益。在此，医者要尽可能利用不同技术平台各自的优势，在不同的样本、不同的临床场景中相互发挥优势作用，为患者提供更加精准和全面的基因检测结果。

三、基因检测样品的收集、处理和保存

分子病理学诊断应用的检测样本主要包括：石蜡包埋组织、新鲜组织、脱落细胞、全血及其他体液等，更确切地说是样本中的肿瘤细胞及肿瘤 DNA 或 RNA。石蜡包埋组织必须按病理科常规的规范化流程及时、充分、有效地固定，石蜡切片标本厚度 3～5 m（仅针对 IHC、FISH 平台）或 8～10 m，切片数量依据肿瘤组织大小而定。样本质量对检测结果和分析至关重要，病理医师首先需要对可评估的样本进一步明确病理诊断，并评价标本有无出血、坏死和不利于核酸检测的前处理（如脱钙液处理）、病变细胞（如肿瘤细胞）的总量和比例，以避免假阴性。进行 NGS 检测之前，需通过病理诊断明确其肿瘤的性质及含量，根据不同肿瘤类型选择合适的基因组合（Panel）进行测序。组织或细胞标本中肿瘤细胞含量建议达到 20%以上，低于此标准可先行富集肿瘤细胞再进行后续检测。NGS 技术对样本质量要求较高，以 PCR 为基础的 NGS 技术需要 5～10ng 核酸（来自大约 1000 个肿瘤细胞），以杂交捕获为基础的 NGS 技术需要 100～200ng 核酸。大概有 1/3 的样本因不能满足上述要求，而无法获得可靠的检测结果。未经病理评估的基因检测结果则不可单独用于分子病理学临床诊断目的。

开展基因诊断首先要保证被测样品的收集、处理、运送和保存不妨碍分子检测试验的最佳使用。尽管现代技术可以从一些古老的生物学样本中鉴定出有用的遗传学资料，DNA 样本也相对容易长期保存。但通常，DNA 样品可长期保存于–20℃，而用于分离制备 RNA 和蛋白质的样品则必须在–70℃条件以下或液氮中保存。此外对样品收集、处理和保存的时间和条件也都有严格的要求和限制。因而，科学、规范管理的组织样品库无疑是疾病基因诊断的最基本的资源保障。

四、基因检测的发展趋势

新技术的不断引进和渗透使得分子病理学成为近期最具活力和最重要的发展领域。治疗靶点的鉴定，例如，EGFR、ALK、ROS1、BRAF、CD20 等是常规的分子病理学检测项目，同时新的治疗靶点正在不断被发掘。然而，多数肿瘤分子分型或预后因素涉及多个基因改变，一方面由驱动基因变异引起信号通路激活，另一方面由普遍存在的肿瘤异质性所致。因此，基因检测的内涵将由单一分子靶点检测逐步过渡到对分子变异谱、分子组学的检测。此外，以二代测序（NGS）技术为标志的高通量检测技术的普及，推动了“组学时代”的兴起，即包括基因组学、转录组学、外显子组学、代谢组学、表观遗传组学和蛋白质组学等的“组学分析”的大数据时代。

非侵入性检查理念和高敏感性分子检测技术的诞生，使得待检测材料正从依赖活检、手术标本，向基于血液、尿液、脑脊液等液体活检（liquid biopsy）方向发展，其检测内

容也在不断更新，如循环肿瘤细胞、循环肿瘤DNA、肿瘤外泌体、单细胞分析等检测。基于不同时间节点的病理形态变化，整合定性和定量、动态与静态信息，建立连贯性的循证医学数据来阐释疾病发展，将更全面地指导患者全流程、多时空的治疗方式选择，以及疗效监测。而规范化、标准化、精准化的分子病理学检测和分子病理学诊断必将具有更加深厚的发展潜力和更加广阔的应用前景。

五、基因诊断技术的质量控制

当分子生物学、分子遗传学技术方法应用于基因诊断的目的时，必须置于临床实验室的质量控制之下。在一种检测方法正式使用之前，首先必须从理论和临床的角度对其做出评估，然后制定专门的技术规范。使用质量认证的试剂盒是临床实验室常规检测的通用做法。然而，许多分子检测方法至今还没有商品化的试剂盒，往往是在不同的实验室内以各自的方式操作。质量控制应该把重点放在基因诊断的任何一个环节。例如，手术样本固定前处理、样本运送保存、检测前样本评估、实验操作、质控对照设置、结果有效性判定、报告复核签发等环节，以及包括实验室检测资质、人员、环境、设备、试剂、耗材、方法学性能等在内的诸多质量影响因素。

在临床操作中，行之有效的质量控制系统对病理诊断与评估的可信度至关重要，主要包括室内质控与室间质控。室内质控包括常规性地设立阳性及阴性对照、不同检测方法比对、不同检测人员比对、新试剂验证、定期抽查及定期重复性检测等，其主要目的是确保实验步骤的准确性和控制实验室检测结果的可靠性、有效性。室间质控是指通过与其他实验室（如已获资格认可的实验室、使用相同检测方法的实验室或使用配套系统的实验室）对比的方式确定检验结果的可靠性，也可通过参加国内外权威机构举办的室间质评活动来完成。国家卫生健康委员会病理质控中心（PQCC）、临床检验中心及北欧免疫组织化学质量控制机构（NordiQC）、英国国家外部质量评估计划和原位杂交的国家外部质量评估计划（UK NEQAS ICC & ISH），以及欧洲分子基因诊断质量联盟（EMQN）均可为外部病理质控提供帮助。

六、基因检测涉及的医学伦理学考量

基因检测能够为临床提供精准的分子病理学诊断，有利于患者的精准治疗和个体化靶向治疗。在临床诊疗过程中，存在患者对基因检测期望值过高；临床医师对基因检测认知有限，与病理医师的沟通不足；检测成本较高，患者经济负担重等问题。因此，临床医师和基因检测服务人员需要共同加强对患者的人文关怀，引导合理的消费心理预期。分子病理学实验室工作人员则需要加强临床相关基因检测项目的宣教，提高临床医师对分子检测的认识，加强与临床医师的协作。要时刻谨记务必以患者的病情需要为基础，共同优化检测方案，必要时可进行多学科诊疗（multidisciplinary team，MDT）查房，以尽可能减轻患者的经济负担。基因检测作为一项具有重要临床价值的新技术，在造福患者的同时，也带来了相关伦理问题，要求医疗机构、医务工作者在临床实践中坚持医学伦理学的患者受益原则、最优化原则、知情同意原则，使基因诊断技术更好地服务于病患。

七、基因诊断的临床应用

自 21 世纪以来，分子病理学理论与技术的迅速发展和持续更新使得基因诊断愈来愈受到重视，并且逐步应用于临床，尤其在遗传性疾病、恶性肿瘤、感染性疾病等领域已经取得了长足的进步，为疾病的精准诊治奠定了可靠的基础。

第三节　基因诊断在遗传病中的应用

遗传病的本质是机体遗传物质发生了异常改变——基因突变或染色体畸变，因而基因诊断对于遗传病的重要性毋庸置疑。它不仅用于检出遗传病患者的基因或基因组的异常改变，而且还用来确定隐性携带者状态及在症状出现之前的疾病易感性等。这一点不同于传统的实验室检验，甚至也不同于其他种类疾病（如恶性肿瘤或感染性疾病等）的基因检测。基因诊断首先被应用于遗传病，而且在这一领域所取得的成绩亦最为突出。对于遗传病，基因诊断的检测靶分子通常只是 DNA。

一、针对遗传病的分子检测的目的

针对有症状的患者进行分子遗传学分析是基因诊断最初的、最直接的形式，其目的与传统的实验室检查相一致，即以诊断性试验结果来证实医生的临床印象。在此需要引起注意的是，基因检测对于被测致病基因是非常特异的，即使密切相关的疾病也不能使用同一项检测。例如，针对 1 型脊髓小脑共济失调的 DNA 分析不能应用于 2 型脊髓小脑共济失调病例。由于遗传性疾病的特殊性，虽然这类诊断性检测不似预测性分析那样承载比较沉重的医学伦理学意义，但是家系中先证者的阳性检查结果不可避免地提示其血缘亲属的患病风险。

（一）新生儿筛查

从某种意义上讲，新生儿筛查是诊断性检测的早期形式，它针对的是大群体的无症状（或尚未发生症状）婴儿，受累个体可能显示出了生物化学指标或其他方面的异常表现。这项筛查的目的是在其生命早期鉴别出遗传病患儿，以便在不可逆性损伤发生之前开始给予饮食控制或药物治疗。但是，大多数经典的常染色体隐性疾病（如苯丙酮尿症和半乳糖血症）有太多的致病性突变，以至于与生化检查和酶学方法相比，分子遗传学检查的敏感性并不高，成本效益则更低。对于这类疾病来说，可行的分子检测往往用于结果不确定的支持性验证、进一步的基因型-表型相关性分析，或者确定可用于怀孕的家族成员产前诊断的 DNA 标志物。然而，随着基因芯片技术的发展，高通量自动化的方法降低了成本，使基于 DNA 的分子检测变得更加有力且全面，从而将有可能成为用于新生儿筛查的首选方法。

（二）产前诊断

虽然经典的细胞遗传学分析仍然是目前产前诊断最常用的方法，然而准确灵敏的分子生物学技术的发展为单基因缺陷的产前检查另辟蹊径。尽管羊水的生物化学分析能够诊断某些先天性代谢异常，但其他一些疾病（如肌营养不良等）则需要通过创伤性更大的方法获取靶组织（如胎儿肌肉），以检测其基因产物。而分子遗传学技术则避免了这类创伤性检查，因为携带致病突变的 DNA 可以比较方便地从羊水细胞或绒毛组织中获得。然而，上述方法只有当预知父方或母方的基因突变型时才能尝试，至少也要针对存在大量异质性突变的疾病才能进行。

近年来，在生殖工程中受精卵植入前检查用到了更多的产前诊断技术，包括对体外受精发育得来的胚胎分裂球取活检，应用高效的 PCR 技术进行单细胞遗传学分析。相对于传统的产前诊断，使用此方法必须预知父亲或者母亲一方确切的基因突变（显性疾病）或父母双方基因突变（隐性疾病）。这项检查的难度和花费都比较大，因而通常仅应用于那些正在接受体外受精的夫妇。然而，尽管这类植入前诊断的先决条件很高，但已经在囊性纤维性变、地中海贫血及其他疾病的诊断中应用。

（三）携带者筛查

携带者筛查是另一类医学遗传学独特的实验室检查方法。这一术语最恰当的表述是用于健康个体的（致病基因）杂合状态隐性突变的检查。它包括两种不同情况：一种是针对有疾病家族史的风险个体，另一种是针对携带有高突变频率的一个或多个（致病或疾病相关）等位基因的某一人群。因此，将前者称为“携带者检验”更准确一些，尤其当致病突变在家族中是已知的情况下。后者才是真正意义上的“携带者筛查”，因为它应用于整个人群而不考虑家族史，对于受检个体来说可能的突变是未知的（除非是单基因突变致病，如镰状细胞疾病）。

由于工作对象是人群，费用低廉就成为对筛查性检验的基本要求之一。针对分子遗传学检测对给定突变的高度特异性的特点，对于具有异质性突变的疾病来说，必须预先获知一个足够宽的致病基因突变谱才有可能确保在目的人群中优先检查的突变数目和类型，从而确定筛查策略。以囊性纤维性变为例，携带者常无确切的生物化学异常改变，所以直接的突变检测是唯一选择。而对于泰-萨克斯病（Tay-Sachs disease，又称黑蒙性家族痴呆症）来说，尽管大多数携带者有一定数目的氨基己糖苷酶 *A* 基因突变，但是由于酶学检查不仅结果可靠，而且方法简便、花费低，故优先考虑将酶学方法用于人群筛查。隐性突变致病只有在其后代中才会发生显著的临床变化。因此无论采用何种方法，最终目标都是鉴定出风险夫妇（双方都是携带者），使他们有机会进行产前检查。

（四）症状前诊断和易感性分析

预测性 DNA 检测是分子遗传学分析的最新应用，从某种意义上来讲也最具争议性，主要用于成年发作或儿童晚期发作的常染色体显性疾病。尽管预测性分析并不像筛查分析那样容易被接受，但的确适用于那些具有很强的家族背景（通常是亲代发病）、有 50% 的风险遗传得到突变基因的个体。

根据被测突变基因的外显率，预测性分析可以进一步分为症状前分析和易感性分析。前者适用于完全外显性疾病，如亨廷顿病，其阳性 DNA 检查结果可充分预测疾病的发生（尽管不能指出严重程度和发病年龄）。后者适用于较低外显率疾病，例如，由于*BRCA1/BRCA2* 基因异常的家族性乳腺癌/卵巢癌，其阳性检查结果仅提示，与对照群体相比患病的风险增加，但并不能预测受检个体一定发病。这种情况使回答相应的遗传学问题和临床咨询变得很困难，尤其针对诸如家族性乳腺癌/卵巢癌这类疾病——是否实施有一定风险的药物或外科干预，可能就需根据 DNA 检测的结果。

以上两种预测性分析都存在显著的社会心理学风险，如一个健康人突然得知即将患病的打击性消息所引发的后果。当然，也存在保险业和雇佣歧视的风险。因而，涉及医学遗传学预测性分析的许多方面都迫切需要标准化的处理程序，包括知情权、检验前后的遗传咨询及社会心理学支持等。

二、遗传病基因诊断方法的选择

遗传病基因诊断方法的选择依赖于检测目的和被测基因的性质（特别是基因的大小和复杂性）；当然，在一定程度上还依赖于被测样品的质和量的情况。量特别少、经过固定的或发生降解的样品需要采用基于 PCR 的方法处理；一旦扩增得到足够量的 DNA，就可以再采用其他技术做进一步的分析，如等位基因特异性寡核苷酸（ASO）探针杂交，或者 DNA 测序。而那些涉及 Southern 印迹的检测方法则需要完整的高分子量 DNA，且 DNA 的质量要足够好，以便能被限制性内切酶有效地消化，经过凝胶电泳分离而产生可重复的条带图谱。这通常意味着需要几毫升全血，或者 1～2 皿经过培养的羊水细胞。从被测样品中分离制备 DNA 是绝大部分检测试验的第一步。对基于 PCR 的方法来说，粗制的 DNA 即可；而 Southern 印迹分析则需要优质、高纯度的 DNA。

（一）点突变的检测

对于已知的点突变、微小的缺失或者插入的检测有几种方法可供选择。ASO 探针杂交能够用来精确鉴定杂合子和纯合子的基因型。扩增的限制性片段长度多态性（AmpRFLP）分析是将 PCR 扩增后的待测样品 DNA 用特定限制性核酸内切酶处理，产物经聚丙烯酰胺凝胶电泳分离，根据 DNA 片段的长度差异来判断点突变。单链构象多态性（SSCP）和变性梯度凝胶电泳（DGGE）是另外两种针对已知突变的定性检测方法。

对于基因片段中未知的突变，则可用变性高效液相色谱（denaturing high performance liquid chromatography，DHPLC）等技术进行分析，而筛查到的异常改变必须经过 DNA 测序来确认突变的精确位置和性质。

（二）大片段缺失的检测

大片段 DNA 的缺失很容易被 Southern 印迹法检出，表现为预期的一个或多个杂交条带的消失。差异 PCR 扩增是另一种方法，原理为被测 DNA 样品中的大片段缺失使得相应的 PCR 引物失去相应的模板序列而无法引导扩增，导致预期的 PCR 产物消失。检测特别大的 DNA 片段缺失则可能需要一种特殊的、适用于高分子量片段的脉冲场凝胶电泳技术，或者采用荧光原位杂交（FISH）分析完成。

（三）核苷酸重复序列扩增的检测

三核苷酸重复序列扩增（trinucleotide repeat expansion）是脆性 X 染色体综合征、亨廷顿病和其他神经肌肉异常性疾病特有的突变形式，准确分析 DNA 片段的大小对于这项检测非常重要。相对于应用在点突变和片段缺失检测上的上述定性观察分析，这是在分子遗传学检测中最接近定量分析标准的试验。若扩增序列为中等长度，如在亨廷顿病和脊髓小脑共济失调中出现的情况，采用 PCR 扩增并测定产物大小就可以了。对于发生在脆性 X 染色体综合征等疾病中的更大的扩增序列，很难或不可能进行 PCR 扩增，此时就需要利用 Southern 印迹法来确定其大小。

（四）异质性突变的检测

有些疾病是由于一个很大的致病基因中发生了大范围的点突变。在这种复杂情况下，即使对整条基因全部测序也不可能检测出所有潜在的突变，因为有些突变可能位于非编码区或远离基因的上游增强子区。前面提到的 ASO 探针杂交或者限制性内切酶策略可能适用于这类复杂突变的分析。例如，许多实验室在进行囊性纤维性变检测和携带者筛查时，曾将扩增的待测样品 DNA 与一组排列固定于固相支持物上面的 ASO 探针进行反向斑点杂交（reverse dot blot hybridization）。当然，随着基因芯片技术的发展与完善，高通量地检测复杂、大范围的突变已经不再是困难的事情。

核酸测序是鉴定 DNA 结构异常改变的金标准。可是它耗时、费力、费用较高，因而通常用于临床上不容疏漏的病理性突变的检测，例如，对家族性乳腺癌/卵巢癌的 *BRCA1/BRCA2* 基因突变的预测试验。此外，核酸测序还常用于给定基因热点区域内有限数目突变的检测。

第四节　基因诊断在恶性肿瘤中的应用

相对于本质为胚系（germ line）变异的真正意义上的遗传病，绝大部分恶性肿瘤是体细胞遗传性疾病，其本质多是后天获得的、导致体细胞恶性转化的一系列基因及其产物在结构、功能或调控方面的异常改变。肿瘤是一类多基因参与、多阶段发生、更为复杂的疾病，因而与遗传病和感染性疾病相比，针对肿瘤的基因诊断的目的和内容也略有不同。其临床相关目标包括：①根据特定类型肿瘤的复合性基因变化谱或特定的分子改变，确认肿瘤分子病理学诊断和分类；②应用敏感的分子技术早期检出肿瘤细胞，从而提前进行治疗干预；③通过分子预测评估，提供临床预后相关的信息；④辅助选择个体化治疗方案，避免不必要的药物毒性作用；⑤增加治愈机会，提高肿瘤患者的生存质量。

临床影像学、血清标志物检测在早期发现和帮助确定肿瘤的范围、大小方面很有意义，但肿瘤的最终诊断还是需要依据病理学诊断。病理医生参与了患者肿瘤临床治疗的全过程，包括：术前活检病理报告决定了患者是否需要手术、手术的方式和范围；术中冰冻病理诊断确定了手术的范围和手术切缘是否干净；术后病理对病变进行全面评估，指导术后的辅助治疗方法选择。在提倡精准医疗的当代，组织/细胞病理学诊断和分子病理学诊断至关重要。靶向药物的有效性仅针对特定人群，因此必须通过分子病理学检测对特定的人群进行筛选。

一、肿瘤的基因诊断和肿瘤分子标志物

肿瘤的基因诊断基于特定肿瘤的分子病理学机制，以及相应的分子标志物。肿瘤分子标志物是指肿瘤相关基因的结构和功能损伤所致的特定的分子水平异常改变，它们可以指示肿瘤相关基因的激活或失活程度，反映肿瘤的发生发展过程。肿瘤分子标志物包括：基因（DNA、RNA）、染色体、蛋白质（肽）及生物小分子等。它们不仅存在于肿瘤发生的局部组织，也会以多种方式游离、释放至体液和机体排泄物之中，因此可以作为辅助诊断、判断预后、指导治疗的重要生物学指标。而肿瘤的基因诊断的本质也就是针对肿瘤分子标志物的检测与分析。

值得注意的是，无论是单一的分子标志物还是一系列基因改变构成的分子标志谱，在得到实际临床应用的认可之前必须经过相应的评估验证。然而，使实验室研究发现的肿瘤分子标志物进入临床试验并最终成为临床实验室常规检验项目的标准程序尚未完善地建立起来。对此一些临床专家建议，研发和鉴定生物标志物的过程可采取与药物开发评估相似的、相对成熟的策略：第一阶段，在肿瘤临床组织样品中发现分子标志物，并对相应的最适检测方法进行筛选；第二阶段，对选定分子标志物及其检测方法进行特异性和敏感性的实验验证，给出结果判断的临界值；第三阶段，利用已经明确病理诊断的病例组织样品对选定分子标志物进行有效的验证，明确其临床使用范围；第四阶段，消除不同操作者及不同临床实验室所得结果中存在的系统误差，使该项分子标志物的临床检验方法标准化。

二、针对肿瘤的分子检测的目的

（一）风险评估

迄今，人们对于约占全部恶性肿瘤 1%的遗传性或家族性肿瘤综合征的遗传易患性，以及造成此类遗传易感性的基因缺陷已经有相当深入的研究与认识。针对生殖细胞突变导致的肿瘤遗传易患性进行风险评估已经列入临床遗传学家的研究范围和肿瘤预防计划。遗传性肿瘤是指由肿瘤相关基因或基因组胚系变异导致肿瘤，遗传性肿瘤患者可表现为致病基因的家族遗传性，从而将肿瘤的易患性逐代传递下去。在发生了胚系突变的人群中，发生肿瘤的风险比普通人群高数十倍或数百倍。许多导致遗传性肿瘤综合征的基因缺陷同时也是相同组织类型的散发肿瘤的起始分子改变。例如，在家族性息肉病中发生异常的结肠腺瘤性息肉病（adenomatous polyposis coli，APC）基因，在 90%的散发性结肠腺瘤性息肉病患者中均发现了突变。与 *APC* 基因相同，*Rb* 基因的突变也可导致遗传性和散发性视网膜母细胞瘤。一定程度的组织特异性是遗传性肿瘤的重要特征之一，因此，找出这些基因在获得性的癌前状态下的突变，可能有助于评估某种特定组织发生肿瘤的风险。而在高风险人群中进行筛查，以检出早期病变，则对肿瘤易患人群的保护作用意义重大。需要进行遗传性肿瘤风险筛查的人员有：关注自身健康的健康人群；直

系亲属确定携带某种遗传性肿瘤特异性基因致病突变；有家族遗传史的人群，即家族中一级亲属或二级亲属中出现多个肿瘤患者；个人或家族成员中在异常年轻时罹患癌症（<50 岁）；在同一个个体中独立发生几种不同类型的癌症；有血缘关系的近亲患有特殊肿瘤，如男性乳腺癌等。

（二）辅助诊断

组织学和细胞学检查是极为有效的肿瘤病理诊断方式，被称为“金标准”。但有时这些检查不能就一种病变究竟是不是肿瘤或者究竟是哪种肿瘤而给出明确的答案。尽管在这种情况下免疫组织化学分析可以辅助特殊类型肿瘤的确诊；然而由于送检材料不理想、不同类型的肿瘤在组织病理形态和免疫组化标志物表达层面交叠明显等因素的影响，常会给诊断造成困难。这时，分子检测（或称分子标志）可能会对被测样品做出更为可靠的定性和诊断。而且，淋巴造血系统肿瘤、软组织肿瘤、中枢神经系统肿瘤在新版 WHO 分类中对于肿瘤的分型越来越依据基因变异的类型，若不进行基因检测予以明确，则无法对疾病进行精细分型和治疗指导及预后管理。

（三）预后判断

恶性肿瘤的发生发展是多基因的异常改变积累的结果，目前人们已经有可能根据相关基因（群）结构及功能的不同变化，对组织病理学诊断相同的肿瘤进一步进行分子分型、分子分级和分子分期。这样做是为了预测肿瘤的局部及远处转移，对于治疗和预后具有重要的意义。

细胞分裂相关蛋白（如 Ki-67 和 PECAN）的表达情况已经被用于估算活检和手术切除样品中增殖肿瘤细胞的比率。以淋巴瘤为例，Ki-67 阳性细胞比率高的患者明显预后不良。

基因型特征有时也能用于病变行为的预测。例如，8 号染色体三体型往往预示纤维瘤病（fibromatosis）的复发，而那些低复发倾向的纤维瘤病患者通常有相对稳定平衡的染色体组。*TP53* 基因的状态（野生型或突变型）能够提供膀胱癌、大肠癌及乳腺癌的预后信息。*TP53* 基因功能的丧失将会使细胞周期中监测 DNA 损伤的 G_1 期制动消失，或者干扰细胞凋亡。未经 DNA 损伤修复的有丝分裂将导致分子遗传性损伤在同一细胞中积累，而凋亡功能的抑制则使细胞数目不加限制地增加，并且使治疗反应降低。

根据基因检测结果可以评估肿瘤患者的预后，协助治疗方案的选择。对于部分结直肠癌患者，例如，合并高度微卫星不稳定性（microsatellite instability-high，MSI-H），则预后较好，不能从 5-氟尿嘧啶（5-FU）类单药辅助治疗中获益；而低度微卫星不稳定性（microsatellite instability-low，MSI-L）或微卫星稳定（microsatellite stable，MSS）患者，预后较差，能够从 5-FU 单药辅助治疗中获益。又如前所述，伴有 *HER2* 基因扩增的乳腺癌患者，预后较 *HER2* 基因无扩增患者差，而曲妥珠单抗靶向治疗可提高这部分患者的疗效。

基于基因芯片技术的基因表达谱分析会在肿瘤分子分型中起重要作用；同时，还为诸如肿瘤组织分化状态、基因组范围内的改变对特定的细胞生命程序（如生长调节）的影响，以及宿主反应机制等提供新的重要信息。目前常规使用的组织学分类标准有可能将临床表型不同的病变归为一类，而差异的基因表达谱则将根据分子水平的异质性为肿瘤分类，提供从生物学角度来看更准确、对临床更实用的诊断和预测信息。例如，“乳腺癌 21 基因检测”是检测乳腺癌肿瘤组织中 21 个不同基因的表达水平，通过计算复发指数（RS），对患者的复发风险和化疗获益进行分析。RS 数值越高，复发风险越高。因此，低危组患者可以考虑免于化疗，高危组则被建议化疗，中危组需根据患者自身状况和医生的综合判断，决定是否化疗。

弥漫大 B 细胞淋巴瘤（diffuse large B-cell lymphoma，DLBCL）是利用基因表达谱进行分子分型以判断预后的另一个范例。最初，2000 年根据基于 12 196 个基因的 cDNA 芯片所获表达谱型将 DLBCL 分为 3 个亚型：生发中心 B 细胞样（germinal-center B cell-like，GC B-like）、活化 B 细胞样（activated B cell-like）和第 3 型。其中，GCB-like 患者有较好的生存预后，而 activated B cell-like 的生存预后则很差。随后 2002 年，人们从上述 12 196 个基因中选择 100 个分析后发现，使用其中一组 17 个基因即可预测 DLBCL 患者的预后生存情况。紧接着 2004 年，对 36 个基因进行定量实时 PCR 分析后发现，仅仅其中 6 个基因的表达情况就能够有效预测 DLBCL 患者的生存情况：*LMO2*、*BCL6* 和 *FN1* 的表达预示比较好的生存预后，而 *CCND2*、*SCYA3* 和 *BCL2* 的表达则与不良预后相关。最终，2018～2021 年，美国国家癌症研究所（NCI）、哈佛大学（Harvard University）、剑桥大学（University of Cambridge），以及中国的研究团队，先后发表了多篇基于 NGS 平台进行 Panel 检测或全外显子组测序（whole-exome sequencing，WES）检测的研究成果，依次对 DLBCL 进行了 4 分型-Panel（NCI）、5 分型-WES（Harvard）、5 分型-Panel（Cambridge）、7 分型-Panel（NCI）、7 分型-Panel（中国），可帮助实现更精准的预后分层，有助于 DLBCL 合理靶向治疗的发展。由此，充分体现了对恶性肿瘤进行分子分型的重要临床意义。

（四）微量残留病的检出

微量残留病（minimal residual disease，MRD），是指患者经治疗疾病获得完全缓解后体内残存的、通过形态学等传统方法无法检出的任何水平的微量肿瘤细胞（对治疗无反应或耐药的癌细胞）的临床表现。残留的癌细胞数量少，不足以引起任何体征或症状，但有可能导致癌症复发，却无法通过传统临床病理、影像或实验室方法检测到。例如，在显微镜下观察细胞和/或追踪血液中的异常血清蛋白标志物（肿瘤标志物）。分子病理学诊断对肿瘤微量残留病的监测也发挥着重要的作用，其临床应用表现为 3 个方面：①细微的残留病变评估；②肿瘤复发的早期诊断；③局部侵袭的评估。当然，这些都需要应用高度特异性的分子标志物和基于 PCR 或 NGS 的高度敏感的方法。

近年来，在实体瘤领域，基于 ctDNA 指导的 MRD 评估，优于传统的临床或影像学方法，并在预测疾病复发风险等方面具有较高的灵敏度和特异性。MRD 检测可帮助临床医师动态监测和确认疾病的缓解情况，尽早发现复发迹象，并尽早开始治疗；可以动态反馈治疗效果，并根据疗效情况及时调整治疗方案。MRD 对液体活检技术有着极高的要求，低频突变的检测灵敏度需要达到 0.02%。

基于 PCR 或 NGS 的敏感技术，还可以根据原发肿瘤特异性突变，在手术过程中辅助光学显微镜检查，判定肿瘤细胞局部播散的边界。在头颈癌中的应用已经显示，这种“分子划界”对局部复发的预测效果优于常规的术中冰冻切片的切缘评估。如果在数分钟内获知 cDNA 片段序列的方法真正可行，根据基因改变特征能在第一时间对活检样品进行分子测试，那么分子诊断就有可能成为术中切缘评估的另一种方法。

（五）肿瘤复发和第二原发的鉴别

由于治疗方法的多样性和有效性提升，恶性肿瘤患者的生存率在不断提高，这样对第二次原发肿瘤的鉴定显得愈发重要。当同一器官发生第二个肿瘤时，需要对其“复发”或“原发”的性质做出诊断。在某些情况下，针对前后两个病变的形态学比较，以及进一步的免疫学表型特征分析能够给予回答。然而，一个克隆性突变或者一组遗传学改变却能够在两个病变之间建立最直接的联系，或者明确指示两者相互独立发生。以分子技术鉴定一位曾经罹患某器官腺癌的患者经长期缓解后在该器官或其他器官新发的一个腺癌病变究竟是第二原发还是前一个肿瘤的复发或转移，这是基因诊断的另一个应用范围。显而易见，在这种情况下采用一组特征性遗传学改变比仅仅依靠单一基因对两个病变进行鉴定更为可靠。例如，多位点的微卫星异常改变、拷贝数变异谱、基因突变谱等；而具有宽谱突变形式的基因（如 *TP53*）显然比只具有限突变的基因（如 *K-RAS*）能够更有效地显示两个病变在基因序列方面的差异性或相似性。针对膀胱癌患者膀胱移行上皮的多个肿瘤的分子分析表明，几处病变均起源于同一个位于膀胱黏膜中的祖先细胞，从而也解释了这类患者容易复发的原因。

三、肿瘤基因诊断所需的组织样品的使用

现有的技术发展可以针对一份组织样品采用不同的方法分别进行分子表型和基因型的分析。例如，对福尔马林固定、石蜡包埋的组织进行不同厚度的连续切片，可以分别用作：①形态学评估（苏木精-伊红染色）；②表达分析，如免疫组织化学染色、荧光原位杂交；③分子异常改变的确定，如 PCR 分析及核酸测序等；④高通量技术分析，如基因芯片分析、NGS 检测等。

针对恶性肿瘤具有组织异质性的特点，可以采用手工刮取或组织显微切割以去除正常或坏死细胞，纯化富集肿瘤细胞。组织显微切割还用来分离微小的肿瘤病变、在同一例组织样品中分别收集纯化处于癌变不同阶段（如不典型增生、原位癌）或者不同分化程度的肿瘤细胞。总之，肿瘤的基因诊断对于科学、正确地收集使用组织样品具有更加严格的要求。

四、肿瘤基因诊断的方法选择

检测某种特定的肿瘤相关分子异常改变或分子标志物可以采用不同的方法，这些方法在特异性、敏感性、所需时间和费用，以及某种特定临床状态下的专门用途方面各有不同。根据被测样品的形式，检测肿瘤分子标志物的方法可分为两大类：一类采用生物化学和分子生物学技术来分析从待测组织中分离纯化的核酸或蛋白样品；另一类则是对

组织、细胞或染色体进行原位分析，以检查分子标志物的存在及分布状态。

（一）DNA 异常改变的检测分析

从肿瘤组织或细胞中分离的 DNA 可直接测序或用于 PCR、NGS 等分析，从而检测肿瘤细胞基因组的改变，如点突变、易位、扩增、缺失、微卫星不稳定和异常甲基化等。

点突变是人类恶性肿瘤中最常见的显性癌基因改变。由突变造成的氨基酸改变可导致涉及细胞恶性转化的基因功能异常。癌基因的扩增通常引发蛋白过表达，这是导致基因功能异常的另一种机制。基因扩增易于检测，是一种很好的诊断和预后分子标志物。由于发生易位，原癌基因可能被置于强效启动子-增强子操控之下，从而功能异常；易位还能使两个 DNA 片段融合产生具有错误功能的重组基因。错义或无义点突变能造成抑癌基因功能丧失；大多数抑癌基因的功能完全丧失需要另一个等位基因失活。而第二次打击往往受基因组缺失的影响，能够被杂合性缺失分析检出。启动子区或基因内片段的异常高甲基化亦可导致抑癌基因的表达沉默。肿瘤细胞内在的基因组不稳定可以通过微卫星不稳定而显示。

（二）克隆源性分析

克隆性增殖是肿瘤的基本特征。可通过测评组织或细胞学样品中携带同样分子标志物的细胞所占的比例，判断它们是否源自单一祖先细胞。

最初用于诊断的克隆性分子标志物是淋巴增生中的抗原受体基因重排。通过同型蛋白检查或 X 染色体 DNA 甲基化分析，一些 X 连锁基因杂合性失活已经广泛用于证实肿瘤的克隆源性。如果已知某种肿瘤携带某个基因的特定突变，那么这种变异序列也可以作为克隆性标志物。对此的基本要求是：①该突变产生于肿瘤发生的早期；②在肿瘤进展过程中该变异序列不再发生改变或丢失；③特定的基因突变具有高度特异性，源自两个独立发生的肿瘤的细胞群体不能携带完全相同的突变序列。

（三）RNA 水平的检测分析

由于Northern印迹这类经典的RNA分析方法对于样品RNA的质和量的要求都很高，在临床诊断中应用局限。而 RNA 原位杂交、RT-PCR、NGS 是目前适用于临床诊断的 RNA 检测技术。

RNA原位杂交可应用于固定后的肿瘤组织或细胞中相关基因RNA的表达状态分析。采用 RT-PCR 技术在骨髓、外周干细胞或外周血等中检测细胞角蛋白 19 的 RNA 可以发现乳腺癌特异的上皮细胞。此外，黑色素瘤中的酪氨酸激酶、前列腺癌中的前列腺特异性抗原、甲状腺癌中的 RNA 等肿瘤特异的 RNA 同样可用于检测外周血中的癌细胞。这类分析方法的敏感性可以达到从 10^{10} 个背景细胞中检出 1 个癌细胞，适用于微小病变的检出。

（四）蛋白产物异常改变的检测分析

免疫组织化学（immunohistochemistry staining，IHC）染色是一种既能够检出特异序列的蛋白质又能够同时保留组织学结构的“原位”检测方法。免疫组织化学方法的应用大大减少了难以分类肿瘤的数目，并且成为诊断未知来源的转移瘤的辅助手段。免疫组化分析最先被认可的应用是对淋巴瘤的诊断和分类。在实体瘤（如乳腺癌）中，通过确定雌激素受体和孕激素受体的状态，免疫组化染色已成为一项判断预后所要求的补充检查。此外，根据表皮生长因子受体 2（HER2）、间变性淋巴瘤激酶（ALK）、错配修复（MMR）和细胞程序性死亡-配体 1（PD-L1）表达情况的 IHC 评估，临床已经实施了针对乳腺癌的曲妥珠单抗、针对肺癌的 ALK 抑制剂的靶向治疗和多种实体瘤的泛肿瘤免疫治疗。

在不同分化程度或不同类型的细胞群共存于同一例组织样品中的情况下，免疫组化分析用来特异性鉴别肿瘤组织中不同的细胞组分。肿瘤标志蛋白的免疫组化检测可用于良恶性细胞的鉴别诊断、肿瘤分类和分期，以及远处未知来源的转移瘤鉴定等。

通过免疫组化染色还可以确定肿瘤组织中一些控制细胞周期进展的，或细胞凋亡通路中的重要蛋白（如细胞周期蛋白 D1、细胞周期蛋白 E、p53、RB、BCL-2 等）的表达状况，以显示被测肿瘤的生物学特征，以及可能的治疗反应，据此而制定相应的个体化的治疗方案。

第五节　基因诊断在感染性疾病中的应用

针对感染性疾病的病原体检查，其目的为确认感染的发生及性质，以便采取有效措施，防止感染广泛传播而造成危害。传统的病原体检查方法包括：光学显微镜下直接观察、特异性抗原检测、病原体的分离培养和鉴定，以及血清学试验等。而病原体核酸分子检测则能够更准确、更迅速地检出并鉴定那些少量、没有合适抗体、生长缓慢，甚至不能在体外生长的病原体。当然，核酸分子检测的方法首先基于人类对病原体基因或基因组序列的认识。

自 20 世纪 80 年代起，核酸分子探针被应用于临床微生物学分析。最初，人们以特异的核糖体 RNA 操纵子序列为探针，使用 DNA-RNA 杂交技术来鉴定细菌、支原体和真菌等。随后，基于核酸扩增技术发展起来的病原微生物分子检测方法则包括：连接酶链反应（ligase chain reaction，LCR）、聚合酶链反应（polymerase chain reaction，PCR）、链置换扩增（strand-displacement amplification，SDA），以及转录介导的扩增（transcription-mediated amplification，TMA）等。

使用这些核酸分子扩增方法，可以直接从临床标本中检测和鉴定微生物病原体。通过琼脂糖凝胶电泳或聚丙烯酰胺凝胶电泳，核酸分子扩增产物根据片段大小而被分离，若将 PCR 与分子杂交或实时监测联用则可提高检测敏感性和特异性。不过，核酸分子扩增产物的 DNA 测序仍然是鉴定细菌和病毒基因型的金标准。

尽管目前基因芯片杂交技术已经被引入病原微生物的基因型鉴定，然而与实际临床应用仍存在一段距离。预期在不久的未来，宏基因组的研究成果将可以用于高通量的微生物检测和判断健康状态等多种目的。

（高燕宁　李　琳　薛京伦　颜柏桓）

参考文献

Alizadeh A A, Eisen M B, Davis R E, et al. 2000. Distinct types of diffuse large B-cell lymphoma identified by gene expression profiling. Nature, 403: 503-511.

Amjad M. 2020. An overview of the molecular methods in the diagnosis of gastrointestinal infectious diseases. Int J Microbiol, 2020: 8135724.

Aylor D L, Valdar W, Foulds-Mathes W, et al. 2011. Genetic analysis of complex traits in the emerging Collaborative Cross. Genome Res, 21(8): 1213-1222.

Carlson C S, Eberle M A, Kruglyak L, et al. 2004. Mapping complex disease loci in whole-genome association studies. Nature, 429(6990): 446-452.

Chapuy B, Stewart C, Dunford A J, et al. 2018. Molecular subtypes of diffuse large B cell lymphoma are associated with distinct pathogenic mechanisms and outcomes. Nat Med, 24(5): 679-690.

Cheng J, Fortina P, Surrey S, et al. 1996. Microchip-based devices for molecular diagnosis of genetic diseases. Mol Diagn, 1(3): 183-200.

Emmadi R, Boonyaratanakornkit J B, Selvarangan R, et al. 2011. Molecular methods and platforms for infectious diseases testing a review of FDA-approved and cleared assays. J Mol Diagn, 13(6): 583-604.

Emmert-Buck M R, Bonner R F, Smith P D, et al. 1996. Laser capture microdissection. Science, 274(5289): 998-1001.

Hultén M A, Dhanjal S, Pertl B. 2003. Rapid and simple prenatal diagnosis of common chromosome disorders: advantages and disadvantages of the molecular methods FISH and QF-PCR. Reproduction, 126(3): 279-297.

Jeffreys A J, Neumann R. 2009. The rise and fall of a human recombination hot spot. Nat Genet, 41(5): 625-629.

Lacy S E, Barrans S L, Beer P A, et al. 2020. Targeted sequencing in DLBCL, molecular subtypes, and outcomes: a Haematological Malignancy Research Network report. Blood, 135(20): 1759-1771.

Li W B, Lyu Y F, Wang S M, et al. 2021. Trends in Molecular Testing of Lung Cancer in Mainland People's Republic of China Over the Decade 2010 to 2019. JTO Clin Res Rep, 2(4): 100163.

Lim M S, Bailey N G, King R L, et al. 2019. Molecular genetics in the diagnosis and biology of lymphoid neoplasms. Am J Clin Pathol, 152(3): 277-301.

Lossos I S, Czerwinski D K, Alizadeh A A, et al. 2004. Prediction of survival in diffuse large-B-cell lymphoma based on the expression of six genes. N Engl J Med, 350(18): 1828-1837.

McCarthy M I, Abecasis G R, Cardon L R, et al. 2008. Genome-wide association studies for complex traits: consensus, uncertainty and challenges. Nat Rev Genet, 9(5): 356-369.

Medeiros L J, Carr J. 1999. Overview of the role of molecular methods in the diagnosis of malignant lymphomas. Arch Pathol Lab Med, 123(12): 1189-1207.

Mok T, Camidge D R, Gadgeel S M, et al. 2020. Updated overall survival and final progression-free survival data for patients with treatment-naive advanced ALK-positive non-small-cell lung cancer in the ALEX study. Ann Oncol, 31(8): 1056-1064.

Morton D G, Macdonald F, Cachon-Gonzales M B, et al. 1992. The use of DNA from paraffin wax preserved tissue for predictive diagnosis in familial adenomatous polyposis. J Med Genet, 29(8): 571-573.

Munné S, Wells D. 2002. Preimplantation genetic diagnosis. Curr Opin Obstet Gynecol, 14(3): 239-244.

Nissen M D, Sloots T P. 2002. Rapid diagnosis in pediatric infectious diseases: the past, the present and the future. Pediatr Infect Dis J, 21(6): 605-612.

Nuciforo P, Townend J, Piccart M J, et al. 2023. Ten-year survival of neoadjuvant dual HER2 blockade in patients with HER2-positive breast cancer. Eur J Cancer, 181: 92-101.

Owen R J. 2002. Molecular testing for antibiotic resistance in Helicobacter pylori. Gut, 50(3): 285-289.

Rosenwald A, Wright G, Chan W C, et al. 2002. The use of molecular profiling to predict survival after chemotherapy for diffuse large-B-cell lymphoma. N Engl J Med, 346(25): 1937-1947.

Schmitz R, Wright G W, Huang D W, et al. 2018. Genetics and pathogenesis of diffuse large B-Cell lymphoma. N Engl J Med, 378(15): 1396-1407.

Sen S, Johannes F, Broman K W. 2009. Selective genotyping and phenotyping strategies in a complex trait context. Genetics, 181(4): 1613-1626.

Sermon K, van Steirteghem A, Liebaers I. 2004. Preimplantation genetic diagnosis. Lancet, 363(9421): 1633-1641.

Shipp M A, Ross K N, Tamayo P, et al. 2002. Diffuse large b-cell lymphoma outcome prediction by gene-expression profiling and supervised machine learning. Nature Medicine, 8(1): 68-74.

Simpson J L, Kuliev A, Rechitsky S. 2019. Overview of preimplantation genetic diagnosis(PGD): historical perspective and future direction. Methods Mol Biol, 1885: 23-43.

Sullivan-Pyke C, Dokras A. 2018. Preimplantation genetic screening and preimplantation genetic diagnosis. Obstet Gynecol Clin North Am, 45(1): 113-125.

Vega F, Amador C, Chadburn A, et al. 2022. Genetic profiling and biomarkers in peripheral T-cell lymphomas: current role in the diagnostic work-up. Mod Pathol, 35(3): 306-318.

Versalovic J, Lupski J R. 2002. Molecular detection and genotyping of pathogens: more accurate and rapid answers. Trends Microbiol, 10(Suppl): S15-S21.

Wright G W, Huang D W, Phelan J D, et al. 2020. A probabilistic classification tool for genetic subtypes of diffuse large B cell lymphoma with therapeutic implications. Cancer Cell, 37(4): 551-568, e14.

第八章

恶性肿瘤的分子遗传学基础及其医学意义

本章围绕肿瘤/恶性肿瘤的基本概念，扼要介绍了恶性肿瘤的组织学分类和基本生物学特征，详细论述了恶性肿瘤的细胞分子遗传学基础。随后，进一步探讨其临床医学意义，包括细胞分子遗传学方法对于恶性肿瘤的分子诊断技术的支持，以及细胞分子遗传学研究进展在恶性肿瘤治疗中的应用。

第一节　肿瘤/恶性肿瘤概述

肿瘤（tumor）是由于机体局部的组织细胞失去控制后持续异常增殖而导致的扩张性病变。根据其基本性质，又分为良性肿瘤（benign tumor）和恶性肿瘤（malignant tumor）两大类。

良性肿瘤的生长能力有一定限度，生长速度相对缓慢；通常呈膨胀性扩张，边界清晰（常有包膜）；组织分化程度高；病变基本局限于原发部位，可能由于病变体积增大而压迫邻近组织器官，但一般不侵蚀破坏后者，也不向远处转移。

恶性肿瘤的基本特征为：细胞失去控制地异常增殖，生长迅速，呈浸润性扩张，无包膜或仅有假包膜；组织分化程度低；病变能够破坏原发部位组织，侵袭邻近组织，并且可通过淋巴道、血道或种植途径向其他组织器官播散，形成转移病变；若得不到有效控制，将侵犯要害器官，引起相应的功能衰竭，导致机体死亡。

一、恶性肿瘤的组织学分类

恶性肿瘤亦统称癌症（cancer）。根据组织学起源的不同，又分为：上皮组织来源的恶性肿瘤——癌（carcinoma，在此需与广义的“癌症”一词相区分），大约占全部恶性肿瘤的90%；间叶组织来源的恶性肿瘤——肉瘤（sarcoma）；以及淋巴造血组织来源的恶性肿瘤——淋巴瘤（lymphoma）和白血病（leukemia）。

其中，上皮组织来源的癌和间叶组织来源的肉瘤在发病过程中增殖的肿瘤细胞在病变组织局部逐渐形成“占位性”包块，被称为实体瘤（solid tumor）。而白血病（其肿瘤细胞被称为白血病细胞）的基本特征则为，骨髓或其他造血组织中白血病细胞广泛失去控制地增殖，浸润全身组织器官，产生相应的临床表现，伴有外周血中白细胞质和量的变化。白血病细胞大多是未成熟的、形态异常的白细胞。

二、恶性肿瘤的生物学特征

恶性肿瘤，作为一大类具有极其复杂性和高度多样性的疾病，数十年来，人们对其生物学特征的认识在深度与广度层面持续更新。目前的研究成果将恶性肿瘤的基本生物学特征归纳如下。

（1）存在持续的促增殖信号（sustaining proliferative signaling）。

（2）可逃避生长抑制因素（evading growth suppressor）。

（3）可抗拒（程序性）细胞死亡（resisting cell death）。

（4）实现细胞永生化（enabling replicative immortality）。

（5）促进（肿瘤）脉管系统生成（inducing or accessing vasculature）。

（6）启动（肿瘤）侵袭与转移（activating invasion and metastasis）。

（7）存在基因组不稳定与突变（genome instability and mutation）。

（8）细胞代谢失调（deregulating cellular metabolism）。

（9）可逃避免疫系统追剿（avoiding immune destruction）。

（10）存在促发肿瘤的炎症（tumor-promoting inflammation）。

（11）解锁表型可塑性（unlocking phenotypic plasticity）——细胞分化异常。

（12）非突变表观遗传重编程（nonmutational epigenetic reprogramming）。

（13）（体内）多态微生物组（polymorphic microbiome）的影响。

（14）衰老细胞（Senescent cell）的影响。

第二节　恶性肿瘤的细胞分子遗传学基础

现代肿瘤学研究显示，恶性肿瘤的发生与演进是多因素诱导、多基因参与、多阶段发生、极其复杂的病理过程，是众多基因/分子事件的累积，具有其特征性的生物学行为。从细胞分子遗传学角度看，恶性肿瘤本质上是遗传疾病。众多与各种癌症的发生演进密切相关的重要基因已经被发现，它们的突变被精确识别，它们的作用途径及其特征也得到了详尽表述。

机体的每一项生理表型都涉及特定的细胞信号转导通路（signal transduction pathway），而信号分子通路之间又相互有联络与交集，形成复杂的分子网络（network）调控体系。恶性肿瘤的生物学行为则体现出以异常的方式使用已经存在的分子通路/网络。被深入研究的恶性肿瘤相关的关键基因及其所控制的分子通路包括（但不限于）：受体酪氨酸激酶（RTK）通路、Rb 和 p53 通路、细胞凋亡通路、HIF1 通路、APC 通路、GLI 通路、PI3K 通路、SMAD 通路等。

一、恶性肿瘤是基因突变驱动的细胞遗传病

从人类发展角度来看，大多数突变往往没有任何生物学影响，它们没有选择压力，慢慢地形成了遗传物质本身的多态性。有一些突变可能影响一些特定的表型（如血型、身高等）使人类具有多样的特征。另外有一些突变影响一个具体的功能，导致遗传病（如

血友病等)。当然，也有一些突变可以导致肿瘤综合征（如猫眼综合征等)。更严重的是，某些突变会导致个体死亡、生育力丧失，称为致死性突变。

从个体角度看，有些突变对功能没有多大影响，但随时间累积老年人体内往往存有较多的基因突变。有一些突变可能影响个别功能，如皮肤局部性色素丢失。广义地理解，这些突变可能是人类衰老的基础。而导致肿瘤发生的基因突变可分为两类：癌基因（oncogene）的激活突变和抑癌基因（tumor suppressor gene）的失活突变。当然，无论是癌基因还是抑癌基因都不是专门为癌症准备的，它们是一些涉及细胞增殖、凋亡、分化和免疫监视的正常基因，它们的正常功能对于生命必不可少。但是当它们发生异常时，正常细胞可能转化为癌细胞。

癌基因的基本功能是正性细胞周期和负性细胞凋亡。依据癌基因的起源不同，可分为病毒癌基因（viral oncogene）和细胞癌基因（cellular oncogene)。病毒癌基因指的是存在于致癌 DNA 病毒和一部分反转录病毒基因组中能使宿主细胞发生恶性转化的基因。在一定条件下激活时可产生诱导恶性肿瘤发生的作用。

世界卫生组织公布的资料显示，约有 1/5 的人类恶性肿瘤是由慢性感染（病原体主要为病毒）所引起的。例如，人乳头瘤病毒（human papilloma virus，HPV）感染诱发的子宫颈癌、乙型肝炎病毒（hepatitis B virus，HBV）或丙型肝炎病毒（hepatitis C virus，HCV）感染诱发的肝癌、与 EB 病毒（Epstein-Barr virus，EBV）感染密切相关的淋巴瘤或鼻咽癌，以及人 T 细胞白血病/淋巴瘤病毒（human T-cell leukemia/lymphoma virus，HTLV）感染诱发的成人 T 细胞白血病/淋巴瘤（adult T-cell leukemia/lymphoma，ATLL）等。

癌基因对于维持机体生长、修复和更新有重要意义，而过度激活才会导致癌症。什么是过度激活呢？首先是如同病毒感染、复制一样同时获得大量癌基因。在一些肿瘤基因组内癌基因像病毒一样扩增，而出现过量正常蛋白质。基因扩增提高了细胞增殖的敏感性，埋下癌变的隐患。尽管基因在体内如何扩增依然不太明确，但是癌基因扩增是恶性肿瘤最常见的驱动因素，也是抗肿瘤治疗的重要靶向目标（表 8-1)。例如，在乳腺癌中 *HER2* 基因扩增常见，适合使用抗 HER2 治疗药物，在结直肠癌中 *EGFR* 基因扩增常见，适合使用抗 EGFR 药物。

癌基因启动子通常较低效，在白血病和淋巴瘤病例中，有时可以发现癌基因易位到了强启动子（如免疫球蛋白启动子）下游，这样会导致低表达的癌基因高度表达，引起细胞恶性转化。这种癌基因的高度表达方式与基因扩增不同，基因拷贝数没有异常，但是转录水平提高从而导致肿瘤发生。*Myc*、*bcl-2*、*bcl-3*、*bcl-6*、*hox1*、*lyl*、*rhom-1*、*rhom-2*、*tal-1*、*tal-2* 和 *tan-1* 等癌基因均可以这种方式激活。

基因扩增、易位到强启动子下游和病毒强启动子插入对于癌基因的激活表现为数量变异，表达的蛋白质依然是正常蛋白，过多的拷贝导致生长信号强化而导致细胞癌变。另外一种癌基因的激活方式是癌基因发生突变产生了高活性或结构性激活的蛋白质，甚至可使其不需要上游信号就可以激活下游途径，致使细胞持续增殖。

还有一种癌基因易位表现为蛋白质融合突变，兼具易位获得启动子与突变获得结构激活蛋白的特性。通常是一个有强启动子的基因将启动子和部分阅读框接到癌基因阅读框，形成过量表达蛋白质和癌基因组成型激活形式。典型的有白血病的 *bcr/abl* 融合突变和肺癌的

EML4/ALK 突变。这些突变如此典型，可以作为恶性肿瘤诊断、分型和用药的分子靶标。

表 8-1　常见恶性肿瘤中扩增的癌基因

癌基因	癌蛋白	人类肿瘤	可能药物
MDM4/MDMX	TP53 抑制蛋白	乳腺癌、结直肠癌等	—
PIK3CA	PIK	多种肿瘤	PI3K、mTOR 抑制剂
EGFR	RTK	结直肠癌、肺癌等	抗 EGFR 药物
HER2	RTK	胃癌、乳腺癌等	抗 HER2 药物
k-sam	RTK	胃癌、乳腺癌等	—
FGFR1	RTK	乳腺癌	FGFR1 抑制剂
met	RTK	胃癌、肺癌等	MET 抑制剂
K-ras	小 G 蛋白	胃癌等	MEK 抑制剂
N-ras	小 G 蛋白	头颈部肿瘤等	MEK 抑制剂
H-ras	小 G 蛋白	结直肠癌等	MEK 抑制剂
c-myc	TF	白血病等	—
L-myc	TF	肺癌等	—
N-myc	TF	肺癌等	—
akt-1	丝氨酸/苏氨酸激酶	胃癌	AKT 抑制剂
akt-2	丝氨酸/苏氨酸激酶	卵巢癌等	AKT 抑制剂
cyclin D1	周期素	乳腺癌等	—
CDK4-mdm2	CDK-TP53 抑制蛋白	肉瘤等	CDK4/6 抑制剂
cyclin E	周期素	胃癌等	—
BTAK	共激活受体	乳腺癌等	—
cdk6	CDK	胶质瘤等	CDK4/6 抑制剂
myb	TF	结直肠癌等	—
ets-1	TF	淋巴瘤	—
gli	TF	胶质瘤	—

注：改编自 Cooper（1995）、Weinberg（2014）；“—”表示目前暂无对应的可能药物

癌基因数目众多，在肿瘤发生发展中起重要作用。但是在遗传性肿瘤综合征中由癌基因突变导致的非常少见（表 8-2），并且导致遗传性肿瘤综合征的突变与在散发性恶性肿瘤中常见的突变完全不同。

表 8-2　癌基因突变导致的遗传性肿瘤综合征

肿瘤抑制基因	遗传性肿瘤综合征	散发性肿瘤
H-ras	Costello 综合征	
K-ras	Noonan 综合征	胰腺癌等
N-ras	RAS 相关自身免疫性白细胞增殖性疾病 先天性黑色素细胞痣综合征	结肠癌等
Kit	家族性胃肠道间质瘤（GIST）	胃肠道间质瘤（GIST）等
PDGFRA	家族性胃肠道间质瘤（GIST）	胃肠道间质瘤（GIST）等
SOS	Noonan 综合征	
Met	遗传性乳突状肾细胞癌	肺癌等
Ret	多发性内分泌瘤	甲状腺癌等
ALK	家族性成神经细胞瘤	肺癌等

注：改编自 Cooper（1995）、Weinberg（2014）

癌基因异常是肿瘤越过抑癌门槛的关键因素。但是，作为抑癌门槛的抑癌基因在肿瘤的发生发展过程中也起重要作用。抑癌基因控制细胞有序参与生长、修复和更新的过程，使其产生刚刚好的新生细胞来执行正常功能。不产生过多的细胞，把有问题的细胞淘汰掉是抑癌基因的基本功能。抑癌基因的致癌作用大多在纯合性缺失或失活的情况下才显示出来，因而从遗传学角度又被称为隐性癌基因（recessive oncogene）。

最著名的抑癌基因之一是视网膜母细胞瘤基因 *rb1*。视网膜母细胞瘤是一种比较罕见的恶性肿瘤，肿瘤生长表现出猫眼特征，透过瞳孔看见黄色的肿瘤。视网膜母细胞肿瘤组织中可发现两个 *rb1* 基因丢失或失活突变。该肿瘤有两种基本类型：儿童型（遗传型），通常发病早（10 岁前），双眼发病，多点发生，或可伴有其他组织器官肿瘤；成人型，发病晚（20 岁以后），一般单眼发病，单点发生，罕见伴发肿瘤。基于这一特点产生了二次突变假说（Knudson's two hit hypothesis）。二次突变假说认为遗传性肿瘤家族连续传递时，已经携带了一个生殖细胞系的突变，体细胞再发生一次突变就可能导致肿瘤。对于正常人，需要两次突变才可能导致肿瘤，所以发病时间晚、单点、单发。类似的抑癌基因 *BRCA1/2* 相关的遗传型突变型乳腺癌发病早（20～30 岁），非遗传型发病晚于遗传型 20 多年。

抑癌基因是一个广义的概念，它们的作用并不是仅仅抑制肿瘤。到目前为止已经鉴定出的抑癌基因及其相关肿瘤见表 8-3。

表 8-3　常见抑癌基因及其相关肿瘤

抑癌基因	遗传性肿瘤综合征	散发性肿瘤
CHD5	黑色素瘤	多种肿瘤
HRPT2	甲状旁腺瘤	甲状旁腺瘤
BAP1	间皮瘤、黑色素瘤	间皮瘤、黑色素瘤
TGFBR2	遗传性非息肉病性结直肠癌（HNPCC）	结直肠癌、胃癌等
VHL	希佩尔-林道病	肾癌
APC	家族性多发性肠息肉	结直肠癌、胃癌等
P^{16}	黑色素瘤	多种肿瘤
PTC	基底细胞癌	成神经管细胞瘤
PTEN	考登综合征（Cowden syndrome）、乳腺癌等	多种肿瘤
WT1	肾母细胞瘤（Wilms tumor）	肾母细胞瘤
SDHD	嗜铬细胞瘤	嗜铬细胞瘤
CBL	儿童白血病	成人白血病
RB	视网膜母细胞瘤、骨肉瘤	视网膜母细胞瘤、骨肉瘤等多种肿瘤
CBP	鲁宾斯坦-泰比综合征（Rubinstein-Taybi syndrome）	急性髓细胞性白血病
CDH1	家族性胃癌	多种肿瘤
BHD/FLCN	伯特-霍格-迪贝综合征（Birt-Hogg-Dubé syndrome）	肾癌
TP53	利-弗劳梅尼综合征（Li-Fraumeni syndrome）	多种肿瘤
NF1	Ⅰ型神经纤维瘤	结肠癌等
PRKAR1A	多发性内分泌性肿瘤	多发性内分泌性肿瘤
DPC	青年性多发性肠息肉	结肠癌等

续表

抑癌基因	遗传性肿瘤综合征	散发性肿瘤
LKB1/STK11	波伊茨-耶格综合征（Peutz-Jeghers syndrome）	错构瘤性息肉
RUNX1	家族性血小板失调	急性髓细胞性白血病
SNF5	横纹肌样肿瘤易患综合征	横纹肌肉瘤
NF2	神经纤维瘤易患综合征	脑膜瘤等
BRCA1	乳腺癌等	乳腺癌等
BRCA2	乳腺癌等	乳腺癌等

注：改编自 Weinberg（2014）

表 8-3 仅仅列举了部分常见抑癌基因异常肿瘤综合征，可以看出抑癌基因异常导致遗传性肿瘤综合征比较多见。那么癌基因异常是否可以导致遗传性肿瘤综合征呢？答案是尽管癌基因的数目与抑癌基因不相上下，癌基因单拷贝激活就可能导致肿瘤，但是癌基因突变导致遗传性肿瘤综合征较为少见。究其原因主要是癌基因激活往往导致胚胎致死，往往只有一些轻微的突变可导致遗传性肿瘤综合征，并且在导致遗传性肿瘤综合征时，这些癌基因突变及其对细胞的影响与它们导致肿瘤的体细胞突变完全不同。

抑癌基因突变最典型的是失活突变，在遗传性肿瘤综合征中，往往有一个抑癌基因丢失或失活突变，通常来讲这样一个突变发生的概率是 10^{-6}/代，通常为 10 年左右。如果遗传了一个突变，则只需要再突变一次，发病较早；如果没有遗传型突变，则概率为 10^{-12}/代，通常发病会晚许久。抑癌基因失活也可能是由对应基因的启动子甲基化造成的，该特点与突变一样也构成肿瘤精准诊断与治疗的靶标。有一些抑癌基因突变发挥功能的方式是形成二聚体和多聚体，在这种情况下，单拷贝抑癌基因突变也可以导致肿瘤发生。其基本原理是失活基因表达的异常蛋白造成正常蛋白活性丢失，出现显性负效应（dominant negative effect）。*TP53* 等转录因子型的抑癌基因往往以该形式发生作用。

二、表观遗传学异常改变对恶性肿瘤发生演进的影响

非突变表观遗传重编程是恶性肿瘤的生物学特征之一。启动子区突变和基因扩增、丢失提供了一个基因产物的数量模式，而基因表达的表观遗传调控的机制改变则是一个肿瘤发生中更常见的模式。表观遗传机制主要涉及 DNA 甲基化、组蛋白修饰和非编码 RNA（noncoding RNA，ncRNA），它们与肿瘤、许多其他疾病，以及衰老密切相关。众多研究显示，DNA 甲基化和 ncRNA 调控在肿瘤发生发展中至关重要。值得提出的是，恶性肿瘤是一大类多因素介导的复杂疾病，受到众多的遗传和表观遗传因素同时协同调控，上述任意一种表观遗传调控都不可作为主导，相反，它们更多的是相互协调和影响，组成了一个庞大复杂的信号网络，共同推进癌变的发生和发展。

组蛋白修饰和 DNA 甲基化分别由组蛋白、DNA 甲基转移酶介导。前者包括甲基化、乙酰化、磷酸化、泛素化和 FDX8 糖基化，它们通过改变染色质结构，并对 DNA 甲基化的形成和维持起重要作用。通常，组蛋白修饰和 DNA 甲基化都成对出现，共同调控基因表达、基因印记、转座子沉默和 X 染色体失活。DNA 甲基化多发生于哺乳动物基因组内的 CpG 二联体中，有 3%～6%的胞嘧啶被甲基化。位于基因启动子及某些基因第

一个外显子区的 CpG 岛（CpG island）具有被甲基化的潜能，这些序列的甲基化能有效地阻止 DNA 转录各元件在 DNA 上的结合及延伸，通常意味着相关基因的表达沉默。大量研究显示，抑癌基因或凋亡信号通路基因异常甲基化，可导致相关基因沉默、DNA 突变率显著升高和细胞凋亡能力下降，有利于肿瘤细胞的快速生存和生长。另外，在肿瘤的治疗中，肿瘤细胞对化疗药物的响应是决定疗效的关键因素。然而，肿瘤细胞也可以快速响应各种化疗方案，即通过 DNA 甲基化的方式降低肿瘤细胞对化疗药物的敏感性，产生化疗耐药，导致治疗失败。

ncRNA 调控是另一个有效调节基因表达的表观遗传调控机制。现发现约 98%的人类基因组可以作为编码 RNA，但仅有 2%翻译成蛋白质，故剩余的大量的 ncRNA 很可能蕴藏着丰富的遗传信息。依据长度不同，ncRNA 可以分为两大类：<200nt 短 ncRNA，主要包括微 RNA（microRNA，miRNA）、核小 RNA（small nuclear RNA，snRNA）和核仁小 RNA（small nucleolar RNA，snoRNA）；长链非编码 RNA（long noncoding RNA，lncRNA），长度普遍大于 200nt。ncRNA 同样在肿瘤中扮演了重要角色，其中关于 miRNA 介导肿瘤发生和发展的研究成果最丰富。

已知的人类基因组编码的 miRNA 超过 1500 种（http://www.mirbase.org/），它们与人类 30%以上的蛋白质表达的精细调控相关。miRNA 主要通过碱基互补识别靶 mRNA 的 3′-非转录区，抑制靶 mRNA 翻译或降解靶 mRNA，以达到调节基因表达的目的。miRNA 种类繁多，作用机制各异。总体而言，抑癌 miRNA 的低表达激活目标癌基因、原癌 miRNA 的表达负调控目标抑癌基因，都可促进肿瘤发展。因此，肿瘤细胞在表达水平上对 miRNA 进行调控，直接影响 miRNA 功能的发挥。miRNA 的编码序列通常位于蛋白编码基因内含子、外显子或基因间隔区，由 RNA 聚合酶Ⅱ转录后，通过一系列加工成为成熟 miRNA。因此，miRNA 的表达同样可以受到与蛋白编码基因类似的调控。研究提示，一些异常转录的 miRNA 是通过甲基化机制调控的。因此，若控制 miRNA 转录的启动子出现甲基化异常时，可抑制或增强 miRNA 转录，继而影响 miRNA 对靶 mRNA 的表达调控功能。例如，抑癌 miRNA 启动子的高甲基化在肿瘤中就非常普遍。研究 DNA 甲基化对 miRNA 的调控，需要对真实的 miRNA 编码序列的启动子进行准确定位。位于蛋白编码基因内含子里的 miRNA 可能受到其宿主编码基因启动子的远端调控。例如，miR-126 靶向调控癌基因 insulin receptor substrate-1（*IRS-1*）和 homeobox protein HOXA9，且该 miRNA 位于 *EGFL7*（EGF-like domain-containing protein 7）基因的内含子中；在肿瘤中，可观察到 *EGFL7* 基因启动子的甲基化，同时抑制了 EGFL7 和 miR-126 的表达，肿瘤细胞对该基因和 miRNA 的调控也与肿瘤恶化和预后不良密切相关。不过，有些位于较大的内含子（>5000bp）中的 miRNA，有可能拥有其独立的转录调控元件。例如，miR-149 位于 *GPC1*（glypican 1）基因的第一个内含子。然而，该 miRNA 却不受 *GPC1* 启动子调控，而有自己的启动子序列。该启动子序列在肿瘤中高甲基化而抑制了 miR-149 的表达，继而激活肿瘤细胞硫酸乙酰肝素的合成并促进了肿瘤化疗耐药；低表达的 miR-149 也可以影响整合素活性、上皮细胞间充质转化通路和凋亡通路，促进肿瘤发展。另外，部分 miRNA 编码序列位于两个蛋白编码基因之间的间隔区，它们也可能受到附近某个蛋白编码基因的共同调控。例如，miR-34b 和 miR-34c 常在肿瘤中低表达，继而调控 p53、Akt（v-akt murine thymoma viral oncogene homolog）、含半胱氨酸的天冬氨酸蛋白水解酶（caspase）和 c-Met 介导的凋亡通路。研究发现，miR-34b 和 miR-34c 的编码序列位于蛋白编码基因 *BTG4*（B-cell translocation gene 4）的间隔区，miR-34b 和 miR-34c 使用了该基因的双向启动子，并与 *BTG4* 以相反的方向表达；在肿瘤中，这一双向启动子被甲基化，miR-34b、miR-34c 和 BTG4 都发生了下调。不过，也有一些基因间隔区的 miRNA 使用其独立的启动子。例如，miR-320a，其独立启动子在肿瘤中就发生高甲基化，介导了化疗耐药、糖酵解紊乱和肿瘤转移。

研究发现，在肿瘤细胞中，众多 miRNA 调控着不同的癌相关信号转导通路。例如，miR-7 调节 PI3K 信号途径，通常在多种肿瘤中低表达；miR-203 在肿瘤中通常低表达，从而激活了其靶向的 Src/Ras/ERK 信号通路，该通路继而促进了肿瘤血管和淋巴管生成，最后促进了肿瘤的生长和转移；又如，低表达的 miR-100 激活了肿瘤细胞哺乳动物雷帕霉素靶蛋白（mammalian target of rapamycin，mTOR）和极样激酶 1（Polo-like kinase 1，PLK1）通路，增强了肿瘤细胞的生存和抗凋亡能力。现在有学者试图定义致癌 miRNA 和抑癌 miRNA。miRNA 为肿瘤研究提供了新思路，为潜在的治疗提供了新靶标和方法，但是目前无论是肿瘤辅助诊断还是治疗靶标方面都还有待于数据积累。

lncRNA 是转录本长度大于 200nt 的一类 ncRNA。相对于 DNA 甲基化和 miRNA，lncRNA 调控基因表达的模式更加复杂和多样化。某些 lncRNA 位于特定蛋白编码基因的启动子、内含子和增强子，它们表达后，与多种转录因子元件相互作用，以顺式方法调控同一染色体、邻近的蛋白编码基因的表达。但是，也有一些 lncRNA 通过反式作用，调控远端蛋白编码基因表达，它们可能通过突环（loop）结构，得以接近目标基因，它们也可能间接地影响转录因子和转录辅助因子来实现反式基因表达调控。近年来在临床及体外实验等多方面对于 lncRNA 的深入研究表明其是一种具有多种生物学功能的非编码 RNA，尤其在细胞增殖、细胞周期、细胞分化、细胞凋亡，以及肿瘤的发生、发展等方面都具有非常重要的作用。lncRNA H19 是第一个被发现的癌相关 lncRNA，它有效调控了肿瘤的发展。研究发现，H19 可以通过与 miR-342-3p 相互作用而调节 *FOXM1*（forkhead box M1）基因表达，继而促进胆囊肿瘤细胞的增殖和浸润；H19 亦可以通过促进转录因子 E2F 的表达而加速胰腺导管腺癌的增殖。

大多数 lncRNA 都比蛋白编码基因的转录水平低，并具有细胞或组织的特异性，功能涉及众多生理和病理过程，尤其在肿瘤中对其机制研究较多。lncRNA 的编码序列在蛋白编码基因序列内部、基因与基因之间交错地分布，需要转录因子调控其转录，且受到甲基化调控。在肿瘤中，抑癌或致癌 lncRNA 的启动子甲基化调控和组蛋白修饰促进了肿瘤的发生和发展。例如，lncRNA ZEB1-AS1（zinc-finger E-box binding homeobox 1 antisense RNA 1）是 *ZEB1* 基因的反义转录本。在肿瘤中，*ZEB1* 基因的表达受到组蛋白修饰的调控，相应的 lncRNA *ZEB1-AS1* 基因也出现低甲基化和高表达；该 lncRNA 继而顺式调控 *ZEB1* 基因高表达，以促进肿瘤恶化和转移。又如，lncRNA *MEG3*（maternally expressed 3）是一个抑癌 lncRNA，它通过调控 p53、MDM2（murine double minute 2）和 GDF15（growth differentiation factor 15）等因子的活性，而实现对细胞增殖和周期的调控。研究发现，lncRNA *MEG3* 在卵巢癌、膀胱癌和肺癌等癌症中都呈低表达趋势，其根源在于 lncRNA *MEG3* 基因在肿瘤细胞中较正常癌旁组织表现出高甲基化的趋势。

在哺乳动物中，甲基化由甲基转移酶系统经过高度有序的催化过程而完成。简单来说，甲基转移酶 DNMT3A 和 DNMT3B 主要负责合成新的甲基化，而酶 DNMT1 主要负责稳定已生成的甲基。越来越多的证据显示，ncRNA 可以在不同的生理和病理环境中，靶向上述不同的甲基转移酶而调节细胞甲基化进程。

DNMT1 是 miRNA 的一个靶点。例如，在肿瘤中，低表达的 miR-152 增强了 DNMT1 活性，继而抑制了 E-钙黏蛋白（E-cadherin）的表达；E-钙黏蛋白的抑制进一步促进了肿瘤的恶化和转移。miR-342、miR-34b 和 miR-185 同样靶向 DNMT1，这些 miRNA 的低表达促进了结肠癌、前列腺癌和胶质瘤的进程。又如，miR-29 在肿瘤中通常低表达，因此可以激活靶基因 *DNMT1* 和 *DNMT3* 的活化，进而抑制了 lncRNA MEG3 的活性，促进肿瘤发展。另外，lncRNA 同样也可以调控 DNMT1 活性。例如，抑癌蛋白 lncRNA DBCCR1-003（deleted in bladder cancer protein 1）在膀胱癌中可通过与 DNMT1 直接相连而抑制后者活性，从而解除了 DNMT1 对 *DBCCR1* 基因的甲基化，故起到了抑制肿瘤生长的作用。

DNMT3 的活性同样可受 ncRNA 调控。miR-29 家族，包括 miR-29a、miR-29b 和 miR-29c，可靶向并负调控 DNMT3A 和 DNMT3B 的 mRNA 表达。肿瘤细胞通常低表达 miR-29 并因此调高 DNMT3A 和 DNMT3B 的活性，抑制细胞凋亡，促进细胞增殖、迁移、侵袭和形成转移灶。类似地，miR-143 和 miR-199a-3p 也靶向 DNMT3A，异常 miR-143/199a-3p 表达促进了 DNMT3A 的活性，进而通过甲基化抑制抑癌基因的表达。

DNMT 可以被 lncRNA 和 miRNA 同时调控。例如，印记基因 lncRNA H19 与胚胎发育和细胞增殖密切相关，H19 表达异常被认为是重要的肿瘤诱导因素。在肿瘤中 H19 常见高表达，随即 H19 抑制了 miR-148a-3p 活性。因为 miR-148a-3p 靶向 DNMT1，所以 H19 的高表达最终导致了 DNMT1 和甲基化水平的提高，促进了肿瘤细胞的增殖、迁移、侵袭。同时，H19 亦可直接影响甲基化通路，因为它可以通过抑制 *S*-腺苷高半胱氨酸水解酶而降低 DNMT3B 活性；也有研究显示 H19 与 MBD1 蛋白（methyl-CpG-binding domain protein 1）相互作用，协助维持 H3K9me3（histone H3 trimethylation of lysine 9）位点的组蛋白修饰。

组蛋白同样也是 ncRNA 对甲基化调控的一个靶点。促癌 lncRNA HOTAIR（HOX transcript antisense RNA）可以影响组蛋白甲基转移酶多梳抑制复合物 2（polycomb repressive complex 2，PRC2）的活性，因此干扰组蛋白的甲基化修饰过程。在肿瘤中，异常活化的 HOTAIR 即通过 PRC2 影响大量基因活化，促进肿瘤发生与发展。另外，HOTAIR 也可间接地影响组蛋白活化。例如，HOTAIR 可以通过抑制 miR-205 活性而影响 H3 组蛋白赖氨酸的甲基化或去甲基化，促进肿瘤进程。

三、细胞永生化是恶性肿瘤发生的关键

癌基因的激活是启动或促进细胞分裂，抑癌基因失活则是失去对癌基因激活的抑制或抑制细胞凋亡，但这不足以产生临床癌症。因为产生个别不正常的细胞，并且使用它

们有限的世代通常无法产生临床的癌症。对于一个细胞来讲，其经历了多少次分裂世代，还剩余多少世代的寿命是记录在案的，大部分细胞可能不会耗尽潜力而处于暂停状态或意外死亡。例如，成人的皮肤成纤维细胞在体外只可以分裂 60 代，然后细胞失去分裂能力，维持非分裂状态存活一年左右，慢慢衰老死亡。在基因操作过程中该现象也得到证实，成纤维细胞基因修饰的基因治疗有效期为半年到两年左右。对于基因突变产生的纤维肉瘤，则可以建立永久细胞系——细胞永生化（immortalization）。

癌变细胞必须获得生长优势，并且导致局部和全身破坏，或者导致疾病状态才是临床意义的癌症。因此推断每个人体内都有癌细胞可能不是一个鲁莽的说法。尽管恶性肿瘤的总体发生率在年年上升，但是大部分人并没有罹患癌症也是事实。实际的情况是，大多数人身体内有癌变细胞但是没有可诊断的癌症。在非癌症死亡病例的尸体检测中发现，胰腺癌、乳腺癌和前列腺癌都有一个漫长的病程，从癌变细胞到原位癌，再到浸润癌保守估计有 20 年左右的过程。实际上，临床也把在 10mL 外周血中发现 2 个以上可疑肿瘤细胞才定义为阳性，因为孤立的可疑肿瘤细胞难以判断其具体意义。

从理论方面讲，癌变细胞可以无限生长，在体内长成肿瘤，在体外无限传代。那么癌细胞如何获得永生化呢？最大的可能性是它们建立了端粒的维持体系，分裂世代不再被记录。在正常情况下，端粒维持染色体末端，保证遗传物质（DNA）的稳定性。但是每次细胞分裂都会消耗掉一部分，到一定分裂次数后则产生端粒危象，细胞到达终末期，不再分裂，衰老死亡。端粒是靠端粒酶来维持的，癌细胞中端粒酶过表达、激活突变或重组在肝癌等肿瘤中是常见的变异。细胞癌基因 *myc* 和病毒癌基因 *HPV E6* 也参与激活端粒酶。*myc* 被用于产生永生化诱导多能干细胞，而 *HPV E6* 则被认为是 HPV 致癌的重要分子基础。针对端粒酶的特点，抗衰老的研究试图激活端粒酶，而抗肿瘤的研究则试图抑制端粒酶活性。到目前为止，干预端粒酶无论是获益还是风险都没有被充分证实。

四、恶性肿瘤发生是一个长期的多阶段漫长过程

细胞增殖依赖有丝分裂，也就是 DNA 加倍——二等分，保证细胞遗传物质一致性。以成人皮肤成纤维细胞在体外分裂 60 代的潜力计算，理论上单个细胞子代为 2^{60} 个细胞，估计重 10^6kg。这显然不是实际情况，因为人类成年个体细胞规模为 10^{13}～10^{14} 个细胞，也就是说只有少数细胞处于增殖状态，增殖的部分子代也会死亡。对于获得了永生能力的肿瘤细胞，从第一个癌细胞开始，理论上 30 代增殖就可以产生 1cm^3 的肿瘤（2^{30} 个细胞）。如果按一天分裂一次，一个月就可以完成。而事实上肿瘤发生通常是数十年的过程。也就是说肿瘤细胞增殖中大部分子代是死亡了的。结肠癌从第一个癌细胞出现到呈现临床可见的肿瘤，估计至少要经历 2000 次分裂。临床样本中，肿瘤坏死是常见的特点。最新研究发现即便小到 1cm^3 的肿瘤，也可能导致多达 10% 的外周血游离 DNA。恶性肿瘤漫长的发生发展阶段，提供了早期诊断与处理的可能性。另外一个事件是复制过程的错误几乎必然会产生癌基因激活或抑癌基因失活，如果以此作为癌细胞的标志，癌细胞在机体内存在是必然的。这支持临床致死性肿瘤和

癌变细胞之间有明显不同的差别的观点。甚至可以认为即便是恶性肿瘤，部分也不至于在其他危险因素致死之前导致个体死亡。这种情况在前列腺癌中得到了典型的体现。即便被称为癌王的胰腺癌，大部分也不会导致临床型恶性肿瘤。癌变细胞发展为临床肿瘤的过程称为肿瘤进展。孤立的癌基因突变和抑癌基因失活可能都不足以形成进展期肿瘤。它们以孤立的癌变细胞和克隆方式存在。

人类细胞有天然的抗永生化和抗恶性转化功能，事实上恶性肿瘤发生是一个艰难的过程。恶性肿瘤进展过程以结肠癌为模型的研究较为全面。发展为进展型结肠癌需要 5 组基因的变异，它们是：①获得增殖信号的 RAS 途径获得功能；②解除 Rb 途径对细胞周期的限制作用；③解除 TP53 对基因组稳定性检测和细胞凋亡作用；④去除端粒世代限制功能；⑤解除蛋白磷酸酶 2A 的限制作用。如何导致这些突变呢？首先是 DNA 合成和损伤修复过程中的错误。而产生这些错误最基本的因素是细胞分裂和 DNA 损伤，DNA 的这些错误对个体来讲可能是致癌因素，但对于物种来讲提供了进化的来源，DNA 许可突变的现象在生物进化中有巨大意义，但是这显然不能为个体提供实际的好处。导致细胞增殖的因素往往也是致癌因素，如生长因子和丝裂原。慢性炎症通常会导致细胞因子局部刺激，是确定的致癌因素。生长因子常被用于抗衰老领域，但它们潜在的致癌风险还是需要注意的。

人体有 10^{13}～10^{14} 个细胞，而具备突变为癌变细胞的细胞只占其中 0.1%～1%，它们就是干细胞。因为其他细胞不具备持续增殖的能力，不足以长成一个肿瘤。例如，在体外实验中，皮肤干细胞 RAS 突变会导致皮肤癌，而角质细胞 RAS 突变仅可形成乳头状瘤。人们对干细胞有各种的描述，但是要识别干细胞依然是困难的。在肠道中，细胞大致每周更新一次。负责更新的干细胞通常藏在最安全的地方，远离肠道内恶劣的环境，而那些接触恶劣环境的细胞即便发生突变，也会在短期内被更迭掉。干细胞不仅位于较深处的陷窝，也有厚重的黏液保护，致癌因素难以接触到。肠道内不缺乏致癌物质，但致癌物质到达干细胞的机会较小。当然食用含大量致癌物的食物是不安全的，保持正常的食物和排便习惯是很好的防癌技巧。但是使用导泻等方法有可能损伤肠道正常的防疫机制，消耗黏液保护层，提高致癌物质接触干细胞的风险。同时正常细胞本身具备抗毒、抗恶性转化能力。多药抵抗基因产物可以排除遗传毒素，而突变细胞还面临凋亡压力。至于是活跃的干细胞容易导致突变还是相对不活跃的早期干细胞容易突变为癌干细胞的问题，通常认为是早期干细胞可能性更大。所以肿瘤干细胞对一般治疗不敏感，因此形成针对高增殖肿瘤细胞治疗的方案是防止疾病复发的基础。

DNA 复制体系的正确性、DNA 原料和类似物或修饰物、DNA 损伤水平、DNA 修复能力，以及 DNA 稳定性监视体系共同决定了突变水平，也就是癌变的风险（表 8-4）。而风险因素的长期作用是癌变的基础。形成肿瘤干细胞后，癌变细胞需要持续依赖基因不稳定和染色体不稳定来获得持续增殖和生长优势来实现肿瘤进展。在该过程中，肿瘤细胞持续演化形成广泛的异质性，不仅获得了进展可能，也建立了耐药和复发的机制。

表 8-4　DNA 复制与修复体系基因异常与肿瘤

肿瘤综合征	基因	功能群	体细胞突变肿瘤
遗传性非息肉型结肠癌	*MSH2*、*MLH1*、*MSH6*、*PMS2*、*PMS1*	错配修复	结肠息肉
着色性干皮病	*XPA*、*XPB*、*XPC*、*XPD*、*XPE*、*XPF*、*XPG*、*XPV*	核苷酸切除修复	紫外诱导的皮肤癌
运动失调性毛细血管扩张综合征	*ATM*	双链 DNA 断裂反应	血液、淋巴系统肿瘤
类运动失调性毛细血管扩张综合征	*MER11*	NHEJ 参与 DNA 双链修复	肺癌、乳腺癌等
家族性乳腺癌、卵巢癌	*BRCA1*、*BRCA2*、*BACH1*、*BAD51C*	DNA 双链断裂，同源修复	乳腺癌、卵巢癌
沃纳综合征（Werner syndrome）	*WRN*	DNA 解旋酶	肉瘤等
Bloom 综合征	*BLM*	DNA 解旋酶	血液淋巴肿瘤等
Fanconi 贫血	*BACH1* 等	DNA 双链断裂和交联修复	白血病等
Nijmegan 断裂综合征	*NBS*	双链 DNA 断裂和 NHEJ	淋巴瘤
利-弗劳梅尼综合征	*TP53*	DNA 损伤警示	多种肿瘤
利-弗劳梅尼综合征	*CHK2*	DNA 损伤激酶信号	结肠癌、乳腺癌等
先天性血管萎缩异色病	*RECQL4*	DNA 解旋酶	骨肉瘤等
家族性腺瘤	*MYH*	碱基切除修复	结肠癌等
家族性乳腺癌	*PALB2*	HR 介导的双链 DNA 修复	乳腺癌

注：改编自 Alberts 等（2007）

第三节　细胞分子遗传学方法与恶性肿瘤的诊断

恶性肿瘤的诊断原则：临床医生根据患者的主诉和临床表现，选择相应的检查/诊断方法和项目；包括实验室（检验科）检查（如血液中的肿瘤标志物等）、影像学检查[如 X 射线摄影、计算机体层扫描（CT）、磁共振成像（MRI）、超声扫描成像（B 超）、正电子发射体层成像（PET）等]、内腔镜检查（如鼻咽镜、支气管镜、胃镜、肠镜、胸腔镜、纵隔镜、腹腔镜、宫腔镜、膀胱镜等），以及病理学（包括组织病理学和/或细胞病理学、分子病理学）检查。其中，病理学检查/诊断为恶性肿瘤诊断的金标准，是癌症临床治疗决策的基本依据。而细胞分子遗传学的最新研究成果则更多地体现于恶性肿瘤的病理学检查/诊断领域。

染色体核型分析是细胞分子遗传学方法应用于恶性肿瘤（主要为淋巴造血系统肿瘤）诊断的早期例证，因此不仅发现了基因易位激活和扩增激活，也为肿瘤的克隆演化学说提供了依据。迄今，费城染色体（Philadelphia chromosome，Ph 染色体）依然是重要的疾病分型和靶向用药的标志性指标。

一、肿瘤的分子诊断技术

由于检测技术和样本量的双重限制，早期的分子检测主要集中在个别的突变，目前临床上广泛应用的体外诊断（*in vitro* diagnostic，IVD）试剂大部分属于该类型，例如，KRAS12、KRAS13 密码子突变检测试剂，EGFR790、EGFR858 密码子突变检测试剂等。由于测序技术革命带来的高性价比，尽管依然有人还在做基于定量聚合酶链反应（quantitative polymerase chain reaction，qPCR）的个别基因检测，但是基于大 Panel 的深度测序可能是最佳的解决方案，可以预期全基因组、全组学的测序将会进入临床应用阶段。

另外，基于某些情况下获得肿瘤组织的限制、患者的依从性、取样肿瘤组织的代表性，以及连续监控的需要，液体活检（liquid biopsy）已经逐渐成为临床常用的肿瘤分子病理学检测方法。液体活检的样本主要源于血液、尿液、痰液、脑脊液，以及病理性积液（如胸水、腹水）等。患者对此方法的接受度较高，特别适用于恶性肿瘤诊疗的动态监控、评估疗效与复发情况。

关于肿瘤的分子诊断技术的详细内容，请参见本书第七章“疾病相关基因鉴定与基因诊断”第四节“基因诊断在恶性肿瘤中的应用”。

二、遗传性肿瘤风险评估与癌症风险管控

恶性肿瘤是基因突变驱动的细胞遗传病，肿瘤发生是相关基因的突变不断累积的结果。个体的遗传特征（基因型）是决定肿瘤易患性的重要因素。通过遗传获得的决定特定肿瘤发生的关键基因的突变，或通过遗传获得的基因改变涉及致癌物代谢和修复，导致和加速突变的累积，都能够促使遗传易感的器官组织更快癌变，使得易患个体肿瘤发生率高、发病年龄低。与肿瘤易患性相关的遗传因素主要有高度外显的基因突变和影响个体对致癌物反应的遗传变异。

绝大多数肿瘤是环境与遗传因素相互作用所致，以散发性为主；但是家族聚集现象却也较为常见。遗传性肿瘤占全部恶性肿瘤的 5%～10%，以家族遗传性乳腺癌、卵巢癌、胃癌、结直肠癌、甲状腺癌、肾癌和前列腺癌多见。在中国，乳腺癌年患者数约为 42 万例，其中约 10%的患者由已知的乳腺癌易感基因致病性胚系突变所致。卵巢癌是病死率最高的妇科恶性肿瘤，10%～15%的卵巢癌（包括输卵管癌和腹膜癌）与遗传因素有关。5%～10%的胃癌患者有家族聚集现象，1%～3%的患者存在遗传倾向。在全部肠癌患者中，约 25%的患者有相应家族史，约 10%的患者明确与遗传因素相关。在甲状腺髓样癌中 25%～30%为遗传性甲状腺髓样癌，5%～10%的甲状腺非髓样癌患者表现为家族聚集性。2%～4%的肾癌患者由易感基因胚系突变导致。40%～50%的前列腺癌与遗传因素相关。除此以外，胰腺癌、子宫内膜癌、多发性内分泌肿瘤、黑色素瘤等实体瘤中也存在遗传易感性，同样具有评估监测意义。

在此，以遗传性非息肉病性结直肠癌（林奇综合征）为例。

林奇综合征（Lynch syndrome）是一种常染色体显性遗传肿瘤综合征，占所有肠癌病例的 2%～4%。其病因是错配修复（mismatch repair，MMR）基因变异，导致患者结直肠癌及其他多种林奇综合征相关肿瘤（子宫内膜癌、胃癌、胆管癌、输尿管癌等）的发病风险明显高于正常人群。分子病理学特征主要是错配修复功能缺陷（mismatch repair-deficient，dMMR），即错配修复蛋白的表达缺失和/或高度微卫星不稳定性（microsatellite instability-high，MSI-H）。在早期，林奇综合征是通过各种临床遗传学标准（如阿姆斯特丹标准及修正标准）进行诊断的，后来则以分子指标检测为主。林奇综合征的诊断，在临床参数初筛的基础上进一步结合微卫星不稳定性（microsatellite instability，MSI）进行复筛，此策略有针对性地扩大筛查人群，显著降低了漏诊率，富

集了最终需要测序的人群。对新发肠癌患者进行 MMR 蛋白或 MSI 状态检测作为林奇综合征的非选择性（系统性）筛查策略。另一个策略是根据年龄，灵活采用非选择性与选择性筛查结合，即对<70 岁的结直肠癌患者采用非选择性筛查，而≥70 岁则仅对符合贝塞斯达（Bethesda）标准的患者行进一步筛查。该策略的敏感性为 95.1%，特异性为 95.5%；同时兼顾了筛查的敏感性和经济成本。

林奇综合征的致病原因是错配修复（MMR）基因 *MLH1*、*MSH2*、*MSH6* 和 *PMS2* 其中之一发生胚系变异，以及上皮细胞黏附分子（epithelial cell adhesion molecule，EPCAM）基因的大片段缺失使得 MSH2 启动子甲基化导致基因沉默致病。因此，检测发现 *MMR* 基因胚系变异是诊断林奇综合征的金标准。检测方法包括 MMR 蛋白免疫组织化学检测、MSI 检测和 *NGS* 基因检测。免疫组化分析结果表现为肿瘤组织的特异性染色阴性。90%以上林奇综合征患者的肿瘤组织中存在高度微卫星不稳定性（MSI-H）。因而应该对所有结直肠癌患者行肿瘤组织 MMR 蛋白免疫组织化学或 MSI 检测。初筛显示 MMR 蛋白缺失或 MSI-H 的患者，建议使用包含 *MMR* 基因的检测 Panel 进行胚系测序以明确林奇综合征诊断，Sanger 测序可用于验证家系中已知变异的定点检测。

若确诊林奇综合征，建议在 20～25 岁或比家族中已确诊的最年轻患者早 2～5 年开始结肠镜检查，每 1～2 年检查一次。对于 *MSH6* 和 *PMS2* 变异携带者，可以考虑稍晚年龄开始结肠镜检查，因为 *MSH6* 和 *PMS2* 变异的患者在 70 岁之前罹患结直肠癌的风险率为 10%～22%，而 *MLH1* 和 *MSH2* 变异的患者患结肠癌的风险率为 40%～80%。对于女性患者，建议通过教育加强对相关症状（如功能失调性子宫出血或绝经后出血）的认识和及时报告，以早期预防子宫内膜癌的发生。同时，需要加强高危家族成员的管理，高危家族成员可以定义为变异携带者和/或先证者的一级亲属。若没有一级亲属或不愿意接受检测，远亲也应该进行已知家族变异基因的检测。对于生育年龄的患者，建议进行产前诊断和辅助生殖，包括胚胎植入前遗传学诊断。

对于息肉病性综合征所引发的肠癌患者，包括家族性腺瘤性息肉病（familial adenomatous polyposis，FAP）、MUTYH-相关性息肉病（MUTYH-associated polyposis，MAP）、错构瘤息肉病综合征等，以及家族遗传性乳腺癌、卵巢癌、胃癌、甲状腺癌、肾癌和前列腺癌患者的风险评估和风险管控策略，需参照《中国家族遗传性肿瘤临床诊疗专家共识（2021 年版）》执行。

第四节　细胞分子遗传学研究进展与恶性肿瘤的治疗

恶性肿瘤的治疗方式分为两个层面：局部治疗和全身（系统）治疗。

恶性肿瘤的局部治疗适用于绝大多数实体瘤，其主要手段为外科手术治疗和放射治疗。手术治疗主要针对处于疾病的早、中期，未发生远处转移的肿瘤患者。放射治疗基本适用处于疾病各分期的肿瘤患者。

恶性肿瘤的全身（系统）治疗主要以内科方式实现，既适用于实体瘤，也适用于淋巴造血系统来源的恶性肿瘤，是迄今为止最有效且使用最广泛的方法。经典的癌症内科治疗为化学治疗（chemotherapy），简称化疗，主要使用细胞毒性药物。然而，由于化疗药物通常无靶向特性，因此在杀死癌细胞的同时也可能攻击正常组织和细胞，从而导致骨髓抑制、胃肠毒性、免疫抑制、内脏损伤、神经毒性等不良反应。

细胞分子遗传学的最新研究成果更多地体现于癌症的内科治疗领域，目前，针对恶性肿瘤的基本生物学特征和关键信号转导通路的靶向治疗和免疫治疗是最为活跃的领域。

在此，第一个激酶小分子抑制剂伊马替尼（Imatinib；商品名 Gleevec，格列卫）应该被作为长期不辍的细胞分子遗传学研究对于恶性肿瘤的治疗做出重大贡献的成功范例之一。

1914 年，德国细胞生物学家 Theodor Boveri 推测：染色体缺陷可能导致细胞异常增殖而引发癌症。1960 年，宾夕法尼亚大学肿瘤研究所的科学家 Peter Nowell 和他的同事发现，95%的慢性髓细胞性白血病（chronic myelogenous leukemia，CML）细胞中存在异常短小的 22 号染色体；这种异常的 22 号染色体后来被命名为费城染色体（Ph^1）。1973 年，芝加哥大学的 Janet Rowley 的团队发现，Ph^1 之所以异常短小，是因为与 9 号染色体发生了“相互易位”。1983 年，美国国家癌症研究所（NCI）与伊拉斯姆斯（Erasmus）大学合作研究证实：9 号与 22 号染色体发生的“相互易位”产生了融合基因 *bcr-abl*，它编码的蛋白 BCR-ABL 是一种癌蛋白，具有特殊的酪氨酸激酶（tyrosine kinase，TK）活性，参与极为复杂的细胞信号转导网络，涉及 Ras 通路、PI3K 通路、Jak-STAT、Myc、NF-B 通路等，几乎影响细胞存活、增殖和迁移的所有环节。

20 世纪 80 年代末，Ciba-Geigy 公司（后隶属于诺华集团）启动针对 BCR-ABL 蛋白酪氨酸激酶活性的小分子抑制剂的研发计划。经过一系列设计、修饰、尝试、优化，历尽艰辛，最终得到了 TK 靶向药物甲磺酸伊马替尼（Imatinib mesylate）。始于 1998 年 6 月的人体Ⅰ期临床试验结果表明，接受伊马替尼治疗的一组 CML 患者全部得到疾病缓解，且不良反应小。1999 年启动Ⅱ期临床试验验证了Ⅰ期临床试验的积极疗效。美国食品药品监督管理局（FDA）于 2001 年批准伊马替尼上市。

在伊马替尼问世之前，CML 患者确诊后的 5 年生存率为 30%，伊马替尼的应用，将这一数字提高到 89%，而且在 5 年之后，仍有 98%的患者获得血液学上的完全缓解。这样就从根本上改变了慢性髓细胞性白血病的治疗策略和治疗结果，成为恶性肿瘤靶向治疗的一座里程碑。因此，伊马替尼被列入 WHO 的基本药物标准清单，被认为是最有效、最安全、满足最大需求的基本药物之一。

伊马替尼的研发与临床使用的案例清晰地展示了从科学假说（1914 年），到基于细胞分子遗传学的研究发现（1960 年、1973 年、1983 年），再到新药研制（20 世纪 80 年代末），直至临床应用（2001 年）这样一个漫长、艰辛、终获成功的过程。

一、恶性肿瘤的靶向治疗

靶向治疗是在分子水平针对细胞分子生物学/遗传学研究已经明确的致癌性靶标（可以是在肿瘤中发生异常改变的蛋白质分子、核酸分子、生物学过程，或信号转导分子通路等），设计相应的治疗药物。药物进入体内后会选择性地针对特定致癌性靶标发挥作用，特异性杀伤肿瘤细胞，而不伤及患者的正常组织细胞。因此，在使用靶向治疗之前必须进行分子病理学诊断，确认患者的肿瘤组织细胞携带的特定的致癌性分子靶标。

目前，临床广泛使用的恶性肿瘤靶向治疗药物主要有两大类：针对细胞表面蛋白的单克隆抗体和激酶抑制剂。单克隆抗体是大分子生物制剂，可以直接封闭特定蛋白功能，也可以指导免疫依赖性的细胞毒作用。激酶抑制剂通常是小分子制剂，其作用不仅仅局限在细胞表面，也可能参与细胞内的关键信号转导过程。

二、抗体药物在靶向治疗中的应用

抗体类药物利用抗体-抗原的特异性识别原理达到靶向治疗目的。抗体药物封闭生长因子和其受体，从而抑制细胞生长是抗体治疗最直观的作用机制。抗体的结合还可以进一步引导白细胞、补体和细胞因子杀死靶细胞。此外，抗体也可以引导化疗药物、放疗药物识别和杀死靶细胞。

起初治疗性抗体通常来源于小鼠单克隆抗体，由于种属差异，蛋白异源性会导致人体免疫问题。不同程度人源化是解决该问题的基本方法。抗体全长约 760 个氨基酸，所以其穿透性较差，且通常只能作用于游离或细胞表面蛋白。抗体是免疫系统的一部分，有些情况下抗体发挥抗癌作用还需要人体免疫系统配合。目前抗体生产、改造技术日益成熟，抗体蛋白也较稳定，是最常用的抗肿瘤抗体靶向药物（表 8-5）。

表 8-5　常用靶向抗肿瘤抗体药物

靶蛋白	靶细胞	抗体药物	批准使用肿瘤	原理
CD20	B 细胞	Rituximab（MabThera/Rituxan/Zytux） Ofatumumab（Arzerra） Obinutuzumab（Gazyva） Veltuzumab Ocrelizumab Ibritumomab tiuxetan（Zevalin）	B 细胞白血病或淋巴瘤	B 细胞特异性抗原
CD30	激活 B 细胞、T 细胞	Brentuximab vedotin（Adcetris） SGN-30	霍奇金淋巴瘤、间变性大细胞淋巴瘤	
CD33	未成熟髓系白细胞	Gemtuzumab ozogamicin（Mylotarg）	急性髓细胞性白血病	
CD38	多种白细胞	Daratumumab（Darzalex）	多发性骨髓瘤	
CD52	多种白细胞	Alemtuzumab（MabCampath、Campath）	B 细胞慢性淋巴细胞白血病	
CS1（SLAMF7）	浆细胞、NK 细胞等	Elotuzumab（Empliciti）	多发性骨髓瘤	
EGFR	多种实体瘤和正常组织细胞	Cetuximab（Erbitux） Panitumumab（Vectibix） Necitumumab（Portrazza）	Cetuximab 批准治疗大肠癌和头颈部肿瘤、Panitumumab 批准用于大肠癌、Necitumumab 批准用于高表达 EGFR 肺鳞癌	这些肿瘤靠高表达野生型 EGFR 驱动
HER2	乳腺癌、胃癌等实体瘤和多种正常组织细胞	Trastuzumab（Herceptin）、Pertuzumab（Perjeta）、Trastuzumab emtansine（T-DM1、Kadcyla）	用于 HER2 阳性的乳腺癌、Trastuzumab 也被批准用于胃癌等	约 15%乳腺癌、胃癌为高表达HER2 驱动
GD2	神经母细胞瘤、黑色素瘤等	Dinutuximab（Unituxin）	神经母细胞瘤	
VEGF	增生内皮	Aflibercept（Zaltrap） Bevacizumab（Avastin）	大肠癌、肺癌、卵巢癌、肾癌等	抗血管内皮生长因子、血管增生、肿瘤营养剥夺
VEGFR	增生内皮	Ramucirumab（Cyramza）	胃癌、大肠癌、肺癌	抗血管内皮生长因子受体、血管增生、肿瘤营养剥夺

注：改编自 Vickers（2018）、Dong 和 Markovic（2017）

第一个抗肿瘤单克隆抗体药物利妥昔单抗（Rituximab，商品名 MabThera，美罗华）于 1997 年在美国获得批准，用于治疗非霍奇金淋巴瘤、慢性淋巴细胞白血病及其他非肿瘤疾病。利妥昔单抗与表达在 B 淋巴细胞表面的 CD20 分子结合，通过抗体依赖的细胞毒作用和补体依赖的细胞毒作用杀伤肿瘤 B 细胞。类似抗体药物也基于 CD20、CD30、CD33 和 CD52 等，主要用于淋巴造血系统恶性肿瘤。

对于实体瘤，最成功的单克隆抗体药是针对表皮生长因子受体 EGFR 和 HER2 的。因为在实体瘤中 *EGFR* 和 *HER2* 基因扩增和激活突变较为常见，封闭 EGFR 和 HER2 往往有较好效果。抗体药不仅阻止配体与受体的结合，也会介导细胞膜表面受体内化降解，对受体过表达有切实的控制作用。抗体也吸引白细胞进一步破坏癌细胞。在此仅举两例：1998 年获批上市的曲妥珠单抗（Trastuzumab，商品名 Herceptin，赫赛汀）是第一个被投入临床使用的人源化抗 HER2 单克隆抗体，主要用于治疗 HER2 过表达的乳腺癌；2004 年获批上市的西妥昔单抗（Cetuximab，商品名 Erbitux，爱必妥）是一种小鼠/人嵌合性抗 EGFR 单克隆抗体。西妥昔单抗与 EGFR 结合后，阻断分子内酪氨酸的自身磷酸化，阻断酪氨酸激酶活化，抑制 EGFR 激活，从而阻断细胞内信号转导途径，抑制癌细胞的增殖，诱导癌细胞的凋亡，用于治疗转移性结直肠癌、转移性非小细胞肺癌和头颈癌等。

2004 年，第一个抗血管生成单抗药物贝伐珠单抗（Bevacizumab，商品名 Avastin，安维汀）获批上市。贝伐珠单抗针对血管内皮生长因子（vascular endothelial growth factor，VEGF），VEGF 是一种具有多种功能的细胞因子。在肿瘤组织生长过程中，癌细胞也可异常分泌 VEGF 并在肿瘤血管生成中起关键作用。VEGF 的异常时空表达对肿瘤发生、进展、转移及预后都具有重要意义，是临床上抗血管生成治疗的重要作用靶点之一。贝伐珠单抗是首个应用于临床的人源化抗 VEGF 的 IgG1 型单抗，可识别并中和 VEGF 的所有亚型，使之不能与受体结合；进而阻断其诱导的血管内皮细胞增殖、迁移及血管形成的作用，抑制肿瘤在体内播散，增强化疗疗效；用于治疗肺癌、结直肠癌、卵巢癌、胃癌、肾癌等。

此外，抗体偶联药物（antibody-drug conjugate，ADC）为抗肿瘤抗体药物的一种改良方式，是将单克隆抗体药物的高特异性和小分子化学药物的强细胞毒性相结合的药物，用于提高肿瘤药物的靶向性、减少不良反应。化疗药物、放疗药物（如同位素 ^{131}I 制剂等）和细胞毒因子等可以被结合到特异性抗体上，由抗体携带到目标位置，识别、结合和释放，达到治疗目的。例如，恩美曲妥珠单抗（Trastuzumab emtansine，T-DM1，商品名 Kadcyla）就是由曲妥珠单抗（Trastuzumab）与细胞毒性药物 Mertansine（DM1，微管抑制剂）偶联而成。曲妥珠单抗通过靶向过表达 HER2 的肿瘤细胞抑制其增殖，同时将细胞毒性药 DM1 特异性地传递给肿瘤细胞，在细胞内释放。而 DM1 结合至微管蛋白破坏细胞内微管网络，导致细胞周期停止和细胞凋亡，用于治疗某些产生耐药性的晚期 HER2 阳性乳腺癌患者。

三、激酶抑制剂在靶向治疗中的应用

激酶抑制剂是肿瘤精准治疗最活跃的研究领域，与抗体药物不同，激酶抑制剂为小分子，具有通常药物的一般特性，可以口服、可以进入细胞，大大提升了潜在靶标和适

用范围。激酶的一般意义是添加一个磷酸底物分子，通常是蛋白质的酪氨酸、苏氨酸和丝氨酸。激酶磷酸化通常被磷酸酶解除而形成平衡。在与恶性肿瘤相关的信号转导通路中，细胞表面受体往往是第一个激酶，它们除了是抗体药物作用靶标，也是激酶抑制剂药物的重要靶标。进而，在细胞表面受体下游一系列的信号转导步骤也需要激酶参与完成信号级联反应，最后执行具体生物学功能。恶性肿瘤相关的驱动突变不仅包括细胞表面受体激酶激活驱动，下游的其他激酶如 RAS、RAF 等也可以突变激活驱动肿瘤进展，同时也是激酶抑制剂治疗的药靶。

细胞表面受体激酶包括 EGFR、HER2、RET、MET、KIT 和 JAK 等，而相应的激酶抑制剂目前都有获批上市药物或临床试验药物。细胞内激酶抑制剂也是目前开发抗肿瘤药物的热点，如 MEK、mTOR、BTK 和 CDK 抑制剂。癌症进展过程中肿瘤微环境中的细胞过表达 VEGFR、PDGFR 等激酶为肿瘤提供支持，针对这些激酶的抑制剂也是治疗药物（表 8-6）。

表 8-6　常见激酶抑制剂药物

激酶	表达细胞	激酶抑制剂药物	批准应用肿瘤	原理
FLT3	幼稚白细胞	Midostaurin（Rydapt） Lestaurtinib Quizartinib（AC220） Crenolanib Gilteritinib	急性髓细胞性白血病（AML）	1/3 AML 细胞过表达
KIT	白细胞	Dasatinib（Sprycel） Pazopanib（Votrient） Quizartinib	急性髓细胞性白血病（AML）	5%～15% AML 有 KIT 突变
JAK2	广泛分布	Ruxolitinib（Jakafi/Jakavi） Momelotinib Pacritinib	骨髓增生性肿瘤	
BTK	B 细胞	Ibrutinib（Imbruvica） Acalabrutinib（Calquence）	慢性淋巴细胞白血病、非霍奇金淋巴瘤、瓦尔登斯特伦巨球蛋白血症（Waldenström macroglobulinemia）	
ABL	广泛分布	Imatinib（Glivec/Gleevec） Dasatinib（Sprycel） Bosutinib（Bosulif） Nilotinib（Tasigna） Ponatinib（Iclusig）	慢性髓细胞性白血病（CML）	CML 中 BCR-ABL 融合激活
PI3Kσ	B 细胞	Idelalisib（Zydelig） Copanlisib（Aliqopa） Duvelisib	慢性淋巴细胞白血病、非霍奇金淋巴瘤	位于 B 细胞受体下游，在 B 细胞白血病和淋巴瘤中可能激活
EGFR	多种组织细胞和肿瘤	Gefitinib（Iressa） Erlotinib（Tarceva） Afatinib（Giotrif/Gilotrif） Dacomitinib Neratinib（Nerlynx） Osimertinib（Tagrisso） Rociletinib	非小细胞肺癌有 EGFR 突变	约 30%非小细胞肺癌由 EGFR 激活突变驱动

续表

激酶	表达细胞	激酶抑制剂药物	批准应用肿瘤	原理
HER2	乳腺癌、胃癌等肿瘤细胞	Lapatinib（Tyverb） Afatinib（Giotrif、Gilotrif） Dacomitinib Neratinib（Nerlynx）	乳腺癌、胃癌	乳腺癌、胃癌驱动突变之一
VEGFR、PDGFR、KIT	内皮细胞、肿瘤细胞	Axitinib（Inlyta）	肾癌	抗血管治疗，VEGFR/PDGFR/FGFR 受体激酶 ATP 结合位点结构相似，Axitinib 竞争结合激活状态 ATP 结合位点
VEGFR、MET、RET、KIT、FLT-3、TIE-2、TRKB、AXL	内皮细胞、肿瘤细胞	Cabozantinib（Cometriq）	甲状腺癌、肾癌	抗血管治疗，VEGFR/PDGFR/FGFR 受体激酶 ATP 结合位点结构相似，Cabozantinib 竞争结合激活状态 ATP 结合位点
VEGFR、FGFR、RET	内皮细胞、肿瘤细胞	Vandetanib（Caprelsa）	甲状腺癌	抗血管治疗
VEGFR、PDGFR、FGFR、RET	内皮细胞、肿瘤细胞	Lenvatinib（Lenvima）	甲状腺癌、肾癌	抗血管治疗，VEGFR/PDGFR/FGFR 受体激酶 ATP 结合位点结构相似，Lenvatinib 竞争结合激活状态 ATP 结合位点
VEGFR、PDGFR、FGFR、Src、Lck、Lyn、FLT-3	内皮细胞、肿瘤细胞	Nintedanib（Vargatef）	非小细胞肺癌	抗血管治疗，VEGFR/PDGFR/FGFR 受体激酶 ATP 结合位点结构相似，Nintedanib 竞争结合激活状态 ATP 结合位点
VEGFR、PDGFR、FGFR	内皮细胞、肿瘤细胞	Pazopanib（Votrient）	肾癌、软组织肉瘤	抗血管治疗，VEGFR/PDGFR/FGFR 受体激酶 ATP 结合位点结构相似，Pazopanib 竞争结合激活状态 ATP 结合位点
Raf、VEGFR、PDGFR、RET、KIT、FLT-3	内皮细胞、肿瘤细胞	Sorafenib（Nexavar）	甲状腺癌、肾癌、肝癌	抗血管治疗，Sorafenib 竞争结合失活状态 ATP 结合位点
VEGFR、RET、KIT、PDGFR、Raf	内皮细胞、肿瘤细胞	Regorafenib（Stivarga）	大肠癌、肝癌、胃肠道间质瘤（gastrointestinal stromal tumor，GIST）	抗血管治疗，Regorafenib 竞争结合失活状态 ATP 结合位点
KIT、PDGFR、VEGFR、FLT3	GIST、AML 等	Imatinib（Glivec） Sunitinib（Sutent）	胃肠道间质瘤（GIST）等	90%以上 GIST 有 KIT/PDGFR 突变
ALK	广泛分布	Crizotinib（Xalkori） Ceritinib（Zykadia） Alectinib（Alacensa） Brigatinib（Alunbrig） Entrectinib Lorlatinib	非小细胞肺癌、间变性大细胞淋巴瘤	肺癌、淋巴瘤中可发现 ALK-EML 融合激活
mTOR	广泛分布	Temsirolimus（Torisel）	肾癌、淋巴瘤	抑制增殖、抗血管
		Everolimus（Afinitor） Voxtalisib Dactolisib	肾癌、乳腺癌、胰腺神经内分泌瘤、室管膜巨细胞星形细胞瘤	抑制增殖、抗血管

续表

激酶	表达细胞	激酶抑制剂药物	批准应用肿瘤	原理
B-Raf	广泛分布	Vemurafenib（Zelboraf） Dabrafenib（Tafinlar）	黑色素瘤	50%左右黑色素瘤驱动突变
MEK	广泛分布	Trametinib（Mekinist） Selumetinib Cobimetinib（Cotellic）	黑色素瘤等	与 BRAF 激活途径相关
PI3K	PI3Kδ 分布于 B 细胞	Idelalisib（Zydelig）	B 细胞白血病和非霍奇金病	PI3Kδ 主要表达于白细胞，尤其是 B 细胞
	PI3Kδ/γ	Duvelisib（IPI-145、COPIKTRA）	复发或难治性慢性淋巴细胞白血病或小淋巴细胞淋巴瘤成年患者	PI3Kδ/γ 主要表达于白细胞
	广谱 PI3K 抑制剂	Copanlisib（Aliqopa）	滤泡性淋巴瘤	广泛分布，常见驱动突变
	PI3Kα 抑制剂、实体瘤	Alpelisib（BYL719、Piqray）	与氟维司群联用治疗男性和绝经后女性的激素受体（HR）阳性/HER2 阴性，携带 *PIK3CA* 突变的晚期转移性乳腺癌	同时 FDA 还批准了一个筛选试剂盒，用于检测组织和/或液体活检中的 *PIK3CA* 突变
VEGFR、PDGFR、FGFR	内皮细胞、肿瘤细胞	Sunitinib（Sutent） Pazopanib（Votrient） Cabozantinib（Cometriq） Cediranib（Recentin） Lenvatinib（Lenvima） Vatalanib Motesanib Tivozanib	宫颈癌、肾癌、肝癌、结肠癌和卵巢癌等	VEGFR/PDGFR/FGFR 受体激酶 ATP 结合位点结构相似
CDK4/CDK6	细胞周期	Palbociclib（Ibrance） Ribociclib（Kisqali） Abemaciclib（Verzenio） Dinaciclib	乳腺癌等	肿瘤中过度激活

注：改编自 Vickers（2018）、Dong 和 Markovic（2017）

第一个问世的激酶抑制剂伊马替尼（格列卫）从根本上改变了慢性髓细胞性白血病（CML）的治疗策略和治疗结果。然而，伊马替尼的成功却难以复制。这是因为 CML 的致病机制相对单一：癌蛋白 BCR-ABL 是致病的始动和核心因素，使用一种分子靶向药，就有极好的疗效。可是，大部分分子靶向药物的有效率远低于伊马替尼。其原因正是大多数实体肿瘤发生演进都是多通路、多环节、多基因、多靶点参与的网络调控过程。

在正常人体，替代衰老和损伤的细胞是细胞增殖的基本目的。通常基底细胞介导周围间质细胞释放的生长因子信号，主要是表皮生长因子类。上皮细胞上有对应的生长因子受体 EGFR、HER2 等。在接受生长因子后，受体二聚化并激活细胞内激酶活性，在细胞内主要通过 MAPK、PI3K/AKT/mTOR 和 JAK-STAT 3 条信号途径传递细胞增殖信号。

受体酪氨酸激酶（receptor tyrosine kinase，RTK）是恶性肿瘤中最常见的突变分子，它不仅对于维持增殖有意义，甚至是癌细胞存活的基本前提，所以 RTK 成为最常见的精准治疗靶分子。EGFR 家族是最明确的生长因子 RTK 家族，包括 ERBB1（EGFR、HER1）、ERBB2（HER2、NEU）、ERBB3（HER3）和 ERBB4（HER4）。HER1、HER3 和 HER4

需要结合生长因子而获得正确构象，从而进一步形成同源和异源二聚体，激活 TK 活性。而 HER2 不需要结合配体，它总是处于正确构象，可以形成同源和异源二聚体，因此是一个重要的数量特性基础 RTK。在肿瘤中生长因子受体基因扩增和激活突变导致 RTK 敏感性升高和组成性激活是最主要的癌变驱动因素（表 8-7）。

表 8-7　常见生长因子受体、配体与相关恶性肿瘤

受体	配体	意义
EGFR	EGF、TGF-α、HB-EGF、双清蛋白、β 细胞素、epigen、表皮调节素	多种上皮来源肿瘤的驱动突变；多样性的配体存在，受体成了决定性因素
HER2	不需要	乳腺癌、胃癌的主要驱动突变；不需要配体、扩增和突变可直接导致激活下游信号
ERBB3	NRG1/2	共存于其他 HER 受体激活的肿瘤。可能与耐药有关
ERBB4	HB-EGF、β 细胞素、NRG3/4、表皮调节素	见于黑色素瘤、非小细胞肺癌等。意义不明确
VEGFR1/2	VEGFA/B/C/D、PIGF	任何需要血液供给的肿瘤。抗血管治疗
PDGFRA/B	PDGFA/B/C/D	胶质母细胞瘤、GIST 和前列腺癌转移及血管新生
FGFR1/2/3/4/5	FGF	多种肿瘤、血管新生
IGF1R	IGF-1	多种肿瘤。与 EGFR TKI 抗性相关
MET/HGFR	HGF	多种肿瘤。可能与 EGFR TKI 抗性相关
KIT/CD117	SCF	见于 GIST、小细胞肺癌等多种肿瘤
FLT3	FL	多种白血病
RET	NRTN、ARTN、PSPN	甲状腺癌、非小细胞肺癌

注：改编自 Alberts 等（2007）

四、恶性肿瘤的免疫治疗

免疫治疗是通过调节或重建患者自身的机体免疫功能，以此来全面识别、搜索、杀伤肿瘤细胞。免疫治疗针对的靶标不是癌细胞和肿瘤组织，而是人体自身失常的免疫系统。这与手术、化疗、放疗和某些靶向治疗直接清除或攻击癌细胞有所不同。

免疫治疗对于肿瘤治疗可能是最有希望的领域，提高免疫系统清除肿瘤效率是一个古老又时髦的话题。而近年来这一领域的突出研究进展分别体现于：免疫药物治疗类的免疫检查点抑制剂/分子免疫治疗和免疫细胞治疗类的 CAR-T 细胞治疗等。

由于癌相关突变展示在细胞表面和死亡肿瘤细胞泄露的抗原都可能导致免疫细胞的识别和攻击。因此，恶性肿瘤发展了一套机制逃避机体免疫系统。肿瘤细胞可以分泌抑制性因子（如 IL-10、IDO、VEGR）招募抑制性免疫细胞（如调节性 T 细胞）、抑制细胞毒性 T 细胞等肿瘤杀伤细胞，肿瘤细胞可以过表达展示 PD-L1/2 来抑制 T 细胞活性，导致机体免疫系统对肿瘤细胞免疫耐受。研究发现，在肿瘤中活跃的抗肿瘤 T 细胞的活性与数量往往与肿瘤预后相关，所以提高肿瘤患者 T 细胞能力成为免疫治疗的靶点。

在细胞毒性 T 细胞（cytotoxic T lymphocyte，CTL）表面有两群蛋白质分子，一群激活 T 细胞，另一群抑制 T 细胞。后者包括：细胞毒性 T 细胞相关抗原 4（cytotoxic T lymphocyte-associated antigen 4，CTLA-4）、程序性细胞死亡受体 1（programmed cell death-1，PD-1）及其配体 1（programmed death-ligand 1，PD-L1）。

分子免疫治疗（也称免疫检查点治疗，immune checkpoint therapy，ICT）是指利用免疫分子来调节人体免疫功能，达到治疗目的。基于 PD-1 和 PD-L1 这一对免疫共抑制分子，临床上常利用抑制剂阻断 PD-1/PD-L1 信号通路，恢复机体对肿瘤细胞的免疫应答。例如，PD-1 单抗可特异性结合 T 细胞表面 PD-1 分子，释放机体的免疫功能。目前，针对 CTLA-4、PD-1 和 PD-L1 靶点均有获得批准的免疫检查点药物（表 8-8）。

表 8-8　免疫检查点药物与靶点

靶点	功能	药物	应用
CTLA-4	CTLA-4：结合 CD28，抑制活性；Treg 细胞 CTLA-4：结合 B7，活性上升；负性调节、抑制自身免疫反应	CTLA-4 antibody Ipilimumab（Yervoy）	恶性黑色素瘤
		Tremelimumab	晚期恶性间皮细胞瘤、用于治疗肝细胞癌的孤儿药
		Zalifrelimab	PD-1 单抗 Balstilimab 与 CTLA-4 单抗 Zalifrelimab 联合治疗复发或难治的转移性宫颈癌患者，FDA 已授予该制品申请优先审查和快速通道资格
PD-1	结合 PD-L1/2，抑制 TCL/B 细胞，激活 Treg；预防 T 细胞过度激活，负性调节、抑制自身免疫反应	PD-1 抗体 Nivolumab（Opdivo、BMS-936558）	黑色素瘤、非小细胞肺癌、头颈部癌、肾癌、膀胱癌、淋巴瘤、肝癌、MSI-H/dMMR 大肠癌 联合 Ipilimumab，适用于非小细胞肺癌一线治疗、索拉非尼经治的晚期肝癌、肾癌、黑色素瘤、MSI-H/dMMR 大肠癌
		PD-1 抗体 Pembrolizumab（Keytruda、MK-3475）	黑色素瘤、非小细胞肺癌、头颈部癌、肾癌、膀胱癌、淋巴瘤、胃癌、MSI/MMRD 实体瘤
		PD-1 抗体 特瑞普利单抗 Toripalimab	黑色素瘤
		PD-1 抗体 Balstilimab	PD-1 单抗 Balstilimab 与 CTLA-4 单抗 Zalifrelimab 联合治疗复发或难治的转移性宫颈癌患者，FDA 已授予该制品申请优先审查和快速通道资格
		PD-1 抗体 信迪利单抗 Sintilimab	至少经过二线系统化疗的复发或难治性经典型霍奇金淋巴瘤的治疗
		PD-1 抗体 卡瑞利珠单抗 Camrelizumab	至少经过二线系统化疗的复发或难治性经典型霍奇金淋巴瘤的治疗
		PD-1 抗体 替雷利珠单抗 Tislelizumab	用于至少经过二线系统化疗的复发或难治性经典型霍奇金淋巴瘤的治疗
		PD-L1 抗体 Atezolizumab（Tecentriq；MPDL3280A）	非小细胞肺癌、膀胱癌
		PD-L1 抗体 Avelumab（Bavencio、MSB0010718C）	皮肤梅克尔细胞癌 联合 Axitinib 用于晚期肾细胞癌的一线治疗
		PD-L1 抗体 Durvalumab（Imfinzi、MEDI4736）	膀胱癌

注：改编自 Dong 和 Markovic（2017）

CAR-T 细胞免疫治疗（chimeric antigen receptor T-cell immunotherapy）是 21 世纪在肿瘤治疗中的标志性突破。嵌合抗原受体（chimeric antigen receptor，CAR）设计的原理是 T 细胞依赖抗原的 TCR 活化的细胞毒作用。TCR 与 MHC-抗原肽复合体的结合诱导磷酸化的 TCR 募集胞内的第二信使提供第一个信号，T 细胞表面的共刺激分子（如 CD28、CD134、

CD137 等）与抗原呈递细胞上各自相应的受体（如 CD80、CD86 和 ICOSL）结合提供第二个信号。最终，T 细胞活化，分泌穿孔素、颗粒酶和细胞因子，诱导靶细胞凋亡。

CAR-T 是一种精准靶向的肿瘤免疫治疗方法。CAR-T 疗法的作用机制是将从患者体内提取的 T 细胞进行基因修饰，转入能识别肿瘤细胞且激活 T 细胞的嵌合抗原受体（CAR），改造成 CAR-T 细胞，随后回输患者体内，发挥识别、杀伤癌细胞的作用。目前至少有 7 个药物（表 8-9），有超过 200 个注册临床试验（ClinicalTrials.gov.），其中许多临床试验正在招募。当然还有大量医师和医疗单位发起的临床试验。

表 8-9 FDA 和中国的国家药品监督管理局（NMPA）批准的主要 CAR-T 药物

药物	Kymriah	Yescarta	Tecartus	Breyanzi	Abecma	Carvykti	Relma-cel
CAR	scFV-CD137-CD3	scFV-CD28-CD3	scFV-CD28-CD3	scFV-igG4linkage-CD28 TM-CD137-CD3	scFV- CD28 linkage+ TM-CD137-CD3	scFV-CD137-CD3	scFV-IgG4linkage-CD28 TM-CD137-CD3
药靶	CD19	CD19	CD19	CD19	BCMA	BCMA	CD19
适应证	急性淋巴细胞白血病、弥漫性大 B 细胞淋巴瘤	弥漫性大 B 细胞淋巴瘤、高级别 B 细胞淋巴瘤、滤泡性淋巴瘤	复发或难治性套细胞淋巴瘤、急性淋巴细胞白血病	成人大 B 细胞淋巴瘤	复发性/难治性多发性骨髓瘤	复发或难治性多发性骨髓瘤	成人复发或难治性大 B 细胞淋巴瘤

参考：https://www.nmpa.gov.cn；https://www.fda.gov

对于第一代 CAR-T，细胞内部分仅包括 rCD3ζ 细胞内结构域，尽管细胞实验提示有特异性细胞毒作用，但是有限的活性及依赖外源 IL-2 刺激并无实际临床应用价值。第二代 CAR-T 引入来源于 CD28 或 4-1BB 的共激活结构域。而在第三代 CAR-T 则采用两个来源于 CD28、ICOS、OX40/CD134 和 4-1BB/CD137 的共激活结构域，使其具备临床应用价值。目前批准的药物基本为该结构。而 CAR-T 本身的结构、CAR-T 细胞生产，以及临床应用相关事件的处理对产品的成功都有巨大影响。

CAR-T 治疗尽管有 FDA 批准的产品，但是目前严格来讲还是一个基因修饰的细胞治疗方法，患者需要使用自己的细胞作为基因修饰的载体，然后回输到自体，杀伤肿瘤细胞。这大大限制了产品化过程及成本控制，最后也限制了成功的概率。到目前为止，CAR-T 药品都是靶向 B 细胞来源的疾病，对于其他疾病，尤其是对实体瘤的作用依然停留在研究水平。

在第一次 CAR-T 治疗失败后，通常可以考虑第二个靶抗原，已有临床研究提示具有一定可行性，进一步串联嵌合抗原受体（Tandem CAR）库，体现出一定的治疗潜力。除了多个 CAR-T 选项，二价 CAR-T（Bivalent CAR）的使用也在研究中。第四代 CAR-T 的具体形态现在还不好说，进一步对 CAR 的改造或使用 T 细胞作为载体的多效 CAR-T 都有可能。而使用更多的细胞选项（如 CAR-NK）也可能提高其使用价值或建立一种广泛适用的工业化方法。

五、恶性肿瘤的诱导分化治疗

肿瘤的基本特征为细胞失去控制的异常增殖，而恶性肿瘤细胞在形态和生长特性方面都与未分化的胚胎细胞相似。在正常个体发育过程中，胚胎细胞能逐渐演变成各种不同形态和功能的成熟细胞，从而形成不同的组织器官，这种现象称为细胞分化（cell differentiation）。当细胞癌变以后，其正常分化机制失控，多种表型又返回至未成熟甚至胚胎细胞状态，称为去分化。细胞分化异常是恶性肿瘤的基本生物学特征之一。

人们曾经认为恶性细胞是不可逆转的，因而恶性肿瘤治疗只能以手术切除或用药物、射线来清除、杀伤肿瘤细胞。20 世纪 70 年代以来，先后发现某些药物可以诱导肿瘤细胞分化，使其恶性表型向正常方向演变逆转。针对恶性肿瘤细胞的诱导分化不损伤正常细胞，因此成为现代肿瘤治疗学中重要的新内容。

王振义教授团队于 1986 年在国际上率先使用全反式维甲酸（all-*trans* retinoic acid，ATRA）诱导分化，治疗急性早幼粒细胞白血病（acute promyelocytic leukemia，APL），获得很高的缓解率，为“在不损伤正常细胞的情况下，通过诱导分化治疗恶性肿瘤”这一理论提供了成功的范例。采用优化的以 ATRA 为基础的治疗方案以后，使得 APL 这种恶性程度极高的急性白血病患者的完全缓解率（complete remission，CR）提高到 90%～95%，大大提高了 5 年无病生存率（disease free survival，DFS）。

王振义教授团队的后续工作揭示了 ATRA 诱导 APL 细胞分化的细胞分子遗传学机制。APL 这种疾病的细胞遗传学特征是，15 号和 17 号染色体之间发生相互易位，导致早幼粒细胞白血病（promyelocytic leukemia，PML）基因与视黄酸受体（retinoic acid receptor，RAR）基因发生融合，由此产生了致癌融合蛋白 PML-RAR。而 ATRA 诱导分化治疗 APL 的原理则是针对其致癌融合蛋白 PML-RAR 的“靶向治疗”。

（陈金中　何冬旭　李　琳　高燕宁）

参考文献

Alberts B, Johnson A, Lewis J, et al. 2007. Molecular Biology of the Cell. 5th ed. New York: Garland Science Publishing.

Beckedorff F C, Amaral M S, Deocesano-Pereira C, et al. 2013. Long non-coding RNAs and their implications in cancer epigenetics. Biosci Rep, 33(4): e00061.

Benetatos L, Vartholomatos G, Hatzimichael E. 2011. MEG3 imprinted gene contribution in tumorigenesis. Int J Cancer, 129(4): 773-779.

Berindan-Neagoe I, Monroig Pdel C, Pasculli B, et al. 2014. MicroRNAome genome: a treasure for cancer diagnosis and therapy. CA Cancer J Clin, 64(5): 311-336..

Butel J S. 2000. Viral carcinogenesis: revelation of molecular mechanisms and etiology of human disease. Carcinogenesis, 21(3): 405-426.

Carneiro F, Oliveira C, Seruca R. 2010. Pathology and genetics of familial gastric cancer. Int J Surg Pathol, 18(3 Suppl): 33S-36S.

Chan S H, Huang W C, Chang J W, et al. 2014. MicroRNA-149 targets GIT1 to suppress integrin signaling and breast cancer metastasis. Oncogene, 33(36): 4496-4507.

Choong G, Liu Y, Templeton D M. 2014. Interplay of calcium and cadmium in mediating cadmium toxicity. Chem Biol Interact, 211: 54-65.

Cooper G M. 1995. Oncogenes. 2nd ed. Boston and London: Jones and Bartlett.

Dong F, Lou D H. 2012. MicroRNA-34b/c suppresses uveal melanoma cell proliferation and migration through multiple targets. Mol Vis, 18: 537-546.

Dong H, Markovic S N. 2017. The Basics of Cancer Immunotherapy. Switzerland: Springer International Publishing AG.

Fu J, Imani S. 2018. Epigenetics in Cancer. Beijing: Science Press and Narosa Publishing House.

Geyer M B. 2019. First CAR to Pass the Road Test: Tisagenlecleucel's Drive to FDA Approval. Clin Cancer Res, 25(4): 1133-1135.

Gupta R A, Shah N, Wang K C, et al. 2010. Long non-coding RNA HOTAIR reprograms chromatin state to promote cancer metastasis. Nature, 464(7291): 1071-1076.

Hampel H, Frankel W L, Martin E, et al. 2005. Screening for the Lynch syndrome (hereditary nonpolyposis colorectal cancer). N Engl J Med, 352(18): 1851-1860.

Hanahan D. 2022. Hallmarks of cancer: new dimensions. Cancer Discov, 12(1): 31-46.

Hanahan D, Weinberg R A. 2000. The hallmarks of cancer. Cell, 100(1): 57-70

Hanahan D, Weinberg R A. 2011. Hallmarks of cancer: the next generation. Cell, 144(5): 646-674.

Hata A, Kashima R. 2016. Dysregulation of microRNA biogenesis machinery in cancer. Crit Rev Biochem Mol Biol, 51(3): 121-134.

He D X, Gu F, Gao F, et al. 2016. Genome-wide profiles of methylation, microRNAs, and gene expression in chemoresistant breast cancer. Sci Rep, 6: 24706.

He D X, Gu X T, Jiang L, et al. 2014. A methylation-based regulatory network for microRNA 320a in chemoresistant breast cancer. Mol Pharmacol, 86(5): 536-547.

Hermeking H. 2010. The miR-34 family in cancer and apoptosis. Cell Death Differ, 17(2): 193-199.

Hermeking H. 2012. MicroRNAs in the p53 network: micromanagement of tumour suppression. Nat Rev Cancer, 12(9): 613-626.

Huang M E, Ye Y C, Chen S R, et al. 1988. Use of all-trans retinoic acid in the treatment of acute promyelocytic leukemia. Blood, 72(2): 567-572.

Huttenhofer A, Schattner P, Polacek N. 2005. Non-coding RNAs: hope or hype? Trends Genet, 21(5): 289-297.

Ji P, Diederichs S, Wang W B, et al. 2003. MALAT-1, a novel noncoding RNA, and thymosin beta4 predict metastasis and survival in early-stage non-small cell lung cancer. Oncogene, 22(39): 8031-8041.

Jiang C Y, Li X, Zhao H, et al. 2016. Long non-coding RNAs: potential new biomarkers for predicting tumor invasion and metastasis. Mol Cancer, 15(1): 62.

Jonnalagadda M, Mardiros A, Urak R, et al. 2015. Chimeric antigen receptors with mutated IgG4 Fc spacer avoid fc receptor binding and improve T cell persistence and antitumor efficacy. Mol Ther, 23(4): 757-768.

Karp G. 2002. Cell and Molecular Biology: Concepts and Experiments. 3rd ed. New York: John Wiley & Sons Inc.

Ke Y, Zhao W Y, Xiong J, et al. 2013. miR-149 inhibits non-small-cell lung cancer cells EMT by targeting FOXM1. Biochem Res Int, 2013: 506731.

Kitano K, Watanabe K, Emoto N, et al. 2011. CpG island methylation of microRNAs is associated with tumor size and recurrence of non-small-cell lung cancer. Cancer Sci, 102(12): 2126-2131.

Kulis M, Esteller M. 2010. DNA methylation and cancer. Adv Genet, 70: 27-56.

Kumegawa K, Maruyama R, Yamamoto E, et al. 2016. A genomic screen for long noncoding RNA genes epigenetically silenced by aberrant DNA methylation in colorectal cancer. Sci Rep, 6: 26699.

Lam M T Y, Cho H, Lesch H P, et al. 2013. Rev-Erbs repress macrophage gene expression by inhibiting enhancer-directed transcription. Nature, 498(7455): 511-515.

Li S C, Tang P, Lin W C. 2007. Intronic microRNA: discovery and biological implications. DNA Cell Biol, 26(4): 195-207.

Li W B, Notani D, Ma Q, et al. 2013. Functional roles of enhancer RNAs for oestrogen-dependent transcriptional activation. Nature, 498(7455): 516-520.

Li Z H, Chao T C, Chang K Y, et al. 2014. The long noncoding RNA THRIL regulates TNFα expression through its interaction with hnRNPL. Proc Natl Acad Sci USA, 111(3): 1002-1007.

Lin H L, Cheng J L, Mu W, et al. 2021. Advances in Universal CAR-T Cell Therapy. Front Immunol, 12: 744823.

Lin R J, Lin Y C, Yu A L. 2010. miR-149* induces apoptosis by inhibiting Akt1 and E2F1 in human cancer cells. Mol Carcinog,

49(8): 719-727.

Lodish H, Beck A, Zipursky S L, et al. 1999. Molecular Cell Biology. 4th ed. New York: W.H. Freeman and Company.

Louro R, Smirnova A S, Verjovski-Almeida S. 2009. Long intronic noncoding RNA transcription: expression noise or expression choice? Genomics, 93(4): 291-298.

Lujambio A, Calin G A, Villanueva A, et al. 2008. A microRNA DNA methylation signature for human cancer metastasis. Proc Natl Acad Sci USA, 105(36): 13556-13561.

Ma L, Tian X D, Wang F, et al. 2016. The long noncoding RNA H19 promotes cell proliferation via E2F-1 in pancreatic ductal adenocarcinoma. Cancer Biol Ther, 17(10): 1051-1061.

Ma S, Li X C, Wang X Y, et al. 2019. Current Progress in CAR-T Cell Therapy for Solid Tumors. Int J Biol Sci, 15(12): 2548-2560.

Majid S, Dar A A, Saini S, et al. 2013. miRNA-34b inhibits prostate cancer through demethylation, active chromatin modifications, and AKT pathways. Clin Cancer Res, 19(1): 73-84.

Marques A C, Hughes J, Graham B, et al. 2013. Chromatin signatures at transcriptional start sites separate two equally populated yet distinct classes of intergenic long noncoding RNAs. Genome Biol, 14(11): R131.

Matouk I, Raveh E, Ohana P, et al. 2013. The increasing complexity of the oncofetal h19 gene locus: functional dissection and therapeutic intervention. Int J Mol Sci, 14(2): 4298-4316.

Mucci L A, Hjelmborg J B, Harris J R, et al. 2016. Familial risk and heritability of cancer among twins in Nordic countries. JAMA, 315(1): 68-76.

Nair R, Westin J. 2020. CAR T-Cells. Adv Exp Med Biol, 1244: 215-233.

Nowell P C. 2007. Discovery of the Philadelphia chromosome: a personal perspective. J Clin Invest, 117(8): 2033-2035.

Nowell P C, Hungerford D A. 1960. A minute chromosome in human chronic granulocytic leukemia. Science, 132: 1497.

Rinn J L, Kertesz M, Wang J K, et al. 2007. Functional demarcation of active and silent chromatin domains in human HOX loci by noncoding RNAs. Cell, 129(7): 1311-1323.

Ryan N A J, Morris J, Green K, et al. 2017. Association of mismatch repair mutation with age at cancer onset in lynch syndrome: implications for stratified surveillance strategies. JAMA Oncol, 3(12): 1702-1706.

Shen W F, Hu Y L, Uttarwar L, et al. 2008. MicroRNA-126 regulates HOXA9 by binding to the homeobox. Mol Cell Biol, 28(14): 4609-4619.

Sheng X J, Li J Q, Yang L, et al. 2014. Promoter hypermethylation influences the suppressive role of maternally expressed 3, a long non-coding RNA, in the development of epithelial ovarian cancer. Oncol Rep, 32(1): 277-285.

Sterner R C, Sterner R M. 2021. CAR-T cell therapy: current limitations and potential strategies. Blood Cancer J, 11(4): 69.

Tang H B, Lee M, Sharpe O, et al. 2012. Oxidative stress-responsive microRNA-320 regulates glycolysis in diverse biological systems. FASEB J, 26(11): 4710-4721.

Tavazoie S F, Alarcón C, Oskarsson T, et al. 2008. Endogenous human microRNAs that suppress breast cancer metastasis. Nature, 451(7175): 147-152.

Toyota M, Suzuki H, Sasaki Y, et al. 2008. Epigenetic silencing of microRNA-34b/c and B-cell translocation gene 4 is associated with CpG island methylation in colorectal cancer. Cancer Res, 68(11): 4123-4132.

Vance K W, Ponting C P. 2014. Transcriptional regulatory functions of nuclear long noncoding RNAs. Trends Genet, 30(8): 348-355.

Vickers E. 2018. A Beginner's Guide to Targeted Cancer Treatments. Hoboken, NJ: Wiley.

Vogelstein, B., Kinzler K W. 2004. Cancer genes and the pathways they control. Nat Med, 10(8): 789-799.

Wang F, Ma Y L, Zhang P, et al. 2013. SP1 mediates the link between methylation of the tumour suppressor miR-149 and outcome in colorectal cancer. J Pathol, 229(1): 12-24.

Wang H, Wu J X, Meng X Q, et al. 2011. MicroRNA-342 inhibits colorectal cancer cell proliferation and invasion by directly targeting DNA methyltransferase 1. Carcinogenesis, 32(7): 1033-1042.

Wang Z Y, Chen Z. 2008. Acute promyelocytic leukemia: from highly fatal to highly curable. Blood, 111(5): 2505-2515.

Wee E J H, Peters K, Nair S S, et al. 2012. Mapping the regulatory sequences controlling 93 breast cancer-associated miRNA genes leads to the identification of two functional promoters of the Hsa-mir-200b cluster, methylation of which is associated with metastasis or hormone receptor status in advanced breast cancer. Oncogene, 31(38): 4182-4195.

Weinberg R A . 2014. The Biology of Cancer. 2 ed. New York and London: Garland Science.

Wong K Y, Yu L, Chim C S. 2011. DNA methylation of tumor suppressor miRNA genes: a lesson from the miR-34 family. Epigenomics, 3(1): 83-92.

Wu S C, Kallin E M, Zhang Y. 2010. Role of H3K27 methylation in the regulation of lncRNA expression. Cell Res, 20(10): 1109-1116.

Ying L, Huang Y R, Chen H G, et al. 2013. Downregulated MEG3 activates autophagy and increases cell proliferation in bladder cancer. Mol Biosyst, 9(3): 407-411.

Zhou J C, Yang L H, Zhong T Y, et al. 2015. H19 lncRNA alters DNA methylation genome wide by regulating S-adenosylhomocysteine hydrolase. Nat Commun, 6: 10221.

Zou B, Chim C S, Zeng H, et al. 2006. Correlation between the single-site CpG methylation and expression silencing of the XAF_1 gene in human gastric and colon cancers. Gastroenterology, 131(6): 1835-1843.

Zvaifler N J. 2006. Relevance of the stroma and epithelial-mesenchymal transition(EMT)for the rheumatic diseases. Arthritis Res Ther, 8(3): 210.

第九章

法医分子遗传学

第一节 法医遗传学概述

法医遗传学是在长期的社会实践中，特别是在司法鉴定实践中逐步形成并发展起来的学科。公元1247年宋慈所著《洗冤集录》一书中就曾描述“滴血之法，孙亦可验祖”。这种滴血认亲的方法，虽不是很完备却包含着法医遗传学的萌芽，或者说是应用血型遗传原理鉴定亲子关系的最早尝试。1866年，孟德尔揭开了遗传研究的序幕，发现了遗传学的基本规律（即分离规律和自由组合规律）。1893年，奥地利的汉斯·格劳斯所著《检验官手册》将运用科学技术办案写入书中。1900年，卡尔·兰德斯坦纳发现ABO血型以后，人类红细胞血型开始应用于亲子鉴定，法医物证检验步入了科学时代。1910年，法国刑事犯罪学家艾德蒙·洛卡德提出了接触与物质交换的原理，即“任何接触都可以留下痕迹”，这个观点奠定了现代法庭科学的基础。1926年，摩尔根关于基因学说的发表，为法医遗传学的发展奠定了基础，成为法医遗传学的基本理论。

在以后的岁月中，遗传学的研究突飞猛进，尤其是20世纪50年代关于DNA双螺旋结构的发现，是生命科学研究历程中一个具有划时代意义的里程碑。这一发现不仅使遗传学研究深入到分子水平，奠定了现代遗传学的基础，而且进一步推动和影响着生命科学领域各个学科的飞速发展。例如，法医遗传学家开始运用和依靠遗传学的这些新技术与新原理进行个体识别及亲子鉴定，为有关的法律问题服务。1958年发现的白细胞抗原系统，以及20世纪60年代应用电泳检测血清型和酶型，为法医物证检验与鉴定提供了技术手段。20世纪70年代，应用等电聚焦技术发现了多种血清型及酶型的亚型，进一步提高了个体识别概率。1985年，英国科学家亚历克·杰弗里斯研究人类肌红蛋白基因结构时，在第一内含子中发现一段由33bp串联重复的小卫星序列，以33bp为核心序列的单链DNA作为RFLP分析的探针，杂交表明可在4～23kb范围内检出20～30条多态片段，多态信息含量大，个体的条带模式独一无二，类似于经典的指纹，被称为DNA指纹。DNA指纹的高度个体特异性克服了传统法医遗传标记鉴别能力低的缺陷，使法医学个体识别和亲子鉴定从仅能排除到实现了高概率认定的飞跃，被誉为法医物证分析的里程碑。1993年，国际法医遗传学会推广了以STR为核心的第二代DNA指纹或DNA纹印技术，为法医DNA分型技术的标准化奠定了基础。

随着科学技术的发展，法医遗传学相关研究与应用进入了分子水平，即法医分子遗传学。法医分子遗传学相关研究主要集中在DNA水平上，包括短串联重复序列（short tandem repeat，STR）、单核苷酸多态性（single nucleotide polymorphism，SNP）、插入/缺失（insertion/deletion，InDel）多态性、微单倍型（microhaplotype，MH）、甲基化遗传标记等。

相比于DNA，长期以来，广泛接受的观点认为RNA分子结构不稳定且可被无处不在的核糖核酸酶（ribonuclease，RNase）快速降解，因此RNA一直未能得到法医学的关注。近年来，RNA领域的研究发现在特定的条件下，例如，在干燥条件下某些RNA分子表现出高度的稳定性，这使得法医学者开始关注RNA分子。RNA检测技术的发展，尤其是反转录PCR（reverse transcription PCR，RT-PCR）技术的出现推动了法医学者探索RNA分子在法医学应用潜力中的进程。自2011年起，欧洲DNA分型工作组（European DNA Profiling Group，EDNAP）联合多家法医学实验室开展mRNA在体液斑中稳定性和体液鉴定应用潜力的探索与研究。一系列研究成果表明mRNA在体液斑中具有较高的稳定性且筛选出的mRNA标记可根据表达水平的差异区分法医学常见体液类型。自此，法医学领域对RNA分子的兴趣与日俱增。随着对RNA分子生物学特征和功能的研究日渐深入，RNA水平相关分子标记逐渐成为法医学新的研究热点。

第二节　法医分子遗传标记

一、短串联重复序列

短串联重复序列（STR）是存在于基因组中的一类具有长度多态性的DNA序列，由2～6个碱基的重复单位串联构成，是目前法医物证鉴定中应用最广泛的遗传标记。STR约占人类基因组的5%，有20万～50万个，平均每6～10kb就出现一个，约50%具有遗传多态性。绝大多数STR序列分布在非编码区，极少数的三核苷酸STR位于编码区。STR基因座根据分布的染色体位置，可分为常染色体STR基因座、X染色体基因座（X-STR）和Y染色体（Y-STR）STR基因座。

（一）常染色体STR

1. 应用历程

20世纪90年代初，STR基因座首次作为一种重要的遗传标记在人类亲权鉴定中被使用。第1个STR复合扩增试剂盒是由英国法庭科学服务部（Forensic Science Service，FSS）研制的，仅包括TH01、vWA、FES/FPS和F13A1四个基因座。为了进一步推广STR在法医学中的应用，美国普洛麦格公司推出了2个试剂盒，一个是FFFL试剂盒，包括F13A1、F13B、FES/FPS和LPL四个基因座，另一个是PowerPlex试剂盒，包括CSF1PO、TPOX、TH01、vWA、D16S539、D7S820、D13S317和D5S818八个基因座；美国应用生物系统公司推出了4个试剂盒，各包含3个STR基因座和1个性别位点，分别是AmpF*l*STR Blue试剂盒（D3S1358、vWA、FGA）、AmpF*l*STR Green Ⅰ试剂盒（TH01、TPOX、CSF1PO）、AmpF*l*STR Yellow试剂盒（D5S818、D13S317、D7S820）、AmpF*l*STR

Green Ⅱ试剂盒（D8S1179、D21S11、D18S51）。后来美国应用生物系统公司将 AmpF*l*STR Blue、Green Ⅰ和 Yellow 3 个试剂盒合并为一个试剂盒称为“AmpF*l*STR Profiler kit”，将 AmpF*l*STR Blue、Green Ⅱ和 Yellow 3 个试剂盒合并为另外一个试剂盒称为“AmpF*l*STR Profiler Plus kit”。

1995 年 4 月，英国将美国应用生物系统公司 SMG Plus 试剂盒中的 STR 基因座作为核心基因座开始建立国家罪犯 DNA 数据库。鉴于英国建立国家罪犯 DNA 数据库的成功和 STR 分型的广阔应用前景，1997 年在 STR 计划会议上，美国联邦调查局确立了联合 DNA 索引系统（Combined DNA Index System，CODIS），开始筹建美国国家罪犯 DNA 数据库，该系统由 13 个核心 STR 基因座组成，包含 CSF1PO、FGA、TH01、TPOX、vWA、D3S1358、D5S818、D7S820、D8S1179、D13S317、D16S539、D18S51 和 D21S11。为了全部覆盖这 13 个核心 STR 基因座，美国应用生物系统公司推出了 AmpF*l*STR Profiler Plus 和 Cofiler 两种试剂盒，美国普洛麦格公司也推出了 PowerPlex 1.1 和 PowerPlex 2.1 两种试剂盒。2000 年，美国普洛麦格公司研制出了 PowerPlex 16 试剂盒，除了 13 个 CODIS 基因座，还包括 2 个五核苷酸重复基因座 Penta D 和 Penta E。2001 年，美国应用生物系统公司开发出了 Identifiler 试剂盒，除了 13 个 CODIS 基因座，还包括 2 个四核苷酸重复基因座 D2S1338 和 D19S433。2007 年，美国应用生物系统公司针对中国人群推出了 Sinofiler 试剂盒，该试剂盒与 Identifiler 试剂盒不同的是：用 D6S1043 基因座和 D12S391 基因座分别替代了 Identifiler 试剂盒中的 TH01 基因座和 TPOX 基因座。2017 年，CODIS 系统增加了 7 个 STR 基因座（D1S1656、D2S441、D2S1338、D10S1248、D12S391、D19S433 和 D22S1045），作为拓展的核心 STR 基因座。另外，欧洲针对 STR 基因座的特点及人群分布情况确定了 12 个 STR 基因座为欧洲标准体系（European Standard Set，ESS），包括 FGA、TH01、vWA、D1S1656、D2S441、D3S1358、D8S1179、D10S1248、D12S391、D18S51、D21S11、D22S1045；之后，又增加了 4 个 STR 基因座（D2S1338、D16S539、D19S433 和 SE33）。德国核心 STR 基因座较少，仅包括 FGA、TH01、SE33、vWA、D3S1358、D8S1179、D18S51 和 D21S11。

目前，国内外相应的生物公司基于各国不同的国情及需求研发了多个 STR 试剂盒以满足应用需求。表 9-1 列出了国内外市场上出现过的主要 STR 检测试剂盒及相应的检测基因座。近年来，随着酶生产技术和荧光标记技术的日益成熟，国产化的 STR 试剂盒在国内甚至国外的司法鉴定领域扮演着越来越重要的角色。国家质量监督检验检疫总局及中国国家标准化管理委员会于 2009 年 2 月 5 日颁布了我国的国家标准——《法庭科学人类荧光标记 STR 复合扩增检测试剂质量基本要求》（GA/T 815—2009），规定了法庭科学人类荧光标记 STR 复合扩增检测试剂质量的基本要求，包括试剂基本技术要求、标识、包装、运输和储存。该标准适用于法庭科学领域使用的人类荧光标记 STR 复合扩增检测试剂市场准入质量评价的基本要求。2009 年 2 月 10 日，中国安全技术防范认证中心颁布了《法庭科学产品自愿性认证实施规则 DNA 检测试剂产品》（编号为 CSP-V03-005：2009），该规则以工厂质量保证能力检查、产品抽样检测，以及获证后监督的方式来保证试剂的质量。

表 9-1 商业化常染色体 STR 检测试剂盒及相应的检测基因座

试剂盒	STR 基因座
AmpF/STR™ Blue	D3S1358、FGA、vWA
AmpF/STR™ Green Ⅰ	TPOX、CSF1PO、TH01
AmpF/STR™ Green Ⅱ	D8S1179、D18S51、D21S11
AmpF/STR™ Yellow	D5S818、D7S820、D13S317
AmpF/STR™ Profiler	TPOX、D5S818、TH01、D3S1358、CSF1PO、vWA、FGA、D7S820、D13S317
AmpF/STR™ Profiler Plus	D3S1358、D7S820、D13S317、FGA、D8S1179、D18S51、D5S818、vWA、D21S11
AmpF/STR™ Cofiler	TPOX、CSF1PO、TH01、D3S1358、D7S820、D16S539
AmpF/STR™ SGM plus	D2S1338、D8S1179、D16S539、D21S11、D3S1358、TH01、D18S51、FGA、vWA、D19S433
AmpF/STR™ Sefiler	D2S1338、SE33、vWA、D19S433、D3S1358、D8S1179、D16S539、D21S11、FGA、TH01、D18S51
AmpF/STR™ Identifiler™	TPOX、D5S818、TH01、D18S51、D2S1338、CSF1PO、vWA、D19S433、D3S1358、D7S820、D13S317、D21S11、FGA、D8S1179、D16S539
AmpF/STR™ Sinofiler™	D2S1338、CSF1PO、vWA、D18S51、D3S1358、D6S1043、D12S391、D19S433、FGA、D7S820、D13S317、D21S11、D5S818、D8S1179、D16S539
AmpF/STR™ NGM™	D1S1656、FGA、vWA、D19S433、D2S441、D8S1179、D12S391、D21S11、D2S1338、D10S1248、D16S539、D22S1045、D3S1358、TH01、D18S51
AmpF/STR™ NGM SElect™	D1S1656、FGA、vWA、D19S433、D2S441、D8S1179、D12S391、D21S11、D2S1338、D10S1248、D16S539、D22S1045、D3S1358、TH01、D18S51、SE33
GlobalFiler™	D1S1656、D5S818、TH01、D18S51、TPOX、CSF1PO、vWA、D19S433、D2S441、SE33、D12S391、D21S11、D2S1338、D7S820、D13S317、D22S1045、D3S1358、D8S1179、D16S539、DYS391、FGA、D10S1248
Huaxia™ Platinum	D1S1656、D5S818、TH01、D18S51、TPOX、CSF1PO、vWA、D19S433、D2S441、D6S1043、D12S391、D21S11、D2S1338、D7S820、D13S317、Penta D、D3S1358、D8S1179、Penta E、D22S1045、FGA、D10S1248、D16S539、Y-indel
Investigator HDplex	D2S1360、D5S2500、D7S1517、D12S391、D3S1744、SE33、D8S1132、D18S51、D4S2366、D6S474、D10S2325、D21S2055
Investigator 24plex QS	D1S1656、D5S818、TH01、D19S433、TPOX、CSF1PO、vWA、D21S11、D2S441、SE33、D12S391、D22S1045、D2S1338、D7S820、D13S317、QS1、D3S1358、D8S1179、D16S539、QS2、FGA、D10S1248、D18S51、DYS391
PowerPlex 1.1 和 1.2	TPOX、CSF1PO、TH01、D13S317、D5S818、D7S820、vWA、D16S539
PowerPlex 2.1	TPOX、D8S1179、vWA、D18S51、D3S1358、TH01、Penta E、D21S11、FGA
PowerPlex ES	D3S1358、SE33、TH01、D18S51、FGA、D8S1179、vWA、D21S11
PowerPlex 16	TPOX、CSF1PO、vWA、D18S51、D3S1358、D7S820、D13S317、D21S11、FGA、D8S1179、Penta E、Penta D、D5S818、TH01、D16S539
PowerPlex 21	D1S1656、D5S818、TH01、D16S539、TPOX、CSF1PO、vWA、D18S51、D2S1338、D6S1043、D12S391、D19S433、D3S1358、D7S820、D13S317、D21S11、FGA、D8S1179、Penta E、Penta D
PowerPlex Fusion	D1S1656、D5S818、vWA、D19S433、TPOX、CSF1PO、D12S391、D21S11、D2S441、D7S820、D13S317、Penta D、D2S1338、D8S1179、Penta E、D22S1045、D3S1358、D10S1248、D16S539、DYS391、FGA、TH01、D18S51
Goldeneye® 20A	TPOX、CSF1PO、vWA、D18S51、D2S1338、D6S1043、D12S391、D19S433、D3S1358、D7S820、D13S317、D21S11、FGA、D8S1179、Penta E、Penta D、D5S818、TH01、D16S539

续表

试剂盒	STR 基因座
Goldeneye® 25A	D1S1656、D5S818、TH01、D18S51、TPOX、CSF1PO、vWA、D19S253、D2S441、D6S1043、D12S391、D19S433、D2S1338、D7S820、D13S317、D21S11、D3S1358、D8S1179、Penta E、Penta D、FGA、D10S1248、D16S539、DYS391
Goldeneye® 18NC	D1S1656、D6S477、D7S3048、D11S2368、D17S1290、D2S441、D8S1132、D13S325、D18S535、D3S1358、D10S1435、D14S608、D19S253、D3S3045、D10S1248、D15S659、D22GATA198B05
Goldeneye® 22NC	D1S1656、D4S2366、D5S2500、D10S1435、D15S659、D2S441、D6S477、D10S1248、D17S1290、D3S1358、D7S3048、D11S2368、D18S853、D3S3045、D7S1517、D13S325、D19S253、D3S1744、D8S1132、D14S608、D22GATA198B05
AGCU 17+1	TPOX、CSF1PO、TH01、D16S539、D2S1338、D6S1043、vWA、D18S51、D3S1358、D7S820、D13S317、D19S433、FGA、D8S1179、Penta E、D21S11、D5S818
AGCU 16CS	TPOX、D5S818、TH01、D18S51、D2S1338、CSF1PO、vWA、D19S433、D3S1358、D7S820、D13S317、D21S11、FGA、D8S1179、D16S539、DYS391
AGCU EX20	TPOX、CSF1PO、vWA、D18S51、D2S1338、D6S1043、D12S391、D19S433、D3S1358、D7S820、D13S317、D21S11、FGA、D8S1179、Penta E、Penta D、D5S818、TH01、D16S539
AGCU EX22	TPOX、CSF1PO、TH01、D16S539、D2S441、D6S1043、vWA、D18S51、D2S1338、D7S820、D12S391、D19S433、D3S1358、D8S1179、D13S317、D21S11、FGA、D10S1248、Penta E、Penta D、D5S818
AGCU EX25	D1S1656、D5S818、TH01、D18S51、TPOX、CSF1PO、vWA、D19S433、D2S441、D6S1043、D12S391、D21S11、D2S1338、D7S820、D13S317、Penta D、D3S1358、D8S1179、Penta E、D22S1045、FGA、D10S1248、D16S539、Y-Indel
AGCU 21+1	D1GATA113、D4S2408、D10S1435、D17S1301、D1S1627、D5S2500、D10S1248、D18S853、D1S1677、D6S1017、D11S4463、D19S433、D2S441、D6S474、D12ATA63、D20S482、D2S1776、D9S1122、D14S1434、D22S1045、D3S4529
Microreader™ 20A	TPOX、CSF1PO、vWA、D18S51、D2S1338、D6S1043、D12S391、D19S433、D3S1358、D7S820、D13S317、D21S11、FGA、D8S1179、Penta E、Penta D、D5S818、TH01、D16S539
Microreader™ 21（Direct）	TPOX、D5S818、TH01、D16S539、D2S441、CSF1PO、vWA、D18S51、D2S1338、D6S1043、D12S391、D19S433、D3S1358、D7S820、D13S317、D21S11、FGA、D8S1179、Penta E、Penta D
Microreader™ 23sp	D1S1656、D6S477、D12S391、D7S3048、D13S325、D18S535、D2S1338、D8S1132、D14S608、D19S253、D3S3045、D9S925、D15S659、D20S470、D4S2366、D10S1435、D16S539、D21S1270、D5S2500、D11S2368、D17S1290、D22GATA198B05
Microreader™ 28A	D1S1656、CSF1PO、vWA、D19S433、TPOX、SE33、D12S391、D21S11、D2S441、D6S1043、D13S317、Penta D、D2S1338、D7S820、Penta E、D22S1045、D3S1358、D8S1179、D16S539、DYS391、FGA、D10S1248、D18S51、Y-Indel、D5S818、TH01
SiFaSTR™ 23plex	D1S1656、CSF1PO、vWA、D18S51、TPOX、D6S1043、D12S391、D19S433、D2S1338、D7S820、D13S317、D21S11、D3S1358、D8S1179、Penta E、Penta D、FGA、D10S1248、D16S539、Y-Indel、D5S818、TH01

从表 9-1 可知，试剂盒检测的 STR 基因座范围从之前的 CODIS-STR 基因座（13 个 STR 基因座）发展到拓展核心基因座（expanded core loci），除 13 个 STR 基因座外，还增加了 D1S1656、D2S441、D2S1338、D10S1248、D12S391、D19S433、D22S1045 这 7 个 STR 基因座，以及非 CODIS-STR 基因座，甚至加入了针对检测人群的高多态性 STR 基因座（如针对中国人群的高多态性 STR 基因座 D6S1043 和 D12S391）。更多多态性 STR 基因座的发现也为复杂亲缘关系鉴定或者突变事件提供了补充检测手段。

2. 常见 STR 基因座的核心序列结构

STR 基因座按照重复单位碱基数（N）称为 N 核苷酸序列。目前常用 STR 基因座以四核苷酸和五核苷酸为主。重复单位碱基的组成形式称为基序（motif）。基序以串联重复形式出现，按照重复单位的碱基结构特点，STR 基因座可以分为 4 种类型。

（1）简单重复序列（simple repeated sequence，SRS）：基序中重复单位长度和碱基组成基本一致。例如，TPOX 基因座，重复单位为[AATG]，在中国人群中重复次数常为 6～14 次；D5S818 基因座，重复单位为[ATCT]，在中国人群中重复次数常为 7～15 次。有些基因座仅有个别或极少数基因在碱基组成或碱基数上出现微小差异，也属于这一类型，例如，TH01 基因座，重复单位为[AATG]，在中国人群中重复次数为 3～12 次，其中极少数等位基因的结构为$[AATG]_a$ATG$[AATG]_b$（注：a 和 b 代表重复次数）。

（2）复合序列（compound repeat)：基序中存在两种或两种以上的序列结构，且序列结构的长度基本一致。例如，D1S1656 基因座，重复单位为$[CCTA]_a[TCTA]_b$，在中国人群中重复次数常为 9～16 次；D2S1338 基因座，重复单位为$[GGAA]_a[GGCA]_b$，在中国人群中重复次数常为 16～27 次。

（3）复杂序列（complex repeat）是指基序中存在序列差异和长度差异。例如，D21S11 基因座的序列结构为$[TCTA]_a[TCTG]_b[TCTA]_c$TA$[TCTA]_d$TCA$[TCTA]_e$TCCATA$[TCTA]_f$，在中国人群中重复次数常为 9～34.2 次。表 9-2 列出了检测到的等位基因序列结构信息，其中等位基因 10、16、17、29、30 和 31 均检测到不止 1 种序列结构。

表 9-2　基因座 D21S11 的核心序列结构信息

等位基因	序列结构
9	$[TCTA]_4[TCTG]_5$
10	$[TCTA]_5[TCTG]_5$
10	$[TCTA]_6[TCTG]_4$
11	$[TCTA]_7[TCTG]_4$
16	$[TCTA]_4[TCTG]_6[TCTA]_3$TA$[TCTA]_3$
16	$[TCTA]_5[TCTG]_5[TCTA]_3$TA$[TCTA]_3$
17	$[TCTA]_6[TCTG]_5[TCTA]_3$TA$[TCTA]_3$
17	$[TCTA]_5[TCTG]_6[TCTA]_3$TA$[TCTA]_3$
18	$[TCTA]_7[TCTG]_5[TCTA]_3$TA$[TCTA]_3$
26	$[TCTA]_4[TCTG]_6[TCTA]_3$TA$[TCTA]_3$TCA$[TCTA]_2$TCCATA$[TCTA]_8$
27	$[TCTA]_4[TCTG]_6[TCTA]_3$TA$[TCTA]_3$TCA$[TCTA]_2$TCCATA$[TCTA]_9$
28	$[TCTA]_4[TCTG]_6[TCTA]_3$TA$[TCTA]_3$TCA$[TCTA]_2$TCCATA$[TCTA]_{10}$
28.2	$[TCTA]_5[TCTG]_5[TCTA]_3$TA$[TCTA]_3$TCA$[TCTA]_2$TCCATA$[TCTA]_9$TA$[TCTA]_1$
29	$[TCTA]_6[TCTG]_5[TCTA]_3$TA$[TCTA]_3$TCA$[TCTA]_2$TCCATA$[TCTA]_{10}$
29	$[TCTA]_4[TCTG]_6[TCTA]_3$TA$[TCTA]_3$TCA$[TCTA]_2$TCCATA$[TCTA]_{11}$
29.2	$[TCTA]_5[TCTG]_5[TCTA]_3$TA$[TCTA]_3$TCA$[TCTA]_2$TCCATA$[TCTA]_{10}$TA$[TCTA]_1$
30	$[TCTA]_6[TCTG]_5[TCTA]_3$TA$[TCTA]_3$TCA$[TCTA]_2$TCCATA$[TCTA]_{11}$
30	$[TCTA]_4[TCTG]_6[TCTA]_3$TA$[TCTA]_3$TCA$[TCTA]_2$TCCATA$[TCTA]_{12}$
30	$[TCTA]_5[TCTG]_6[TCTA]_3$TA$[TCTA]_3$TCA$[TCTA]_2$TCCATA$[TCTA]_{11}$

续表

等位基因	序列结构
30	$[TCTA]_7[TCTG]_5[TCTA]_3TA[TCTA]_3TCA[TCTA]_2TCCATA[TCTA]_{10}$
30.2	$[TCTA]_5[TCTG]_6[TCTA]_3TA[TCTA]_3TCA[TCTA]_2TCCATA[TCTA]_{10}TA[TCTA]_1$
31	$[TCTA]_5[TCTG]_6[TCTA]_3TA[TCTA]_3TCA[TCTA]_2TCCATA[TCTA]_{12}$
31	$[TCTA]_6[TCTG]_5[TCTA]_3TA[TCTA]_3TCA[TCTA]_2TCCATA[TCTA]_{12}$
31.2	$[TCTA]_5[TCTG]_6[TCTA]_3TA[TCTA]_3TCA[TCTA]_2TCCATA[TCTA]_{11}TA[TCTA]_1$
32	$[TCTA]_5[TCTG]_6[TCTA]_3TA[TCTA]_3TCA[TCTA]_2TCCATA[TCTA]_{13}$
32.2	$[TCTA]_5[TCTG]_6[TCTA]_3TA[TCTA]_3TCA[TCTA]_2TCCATA[TCTA]_{12}TA[TCTA]_1$
33	$[TCTA]_5[TCTG]_6[TCTA]_3TA[TCTA]_3TCA[TCTA]_2TCCATA[TCTA]_{14}$
33.2	$[TCTA]_5[TCTG]_6[TCTA]_3TA[TCTA]_3TCA[TCTA]_2TCCATA[TCTA]_{13}TA[TCTA]_1$
34	$[TCTA]_5[TCTG]_6[TCTA]_3TA[TCTA]_3TCA[TCTA]_2TCCATA[TCTA]_{15}$
34.2	$[TCTA]_5[TCTG]_6[TCTA]_3TA[TCTA]_3TCA[TCTA]_2TCCATA[TCTA]_{14}TA[TCTA]_1$

（4）超复杂序列（complex hypervariable repeat）：核心序列结构中存在非连续的长度和碱基序列差异。这种复杂的序列结构导致 STR 的等位基因命名困难，在法医学中应用较少。目前，部分法医学 STR 检测试剂盒含有的 SE33 即属于这类，序列结构为 $[CTTT]_a[TT]_{0\sim1}[CT]_{0\sim3}[CTTT]_d$。

表 9-3 列出了法医学常见常染色体 STR 基因座的基序结构。

表 9-3 法医学常见常染色体 STR 基因座的基序结构

STR 基因座	基序结构
D1S1677	$[TTCC]_a$
D1S1656	$[CCTA]_a[TCTA]_b$
TPOX	$[AATG]_a$
D2S441	$[TCTA]_a$
D2S1776	$[AGAT]_a$
D2S1338	$[GGAA]_a[GGCA]_b$
D3S1358	$[TCTA][TCTG]_a[TCTA]_b$
D3S4529	$[GATA]_a[AATA][GATA]_b$
D4S2408	$[ATCT]_a$
FGA	$[GGAA]_a[GGAG][AAAG]_b[AGAA][AAAA][GAAA]_c$
D5S818	$[ATCT]_a$
CSF1PO	$[ATCT]_a$
SE33	$[CTTT]_a[TT]_{0\sim1}[CT]_{0\sim3}[CTTT]_d$
D6S1043	$[ATCT]_a$
D6S474	$[AGAT]_a[GATA]_b[GGTA]_c[GACA]_d$
D7S820	$[TATC]_a$
D8S1179	$[TCTA]_a[TCTG]_{0\sim2}[TCTA]_b$
D9S1122	$[TAGA]_a$
D9S2157	$[ATA]_a$

续表

STR 基因座	基序结构
D10S1248	[GGAA]$_a$
TH01	[AATG]$_a$
vWA	[TCTA]$_a$[TCTG]$_b$[TCTA]$_c$
D12S391	[AGAT]$_a$[AGAC]$_b$[AGAT]$_{0\sim1}$
D12ATA63	[TTG]$_a$[TTA]$_a$
D13S317	[TATC]$_a$
D14S1434	[CTGT]$_a$[CTAT]$_b$
Penta E	[TCTTT]$_a$
D16S539	[GATA]$_a$
D17S1301	[AGAT]$_a$
D18S51	[AGAA]$_a$
D19S433	[CCTT]$_1$**CCTA**[CCTT]**CTTT**[CCTT]$_a$
D20S482	[AGAT]$_a$
D21S11	[TCTA]$_a$[TCTG]$_b$[TCTA]$_c$**TA**[TCTA]$_d$**TCA**[TCTA]$_e$**TCCATA**[TCTA]$_f$
Penta D	[AAAGA]$_a$
D22S1045	[ATT]$_a$[ACT][ATT]$_2$
D5S2500（G08468）	[CTAT]$_a$
D5S2500（AC008791）	[GGTA]$_a$[GACA]$_b$[GATA]$_c$[GATT]$_d$

注：加黑部分不计入重复单元

3. STR 突变

在 DNA 的任何区域内都有可能发生突变，STR 基因座也如此。近年来有许多文献报道了STR基因座的突变现象。STR基因座的突变虽然在遗传学上是一个较常见的现象，但在亲权鉴定中则是一个不容忽视的风险因素，在结果的解释和结论的判断上必须持以慎重和科学的态度。STR 基因座的突变具有以下几个特点：①不同的基因座突变率不一样。②父源突变率要显著高于母源突变率。美国血库协会（American Association of Blood Banks，AABB）数据显示父源突变率与母源突变率差异最小的是 D19S433（1.25 倍），最大的是 D7S820（18.47 倍）。③不同人群及民族中突变率存在差异。

国内学者尝试对各基因座在中国各民族中的突变率进行了研究。由于单个鉴定或研究机构检测例数有限，观察到的突变现象有限，难以全面反映这些 STR 基因座在中国汉族人群中的突变规律。由于大样本突变数据对于存在疑似突变的亲权鉴定案例的亲权指数计算的重要性是显而易见的。因此，为了更为全面地了解中国人群中亲权鉴定常用 STR 基因座的突变规律，就需要国内学者在收集更多突变案例的同时了解突变来源、具体突变情况，以及被鉴定人的族源等更多、更全面的信息，并实现数据共享。

1）突变率的计算方法

按式（9-1）计算 STR 基因座的突变率，即在该基因座检出的突变次数占减数分裂总次数的百分比。突变率的 95%可信区间依据泊松（Poisson）分布的近似正态分布法进行估计。比较不同地区同一 STR 基因座突变率的 95%可信区间，对于 95%可信区间无重叠的突变数据进行合并，计算合并后的平均突变率。合并计算的不同 STR 基因座的平均突变率的比较采用 Cochran-Mantel-Haenszel χ^2 比较。检验水准 α=0.05。

$$\text{STR基因座突变率} = \frac{\text{该基因座检出的突变次数}}{\text{该基因座观察到的减数分裂总次数}} \times 100\% \qquad (9\text{-}1)$$

2）突变数据

毕洁等（2017）对 20 723 例采用 19 个 STR 基因座检测的亲子鉴定进行统计共发现 548 例突变，观察到 557 个突变事件，基因座的突变率为 0.07‰～2.23‰。父系突变与母系突变的比例为 3.06∶1。突变以一步突变为主，增加与减少重复单位的情况相当；二步以上（含二步）突变更易出现重复单位减少。突变主要发生于中等位基因，重复单位增减比例相当，长等位基因突变中重复单位减少显著多于增加。父系突变出现重复单位增加与减少的比例相当，母系突变重复单位减少较增加更为多见。李成涛等于 2018 年对 3198 例华东地区肯定亲子关系的案件中，共观察到 4057 次减数分裂，21 个常染色体 STR 基因座上有 85 197 次等位基因传递。检测发现有 73 例案件存在突变，其中 3 例出现 2 个 STR 基因座同时发生突变；除 D13S317 和 D10S1248 基因座外，其余 19 个基因座上共发生 76 次等位基因传递不平衡，突变率为 0.2465×10^{-3}～2.7114×10^{-3}。21 个常染色体 STR 基因座中突变率最高的基因座为 FGA（95% CI：1.40×10^{-3}～4.80×10^{-3}），突变率最低的基因座为 D7S820、Penta D 和 TPOX（95% CI：0.00～1.40×10^{-3}），平均突变率为 0.8921×10^{-3}（95% CI：0.70×10^{-3}～1.10×10^{-3}），各基因座的突变情况见表 9-4。另外，对各 STR 基因座的突变率经 χ^2 检验发现，χ^2=51.704，P<0.05，提示各基因座的突变率之间

表 9-4　21 个常染色体 STR 基因座在华东地区汉族人群中的突变来源及突变率

基因座	突变来源/例		突变次数	突变率（$\times10^{-3}$）	95% CI（$\times10^{-3}$）
	父亲	母亲			
D19S433	3	0	3	0.7395	0.20～2.20
D5S818	3	0	3	0.7395	0.20～2.20
D21S11	2	2	4	0.9860	0.30～2.50
D18S51	4	2	6	1.4789	0.50～3.20
D6S1043	3	1	4	0.9860	0.30～2.50
D3S1358	1	1	2	0.4930	0.10～1.80
D13S317	0	0	0	0.0000	0.00～0.90
D7S820	1	0	1	0.2465	0.00～1.40
D16S539	2	1	3	0.7395	0.20～2.20
CSF1PO	3	0	3	0.7395	0.20～2.20
Penta D	1	0	1	0.2465	0.00～1.40
vWA	8	0	8	1.9719	0.90～3.90
D8S1179	2	0	2	0.4930	0.10～1.80
TPOX	1	0	1	0.2465	0.00～1.40
Penta E	7	2	9	2.2184	1.00～4.20
TH01	2	0	2	0.4930	0.10～1.80
D12S391	6	2	8	1.9719	0.90～3.90
D2S1338	3	0	3	0.7395	0.20～2.20
FGA	8	3	11	2.7114	1.40～4.80
D10S1248	0	0	0	0.0000	0.00～0.90
D1S1656	2	0	2	0.4930	0.10～1.80

差异具有统计学意义。另外，与 STRbase 网站可查阅的基因座突变率数据进行 χ^2 检验，发现除 D13S317 和 TH01 外，其余基因座突变率与网络公布的数据比较差异无统计学意义。

3）亲权鉴定中突变率的影响及亲权指数计算

亲权鉴定中要求 STR 基因座具有较低的突变率，这是因为认同孩子和假设父亲之间的关系是基于等位基因在代际传递时保持一致的假设。认识到突变对于亲子鉴定的重要性，有学者把解决这一问题考虑为需要多少个 STR 基因座才能排除父权，并建议排除父权至少应当排除 3 个 STR 基因座。事实上，随着检测的 STR 基因座越多，检测到 STR 突变的概率也越大。由于 STR 分析通常检验 13 个或更多的基因座，孩子和真正的生物学父亲之间存在 2 个甚至更多突变也并不奇怪。《亲权鉴定技术规范》（GB/T 37223—2018）指出任何情况下都不能仅根据一个遗传标记不符合遗传规律就给出排除意见；任何情况下都不能为了获得较高的累计亲权指数，将检测到的不符合遗传规律的遗传标记删除。规范要求对二联体和三联体亲权鉴定案件进行亲权指数计算，当被检测男子的累计亲权指数＜0.0001 时，支持被检测男子不是孩子生物学父亲的假设，鉴定意见可表述为：依据现有资料和 DNA 分析结果，排除被检测男子是孩子的生物学父亲；当被检测男子的累计亲权指数＞10 000 时，支持被检测男子是孩子生物学父亲的假设，鉴定意见可表述为：依据现有资料和 DNA 分析结果，支持被检测男子是孩子的生物学父亲。

在三联体亲权鉴定案件中，对符合孟德尔遗传定律的常染色体 STR 基因座进行亲权指数计算的公式见表 9-5；对不符合孟德尔遗传定律的常染色体 STR 基因座进行亲权指数计算的公式实例见表 9-6。在二联体亲权鉴定案件中，对符合孟德尔遗传定律的常染色体 STR 基因座进行亲权指数计算的公式见表 9-7；对不符合孟德尔遗传定律的常染色体 STR 基因座进行亲权指数计算的公式实例见表 9-8。其中，对于不符合孟德尔遗传定律的常染色体 STR 基因座的亲权指数计算均采用逐步突变计算模型。

表 9-5　符合孟德尔遗传定律的常染色体 STR 基因座亲权指数计算公式（三联体亲权鉴定）

孩子生母基因型	孩子基因型	生父基因（推断）	被检测男子基因型	亲权指数计算公式
PP	*PP*	*P*	*PP*	$1/p$
PP	*PQ*	*Q*	*QQ*	$1/q$
PP	*PP*	*P*	*PQ*	$1/(2p)$
PP	*PQ*	*Q*	*QR*	$1/(2q)$
PP	*PQ*	*Q*	*PQ*	$1/(2q)$
PQ	*QQ*	*Q*	*QQ*	$1/q$
PQ	*QR*	*R*	*RR*	$1/r$
PQ	*QR*	*R*	*RS*	$1/(2r)$
PQ	*PR*	*R*	*PR*	$1/(2r)$
PQ	*QQ*	*Q*	*QR*	$1/(2q)$
PQ	*PQ*	*P* 或 *Q*	*PP*	$1/(p+q)$
PQ	*PQ*	*P* 或 *Q*	*QQ*	$1/(p+q)$
PQ	*PQ*	*P* 或 *Q*	*PQ*	$1/(p+q)$
PQ	*PQ*	*P* 或 *Q*	*PR*	$1/[2(p+q)]$

注：p、q、r 分别表示等位基因 P、Q、R 的分布频率。被检测女子、孩子生父与孩子的亲权鉴定参照上述方式计算

表 9-6　不符合孟德尔遗传定律的常染色体 STR 基因座亲权指数计算实例（三联体亲权鉴定）

孩子生母基因型	孩子基因型	被检测男子基因型	亲权指数计算公式
7	7-8	9-11	$\mu/(4p_8)$
7	7-8	10-11	$\mu/(40p_8)$
7	7-8	11-12	$\mu/(400p_8)$
7	7-8	9	$\mu/(2p_8)$
7-8	8	9	$\mu/(2p_8)$
7-8	8	7-9	$2\mu/(4p_8)$
7-8	8	9-11	$\mu/(4p_8)$
7-9	7-9	10-11	$\mu/[4(p_7+p_9)]$
7-9	7-9	10	$\mu/[2(p_7+p_9)]$
7-9	7-9	8-10	$3\mu/[4(p_7+p_9)]$

注：表中 p_7、p_8、p_9 分别为等位基因 7、8、9 的分布频率。表中 μ 取值为平均突变率 0.002。被检测女子、孩子生父与孩子的亲权鉴定参照上述方式计算

表 9-7　符合孟德尔遗传定律的常染色体 STR 基因座亲权指数计算公式（二联体亲权鉴定）

孩子基因型	被检测男子（被检测女子）基因型	亲权指数计算公式
PP	PP	$1/p$
PP	PQ	$1/(2p)$
PQ	PP	$1/(2p)$
PQ	PQ	$(p+q)/(4pq)$
PQ	PR	$1/(4p)$

注：p、q、r 分别表示等位基因 P、Q、R 的分布频率

表 9-8　不符合孟德尔遗传定律的常染色体 STR 基因座亲权指数计算实例（二联体亲权鉴定）

孩子基因型	被检测男子（被检测女子）基因型	亲权指数计算公式
7-8	9-11	$\mu/(8P_8)$
7-8	10-11	$\mu/(80P_8)$
7-8	11-12	$\mu/(800P_8)$
7-8	9	$\mu/(4P_8)$
8	9	$\mu/(2P_8)$
8	7-9	$2\mu/(4P_8)$
8	9-11	$\mu/(4P_8)$
7-9	8-10	$\mu(2P_7+P_9)/(8P_7P_9)$
7-9	8	$\mu(P_7+P_9)/(4P_7P_9)$
7-9	6-10	$\mu(P_7+P_9)/(8P_7P_9)$

注：表中 P_7、P_8、P_9 分别为等位基因 7、8、9 的频率。表中 μ 取值为平均突变率 0.002

本书编者建议当发现 1～3 个基因座不符合遗传规律，考虑可能存在突变时，应增加检测 STR 基因座。任何情况下都不能仅依据一个 STR 基因座不符合遗传规律来排除父权。

当然，高突变率也有利于保持STR基因座的多态性，在人类个体识别中很有应用价值。虽然突变可以潜在影响亲子鉴定的参照样本，但它对受害者自身或罪犯和犯罪现场证据之间的直接比对没有影响，因为发生的任何突变在一个个体一生中都会保持不变。

（二）Y-STR

1. 遗传特点

人类Y染色体属于性染色体，正常男性拥有Y染色体，女性没有，因而Y染色体在男性性状发育中扮演着关键角色。Y染色体为近端着丝粒染色体，长度约为60Mb。Y染色体两端各有一小部分区域为假常染色体区段（pseudoautosomal region segment，PAR），位于Y染色体短臂末端的PAR称为PAR1，长约2.5Mb；PAR2位于长臂末端，长度小于1Mb。PAR约占Y染色体的5%，在减数分裂过程中，PAR可与X染色体的相应区段进行交换、重组。其余约95%的Y染色体区域为非重组区（non-recombining Y，NRY）或称Y特异性区（male-specific region of the Y，MSY）。NRY按照结构可以分为常染色质区（euchromatic region）和异染色质区（heterochromatic region），异染色质区由高度重复的序列构成，现有技术还不能进行正确测序。Y染色体除PAR外，其余区段在遗传过程中不发生交换重组，其序列结构特征能稳定地由父亲传给儿子，呈父系遗传。因其特殊的结构特点和遗传方式，在法医学个体识别、亲子鉴定、混合斑中男性成分的检测、追溯父系迁移历史等方面都具有独特的应用价值，是常染色体DNA及线粒体DNA的重要补充。

与常染色体STR基因座比较，Y-STR分型的法医学应用具有以下特点：①Y染色体为男性所特有，对单拷贝Y-STR基因座，每个男性个体仅有1个等位基因，因此Y-STR分析在法医物证鉴定中的特殊意义在于混合斑中推断男性个体的最少人数；而多拷贝Y-STR基因座，每个男性可有一到多个等位基因，且分型结果中单峰和多峰间呈明显的剂量效应关系。②Y-STR呈父系遗传特征，只能由父亲传递给儿子，同一父系的所有男性个体均具有相同的Y-STR单倍型（除非发生突变），故在父系亲缘关系鉴定中有一定实用价值。③在减数分裂过程中，Y特异性区不发生重组，所有Y-STR基因座均连锁遗传，故不能采用乘法原则将各基因座等位基因频率相乘，而应将所有Y-STR基因座分型结果视为1个单倍型，再根据被测男性所在群体的单倍型频率分布评估证据价值。目前最大、使用最广泛的Y-STR单倍型数据库见YHDR数据库（http://www.yhrd.org）。④评估Y-STR鉴别能力的指标是遗传多样性（genetic diversity，GD）。GD值即Y-STR的个体识别能力（discrimination power，DP）值，数值等于其非父排除率。

2. 发展历程

由于Y染色体多态性较低，且受当时的技术限制，Y染色体多态性方面的研究进展缓慢。至20世纪90年代前期，只有5个Y-STR基因座被详细地描述，且只有DYS19被部分法医学实验室列入常规检验项目。近年来，随着分子生物学技术的飞速发展，越来越多的Y-STR被开发和利用。目前已发现400多个Y染色体特异的STR基因座，主要位于NRY内的常染色质区，其中四核苷酸和五核苷酸重复占50%以上。其中，欧洲Y染色体分型学会建立的“最小单倍型”（DYS19、DYS385a/b、DYS389I、DYS389II、

DYS390、DYS391、DYS392、DYS393）加上 YCAII 而成的“扩展单倍型”最常用，这些基因座已经进入了欧洲中央 DNA 数据库。美国 DNA 分析方法技术工作组（Technique Working Group on DNA Analysis Methods，TWGDAM）推荐的“美国单倍型”由“欧洲最小单倍型”加上 DYS438 和 DYS439 组成，即“扩展单倍型”（extended haplotype）。至 2022 年 11 月，Y-STR 单倍型数据库（YHRD）中已经包含了 350 500 种最小单倍型（https://www.yhrd.org）。目前，国际上较为通用的试剂盒包括普洛麦格公司的 PowerPlex Y 和 PowerPlex Y23 试剂盒及赛默飞公司的 Yfiler 和 Yfiler Plus 试剂盒。

3. Y-STR 结构

表 9-9 列出了常用 Y-STR 基因座的基本信息。目前，常用的开放性 Y-STR 单倍型数据库有 YHRD 数据库（Y-STR Haplotype Reference Database，http://www.yhrd.org）。

表 9-9　常用 Y-STR 基因座基本信息

基因座	重复单位结构	常见等位基因范围
DYS19	$(TAGA)_3(TAGG)_1(TAGA)_n$	9～19
DYS389I	$(TCTG)_3(TCTA)_n$	9～17
DYS389II	$(TCTG)_n(TCTA)_mN_{28}$ $(TCTG)_3(TCTA)_p$	24～36
DYS390	$(TCTG)_8(TCTA)_n(TCTG)_1(TCTG)_4$	17～29
DYS391	$(TCTG)_3(TCTA)_n$	5～16
DYS392	$(TAT)_n$	4～20
DYS393	$(AGAT)_n$	7～18
DYS385a/b	$(AAGG)_4N_{14}(AAAG)_3N_{12}(AAAG)_3N_{29}(AAGG)_n(GAAA)_m$	6～28
DYS438	$(TTTTC)_{7\sim16}$	7～18
DYS439	$(GATA)_3N_{32}(GATA)_{5\sim19}$	5～19
DYS437	$(TCTA)_{4\sim12}(TCTG)_2$ $(TCTA)_4$	10～18
DYS448	$(AGAGAT)_{11\sim13}N_{42}(AGAGAT)_{8\sim9}$	14～24
DYS456	$(AGAT)_{11\sim23}$	5～23
DYS458	$(GAAA)_{11\sim24}$	11～24
DYS635	$(TCTA)_4(TGTA)_2(TCTA)_2(TGTA)_2(TCTA)_2(TATG)_{0\sim2}(TCTA)_{4\sim17}$	16～30
Y-GATA-H4	$(TAGA)_3N_{12}(TAGG)_3(TAGA)_{8\sim15}N_{22}(TAGA)$	8～15

另外，科学家发现了突变率较高的 13 个 Y-STR 基因座，并命名为快速突变 Y-STR（RM Y-STR），其突变率约为 10^{-2}。在这 13 个 Y-STR 基因座中，4 个为多拷贝基因座，其余 9 个为单拷贝基因座。与 Yfiler 试剂盒所含基因座相比，13 个 RM Y-STR 的平均突变率是其 4 倍，同一父系男性个体区分成功率是其 5 倍多（70.9%：13%），并且这些 RM Y-STR 能够将所有相差 11 代的个体区分，Yfiler 试剂盒的区分能力只有 33%。Zhang 等（2017）对中国湖北汉族的研究表明，13 个 RM Y-STR 也表现较高的突变率，且能够将 1034 对父子中的 18.96%成功区分。需要注意的是，其中 5 个基因座的突变率低于 10^{-2}

水平，这表明 Y-STR 突变可能与人群相关。表 9-10 列出了 14 个 RM Y-STR 的结构及突变率信息。

表 9-10 14 个 RM Y-STR 基因座结构及突变率信息

RM Y-STR 基因座	重复单位结构	等位基因范围	贝叶斯平均突变率
DYF399S1	$(GAAA)_3N_{7\sim8}(GAAA)_n$	10～23	7.73×10^{-2}
DYF387S1	$(AAAG)_3(GTAG)_1(GAAG)_4N_{16}(GAAG)_9(AAAG)_n$	28～38	1.59×10^{-2}
DYS570	$(TTTC)_n$	10～21	1.24×10^{-2}
DYS576	$(AAAG)_n$	13～23	1.43×10^{-2}
DYS518	$(AAAG)_3(GAAG)_1(AAAG)_n(GGAG)_1(AAAG)_4N_6(AAAG)_mN_{27}(AAGG)_4$	23～35	1.84×10^{-2}
DYS526b	$(CCCT)_3N_{20}(CTTT)_n(CCTT)_mN_{113}(CCTT)_p$	29～42	1.25×10^{-2}
DYS626	$(GAAA)_nN_{24}(GAAA)_3N_6(GAAA)_5(AAA)_1(GAAA)_m(GAAG)_1(GAAA)_3$	11～23	1.22×10^{-2}
DYS627	$(AGAA)_3N_{16}(AGAG)_3(AAAG)_nN_{81}(AAGG)_3$	10～24	1.23×10^{-2}
DYF403S1a	$(TTCT)_nN_{2\sim3}(TTCT)_m$	12～39	3.10×10^{-2}
DYF403S1b	$(TTCT)_{12}N_2(TTCT)_n(TTCC)_m(TTCT)_pN_2(TTCT)_3$	40～59	1.19×10^{-2}
DYF404S1	$(TTTC)_nN_{42}(TTTC)_3$	10～20	1.25×10^{-2}
DYS449	$(TTCT)_nN_{22}(TTCT)_3N_{12}(TTCT)_m$	24～37	1.22×10^{-2}
DYS547	$(CCTT)_nT(CTTC)_mN_{56}(TTTC)_pN_{10}(CCTT)_4(TCTC)_1(TTTC)_qN_{14}(TTTC)_3$	36～48	2.36×10^{-2}
DYS612	$(CCT)_5(CTT)_1(TCT)_4(CCT)_1(TCT)_n$	14～31	1.45×10^{-2}

4. Y-STR 的法医学应用

目前，法医学 DNA 实验室主要采用 Y-STR 基因座进行同一父系亲缘鉴定和家系排查。《法医物证鉴定 Y-STR 检验规范》（SF/Z JD0105007—2018）规定了法医学 DNA 实验室进行 Y-STR 基因座检测的基本要求、检验程序、鉴定意见和鉴定文书。

除此之外，Y-STR 遗传标记还较多应用于混合斑中男性成分的检测。对单拷贝 Y-STR 基因座，每个男性个体仅有 1 个等位基因，故 Y-STR 分型可用于多个体男性混合斑的最少男性个体推断。对于多拷贝 Y-STR 基因座，每个男性可有 1 到多个等位基因，分型结果中单峰和多峰间可呈明显的剂量效应关系。

另外，Y 染色体 MSY 区域不发生重组，一旦发生突变便不能消除。最终，沿父系传递的 Y 染色体记录了所有遗传突变。由于建立者效应、瓶颈效应，以及种族、地缘、文化等因素的影响，不同的群体倾向于拥有自身特征的 Y 染色体遗传标记属性。通过检测 Y 染色体遗传标志确定单倍群，能够对个体的种族特征和区域起源进行推断，如 O 单倍群是我国汉族群体的主要单倍群。

（三）X-STR

1. 遗传特点

X 染色体属于中等大小的亚中着丝粒染色体，全长约 153Mb，约含有 1100 个基因。

在胚胎发育的早期，女性体细胞中的一条 X 染色体被随机失活（失活的 X 染色体可能来自父亲，也可能来自母亲），形成固缩的巴氏小体（Barr's body），达到基因沉默，维持基因表达的剂量效应。失活的 X 染色体与常染色体一样，在细胞有丝分裂和减数分裂时，能够被有效地复制和与未失活的 X 染色体发生同源重组。正常男性仅拥有一条 X 染色体，反映了全部遗传物质的 2.5%。除 PAR 外，X 染色体与 Y 染色体缺乏同源重组，在男性个体中以单倍型形式传递给子代中的女儿，在女性个体中则以常染色体类似的方式传递给子代。这种特殊的遗传方式使得 X 染色体遗传标记具有伴性遗传的特征，既不同于常染色体遗传标记，也不同于 Y 染色体遗传标记，表现为特有的性连锁特征，在一些特殊案件和复杂亲缘关系鉴定中具有重要意义。随着人们对于 X 染色体遗传标记研究和认识的深入了解，其在法医学领域的应用也日益增多。

2. 发展历程

1992 年，Edwards 第一次报道了 2 个 X-STR 基因座（HPRTB 和 HumARA），之后越来越多的 X-STR 基因座被发现并证实其在法医学工作中的应用价值。其中，HumARA 核心重复区域重复次数与脊髓和延髓肌营养不良症等疾病有显著关联，现已不再将其应用于法医遗传学工作。

到目前为止，X 染色体上已有 40 多个 STR 基因座被报道用于法医学研究。基于实际应用的需要，将 X 染色体分为 4 个连锁群，将基因座 DXS8378、DXS7132、HPRTB 和 DXS7423 作为这 4 个连锁群的核心基因座，它们分别位于 Xp22.2、Xq12、Xq26 和 Xq28。Biotype 公司的商业化试剂盒 Mentype®Argus X-UL 就是针对这 4 个核心 X-STR 基因座开发的，其也是第一个关于 X-STR 的商业化试剂盒。之后，在其基础上研发了第二代商业化试剂盒 Mentype®Argus X-8，它可以检测位于第一连锁群的 DXS10135 和 DXS8378、第二连锁群的 DXS7132 和 DXS10074、第三连锁群的 HPRTB 和 DXS10101，以及第四连锁群的 DXS10134 和 DXS7423。这 4 个连锁群相互之间的距离小于 0.5cM，重组率均小于 0.5%。2009 年底，Biotype 公司又推出了第三代关于 X-STR 的商业化试剂盒 Mentype®Argus X-12。

3. X-STR 结构

与常染色体 STR 基因座相同，常用的 X-STR 基因座以四核苷酸重复序列为主，另有一些三核苷酸和五核苷酸重复序列也被采用。2006 年，Szibor 等建立了第一个 X-STR 网站（http://chrx-str.org/），汇总展示了各个 X-STR 基因座的基本信息，以及相应位点的杂合度、多态性信息程度等群体遗传学参数数据。表 9-11 罗列了目前常用 X-STR 基因座的基本信息。

表 9-11　常用 X-STR 基因座基本信息

基因座	染色体定位	物理位置（Mb）	连锁群	重复单位
DXS6807	p22.33	4.753		GATA
DXS9895	p22.32	7.387		AGAT
DXS8378	p22.31	9.330	X1	CTAT
DXS10135	p22.31	9.199	X1	GAAA

续表

基因座	染色体定位	物理位置（Mb）	连锁群	重复单位
DXS10148	p22.31	9.198	X1	AAGA
DXS9902	p22.2	15.234		GATA
DXS6795	p22.11	23.254		ATT/ATC
DXS9907	p21.1	32.010		CTAT
DXS6810	p11.3	42.804		CTGT/CTAT
GATA144D04	p11.23	44.898		CTAT
DXS10160	p11.21	56.506		CTTTT
DXS10161	p11.21	55.999		TATC
DXS10159	着丝粒	56.766		AAAG
DXS10162	着丝粒	61.800		TCTT
DXS10163	着丝粒	62.000		AAATA
DXS10164	着丝粒	62.161		ATTCT
DXS10165	着丝粒	63.994		AAGA
DXS7132	着丝粒	64.572	X2	TCTA
DXS10079	q12	66.632	X2	AGAR
HUMARA	q12	66.682	X2	CAG
DXS10074	q12	66.894	X2	AAGA
DXS10075	q12	66.915	X2	TAGA
DXS981	q13.1	68.114		TATC
DXS6800	q13.3	78.567		TAGA
DXS6803	q21.2	86.318		TCTA
DXS9898	q21.31	87.682		TATC
DXS6801	q21.32	92.378		ATCT
DXS6809	q21.33	94.825		ATCT
DXS6789	q21.33	95.336		TATS
DXS7424	q22.1	100.505		TAA
DXS101	q22.1	101.300		CTT/ATT
DXS7133	q22.3	108.928		ATAG
GATA172D05	q23	113.061		TAGA
DXS7130	q24	118.084		TATC
GATA165B12	q25	120.706		AGAT
DXS10102	q26	134.406		AAAG/GAAA
DXS10104	q26	134.587		AAAT
DXS10105	q26	134.312		TTTA
DXS10106	q26	134.588		TTTA
DXS10107	q26	134.284		ATTTT
DXS10103	q26.2	133.246	X3	YAGA
HPRTB	q26.2	133.433	X3	AGAT
DXS10101	q26.3	133.482	X3	AAAG

续表

基因座	染色体定位	物理位置（Mb）	连锁群	重复单位
GATA31E08	q27.1	140.062		AGGG/AGAT
DXS8377	q28	149.310	X4	AGA
DXS10146	q28	149.335	X4	TTCC/CTTT
DXS10134	q28	149.401	X4	GAAA
DXS10147	q28	149.410	X4	AAAC
DXS7423	q28	149.460	X4	TCCA
DXS10011	q28	150.939		GRAA

4. X-STR 的法医学应用

对于下述一些疑难类型的案件，国内外尚缺乏足够有效的鉴定手段：需要明确祖母与女孩儿是否具有亲祖孙关系，但缺乏孩子祖父和父亲、母亲的参照样本；需要明确两个姐妹（不同母）是否有着同一个生物学父亲，但缺乏孩子父亲的参照样本。这类案件的鉴定需要借助 X 染色体上的遗传学标记。依据父亲只能将 X 染色体遗传给女儿，母亲的 X 染色体则随机地遗传给儿子或女儿的规律，X-STR 在祖母-孙女关系、同父异母姐妹关系，以及母-子关系、父-女关系等鉴定中均具有重要应用价值。法医学 DNA 实验室采用 X-STR 基因座进行全同胞姐妹、同父异母半同胞姐妹、祖母和孙女、无法利用常染色体遗传标记检测得到明确鉴定意见的二联体（父女、母子或母女）或三联体等亲权鉴定，以及个体识别案件时可参考《法医物证鉴定 X-STR 检验规范》（SF/Z JD0105006—2018），该技术规范规定了法医学 DNA 实验室进行 X-STR 基因座检测的基本要求、检验程序、系统评估、似然率计算、鉴定意见和鉴定文书。

目前，X-STR 基因座的数量不多，群体分布、突变率、连锁平衡和基因结构变异等资料尚不完整，这是其在法医学中应用的主要不足之处。此外，X-STR 在鉴定中只能起到排除作用，要得出肯定的结论必须与常染色体、Y 染色体的多态性标记相结合。

（四）STR 基因座研究的新进展

目前，科学家正在尝试开发更多的符合法医学应用的 STR 基因座，并尝试挖掘 STR 侧翼序列的变异信息（SNP 或 InDel 遗传标记），以期单次检验可以提供更为丰富的遗传信息。

近些年，随着可选用的标记荧光素更多，以及 PCR 扩增酶性能更为优越，STR 检测试剂盒已经实现了免提取、扩增时间更短、灵敏度和特异性更高，为法医学研究人员带来了更好的科技福利。同时，在 STR 的检测仪器方面，多家生物公司也带来了很多惊喜。已经面世的 Applied Biosystems SeqStudio 基因分析仪可以用于片段分析，如微卫星分析、多重连接探针扩增技术（multiplex ligation-dependent probe amplification，MLPA）、SNaPshot、细胞系鉴定等，也可以进行桑格（Sanger）测序，用于二代测序数据验证、插入/缺失分析、杂合子检测，以及低频变异检测。该仪器采用一体式卡夹（POP 胶、毛细管、阳极缓冲液），最大程度缩短了手动操作时间，有助于减少人为错误。另外，推出的 Applied Biosystems™ RapidHIT™ID 快速 DNA 检测系统几乎可以在任何地点，通过单一来源检材全自动生成媲美实验室质量的法医学 DNA 分析结果，而整个工作流程仅需 90min。快速 DNA 检测系统实现了 STR 分型快速检测，使 DNA 检测能够走出法医学实验室，在刑事现场、灾难及反恐现场、基层警局及边防口岸等场所投入使用，帮助快速确定嫌疑人或者识别灾难受害者身份。

当然，新技术被法医 DNA 领域所采用还需要一些时间。第一，首先也是最重要的，这些技术需要仔细地认证，以保证运用新技术所得结果的正确性和可重复性；第二，新技术和现有技术得到的结果应具有可比性，这样分型信息与既往相关信息也才具有可比性；第三，新技术的操作难易程度及成本价格也是技术推广中的重要瓶颈。一个操作方便、成本合理、结果准确的技术更容易受到 DNA 实验人员的青睐。

随着当今分子生物学的飞速发展，将有更为成熟的 DNA 分型技术运用于法医 DNA 实验室。可以预期未来的 DNA 检测将包括以下几个值得期待的特点：①复合 PCR 技术改进，例如，六色及六色以上荧光检测技术的开发和推广，单次可完成更多遗传标记的检测，提高对于复杂亲缘关系鉴定的能力；②更迅速的分离（检测）技术；③更自动化的样本处理和数据分析；④更低廉的样本分析成本；⑤准确、强大的分析方法。

二、单核苷酸多态性

（一）单核苷酸多态性的标记特点

单核苷酸多态性（SNP）位点的自发突变率较高，这使得在亲权鉴定中的遗传关系的解释变得困难。由于 SNP 突变率极低，应用于法医学鉴定的优越性凸显，与 STR 基因座相比，SNP 位点突变率更低，STR 基因座的突变率为 10^{-5}～10^{-3}，而 SNP 的突变率则约为 10^{-8}；STR 基因座一般有多个等位基因，而 SNP 位点多为二等位基因，这使得 SNP 分型往往是一个定性问题，更易于实现自动化。再者，对于单个 SNP 位点，其扩增产物可以很短，能克服 PCR 抑制物或高度降解给样本分析造成的困难，适宜高度降解检材分析，在群体灾难个人识别中扮演重要角色。

SNP 相对于 STR 的优势在于：①SNP 蕴含的信息量比 STR 大。尽管就单个 SNP 而言只有两种变异体，变异程度不如 STR，但 SNP 在基因组中数量巨大，分布频密，就整体而论，多态性更高。②SNP 比 STR 更稳定。由于选择压力等，SNP 在非转录序列中要多于转录序列。由于基因组中蛋白质编码序列仅约为 3%，绝大多数 SNP 位于非编码区，十分稳定，而 STR 基因突变率明显高于人类基因的平均突变率（STR 基因座突变率为 10^{-5}～10^{-3}，人类基因的平均突变率为 1.4×10^{-10}）。③STR 中存在复杂的多态性，例如，同一长度不同序列中有着多个核心序列重复、核心序列的非整倍重复等现象，增加了 STR 准确分型的难度，而在 SNP 检测中不存在此类问题。SNP 与 STR 的特性比较见表 9-12。

表 9-12　SNP 和 STR 特征的比较

特征	短串联重复序列（STR）	单核苷酸多态性（SNP）
人类基因组中的发生率	每 15kb 一个	每 1kb 一个
总信息含量	高	低，仅相当于 STR 信息量的 20%～30%
遗传标记类型	重复序列为 2、3、4、5 个核苷酸，含有多个等位基因	多数为二等位基因，碱基替换或颠换
每个遗传标记中的等位基因数目	基本超过 5 个	基本上是 2 个
检测方法	凝胶电泳或毛细管电泳	序列分析、微芯片杂交等
复合扩增能力	多种荧光染料标记的 15～20 个遗传标记	多种方法可以 50 个以上位点的复合扩增
在法医应用中的主要优势	多个等位基因使检测和分辨混合物的成功率较高	PCR 产物较短，对降解 DNA 检材更适用

（二）SNP 在人类个体识别中的应用

SNP 在人类个体识别方面主要应用于 3 个领域：推断样本的种族来源、预测 DNA 身源者的个体特征，以及从降解 DNA 样本中获得更多信息。

1. 推断样本的种族来源

与 STR 相比，SNP 突变率低，且更易在人群中稳定遗传。SNP 和 Alu 插入常被作为人群特异性标记。这些位点有助于预测嫌疑人或受害者的种族起源。这一研究最早起源于美国佛罗里达州的 DNAPrint 公司，基于 56 个等位基因频率在人群中具有显著差异的先祖推断遗传标记（ancestral inference marker，AIM）成功协助调查一起连环强奸案。

近年来依据 HapMap Project、1000 Genomes 等数据库，法医学者筛选了大量的 AIM 遗传标记并建立了有效的检测体系。目前报道的 AIM-SNP 检测体系大多侧重于洲际人群的区分。Frudakis 等（2003）在色素和代谢相关基因上发现了 56 个在亚洲、非洲和欧洲人群中等位基因具有显著差异的 SNP 位点，并建立了有效的检测体系和分类模型，对于欧洲、非洲和亚洲后代的分类准确率达到 99%、98%和 100%，是法医学领域建立的第 1 个种族区分检测体系。Phillips 等（2007）建立了一个仅含 34 个 SNP 位点的单管检测体系，几乎可以零误差地区分非洲、欧洲和东亚人群；2013 年，该团队又构建了 Eurasiaplex，可完美区分欧亚人群中的欧洲人群和南亚人群。Kidd 等（2011a）研发了一个含有 128 个 AIM-SNP 的体系，并对全球 119 个群体进行了人群验证，但是该系统对欧亚人群的区分能力有限；之后，Kidd 等（2014b）又推出了一个基于 73 个人群验证的、更易于在实验室进行推广的、包含 55 个 AISNP 的用于人群区分的检测体系，可实现非洲、欧洲、南亚、东亚、大洋洲和美洲人群的区分。公安部的李彩霞等于 2016 年研发了一个含有 27 个 SNP 位点的检测体系，可用于非洲、东亚和欧洲三大人群，以及欧亚混血的推断；该课题组还联合 Kidd 课题组推出了含 74 个 AIM-SNP 位点的可提高东亚人群族源分析准确度的检测体系。四川大学张林研发了含 18 个 AIM-SNP 位点的检测体系，可以将千人基因组中的 26 个人群数据划分为 6 个大群，并可以将亚洲族群进一步细分为古吉拉特、东亚、南亚及东南亚。

圣地亚哥·德·孔波斯特拉大学的教授创建的 The Snipper 3（http://mathgene.usc.es/snipper/），可用于 AIM-SNP 的在线分析，该网站提供了应用 34 个 AIM-SNP 位点分型结果进行欧洲-东亚-非洲-美洲-大洋洲族群的自动化区分模块。

除常染色体 SNP 外，Y-SNP 在族源推断中也起到了重要作用。例如，东亚和东南亚主要单倍群——O 单倍群由位点 M175 确定，可细分为 O-F265 和 O-M122。O 单倍群在中国主要分布于南部地区。其中 O-F265 分支之一的 O-M268 在韩国和日本频率较高，但有学者认为中国是 O-M268 单倍群的发源地。O-M122 在东亚人群占有很大的比例，中国汉族人群中该单倍群占比大于 50%。C 单倍群由位点 M130 确定。除非洲外，C 单倍群在其他洲人群均有分布，而该单倍群在汉族人群中较少发现，在满族、蒙古族、鄂伦春族频率很高，在中国西北地区的哈萨克族甚至高达 75.47%。D 单倍群由位点 M174 确定，分布较局限，主要集中于中国西藏、日本和东南亚的安达曼群岛。D 单倍群可细分为 3 支：分支 D-M55 仅分布于日本列岛，阿伊努人及日本人都呈高频率分布；分支 D-P47 在中国的普米族和纳西族呈高频率分布；D-M15 则较前两支分布广泛，在中亚也有分布。N 单倍群由位点 M231 确定，主要分布于欧亚大陆北部，在东亚、南亚、太平洋岛屿、中亚及巴尔干地区低频分布。在东亚，N 单倍群分布于蒙古国和中国北部地区。在中国满族、锡伯族、鄂温克族中偶有 N 单倍群分布。除 O、C、D、N 这 4 个主要的单倍群外，东亚地区还有 F、H、J、L 等低频分布的单倍群。

2002 年，Y 染色体联合工作组公布了一个简约的 Y 染色体单倍群树，应用 245 个 Y-SNP 将全球具有代表性的样本划分为 153 个单倍群，首次修订了标准的命名系统，对现有的突变情况和 Y 染色体单倍群进行命名，为父系人群的溯源研究提供数据支撑。随后 Jobling 和 Tyler-Smith（2003）补充与发展了 Y 染色体单倍群树，应用标准的命名系统整合多个研究的多态性数据，将 Y 染色体 DNA 变异数据应用于人类进化研究。在 Jobling 和 Tyler-Smith（2003）研究的基础上，Karafet 等（2008）再次补充了 Y 染色体单倍群树，并介绍了 S 和 T 两个新单倍群，且按照 2002 年 Y 染色体联合工作组给出的命名系统进行命名，对新 Y 染色体树的主要分支进行了描述。2008 年至今，研究者相继增加 Y 染色体二等位基因遗传标记来补充和修订已有的单倍群树。

2. 预测 DNA 身源者的个体特征

随着大自然和人类基因组越来越多的谜底被揭开，我们可以识别编码表型特征的基因变异。例如，英国法庭科学服务部（FSS）发明了一种 SNP 分型技术，可以检测与红发表型相关联的人类黑色素 I 受体基因的突变。DNAPrint 公司也发明了一种推断眼睛颜色的基因检测方法。

目前，用于区分肤色（白色-黄色-黑色）的常见 SNP 有 10 个（rs10777129、rs13289、rs1408799、rs1426654、rs1448484、rs16891982、rs2402130、rs3829241、rs6058017、rs6119471）；区分头发卷曲程度及头发颜色（红色-金色-棕色-黑色）的常见 SNP 有 12 个（rs1129038、rs11547464、rs12913832、rs12931267、rs1805006、rs1805007、rs1805008、rs1805009、rs28777、rs35264875、rs4778138、rs7495174）；区分眼球颜色（蓝色-绿褐色-棕色）的常见 SNP 有 7 个（rs12913832、rs1129038、rs12203592、rs12896399、rs1393350、 rs16891982、rs1800407）。除色素相关类表型特征的刻画外，SNP 也被应用于面部特征、年龄、身高等刻画，从而为调查者提供嫌疑人或受害者可能的表型。然而，由于多基因特征的复杂性及老化和环境等外界因素的影响，所筛选的一些 SNP 不一定能十分正确地反映表型信息。

3．降解 DNA 样本的身份识别

SNP 最大的特点就是可以得到短的 PCR 产物，它们可以克服由于严重的 PCR 抑制物或高度降解给样本分析造成的困难。短 PCR 产物可以从严重降解样本中发掘信息。例如，SNP 位点成功地用于检测 9·11 遇难者的高度降解样本。随着测序技术的发展，特别是高通量并行测序技术，可并行检测的 SNP 位点拓展到几百个甚至成千上万个，为生物检材的个体识别，以及亲缘关系分析提供了可靠的检测手段，且越来越多地应用于司法实践中。

（三）SNP 在亲缘鉴定中的应用

1. 亲缘关系鉴定

人类核基因组中含有 300 多万个 SNP 位点，理论上来说，若检测的 SNP 位点足够多，可更准确地判断亲子关系甚至更远的亲缘关系。SNP 标记对于出现突变或者被检父是孩子生父的兄弟这类鉴定可以提供强有力的遗传学证据。Mushailov 等（2015）尝试将 23 个 STR 基因座和高密度 SNP 应用于第二代堂兄弟鉴定中，结果表明，STR 基因座无法满足这种第五层亲缘关系的鉴定要求，而高密度 SNP 位点的检测则有很大概率认定或者排除这一亲缘关系。Pontes 等（2015）研究发现对于无参照样本的两个体间进行祖孙关系鉴定时，常规的 STR 基因座，即使检测的基因座数目达到 42 个，判断祖孙关系的真阳性率也仅为 64.59%；若在此基础上，加测 52 个 SNP 位点，则可以将真阳性率提高到 74.65%。Morimoto 等（2016）采用 HumanCore-24 Bead Chip 和染色体共享指数（index of chromosome sharing，ICS）进行多层级亲缘关系的研究，发现基于似然比（likehood ratio，LR）数值可以对 5 级内亲缘关系与无关个体进行区分；对于三级内亲缘关系的判断准确度可以在 80%以上。鉴于大规模 SNP 检测的技术难度、分析压力和实验成本，Mo 等（2018）研发了一个包含 472 个 SNP 的检测体系，可用于二级亲缘关系的鉴定，为 SNP 应用于亲缘关系鉴定提供了有效的检测工具及良好的示范作用。

由于 SNP 的低突变率、高分布率，以及适用于降解检材等优势，其在对于大型灾难事故中降解、破坏严重的检材进行亲缘关系鉴定中具有广阔空间。

2. 家系检索

使用 Y-STR 进行家系检索时，当搜索成千上万的对照父系后，犯罪现场检材与对照父系中有几个 Y-STR 不一致时，法医鉴定人很难判断对照父系中是否含有犯罪嫌疑人的父系，面临巨大的挑战。突变的累积是造成同一单倍群下个体 Y-STR 单倍型不完全相同的主要原因。除进一步去研究 Y-STR 的突变率对家系的影响外，有学者还提出了另一种思路：补充检测 Y 染色体上其他遗传标记（如 Y-SNP），更为详尽地刻画单倍型。Y-SNP 的突变率极低，可作为构建系统发育树的理想遗传标记。van Geystelen 等（2013）提出，通过“AMY-tree”上 Y-SNP 标记去推断样本的遗传信息，细分之下的 Y-SNP 单倍群可追溯到更短世代数内的共同祖先，从而应用于法医父系搜索。来自同一父系的个体包括亲缘关系较远的个体均拥有完全相同的 Y-SNP 单倍群，可对应于 Y-SNP 系统发育树上的同一个分支。因而，若犯罪现场检材与对照父系 Y-SNP 单倍群不一致，则可以排除来自于同一个父系，若 Y-SNP 单倍群相同，则不能排除。四川大学的侯一平等于 2017 年提出了 NGS+这一概念，即基于二代测序技术同时检测 Y-STR 和 Y-SNP，并首次提出了法医家系检索指数（FS index）这一概念，用于评估证据强度。

（四）小结

在司法鉴定领域，SNP 遗传标记目前被划分为以下几类：IISNP（individual identifying SNP）、AISNP（ancestry informative SNP）、PISNP（phenotype informative SNP）、Y-SNP，以及 mtDNA SNP，可满足个体识别、族源推断、表型刻画、亲缘关系鉴定等多重鉴定需求。尽管 SNP 在今后若干年内仍不能取代目前案件调查中作为获取遗传信息的主要标记 STR，但是 SNP 在法庭科学领域绝不仅仅是“替补”的角色。对于降解检材身份信息识别或混合样本贡献者信息甄别，SNP 表现出了较 STR 更为明显的检测优势和数据分析优势；对于复杂亲缘关系的鉴定，SNP 可以大大扭转可选用法医学 STR 基因座有限的局面，提供更多的遗传信息；对于父系亲缘关系的鉴定，Y 染色体上 SNP 标记可以帮助单倍群的精确刻画，进一步阐释若干个 Y-STR 基因座不一致时数据的价值；对于母系亲缘关系的鉴定，mtDNA SNP 成为降解检材身份甄别最为可能的检测标记；对于近年逐步成熟的族源推断及表型刻画技术，SNP 显然成为该类研究的“主力军”。

三、插入/缺失多态性

用于法医遗传学检测的主要遗传标记 STR 存在突变率高、PCR 扩增片段长、可用标记数量有限等缺陷。SNP 作为第三代遗传标记，是在基因组水平上由单个核苷酸变异引起的 DNA 序列多态性，与 STR 相比，具有相对较低的突变率，约 10^{-8}；SNP 扩增子相对较短，容易实现多个位点的复合扩增，有利于降解检材的分型。然而，SNP 位点的检测技术复杂多样，检测平台多样，难以实现法医实验室间普及。插入/缺失遗传标记表现为 DNA 片段的插入或缺失形成的二等位基因长度多态性，兼具 SNP 和 STR 的特征，二态的分型结果易于分析和检测，灵活地扩增产物大小可以实现对降解检材的分型。插入/缺失（InDel）多态性遗传标记本质上属于 SNP 位点，但是从某种角度看，STR 遗传标记也可看作多等位基因的 InDel，不同的等位基因可视为重复单元的插入与缺失不同；更为重要的是 InDel 遗传标记可以通过长度多态性进行分型，在法医实验室必备的毛细管电泳检测平台上就可以完成分型，因而受到了国内外学者的关注。

（一）InDel 的特点及分子遗传学机制

Weber 等（2002）首先指出了人类基因组范围内存在约 2000 个 InDel 遗传标记，占人类多态性标记的 8%。Mills 等（2006）应用全基因组重测序及计算机技术绘制了第一张人类基因组 InDel 遗传标记的分型图谱，该图谱包括 415 436 个 InDel 遗传标记，平均每 7.2kb 即可发现一个 InDel。2010 年，千人基因组计划联合工作组描绘了人类遗传变异图，其中包括 1500 万个 SNP、100 万个 InDel 和约 2 万个染色体结构变异区域。2015 年，该工作组提供了更为全面的人类全基因组测序结果，在 26 个人群共 2504 个个体的全基因组序列中发现了 8470 万个 SNP 位点、360 万个 InDel 标记和 6 万个结构变异。上述研究均表明 InDel 是人类基因组中广泛分布的一种遗传标记。

根据表现形式，InDel 可分为以下 5 类：①单碱基对的插入/缺失；②单碱基对重复插入；③多碱基对（2～15 个）重复插入；④转座子的插入；⑤随机 DNA 序列的插入/缺失。目前，法庭科学领域主要关注的是第 5 类 InDel 遗传标记。作为一种表现为插入和缺失两种状态的长度多态性遗传标记，产生 InDel 这一标记的分子遗传学机制与很多因素相关。Britten 等（2003）认为 InDel 的产生可能与转座子复制或插入、移动元件插入、序列异常重组和同类重复拷贝不等交换等因素有关；Kondrashov 等于 2004 年在研究人类编码区外显子序列时发现 InDel 的产生频率与所在序列的碱基类型有一定关系；Bhangale 等（2005）曾提出一种能够从目的基因中全面识别 InDel 变异的方法，并从 330 个备选基因中找到 2393 个突变点，指出人类基因组中缺失的发生高于插入的发生，并认为 InDel 的产生机制应区别于替换。另外，Sjödin 等（2010）则认为 InDel 变异与复制错误、复制滑移及点突变也有一定的关系。截至目前，InDel 的产生机制仍有待进一步研究。

（二）InDel 在法医学的应用

1. 常染色体 InDel

2009 年，Pereira 等首先选取常染色体非编码区的 38 个 InDel 建立了一套用于个体识别的多重 PCR 分型系统，扩增片段均小于 160bp，0.3ng 的 DNA 模板便可获得完整分型，对部分 STR 分型出现丢峰的降解 DNA 样本可获得完整分型。该体系在非洲、欧洲及亚洲人群中多态性好，随机匹配概率达到了 10^{-15}～10^{-14}，可以有效地用于人群个体识别。同年，该课题组还证实了上述系统能够提高实际案件中高度降解的骨骼样本和石蜡包埋组织的检测成功率。之后，Romanini 等（2012）联合应用上述 38 个 InDel 和 50 个 SNP 位点分析 35 年前的遗骨 DNA，再次证实了该系统适用于降解检材。Pinto 等（2013）采用 15 个 STR 基因座和 38 个 InDel 位点分析 100 对叔侄和祖孙二联体，发现在二联体中两名个体检测结果均相符的情况下，使用 InDel 遗传标记计算似然率更容易获得正确结果，从而降低错判率。Ferragut 等（2016）用该系统分析同为犹太祖先的 6 个人群和伊比利亚半岛北部边缘 6 个人群的遗传结构，证实该系统可以有效区分不同大洲的人群，对遗传距离很近的人群也具有一定的区分价值。Pimenta 和 Pena（2010）选取了常染色体上不连锁的 40 个 InDel 位点（分布频率接近 0.5∶0.5）构建复合扩增体系，应用该体系分析 360 例巴西无关个体及 50 例标准三联体，发现 40 个 InDel 遗传标记的平均杂合度达到 0.48，随机匹配概率达 3.48×10^{-17}，在法医学亲权关系鉴定中的系统效能与 13 个 CODIS STR 基因座相当。

李成涛等于 2011 年在常染色体上选取了 30 个高信息量不连锁的 InDel 遗传标记，首次建立了一套适合于中国汉族人群个体识别的多重 PCR 体系 InDel_typer30，该系统在汉族人群中累积个体识别率达 0.9999 以上，在中国 5 个民族（汉族、回族、藏族、维吾尔族、蒙古族）中匹配概率均达到 10^{-11}，所有位点处于连锁平衡状态。同时，该团队发现 InDel 遗传标记是肿瘤组织身源鉴定的理想标记。

Investigator®DIPplex 试剂盒是第一款针对常染色体 InDel 位点开发的商品化试剂盒，该试剂盒包含 30 个常染色体 InDel 遗传标记和性别鉴定基因（Amelogenin），扩增片段长度均在 160bp 以内。Larue 等（2012）首先对 Investigator®DIPplex 试剂盒进行了法医学应用效能评估。结果表明，该试剂盒可以分析多种类型的检材，并且在 DNA 模板量为 62pg 时即能获得完整分型图谱，混合样本比例在 6∶1～19∶1 范围内可清楚检见低比例贡献者；所有位点均符合连锁平衡，随机匹配概率达 1.43×10^{-11}，非父排除率在 0.999 999 999 以上。之后，国内外学者相继证实了该试剂盒可以用于降解检材的分析、混合样本的研究、个体识别和亲权鉴定中辅助检测工具，同时也为法医学研究提供了大量的基础遗传数据。

近年来，InDel 位点也开始用于法医人类学的研究。Bastos-Rodrigues 等（2006）首次依据 40 个低突变率的小片段 InDel 位点对人类基因组多样性计划-人类多态性研究中心（Human Genome Diversity Project - Centre d'Étude du Polymorphisme Humain，HGDP-CEPH）多样性体系中的人群进行分类并描述了人群间和人群内的差异。之后，Santos 等（2010）选取与血统信息相关的 48 个始祖多态性位点构建复合扩增体系，分析 3 个已知混合血统的巴西人群，证实该体系可以准确评估混合人群中个体和总体的祖先成分。Manta 等（2013）选取了在不同地理起源的人群中等位基因频率存在显著性差异的 46 个常染色体 AIM-InDel 位点，依据这些位点可快速高效地完成巴西人群先祖信息研究。孙宽等于 2016 年提出将几个在物理位置上相距很近的 InDel 遗传标记看成一个位点，即 multi-InDel 遗传标记，用于提高二态遗传标记的祖先推断能力，可以很好地区分人群结构和推断祖先信息。

2. X 染色体 InDel

2009 年，Edelmann 等首先构建了包含 26 个 X-InDel 的体系用于亲权关系鉴定，并证实了其在混合人群中可以获得准确的亲权鉴定结果，在三联体研究中位点突变率低、遗传稳定。之后，Pereira 等（2012）从 dbSNP 和 Marshfield 二等位基因 InDel 数据库中筛选获得在非洲、欧洲和亚洲主要人群中多态性高的 32 个 X-InDel 位点，在男性及女性中的累积个体识别率均在 0.9999 以上，二联体平均非父排除率为 0.998～0.9996，三联体平均非父排除率为 0.999 97～0.999 998。李成涛等于 2014 年在国内首先构建的含 18 个 InDel 的四色荧光染料标记系统，可用于中国汉族人群法医 DNA 鉴定的辅助分型检测。

X-InDel 也被用于人类进化研究。Ribeiro-Rodrigues 等（2009）分析 13 个 X-InDel 的多重扩增体系，评估巴西混合人群 X 染色体的组成，结果与基于 mtDNA 和 Y 染色体信息的分析结果吻合。Freitas 等（2010）在上述 13 个 X-InDel 的基础上增加了 20 个高多态性的 X-InDel，新增位点在欧洲、非洲和亚洲人群的平均杂合度均在 0.3 以上，新构建的多重复合扩增体系在男性和女性的累积个体识别率均达 0.9999 以上，三联体累积非父排除率达 0.9999 以上，二联体累积非父排除率为 0.9992，系统效能与文献报道的 10 个 X-STR 的效能相当，可作为父女关系鉴定中 X-STR 发生突变时进行补充鉴定的遗传标记。

女性的 2 条 X 染色体在减数分裂时容易发生同源染色体片段交换，形成紧密连锁基因的单倍型传递。有研究报道，稳定的紧密连锁 X-STR 在亲权鉴定中通过单倍型遗传能够获得更高的法医学应用效能。Fan 等（2015a）针对 10 个紧密连锁的 X-InDel 展开研究，将多于 2 个物理位置紧密连锁的 InDel 作为一个新位点，通过一对 PCR 引物进行扩增，这类新位点将至少呈现 3 种单倍型形式，在中国人群中多态信息含量为 0.415～0.566，相对于单个 InDel 位点拥有更高的多态性，可作为个体识别和亲权关系研究的一种有力检测工具。同年，将紧密连锁的 X-InDel 增至 13 个，为复杂亲缘关系鉴定提供了新的补充手段。

（三）小结

InDel 遗传标记作为一种新型遗传标记，已经引起多领域关注，弥补了 STR 和 SNP 遗传标记的不足，且兼容于目前法医 DNA 实验室常用毛细管电泳分型平台，为法医遗传学的个体识别和亲子鉴定提供了一种有力的补充检测手段，为法医人类学的群体结构和先祖信息研究提供了一种有效的辅助工具，成为继 SNP 后新一类的法医学遗传标记。然而，InDel 位点作为二等位基因遗传标记，携带的信息量有限，要达到足够的系统效能需要联合应用的位点数量较多，增加了构建多重复合扩增体系的难度。鉴于此，目前已有学者尝试研究紧密连锁 multi-InDel 遗传标记，以期在检测同样数目标记的情况下获得更多的遗传信息。另外，科学家还发现部分 InDel 遗传标记与相邻的 STR 基因座紧密连锁，可形成一类新的遗传标记 DIP-STR，对于混合比例悬殊的混合物（extremely unbalanced mixture，EUM）检材、族源探索及产前亲子鉴定是一类有效的遗传标记。但是，该类遗传标记的筛选、多重检测体系的构建及优化、检测的特异性和灵敏度，以及数据分析等仍有待进一步验证及研究。

四、微单倍型

2013 年，Kidd 教授在第 24 届国际法医遗传学大会上首次提出了基于 SNP 位点的微单倍型（MH）这一概念，即单次测序片段内至少检测到 3 个或 3 个以上单倍型（等位基因）的位点。基于深度测序的发展，单次测序片段长度从最初的 200bp 拓展到目前的 300bp，这一概念也在不断演化。目前，300bp 片段内碱基可单次检测完毕，其中 MH 标记的突变率与 SNP 相当，远低于 STR 的突变率，但标记的平均杂合度将远高于单个 SNP 标记。MH 标记兼具了 STR 和 SNP 标记的优势，具有不会产生阴影（stutter）峰、杂合子扩增更加均衡、突变率更低、多态性更好、更适用于降解检材等特点。研究发现 MH 标记在失踪人员身份信息确认、亲缘关系判定、混合物分析，以及医学诊断等研究中具有重要价值。

（一）微单倍型的研究历程

单倍体基因型（haplotype）这一概念最早由 Ruggero Ceppellini 在 1967 年提出，用

以描述一段人类白细胞抗原（HLA）区域内的等位基因，这些基因作为一个域（block）共同遗传。单倍型定义为在一条染色体或线粒体上连锁的多个等位基因的线性组合。更进一步地讲，单倍型是具有统计学关联性的遗传标记，可由多个 SNP 位点构成，包含丰富的遗传信息。

2001 年，通过人类基因组计划（Human Genome Project，HGP）研究，学者发现了人类基因组中存在由联系紧密且长度多变的多态性位点组成的区域结构，即单倍型域（haplotype block）。关于定义人类基因组中的“域”这一结构，学者提供了不同的思路。Ge 等（2010）提出，一组相邻并高度连锁的 SNP 可以作为一个单倍型域共同遗传，单倍型域比其所包含的单个 SNP 具有更高的个体识别概率。但由于高度连锁的 SNP 杂合度较低，这一研究中筛选的 24 个位点在个体识别和亲权鉴定等法医学应用中较为局限。来自耶鲁大学的 Kidd 团队最早在前期单倍型的相关研究基础上，将多重 SNP 体系引入法医学和人类种群研究，并定义了微单倍型（mini-haplotype）的概念，即在一段小于 10kb 的基因组区域内出现的避开重组热点的、3 个或更多的高杂合度 SNP 的组合。构成 mini-haplotype 的 SNP 之间的连锁程度较弱，且具有一定的种群特异性，在亲权鉴定、种族推断，以及族源溯源方面的潜力有限。2013 年，Kidd 教授在 mini-haplotype 的基础上提出了一种新型的遗传标记，即微单倍型。微单倍型最初定义为在一段小于 200bp 的 DNA 片段中出现 2 个或更多的紧密相连的 SNP，呈现 3 个或更多的等位基因组合（即单倍型）。随着测序技术的革新，现已将片段长度改为 300bp 以内。微单倍型作为多等位基因遗传标记，可提供比单个 SNP 更丰富的遗传信息。

Kidd 团队在人类基因组及千人基因组计划项目中筛选了平均杂合度大于 0.4 的微单倍型基因座，并使用 PHASE 方法估算了这些微单倍型基因座在 54 个种群超过 2500 名个体中的等位基因频率。利用 TaqMan 方法对筛选的微单倍型进行分型，随后将基因型数据转化为相应的单倍型。第一批建立的微单倍型包括 27 个 2-SNP 位点和 4 个 3-SNP 位点（66 个 SNP），分布在 17 条常染色体上，在 54 个人群间的平均杂合度为 0.548，平均群体分化系数（Fst 值）为 0.15。经过计算配对似然率，31 个微单倍型呈连锁平衡状态，即在群体水平上彼此独立。为了增加微单倍型在族源推断、混合物定量分析及家系关系鉴定等法医问题上的效能，Kidd 实验室进一步开发了分布于 22 条人类常染色体上、包含 130 个微单倍型基因座的体系，微单倍型检测片段长度为 12～291bp，共包含 359 个 SNP。之后，也有更多的学者开始探索这一类特殊标记的法医学应用价值。

（二）微单倍型的命名

目前，全球已有多个实验室研究微单倍型，通用的命名法对于研究新遗传标记的便捷性和实验室间的交叉研究都大有裨益。基于人类基因组基因命名委员会（HUGO Gene Nomenclature Committee）的指导原则，Kidd 教授提出了一种微单倍型建议命名方法，可保证各个实验室遵循一定规则命名新的微单倍型，便于后续标准化体系构建、参考和数据库编目等。微单倍型的命名规则为：mh 或 MH+染色体编号（两位数，如 04）+由 2 个或 3 个大写字母表示的团队名称+团队赋予该微单倍型标记的唯一性编号，例如，mh11KK180 代表 Kidd 团队发现的位于 11 号染色体上的 180 号微单倍型。

（三）微单倍型的法医学应用

法医物证实验室选择常染色体微单倍型遗传标记开展族源推断、混合物分析、个体识别或亲缘关系鉴定时，建议参考 ALFRED 网站、MicroHapDB 数据库和文献中已发表的位于非重组热点区域的基因座。宜采用信息量（informativeness，I_n）>0.185 的微单倍型用于族源推断，采用有效等位基因数（effective number of allele，A_e）>3 的微单倍型用于混合物分析，采用 A_e>3 且杂合度>0.4 的微单倍型用于个体识别或亲缘关系研究。

在千人基因组的 26 个研究群体中，I_n>0.185，信息见表 9-13，可用于族源推断的微单倍型遗传标记，其中，在中国汉族人群中 A_e>3 且杂合度>0.4 的微单倍型遗传标记如下：mh01CP008、mh01CP012、mh01CP016、mh01KK117、mh01KK205、mh01KK211、mh02KK134、mh02KK136、mh04CP002、mh04CP003、mh04CP007、mh04KK030、mh05CP004、mh05CP006、mh05KK020、mh05KK170、mh06CP003、mh06CP007、mh09KK153、mh10CP003、mh10KK163、mh11CP003、mh11CP005、mh11KK180、mh12KK046、mh12KK202、mh13CP008、mh13KK213、mh13KK217、mh13KK218、mh13KK225、mh14CP003、mh14CP004、mh15CP001、mh15KK066、mh16KK255、mh16KK302、mh17CP001、mh17CP006、mh17KK272、mh18CP003、mh18CP005、mh19CP007、mh19KK299、mh20KK058、mh20KK307、mh21KK315、mh21KK324、mh01SHY001、mh02SHY001、mh06SHY005、mh07SHY001、mh02zha013。

表 9-13　可用于族源推断的微单倍型遗传标记信息

序号	微单倍型	包含的 SNP 位点
1	mh01CP007	rs74887893/rs80137938/rs861907
2	mh01CP008	rs10803282/rs10803283/rs10927447
3	mh01CP012	rs12026749/rs1283256/rs8179472
4	mh01CP016	rs11206620/rs4927251/rs6684891
5	mh01KK001	rs4648344/rs58111155/rs6663840/rs6688969
6	mh01KK070	rs1801131/rs4846051
7	mh01KK072	rs1251078/rs1251079
8	mh01KK106	rs12123330/rs16840876/rs4468133/rs56212601
9	mh01KK117	rs1610400/rs1610401/rs17413714/rs2772234
10	mh01KK172	rs1887284/rs3128342/rs3766176
11	mh01KK205	rs11810587/rs1336130/rs1533622/rs1533623
12	mh01KK210	rs2165332/rs7536195
13	mh01KK211	rs16835127/rs2341465/rs2490423
14	mh02CP004	rs4668522/rs4669133/rs55990245
15	mh02KK003	rs11123719/rs11691107/rs260694
16	mh02KK004	rs13424991/rs3731611/rs3731612
17	mh02KK073	rs1374748/rs7583554
18	mh02KK102	rs2169812/rs2378217/rs6542783
19	mh02KK105	rs2280355/rs2280356

续表

序号	微单倍型	包含的 SNP 位点
20	mh02KK131	rs1466020/rs17488897
21	mh02KK134	rs12469721/rs3101043/rs3111398/rs72623112
22	mh02KK136	rs12617010/rs6714835/rs6756898
23	mh02KK138	rs2595202/rs2595203/rs4953292/rs59298278/rs6715568/rs6759301
24	mh02KK139	rs12623957/rs3827760
25	mh02KK201	rs1371048/rs786247
26	mh02KK202	rs12464185/rs13422174
27	mh02KK213	rs1519654/rs7568519/rs7577785
28	mh02KK215	rs16832624/rs2011946
29	mh03KK006	rs1919550/rs9873644
30	mh03KK007	rs4513489/rs6441961
31	mh03KK008	rs17030627/rs6808142
32	mh03KK009	rs3732783/rs6280
33	mh03KK216	rs1046953/rs2072053
34	mh04CP002	rs34017818/rs35619595/rs6814654
35	mh04CP003	rs10006433/rs2980189/rs58595616
36	mh04CP007	rs4697751/rs4698039/rs4698040
37	mh04KK010	rs3135123/rs495367
38	mh04KK011	rs6531591/rs6855439
39	mh04KK013	rs11725922/rs13131164/rs17088476/rs3775866/rs3775867
40	mh04KK015	rs12648443/rs2584457
41	mh04KK016	rs2032350/rs2851017
42	mh04KK017	rs1442492/rs2584461/rs4699748
43	mh04KK019	rs17731793/rs2122136
44	mh04KK028	rs283413/rs3762896
45	mh04KK029	rs59534319/rs971074
46	mh04KK030	rs16844737/rs1884411/rs1884412/rs4916615
47	mh04KK074	rs11932595/rs17085763
48	mh05CP004	rs150628/rs16883189/rs61243436
49	mh05CP006	rs12653673/rs6555064/rs6555065
50	mh05CP010	rs62349578/rs62349579/rs62349580/rs62349581
51	mh05KK020	rs2278324/rs2278325/rs525735/rs617938
52	mh05KK022	rs41461/rs41462
53	mh05KK062	rs870347/rs870348
54	mh05KK078	rs2234233/rs2234234
55	mh05KK079	rs2234232/rs41469
56	mh05KK122	rs1010872/rs28777
57	mh05KK123	rs1423676/rs28117
58	mh05KK124	rs35414/rs3756464
59	mh05KK170	rs370672/rs438055/rs6555108/rs74865590

续表

序号	微单倍型	包含的 SNP 位点
60	mh06CP003	rs12202010/rs4960100/rs4960101
61	mh06CP007	rs4142082/rs558006/rs6906397
62	mh06KK026	rs179939/rs4431439/rs4565296
63	mh06KK030	rs10949381/rs607341/rs675934
64	mh06KK031	rs10455681/rs10455682
65	mh06KK080	rs2056941/rs2056942
66	mh06KK101	rs2180052/rs9356632
67	mh07KK030	rs10226425/rs2330425/rs967066
68	mh07KK031	rs10246622/rs17168174
69	mh07KK081	rs28365094/rs41303343
70	mh07KK082	rs150209521/rs713598
71	mh08KK032	rs1390950/rs2898295
72	mh09KK020	rs10810635/rs10962598/rs10962599/rs73649032
73	mh09KK033	rs10815466/rs17431629/rs9408671
74	mh09KK034	rs1408800/rs1408801
75	mh09KK152	rs10780576/rs10867949/rs4282648/rs7046769
76	mh09KK153	rs10125791/rs2987741/rs7047561
77	mh09KK157	rs2073578/rs56256724/rs606141/rs633153/rs8193001
78	mh09KK161	rs16932430/rs4741823
79	mh10CP003	rs10764460/rs220365/rs727269
80	mh10KK083	rs11568732/rs12248560
81	mh10KK084	rs1058930/rs11572103
82	mh10KK085	rs11572076/rs2275622
83	mh10KK086	rs17110453/rs7909236
84	mh10KK087	rs10884095/rs1452267
85	mh10KK088	rs2515641/rs55897648
86	mh10KK101	rs915907/rs915908
87	mh10KK163	rs3814588/rs3814589/rs3814590/rs6602026/rs9423466
88	mh10KK170	rs12359688/rs2250840/rs2250841
89	mh11CP003	rs12289831/rs2045045/rs2045046
90	mh11CP004	rs35728001/rs76882177/rs77516091
91	mh11CP005	rs7118419/rs72865222/rs7926642
92	mh11KK036	rs10500616/rs2499936
93	mh11KK037	rs10898849/rs341065/rs395447
94	mh11KK038	rs2303377/rs2303378
95	mh11KK039	rs10891537/rs2288159
96	mh11KK040	rs11214596/rs4938013
97	mh11KK041	rs6275/rs6277
98	mh11KK089	rs1124492/rs1124493
99	mh11KK090	rs1079597/rs1079598

续表

序号	微单倍型	包含的 SNP 位点
100	mh11KK091	rs1799732/rs1799978
101	mh11KK180	rs12802112/rs28631755/rs4752777/rs7112918
102	mh11KK187	rs17137917/rs17137926/rs493442/rs551850
103	mh11KK191	rs12289401/rs12420819/rs12421109/rs770566
104	mh12KK042	rs593226/rs7969300
105	mh12KK043	rs11062734/rs11613749/rs17780102
106	mh12KK045	rs2133298/rs3817446
107	mh12KK046	rs11068953/rs1503767
108	mh12KK092	rs2707209/rs2857234
109	mh12KK093	rs11111391/rs7970874
110	mh12KK202	rs10506052/rs10506053/rs4931233/rs4931234
111	mh13CP008	rs9507311/rs9553248/rs9553249
112	mh13KK047	rs2066700/rs806301
113	mh13KK213	rs679482/rs8181845/rs9510616
114	mh13KK217	rs2765614/rs7320507/rs9562648/rs9562649
115	mh13KK218	rs1927847/rs7492234/rs9536429/rs9536430
116	mh13KK225	rs4884651/rs7329287/rs9529023
117	mh13KK226	rs2892698/rs721367
118	mh14CP003	rs12436504/rs66481544/rs7155003
119	mh14CP004	rs11157032/rs11157033/rs11157034
120	mh14KK048	rs12717560/rs12878166
121	mh14KK101	rs10134526/rs28529526
122	mh15CP001	rs12899727/rs34090207/rs369577479
123	mh15CP003	rs12440416/rs578662/rs58022506
124	mh15CP004	rs28628574/rs34306395/rs506120
125	mh15KK066	rs1063902/rs4219
126	mh15KK067	rs701463/rs701464
127	mh15KK069	rs1800410/rs1900758
128	mh15KK095	rs2433354/rs2459391
129	mh16KK053	rs11150606/rs201075024
130	mh16KK062	rs28485311/rs28503604/rs8055777
131	mh16KK096	rs1805007/rs885479
132	mh16KK255	rs16956011/rs3934955/rs3934956/rs4073828
133	mh16KK302	rs1395579/rs1395580/rs1395582/rs9939248
134	mh17CP001	rs36040276/rs4792125/rs62063465
135	mh17CP006	rs2215237/rs62069897/rs9897281
136	mh17KK014	rs11657785/rs333113/rs8074965
137	mh17KK052	rs1059504/rs8327
138	mh17KK053	rs3760370/rs3760371
139	mh17KK054	rs2233362/rs634370

续表

序号	微单倍型	包含的 SNP 位点
140	mh17KK055	rs11868709/rs9907137
141	mh17KK077	rs4074461/rs4074462
142	mh17KK105	rs1052553/rs11568305/rs17652121
143	mh17KK110	rs8075367/rs9908046
144	mh17KK272	rs16955257/rs2934897/rs7207239/rs7212184
145	mh18CP003	rs12970683/rs58533252/rs78549053
146	mh18CP005	rs595107/rs62085085/rs690302/rs77849214
147	mh18KK285	rs16940823/rs17187688/rs17187695/rs1945150
148	mh18KK293	rs621320/rs621340/rs621766/rs678179
149	mh19CP007	rs10417429/rs10417450/rs34190726
150	mh19KK056	rs1055919/rs2271057
151	mh19KK057	rs12462026/rs17717333/rs7250849
152	mh19KK299	rs12985452/rs2361019/rs2860462/rs4932769/rs4932999
153	mh19KK301	rs10408037/rs10408594/rs11084040/rs8104441
154	mh20KK058	rs6012881/rs6095836/rs6122890
155	mh20KK059	rs10854214/rs10854215
156	mh20KK307	rs16997830/rs17674942/rs6044080/rs6044081
157	mh21KK313	rs6586324/rs6586325/rs6586326
158	mh21KK315	rs6517971/rs8126597/rs8131148
159	mh21KK316	rs17002090/rs2830208/rs961301/rs961302
160	mh21KK324	rs2838868/rs6518223/rs7279250/rs8133697
161	mh22KK060	rs4680/rs4818
162	mh22KK064	rs136177/rs60910145/rs71785313/rs73885319
163	mh22KK303	rs4633/rs6267/rs740602/rs76452330

（四）小结

微单倍型因其独特的结构和遗传特点而在法医学个体识别、亲缘关系鉴定、混合物检测、族源推断等方面具有其他遗传标记无可比拟的优势，在法医学领域具有重要的潜在应用价值。根据不同实践目的筛选更多高多态性的微单倍型遗传标记，完善并规范化微单倍型的检测技术分型方法，构建标准化检测与分析方法，可有效促进该类遗传标记在法医分子遗传学中的应用及推广，为疑难检材的身份识别提供有效的检测工具。

五、mtDNA

线粒体作为真核细胞的能量代谢中心，早已为人们所熟知，除红细胞外，几乎所有细胞的主要能量来源均是线粒体。线粒体是人体唯一含有基因组的细胞器。1963 年，在对鸡卵母细胞的研究中第一次发现线粒体拥有自己特异的遗传物质——线粒体 DNA（mitochondrial DNA，mtDNA）。1981 年，英国桑格实验室首次对人 mtDNA 全序列进行了测定，GenBank 登录号为 M63933。1999 年，安德鲁斯等对剑桥参考序列所用的样本进行了重新测序，修正了最初公布序列中的 11 个碱基序列，修订的剑桥参考序列（revised Cambridge reference sequence，rCRS）是目前法庭科学公认的标准参考序列（GenBank 登录号：NC_012920.1）。目前，大量生物的线粒体基因组已经完成测序。

人 mtDNA 是一条全长为 16 569bp 的双链闭环分子。根据 GC 含量不同，线粒体 DNA 的两条链具有不同的沉降特性，一条为重链（H 链），另一条为轻链（L 链），两条链均有编码功能，H 链编码 16S 和 12S 一大一小 2 个 rRNA、14 个线粒体蛋白质装配必需的 tRNA 和 12 条与细胞氧化磷酸化有关的多肽链；L 链编码 8 个线粒体蛋白质装配必需的 tRNA 和 1 个蛋白质。线粒体基因没有内含子，基因排列紧密，基因间隔很小，甚至出现重叠基因，转录时形成多顺反子。线粒体基因组编码的有限蛋白质全部为线粒体呼吸链蛋白质。

哺乳动物的整个线粒体基因组只有一个调控区——D 环，该区域也是线粒体转录和复制的共同起始点，因此具有较小的选择压力，是研究基因进化的热点区域。另外，这一区域具有较好的母系遗传亲缘分析标记，广泛应用于人群亲缘关系分析。

（一）mtDNA 的遗传学特征

相较于核 DNA，mtDNA 具有独特的遗传学特征。

（1）mtDNA 存在于线粒体中，为母系遗传，每一代都由母亲经其线粒体将 mtDNA 传递给子女，但仅女儿能将其 mtDNA 继续传递给下一代。这一遗传方式的根本原因是在受精过程中，卵子保留来自母系的多个线粒体，而精子只有精原核进入受精卵，虽然有父系 mtDNA 出现在子代的相关报道，但目前资料不支持这种情况是一种常见的遗传现象。例如，由 mtDNA 基因突变所致的莱伯遗传性视神经病变（Leber hereditary optic neuropathy，LHON）便遵循母系遗传的传递规律，即患者都与母亲相关；男性患者的后代中尚未发现直接传递受累者。法医学者应用这一遗传规律检测 mtDNA 遗传标记可以对母系亲缘关系如母子（女）、隔代外祖母/外孙（女）、舅甥关系、姨甥关系、同母的全同胞或半同胞进行亲缘关系鉴定。

（2）单个细胞一般含有数百个线粒体，而每个线粒体含有 2～10 个 mtDNA 拷贝。由于多拷贝遗传及突变等，mtDNA 在个体可表现为嵌合体。线粒体具有半自主特性，在嵌合状态下细胞分裂可能产生个体内不同细胞的 mtDNA，从而组成差异。

（3）环状的 mtDNA 与线性的核 DNA 的双向复制方式不同，其以置换环复制或 D 环复制。H 链与 L 链的合成是不对称的，有各自的复制起点。

（4）mtDNA 为裸露的 DNA，因处于高自由基环境，故比核 DNA 突变率高。当细胞内 mtDNA 一致时，称为同质性（homoplasmy），而当 mtDNA 发生突变、导致细胞内野生型和突变型共存时，称为异质性（heteroplasmy）。mtDNA 突变可分为体细胞突变和生殖细胞突变：体细胞突变是指体细胞内 mtDNA 发生突变并累积，因 mtDNA 突变的随机性，在不同组织细胞中可形成异质性；生殖细胞突变是指细胞分裂过程中，由于遗传漂变可能较早产生异质性。

（5）mtDNA 突变性状的表达主要取决于某种组织细胞中野生型与突变型 mtDNA 的相对比例及相应组织对线粒体 ATP 供应的依赖程度。

（6）mtDNA 位于氧自由基的包围中，其突变率比核 DNA 高 5～10 倍，且缺乏完整的修复系统，故随年龄的增加体细胞内 mtDNA 新生突变会逐渐积累，氧化磷酸化功能不断下降，从而使原有的缺陷逐步加剧直到超过阈值，出现临床症状。

（7）mtDNA 和核 DNA 使用不同的遗传密码。例如，线粒体色氨酸密码子是 UGA，而核遗传密码 UGA 则是终止密码子；在线粒体遗传密码中，AUA 编码甲硫氨酸而不是异亮氨酸，在核 DNA 中，AGA 和 AGG 均是终止密码子而不编码精氨酸。

（8）mtDNA 的环状结构使它不易受核酸外切酶的降解，在法医 DNA 检验时能保持完整的 DNA 分子。相对于核 DNA 而言，每个细胞中 mtDNA 分子的拷贝数目庞大，且被包裹在双壁细胞器中，这些均有助于提高 mtDNA 的存活率。法医学 DNA 实验室对降解严重的毛干、骨骼、牙等生物检材，在无法获取核 DNA 或样本量不足而无法完成检测时，可借助 mtDNA 检测帮助个体身份信息的确认。

人类核 DNA 和 mtDNA 遗传标记的特征比较见表 9-14。

表 9-14　人类核 DNA 和 mtDNA 遗传标记的特征比较

特征	核 DNA	mtDNA
基因组大小	≈3.2×10^9bp	≈16 569bp
每个细胞的基因组拷贝数	2 个（父母各提供一个等位基因）	>1000 个
结构	线性；包裹在染色体内	环状
遗传定律	孟德尔遗传定律	母系遗传
复制方式	双向对称复制	单向复制，或称为 D 环复制
染色体配对	双倍型	单倍型
生殖重组	是	否
复制修复	是	否
特异性	个体特异性（同卵双胞胎除外）	没有个体特异性（同一母系亲属相同）
突变率	低	是核 DNA 的 5～10 倍
参考序列	Hg19 或 GRCh38	rCRS（GenBank 登录号：NC_012920.1）

（二）mtDNA 的法医学应用

mtDNA 与核 DNA 相比，具有母系遗传、拷贝数高、环状结构稳定、双层膜保护、在恶劣条件（如高温、潮湿等）下仍能最大限度地保存等特点，为母系亲缘鉴定、犯罪现场发现的降解检材、高腐检材（白骨化尸体、残肢、碳化人体组织等）或者大型灾难事故受害者样本的身份溯源提供了新的解决思路。

1. mtDNA 用于个体识别和亲权鉴定

mtDNA 存在于细胞质的线粒体中，拷贝数多，不易降解，因此对古 DNA 或核 DNA 分型失败的检材，进行 mtDNA 分析在个体识别中具有重要的应用价值。mtDNA 的母系遗传特点，为个体的母缘关系鉴定提供了有效的检测标记。

Merheb 等（2019）认为 mtDNA 是解读古代人类文明的有效工具，并且为大量历史悬案的解决提供了有效的遗传资料。Parson 等（2018）对 1976 年奥地利一个储藏窖内发现的 7 具遗骸样本进行了 mtDNA 测序分析。从人类学角度分析，7 具遗骸为 3 名成人（2 名女性和 1 名男性）和 4 名未成年人（1 名女性和 3 名男性）。测序结果发现，仅 1 名未成年男性与 1 名成年女性具有相同的线粒体单倍型，其余未成年人的线粒体单倍型均不相同，且与成年个体也不相同。这一检验结果与以往借助其他手段建立的家谱模型存在冲突，首次提供了科学的遗传学证据。1888 年，伦敦曾发生一系列类似谋杀案，凶手（被媒体称为“开膛手杰克”）至今未找到。2019 年，来自利兹大学的 Miller 等对唯一一件与该案件挂钩的物证进行了再次检验，应用最新、破坏程度最小的技术从采集的证据中分离了嫌疑人的单个细胞，进行 DNA 分析。其中，mtDNA 分析数据显示受害人和嫌疑人可以与相应的对照样本“匹配”；表型特征的相关分析也与唯一的目击证人的陈述相吻合，为该案件提供了有力的遗传学证据。

另外，科学家发现 mtDNA 检测为法医学混合样本的检测提出了新的辨析思路。不同于核基因组标记，混合物中单个贡献者仅提供一种单倍型。早期，鉴于焦磷酸测序（pyrosequencing）具有定量功能，科学家尝试应用这一技术进行混合物中的 mtDNA 定量分析，从而甄别贡献者身份。Zander 等（2017）首先采用单倍型特异性提取（haplotype-specific extraction，HSE）的方法对两人混合物中 mtDNA 来源进行拆分，为现场混合物检材的分析提出了新的解决思路。近些年，随着深度测序技术的发展，对于单个碱基遗传信息的深入解读，推动了这一研究的发展。Churchill 等（2018）应用 Precision ID mtDNA Whole Genome Panel 对 1∶1、5∶1、10∶1、20∶1 的两人混合物和 1∶1∶1、5∶1∶1 的三人混合物进行深度测序研究，发现可以对每个模拟样本中的主要贡献者进行身份甄别，对于三人混合物的分析难度较大，无法获得完整的信息。由于读长较短，不足以构建完整的单倍型，故基于深度测序技术进行混合物身份甄别的研究并不容易。来自加利福尼亚大学的 Vohr 等（2017）就混合物进行深度测序数据建立了一个进行单倍型区分的计算模式，其应用价值仍有待进一步确认。

2. mtDNA 用于遗传背景研究

核基因组遗传标记，如 STR、SNP 和 InDel 等，已被广泛应用于人群遗传背景研究。线粒体 DNA 作为母系遗传类遗传标记也成为同类研究的理想标记。Messina 等（2018）对秘鲁地区的 296 名个体的口腔拭子样本进行了 STR 和 mtDNA 检验分析。STR 数据显示，约 67%的个体与亚马孙地区土著居民的遗传背景具有高度相似性，22%则与非洲人群相近，还剩下 1%的人群更接近于欧洲人群，mtDNA 检测进一步验证了上述结果，揭示了秘鲁地区人群的遗传背景更接近于美国原住民，与非洲和欧洲的单倍群相似性仅为 6%和 3%。Malyarchuk 等（2018）对匈牙利人群的线粒体进行了检验，发现线粒体基因组变异较大，其中检测到的亚型 H1c23a、H2a1c1、J2b1a6、T2b25a1、U4a2e、K1c1j 和 I1a1c 显示人群与东部和西部斯拉夫人遗传背景相近。Simão 等（2019）对巴拉圭地区的两个本地族群线粒体全基因组的测序研究显示，印第安人大部分的单倍群是 A、B、C、D。González-Fortes 等（2019）对公元前 4000 年左右（新石器时代中期到青铜时代）、来自葡萄牙北部和西班牙南部的 4 例人类遗骸样本进行了线粒体检测，该结果可以提供基因从非洲到伊比利亚的漂移证据，为人类早期从非洲通过西线进入伊比利亚半岛，甚至可能穿越了直布罗陀海峡的迁移过程提供了明确的遗传证据。

科学家也尝试从动物的 mtDNA 去了解更多的进化历程。Lu 等（2019）尝试用深度克隆技术从 381 ITS1-5.8S rDNA-ITS2-28S rDNA 和 304 线粒体细胞色素氧化酶亚单元 I（CO Ⅰ）基因的序列去解读纤毛虫分布及进化。Ansari 等（2019）对澳大利亚蜥蜴进行了 mtDNA 和核 DNA 标记研究，结果显示更新世的气候变化，以及纳拉伯平原和墨累河相关的生物地理屏障，对于如今澳大利亚南部地区东方石龙子（*Tiliqua rugosa*）和许多陆生动物的遗传多态性起着关键的作用，可帮助进一步了解澳大利亚动物群的进化和分布信息。Ovchinnikov 等（2018）对西奥多·罗斯福国家公园的野生马进行线粒体控制区测序研究，发现 3 种线粒体单倍型属于 L 型和 B 型，单倍型变异度为 0.5271，核苷酸变异度为 0.0077；对部分样本的线粒体全基因组测序结果显示单倍型 L 与美国花马相近，单倍型 B 在 GenBank 中未找到相近匹配。

3. mtDNA 用于种属鉴定

生物检材的种属鉴定对于法医学案件调查、打击走私动物，以及食品的检验检疫工作具有重要价值。例如，犯罪现场的检材种属鉴定有助于提供办案线索、毛发的种属鉴定有助于解决民事纠纷或打击偷猎、贩卖濒危灭绝野生动物的犯罪行为。传统的鉴定方法主要有血清学、细胞学和生物化学方法。这些方法对检材的质量要求较高，对于污染、降解或痕量的法医学检材常无法获得理想结果。近年来，基于 mtDNA 检验的分子生物学手段被应用于种属鉴定。目前已报道的用于种属鉴定的基因主要有细胞色素 b（cytochrome b）、12S rRNA、16S rRNA、D-loop、CO Ⅰ、*SON* 基因 3′-UTR、28S rRNA 等。

六、RNA 分子标记

2000 年，关于 RNA 的研究进展被 *Science* 杂志评为重大科技突破；2001 年“RNA 干扰”作为当年最重要的科学研究成果之一，再次入选“十大科技突破”；2002 年 12 月 20 日，*Science* 杂志将“Small RNA & RNAi”评为 2002 年度最耀眼的明星。同时，*Nature* 杂志亦将 Small RNA 评为年度重大科技成果之一。2003 年，小核糖核酸的研究第四次入选“十大科技突破”，排在第四位。RNA 研究的突破性进展，是生物医学领域近 20 年来可与人类基因组计划相提并论的最重大成果之一。聚光灯下的 RNA 已经逐步摆脱了 DNA 光芒的掩盖，从配角变成主角，并且对 DNA 的中心地位提出了新的挑战。本节将对 RNA 分子在法医学中的应用研究进行介绍。

（一）RNA 在体液鉴定中的应用

法医物证检验主要包括对生物检材的定性分析（预试验、确证试验、种属鉴定等）和定型分析（通过人类多态性遗传标记进行个人识别和亲子鉴定）。目前定型分析在法医物证工作中已发展较为成熟，形成了一套系统、标准的分析方案；但是检材的定性分析则发展相对缓慢。

定性分析主要解决检材的种属及组织来源等问题，这一环节在司法鉴定中具有重要意义，可以帮助现场重建，指明侦查方向，完善司法鉴定的证据链，也已经被列入新的执业方向。例如，在一些怀疑为性犯罪的案件中，只对检材进行 DNA 分型不足以将案件定性为性犯罪。如果能确证检材中含有精液和/或阴道液的成分，则可为案件的定性提供强有力的证据。有一些发生在女性被害人月经期的性侵犯，嫌疑人可能辩称其衣物上的血迹是被害人月经血，此时，若能对血迹来源进行鉴定，判定其为外周血而非月经血则可拆穿嫌疑人的狡猾辩解，从而大大提高司法判案的准确性及公正性。由此可见，对检材组织来源的确证在法医实践工作中具有重要的现实意义。

精斑的鉴定是法医学实践中的一个常见鉴定项目，在强奸、猥亵等性侵害案件中，精斑或混合斑往往成为决定性的证据，对于揭露犯罪、证实犯罪意义非常重大。对精斑的确证是证据链中不可缺少的一环。传统的精斑确证依赖细胞学检测或免疫学方法。例如，P30 免疫胶体金试纸条是目前法医学鉴定中最常用的确证精斑的手段，其原理是以 P30 抗体蛋白包被胶体金粒子制成免疫胶体金，由免疫胶体金与精斑浸出液中的 P30 抗原反应，根据能否使胶体金粒子聚集显示出胶体金粒子的红色，从而肉眼直观地判断测试结果。该方法操作简单，结果快速。但在实践中，P30 试纸条的灵敏度和特异性还有待进一步加强，精斑浸液过浓或者遭水洗破坏都有可能出现假阴性；此外，观察时间不当、种属间交叉反应可能出现假阳性。有研究表明高于 6.4%的 NaCl 溶液会导致假阳性反应。传统的精斑确证方法在灵敏度、特异性、实用性等方面均存在着一定缺陷。

在法医学血痕检验中，出血部位的确认非常重要。在性侵害案件中，需要对声称受害的女性提供的血痕或其阴道的出血加以辨别，以明确该血痕是属于性侵害造成的损伤性出血还是属于女性正常的生理性出血（月经），这对于明确案件性质，排除人为用月经血伪造、嫁祸的可能性至关重要。目前，实践中较为成熟的月经血鉴定方法主要分为形态学观察和月经血中特异性生物大分子检测两类。形态学观察是通过特殊染色后用显微镜找到子宫内膜细胞、阴道或宫颈鳞状上皮细胞为准。特异性生物大分子检测主要指对纤维蛋白原降解产物和乳酸脱氢酶（LDH）的同工酶进行测定：由于月经血富含纤维蛋白溶解酶，酶活性的作用使纤维蛋白及纤维蛋白原降解为可溶性纤维蛋白（又称变性纤维蛋白），其含量远比其他的出血部位多，据此可利用变性纤维蛋白混浊试验或抗人纤维蛋白原沉淀试验区分月经血和其他部位出血。乳酸脱氢酶（LDH）共有 LDH1～LDH5 五种同工酶，电泳后呈现 5 条带，根据月经血与其他部位出血的同工酶比例不同可进行区分。然而，这一方法实际上很难应用于法医学实际检案，根本原因是检测所需的血量较大，且需要新鲜的检材。对于微量、陈旧、腐败的检材，上述形态学或特异生物大分子检测通常无能为力。此外，细胞学的检查方法不能区分月经血和其他种类的女性生殖器出血；精液中也有纤维蛋白溶解酶、尸体血与月经血所含可溶性纤维蛋白的量几乎相等，检验时需要首先排除检材中混有精液或被尸体血污染的可能，因此限制了其在性侵害等刑事案件中的应用。由于以上两种检测方法存在对检材量和时间要求过高、检测的灵敏度和特异性较低等不利因素，在法医检测日趋走向微量，甚至痕量化的今天，传统的检测手段已显得明显滞后，不能适应法医学的实际需要。

鉴于目前传统鉴定手段存在的不足，法医学家尝试在检测技术及检测标志物上有所突破。例如，采用 RT-PCR 的方法对月经血中特异性高表达的 mRNA 进行筛选，主要包括激素受体（雌激素受体、孕激素受体）、细胞因子-19、细胞因子-20、热休克蛋白、基质金属蛋白酶等蛋白的mRNA。其中基质金属蛋白酶-11（MMP-11）的组织特异性较高，有望成为月经血鉴定的新一代标志物。子宫内膜的月经周期变化过程，涉及细胞增殖和凋亡、组织降解和重构等一系列细胞行为。研究表明，多种MMP分子在子宫内膜中的变化与月经周期相关，MMP-11也是以上行为的重要参与执行者，尤其是在增生期、分泌晚期、月经期子宫内膜中表达较高。

miRNA片段短、不易降解，且表达具有组织特异性，从而具有法医组织体液来源鉴定的潜力。美国国家法医学中心的Ballantyne等使用SYBR Green-qPCR技术从452个人miRNA中筛选出一组体液差异性表达的miRNA（外周血：miR-451、miR-16；精液：miR-135b、miR-10b；唾液：miR-658、miR-205；阴道分泌液：miR-124a、miR-372；月经血：miR-412、miR-451），将miRNA引入法医学体液鉴定研究中。随后，荷兰伊拉斯姆斯医学中心的Kayser等采用寡核苷酸芯片检测718个人miRNA在法医常见体液中的表达水平，并用TaqMan-qPCR技术鉴定出9个体液标记miRNA（外周血：miR-20a、miR-106a、miR-185、miR-144；精液：miR-943、miR-135a、miR-10a、miR-507、miR-891a）。四川大学的侯一平等在2012年、2015年和2016年针对体液鉴定，筛选了一系列miRNA标记（外周血：miR-486、miR-16；精液：miR-888、miR-891a；月经血：miR-214），能较好地区分法医学常见体液，建立的分析体系具有较高的灵敏度（10.0pg），有望成为法医学组织体液鉴定实践的一种有效手段；他们还针对人类唾液斑提出联合应用2种或3种miRNA进行阶梯式体液鉴定的新方法，不仅可用于鉴定唾液，而且可有效地鉴定外周血、精液、月经血和阴道分泌液这4种体液，为体液鉴定提供了新思路。李成涛等于2016年利用RNA-seq技术对外周血和唾液中的miRNA进行测序，研究表明所选择的Ion Torrent离子半导体测序技术能以单碱基分辨率探索分析体液中miRNA的分布及表达规律，为筛选出更多具有标志意义的miRNA提供了技术保障。

circRNA的闭合环状结构使其具有较高的稳定性，对于陈旧、腐败降解检材的检测更具优势；同时circRNA在人体细胞中表达量较丰富，以及一定的组织体液特异性等特征，使其在作为潜在新型法医学标志物上更具优势。四川大学的侯一平等于2017年利用Human Circular RNA Array探索circRNA在法医常见组织体液中的表达水平，结果显示精液、唾液和外周血具有明显不同的circRNA表达谱，但在阴道分泌物和月经血中显示出相似的表达特征。复旦大学谢建辉等于2018年结合外周血标记ALAS2和月经血标记MMP-7的线性（mRNA）和循环转录本（circRNA）检测可显著提高检测的灵敏度和稳定性，为法医学陈旧和降解检材的组织体液鉴定提供了新的策略。

（二）RNA在死亡时间推断中的研究

死亡时间（postmortem interval，PMI）是从死亡发生到法医进行尸体检验时所经过的时间，又称死后间隔时间，通常描述为死后多少天或多少小时。准确的死亡时间对案件的侦破具有积极作用，对这一问题重要性的认识已经历了数个世纪，为此人们不断探求新方法、新技术，力求从不同角度寻找最优出路。然而，在实际工作中由于多种因素的影响，例如，尸体存放的环境温度和湿度、个体差异等变化等都会影响死亡时间准确推断。因此，寻找客观的指标以精准判断死亡时间，是法医学工作者不断努力且期待解决的问题。

长时间以来，一直认为 RNA 在死后易于降解，因此，以 RNA 作为死亡时间特别是腐败尸体死亡时间判断的指标似乎很不恰当。然而，近些年来有关 RNA 降解规律与 PMI 的关系的研究已有大量突破性报道。早期，Johnson 和 Ferris（2002）用免疫印迹技术测定了死后鼠和人的脑组织中的 RNA 含量变化，发现脑组织中的 RNA 具有相当高的稳定性。Yasojima 等（2001）用 RT-PCR 技术研究了脑组织中 RNA 的稳定性，发现在冷冻条件下，死后 96h 内 RNA 未见降解，而即使在解冻后 RNA 也没有快速降解。复旦大学陈龙等应用 RT-qPCR 技术探讨单一温度下 miRNA 和 rRNA 在大鼠死后不同时间的心肌细胞中含量变化，发现 miR-1-2 和 18S rRNA 具有良好的稳定性和规律性。miR-1-2 的含量在机体死后 120h 内保持在一个相对稳定的水平，可在死亡早期时间内作为一个稳定的参考指标反映其他生物学标志物的变化水平；18S rRNA 受环境温度因素影响比较小，其含量在大鼠死亡后的 96h 左右达到峰值，随后开始下降，其含量变化规律可用来推断 PMI。随后，该课题组评估了多种 RNA 指标（β-actin、GAPDH、18S rRNA、5S rRNA、miR-203 和 U6 snRNA）在不同温度下的表达水平与 PMI 的相关性，并建立了基于不同温度条件的 PMI 估计模型。目前在相关领域的研究和报道认为，并不是所有死后的组织 RNA 均快速降解，在某些机体组织器官，如脑组织，mRNA 具有很高的稳定性，可在死后较长时间内不降解，即 RNA 降解存在组织差异性。

死亡个体的 DNA 和 RNA 含量变化也会受到外界环境温度、湿度，尤其是一些细胞内酶（如 DNA 酶和 RNA 酶）的影响。同时个体生前的健康状况、死亡方式，以及个体死亡后的尸体损坏程度也会对其有所影响，且检测方法、检测条件及操作人员等各方面的差异、检材的差别，都会使结果难以客观化和标准化。因此在 PMI 鉴定中，需要多种方法相结合。例如，首先从尸体现象观察出发，结合周围的环境、气候等因素对尸体变化进展的影响，对死亡时间进行初步断定；其次，在开展 DNA 定量测定前，应结合已有的工作经验和他人的工作成果建立一套死亡时间与 DNA/RNA 含量相关的数学模型，设定相关的技术参数，并对该数学模型进行反复验证以求能准确无误地计算死亡时间。随着技术的不断完善和发展，以及其他新技术的发明和应用，相信在不久的将来，通过测定人体死后的 DNA 或 RNA 含量就能够精确无误地应用于法医实际工作中的死亡时间推断。

（三）RNA 分析对现场血痕形成时间的鉴定

命案现场往往会存在不同来源的大量血迹，判定血迹的形成时间可以为案件侦破提供重要的信息。近年来，随着分子生物学的不断发展，引入 RNA 技术分析血迹存留时间成为研究热点。

18S rRNA 和 β-actin 是广泛存在于各种真核生物中持家基因的产物，其序列高度保守且高表达。18S rRNA 在细胞质内含量丰富，一个细胞内可有数千拷贝，且几乎单独存在于核糖体蛋白合成物中，可免于 RNA 酶和其他化学因子的侵袭，在细胞未破损或核糖体未裂解时保持相对稳定。成熟 β-actin mRNA 主要游离在胞质中，含量不如 18S rRNA 丰富，相对容易降解，半衰期短。针对人体死亡后一周至半个月内的血迹研究发现，18S rRNA 和 β-actin mRNA 两种不同 RNA 降解速率存在差异。随着时间的延长，18S rRNA 的 Ct 值变化较小，而 β-actin mRNA 的 Ct 值显著上升，且 18S rRNA 的 Ct 值始终远低于 β-actin mRNA 的 Ct 值，即 18S rRNA 含量显著高于 β-actin mRNA，同时 18S rRNA 降解速度明显小于 β-actin mRNA。在理想状态（室温 25℃，50%湿度环境）下，18S rRNA 与 β-actin mRNA 表达产物量的比值与时间存在一定的线性关系，为判定血痕形成时间提供了客观指标。然而，由于实际案件中生物物证检材存放的环境相对复杂，影响因素较多，以及实验样本的个体差异（如年龄、性别、疾病等），目前仅可以基于这一指标大致判断血痕形成时间的时间段，尚无法达到精准判断。

第三节　法医学分子遗传技术

一、STR 基因座的检测技术

精确分离 PCR 扩增的 STR 产物是获得 STR 分型结果的首要条件。一次复合扩增的 PCR 反应可以产生 20 个或更多的 DNA 片段，这些片段必须要能准确区分，包括那些仅有一个碱基差异的等位基因，如 TH01 基因座的等位基因 *9.3* 和等位基因 *10*。

区分不同的 DNA 分子，需要一种能分离不同长度片段的技术，常用的分离方法即电泳（electrophoresis）。DNA 分子是两性电解质，在 pH 为 3.5 时碱基上的氨基解离，3 个磷酸基团中只有 1 个磷酸解离，此时 DNA 分子带正电，在电场中向负极移动；当 pH 为 8.0～8.3 时，DNA 分子碱基上的氨基几乎不解离，但是磷酸基团完全解离，所以核酸分子呈现为负电状态，在电场中向正极移动。正是在电场的作用下，由于待分离样本受各种 DNA 分子本身大小、构象等特性的影响，带电分子产生不同的迁移速率，从而达到分离的目的。本节仅对常用检测技术进行介绍。

（一）平板电泳

平板电泳采用的是平板凝胶。平板凝胶由包含许多小孔的固态介质和缓冲液组成，凝胶混匀后倒入凝胶模具中，凝胶的一端插入样本梳以留下点样小孔，凝胶凝固后拔掉样本梳，DNA 分子电泳过程就是在凝胶中移动。

目前法医 DNA 实验室用于 DNA 分离的凝胶主要有两种：琼脂糖和聚丙烯酰胺。琼脂糖凝胶是用于分离、鉴定和提纯 DNA 片段的标准方法。早期，限制性片段长度多态性（restriction fragment length polymorphism，RFLP）亦是使用琼脂糖凝胶方法来分离鉴定的。在琼脂糖溶液中加入低浓度的溴乙锭（ethidium bromide，EB），紫外线下可以检出纳克（ng）级 DNA。由于 EB 的诱变致癌性，目前已开发出各种 EB 的替代染料，如 GelRed、GelGreen 和 SYBR Green 等。聚丙烯酰胺凝胶电泳（polyacrylamide gel electrophoresis，PAGE）是以聚丙烯酰胺凝胶作为支持介质，聚丙烯酰胺凝胶由单体的丙烯酰胺（acrylamide）和甲叉双丙烯酰胺（*N,N'*-methylenebisacrylamide）聚合而成，可用于 DNA 的分离、定性和定量分析。该方法常用于分离 1kb 以下的 DNA 片段，最高分辨率可达 1bp。聚丙烯酰胺凝胶电泳分为变性和非变性两种。正常条件下，DNA 互补的双链彼此结合在一起。对互补的双链DNA进行分离的电泳称为非变性凝胶电泳，而使DNA保持单链状态进行分离的电泳则为变性凝胶电泳。一般来讲，变性系统能更好地解决长度相似的DNA分子分离问题，可以避免自然状态下的DNA分子形成空间二级结构的倾向。变性系统常使用一些化学物质如甲酰胺和尿素，它们可与DNA的碱基形成氢键，从而阻止互补链的形成。此外，提高分离的温度和溶液的pH也有助于保持DNA的单链状态。

1995年，美国应用生物系统公司推出了377型平板式遗传分析仪，该分析仪成为聚丙烯酰胺凝胶电泳式遗传分析仪的经典代表。该分型系统使用薄层聚丙烯酰胺凝胶分离DNA分子。377型号能够平行处理36个样本，之后推出的377XL版本可以同时处理64个甚至96个样本，样本的分离时间为2～3h。另外一种基于聚丙烯酰胺凝胶电泳的STR分型系统是日立公司的FMBIOⅡ和FMBIO Ⅲ荧光影像系统。该系统的原理是使用聚丙烯酰胺凝胶电泳分离STR产物，电泳后对凝胶上的荧光染料扫描照相。美国普洛麦格公司为日立的FMBIOⅡ和FMBIO Ⅲ荧光影像系统量身定制了PowerPlex 1.1、PowerPlex 2.1和PowerPlex 16 BIO STR试剂盒。

（二）毛细管电泳

目前，在法医学领域主要采用毛细管电泳（capillary electrophoresis，CE）技术对遗传标记进行分型检测。与聚丙烯酰胺凝胶电泳相比，毛细管电泳具有更高的准确性，分辨率可达1bp。

自20世纪90年代中期新型的毛细管电泳装置面世后，这项技术受到了许多DNA科学家的青睐，得到了迅速的推广。用“电进样”的方法将带电的样品分子加到灌好电泳胶的毛细管进样端（负极），然后在毛细管两端加上直流电压，样品中不同大小的DNA片段开始从负极向正极移动，移动的速度受到片段自身大小影响，片段越短移动得越快。电泳的结果是使长度不同的带电DNA片段互相分离，并且按片段的长短顺序通过检测窗口，产生信号，短片段先到达检测窗口。当标记有荧光素的DNA片段移动到检测窗口时，荧光素受到激光束的激发而产生荧光信号，该荧光信号被CCD检测器所检测并被转化为电信号传递到计算机。

相较于平板电泳，毛细管电泳的优点主要有3个：①目前，毛细管电泳的灌胶、分离和检测等步骤完全实现了自动化，多个样本可以在无人看管的情况下同时电泳；②毛细管电泳可以在几十分钟内完成，而不用花费几小时，主要是由于毛细管在施加较高的电压时可以极为有效的散热；③电泳之后得到的电信号易于进行分析。

电泳是一种相对的而不是绝对的检测技术。如果不与已知片段大小的DNA标准物比较，凝胶中DNA谱带的位置是没有意义的。因此在电泳时要求在凝胶中同时加入分子量标准物（Ladder）。

（三）测序

测序技术对于了解法医学常用STR基因座的序列信息十分重要。第一代测序技术主要采用由Sanger开创的双脱氧链终止法，或者是由Maxam和Gillbert发明的化学降解法。

目前，Sanger 测序法主要用于 STR 序列结构信息的确认，如等位基因丢失、异常等位基因分型等。这一技术测序成本高，技术烦琐，单次仅能处理一个样本，但是由于准确性高，目前仍是序列信息确认的金标准。

近几年，第二代测序（second generation sequencing，SGS）技术，或称为新一代测序（next generation sequencing，NGS）技术、大规模并行测序（massively parallel sequencing，MPS）技术在降低了测序成本的同时提高了测序的通量和速度，引起了法医学学者的关注。相较于毛细管电泳，采用这一技术对 STR 进行解读可以获得更为丰富的序列信息，对于突变的发生、复杂亲缘关系的判断，以及混合样本的拆分能提供更多的信息量；同时，采用第二代测序技术对 STR 进行测序可以实现多样本多位点的并行检测，节约样本量及检测时间。另外，针对核心区域进行文库构建引物设计，可以突破毛细管电泳中可用荧光素数目的限制，纳入尽量多的 STR 基因座，对于降解检材可以提供更多的遗传信息。目前，法医学 DNA 实验室的第二代测序平台主要是赛默飞公司的 Ion Torrent 系列平台和因美纳公司的 Miseq 系列平台。

除了商业化试剂盒的推出，借助第二代测序平台对复杂 STR 基因座核心序列结构进行探讨也是研究热点之一。与 PCR-CE 的片段长度分析相比，SGS 测序更多地揭示了序列的内部变异情况，可以发现新的等位基因及更多的变异位点。另外，第二代测序技术对 STR 基因座的测序可以简化混合物的分析，例如，混合物中不同贡献者含有相同片段长度的等位基因，但是序列结构却有所差异。

二、SNP 位点的检测技术

认识到 SNP 在法庭科学领域的重要性，国内外学者纷纷开始探索适用于法医学实验室的 SNP 分型技术。SNP 检测可分为非序列特异性和序列特异性两类，分别在 SNP 的发现和确证中起主要作用。在反应形式和检测方法上的巧妙构思和设计是使基因分型技术得以迅速发展的一个重要动力。从基因组 DNA 开始，各种基因分型方法都要经历一系列生化反应和最终的产物检测步骤。反应形式在很大程度上体现了检测仪器的要求。总的来说，生化反应在溶液中更为稳定，但在固相载体上捕获反应产物能够使大量检测平行进行，显著提高分析通量。

（一）分型原理

非序列特异性的 SNP 检测是一种基于构象的突变扫描方法。对于一个经 PCR 扩增后具有固定长度的 DNA 片段而言，其分子构象是由碱基序列所决定的，单个碱基的改变能够引起 DNA 分子单链或等位基因间形成的错配异源双链在非（或轻度）变性条件下的微小构象差别，这些不同的构象体在电泳或高效液相检测中因移动性的差异而得以区分。可供选择的方法包括单链构象多态性（single strand conformation polymorphism，SSCP）分析、构象敏感凝胶电泳、变性梯度凝胶电泳和变性 HPLC 等。基于构象的 SNP 检测方法可以简单快速地确定目标基因片段中是否存在突变，但存在以下缺点：①不能给出序列信息，因而无法确定具体突变位点与突变形式；②不能对一个 PCR 片段中的多个突变加以区分；③对操作者技术要求较高。

序列特异性的 SNP 检测是根据已知的基因序列信息和 SNP 位点信息，设计序列特异性的探针和引物，用于已知 SNP 的分析和确证。随着更为精确的人类基因组图谱和高密度 SNP 图谱的完善，SNP 的检测重点正在由 SNP 的发现逐渐转为对个体或人群中已知 SNP 的确定和与复杂表型的相关性研究。随着荧光标记技术、检测技术及固相反应技术的发展，序列特异性 SNP 检测正在向大规模、高密度、平行快速检测的方向发展，成为基因分型方法的研究重点。

（二）反应形式

许多基因分型始终在溶液中进行，这一类称为均相反应。均相反应通常很稳定，灵活性高，无须更多的干预，但其最大缺陷是多重平行反应数量有限。另一类则称为固相反应，是将反应起始物锚定在固相载体上，生物化学反应在载体表面进行，最终的目标产物与载体连接，过量的反应起始物、中间产物等经过简单的洗涤即可除去，极大地简化了反应中分离纯化的过程。基因分型中使用的固相载体包括载玻片、硅基片、颜色编码微球（微球所特有的颜色是识别探针的记号，微球在溶液中的反应较刚性片基更为充分）、微孔板的孔壁等。固相反应较好地弥补了均相反应的缺陷，可以同时分析大量遗传标志物，节省时间和试剂，且降低了标本结果混淆的可能性，但是在阵列设计和多重反应的优化上需要大量资金和时间的投入。

（三）常用检测技术

SNP 位点的检测方法有很多，起始于 20 世纪 90 年代初期的单链构象多态性（SSCP）分析是较为流行的一种突变检测法，然而，这一技术不能检测没有导致迁移变异的突变多态性。之后发展的异源双链（heteroduplex，HTX）构象多态性分析与 SSCP 技术的联合使用使结果更加可信。HTX 构象多态性分析方法避免了同位素的使用。变性梯度凝胶电泳（denaturing gradient gel electrophoresis，DGGE）技术在 SNP 检测中扮演了重要角色，可以达到单碱基的分辨率。DGGE 技术检测片段大于 500bp，长度上优于其他方法，几乎可达 100%的有效检测率，无须放射性标记，是一种快速、易行、最适于常规筛查小片段的突变检测方法。代表突变检测手段新进展的变性高效液相色谱法（denaturing high performance liquid chromatograph，DHPLC），主要用来分析异质性双链结构，突变的有无最终表现为洗胶峰形差异。该方法不仅增强了分析的精确性和速度，而且不需要铺置凝胶。之后，随着对检测速度、精度、通量等要求，SNP 检测技术逐渐趋于自动化、快速化、规模化。下面概述了法医学实验室常用 SNP 检测技术。

1. 多重单碱基延伸 SNP 分型技术

多重单碱基延伸 SNP 分型技术（multiplex SNaPshot）是由美国应用生物公司开发的，主要针对中等通量的 SNP 分型检测。在含有测序酶、4 种荧光标记的 ddNTP、紧挨多态位点 5′端的不同长度延伸引物和 PCR 产物模板的反应体系中，引物掺入对应 ddNTP 即终止，经跑胶后，根据峰的颜色可知掺入的碱基种类，从而确定该样本的基因型，根据峰移动的胶位置确定延伸产物对应的 SNP 位点。该技术分型准确度仅亚于直接测序；可实现多位点同时检测；不受 SNP 位点多态性限制；不受样本质与量的限制，可检出受污染的样本。

SNaPshot 分型方法主要步骤包括 PCR 扩增、引物延伸反应和电泳分型，具体步骤及结果分析可参考《法医 SNP 分型与应用规范》（SF/Z JD0105003—2015）。这一检测技术可以在法医实验室常见的毛细管电泳平台完成检测，无须额外配备实验平台，受到法医学者的青睐。Fondevila 等（2017）就法医学领域采用 SNaPshot 技术对 SNP 位点进行检测提出了在体系构建和优化中的注意事项及解决方案。

2. 高分辨率熔解曲线技术

高分辨率熔解曲线（high resolution melting，HRM）技术仅仅通过 PCR 产物熔解曲线分析，就能迅速检测出 PCR 片段的微小序列差异，从而应用在突变扫描、序列配对和基因分型等多个方面。HRM 对 PCR 的扩增子升温加热，扩增子逐渐解链，达到熔解温度（T_m）时，DNA 链完全分开。在 HRM 分析的初期，荧光强度很大，随着温度升高，双链 DNA 逐渐减少，荧光强度下降。HRM 通过照相机记录荧光变化的整个过程，通过数据作图生成熔解曲线，熔解曲线取决于 DNA 碱基序列，即便一个碱基发生突变，也会改变 DNA 链的解链温度，但差异极小，需要仪器温度分辨率足够高。目前市场上有多个厂家提供 HRM 分析的仪器，如 Idaho Technology、Corbett（QIAGEN）、Roche 等。QIAGEN 的 Rotor-Gene Q（Corbett Rotor-Gene 6000）是全球第一台实现了定量扩增与 HRM 技术合二为一的实时荧光定量分析装置，其温度均一性为 0.01℃、分辨率为 0.02℃，解决了温度均一性、精确性和分辨率方面的问题。

作为新一代的遗传扫描工具，HRM 技术是一种低成本、高通量、快速且不受位点局限的检测方法，是 SNP 筛查的最佳选择。这一技术无须序列特异性探针，不受碱基位点局限，可同时检出已知或未知突变、SNP 和甲基化位点。HRM 技术适用于样本量多、检测位点较少的 SNP、突变或甲基化分析，也是基因芯片筛选后的多个基因进行后续验证的最佳方法。

3. 焦磷酸测序法

焦磷酸测序法（pyrosequencing）是新一代 DNA 序列分析技术，可用于特定位点的甲基化及全基因组甲基化分析，该技术在亚硫酸盐限制性分析法的基础上改进，以测序反应替代了酶切方法，克服了亚硫酸氢钠变性后限制酶分析法仅限于检测数量有限的限制性酶切位点甲基化的缺点，其操作方便、定量准确、灵敏度和特异性高、检测成本低。

焦磷酸测序的原理是：引物与模板 DNA 退火后，在 DNA 聚合酶（polymerase）、三磷酸腺苷硫酸化酶（ATP sulfurylase）、萤光素酶（luciferase）和三磷酸腺苷双磷酸酶（apyrase）4 种酶的协同作用下完成循环测序反应。当加入的 dNTP 与模板互补时，DNA 模板与互补的 dNTP 聚合可以产生等摩尔 PPi，在三磷酸腺苷硫酸化酶的催化下，PPi 与 5′-磷酸化硫酸腺苷（APS）反应生成等量的 ATP；在萤光素酶的催化作用下，ATP 与荧光素（luciferin）反应发光，最大波长约为 560nm，可用电荷耦合装置检测。产生的荧光信号强度与聚合的 dNTP 个数成正比，根据加入的 dNTP 类型和荧光信号强度就可实时记录模板 DNA 的核苷酸序列。

焦磷酸测序技术中有 3 个关键点：①使用 dATP 的类似物 dATPαS，因为 dATP 的结构与 ATP 相似，能与荧光素反应发出荧光，而 dATPαS 几乎不产生背景荧光。②使用三磷酸腺苷双磷酸酶使测序能循环进行，因为每加一种 dNTP 时必须除去上一次未反应的 dNTP，否则会影响连续测序。三磷酸腺苷双磷酸酶能够在聚合反应完成后降解剩余的 dNTP，因此无需后续的分离或洗涤步骤。③测序反应产生的 ATP 会使背景累积而溢出，使测序无法继续，但巧合的是用于降解 dNTP 的三磷酸腺苷双磷酸酶同时也能降解 ATP，可得到峰信号。主要测序平台为 QIAGEN 公司的 PyroMark Q48 或者 PyroMark Q96。

4. MassArray 技术

MassArray 即飞行时间质谱生物芯片系统，由专业生产生物芯片系统用于遗传突变及 SNP 领域研究的美国 Sequenom 公司开发，是目前唯一采用质谱法直接检测 SNP 的设备。这一技术广泛应用于 SNP 检测、全基因组关联分析（genome wide association study，GWAS）及二代测序验证、甲基化定位定量、肿瘤体细胞基因突变谱分析、基因表达定量及 CNV 分析和病原体分子分型。

MassArray 系统用于寻找不同人种特异 SNP，称为 HapMap 计划。该系统能以极高的精确度快速进行基因型识别，直接测出带有 SNP 或其他突变的目标 DNA。MassArray 系统反应体系为非杂交依赖性，不存在潜在的杂交错配干扰，不需要标志物，其采用的高密度 SpectroCHIP 点阵芯片分析系统能在 4h 之内完成多达 3840 个多重性鉴定，每个检测点只需 3～5s，全自动完成分析。

该系统基本原理为基质辅助激光解吸电离飞行时间质谱（MALDI-TOF MS）技术。在 PCR 扩增产物中加入 SNP 序列特异延伸引物，在 SNP 位点上延伸 1 个碱基。然后将制备的样品分析物与芯片基质共结晶，晶体放入质谱仪真空管，而后用瞬时纳秒强激光激发，基质分子经辐射吸收的能量蓄积并迅速产热，从而使基质晶体升华，核酸分子就会解吸附并转变为亚稳态离子，产生单电荷离子在加速电场中获得相同的动能，进而在非电场漂移区内按照其质荷比率加以分离，在真空小管中飞行到达检测器。MALDI 产生的离子常用飞行时间（time-of-flight，TOF）检测器检测，离子质量越小，到达越快。理论上讲，只要飞行管的长度足够，TOF 检测器可检测分子的质量数没有上限。MassArray 检测的质谱范围为 5000～8500Da。

5. 毛细管电泳

毛细管电泳（CE）泛指在散热效率高的极细毛细管内，利用有或无凝胶的筛分机制和高强度电场的双重作用，DNA 片段离子表面积和分子外形变异导致迁移时间不同，从而高效快速分离和分析突变。CE 技术能够分析数千以上的碱基片段，可同时高速处理多个样本。CE 利用 DNA 分离设备物理压缩的特点，与基于激光的片段检测相配套，最终与 96 孔板和 384 孔板相兼容，使得高平行性自动化检测成为可能。

基于这一技术，无锡中德美联生物技术有限公司根据线粒体 DNA 进化树，结合中国人群遗传特点，选择了 60 个多态性高、回复突变率低、分型能力强的 SNP 位点（编码区 53 个，控制区 7 个），构建了 Expressmarker mtDNA-SNP60 荧光检测试剂盒，可用于法医学降解检材个体身份信息识别及母系亲缘关系鉴定。

6. 基因芯片分型技术

基因芯片技术是20世纪90年代发展起来的一项前沿生物技术，其将大量靶基因片段（探针）有序地、高密度地（点与点间距一般小于500μm）排列在玻璃、硅等载体上，用荧光标记的PCR产物与之进行杂交，结果扫描后经计算机分析获取数据，是一种快速、高效、高通量分析生物信息的工具。

基因芯片技术可用于已知SNP的分型检测，具有其他方法无法比拟的优点，因而受到了广泛的重视。基因芯片在数平方毫米的面积上可固定数百个分型探针，与PCR-SSOP方法所用的膜和酶联板比较起来具有缩微化的优势，只需一张芯片、一次PCR、一次杂交，就可对一个或多个样本进行SNP基因分型，有高通量和平行化的特点；该技术机械化流水作业和自动化程度较高，杂交、洗脱过程简单，即使不擅长分子生物学技术也很容易上手，直接扫描杂交结果，非常直观；由于固定在芯片上的探针量和PCR所用的样本量很小，且芯片可以实现单片多人份，因此成本较低。Morimoto等（2016）采用HumanCore-24 Bead Chip对5级内亲缘个体检测多达174 254个SNP位点，尝试更深层次地解读亲缘关系。张素华等于2019年采用包含170 000个SNP位点的CanineHD BeadChip对德国牧羊犬、荷兰牧羊犬、马里努阿犬、史宾格犬进行遗传背景调查，发现其可用于犬类个体身份信息识别及种属鉴定。

7. 二代测序

二代测序技术可以实现大量SNP位点的并行检测，准确性高、检测速度快，受到了法医学者的青睐。基于这一技术，目前推出了针对不同检测用途的多款SNP检测试剂盒。赛默飞公司针对法医学样本推出了一款用于个体识别的试剂盒Applied Biosystems Precision ID Identity Panel。该试剂盒包含90个已验证的全球通用的常染色体SNP位点和34个Y染色体系统发育树上最大单倍型SNP位点。90个常染色体SNP中，43个来自Kidd，48个来自SNPforID，二者之间有一个相同SNP位点。34个Y-SNP则构成Y染色体简约树（parsimony tree）上最常见的单倍型。其中，常染色体SNP位点的平均文库大小为132bp，Y-SNP位点的平均文库大小为141bp。同时，针对法医学先祖推断设计了Applied Biosystems Precision ID Ancestry Panel。该试剂盒包含165个常染色体AIM-SNP位点，其中55个位点来源于Kidd课题组，123个位点来源于Seldin实验室。鉴于分析的遗传标记更多地用于区分大洲，对于中国人群的区分力度小，较少应用于法医实践中。另外，因美纳公司推出的商业化试剂盒ForenSeq™ DNA Signature Prep Kit中含有94个可用于个体识别的SNP位点、56个可用于族源推断的SNP位点。DNASeqEx Consortium以及来自4个不同实验室的法医学者对该试剂盒进行了实验室间验证，证实了该试剂盒适用于法医学个体识别和亲缘关系检测。

三、InDel遗传标记的检测技术

InDel，即插入/缺失标记，通常针对目标区域两侧的序列设计特异性引物，之后PCR扩增，并采用电泳技术对PCR片段进行分离检测。早期，一些研究学者采用琼脂糖凝胶电泳、聚丙烯酰胺凝胶电泳或QIAxcel平台进行单个InDel遗传标记的检测。目前，在法医学实验室主要采用毛细管电泳对 InDel 分型检测，该技术操作简单、成本低，且可以对多个 InDel 遗传标记进行并行检测。随着可用荧光标志物越来越多，这一技术对法医领域研究学者具有较大的吸引力。除此之外，Bus 等（2016）尝试用焦磷酸测序的方法检测 8 个存在于 Investigator® DIPplex 试剂盒中的位点，检测结果与 Investigator® DIPplex 试剂盒的毛细管电泳结果一致，相对于毛细管电泳技术，焦磷酸测序可获得序列信息，为实践应用提供了低成本、高信息量的替代选择。Liu 等（2017）选取最小等位基因频率在 0.2 以上的 10 个 InDel 位点，针对 InDel 位点设计两对特异性引物进行扩增，利用实时荧光定量技术检测 2 个反应的 Ct 值，发现可成功检测 1∶1000～1∶50 范围内的混合样本中较小 DNA 贡献者。Santurtún 等（2017）尝试应用微滴式数字聚合酶链反应（droplet digital polymerase chain reaction，ddPCR）检测 InDel 位点对造血干细胞移植的嵌合体样本和模拟混合样本进行分析检测，发现其灵敏度高，分析混合样本的效能可以达到 200∶1 以上，为检测法医学混合样本和临床嵌合体样本提供了新的有力工具。Kim 等（2017）针对如何从二代测序结果中准确分辨出 InDel 数据，提出应用 4 种识别算法，即 Genome Analysis Toolkit（GATK）、SAMtools、Dindel 和 Freebayes，分析二代测序获得的全基因组序列中的 InDel 位点，并用 Sanger 测序法对 4 种算法得出的结果进行验证。研究表明，4 种方法结合，对 InDel 位点的阳性预测率可高达 98.7%，这项研究可以作为准确和完整识别 InDel 位点的基础。Au 等（2017）针对二代测序中的复杂 InDel 容易被漏检的特点，提出并评估了 INDELseek 方法，用于从二代测序数据中发现复杂的 InDel 位点，证实 INDELseek 对复杂 InDel 的检测有 100%的敏感度，可以作为准确且通用的工具。

四、微单倍型遗传标记的检测方法

微单倍型可使用单链构象多态性（SSCP）分析或高分辨率熔解曲线（HRM）技术等方法进行检测。SSCP 分析的原理是利用单链 DNA 序列差异产生的空间构象改变，从而通过电泳迁移率的变化进行检测。SSCP 可对单链 DNA SNP 序列进行筛选分类，但通量较小，且对电泳条件要求较高。HRM 利用单个核苷酸熔解温度的不同形成差异熔解曲线来检测扩增片段上的序列变化，该技术速度快、通量高，在 SNP 分型、降解检材分析、DNA 甲基化相关研究领域已发挥重要作用。SSCP 和 HRM 成本低，分型操作简便，可检测特定位点基因型差异，但不能直接获得 DNA 序列信息。

Sanger 测序是 DNA 测序的主流方法，然而，Sanger 测序不能确定 SNP 之间的顺反式关系。随着计算机和生物信息技术的发展，以高通量、成本低、速度快为优势的二代测序通过对每条 DNA 链克隆测序、确定特定位点的单倍型，可同时对数百乃至数千个遗传标记测序。目前，微单倍型最理想的分型方法是二代测序。

五、mtDNA 的分型方法

最早的 mtDNA 分型利用 5 种或 6 种限制性内切酶进行低分辨率的 RFLP 分析；之后采用 9 个具有代表性的重叠片段进行 PCR 扩增后，用 12 种或 14 种限制性内切酶消化而实现限制性片段高分辨率分型。这些限制核酸内切酶包括：*Alu* Ⅰ、*Ava* Ⅱ、*Ban*mH Ⅰ、

Dde Ⅰ、*Hae*Ⅲ、*Hae* Ⅱ、*Hha* Ⅰ、*Hinc* Ⅱ、*Hinf* Ⅰ、*Hpa* Ⅰ、*Msp* Ⅰ、*Mbo* Ⅰ、*Rsa* Ⅰ和 *Taq* Ⅰ。20 世纪 90 年代早期，部分线粒体控制区 DNA 序列分析已得到广泛认同，绝大多数群体 mtDNA 数据仅限于 nt16 024～nt16 365 的高变区Ⅰ（high variation region Ⅰ，HVⅠ）。目前法医学 DNA 研究中关注最多的是控制区内 HVⅠ和 HVⅡ两个高变区域。为了获得检测样本更多的信息，有时也检测控制区内 HVⅢ区域（nt340～nt576）。2000 年 12 月，科学家发表了全球 53 个不同个体的完整线粒体全基因组序列，标志着 mtDNA 群体基因组时代的开始。截至 2019 年 5 月，法医学 mtDNA 数据库 EMPOP v4/R12 共含有 41 385 条 HVⅠ（16 024～16 365）和 HVⅡ（73～340）的序列信息，33 447 条控制区（16 024～576）的序列信息，以及 1366 条全基因组测序信息。序列信息揭示了 mtDNA 多态性主要表现为单核苷酸多态性，其中也发现短串联重复序列（STR），大多集中在 D 环区，表现为单个碱基和两碱基重复（多为 CA 重复，且重复次数在 10 以下）。本节将对 mtDNA 检测技术的发展历程进行概述。

（一）限制性内切酶法

mtDNA 多态性研究始于 RFLP 分析。20 世纪 80 年代初，由于技术限制，mtDNA 上的 RFLP 是研究者唯一可以选择的标记。通过对血液、胎盘等组织匀浆破碎离心提取 mtDNA，进而用多种限制性内切酶进行酶切，若 mtDNA 酶切位点的碱基发生替换、插入或缺失，则可表现出片段、长度多态性。然而，由于 RFLP 多态信息含量低、多态性水平过分依赖限制性内切酶的种类和数量、分析技术步骤烦琐、工作量大、成本较高，该技术的应用受到了一定的限制。

（二）Sanger 测序

mtDNA 非编码区序列的大多数突变集中在 HVⅠ和 HVⅡ区域。20 世纪 90 年代初，针对 mtDNA 高变区的研究提高了 mtDNA 作为遗传标记的分辨率。对于这两段高变区序列（主要是 HVⅠ序列）的较大规模的人群测定分析，基本上以 1991 年 Vigilant 等在 *Science* 杂志上的文章为开端。目前，在 GeneBank、HVRbase 和 EMPOP 数据库里已储备了数以万计的世界各地人群高变区序列。主要策略是针对这两段区域设计特异性引物，采用桑格测序进行序列信息的解读。目前，桑格测序法仍被广泛应用于 mtDNA 异质性的检测，但灵敏度和准确度还有待提高。

（三）基因芯片检测

mtDNA 异质性往往集中在被称为“突变热点”的区域。Affymetrix 曾发布了一款名为 MitoChip 的微测序芯片，单次可以对大于 29kb 的双链 DNA 进行测序，用于检测线粒体基因组的异质性位点，可以作为癌症早期的筛查工具。MitoChip v2.0 对参与异质性检测的 GSEQ 4.1 算法进行了修改，将 MitoChip 的检出率提高到 99.75%，准确率达到 99.988%。与桑格测序相比，基因芯片技术具有检测周期短、成本低、产量高的显著特点，可应用于临床诊断领域。捕获阵列在单核苷酸测定中具有方便、高效的优点，但由于寡核苷酸探针的设计必须遵循现有序列，因此无法提供未知异常位点的信息。

（四）高分辨率熔解曲线技术

高分辨率熔解曲线（HRM）技术是近年来兴起的一种检测基因突变、基因分型和 SNP 检测的新工具。HRM 技术因速度快、操作简便、通量高、灵敏性和特异性高、对样品无污染等优点而被迅速地应用在生命科学领域。DNA 分子的片段长短、GC 含量与分布的不同，决定了热变性时独特的熔解曲线形状和位置。Dos Santos 等就 HRM 技术的法医学应用提出了标准化工作建议。

（五）焦磷酸测序技术

基于焦磷酸测序技术对 mtDNA 进行序列解读，相较于桑格测序或 SNP 微测序法，是一个很好的技术替代，它可以实现高通量分析，也可以对混合物中的 mtDNA 进行定量分析。Chen 等（2018b）对 24 个线粒体 SNP 位点建立了焦磷酸检测技术分析体系，可以快速、准确、可靠地对食肉蝇进行检测，从而用于死亡时间推断。

（六）毛细管电泳检测

随着对人群 mtDNA 的逐步研究，科学家对于人群数据有了更多的认识。中国无锡中德美联生物技术有限公司根据 mtDNA 进化树，结合中国人群遗传特点，选择了 60 个多态性高、回复突变率低、分型能力强的 SNP 位点（编码区 53 个，控制区 7 个），并构建了基于毛细管电泳检测平台的 Expressmarker mtDNA-SNP60 荧光检测试剂盒，可以用于法医学检材个体身份信息识别及母系亲缘关系鉴定。

（七）二代测序技术

二代测序技术的发展使 mtDNA 测序从早期高变区检测发展为全基因组序列信息的读取。进入 21 世纪以后，随着测序成本降低，许多研究小组相继发表了世界各地人群 mtDNA 全基因组序列的研究报告。对全基因组序列的分析不仅验证了通过限制性酶切和高变区测序得到的结果，还为建立高解析度的世界人群 mtDNA 系统关系提供了大量的信息。在东亚地区 mtDNA 研究领域，基于深度测序技术构建了更高分辨率的系统树，在主要的东亚谱系内部，确定了很多的细微分支。考察这些高分辨率谱系在东亚人群中的分布，为追溯东亚人群的母系遗传历史提供了宝贵的素材。

赛默飞公司基于深度测序技术推出了针对线粒体控制区检测的 Precision ID mtDNA Control Region Panel 和针对线粒体全基因组检测的 Precision ID mtDNA Whole Genome Panel。Woerner 等（2018）尝试采用 Precision ID mtDNA Whole Genome Panel 分别在 Ion S5™ System（Thermo Fisher Scientific）和 MiSeq™ FGx Desktop Sequencer（Illumina）进行测序，发现可以获得一致的线粒体单倍型结果。Strobl 等（2018）对 Precision ID mtDNA Whole Genome Panel 的验证工作发现，该试剂盒适用于检测毛发、毛干、口腔拭子，以及冷藏多年的牙齿和骨骼，与桑格测序或毛细管电泳获得的测序结果一致，且提供了更多的遗传信息，进一步提高了线粒体单倍型预测的能力。Churchill 等（2018）进一步验证了 Precision ID mtDNA Whole Genome Panel 对线粒体混合物具有一定的识别能力，在

1∶1、5∶1 和 10∶1 的 2 人混合物中可以对较小比例贡献者成分进行识别，但在 5∶1∶1 的 3 人混合物中仅可以识别高比例贡献者成分。

六、RNA 分子的检测技术

RNA 的检测方法根据定量、定性序列测定及通量，主要分为四类。第一类是基于杂交技术的微阵列（microarray）检测，是一种高通量检测 ncRNA 表达情况的技术，可在短时间内获得转录组层面上已知位点的表达情况。第二类是实时定量 PCR（real-time quantitative PCR，RT-qPCR），在反应体系中加入荧光基团，通过荧光信号积累实时监测 PCR 进程，在扩增的指数期对起始模板进行定量分析，可以灵敏地定量检测低丰度表达的靶分子，是目前检测 RNA 表达水平最常用的技术。第三类是法医学领域常用的技术——毛细管电泳。第四类是基于大规模测序技术的 RNA 测序（RNA-seq），在单核苷酸水平对整体转录活动进行检测，在分析转录本的结构和表达水平的同时还能发现未知转录本和稀有转录本，并能精确地识别可变剪接位点，以及编码序列 SNP，从而提供全面的转录组信息。

（一）微阵列

微阵列又称寡核苷酸阵列（oligonucleotide array），是在核酸杂交的基础上发展起来的生物芯片技术。该技术将大量靶基因片段按预定位置有序地、高密度地排列在硅或玻璃等固相载体上，在特定的条件下用已标记的待测生物样品与之杂交；通过扫描杂交信号强度进行并行检测分析，从而判断样品中靶分子的数量。微阵列技术可在微小的载体上固定成千上万个核酸分子组成的探针阵列，具有高通量和平行化的特点。此外，微阵列技术杂交、洗脱等操作过程简单且自动化程度较高，方便广泛应用。

微阵列技术的固相载体上可根据检测目标预置代表生物的整个基因组、部分基因组、转录组等核酸探针，如外显子、miRNA、piRNA、circRNA 等。微阵列检测 RNA 大致可分为三步：①从样品中提取 RNA 反转录为 cDNA 并对其进行标记；②标记的 cDNA 片段与芯片上的核酸杂交；③扫描芯片检测每个斑点的荧光水平，分析得到相应位点的表达水平。2014 年，美国 Arraystar 公司推出第一款商业化 circRNA 芯片（Human Circular RNA Array，V2.0 版本），其可检测 13 617 个 circRNA。该芯片利用特异性剪接位点探针技术，能准确、快速检测不同条件下或不同类型样本中 circRNA 的表达情况。Arraystar 公司的 Human piRNA Array 使用双重方法设计 60-mer 的反义寡核苷酸探针，可以对 23 677 个 piRNA 的总体表达情况进行检测。微阵列技术是目前检测整个基因组内表达丰度的有力手段，但依赖已知的基因组信息。

（二）实时定量 PCR

实时定量 PCR（RT-qPCR）是指在 PCR 反应体系中加入荧光基团，实时监测 PCR 进程中荧光信号的变化，通过标准曲线对检测样品中的特定序列进行总量分析或通过 Cq 值（quantification cycle）进行相对定量。由于 RT-qPCR 定量结果的准确性，该方法在体液斑鉴定领域被广泛应用于 miRNA 分子标记的表达分析。目前，在法医学研究中常用的 RT-qPCR 方法分为基于荧光染料检测的 SYBR Green RT-qPCR 和基于荧光探针检测的 TaqMan RT-qPCR。二者虽然在荧光染料结合方式与特异性方面存在一定差异，但本质上都是在每个循环之后通过对 PCR 产物进行实时定量计算出目标基因与内参基因之间的表达量差异，即 ΔCq（或 ΔCt）值。美国赛默飞科技公司推出的基于 RT-qPCR 技术的人类 miRNA 检测阵列（TaqMan Array Human MicroRNA Cards Set v3.0）可同时对 754 个人类 miRNA 进行准确定量（TaqMan 探针法），配套的 Megaplex 引物库能够显著增强检测低表达 miRNA 的能力，利用极少量样品（1.0ng 总 RNA）便可获得 miRNA 表达谱。

针对法医常见类型的体液样本，已有多项研究通过表达水平和稳定性分析对一些小 RNA 内参基因的适用性进行了评估，但纳入比较的内参基因不同导致这些研究之间缺乏横向比对。针对中国汉族人群，Wang 等（2020）通过检测 18 个已报道的小 RNA 候选内参基因在常见体液斑中的表达情况，最终将 miR-191、miR-423、miR-93、miR-484 和 let-7 确定为比较理想的内参基因。

（三）毛细管电泳

法医学领域目前常采用毛细管电泳进行 mRNA、miRNA 和 circRNA 分子标记的检测。在检测过程中，首先需要将 RNA 反转录为互补 DNA（complementary DNA，cDNA），然后使用特异性引物对 cDNA 进行终点 PCR，并对扩增产物进行毛细管电泳以获得体液特异性分子标记的检测结果。但是，作为一种半定量的检测手段，它在检测 cDNA 时目的产物峰高与起始模板量并不存在明确的线性相关。在分析一些灵敏度较低的分子标记时，这种二元化检测结果能够提供的信息量较为有限。因此，不同实验室可能会对同样的检测结果做出不同的判读和解释。为了解决这一问题，Lindenbergh 等（2013）基于检测结果的可重复性，以及观察到的峰（x）与可能存在的峰（n）之间的比例开发了一种简易的结果解读方法。当一类体液特异性分子标记在所有可能存在峰的位置上出现了至少一半的阳性检测结果（$x \geqslant n/2$）时，该类型体液将被判定为“观察到”。在这种方法中，每种体液的全部 RNA 分子标记在结果判断中都具有相同的权重。Roeder 和 Haas（2013）则提出了另一种评分方法，根据表达特异性为每个 RNA 分子标记赋予了一个权重值，将样本中检测到的分子标记的权重值相加可得到一个体液得分。在这种方法中，仅当样本的体液得分达到一定阈值时才可对其进行体液类型判定，因此可在很大程度上降低样本类型的误判概率。

欧洲 DNA 分析组（European DNA Profiling Group，EDNAP）在 2011～2015 年开展的 mRNA 分子标记合作研究也是在毛细管电泳平台上进行的。该研究集合了多个法医学实验室的检测结果，对用于鉴定血液、唾液、精液、阴道分泌物、月经血和皮肤的多种 mRNA 分子标记的稳定性和可重复性进行了全面评估。结果表明，基于毛细管电泳技术的 mRNA 表达分析可以成功地与 STR 分析相结合，并纳入法医学实际案件的常规处理流程中。

（四）RNA-seq

RNA-seq 即转录组测序，通过深度测序从整体水平上解析转录活动，或对某些 RNA 分子测序反映其表达情况和丰度。随着深度测序技术的不断更新和提高，RNA-seq 在测序通量、测序长度、错配率、碱基配对读取能力等方面日益成熟完善。该技术研究转录组时具有以下优势：通量高，可以覆盖整个转录组；分辨率高，可达到单碱基分辨率，且可避免微阵列荧光模拟信号带来的交叉反应和背景噪声；灵敏度高，可以检测少至几个拷贝的稀有转录本；限制性低，无须预先设计特异性探针，可直接对转录组分析，并能同时检测未知基因，发现新的转录本；可准确识别可变剪接位点、编码序列单核苷酸多态性（coding SNP，cSNP）、非翻译区（untranslated region，UTR）。

RNA-seq 进行 ncRNA 测序研究基本步骤如下。①文库构建：提取待测样本总 RNA 后，根据所测 RNA 种类进行分离纯化；反转录成 cDNA 后根据测序平台连接相应测序接头。②模板制备：利用桥式/乳液 PCR 进行文库放大。③测序反应：通过可逆性末端终结/离子半导体测出模板的序列信息。④数据分析：通过统计相关读段（reads）数计算出不同 RNA 的表达量。

在体液斑鉴定领域，深度测序的应用仍处于起步阶段。Lin 等（2015）最早对来自陈旧体液斑样本中的高度降解 RNA 进行了完整的转录组学分析，实现了高通量测序技术在分析降解 RNA 中的应用。之后，Zubakov 等（2015）开发了一种基于平行靶向 DNA 及 RNA 测序同时分析 STR 和 mRNA 的方法，成功整合了 9 个 STR 遗传标记、12 个体液特异性 mRNA 分子标记（可检测血液、唾液、精液、阴道分泌物、月经血和皮肤），以及 2 个 mRNA 内参基因。Hanson 等（2018）进一步增加了高通量测序体系中 mRNA 分子标记的数量，开发了包含 33 个 mRNA 分子标记的靶向测序体系（MiSeq/FGx33plex），可用于血液、精液、唾液、阴道分泌物、月经血和皮肤的鉴定。这些分子标记在各自的目标体液中均显示出较高的特异性，并且与非目标体液的交叉反应极小（或无）。随后，Dørum 等（2018）利用包含模拟案件检材在内的 183 例体液或组织样本对 MiSeq/FGx33plex 的应用效果进行了更加全面的评估，并在数据分析过程中建立了一个预测样本类型的全新统计学模型，可将测序数据中的定量信息也作为一个因子纳入分析，而不仅仅是基于有或无的二元化判定结果，使体液类型的预测效果得到了很大的改善。

（李成涛　张素华）

参 考 文 献

包云，盛翔，张家硕，等. 2018. SiFaSTR™ 23plex DNA 身份鉴定系统在华东汉族人群中的法医学应用. 法医学杂志，34(2): 120-125.

毕洁，畅晶晶，李妙霞，等. 2017. 20723 例亲子鉴定中 19 个 STR 基因座的突变分析. 法医学杂志，33(3): 263-266.

李文灿，马开军，张萍，等. 2010. 大鼠心肌组织中 microRNA 和 18S rRNA 的降解与死亡时间的相关性. 法医学杂志，26(6): 413-417.

孙宽，赵书民，张素华. 等. 2014. X 染色体上 18 个 InDel 多重 PCR 系统的建立. 法医学杂志，30(2): 101-109.

薛天羽. 2010. 精斑特异性 mRNA 及 microRNA 标记的研究. 中山大学硕士学位论文.

Ansari M H, Cooper S J B, Schwarz M P, et al. 2019. Plio-Pleistocene diversification and biogeographic barriers in southern Australia reflected in the phylogeography of a widespread and common lizard species. Mol Phylogenet Evol, 133: 107-119.

Au C H, Leung A Y H, Kwong A, et al. 2017. INDELseek: detection of complex insertions and deletions from next-generation sequencing data. BMC Genomics, 18(1): 16.

Bastos-Rodrigues L, Pimenta J R, Pena S D J. 2006. The genetic structure of human populations studied through short insertion-deletion polymorphisms. Ann Hum Genet, 70(5): 658-665.

Bhangale T R, Rieder M J, Livingston R J, et al. 2005. Comprehensive identification and characterization of diallelic insertion-deletion polymorphisms in 330 human candidate genes. Hum Mol Genet, 14(1): 59-69.

Britten R J, Rowen L, Williams J, et al. 2003. Majority of divergence between closely related DNA samples is due to indels. Proc Natl Acad Sci USA, 100(8): 4661-4665.

Bus M M, Karas O, Allen M. 2016. Multiplex pyrosequencing of InDel markers for forensic DNA analysis. Electrophoresis, 37(23-24): 3039-3045.

Caputo M, Amador M A, Santos S, et al. 2017. Potential forensic use of a 33 X-InDel panel in the Argentinean population. Int J Legal Med, 131(1): 107-112.

Cardoso S, Sevillano R, Gamarra D, et al. 2017. Population genetic data of 38 insertion-deletion markers in six populations of the northern fringe of the Iberian Peninsula. Forensic Sci Int Genet, 27: 175-179.

Ceppellini R, Curtoni E S, Mattiuz P L, et al. 1967. Genetics of leukocyte antigens: a family study of segregation and linkage. Histocompatibility Testing, 1967: 149.

Chen P, Yin C Y, Li Z, et al. 2018a. Evaluation of the microhaplotypes panel for DNA mixture analyses. Forensic Sci Int Genet, 35: 149-155.

Chen P, Zhu J, Pu Y, et al. 2017. Microhaplotype identified and performed in genetic investigation using PCR-SSCP. Forensic Sci Int Genet, 28: e1-e7.

Chen P, Zhu W J, Tong F, et al. 2019. Identifying novel microhaplotypes for ancestry inference. International Journal of Legal Medicine, 133(4): 983-988.

Chen W, Shang Y J, Ren L P, et al. 2018b. Developing a MtSNP-based genotyping system for genetic identification of forensically important flesh flies (Diptera: Sarcophagidae). Forensic Sci Int, 290: 178-188.

Churchill J D, Stoljarova M, King J L, et al. 2018. Massively parallel sequencing-enabled mixture analysis of mitochondrial DNA samples. Int J Legal Med, 132(5): 1263-1272.

Dørum G, Ingold S, Hanson E, et al. 2018. Predicting the origin of stains from next generation sequencing mRNA data. Forensic Sci Int Genet, 34: 37-48.

Dos Santos Rocha A, de Amorim I S S, Simão T A, et al. 2108. High-resolution melting (HRM) of hypervariable mitochondrial DNA regions for forensic science. J Forensic Sci, 63(2): 536-540.

Edelmann J, Kohl M, Dressler J, et al. 2016. X-chromosomal 21-indel marker panel in German and Baltic populations. Int J Legal Med, 130(2): 357-360.

Edwards A, Hammond H A, Jin L, et al. 1992. Genetic variation at five trimeric and tetrameric tandem repeat loci in four human population groups. Genomics, 12(2): 241-253.

Fan G Y, Ye Y, Luo H B, et al. 2015a. Screening of multi-InDel markers on X-chromosome for forensic purpose. Forensic Sci Int Genet, 5: e42-e44.

Fan G Y, Ye Y, Luo H B, et al. 2015b. Use of multi-InDels as novel markers to analyze 13 X-chromosome haplotype loci for forensic purposes. Electrophoresis, 36(23): 2931-2938.

Ferragut J F, Pereira R, Castro J A, et al. 2016. Genetic diversity of 38 insertion-deletion polymorphisms in Jewish populations. Forensic Sci Int Genet, 21: 1-4.

Fondevila M, Børsting C, Phillips C, et al. 2017. Forensic SNP genotyping with SNaPshot: technical considerations for the development and optimization of multiplexed SNP assays. Forensic Sci Rev, 29(1): 57-76.

Freitas N S C, Resque R L, Ribeiro-Rodrigues E M, et al. 2010. X-linked insertion/deletion polymorphisms: forensic applications of a 33-markers panel. Int J Legal Med, 124(6): 589-593.

Frudakis T, Venkateswarlu K, Thomas M J, et al. 2003. A classifier for the SNP-based inference of ancestry. J Forensic Sci, 48(4): 771-782.

Ge J Y, Budowle B, Planz J V, et al. 2010. Haplotype block: a new type of forensic DNA markers. International Journal of Legal Medicine, 124(5): 353-361.

González-Fortes G, Tassi F, Trucchi E, et al. 2019. A western route of prehistoric human migration from Africa into the Iberian Peninsula. Proc Biol Sci, 286(1895): 20182288.

Hanson E, Ingold S, Haas C, et al. 2018. Messenger RNA biomarker signatures for forensic body fluid identification revealed by targeted RNA sequencing. Forensic Sci Int Genet, 34: 206-221.

Hanson E K, Lubenow H, Ballantyne J. 2009. Identification of forensically relevant body fluids using a panel of differentially expressed microRNAs. Anal Biochem, 387(2): 303-314.

Jobling M A, Tyler-Smith C. 2003. The human Y chromosome: an evolutionary marker comes of age. Nat Rev Genet, 4(8): 598-612.

Johnson L A, Ferris J A J. 2002. Analysis of postmortem DNA degradation by single- cell gel electrophoresis. Forensic Sci Int, 126(1): 43-47.

Karafet T, Xu L P, Du R F, et al. 2001. Paternal population history of East Asia: sources, patterns, and microevolutionary processes. Am J Hum Genet, 69(3): 615-628.

Karafet T M, Mendez F L, Meilerman M B, et al. 2008. New binary polymorphisms reshape and increase resolution of the human Y chromosomal haplogroup tree. Genome Res, 18(5): 830-838.

Kidd J R, Friedlaender F R, Speed W C, et al. 2011a. Analyses of a set of 128 ancestry informative single-nucleotide polymorphisms in a global set of 119 population samples. Investig Genet, 2(1): 1.

Kidd J R, Friedlaender F, Pakstis A J, et al. 2011b. Single nucleotide polymorphisms and haplotypes in native American populations. American Journal of Physical Anthropology, 146(4): 495-502.

Kidd K K, Pakstis A J, Speed W C, et al. 2013. Microhaplotype loci are a powerful new type of forensic marker. Forensic Sci Int Genet, 4(1): e123-e124.

Kidd K K, Pakstis A J, Speed W C, et al. 2014a. Current sequencing technology makes microhaplotypes a powerful new type of genetic marker for forensics. Forensic Sci Int Genet, 12: 215-224.

Kidd K K, Speed W C, Pakstis A J, et al. 2014b. Progress toward an efficient panel of SNPs for ancestry inference. Forensic Sci Int Genet, 10: 23-32.

Kidd K K, Speed W C, Pakstis A J, et al. 2017. Evaluating 130 microhaplotypes across a global set of 83 populations. Forensic Sci Int Genet, 29: 29-37.

Kidd K K, Speed W C, Wootton S, et al. 2015. Genetic markers for massively parallel sequencing in forensics. Forensic Sci Int Genet, 5: e677-e679.

Kidd K K, Speed W C. 2015. Criteria for selecting microhaplotypes: mixture detection and deconvolution. Investigative Genetics, 6: 1.

Kidd K K. 2016. Proposed nomenclature for microhaplotypes. Human Genomics, 10(1): 16.

Kim B Y, Park J H, Jo H Y, et al. 2017. Optimized detection of insertions/deletions (INDELs) in whole-exome sequencing data. PLoS One, 12(8): e0182272.

Lareu M V, García-Magariños M, Phillips C, et al. 2012. Analysis of a claimed distant relationship in a deficient pedigree using high density SNP data. Forensic Sci Int Genet, 6(3): 350-353.

LaRue B L, Ge J Y, King J L, et al. 2012. A validation study of the Qiagen Investigator DIPplex® kit; an INDEL-based assay for human identification. Int J Legal Med, 126(4): 533-540.

Li C T, Zhang S H, Zhao S M. 2011a. Genetic analysis of 30 InDel markers for forensic use in five different Chinese populations. Genet Mol Res, 10(2): 964-979.

Li C T, Zhao S M, Zhang S H, et al. 2011b. Genetic polymorphism of 29 highly informative InDel markers for forensic use in the Chinese Han population. Forensic Sci Int Genet, 5(1): e27-e30.

Li C X, Pakstis A J, Jiang L, et al. 2016. A panel of 74 AISNPs: Improved ancestry inference within Eastern Asia. Forensic Sci Int

Genet, 23: 101-110.

Lin M H, Jones D F, Fleming R. 2015. Transcriptomic analysis of degraded forensic body fluids. Forensic Sci Int Genet, 17: 35-42.

Lindenbergh A, Maaskant P, Sijen T. 2013. Implementation of RNA profiling in forensic casework. Forensic Sci Int Genet, 7(1): 159-166.

Liu J D, Wang J Q, Zhang X J, et al. 2017. A mixture detection method based on separate amplification using primer specific alleles of INDELs-a study based on two person's DNA mixture. J Forensic Leg Med, 46: 30-36.

Louhelainen J, Miller D. 2020. Forensic Investigation of a Shawl Linked to the "Jack the Ripper" Murders. J Forensic Sci, 65(1): 295-303.

Lu X F, Gentekaki E, Xu Y W, et al. 2019. Intra-population genetic diversity and its effects on outlining genetic diversity of ciliate populations: Using *Paramecium multimicronucleatum* as an example. Eur J Protistol, 67: 142-150.

Lv Y H, Ma K J, Zhang H, et al. 2014. A time course study demonstrating mRNA, microRNA, 18S rRNA, and U6 snRNA changes to estimate PMI in deceased rat's spleen. J Forensic Sci, 59(5): 1286-1294.

Ma J L, Pan H, Zeng Y, et al. 2015. Exploration of the R code-based mathematical model for PMI estimation using profiling of RNA degradation in rat brain tissue at different temperatures. Forensic Sci Med Pathol, 11(4): 530-537.

Malyarchuk B, Derenko M, Denisova G, et al. 2018. Whole mitochondrial genome diversity in two Hungarian populations. Mol Genet Genomics, 293(5): 1255-1263.

Manta F S N, Pereira R, Caiafa A, et al. 2013. Analysis of genetic ancestry in the admixed Brazilian population from Rio de Janeiro using 46 autosomal ancestry-informative indel markers. Ann Hum Biol, 40(1): 94-98.

Maroñas O, Söchtig J, Ruiz Y, et al. 2015. The genetics of skin, hair, and eye color variation and its relevance to forensic pigmentation predictive tests. Forensic Sci Rev, 27(1): 13-40.

Merheb M, Matar R, Hodeify R, et al. 2019. Mitochondrial DNA, a powerful tool to decipher ancient human civilization from domestication to music, and to uncover historical murder cases. Cells, 8(5): 433.

Messina F, Di Corcia T, Ragazzo M, et al. 2018. Signs of continental ancestry in urban populations of Peru through autosomal STR loci and mitochondrial DNA typing. PLoS One, 13(7): e0200796.

Mills R E, Luttig C T, Larkins C E, et al. 2006. An initial map of insertion and deletion (INDEL) variation in the human genome. Genome Res, 16(9): 1182-1190.

Mo S K, Ren Z L, Yang Y R, et al. 2018. A 472-SNP panel for pairwise kinship testing of second-degree relatives. Forensic Sci Int Genet, 34: 178-185.

Morimoto C, Manabe S, Kawaguchi T, et al. 2016. Pairwise kinship analysis by the index of chromosome sharing using high-density single nucleotide polymorphisms. PLoS One, 11(7): e0160287.

Mushailov V, Rodriguez S A, Budimlija Z M, et al. 2015. Assay development and validation of an 8-SNP multiplex test to predict eye and skin coloration. J Forensic Sci, 60(4): 990-1000.

Ovchinnikov I V, Dahms T, Herauf B, et al. 2018. Genetic diversity and origin of the feral horses in Theodore Roosevelt National Park. PLoS One, 13(8): e0200795.

Pakstis A J, Fang R X, Furtado M R, et al. 2012. Mini-haplotypes as lineage informative SNPs and ancestry inference SNPs. European Journal of Human Genetics, 20(11): 1148-1154.

Parson W, Eduardoff M, Xavier C, et al. 2018. Resolving the matrilineal relationship of seven Late Bronze Age individuals from Stillfried, Austria. Forensic Sci Int Genet, 36: 148-151.

Pereira R, Pereira V, Gomes I, et al. 2012. A method for the analysis of 32 X chromosome insertion deletion polymorphisms in a single PCR. Int J Legal Med, 126(1): 97-105.

Pereira R, Phillips C, Alves C, et al. 2009. A new multiplex for human identification using insertion/deletion polymorphisms. Electrophoresis, 30(21): 3682-3690.

Phillips C, Fondevila M, García-Magariños M, et al. 2008. Resolving relationship tests that show ambiguous STR results using autosomal SNPs as supplementary markers. Forensic Sci Int Genet, 2(3): 198-204.

Phillips C, Freire Aradas A, Kriegel A K, et al. 2013. Eurasiaplex: a forensic SNP assay for differentiating European and South Asian ancestries. Forensic Sci Int Genet, 7(3): 359-366.

Phillips C, Salas A, Sánchez J J, et al. 2007. Inferring ancestral origin using a single multiplex assay of ancestry-informative marker SNPs. Forensic Sci Int Genet, 1(3-4): 273-280.

Pimenta J R, Pena S D J. 2010. Efficient human paternity testing with a panel of 40 short insertion-deletion polymorphisms. Genet Mol Res, 9(1): 601-607.

Pinto N, Magalhães M, Conde-Sousa E, et al. 2013. Assessing paternities with inconclusive STR results: the suitability of bi-allelic markers. Forensic Sci Int Genet, 7(1): 16-21.

Pontes M L, Fondevila M, Laréu M V, et al. 2015. SNP markers as additional information to resolve complex kinship cases. Transfus Med Hemother, 42(6): 385-388.

Pu Y, Chen P, Zhu J, et al. 2017. Microhaplotype: ability of personal identification and being ancestry informative marker. Forensic Sci Int Genet, 6: e442-e444.

Qian X Q, Hou J Y, Wang Z, et al. 2017. Next generation sequencing plus (NGS+) with Y-chromosomal markers for forensic pedigree searches. Sci Rep, 7(1): 11324.

Qu S Q, Zhu J, Wang Y J, et al. 2019. Establishing a second-tier panel of 18 ancestry informative markers to improve ancestry distinctions among Asian populations. Forensic Sci Int Genet, 41: 159-167.

Ribeiro-Rodrigues E M, dos Santos N P C, dos Santos A K C R, et al. 2009. Assessing interethnic admixture using an X-linked insertion-deletion multiplex. Am J Hum Biol, 21(5): 707-709.

Roeder A D, Haas C. 2013. mRNA profiling using a minimum of five mRNA markers per body fluid and a novel scoring method for body fluid identification. Int J Legal Med, 127(4): 707-721.

Romanini C, Catelli M L, Borosky A, et al. 2012. Typing short amplicon binary polymorphisms: supplementary SNP and Indel genetic information in the analysis of highly degraded skeletal remains. Forensic Sci Int Genet, 6(4): 469-476.

Santos N P C, Ribeiro-Rodrigues E M, Ribeiro-Dos-Santos A K C, et al. 2010. Assessing individual interethnic admixture and population substructure using a 48-insertion-deletion (INSEL) ancestry-informative marker (AIM) panel. Hum Mutat, 31(2): 184-190.

Santurtún A, Riancho J A, Arozamena J, et al. 2017. Indel analysis by droplet digital PCR: a sensitive method for DNA mixture detection and chimerism analysis. Int J Legal Med, 131(1): 67-72.

Simão F, Strobl C, Vullo C, et al. 2019. The maternal inheritance of Alto Paraná revealed by full mitogenome sequences. Forensic Sci Int Genet, 39: 66-72.

Sjödin P, Bataillon T, Schierup M H. 2010. Insertion and deletion processes in recent human history. PLoS One, 5(1): e8650.

Strobl C, Eduardoff M, Bus M M, et al. 2018. Evaluation of the precision ID whole MtDNA genome panel for forensic analyses. Forensic Sci Int Genet, 35: 21-25.

Su B, Xiao J, Underhill P, et al. 1999. Y-Chromosome evidence for a northward migration of modern humans into Eastern Asia during the last Ice Age. Am J Hum Genet, 65(6): 1718-1724.

Sun K, Ye Y, Luo T, et al. 2016. Multi-InDel analysis for ancestry inference of sub-populations in China. Sci Rep, 6: 39797.

Szibor R, Hering S, Edelmann J. 2006. A new Web site compiling forensic chromosome X research is now online. Int J Legal Med, 120(4): 252-254.

van Geystelen A, Decorte R, Larmuseau M H D. 2013. AMY-tree: an algorithm to use whole genome SNP calling for Y chromosomal phylogenetic applications. BMC Genomics, 14: 101.

Vohr S H, Gordon R, Eizenga J M, et al. 2017. A phylogenetic approach for haplotype analysis of sequence data from complex mitochondrial mixtures. Forensic Sci Int Genet, 30: 93-105.

Wang S, Tao R, Ming T, et al. 2020. Expression profile analysis and stability evaluation of 18 small RNAs in the Chinese Han population. Electrophoresis, 41(23): 2021-2028.

Wang Z, Luo H B, Pan X F, et al. 2012. A model for data analysis of microRNA expression in forensic body fluid identification.

Forensic Sci Int Genet, 6(3): 419-423.

Wang Z, Zhang J, Luo H B, et al. 2013. Screening and confirmation of microRNA markers for forensic body fluid identification. Forensic Sci Int Genet, 7(1): 116-123.

Wang Z, Zhang J, Wei W, et al. 2015. Identification of Saliva Using MicroRNA Biomarkers for Forensic Purpose. J Forensic Sci, 60(3): 702-706.

Wang Z, Zhou D, Cao Y D, et al. 2016. Characterization of microRNA expression profiles in blood and saliva using the Ion Personal Genome Machine(®)System (Ion PGM™ System). Forensic Sci Int Genet, 20: 140-146.

Weber J L, David D, Heil J, et al. 2002. Human diallelic insertion/deletion polymorphisms. Am J Hum Genet, 71(4): 854-862.

Wei Y L, Wei L, Zhao L, et al. 2016. A single-tube 27-plex SNP assay for estimating individual ancestry and admixture from three continents. Int J Legal Med, 130(1): 27-37.

Woerner A E, Ambers A, Wendt F R, et al. 2018. Evaluation of the precision ID mtDNA whole genome panel on two massively parallel sequencing systems. Forensic Sci Int Genet, 36: 213-224.

Yang Z H, Zhang J Y, Zhang J S, et al. 2019. Genetic characterization of four dog breeds with Illumina CanineHD BeadChip. Forensic Sci Res, 4(4): 354-357.

Yasojima K, McGeer E G, McGeer P L. 2001. High stability of mRNAs postmortem and protocols for their assessment by RT-PCR. Brain Res Protoc, 8(3): 212-218.

Zander J, Rothe J, Dapprich J, et al. 2017. New application for haplotype-specific extraction: Separation of mitochondrial DNA mixtures. Forensic Sci Int Genet, 29: 242-249.

Zhang W Q, Xiao C, Yu J, et al. 2017. Multiplex assay development and mutation rate analysis for 13 RM Y-STRs in Chinese Han population. Int J Legal Med, 131(2): 345-350.

Zhang Y Q, Liu B N, Shao C C, et al. 2018. Evaluation of the inclusion of circular RNAs in mRNA profiling in forensic body fluid identification. Int J Legal Med, 132(1): 43-52.

Zhu J, Zhou N, Jiang Y J, et al. 2015. FLfinder: a novel software for the microhaplotype marker. Forensic Sci Int Genet, 5: e622-e624.

Zubakov D, Boersma A W, Choi Y, et al. 2010. MicroRNA markers for forensic body fluid identification obtained from microarray screening and quantitative RT-PCR confirmation. Int J Legal Med, 124(3): 217-226.

Zubakov D, Kokmeijer I, Ralf A, et al. 2015. Towards simultaneous individual and tissue identification: a proof-of-principle study on parallel sequencing of STRs, amelogenin, and mRNAs with the Ion Torrent PGM. Forensic Sci Int Genet, 17: 122-128.

第十章

基因组稳定性与健康

人类整个生命历程中，面临着自身和外界多种环境因素的影响。有害环境因素在一定条件下可与基因组相互作用，使基因组结构遭受损伤、某些基因的修饰与表达模式发生异常，导致基因组功能状态的改变，从而干扰正常生命过程。环境应答基因的多态性还驱使不同个体对环境的反响及健康效应出现差异。因此，基因组损伤、机体环境应答遗传基础的异常，均是引起细胞、器官、组织功能异常的重要基础病因之一。

基因组损伤既可来源于亲代的遗传，也可由年龄的增长，不良环境因素如紫外线、辐射、遗传毒性化学物质暴露，细胞氧化还原反应失衡，营养不当摄入，心理压力和不良生活习惯等因素所诱发。基因组损伤可综合体现在细胞增殖与调控、DNA 损伤感应与修复、信号转导、细胞衰老与死亡、基因组非编码和转座组分、癌基因和抑癌基因结构与表达等各种遗传学过程异常。基因组损伤意味着功能基因陷入不良工作环境，也提示基因以外的其他遗传组分的稳定性下降。无论是何种因素诱发的基因组损伤，均可成为非感染性疾病的基础病因。流行病学证据表明，基因组损伤显著提高，预示着多年后的癌症高风险，也构成了神经管缺陷、智力发育障碍、免疫功能缺陷、不孕不育、心脑血管疾病、阿尔茨海默病、帕金森病、糖尿病等多种退行性疾病的风险因素。解析基因组损伤的环境与遗传诱因、构建干预和矫正基因组损伤策略，是从遗传学和表观遗传学角度实现疾病病因早发现、早预防、早干预的重要健康策略，对不断深入理解基因-环境-健康的关联、科学构筑有害内外环境损伤基因组的防火墙具有积极的意义。

人类基因组计划的完成和后基因组时代的不断拓展延伸、多领域理论与技术的交叉融合，为解开人类健康的重重疑惑、阐明退行性和复杂疾病的遗传基础与环境因素的权重及其相互作用机制提供了前所未有的机遇，人们越来越深刻地认识到遗传与环境因素的相互作用是影响疾病风险的重要环节。某些器官发育异常、肿瘤、哮喘、糖尿病、心血管疾病和神经退行性疾病都是不同方式的遗传与环境共同作用的结果。因此，从结构与功能上充分认识不同个体环境相关疾病的遗传易感性、寻找易感基因、探索内外源环境因素对 DNA 代谢的影响模式，是现代医学和健康研究共同面临的挑战。

第一节　环境基因组计划与环境基因组学

一、环境基因组计划概述

随着人类基因组计划的顺利完成，结构基因组学研究成果已经大量渗入后基因组时代，推进了诸如蛋白质组学、转录组学、代谢组学、肿瘤基因组学、环境基因组学、营养基因组学、生态基因组学、生物信息学等以基因组功能注释为核心的学科领域的发展。其中，人体对不同环境暴露的响应、机制及健康结局，成为备受关注的重要领域，也是精准医学的切入点。

人类基因组计划揭示，人类不同个体基因组间的差异仅 0.1%左右，这种差异是个体间在相同环境暴露下出现不同健康效应的生物学基础，环境暴露是否影响疾病风险，取决于机体环境应答基因的多态性及其工作状态，这种多态性使得一些个体在环境因素胁迫下，暴露出遗传脆弱点并导致环境-基因相关疾患的易患性提高。为更好地理解不同个体对环境因素易感性的差异及其随时间迁移所产生的变更，美国国立环境卫生科学研究所（National Institute of Environmental Health Sciences，NIEHS）于 1997 年启动了环境基因组计划（Environmental Genome Project，EGP），该计划聚焦于特定环境暴露时，不同个体基因序列差异和疾病风险关联的多学科领域。EGP 通过识别对环境暴露相关疾病风险起决定作用的环境应答基因及其多态性，加速疾病病因学中复杂的遗传-环境相互作用的流行病学研究，重点探寻那些可能影响环境暴露健康结局的基因，其终极目标是识别个体间遗传多态性对环境相关疾病风险的贡献，以构建个性化的规避有害环境的策略，推进人类健康和疾病管理。

EGP 研究的遗传-环境互作相关疾病类型主要包括癌症、呼吸系统疾病、神经退行性疾病、发育紊乱、生殖功能缺陷、先天缺陷和自身免疫病、糖尿病、心血管疾病等；重点涉及细胞周期控制、DNA 修复机制、外源化合物与药物代谢、凋亡、氧化胁迫、分化、信号转导、免疫与感染响应、营养响应等医学和生物学相关重要通路的环境应答基因变异，这些变异是人体对环境变化产生各种响应、引起疾病风险变化的遗传学基础。鉴于相关基因外显率通常较低、难以通过经典的连锁分析来识别，EGP 以基因组遗传变异最丰富的遗传标志——SNP 为突破口，解析环境应答基因的多态性及其功能。由 NIEHS 完成的 SNP 一期项目围绕着上述重点途径和基因的启动子、内含子及外显子区，开展了候选基因序列变化分析，分别在美国的 90 例未知种族的样本、95 例已知种族的个体中完成了 647 个环境应答基因的测序，发现了 92 486 个新的 SNP。在环境应答基因再测序的基础上，构建了基于互联网的 Gene SNP 数据库，将基因结构和多态性整合为独立的基因注释板块，成为 EGP 的标志性成就。随后，NIEHS 开展了以外显子组测序为主的二期项目，相应的数据储存于 NIEHS Exome Variant Server（http://evs.gs.washington.edu/EVS/）并整合于 HapMap 计划，其中对来自欧洲、亚洲和美洲的不同人群的 5 000 000 个 SNP（约 1 个 SNP/600bp）的基因分型为 HapMap 补充了更完善的 SNP 信息，以这些数据为基础构建的连锁不平衡图谱所含的不同 SNP 集合区块，为遗传关联研究提供了通用资源；NIEHS 利用 Illumina BeadArray 技术开展了进一步的大规模基因分型，在先前研究的约鲁巴人、日本、中国北京和欧洲人群的 NIEHS SNP 候选基因中绘制高信息量的 tagSNP，将推动 HapMap 生成更高密度 SNP 图谱（约 1 个 SNP/300bp）。

从本质上讲，EGP 是一个以人群 SNP 为起点，尝试理解基因-环境相互作用与健康结局全貌的计划，也是一个不断产生新的科学生长点、助力各类环境-基因组-疾病风险精准评价的奠基工程。

二、若干复杂疾病的遗传-环境因素互作

随着EGP研究的不断深入，针对环境应答基因的研究范围不断拓展，覆盖了免疫与炎症、营养、氧化胁迫、膜泵、药物抗性等学科领域。基因和环境因素（gene-environment，G×E）相互作用，以及健康结局，已经成为精准医疗不可或缺的研究领域，其借助病例-对照研究、队列研究、全基因组关联分析（genome wide association study，GWAS）、遗传风险评分（genetic risk score，GRS）和二代测序等综合技术系统，为解析并评价遗传易感位点与特异环境风险因素的作用及其机制、揭示疾病的生物学机制、构建个性化的疾病治疗手段提供了极好的机遇。随着研究的进展，新的数据库也不断应运而生，比较毒理基因组学数据库（comparative toxicogenomics database，CTD）就是其中比较重要的、帮助人类了解环境化合物对健康影响的公共信息资源。

CTD是NIEHS赞助的公共数据库，以进一步理解环境暴露如何影响健康为宗旨，汇聚了各种不同类型分子的化学物质，以及来自各种生物体的毒理学数据，通过提供环境（化学物质）-疾病-基因-蛋白质之间关联的4个模块，集成相关靶点、通路与疾病机制假说，促进环境暴露致病机制的研究，为揭示环境暴露影响人类健康的分子机制提供了多方位的便利。

截至2022年10月，CTD针对化学物质-基因互作模块，收录了含特定化学物质、基因及相关器官的2 637 874条数据；基于表型互作模块收录了含特定化学物质、基因、GO分析、解剖学及相关器官条目的344 500条数据；针对基因-疾病关联模块收录了含CTD和在线《人类孟德尔遗传》（OMIM）文献确认的关联基因和病种的31 342 074条数据，以及CTD推断的关联基因和病种的31 300 350条数据；针对化学物质-疾病关联模块共收录了含CTD和OMIM文献确认的关联化学物质和病种的数据3 242 121条，以及CTD分析推断的特定化学物质和病种的3 014 151条数据。此外，CTD还收录了化学物质-GO关联富集、化学物质-通路关联富集、疾病-通路关联推断、基因间互作、基因GO注释、基因通路注释、疾病-GO关联推断分析等大量数据（表10-1）。综上，CTD提供了化学物质、疾病、基因、基因本体、生物体等入口检索，也提供了药物、基因、通路组合检索，使得检出的结果信息更为详细综合。

表10-1　CTD化学物质-基因、表型互作、基因-疾病和化学物质-疾病关联数据库的模块（http://ctdbase.org/about/dataStatus.go）

Chemical-gene interactions（curated）	2 637 874
Unique chemicals	14 371
Unique genes	54 208
Unique organisms	622
Phenotype-based interactions（curated）	344 500
Unique chemicals	9 337
Unique genes	3 666
Unique GO terms	6 261

续表

Unique anatomical terms	960
Unique organisms	342
Gene-disease associations	31 342 074
Curated[1]	41 724
Unique genes	8 884
Unique diseases	5 862
Inferred[2]	31 300 350
Unique genes	53 917
Unique diseases	3 243
Chemical-disease associations	3 242 121
Curated[1]	227 970
Unique chemicals	10 255
Unique diseases	3 287
Inferred[2]	3 014 151
Unique chemicals	14 107
Unique diseases	5 852
Chemical-GO associations（enriched）	6 180 631
Chemical-pathway associations（enriched）	1 466 865
Disease-pathway associations（inferred）	303 432
Gene-gene interactions	1 221 292
Gene-GO annotations	1 426 773
Gene-pathway annotations	135 783
GO-disease associations（inferred）	2 867 183
Chemicals with curated data	17 150
Diseases with curated data	7 281
Via OMIM curation	4 135
Genes with curated data	54 297
Via OMIM curation	3 630
Curated references	141 395

[1]直接关联，来自 CTD 的化学物质-疾病、基因-疾病关联和在线《人类孟德尔遗传》（OMIM）中基因-疾病关联模块

[2]推测关联，基于 CTD 化学物质-基因直接互作模块

遗传变异是有机体差异响应环境的重要因素，且个体的基因型效应又会被环境、膳食、行为等因素修饰。诸多非传染性疾病的风险上升是环境毒物暴露不断增加和公共卫生改善后生命周期延长的结果。对这些问题的关注促进了全球性地探索遗传-环境相互作用及健康结局的研究，并产生了大量数据和结果。这里仅简单阐述几个典型例子。

（一）自闭症中的遗传-环境相互作用

自闭症（autism），也称孤独症谱系障碍（autism spectrum disorder，ASD），是一种可影响终身的神经生物学行为异常疾病，主要表现为不同程度的语言发育和人际交往沟通障碍、注意力缺陷、智力残障、兴趣狭窄和行为刻板，常伴随癫痫、睡眠障碍、胃肠道和免疫等多系统疾病。通常可在儿童早期诊断。ASD 是复杂的遗传-环境（G×E）相互作用的结果，近年发病率处于上升趋势。全基因组关联测序和大规模测序研究确定了数百个具有常见和罕见变异的 ASD 风险位点，显示了相关基因分布的异质性。遗传基础仅占据了约 59%的 ASD 病因，可见环境对该疾病的影响空间之大。通过染色体微阵列和外显子组 NGS 的解析，已发现 10%～20%的 ASD 个体携带疾病相关的新生突变，鉴于相关遗传变异涉及数百个基因，且具有高度异质性，因此，具有相同类型突变的 ASD 个体不超过 1%。

妊娠期母体免疫系统状态与一部分 ASD 发生相关，12%的 ASD 患儿母亲含有特异的 37/73 kDa 的 IgG 抗体，其与胎儿 37 kDa 和 73 kDa 脑蛋白反应，可导致胎儿额叶选择性扩大，灰质和白质受到不同程度的影响；孕期糖尿病、高血压和肥胖等代谢异常，孕育 ASD 患儿比例也显著高于对照；孕早期女性 C-反应蛋白（C-reactive protein，CRP）升高也与子代罹患 ASD 风险相关。

Modafferi 等（2021）以 ASD 患者的诱导多能干细胞（induced pluripotent stem cell，iPSC）构建了人类三维大脑类器官模型，探索 ASD 高风险基因 *CHD8*（染色质域解旋酶 DNA 结合蛋白 8）与毒死蜱及其氧代谢产物暴露之间的潜在协同作用，以及对疾病发生发展的影响，开创了在 iPSC 类器官探索 G×E 相互作用的先河。结果提示，大脑类器官杂合敲除（$CHD8^{+/-}$）的 CHD8 蛋白表达显著低于 $CHD8^{+/+}$，暴露于毒死蜱及其代谢产物则进一步降低 CHD8 蛋白水平，提示 G×E 协同作用的存在。研究还在离体条件下通过患者的代谢组学变异，探索 G×E 相互作用的生物标志。发现毒死蜱及其代谢产物暴露可干扰神经突生长，*CHD8* 杂合敲除干扰胆碱能系统、*S*-腺苷甲硫氨酸、*S*-腺苷同型半胱氨酸、乳酸、胰蛋白酶、犬尿氨酸和羟戊二酸水平，导致大脑半球兴奋性/抑制性神经递质的失衡和多巴胺水平降低。

Schmidt 等（2011，2012）在病例-对照的群体研究中发现，孕期的营养因素-基因相互作用与儿童 ASD 有一定关联，他们分析了母亲孕前及孕中的维生素摄入状况、亲子一碳单位代谢的遗传变异（*MTHFR*、*COMT*、*MTRR*、*BHMT*、*FOLR2*、*CBS* 及 *TCN2*）与营养因素相互作用的效应。研究发现，母亲孕前 3 个月和孕早期摄入维生素不足，后代罹患 ASD 的风险高于常规摄入维生素的孕妇（OR=0.62）；在母亲携带 *MTHFR 677 TT*、*CBS rs234715 GT/TT*，胎儿具有 *COMT 472 AA* 基因型的情况下，母亲若未曾服用维生素，后代罹患 ASD 的风险可显著提高（OR 分别为 4.5、2.6 及 7.2）。对于叶酸（folic acid，folate）生物利用率低的个体，增加孕期叶酸摄入可降低胎儿罹患 ASD 的风险。

天然叶酸为多种不稳定还原形式，孕期加强叶酸通常是通过强化食品或营养补充剂，多为人工合成的最高氧化形式。Surén 等（2013）在 85 176 个新生儿中，发现母亲孕前 4 周和孕 8 周之内补充叶酸，0.1%的孩子患 ASD；在没有补充叶酸的母亲中，ASD 孩子达

0.21%。因此，孕妇妊娠早期补充叶酸有助于降低新生儿患 ASD 风险。但在孕中期和孕晚期高剂量摄入叶酸则可能导致发育期间细胞异常快速分裂、影响 DNA 甲基化模式，代谢残留的叶酸还存在损害神经突、生长锥的发育和突触发生的风险；新生儿出生时母体血浆叶酸和维生素 B_{12} 处于极高水平时，以及妊娠全程摄入高剂量叶酸均可能使新生儿 ASD 风险增加。综上，母亲补充复合维生素的频率与 ASD 风险之间存在“U”形关系。胎儿出生时母亲血浆显著升高的叶酸和维生素 B_{12} 水平与 ASD 风险正相关，但孕期摄入足够叶酸和维生素 B_{12} 的重要性依然是不可置疑的。需要进一步考量的问题是，宫内超高浓度的血浆叶酸和维生素 B_{12} 对胎儿早期大脑发育的影响（Raghavan et al.，2016，2018）。

（二）自身免疫性疾病的遗传-表观遗传-环境因素

免疫系统是保护机体免受微生物和外源物感染侵袭的重要体系，其核心能力是识别异己。自身免疫性疾病是一类复杂的、病因不明的免疫系统产生攻击自身健康细胞、组织和器官的抗体，在自身组织细胞引起各种炎症反应的疾病。当免疫系统的识别功能出现异常，加之控制自身免疫反应性的调节性 T 细胞丧失免疫系统协调功能时，就可导致自身免疫性疾病。目前已发现 80 多种自身免疫性疾病，这类疾病可以影响全身任何部位，多数为慢性且难以治愈，因而引起大量的公众健康问题。类风湿关节炎、系统性红斑狼疮、1 型糖尿病、多发性硬化症等均属此类。迄今为止，人们对自身免疫性疾病的病因和发生机制的理解非常局限，遗传与环境因素的相互作用是目前公认的致病途径。

具有免疫功能的大量基因紧密连锁分布在一定区域，不仅包括 *HLAⅠ*、*HLA Ⅱ*和 *HLAⅢ*基因，尚包括补体 *C2*、*C4*、*TAP1* 和 *TAP2*，以及 *TNFα* 和 *TNFβ*，这些基因通常连锁传递，表现连锁不平衡，使得某些可能的风险单倍型与疾病的关联性出现误判。例如，*TNFα-308* 变异与超表达相关，其经常出现在 *HLA-B8/C4A*QO* 和 *HLA-DR3* 的单倍型中，使得每一个变异都类似于真正的风险因素，但到目前为止，研究还多限于单基因及其组合的遗传变异与疾病易感性的关联研究中。

与自身免疫性疾病相关的环境因素通常包括硅、石棉、金属、杀虫剂、工业化合物、各种溶剂和化妆品等化学因素，离子辐射、紫外照射及电磁场等物理因素，感染、膳食污染、霉菌毒素等生物因素三大类。近年来，病理生理学证据提示，环境暴露后，遗传易感性与表观遗传修饰的综合效应对自身免疫性和炎症性疾病的贡献高于基因突变。表观遗传事件不仅是遗传疾病易感性之外的重要病理生理因素，也是单基因病临床表现的共同决定因素。因此，揭示自身免疫性和炎症性疾病的表观遗传改变将使疾病的预后、治疗的靶向性和可耐受性更为精准。

1. 类风湿关节炎

类风湿关节炎（rheumatoid arthritis，RA）是一类复杂的环境暴露与个体遗传易感性互作引起的自身免疫性关节对称性炎症。免疫系统通过攻击关节、诱发炎性滑膜炎，通常以手、足小关节等多关节持续疼痛、僵硬和肿胀，运动功能退化和关节破坏为特征。遗传因素在该疾病的风险、烈度，以及进展中发挥重要作用。

遗传学分析揭示了超过 150 个 RA 相关的基因位点，其中 6 号染色体上的主要组织相容性复合体（major histocompatibility complex，MHC）变异与 RA 相关性最强，且对

RA 发生发展过程中的环境-其他遗传风险因子互作及结局具有重要影响。*HLA-DRB1*、*HLA-DPB1* 和 *HLA-B* 与 RA 相关性居首。Raychaudhuri 等（2012）发现了 16 个 *HLA-DRB1* 单倍型、2 个 *HLA-B* 单倍型和 2 个 *HLA-DPB1* 单倍型与 RA 高风险相关；位于 HLA 肽链结合沟的氨基酸变异与 RA 也存在紧密关系，如 HLA-DRB1 的第 11、71 和 74 位氨基酸，HLA-B 的第 9 位氨基酸，以及 HLA-DPB1 的第 9 位氨基酸。HLA-DRB1 的第 11 和 13 位的氨基酸变异还构成了抗环瓜氨酸肽抗体（ACPA）阳性 RA 的强风险因子，其中 HLA-DRB1 第 11 位缬氨酸 RA 风险最高，而 *HLA-DRB1*13* 等位基因对自身抗体阳性的 RA 风险有很强的防范作用。

HLA-DRB1 共同易感性表位 **0401* 和 **0404* 基因型与 RA 风险的 OR 值接近 4，与 *DRB1* 共同表位对应的特殊氨基酸可结合于 HLA-DRB1 的肽链结合沟上，提高 RA 遗传风险；*HLA-DRB*0101* 和 *HLA-DRB*1402* 与 RA 也有显著的相关性，90%以上的 RA 患者至少出现其中一种变异。

还有研究证明，具有 *HLA-DR4* 等位基因的个体罹患 RA 的风险显著高于其他人群，70%的 RA 患者携带该基因；在某些 HLA-DR4、HLA-DR14 和 HLA-DR1B 链的高变区的 QKRAA 氨基酸序列也与 RA 高度相关。

近年来，研究还证明了 *HLA-E01:01/01:01* 基因型与 RA 的风险降低有关，而 *HLA-E 01:03* 基因型则使疾病缓解概率降低。

GWAS 分析还发现了 100 余个非 HLA SNP 与 RA 相关，*PTPN22*、*TNFAIP3* 和 *TYK2* 均对 RA 的风险有所贡献；*MAP2K4* 的 rs10468473 位点与 HLA-DRB1 具有共同抗原决定基，因此可提高 ACPA 阳性 RA 的风险。目前认为，HLA 共同抗原决定基目前只代表了 RA 12%的遗传变异，而其他非 HLA 位点对 RA 的遗传贡献约 4%。

肺可能是 RA 发病的起始位点，间质性肺病（interstitial lung disease）就是众所周知的非关节性 RA。吸烟及其他导致炎症的损伤可诱发黏膜的自身免疫和瓜氨酸化，从而导致机体响应这些抗原而产生多样化的 ACPA，构成疾病发生的临床前病因。*HLA-DRB1* 与香烟烟雾之间的相互作用对于抗体阳性的 RA 风险具有显著贡献。大量吸烟与 *HLA-DRB1* 基因共存使得 RA 风险提高了 23 倍。*GSTT1* 及 *HMOX1* 基因的多态性可干扰香烟烟雾代谢而提高 RA 易感性。

尽管遗传因素在 RA 的风险中占重要地位，但免疫细胞的表观调控可能是自身免疫性疾病发生发展的重要环节。RA 的同卵双生子共患率仅为 12%～15%，异卵双生子或其他一级亲属为 2%～5%，提示基因结构并非 RA 唯一的遗传因素，表观遗传学机制在其中也发挥着重要作用。Julià 等（2017）在 3 个队列的 B 细胞中进行了 RA 的表观基因组关联分析（EWAS），在 RA 患者中发现 64 个 CpG 位点、6 个生物学途径均出现差异性甲基化；在一个独立的队列中证实了位于 8 个基因（*CD1C*、*TNFSF10*、*PARVG*、*NID1*、*DHRS12*、*ITPK1*、*ACSF3* 及 *TNFRSF13C*）和 2 个基因间隔区内的 10 个 CpG 位点甲基化状态与 RA 相关。

2. 系统性红斑狼疮

系统性红斑狼疮（systemic lupus erythematosus，SLE）是一个累及身体多系统多器官的自身免疫性炎症性结缔组织病，多发于女性，近年来发病率和死亡率都在不断攀升。

一般认为，SLE 是一个集遗传、环境、雌激素等各种因素为一体诱发的疾病，患者 T 淋巴细胞减少、抑制性 T 细胞功能降低、B 细胞过度增生，大量自身抗体与相应的自身抗原结合形成免疫复合物，沉积在皮肤、关节、小血管、肾小球等部位，导致黏膜、皮肤、关节、肾脏、肺、神经系统和机体其他部位损伤。

遗传因素对 SLE 易感性有显著影响，10%的 SLE 具有家族史，同卵双生子 SLE 共患率为 40%，而异卵双生子则仅为 4%。与类风湿关节炎和其他自身免疫性疾病类似，*HLA* 基因在 SLE 易感性中具有核心作用，*HLA-DRB1*03:01* 和**15:01* 单倍型均为 SLE 的强风险因子，GWAS 已揭示了 40 个遗传易感位点，涉及 DNA 降解和细胞碎片化、Toll 样受体、免疫复合物清除、干扰素、NF-κB 通路、B 细胞/T 细胞/单核细胞/中性粒细胞调节等环节；DNA 修复基因如 *ATG5*、*TREX1* 及 *DNASE1* 与 SLE 中广泛存在抗核抗体有关；基因间相互作用与 SLE 风险有一定关联，SLE 患者中 *CTLA4*、*IRF5*、*ITGAM* 与 *HLA-DRB1* 之间，*PDCD1* 和 *IL21* 之间都存在相互作用。

Cai 等（2017）在中国汉族的 415 个 SLE 患者和 415 例对照里分析了 6 个基因的 14 个 SNP，发现 *TMEM39A* 的 rs12493175 CT 和 CT+TT 基因型、rs13062955 AC 及 AC+AA 基因型能显著降低 SLE 的风险，SLE 患者的 *TMEM39A* 的 CGTA 单倍型频率显著低于正常人群。

表观遗传修饰的改变助推了大部分 SLE 中效应淋巴细胞生成、细胞因子表达和先天性/适应性免疫反应的失调。在 SLE 患者外周血单个核细胞（peripheral blood mononuclear cell，PBMC）中发现有 49 个区域表现出 DNA 甲基化降低，且这些改变受紫外线照射、病毒感染等环境因素，遗传特征、年龄、饮食内外环境和个体差异等多种因素影响。

由于 SLE 患者存在自身抗体和自身反应淋巴细胞，其被认为是典型的系统性自身免疫/炎症性疾病。Ⅰ型干扰素（IFN）是适应性免疫应答、淋巴细胞成熟和分化的有效诱导物，其功能变化与 SLE 先天与适应性免疫机制之间的关联密切相关。1%～4%的 SLE 为单基因疾病，其主要致病因素是 IFN 表达上升。研究提示大约 50%的 SLE 患者 PBMC 中表现Ⅰ型 IFN 升高并诱导下游基因表达变化，IFN 升高水平往往伴随更广泛、更严重的机体各系统受累。全表观基因组关联分析揭示，SLE 患者 PBMC 所呈现的 85%的差异性基因甲基化显示 CpG 甲基化降低，这些甲基化降低的基因多为Ⅰ型 IFN 诱导的下游基因。

cAMP 反应元件调节器 α（CREMα）的表达水平升高与 SLE 活动性呈正相关关系，CREMα 通过不同的表观遗传学途径，在患者的 T 细胞分别诱导效应细胞因子 IL-17 基因簇表达上调，同时下调免疫调节细胞因子 IL-2 表达。IL-2 和 IL-17A 的失衡表达与 SLE 的病理生理学和组织损伤的发生密切相关。

（三）石棉暴露-遗传互作与肺疾患

石棉（asbestos）是重要的非金属矿物原料，由于其超常的难燃抗热属性，在同等尺寸纤维下机械拉力等于钢丝，被广泛应用于建筑、交通、冶金、机械、化工，以及国防尖端技术等领域。当石棉材料破损时，直径约 0.5μm 的元纤维可释放到大气和水中，造成持续污染。长期吸入一定量的石棉纤维或元纤维能引起石棉肺、肺癌、胸膜间皮瘤、肾癌、腹膜间皮瘤和结直肠癌等。石棉的致癌效应有若干可能机制，其中包括源于活性氧（reactive oxygen species，ROS）基团氧化胁迫诱发的炎症细胞活化。氧化胁迫可以被体内的抗氧化分子如谷胱甘肽（GSH）阻碍，该化合物或其编码基因的缺失与肺功能下降、各种肺疾病的风险提高相关。早期研究发现，在 GSTM1null 状态，石棉暴露使肺石棉沉着病的发病风险增加，后者是恶性间质瘤的重要前期事件。ROS 还可引起细胞 DNA 双链断裂，继而导致 DNA 损伤的蛋白标志物——磷酸化组蛋白 H2A（γ-H2AX）增加及进一步的损伤修复发生，研究发现 γ-H2AX 在石棉暴露的肺细胞株和肺腺癌细胞株中持续增加，提示其可较长时间诱导 ROS 产生。

哺乳动物重要的抗氧化酶——锰过氧化物歧化酶（MnSOD）在抵抗 ROS 和抑制上皮细胞肿瘤等方面发挥着重要作用，MnSOD 在线粒体催化氧自由基歧化反应，其在正常间皮组织中几乎无活性，但经石棉暴露和炎性因子诱导，该酶在恶性间质瘤中活性显著提高。MnSOD 转染后引起细胞对氧化物、细胞因子、石棉纤维及细胞毒性药物的抗性增加；MnSOD 缺陷导致细胞对氧化胁迫的敏感性和细胞凋亡能力提升。最常见的 MnSOD 多态性是其编码基因 *SOD2* 的第 16 个密码子从缬氨酸错义突变为丙氨酸（*SOD2* V16A），突变导致该酶次级结构改变，当该位点突变为纯合子 SOD2（Ala/Ala）时，恶性间质瘤的 OR 显著增加，即便低水平的石棉暴露也具有高风险。无论石棉暴露剂量高低，GSTM1null 和 MnSOD Ala/Ala 联合基因型均显著增加恶性间质瘤风险。研究提示氧化胁迫及细胞抗氧化系统的效能降低是构成恶性间质瘤的重要病因。

石棉暴露引起的癌变可能还与表观遗传学机制有关，研究发现石棉暴露导致 miRNA 表达谱改变，在人体肺组织、血液和血清中的多种 miRNA 表达改变，尤其是作为肿瘤抑制因子并降低肺癌风险的 let-7d、let-7e 和 miR-126 在石棉暴露个体中表达增加，miR-222、miR-34b 和 miR-34c 则在石棉诱发的肺癌中特异性表达提高。

（四）硅肺病的遗传易感性

硅肺病（silicosis）是全球范围内最严重的间质性肺纤维化肺尘病之一，由结晶二氧化硅暴露引起。硅肺病以炎症和肺部出现广泛的结节性纤维化损伤为标志，严重影响肺功能甚至使人丧失劳动力。二氧化硅颗粒进入肺部被巨噬细胞吞入，后者释放 TNFα、IL-1 和其他细胞因子而引发炎症、刺激纤维原细胞增殖并包裹硅尘颗粒产生胶原，导致纤维化和结节形成。尽管目前尚缺乏疾病早期的生物学标记，但无论连续还是间断性暴露，炎症前细胞因子 TNFα 和 IL-1 对于疾病的发生发展和纤维化均具有重要的作用。

Castranova、Zhai 和 Yucesoy 等多个实验室的研究发现，*TNFα* 基因的–308 SNP 是中度和重度硅肺病的遗传风险因子，约 50%的硅肺病患者具有该基因型；*TNFα* 基因的–238 SNP 则是重度硅肺病的高风险因子；中重度硅肺病的煤矿工人中 *IL-1 RA* 基因+2018 位点变异频率增加，暗示该疾病的发生与 *IL-1 RA* 基因+2018 位点的变异相关。*IL-1-RA*（+2018）和 *TNFα*（–308）联合基因型使得重型硅肺病风险增加 2 倍以上。

Zhang（2022）等研究人员利用甲基化 RNA 免疫共沉淀测序（MeRIP-seq）和转录组测序（RNA-seq）在硅肺病小鼠模型中发现，长期暴露于结晶硅导致硅肺病同时伴随

转录组 m^6A 甲基化水平的提高。与对照组相比，硅肺病模型在 359 个基因中存在差异的 m^6A 甲基化，且 m^6A 的异常修饰与 *MET113* 上调，*ALKBHS*、*FTO*、*YIHDF1* 和 *YTHDF3* 的下调相关；在 MeRIP-seq 和 RNA-seq 的联合分析中还发现 18 个基因的 m^6A 修饰与 mRNA 表达均有显著变化，功能分析指出，18 个 m^6A 介导的 mRNA 调控通路与吞噬小体、抗原加工与呈递和细胞凋亡等生物学过程密切相关。研究提示表观遗传调控机制在硅肺病发病机制中具有重要作用。

（五）非综合征性腭裂中的遗传-环境相互作用

在早期胚胎面部发育时，相应上皮细胞和间充质细胞功能受控于极为复杂的调节。任何干扰额鼻和上颌突的生长、入路和融合的因素都可能导致口面裂。非综合征性腭裂（nonsyndromic cleft palate，NCP）特指单纯性口、鼻腔裂开，不伴有颌面部和身体其他部位畸形的出生缺陷，该疾病病因复杂且为高异质性，涉及多种信号通路，是一种多因素疾病，生长因子、细胞外基质的局部变化和细胞黏附分子都可能影响其发生。

Beaty 等（2011）通过病例-双亲样本 GWAS 分析、基于家族的 SNP 关联测试，以及女性抽烟、嗜酒和补充多种维生素等环境因素评价手段，探索了遗传与环境对 NCP 的权重。研究发现，当仅考虑遗传因素时，在病例-双亲样本 GWAS 分析中没有发现与 NCP 相关联的有价值的 SNP；而同时考虑基因-环境（G×E）相互作用时，已在全基因组的若干基因里找到了有意义的 NCP 标记：受孕前后 3 个月在女性饮酒情况下，9 号染色体上 *MLLT3* 和 *SMC2* 上多个 SNP 成为 NCP 风险因素；在女性吸烟情况下，12 号染色体上的 *TBK1* 和 18 号染色体上的 *ZNF236* 也出现多个与 NCP 风险增加相关的 SNP；对于补充多种维生素的情形，在 8 号染色体 *BAALC* 上所发现的 SNP 能够降低 NCP 风险。

妊娠早期母体营养不平衡可能导致出生缺陷，目前普遍认为，在受孕前并持续到孕早期补充叶酸可以减少几种先天性畸形的总体发生风险。未发现围产期口服叶酸对腭裂有任何预防或负面影响的证据。

还有研究报告称，在食用叶酸强化食品后，美国 NCP 的患病率降低了 12%，尚有研究发现，生产腭裂后代的母亲的维生素 B_{12} 水平出乎意料地高于未产生畸形后代的母亲，但红细胞叶酸和同型半胱氨酸水平与对照没有差异；维生素 A 的衍生物维甲酸是胚胎发生过程中细胞增殖、分化和凋亡等过程的重要调节因子，维生素 A 缺乏也被视为 NCP 风险因素，但过量的维生素 A 又导致包括腭裂在内的先天畸形。这些结果提示，对于复杂和异质性疾病，了解遗传因素对疾病风险的影响，有必要采用基于 G×E 相互作用的 GWAS 手段。

迄今为止，GWAS 是确定复杂疾病易感基因/位点的有效策略，通过 GWAS 分析，已经确定了许多新的易感基因及其特定的生物学通路。统计显示，目前肿瘤、自身免疫性疾病、心血管疾病、神经退行性疾病、精神疾病、炎症性疾病等复杂疾病，以及肥胖、身高、肤色、骨密度和血脂等复杂性状的易感基因被陆续揭示，截至 2021 年 8 月，GWAS 数据库共收录的 GWAS 研究论文 5273 篇，确定了 276 696 种疾病相关的 SNP，为精准医学和复杂疾病的个性临床管理奠定了科学基础。但是，精确定位的易感位点和基因的功能、确认的 SNP 与复杂疾病的致病分子机制，还需要大量的研究。

在大多数GWAS分析中，环境因素及其与关键遗传位点相互作用的可能性尚缺乏有效的研究手段。为满足建立数据协调中心、基因分型中心和研究者的需求，2006年以来，以NIH为主的基因-环境关联研究联盟（Gene, Environment Association Studies Consortium，GENEVA），在识别GWAS提出的复杂疾病和性状相关的遗传变异、与环境暴露相关的基因-性状变异等层面开展了大量工作，对于实现复杂疾病病因学的理解、寻找可能的干预机会具有重要意义。

第二节　营养遗传学和营养基因组学

基因组损伤是一类涉及DNA、染色体各级结构与功能异常、行为错误的生物学事件，亦称基因组不稳定性，是细胞、组织、器官功能异常的基本诱因之一，构成诸多系统发育异常、退行性疾病、衰老和肿瘤的基础风险因子。基因组损伤与癌症、神经管及智力发育障碍、免疫缺陷、心脑血管疾病、阿尔茨海默病、帕金森病、糖尿病等遗传-环境相关疾病风险上升高度相关。微量营养素（micronutrient）是指维护人体稳态的维生素、植物营养素和矿物质，其多以辅酶、辅助因子或底物的角色，参与DNA合成与损伤修复、细胞凋亡、表观修饰与基因表达等生物学过程。探讨膳食微量营养素的摄取、在机体内的代谢多态性及其对基因组稳定性的影响，成为新时代营养学和医学遗传学的重要领域。营养基因组学（nutrigenomics）及营养遗传学（nutrigenetics）是该领域一个重要的新兴学科群。营养基因组学探讨的是营养组分及食物生物活性组分对基因组完整性的维护和对基因表达的影响；营养遗传学则研究遗传变异对膳食干预的响应。这两门学科所关注的群体或遗传亚群中各种营养素的过剩或缺乏的现状评价、特异营养物质失衡在基因组/转录组/蛋白质组/代谢组水平的生物学和医学效应、营养物的遗传响应及健康结局等都是大健康领域“端口前移、预防为主、防治结合”的重要环节。

伴随着各种高通量的“组学”技术的引入，人们可更好地理解基于基因型的营养-遗传相互作用的信息，消除不当营养因素、探寻引起基因剂量和表达改变的诱因，从而构建最大程度利好健康、防范疾病的个性化营养策略。

一、膳食因素-遗传互作与健康效应

微量营养素对基因组稳定性的影响及其机制探讨，是落实预防为主、病因预防、实现精准公共卫生的基础环节。Fenech等（2023）针对微量营养素与发育和退行性疾病风险相关的DNA损伤标志物之间的关系，分析了PubMed数据库的相关文献，强调了微量营养素在DNA合成与基因表达的真实性与准确性（叶酸、维生素B_{12}和锌等）、预防氧化胁迫和炎症[维生素A、维生素C、维生素E、番茄红素、姜黄素、原花青素表没食子儿茶素没食子酸酯（EGCG）、硒和锌等]、维持染色体的正常分离（甲基化合物、老鹳草素、维生素A和Mg）、通过多聚ADP-核糖聚合酶（PARP）维持端粒长度（烟酸）等各个DNA代谢过程中的重要性。个性化地适量补充目标微量营养素及其组合物，能有效维持基因组完整性、减少DNA损伤，从而促进细胞与机体健康。

（一）维生素 C 与基因组稳定性

生物体内产生的过量自由基和活性氧（ROS）是导致退行性疾病和肿瘤的主要病理因素。细胞内的 H_2O_2 可产生高活力的羟自由基（hydroxyl radical，HO•），电离辐射也可引起体内产生 HO•，该基团加合在 DNA 的鸟嘌呤残基上，继而被氧化为 8-羟基脱氧鸟嘌呤（8-hydroxy-2′ deoxyguanosine，8-OHdG），这些氧化胁迫是 DNA 损伤、染色体畸变、端粒缩短等一系列遗传毒性事件的诱因。

维生素 C 是一种亲水维生素，在体内以抗坏血酸盐的形式存在，其血浆生理浓度一般为 70～80μmol/L，可每天通过膳食摄取 200mg 来维持。这种维生素是生物体多种酶的必需辅助因子，其内酯环双键上的羟基使其成为质子和电子的供体，从而具有降低 ROS 的潜力。维生素 C 通过影响微粒体羟化酶、与氧自由基反应而参与外源物的生物转化，其具有提高细胞色素 P450 活力、增加外源物的水溶性从而促进排泄的功效。大量分子流行病学实验证明维生素 C 遗传稳定性，主要体现在抗氧化损伤、降低机体对致癌剂和诱变剂的敏感性、提高机体 DNA 修复能力等方面。Cooke 早在 1998 年就探索了淋巴细胞中 8-OHdG 含量和血浆维生素 C 浓度的关系，志愿者每天摄入维生素 C 500 mg，6 周后发现单核细胞 DNA、血清和尿液中的 8-OHdG 含量显著下降，而当维生素 C 全部消耗后，DNA 中的 8-OHdG 显著提高。这些工作提示维生素 C 的高摄入有利于 DNA 和核苷酸库中的氧化损伤修复，其可能在 DNA 修复酶的调控和非清除性的抗氧化作用中发挥功能。Didier 等（2023）在一篇综述里总结了近年来关于维生素 C 抗氧化和抗肿瘤机制的众多研究，如人肾 293T 细胞与铜和 H_2O_2 孵育后，氧化损伤显著升高，但在铜和 H_2O_2 暴露的同时，以 500μmol/L 维生素 C 或脱氢抗坏血酸培养干预，DNA 氧化损伤显著减少；分析比较维生素 C 对顺铂暴露的宫颈癌细胞系 SiHa 和非肿瘤细胞系 HEK293 的致死效应，发现维生素 C 与顺铂共处理，在 SiHa 细胞表现致死效应的协同放大，而在 HEK293 细胞未出现显著变化，提示维生素 C 对肿瘤细胞杀伤效应的选择性增强。尽管维生素 C 是一种抗氧化剂，但也发现其具有促氧化功效而导致离体细胞损伤。当维生素 C 与铁和铜等金属相互作用时，其促氧化效应被加强，形成氧自由基；另有研究发现，药理学剂量的维生素 C 能减缓异种移植侵袭性胶质母细胞瘤、胰腺和卵巢肿瘤在小鼠的生长，同时伴有自由基和过氧化氢的形成。

维生素 C 还可通过调节不同的生物过程来预防癌症。低氧诱导因子 1（HIF1）活性升高可促进干细胞表型、加速肿瘤细胞分裂和血管生成。HIF 羟化酶可使 HIF 降解以防止肿瘤发展，维生素 C 是 HIF 羟化酶的关键辅助因子，提示其在癌症预防中的潜在功能。TET（ten-eleven translocation）蛋白是生物体内存在的一种 α-酮戊二酸（α-KG）和 Fe^{2+} 依赖的双加氧酶，其可参与表观修饰，将 5-甲基胞嘧啶（5mC）氧化为 5-羟甲基胞嘧啶（5hmC）、5-甲酰基胞嘧啶（5fC）和 5-羧基胞嘧啶（5caC）。TET 将 5mC 转化为 5hmC，可降低 DNA 甲基化。TET 蛋白的功能丧失、DNA 水平甲基化改变和 5hmC 的缺失均为肿瘤发生的重要标志。维生素 C 作为 TET 的辅助因子，必然参与相关表观遗传调节，在离体和活体研究中均发现维生素 C 可增加膀胱癌细胞 5hmC 含量，降低恶性表型，从而减缓肿瘤的发展。

对胚胎干细胞（ESC）和重编程成纤维细胞的研究发现，维生素 C 能以 TET 依赖的方式促进 5hmC、5fC 和 5caC 的产生，触发全基因组 DNA 低甲基化，维生素 C 在其他组织干细胞和多种癌细胞的研究中都出现诱发 5hmC 形成和/或 DNA 低甲基化事件。肿瘤抑制基因 $p16^{INK4a}$ 和 *p21* 启动子中的 CpG 岛在癌症中通常高甲基化，维生素 C 处理人皮肤和结肠癌细胞可促进 5hmC 的形成、降低 $p16^{INK4a}$ 和 *p21* 启动子 CpG 中的 5mC 水平，从而上调相关基因的表达；同时，维生素 C 还可在人白血病细胞中诱导 TET2 依赖的基因表达，例如，碱基切除修复（base excision repair，BER）相关的 GADD45、PARP 和 DNA 糖苷酶表达。维生素 C 在肿瘤细胞中以表观修饰模式诱导抑癌基因和 BER 通路的激活，对于癌细胞衰老、凋亡、增殖阻滞和损伤修复等过程中的价值不可小觑。

5-氮杂胞苷（5-azacytidine）和地西他滨（decitabine）均为 DNA 甲基转移酶抑制剂（DNMTi），在血液系统恶性肿瘤治疗时诱导全基因组低甲基化，通过维生素 C 干预恢复 TET 功能与 DNMTi 治疗的结合，可能有助于消除肿瘤抑制基因的 DNA 超甲基化位点，以促进肿瘤细胞分化与死亡。DNMTi 可引起基因组低甲基化，从而导致人基因组中内源性反转录病毒某些组分的表达增加，这种模拟的病毒感染可启动先天免疫反应并导致细胞凋亡。在白血病和实体瘤细胞系的研究中发现，维生素 C 以 TET2 依赖的方式与 DNMTi 治疗协同增加 5hmC、驱动 DNA 低甲基化，进一步增加内源性反转录病毒表达，加速了受试细胞的凋亡。

细胞内端粒酶活性的缺失，使每次细胞分裂丢失 50～200bp 端粒，一旦端粒短于"关键长度"，就可能导致染色体双链断裂、激活细胞自身的检查系统，从而使细胞衰老死亡。血液循环中白细胞端粒长度已被用作人类衰老的生物标志物。在人群研究中发现，补充多种维生素或大量蔬菜、摄入抗氧化剂均与端粒长度增加有关。维生素 C 的干预使得人类诱导多能干细胞（iPSC）端粒酶活性，以及编码端粒酶相关 RNA 和保护端粒稳定性的蛋白质组分的基因的表达上升。沃纳综合征（Werner syndrome，WS）患者的 *WRN* 基因突变导致端粒维持丧失、早衰和癌症发病率增加。维生素 C 干预人 WS 间充质干细胞，可减缓端粒丢失、下调衰老相关的 $p16^{INK4a}$ 蛋白表达。维生素 C 在 TET 介导的端粒、染色体稳定、损伤修复中发挥着举足轻重的作用，其机制尚待进一步解析。

（二）维生素 E 与基因组稳定性

维生素 E 是一种脂溶性维生素，含三烯生育醇（tocotrienol）和生育酚（tocopherol）两类共 8 种化合物，根据铬醇环上甲基的位置，这两类化合物都包括 α、β、γ、δ 4 种不同的同源物变体。最常见的是 γ-生育酚。同源物 α-生育酚主要存在于人体组织中，可优先被吸收和代谢。所有形式的维生素 E 都有相同的抗氧化机制，其清除脂质过氧化链式反应的副产物，保护细胞的脂质膜（Jiang，2014；de Sousa et al.，2023）。

除了抗氧化作用，维生素 E 的三种变体 —— γ-生育酚、δ-生育酚和 γ-三烯生育醇均具有强大的抗炎作用。它们可抑制上皮细胞、巨噬细胞和中性粒细胞中的前列腺素 E2（PGE2）和白三烯 B4（LTB4）的表达，但不直接抑制与炎症反应、脑缺血、部分肿瘤及阿尔茨海默病等疾病正相关的 COX-2 和 5-LOX 的酶促反应；然而，维生素 E 代谢产物 13′羧基色氨醇却可直接抑制 5-LOX、COX-1 和 COX-2 的环氧合酶活性。还有研究发现，在许多癌细胞株和脂多糖（LPS）激活的巨噬细胞中，γ-三烯生育醇是NF-κB的强抑制剂，可降低IL-6和粒细胞集落刺激因子（G-CSF）产生，阻碍炎症发生；γ-三烯生育醇还可通过激活蛋白酪氨酸磷酸酶 SHP-1 以抑制癌细中的 JAK-STAT3 信号、通过阻断STAT6的磷酸化和STAT6与DNA结合以限制JAK-STAT6信号通路（Jiang，2014；Didier，2023）。由此可见，维生素E变体及其代谢物既具有抗氧化和抗炎作用，又具有各种癌症治疗的潜在效应。对维生素E的抗癌辅助作用，主要集中在δ-生育酚和γ-生育酚两种形式上，α-生育酚效应相对较弱。Lu等（2010）以富含γ-生育酚的混合物（γ-TmT，包括57%的γ-生育醇、24%的δ-生育酚、13%的α-生育酚和1.5%的β-生育酚）饲喂暴露于致癌物甲基亚硝氨基吡啶基丁酮（NNK）和苯并芘[a]（B[a]P）的小鼠，发现饲喂含有0.3%γ-TmT的小鼠肿瘤多发率为14.8，而没有喂食γ-TmT的小鼠肿瘤多发率为21.0，γ-TmT使得肿瘤多发性降低了30%。在接受人肺腺癌细胞H1299异种移植的小鼠中，观察到γ-TmT对肿瘤发生的快速抑制作用，一直喂食0.3% γ-TmT的小鼠肿瘤大小和肿瘤重量均比未喂食γ-TmT的H1299移植小鼠显著减小；对H1299细胞移植小鼠分别喂食各种形式的生育酚变体，发现δ-生育酚限制肿瘤发生最为有效，γ-TmT和γ-生育酚紧随其后。Lee等（2009）对暴露于致癌物*N*-甲基-*N*-亚硝脲（NMU）的雌性Sprague-Dawley大鼠喂食γ-TmT，与未补充γ-TmT的对照组相比，喂食0.1%～0.5%的γ-TmT使肿瘤平均多发性显著降低并表现剂量效应；服用γ-TmT后，小鼠血清PGE2或LTB4水平没有显著降低，且乳腺肿瘤细胞中PPAR-γ mRNA表达增加、ER-α mRNA表达下降，提示γ-TmT参与核受体信号转导，通过调控基因表达水平而发挥抗氧化抗癌活性效应。在致癌物偶氮甲烷（AOM）暴露的大鼠中，0.2%的δ-生育酚能显著减少癌变发生，除α-生育酚外，其他形式的生育酚干预均显著增加PPAR-γ水平，同样提示它们均具有在体内影响核受体信号转导的功能，继而在致癌物暴露期间发挥抗肿瘤作用。迄今为止，维生素E变体在体内抗癌作用的一致性还有待进一步探索。

Constantinou等（2012）分析了2种维生素E变体α-三烯生育醇、δ-三烯生育醇和4种合成的维生素E衍生物在雄激素受体AR^-（DU145及PC-3）、AR^+（LNCaP）上前列腺癌细胞株对凋亡的影响，结果发现δ-三烯生育醇及一个维生素E合成衍生物（α-tocopheryl polyethylene glycol succinate）都可启动不依赖caspase的DNA损伤后细胞凋亡途径。Chen等（2011）发现维生素E通过细胞色素c介导的caspase凋亡调节作用，不仅能有效地减少小鼠被动吸烟引起的肺癌发生，还能在小鼠原代培养的胚胎肺细胞中以剂量-时间效应模式抑制甚至逆转烟草抽提物的细胞毒性效应。Ju等（2010）在一项荟萃分析中回顾了1986～2009年，以维生素E各种变体预防结直肠癌、肺癌、前列腺癌和乳腺癌等肿瘤的病例对照与队列研究。分析指出，维生素E与癌症风险防范之间的关系并不统一，部分病例对照研究发现癌症患者的血清α-生育酚水平比对照低，也有癌症患者与对照的血清γ-生育酚含量无明显差异；此外，一些队列研究提出膳食中维生素E摄入量高的个体，包括活跃吸烟的个体，患癌症的风险显著降低。通过多项膳食和维生素E摄入水平与前列腺癌的相对风险荟萃分析（Loh et al.，2022），均未发现维生素E的累积摄入量与前列腺癌风险的关联。

综上，作为重要的抗氧化剂，维生素E及其变体在抗击氧化胁迫、促进肿瘤细胞凋亡和核受体介导的信号转导等多层面参与肿瘤防范，因而对于遗传物质的保护也具有不可忽视的功能。但维生素 E 预防癌症的临床前研究目前还是喜忧参半。

（三）锌对基因组稳定性的作用

DNA 损伤响应（DNA damage response，DDR）和微量营养素是防范基因组不稳定性的重要机制。锌（Zn）存在于生物体众多转录因子和酶系中，如锌超氧化物歧化酶、碳酸酐酶、呼吸酶、碱性磷酸酶、DNA 和 RNA 聚合酶等，是多种 DDR 蛋白的辅助因子，其功能涉及细胞周期与凋亡、DNA 损伤修复、免疫、氧化胁迫的响应与防范等生物学过程。

Zn 的生理浓度为 2～15μmol/L，Zn 缺乏可影响机体最重要的抑癌蛋白、转录因子 p53 的功能，从而干扰 DNA 损伤修复和细胞凋亡。p53 为含有若干活性半胱氨酸的锌结合蛋白，可特异性地与 DNA 结合，调节 DNA 损伤后的修复、细胞周期进程、增殖、分化和凋亡。p53 在正常折叠时与锌结合得非常紧密，但在 37℃时若锌缺乏则变得相当不稳定。野生型 *p53* 在细胞中是否正常折叠在很大程度上取决于 Zn 的有效浓度。细胞中的 Zn 浓度失调和致瘤性 *p53* 突变都可引起 Zn 损失、p53 错误折叠并丧失其肿瘤抑制活性。

Sharif 等（2012）探讨了硫酸锌（$ZnSO_4$）和肌肽锌（ZnC）对人淋巴母细胞样细胞系 WIL2-NS 繁殖状况的影响，发现 Zn 缺乏状态下凋亡、坏死和基因组损伤水平显著增加，而当培养基中任何一个锌化合物浓度增加到 4～16μmol/L 时，基因组损伤和细胞损伤都显著减少，提示了基因组稳定的适宜 Zn 浓度范畴。研究同时还发现 1.0Gy γ 辐射暴露前以 4～32μmol/L 的 Zn 干预，细胞的抗辐射能力较无 Zn 组显著升高。高浓度 Zn（32～100μmol/L）或 Zn 缺乏（≤0.4μmol/L）都可能引起严重的细胞遗传毒性。

哺乳动物的复制蛋白 A（RPA）是一个锌指蛋白，为重要的单链结合蛋白，在 DNA 复制和错配修复中发挥着必不可少的作用。RPA 最大的亚单位含锌指基序，该结构位于结合单链 DNA 或形成 RPA 复合物的关键域。研究证明，RPA 的 DNA 结合活性是通过锌指结构域的氧化还原反应来调节的。

真核生物 DNA 的碱基切除修复（base excision repair，BER）和核苷酸切除修复（nucleotide excision repair，NER）的功能发挥都与锌指结构和锌结合蛋白相关。在 BER 过程中，核酸内切酶Ⅳ是一个重要的 DNA 修复酶，其通过在 DNA 主干切除无嘌呤碱基而启动 DNA 的修复。用高分辨率数据建模和多波长不规则衍射分析发现，核酸内切酶Ⅳ包含 3 个 Zn^{2+}，它们直接参与磷酸二酯键的切割；*OGG1* 编码的 DNA 结合与修复酶是 BER 通路中另一个锌指蛋白，其对 8-OHdG 发挥着糖苷酶和裂解酶的作用。在 NER 过程中，最重要的 DNA 结合蛋白是 A 型人类着色性干皮病的 C-4 型锌指蛋白 XPA，该蛋白虽然没有催化特性，但是其锌指基序可识别并结合在出现损伤的 DNA 单链上，同时募集包括 RPA 在内的其他蛋白参与损伤修复。

除了 BER、NER 修复系统，与 DNA 修复相关的另一个锌指蛋白是多聚 ADP-核糖聚合酶［poly（ADP-ribose）polymerase，PARP］，PARP 是一种多功能蛋白质翻译后修饰酶，能对许多核蛋白进行聚腺苷二磷酸核糖基化，其介导细胞对 DNA 链断裂的响应，是 DNA 分子断裂的感受器之一，通过识别 DNA 结构损伤而被激活，是细胞凋亡核心成员 caspase 的切割底物，PARP 被剪切是细胞凋亡和 caspase 3 激活的标志。PARP 参与真核细胞对环境与遗传毒物的应答与处理，在维持基因组稳定性上发挥着重要作用。PARP 缺陷使细胞的 DNA 修复能力急剧下降，对 DNA 损伤剂敏感度升高。

Costa 等（2022）研究人员探讨了人急性髓细胞性白血病（AML）中 DDR 及 Zn 的调节作用，研究分别以 Zn 缺乏和 40μmol/L 的 $ZnSO_4$ 干预培养 AML 细胞和正常人淋巴细胞株，继而 H_2O_2 或 UV 暴露，通过胞质分裂阻断微核试验评估染色体损伤、细胞死亡和核分裂指数。结果发现，Zn 充足提升了 AML 细胞中 H_2O_2、UV 辐射胁迫的遗传和细胞毒性及增殖抑制，并导致 γH2AX 的持续激活；相反，在正常淋巴细胞中，Zn 则降低了遗传损伤率，Zn 缺乏则使得损伤积累和损伤修复能力提升。Zn 调节基因组损伤、防止损伤在正常细胞中累积，提高 AML 细胞的遗传细胞毒性的双重作用提示这种微量营养素对不同生理病理细胞应对遗传毒性胁迫的机制存在差异。

DNA 特异位点上的金属离子氧化还原可产生 OH•，故金属离子氧化还原作用与 DNA 损伤有关。研究发现，随着细胞内 Zn 水平的上升，核蛋白中更多的铁离子被替换，可能减少由 OH•引起的 DNA 损伤；在成纤维细胞和黑色素细胞中，Zn 显著降低具有致癌性的镉和钒的遗传毒性效应；有研究指出，几种重金属的致癌效应是因为它们替换了转录因子锌指结构中的 Zn，并在它们与 DNA 的结合部位释放氧自由基；雌激素受体转录因子中的 Zn 一旦被 Fe 替代，就可产生高活力氧自由基。可见 Zn 对于 DNA 稳定性的重要性。

（四）硒缺乏与基因组稳定性的关系

硒（Se）是人类健康所必需的一种微量营养素，参与构成罕见的氨基酸如硒代半胱氨酸（Se-Cys）和硒代甲硫氨酸（Se-Met），是谷胱甘肽过氧化物酶、某些硫氧还蛋白还原酶的辅助因子，参与抗氧化作用。Se 部分功能是通过硒蛋白介导的，由于许多硒蛋白具有抗氧化功能，长期以来 Se 一直被认为可以通过减轻氧化应激来预防炎症和癌症的发展。当机体 Se 含量低时，细胞不能合成足够的硒蛋白，诸如与硒转运相关的硒蛋白 P、具有抗氧化效应的谷胱甘肽过氧化物酶/硫氧还蛋白还原酶、具有抗炎症效应的硒蛋白 S 等，从而使一系列 Se 相关的生理功能受到抑制。在培养基、动物及人类膳食中补充中等水平的含 Se 化合物，能够防范 DNA 加合物、染色体断裂和非整倍体的产生，同时对线粒体、端粒长度与功能都有一定的保护效应。硒化合物还通过调节 DNA 甲基化与抑制组蛋白去乙酰化而影响基因表达。

生物体内源活性氧（ROS）基团有各种不同的类型，最初是有氧代谢产生的，ROS 在体内的稳态失常，尤其是异常升高可损伤 DNA 并成为其他生物分子的氧化剂，人类膳食中存在一些促氧化剂如脂过氧化物、醛等。30%以上的硒蛋白具有抗氧化功能，其作用机制是降低过氧化氢含量、减少 ROS 对生物的损伤效应。

在离体和活体研究，以及人类观察中发现，多种形式的 Se 都表现了对抗遗传毒性和表观遗传毒性的作用。大鼠的胃窦黏膜上皮的非整倍体发生易感性较高，该事件与 *N*-甲基-*N'*-硝基-*N*-亚硝基胍（MNNG）诱发胃癌发生相关，研究者用富含 Se 的花椰菜、红甘蓝、绿甘蓝及大蒜等植物饲喂动物 17 周后，发现富硒食物具有较高的胃癌预防效应。在没有基因型改变的情况下，表观遗传改变能够导致可遗传的表型变异，这种至关重要的基因表达调节机制之一就是 DNA 的甲基化。肿瘤细胞和正常细胞的基因表达谱差异也往往是甲基化修饰的结果。不同的 Se 化合物可以直接影响表观遗传学过程。亚硒酸盐（selenite）可以使前列腺癌细胞株 LNCaP 中沉默的谷胱甘肽硫转移酶 *GSTP1* 基因启动子去甲基化并重新表达，同时降低甲基转移酶 mRNA 水平和组蛋白去乙酰化水平，以及提高 H3-Lys9 乙酰化水平和降低甲基化水平，这些研究提示 Se 可以表观调节 DNA 和组蛋白活性，活化某些被甲基化沉默的基因。

人类 Se 缺乏与前列腺癌、乳腺癌、肺癌和结肠癌的风险升高有关。在队列研究中，Se 摄取量在前 1/4 的男性患前列腺癌的 OR 值仅为摄取量最底部 1/4 个体的 50%；在巢式病例-对照研究中，血清 Se 含量与卵巢癌风险下降相关联；宫颈癌患者死亡率与血清中 Se 含量呈负相关关系。巴特氏食道病（Barrett's esophagus）患者具有较高的食道腺癌风险，血清 Se 被用来作为这些患者肿瘤发展的标志，相对于血清 Se 浓度处于最底部 1/4 的个体，受试个体血清 Se 浓度位于前 3/4（>1.5μmol/L）时，Se 浓度与消化道结构异常、非整倍体发生和 *p53* 杂合性丧失负相关。但是补充 Se 是否能够普遍性地降低各种癌发风险至今还存在疑问。

Lee 等（2011）用随机效应荟萃分析探讨 Se 干预与肿瘤的关系，共收集了 9 个随机对照试验组数据，涉及 152 538 例参与者，其中 32 110 例补充抗氧化剂，120 428 例为安慰剂组，结果发现单独补充 Se 对癌症发生总体上具有预防效应（RR=0.76），在低血清 Se（<125.6ng/mL）群体中，补充 Se 的预防效应更为明显（RR=0.64），在癌症高风险群体中亦然（RR=0.68）。因此，目前仍然支持低血清 Se、癌症高风险人群适量补充 Se 的观点。

不同形式的 Se 对肿瘤发动阶段表现的抑制特性不尽相同，如亚硒酸盐抑制肿瘤激发剂二甲基苯蒽（DMBA）在雌性大鼠乳腺的致癌效应，食物中的 1,4-亚苯基双亚甲基氰硒盐（*p*-XSC）可显著地抑制乳腺组织中 DMBA-DNA 的结合，*p*-XSC 的类似物 *o*-XSC、*m*-XSC 对 DMBA-DNA 结合也有抑制作用，它们可能均通过Ⅰ相、Ⅱ相酶发生作用；4-甲基亚硝胺-吡啶-丁酮（NNK）是烟草中诱发肺癌的代表性亚硝胺，其在雄性小鼠中诱发 O^6-甲基化鸟嘌呤和 7-甲基鸟嘌呤的产生，*p*-XSC 和亚硒酸盐都可抑制这些修饰碱基的形成；3,2′-二甲基-4-氨基联苯（DMAB）是一种结肠致癌剂，亚硒酸盐、硒酸盐均在大鼠结肠抑制 DMAB-DNA 加合物形成，但硒代甲硫氨酸可使 DMAB-DNA 加合物水平提高。

尽管在各种实验系统和模式生物中，硒或硒蛋白都表现了大量的正面健康效应，但一些人类临床案例提示该微量营养素也存在负面效应。Se 的推荐膳食供给量（recommended dietary allowance，RDA）为 50～70μg，100～200μg 的 Se 可抑制遗传损伤和某些肿瘤发生，但是过量的 Se 摄入可能反而导致氧化损伤。Se 摄入量与其负面效应呈"U"形关系。目前硒的建议摄取量因地、因年龄而异，如美国婴儿为 15～40μg/d，成人为 55～400μg/d，孕妇和哺乳期个体高于其他人群。欧美国家人群每日从膳食中可获取的 Se 为 77～191μg。我国城市人口中有 70%膳食 Se 摄入量不达标，这个比例在农村人口中更高（79%），从膳食中可获取的 Se 仅 28～40μg/d。Se 的合理摄入量取决于谷胱甘肽超氧化物酶和其他酶对 Se 的需求、相关个体基因型等因素。探索各种 Se 化合物对基因组稳定性的保护机制及所需 Se 的水平是未来营养基因组学的重要任务。

二、一碳代谢与基因组稳定性及其健康结局

一碳代谢（one-carbon metabolism）是指一碳基团从供体化合物转移到受体的生物化学代谢网络系统，其与嘌呤和嘧啶合成、DNA 甲基化、氨基酸代谢，以及细胞增殖紧密相关。一碳代谢功能异常使得基因组稳定性下降，是许多遗传-环境相关疾病的基础病因，尤其可影响基因组印记、肿瘤、神经/心血管/免疫等系统退行性疾病的风险。

多种形式的叶酸（即维生素 B_9）、相关微量营养素和各种酶均参与到一碳代谢网络系统中。叶酸是一类能够提供各种一碳基团衍生物的重要水溶性 B 族维生素，其代谢通路涉及两个主要分支：第一条为嘌呤、胸腺嘧啶的从头合成途径，叶酸缺乏使得胸腺嘧啶核苷合成不足、尿嘧啶核苷错误掺入 DNA，诱发 DNA 断裂乃至染色体畸变、基因扩增等遗传结构损伤；第二条分支是以 5-甲基四氢叶酸为甲基供体、维生素 B_{12} 及相关酶辅助，将同型半胱氨酸（Hcy）转化为甲硫氨酸，随即合成高度活化的甲基供体——*S*-腺苷甲硫氨酸（SAM），SAM 在细胞甲基化反应中发挥着不可替代的作用。叶酸缺乏引起 SAM 合成不足或 SAM 合成通路异常，不仅可导致 Hcy 累积，还可诱发全基因组甲基化程度和 DNA 特异位点的甲基化模式改变、基因表达与基因组印记改变、染色质构型与染色体分离异常等表观遗传毒性事件。鉴于 DNA 准确复制及损伤修复是机体正常代谢活动和健康衰老的基础环节，当基因组损伤超过细胞的 DNA 修复能力时，遗传结构及基因表达可能发生质的改变，从而诱发细胞功能、生理和发育的严重缺陷，最终导致机体更新潜力的丧失和衰老的加速，肿瘤、免疫异常、心血管疾病和神经退行性疾病风险提高。因此，与 DNA 代谢相关的辅助因子和辅酶等微营养组分、复制/修饰/修复等相关酶系适宜并保真地活动，成为维护基因组正常结构与功能的重要遗传微环境条件。以叶酸为核心的一碳代谢组分就是这样一类在基因组稳定性上发挥重要功能的微量营养素，涉及一系列与 DNA 合成、损伤修复、多态性代谢酶、甲基化有关的酶和辅酶（图 10-1）。在人体生化与遗传及离体研究中，已证实人淋巴细胞遗传损伤与血清叶酸、红细胞叶酸，以及维生素 B_{12} 浓度呈负相关关系，对损伤高于同年龄性别中值以上的志愿者给予叶酸及维生素 B_{12} 干预，损伤可不同程度地下降；当血浆维生素 B_{12} 浓度高于 300pmol/L、血浆叶酸浓度高于 34nmol/L、红细胞叶酸浓度大于 700nmol/L、血浆 Hcy 浓度低于 7.5μmol/L 时，高于中值的遗传损伤也可得到不同程度的矫正；当叶酸和维生素 B_{12} 的日摄取量分别为 700μg 和 7μg 时，也出现同样的效应；此外，核黄素（维生素 B_2）、维生素 B_6、胆碱、甲硫氨酸都是叶酸代谢过程中的重要辅酶或甲基化合物，在叶酸的正常代谢和基因组稳定性方面具有不可忽略的作用。在叶酸代谢过程中，与 DNA 合成和甲基化的平衡高度相关的亚甲基四氢叶酸还原酶（MTHFR）多态性也与基因组稳定性有密切的关系。

（一）一碳代谢与神经系统疾患

一碳代谢由叶酸循环和甲硫氨酸循环共同构成。鉴于该代谢系统对 DNA 生物合成

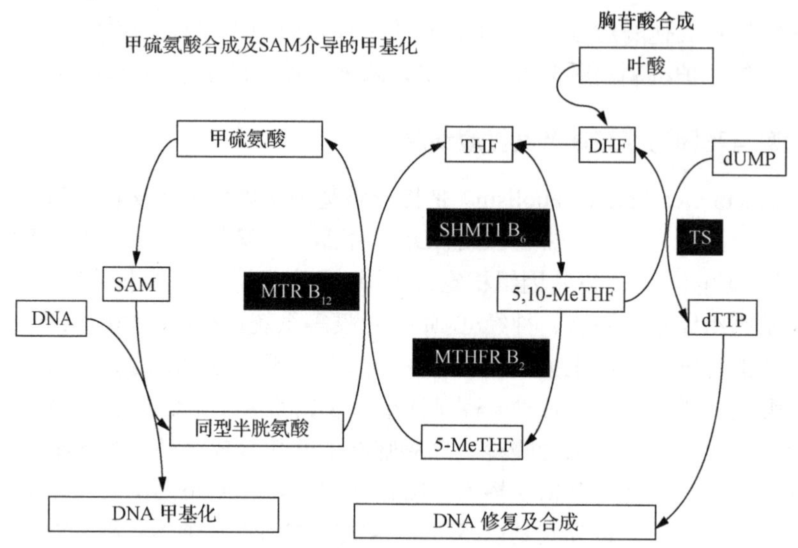

图 10-1　一碳代谢主要途径（引自 Fenech et al.，2011）

B_2. 核黄素；B_6. 维生素 B_6；B_{12}. 维生素 B_{12}；SAM. *S*-腺苷甲硫氨酸

保真与基因组稳定、DNA 和蛋白质甲基化、基因表达调控、细胞分裂与发育分化、DNA 损伤修复、细胞凋亡、致癌剂活化/代谢解毒等生物学过程不可或缺的重要作用，其失衡可从遗传学和表观遗传学层面对机体施加负面作用，成为许多遗传-环境相关疾病的基础病因（图 10-2）。流行病学已有明确的证据表明，基因组损伤的提升，预示着 10～15 年后的癌症高风险，还可使儿童自闭症、神经管和智力发育障碍、免疫缺陷、不孕不育、心脑血管疾病、神经退行性疾病、糖尿病、骨质疏松等退行性疾病风险上升。

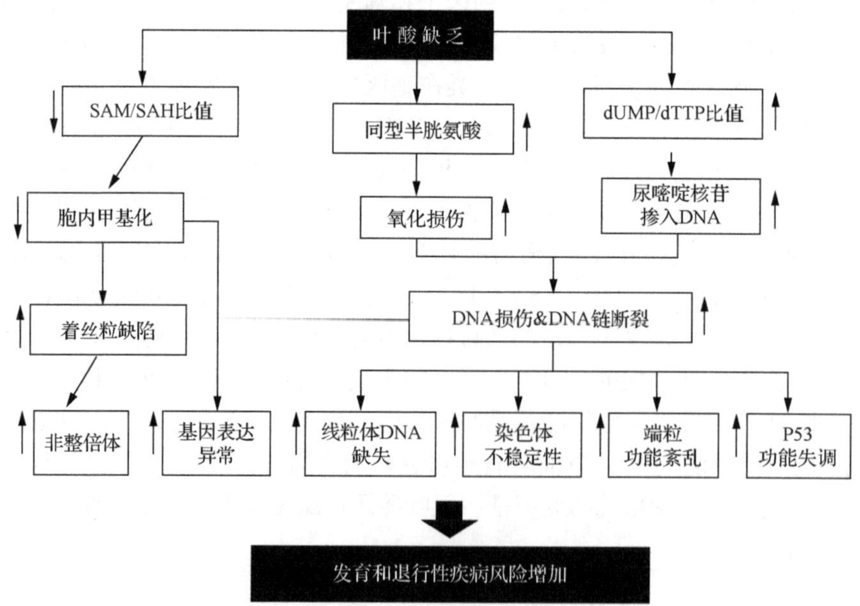

图 10-2　叶酸缺乏引起基因组稳定性下降的主要机制（引自 Fenech et al.，2011）

现行研究提示，脑的发育及功能与一碳代谢组分有千丝万缕的联系。同型半胱氨酸（Hcy）作为一碳代谢中的一种含硫氨基酸，为甲硫氨酸和半胱氨酸代谢过程中的中间产物（图 10-1），也是心脑血管疾病独立风险因子。汪旭领衔的团队在神经生物学模型 SH-SY5Y 细胞中发现，Hcy 显著诱发 SH-SY5Y 基因组损伤，转录组表达出现显著变化且涉及细胞周期通路，不同浓度 Hcy 可显著上调或下调 G_1-S 期转变相关基因的转录；高剂量 Hcy 还显著提高 G_0/G_1 期比例、降低 S 期细胞百分数，阻滞细胞周期。

Tau 蛋白是一种分布在中枢神经系统的低分子量含磷糖蛋白，其与神经轴突内微管结合，可诱导并促进微管蛋白聚合、维护微管功能。叶酸缺乏可在人类成神经细胞瘤提升由同型半胱氨酸诱发的钙流入、抑制磷酸酶的活性。过量的钙流入可增加基因组损伤，而磷酸酶活性抑制可使 Tau 高磷酸化、微管稳定性下降，导致神经纤维退化和功能失调。研究进一步证明，在哺乳动物器官发生阶段，某些蛋白的磷酸化可调节细胞受损后，凋亡与 DNA 损伤修复之间的选择，磷酸酶功能抑制可削弱 DNA 损伤信号介导的修复途径。例如，γH2AX 去磷酸化水平降低可抑制细胞对 DNA 损伤的响应，加剧叶酸缺乏所引起的直接 DNA 损伤，补充 SAM 可以阻止磷酸化酶功能的抑制。

TRF1 和 TRF2 是保持端粒结构稳定的关键蛋白，在脑衰老过程中和氧化胁迫下，它们的功能逐渐缺失；叶酸缺乏所导致的尿嘧啶掺入若发生在端粒 TTTAGG 序列上，不仅可诱发端粒缩短，还可损害 TRF2 在神经分化过程中的调节作用。

近来的研究提示，脑组织 DNA 氧化损伤是阿尔茨海默病（AD）的特征之一，这种损伤随疾病进程而加剧，氧化胁迫还可损伤与突触可塑性、囊泡转运、线粒体功能相关的重要控制基因的启动子，成为改变成人大脑皮质基因表达的主要因素。因此，让出现早期脑衰的成人补充适宜的叶酸来防护易感基因启动子的氧化损伤是一个重要的、延缓大脑衰老的营养干预策略。在叶酸/甲基供给缺乏的大鼠脑组织中，以 8-OHdG 为代表的氧化 DNA 损伤、DNA 单链断裂和凋亡的频率明显上升也提示，叶酸及其相关甲基类化合物对于脑组织 DNA 损伤具有防范效应。

胞外 β 淀粉样蛋白（$A\beta_{42}$）沉积是 AD 的致病因子之一，在叶酸缺乏情况下培养海马细胞，细胞对 $A\beta_{42}$ 沉积的遗传毒性敏感性升高；淀粉样前体蛋白突变是产生过量 $A\beta_{42}$ 的原因之一，在长期低叶酸饲养条件下，携带该突变的转基因小鼠表现了较高的 DNA 损伤、海马神经退化，AD 风险提高。

mtDNA 及细胞核 DNA 损伤是脑衰老加速的重要原因，线粒体的产能、调控钙离子代谢的稳态和凋亡等功能，对于神经细胞的生存具有至关重要的作用。叶酸缺乏提升 mtDNA 缺失频率、影响线粒体的形成和含量。对年轻大鼠饲以 4 周的无叶酸食物，动物脑组织中 mtDNA 4834 缺失显著增加，并与血浆叶酸和红细胞叶酸浓度呈负相关关系，心脏、肝脏组织中线粒体含量显著下降，淋巴细胞中的 mtDNA 缺失增加 3～4 倍。显然，叶酸具有维护线粒体和核基因组稳定性的功能。然而，尽管补充叶酸或甲基类微量营养素可以矫正叶酸或相关代谢物缺乏，但目前仍有很多不解之谜，DNA 损伤相关的脑衰老是否可通过叶酸干预实现矫正或改善？叶酸缺乏对脑组织的 DNA 损伤是否受叶酸代谢相关基因多态性的修饰？这些问题还有待大量的研究和探索。

Wang 等（2022）通过荟萃分析揭示了 6000 余例 60～85 岁志愿者摄入以叶酸、维生

素 B_{12} 和维生素 B_6 为核心的 B 族维生素后简易智力状态检查量表（MMSE）评分变化，发现为期 12 个月以上的 B 族维生素干预，显著利于认知功能的维护；在认知能力已出现下降，以及轻度 AD 志愿者中，干预可减缓认知能力下降，但对基线认知状态无效。在血清 Hcy 处于正常高限（≥14μmol/L）的志愿者中，以 B 族维生素干预 12 个月及以上时，出现明显的 Hcy 水平回落和认知能力下降的减缓。

（二）叶酸缺乏与染色体不分离

非整倍体（aneuploidy），即二倍体或单倍体细胞中的染色体丢失或增加一条至若干条的细胞或者个体，通常由于着丝点-微管附着错误、纺锤体组装检查点功能与纺锤体结构异常等诸多有丝分裂错误而诱发同源染色体或姐妹染色单体异常分离。非整倍体的产生使得基因组稳定性、遗传的保真性下降，组织的特异性建构丧失，是一个与发育缺陷和肿瘤风险高度相关的遗传异常。非整倍体在肿瘤启动和进展上发挥着至关重要的作用，大多数实体瘤都具有非整倍性。然而，很多非整倍性肿瘤所具有的非整倍体的类型缺乏共性，肿瘤和非整倍体之间的精准因果关系至今仍然是一个未解的难题。

着丝粒部位染色质的稳定性可能依赖特异的着丝粒区域甲基化，以及这些区域 DNA 与特殊的甲基敏感性蛋白结合以形成高度有序的 DNA 构象，从而保证着丝点的组装。有研究指出，叶酸缺乏或代谢异常可能使近着丝粒区异染色质区 DNA 低甲基化，引起着丝粒结构异常而导致染色体不分离。

人类乳腺癌和白血病风险往往和叶酸缺乏相关，这些肿瘤常表现 17 号和 21 号染色体非整倍性；多种恶性肿瘤都出现 8 号染色体拷贝数改变，该染色体三体与乳腺癌的恶性程度、原位乳腺癌转变为浸润性癌相关，早期和晚期卵巢癌都呈现高频率的 8 号染色体三体，在白血病和急性髓细胞性白血病中也常见该染色体三体的情形。Ni 等（2010，2018）的研究围绕 B 族维生素与 DNA 互作及健康结局，解析了一碳代谢关键组分缺乏诱发人类非整倍体、纺锤体功能异常及有丝分裂异常的机制，发现高剂量叶酸和维生素 B_2 的任何剂量组合干预人淋巴细胞，8 号和 17 号染色体非整倍体发生率均显著低于低剂量叶酸与任何剂量维生素 B_2 组合的干预组；提示维生素 B_2 对受试染色体正常分离的胁迫潜能，以及叶酸的正面效应。Wang 等（2004）探索了叶酸缺乏与人淋巴细胞中 17 号和 21 号染色体非整倍体的关联，研究发现，在胞质分裂阻断的双核细胞和单核细胞中，2 个受检染色体非整倍体发生频率与叶酸浓度呈负相关关系。12nmol/L 的叶酸浓度下，17 号染色体非整倍体比 120nmol/L 时增加 26%，而 21 号染色体增加 35%；上述工作提示叶酸缺乏是肿瘤中常见非整倍体发生的风险因子。

唐氏综合征是指二倍体细胞里存在 3 个 21 号染色体拷贝所引起的染色体病，多起因于减数分裂期间 21 号染色体不分离，是最为常见的常染色体数目畸变所导致的出生缺陷，我国活产唐氏综合征婴儿发生率约为 0.5‰。95%的唐氏综合征由母亲卵母细胞 21 号染色体在第一次减数分裂时不分离所引起，父源的情形只占 5%。21 号染色体不分离的诱因至今不明，女性怀孕年龄超过 35 周岁是一个重要的危险因子，然而也发现许多唐氏综合征患儿的母亲怀孕时并没有超过 35 周岁，这些女性自身染色体不分离的遗传易感性偏高；母亲的叶酸摄入和代谢状况也可能影响唐氏综合征发生的风险，叶酸代谢过程中与DNA合成和甲基化平衡相关的亚甲基四氢叶酸还原酶基因*MTHFR*多态性一直以来都被认为是唐氏综合征患儿发生的风险因子；近来还有研究证实，减数分裂联会期间特异 CpG 位点的甲基化可抑制染色体交叉和重组，而这种抑制可能是构成 21 号染色体不分离的主要原因。母体叶酸代谢基因（如 *MTHFR*）和其他基因相互作用可以不同的方式影响唐氏综合征胎儿发生风险。已有研究提示，母体 *MTHFR*（80G>A）与还原型叶酸转运蛋白基因 *RFC1* 的组合可能会降低唐氏综合征的风险；MTHFR 多态性与叶酸代谢途径中的胸腺嘧啶合成酶（TYMS）、甲硫氨酸合成酶（MS）的相互作用是年轻女性 21 号染色体不分离的风险因子。因此，在叶酸代谢、表观遗传修饰、染色体重组，以及唐氏综合征之间存在一定程度的关联，但依然还有很多不解之谜。总的来讲，唐氏综合征患儿的发生和染色体不分离一样，归属于多因子性状，具有明显的异质性，可受遗传因素（如母亲多基因作用、减数分裂染色体联会重组异常、胚胎叶酸代谢基因和染色体突变）、环境因素（孕妇年龄甚至外祖母当初怀孕时的膳食）、表观修饰如 DNA 甲基化和其他随机事件的影响，需要更深入地理解每一种因素及其相互作用对疾病的贡献及机制。

Guo 等（2017）还证实了叶酸缺乏不仅诱发染色体结构损伤，还扰乱细胞纺锤体组装检查点（SAC）的功能，引起中期染色体异常排列、染色体落后、染色质桥及多极纺锤体等非整倍体发生相关事件。

（三）叶酸缺乏与 DNA 损伤和肿瘤发生

人类淋巴细胞在叶酸缺乏离体干预下，染色体上的脆性位点、染色体断裂、微核、核质桥，以及核芽都得以表达，叶酸浓度与上述遗传损伤的生物标记出现负相关，叶酸浓度为 120nmol/L 时染色体损伤降至最低。Wang 等（2023）研究发现，无论端粒酶活性相关核心亚基 hTERT 表达与否，叶酸缺乏均会导致细胞的端粒长度异常延长，进而诱发染色体不稳定性升高，这与叶酸缺乏导致尿嘧啶错误掺入端粒序列密切关联。此外，虽然部分研究认为，还原态叶酸 5-甲基四氢叶酸具有更高的生物利用度，但研究发现，氧化态叶酸浓度缺乏时，5-甲基四氢叶酸会导致细胞端粒明显异常延长，以及更高水平的染色体不稳定，叶酸对维护细胞端粒稳定的作用强于 5-甲基四氢叶酸。叶酸缺乏（20nmol/L）相关的 DNA 损伤相当于 1Gy 离子辐射，是人体年允许暴露上限的 50 倍。辐射和叶酸缺乏不仅引起 DNA 断裂，也活化 DNA 损伤修复基因的表达。前者活化切除修复和 DNA 双链断裂修复基因并抑制线粒体 DNA 编码的基因表达，叶酸缺乏则活化碱基和核苷酸切除修复。这些结果提示叶酸缺乏对 DNA 造成的损伤堪与致癌剂相比。

大量的人体外周血遗传损伤分析也证明了叶酸在防范遗传损伤上的作用。Fenech 等（1997，1998）以胞质分裂阻断微核分析，系统地研究了 DNA 损伤和体内叶酸状况的关系，在 64 名 50～70 岁健康男性中，23%的个体血清叶酸低于 6.8nmol/L，16%的个体红细胞叶酸低于 317nmol/L，4.7%的个体表现维生素 B_{12} 缺乏（<150pmol/L），37%的个体血浆 Hcy 高于 10μmol/L。该群体 56%的个体叶酸、维生素 B_{12} 和 Hcy 浓度异常，他们的微核率比血清高叶酸和高维生素 B_{12}、低 Hcy 的个体显著增加。在澳大利亚人群中随机进行叶酸和维生素 B_{12} 双盲干预研究，700μg/d 叶酸和 7μg/d 维生素 B_{12} 干预 3 个月后、

2000μg/d 叶酸及 2μg/d 维生素 B_{12} 进一步干预 3 个月，在微量营养素干预组，初期微核率处于受试群体前 50%的个体，损伤下降 25.4%。针对叶酸的一碳代谢角色和 DNA 甲基化功能，许多研究聚焦于叶酸摄取对淋巴细胞、结肠等组织或细胞的表观修饰效应影响。Jacob 等（1998）发现在维持 9 周的低叶酸（56～111μg/d）膳食后，绝经妇女均表现 DNA 低甲基化，在随后 3 周高叶酸（286～516μg/d）干预后，DNA 甲基化水平随即上升。结肠癌患者外观正常的直肠黏膜 DNA 甲基化水平显著低于正常对照，在为期 6 个月补充 10mg/d 叶酸后，甲基化水平增加 15 倍。尽管上述结果仅是叶酸缺乏与 DNA 损伤和 DNA 甲基化研究的一个局部体现，但已经证实了叶酸对于肿瘤易感性的影响。

鉴于叶酸缺乏导致 DNA 甲基化模式改变、DNA 链和染色体断裂、基因扩增等一系列遗传与表观遗传毒性事件，所以普遍认为叶酸缺乏提高了肿瘤发生的风险。叶酸对结肠癌、肺癌、胰腺癌、口咽癌、食道癌、胃癌、宫颈癌、成神经细胞瘤、白血病具有明显的防范作用。许多研究证实，叶酸缺乏可以导致抗乳腺癌蛋白（BCRP/$ABCG_2$）表达特性丧失，使得乳腺癌发病风险显著提高。叶酸缺乏导致 SAM 库存减少，从而降低整体 DNA 的甲基化水平，众多学者在子宫内膜癌、卵巢癌、食管癌、结肠癌、肺癌等肿瘤组织中均发现肿瘤相关基因（如错配修复基因 *hMLHI* 和 *hMSH2*）启动子区域 CpG 岛甲基化，意味着相关基因的沉默、癌症风险上升。结直肠癌 DNA 的甲基化水平明显低于腺瘤 DNA，在同一个体中，表面正常的结肠黏膜 DNA 的甲基化状态比结直肠癌 DNA 的甲基化程度高；为切除了结肠腺瘤或结肠癌的个体补充叶酸可以使受试者正常组织的低甲基化状态得以纠正、黏膜细胞增生得到抑制。尽管低叶酸水平被普遍认为是结肠癌变最重要的诱因，但是，动物学试验不仅证实了叶酸耗竭是结肠肿瘤形成的诱因，同时还发现叶酸浓度过高，对结肠黏膜已经形成的微小肿瘤病灶具有促进作用，提示叶酸对于结肠癌发生发展有双向作用。Duthie 等（2008）结合蛋白质组学和生物化学的手段识别叶酸缺乏所影响的人类结肠上皮细胞的蛋白质和代谢途径，发现叶酸差别性地改变与繁殖相关的蛋白质（如 PCNA）、DNA 修复（如 XRCC5 和 MSH2）、凋亡[如 BAG 家族的分子伴侣蛋白（DIABLO）和膜孔蛋白（porin）]、细胞骨架组织[如肌动蛋白（actin）、细胞骨架连接蛋白（ezrin）和 elfin]的活性及其表达，并影响与恶性转化相关的蛋白如 COMT 和 Nit2 的表达。因此，叶酸对于肿瘤启动、进展的影响还需要进一步地解析。

王红艳和 Finnell 领衔的研究团队，在全球范围内首次利用全基因组测序（WGS）和全基因组亚硫酸氢盐测序（WGBS）技术，探索了摄入不同水平叶酸对小鼠后代 DNA 突变的影响。研究发现，与摄入正常水平叶酸相比，亲代叶酸摄入不足，子代胚胎的新杂合单核苷酸变异（DNSNV）翻倍；亲代叶酸摄入过量，子代胚胎的新杂合单核苷酸变异增加 80%。因此叶酸的摄入应该控制在一个特定的范围之内，摄入不足或者过量，对后代健康均会产生不利影响。

三、植物多酚与基因组稳定性的关联

植物多酚（plant polyphenol）是广泛存在于植物体内的多元酚结构的次生代谢物，该类化合物中的酚羟基结构的邻位酚羟基易被氧化、消耗环境中的氧，同时对活性氧等自由基具有很强的捕捉能力。因而植物多酚通常具有较强的抗氧化、清除自由基等生物

活性的能力。

Guo 等（2018）评价了药食二用植物余甘子（PE）水抽提物及其代表性多酚老鹳草素（geraniin）对人离体结肠癌细胞基因组损伤和细胞死亡的影响。发现 PE 以剂量时间依赖方式显著增加了癌细胞基因组损伤、降低了细胞坏死和核分裂指数、提高了凋亡率；研究同时还发现 PE 对正常细胞有丝分裂具有维护效应，且显著减少了这些细胞的自发基因组损伤。PE 对于不同生理病理细胞基因组的差异影响与老鹳草素相吻合，其通过诱发高水平基因组损伤促进癌细胞凋亡、抑制其增殖；同时减少正常细胞自发基因组损伤、维护细胞正常增殖。余甘子及老鹳草素减少人正常结肠细胞自发基因组损伤的事实提示其具有预防肿瘤发生的潜质，其精准机制及其对其他来源细胞的作用尚待进一步探索。

Ni 等（2018）探讨了绿茶多酚表没食子儿茶素没食子酸酯（EGCG）对不同生理病理结直肠细胞基因组稳定性、成淋巴细胞错配修复基因转录、抑癌基因和全基因组甲基化的影响与机制。发现 EGCG 显著诱发人结肠癌细胞染色体损伤和凋亡、抑制细胞分裂；在正常细胞中则显著降低染色体自发损伤、抑制凋亡；EGCG 还显著上调正常人成淋巴细胞错配修复基因转录、降低肿瘤细胞中抑癌基因的甲基化水平；提示 EGCG 可能通过差异性调节不同生理病理状态细胞的错配修复通路而影响染色体损伤强度，亦有可能通过表观修饰而提高肿瘤细胞中抑癌基因功能。研究综合呈现了 EGCG 利好基因组健康、促进癌变细胞遗传损伤和死亡的功效与机制。

白藜芦醇（resveratrol，RSV），学名 3,4′,5-三羟基芪（3,4′,5-trihydroxystilbene），是一种天然多酚类化合物，在植物白藜芦、葡萄、虎杖和花生等多种植物中存在。大量的体外细胞实验和体内动物模型研究表明，RSV 对机体多脏器具有健康促进效应，其可有效地增加血管内皮细胞内一氧化氮的活性，从而抗动脉粥样硬化、改善心脏功能、减缓心肌肥大、抑制心血管钙化、促进细胞分化及预防药物诱发的心脏毒性；RSV 还可减缓脂肪在肝脏中的堆积、预防肝纤维化、抵御铁过载、降低药物和酒精的毒性、减轻代谢紊乱；同时具有预防神经元损伤、改善认知能力、促进学习和记忆能力、减轻由低氧引起的神经毒性及促进大脑缺血耐受的作用。

大量的体外实验揭示了 RSV 在不同组织来源的正常细胞中均具有抗基因组损伤的作用，其可以降低人淋巴细胞中因丝裂霉素 C、双环氧丁烷、棒曲霉素、黄曲霉毒素 B_1、H_2O_2、电离辐射和 8-羟基脱氧鸟苷（8-OHdG）造成的各种类型的染色体损伤。Cao 等（2023b）还比较了 RSV 对人正常结肠上皮细胞和结肠癌细胞增殖与基因组不稳定性的影响差异；发现白藜芦醇可维护正常结肠上皮细胞的基因组稳定性，同时显著提高结肠癌细胞的基因组损伤发生率，提示白藜芦醇在结肠癌治疗中的可能功效。

第三节　端粒与基因组稳定

线性染色体 DNA 复制时，新合成的子链 5′端 RNA 引物被切除，使得子链变短，因此每经历一次有丝分裂，就可能引起染色体 DNA 缩短；末端缩短的染色体还具有类似 DNA 双链断裂的特性，容易被 DNA 损伤应答系统错误修复而形成染色体末端融合，无论是染色体末端缩短，还是染色体末端融合，都是潜在的细胞衰老和癌变的诱因。

端粒（telomere）是基因组中一个具有特殊意义的关键区域，是真核生物线性染色体末端的保护性核蛋白结构。人类染色体端粒由4～15kb的TTAGGG短串联重复与六蛋白复合体Shelterin构成，形成防止端粒被损坏的“端粒帽”，防范染色体末端的异常改变，维持染色体完整性。

一、端粒结构

端粒由一个高度保守且碱基数目多变的重复序列（双链DNA区）和一个富含G的3′端悬突（单链DNA区）组成，3′单链悬突插入到同源双链DNA区形成T环（T-loop），并在其中再配对形成D环（D-loop）。最终，端粒DNA会形成一个D环-T环的套索样结构，有效掩盖染色体末端DNA双链断裂的结构，避免被DNA损伤修复机制识别。端粒DNA还可形成G-四联体的高级结构以维护端粒功能。G-四联体、T环和D环构成染色体末端免遭核酸酶侵袭与修复的综合系统（图10-3）。

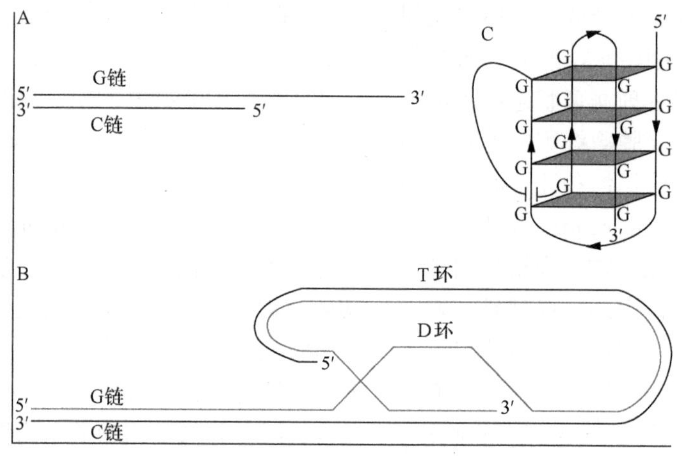

图10-3　端粒的结构（引自Nandakumar et al.，2013）

A：染色体末端的单双链结构；B：端粒区DNA构成T环和D环；C：端粒的G四链体结构

与端粒序列特异性识别并结合的Shelterin复合物，在端粒生物学中具有重要功能。人的端粒相关蛋白复合物Shelterin由6种核心蛋白组成：端粒结合蛋白1和2（TRF1、TRF2）、TRF1相互作用蛋白2（TIN2）、TRF2相互作用蛋白1（RAP1）、端粒保护蛋白1（POT1）及POT1结合蛋白1（TPP1）。在细胞中，TRF1和TRF2是双链DNA结合蛋白，它们能以高亲和性的同源二聚体形式识别并结合端粒DNA的双链区。TRF2具有拓扑异构酶的活性，帮助端粒构成T环，改变端粒DNA的空间排列。POT1可依赖寡核苷酸结合折叠结构域高特异性、高亲和性地结合到端粒3′单链悬突，识别端粒单链DNA，并与TPP1相互作用。起桥梁作用的TIN2将TRF1、TRF2、TPP1/POT1复合物结合到一起。RAP1是Shelterin中保守度最高的组分，它通过与TRF2作用结合到端粒序列上。Shelterin复合物可抑制ATM和ATR信号转导、经典非同源末端连接（NHEJ）、替代性NHEJ、同源重组和碱基切除等DNA损伤信号通路，以保护染色体末端端粒结构远离具有修复作用的DNA核酸酶。Shelterin在维持端粒长度、保护DNA修复机制，以及调节端粒的级联信号中发挥重要作用。D环-T环的套索样结构与Shelterin结合，保证了端粒结构的稳定和功能的完整。

邻接端粒重复序列的一段染色体结构被称为亚端粒区（subtelomere），其保守性不如端粒，在不同染色体中是可变的，长度<10kb至>300kb；亚端粒序列富含GC，不同染色体CpG数，以及亚端粒甲基化的程度不尽相同。亚端粒组件复杂，包含基因组其他序列的串联重复、TTAGGG样重复序列区、反转录转座子样元件等。亚端粒区低甲基化可导致端粒异常延伸。过去认为，由于端粒区高度保守的浓缩染色质状态，端粒区附近的基因多被转录沉默，称为端粒位置效应。然而，最近的证据表明端粒可以被RNA聚合酶Ⅱ转录，合成含端粒重复序列的lncRNA，称为含端粒重复RNA（telomeric repeat containing RNA，TERRA）。TERRA在端粒生物学中举足轻重，它可参与端粒异染色质的形成、染色体末端成帽、端粒复制并调控端粒内稳态。

二、端粒维护机制

人染色体的端粒总长度为 4～15kb，在大多数正常的体细胞中，染色体的不完全复制特性使得端粒DNA随每次细胞分裂损失50～200bp。因而，端粒长度随细胞分裂逐渐缩短。一旦端粒缩短到临界长度而威胁到其末端维护作用时，衰老信号就会释放，细胞进入生长阻滞和复制衰老状态。末端复制问题及端粒缩短后引发的复制衰老，限定了真核生物细胞的复制次数，而当细胞试图进行复制限制的逃逸时，则会导致细胞危机和灾难性的细胞死亡。极少细胞能通过端粒维护机制维持端粒长度战胜危机期，获得细胞持续复制能力甚至永生。

端粒维护机制主要包括端粒酶（telomerase）和替代性端粒延长（alternative lengthening of telomere，ALT）机制。

（一）端粒酶与端粒维护

端粒酶在端粒维护和癌症生物学中起关键作用。端粒酶由核糖核蛋白复合物组成，是一种携带端粒合成RNA模板的逆转录酶，能在基因组DNA复制过程中，特异合成串联序列TTAGGG添加到染色体3′端，维持端粒长度的稳定，使端粒逃避复制衰老。

端粒酶由端粒酶逆转录酶（telomerase reverse transcriptase，TERT）亚基和端粒酶RNA（telomerase RNA component，TERC）亚基组成。TERC是单链RNA，在端粒酶阳性细胞中处于高转录水平。TERT 以 TERC 为模板，互补合成端粒序列以延长端粒。作为端粒酶全酶的核心催化亚基，人端粒酶TERT亚基（hTERT）能特异合成端粒DNA，有效地维护染色体的完整和功能稳定，同时，hTERT也是端粒酶的限制亚基。在大多数正常细胞中 *hTERT* 转录被抑制，而在永生化过程中 *hTERT* 能被重激活或表达上调。端粒酶在高度增殖的细胞中特异表达，如生殖细胞、颗粒细胞、早期胚胎细胞、干细胞、活化的淋巴细胞、造血细胞、表皮细胞和永生的癌细胞。

端粒酶活性与 *hTERT* 表达亦受甲基化调控。*hTERT* 启动子上CpG岛在许多端粒酶阳性的肿瘤中处于高甲基化状态，而在端粒酶阴性的正常组织中为低甲基化状态；*hTERT* 启动子还富含转录因子结合位点，对于其转录应答、生理学改变和肿瘤发生十分重要；

hTERT 启动子的 SNP 与其转录活性密切相关，全基因组关联分析（GWAS）证实了与癌症相关的 *hTERT* SNP 位点（图 10-4）。许多研究剖析了 *TERT* 启动子，并确定了一般转录因子结合的顺式元件。这些元件和因子包括两个序列 CACGTG 的 E-box，它们可与癌蛋白 MYC 及其相互作用的蛋白 MAX 和 MAD1 结合，*TERT* 启动子区还有转录因子，包括 SP1、上游刺激因子 1（USF1）和 USF2、ID2 和 ETS2 的结合位点。

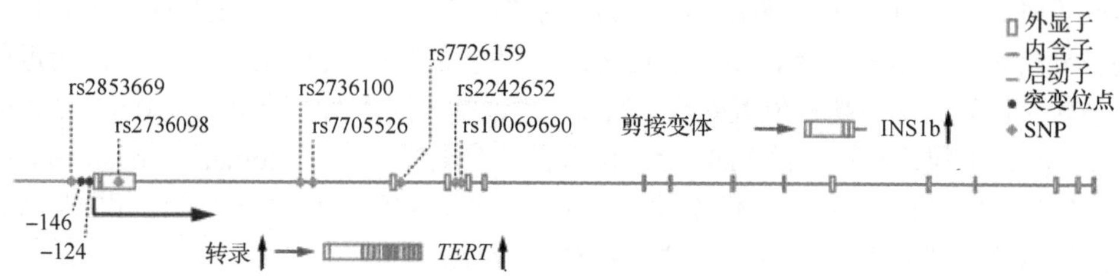

图 10-4　*TERT* 相关的 SNP 位点（引自 Maida and Masutomi，2015）（彩图请扫封底二维码）

端粒酶的表达上调与近 90%的癌症相关，是允许细胞走向无限增殖的必要条件。相比较而言，70%～90%的癌细胞能稳定表达端粒酶，因此，端粒酶是癌症治疗中极具潜力的分子靶点。许多靶向端粒酶的药物在临床试验中已经尝试肿瘤治疗。例如，BIBR1532 能选择性干扰端粒酶的持续合成能力；GRN163L 是一个脂质修饰的 13 聚体寡核苷酸，可与 TERC 模板区完全互补并与 TERT 相互作用以阻止端粒酶到达端粒区，导致端粒缩短，同时也抑制端粒酶活性。

TERT 蛋白还具有端粒维护以外的其他功能。人类、小鼠和大鼠的 TERT 包含两个特定的序列，一个核靶向序列和一个线粒体靶向序列，控制 TERT 蛋白在细胞核和细胞质之间的转移运输。细胞核中的 TERT 蛋白组成端粒酶的催化亚基，对端粒的维护起关键作用。但在遗传毒性胁迫诱导下，TERT 蛋白能以剂量和时间依赖的方式可逆地从细胞核中输出，与线粒体共定位，降低线粒体 ROS 的水平，降低细胞对毒物的敏感性；输出到细胞质中的 TERT 具有多种功能，包括与 Wnt/β-连环蛋白信号通路相互作用、应激保护、染色质结构调节、结合和保护线粒体 DNA 等，TERT 的核异位在减弱细胞氧化应激、DNA 损伤和细胞凋亡方面发挥重要作用。有研究发现，在非应激条件下，淋巴细胞中的 TERT 可储备在细胞核外，当 TNFα 诱导时，TERT 与 NF-κB 的 P65 亚基组成复合物，从细胞质转移到细胞核中。

（二）替代性端粒延长机制

替代性端粒延长（alternative lengthening of telomere，ALT）机制，又称重组依赖机制。在极少的体细胞、胚细胞和 10%～15%的肿瘤中，端粒长度调控主要通过 ALT。ALT 延长端粒主要通过端粒姐妹染色单体交换（T-SCE），以及 DNA 复制完成。ALT 途径需要 MRN、SMC5/6 和 BLM 等具有 DNA 修复功能的蛋白通过重组维持端粒长度。ALT 激活的特征包括染色体外端粒序列的积累、端粒长度异质性、端粒姐妹染色单体交换速率升高等，在 ALT 阳性细胞中还有高度的基因组不稳定性。

在永生化细胞中，DNA 不完全复制引起的端粒序列缩短和端粒维护机制延伸端粒这两个过程，可始终保持平衡，从而保证细胞的无限增殖。当端粒酶被抑制后，癌细胞倾向激活 ALT 途径。但是，细胞癌化过程中如何选择端粒维护机制还不得而知。了解端粒酶和 ALT 过程如何保证细胞在危机期的生存机制，对制定抗衰老、降低退行性疾病风险、肿瘤预防的策略非常重要。

端粒长度的调控还存在其他机制。①端粒锌指相关蛋白（telomeric zinc finger-associated protein，TZAP）可参与端粒长度的调控。TZAP 可以快速募集到 Shelterin 复合物减少的长端粒区，并依赖其末端 3 个锌指结构域特异性地与端粒双链 DNA 结合，触发端粒修剪（telomere trimming），引起端粒序列的快速删除，而高表达的端粒结合蛋白 TRF2 会取代 TZAP 的结合位置，端粒缩短停止。这是细胞阻止异常长端粒累积的一种机制。TZAP 结合长端粒开启并触发端粒修剪，设定了细胞端粒长度的上限，调控了端粒的延伸。②Shelterin 复合物可参与端粒长度的调控。当 Shelterin 复合物丢失时，会引起姐妹染色单体互换、端粒融合、端粒长度失调，TRF2 的减少可激活端粒区 ATM 激酶通路，引起端粒融合，其表达下调引起端粒缩短，促使乳腺癌恶化。③CST 复合物可调控端粒长度。CTC1 蛋白与 STN1 和 TEN1 蛋白结合形成的三联体复合物，称为 CST，CST 复合物可与单链 DNA 结合并促进端粒 DNA 的合成，这是一个抑制端粒酶介导的另一种端粒延伸机制。④miRNA 可以调控端粒长度。miR-155 可靶向调控 TRF1 蛋白，miR-138 在人间变性甲状腺癌细胞株中靶向 hTERT，miR-34 家族也在调节端粒长度方面起到重要作用。⑤TERRA 参与调控端粒长度。删除 20q-TERRA 基因座会引起端粒缩短及端粒脱帽现象。TERRA 转录本在染色体末端会形成 DNA-RNA 杂交，促进端粒区同源重组，延迟细胞衰老。TERRA 还可阻止不均一核糖核蛋白 A1（heterogeneous nuclear ribonucleoprotein A1，hnRNPA1）到达端粒区，允许复制相关蛋白 RPA 与 POT1 互换而结合到端粒区，这是细胞通过 ALT 机制延长端粒的一个关键转变过程。TERRA 也可通过结合到端粒酶核心元件 TERC 和 TERT 上，而抑制端粒酶活性。

三、端粒异常与疾病

当细胞逃逸复制衰老期而继续分裂时，端粒会持续缩短，触发细胞危机，端粒特异的 DNA 损伤应答启动，导致染色体末端融合、染色体断裂-融合-桥循环，染色体结构和数量发生改变，最终发生各种类型的染色体不稳定事件，基因组稳定性和完整性遭到破坏，细胞死亡或发生癌症。而当细胞长期维持稳定的端粒长度或端粒延伸，会延迟细胞衰老，使染色体积累大量突变及基因畸形或错配，进一步增加基因组不稳定性，也容易促发肿瘤。因此，细胞感知复制压力而正常缩短进入衰老阶段，是细胞自我保护免遭癌变的一个措施。

端粒 DNA 的长度对整个细胞或器官的寿命有绝对影响。端粒缩短被认为是衰老的最主要标志物。在人体，端粒缩短综合征会引起年龄相关的退行性疾病，包括先天性角化不良（dyskeratosis congenita）、肺纤维变性（pulmonary fibrosis）、再生障碍性贫血（aplastic anemia）等。端粒缩短及并发的染色体不稳定都能诱导恶性肿瘤的转移。端粒缩短也已被报道与重症冠状动脉心脏病、心力衰竭及心脏病高死亡率相关。

人的端粒序列因富含 G 而极易受到 ROS 的攻击，氧化胁迫可影响端粒长度，破坏端粒稳定。如果端粒因 ROS 等因素诱发端粒区 DNA 损伤应答激活，易引发端粒诱导的 DNA 损伤病灶形成，包括 γ-H2A.X、DNA 损伤反应蛋白 53BP1、细胞周期检控蛋白 Rad17 等在端粒区积累，导致端粒功能障碍，细胞可能通过凋亡或自噬发生死亡或癌化。

基于染色体末端不完全复制使端粒随细胞分裂而逐渐缩短，当缩短到临界时可启动细胞衰老，因此，端粒的结构与功能维护已成为衰老生物学的研究热点，端粒酶抑制等端粒延长机制的控制也为癌症治疗提供了新的研究方向。

四、端粒维护与健康

端粒稳态的维护是一个复杂且必要的过程，包括 *hTERC* 和 *hTERT* 基因的扩增、*hTERC* 和 *hTERT* 的转录及表观调控、*hTERT* 的替代性剪接、其他端粒酶重要组分和亚基的转录后调控，端粒酶复合物的活性调节、其他复合物的转位、细胞周期调控因子及端粒蛋白之间的相互作用等。端粒的异常缩短或延长，都能够促进肿瘤发生。最佳的端粒长度与功能让细胞在增殖、衰老、凋亡过程中平衡，有益于个体健康的维持。

大量研究指出，机体营养状况、膳食因素可从多种不同机制影响端粒长度。维生素、矿物质及多酚等营养物质通常以细胞重要辅酶、必需微营养物质及抗氧化角色，直接或间接参与端粒长度的调节。维持人体良好的营养、膳食、运动状态，将有助于维护端粒稳态，进而促进健康。

（一）叶酸

叶酸是细胞内一碳代谢的重要甲基供体，对 DNA 甲基化、DNA 的正常合成及修复至关重要，在维护基因组稳定性方面起关键作用。叶酸缺乏时，dUMP 增多而 dTMP 合成不足，该事件不仅减少胞内胸腺嘧啶合成而影响端粒 DNA 的正常复制，而且导致尿嘧啶核苷大量错误掺入富含 G 的端粒区并引发 DNA 切除修复，TRF1/2 蛋白结合减少，端粒脱帽，成为端粒缩短或端粒序列重组后端粒异常增长的诱因。

端粒和亚端粒区的 DNA 甲基化状态是影响端粒结构与功能的重要表观遗传学因素。叶酸作为重要甲基供体，其供给水平通过影响富含 GC 的亚端粒区、端粒区及端粒酶的甲基化状态而干预端粒长度、端粒酶表达和端粒序列间的重组，叶酸缺乏引起的全基因组低甲基化状态可引起端粒重组增多，以及端粒区监管甲基化程度减弱，包括减弱亚端粒区甲基化，降低端粒酶关键位点甲基化程度从而减弱端粒酶活性，减少 Shelterin 复合物与端粒区结合等，导致端粒不稳定延长。充足的叶酸有助于维护正常 DNA 甲基化、基因表达模式和端粒长度。

（二）维生素 B_{12}

同型半胱氨酸（Hcy）是叶酸/甲硫氨酸（Met）代谢途径的中间产物，在甲基化合物形成过程中担任重要角色；同时，Hcy 在血浆里极易被氧化形成同型胱氨酸/同型半胱氨酸硫内酯等化合物，并伴随超氧离子和过氧化氢产生，从而介导氧化胁迫和炎症反应，成为神经退行性疾病、冠状动脉疾病、脑血管疾病和静脉血栓等的独立风险因子。Hcy 在体内接受 5-甲基四氢叶酸的甲基进入 Met 合成途径，进而合成细胞的主要甲基供体 *S*-

腺苷甲硫氨酸（SAM）。

甲硫氨酸合成酶（MS）催化 Hcy 合成 Met，维生素 B_{12} 作为 MS 辅酶，在细胞内甲基反应、一碳单位代谢过程中具有不可或缺的配角作用。MS-维生素 B_{12} 通过利用底物 Hcy，降低 Hcy 氧化胁迫和炎症反应，减少对氧化胁迫非常敏感的端粒区 DNA 受氧离子的攻击或维持胞内 SAM 前体的正常合成，维护端粒相关甲基化的稳定，从不同层面，多方位地影响基因组稳定性、DNA 甲基化、端粒长度及相关基因的表达。

（三）维生素 C 和维生素 E

维生素 C 作为细胞内重要辅酶，参与体内氧化还原过程及体内糖代谢过程，具有极强的抗氧化活性和抗炎特性；维生素 E 属于脂溶性维生素，其水解产物为生育酚，是细胞内最主要的抗氧化剂之一，可抗自由基氧化、抑制血小板聚集从而降低心肌梗死和脑梗的危险性。与基因组 DNA 相比，富含 G 的端粒序列不仅是急性氧化损伤的潜在靶标，而且由于端粒结合蛋白的保护作用，端粒 DNA 具有相对低效的 DNA 修复能力，氧化损伤后的端粒会在细胞周期和随后的复制衰老期间缩短速率加快。体外实验发现，向培养基中加入类似于生理浓度的维生素 C 或维生素 E，二者卓越的抗氧化活性和清除活性氧（reactive oxygen species，ROS）的超强能力，可降低胞内氧化胁迫，降低端粒 DNA 因氧离子攻击而产生损伤的程度，减缓端粒缩短，延缓细胞衰老。

（四）维生素 D

维生素 D 为固醇类衍生物，其主要生理功能是促进小肠对钙的吸收，其代谢活性物质促进肾小管重吸收磷和钙，维持或调节人体血浆钙和磷的正常浓度。维生素 D 缺乏时，人对钙、磷的吸收能力下降，钙磷不能在骨组织内沉积，成骨作用受阻。在体内，维生素 D 血浆浓度与炎性标志物 C 反应蛋白（C-reactive protein，CRP）之间呈显著负相关关系，维生素 D 具有潜在抗炎特性。研究发现，血清中维生素 D 的浓度与女性外周血白细胞的端粒长度呈正相关关系，维生素 D 可能通过抗炎和抗增殖性质限制了细胞活动，从而潜在地降低了细胞增殖引起的端粒长度磨损，同时也降低了胞内氧离子对端粒 DNA 的氧化损伤。

此外，人体必需的微量元素如锌、镁可从辅酶关键因子等角度影响 DNA 合成和修复，间接影响端粒长度，不饱和脂肪酸如 ω-3 脂肪酸，以及姜黄素、茶多酚、白藜芦醇等植物化合物可发挥卓越的抗炎和抗氧化特性，减少细胞 DNA 氧化损伤，抑制端粒酶活性，防范端粒磨损。

端粒的稳定性受遗传和环境的共同控制，其长度的特异性与细胞类型、细胞周期、所在组织和器官相关。端粒的长度和稳定性受遗传因素、各种营养物质摄取与代谢、表观遗传修饰、氧化代谢、环境暴露及生活方式等多因素的影响。充足的营养、健康的膳食及生活方式如耐力训练、富含果蔬和谷物纤维的饮食、较低身体质量指数、深思、良好的睡眠质量等都可减缓端粒缩短，有效维护基因组稳定，降低疾病发生风险，促进健康。不良膳食习惯如高脂肪和过度加工肉类大量摄入，果蔬、纤维食物及抗氧化食物摄入不足，睡眠不足，大量吸烟，缺乏运动，大量饮酒等都能加快端粒的缩短，从而提高退行性疾病的发生风险。

（薛京伦　汪　旭　何冬旭　王　晗　柯宏程）

参 考 文 献

倪娟, 邹天宁, 汪旭. 2023. 叶酸和核黄素对乳腺癌患者淋巴细胞 8 和 17 号染色体非整倍体的影响, 癌变、畸变、突变, 25(1): 26-29

Aguado J, d'Adda di Fagagna F, Wolvetang E. 2020. Telomere transcription in ageing. Ageing Res Rev, 62: 101115.

Beaty T H, Ruczinski I, Murray J C. 2011. Evidence for gene-environment interaction in a genome wide study of nonsyndromic cleft palate. Genet Epidemiol, 35(2011): 469-478.

Bellucci E, Terenzi R, La Paglia G M C, et al. 2016. One year in review 2016: pathogenesis of rheumatoid arthritis. Clin Exp Rheumatol, 34(5): 793-801.

Bersimbaev R, Bulgakova O, Aripova A, et al. 2021. Role of microRNAs in Lung Carcinogenesis Induced by Asbestos. J Pers Med, 11(2): 97.

Bobrowska B, Skrajnowska D, Tokarz A. 2011. Effect of Cu supplementation on genomic instability in chemically-induced mammary carcinogenesis in the rat. J Biomed Sci, 18(1): 95.

Bookman E B, McAllister K, Gillanders E, et al. 2011. Gene-environment interplay in common complex diseases: forging an integrative model—recommendations from an NIH workshop. Genet Epidemiol, 35(4): 217-225.

Brabson J P, Leesang T, Mohammad S, et al. 2021. Epigenetic regulation of genomic stability by vitamin C. Front Genet, 4(12): 675780.

Bull C F, Fenech M. 2008. Genome-health nutrigenomics and nutrigenetics: nutritional requirements or 'nutriomes' for chromosomal stability and telomere maintenance at the individual level. Proc Nutr Soc, 67: 146-156.

Bull C F, Mayrhofer G, O'Callaghan N J, et al. 2014. Folate deficiency induces dysfunctional long and short telomeres；both states are associated with hypomethylation and DNA damage in human WIL2-NS cells. Cancer Prev Res(Phila), 7(1): 128-138.

Cai X Z, Huang W Y, Liu X D, et al. 2017. Association of novel polymorphisms in *TMEM39A* gene with systemic lupus erythematosus in a Chinese Han population. BMC Medical Genetics, 18(1): 43.

Cao X Y, Xu J F, Lin Y L, et al. 2023a. Excess folic acid intake increases DNA *de novo* point mutations. Cell Discovery, 9(1): 22.

Cao Y, Lu J Y, Wang H, et al. 2023b. Effects of curcumin and soy isoflavones on genomic instability of human colon cells NCM460 and SW620. Cellular and Molecular Biology, 69(91): 36-43.

Castranova V, Vallyathan V. 2000. Silicosis and coal workers' pneumoconiosis. Environ Health Perspect, 108(Suppl 4): 675-684.

Chakravarti D, LaBella K A, DePinho R A. 2021. Telomeres: history, health, and hallmarks of aging. Cell, 184(2): 306-322.

Chatterjee M. 2001. Vitamin D and genomic stability. Mutat Res, 475(1-2): 69-87.

Chen Z L, Tao J A, Yang J E, et al. 2011. Vitamin E modulates cigarette smoke extract-induced cell apoptosis in mouse embryonic cells. Int J Biol Sci, 7(7): 927-936.

Claycombe K J, Meydani S N. 2001. Vitamin E and genome stability. Mutat Res, 475(1-2): 37-44.

Constantinou C, Neophytou C M, Vraka P, et al. 2012. Induction of DNA damage and caspase-independent programmed cell death by vitamin E. Nutr Cancer, 64(1): 136-152.

Cook P J, Ju B G, Telese F, et al. 2009. Tyrosine dephosphorylation of H2AX modulates apoptosis and survival decisions. Nature, 458(7238): 591-596.

Cooke M S, Evans M D, Podmore I D, et al. 1998. Novel repair action of vitamin C upon *in vivo* oxidative DNA damage. FEBS Lett, 439(3): 363-367.

Cornelis M C, Agrawal A, Cole J W, et al. 2010. The Gene, Environment Association Studies Consortium (GENEVA): maximizing the knowledge obtained from GWAS by collaboration across studies of multiple conditions. Genet Epidemiol, 34(4): 364-372.

Costa M I, Lapa B S, Jorge J, et al. 2022. Zinc prevents DNA damage in normal cells but shows genotoxic and cytotoxic effects in acute myeloid leukemia cells. Int J Mol Sci, 23: 2567.

de Freitas J M, Meneghini R. 2001. Iron and its sensitive balance in the cell. Mutat Res, 475(1-2): 153-159.

de Sousa C M, Pereira I C, de Oliveira K G F, et al. 2023. Chemopreventive and anti-tumor potential of vitamin E in preclinical breast cancer studies: a systematic review. Clin Nutr ESPEN, 53: 60-73.

Didier A J, Stiene J, Fang L, et al. 2023. Antioxidant and anti-tumor effects of dietary vitamins A, C, and E. Antioxidant, 12: 632.

Duthie S J, Mavrommatis Y, Rucklidge G, et al. 2008. The response of human colonocytes to folate deficiency *in vitro*: functional and proteomic analyses. J Proteome Res, 7(8): 3254-3266.

El-Bayoumy K. 2001. The protective role of selenium on genetic damage and on cancer. Mutat Res, 475(1-2): 123-139.

Fenech M. 2001. The role of folic acid and Vitamin B12 in genomic stability of human cells. Mutat Res, 475(1-2): 57-67.

Fenech M. 2005. The Genome Health Clinic and Genome Health Nutrigenomics concepts: diagnosis and nutritional treatment of genome and epigenome damage on an individual basis. Mutagenesis, 20(4): 255-269.

Fenech M. 2008. Genome health nutrigenomics and nutrigenetics--diagnosis and nutritional treatment of genome damage on an individual basis. Food Chem Toxicol, 46(4): 1365-1370.

Fenech M. 2010. Folate, DNA damage and the aging brain. Mech Ageing Dev, 131(4): 236-241.

Fenech M. 2012. Folate (vitamin B9) and vitamin B12 and their function in the maintenance of nuclear and mitochondrial genome integrity. Mutat Res, 733(1-2): 21-33.

Fenech M, Aitken C, Rinaldi J. 1998. Folate, vitamin B12, homocysteine status and DNA damage in young Australian adults. Carcinogenesis, 19(7): 1163-1171.

Fenech M, Bull C F, Van Klinken B J W. 2023. Protective effects of micronutrient supplements, phytochemicals and phytochemical-rich beverages and foods against DNA damage in humans: a systematic review of randomized controlled trials and prospective studies. Advances in Nutrition, 14: 1337-1358.

Fenech M, Dreosti I, Rinaldi J.1997. Folate, vitamin B12, homocysteine status and chromosome damage rate in lymphocytes of older men. Carcinogenesis. 18(7): 1329-1336.

Fenech M, El-Sohemy A, Cahill L, et al. 2011. Nutrigenetics and nutrigenomics: viewpoints on the current status and applications in nutrition research and practice. J Nutrigenet Nutrigenomics, 4(2): 69-89.

Ferguson L R, Karunasinghe N, Zhu S, et al. 2012. Selenium and its' role in the maintenance of genomic stability. Mutat Res, 733(1-2): 100-110.

Frye R E, Slattery J, Delhey L, et al. 2018. Folinic acid improves verbal communication in children with autism and language impairment: a randomized double-blind placebo-controlled trial. Mol Psychiatry, 23(2): 247-256.

Guo X H, Ni J, Liang Z Q, et al. 2019. The molecular origins and pathophysiological consequences of micronuclei: new insights into an age-old problem. Mutation Research-Reviews in Mutation Research, 779: 1-35.

Guo X H, Ni J, Zhu Y Q, et al. 2017. Folate deficiency induces mitotic aberrations and chromosomal instability by compromising the spindle assembly checkpoint in cultured human colon cells. Mutagenesis. 32(6): 547-560.

Guo X H, Wang H, Ni J, et al. 2018. Geraniin selectively promotes cytostasis and apoptosis in human colorectal cancer cells by inducing catastrophic chromosomal instability. Mutagenesis, 33(4): 271-281.

Gwas Catalog. The NHGRI-EBI Catalog of published genome-wide association studies. http: //www.ebi.ac.uk/gwas/. [2022-10-16].

Ha J H, Prela O, Carpizo D R, et al. 2022. p53 and Zinc: A Malleable Relationship. Front Mol Biosci, 9: 895887.

Halliwell B. 2001. Vitamin C and genomic stability. Mutat Res, 475(1-2): 29-35.

Hu X L, Guo X H, Ni J, et al. 2020. High homocysteine promotes telomere dysfunction and chromosomal instability in human neuroblastoma SH-SY5Y cells. Mutat Res Genet Toxicol Environ Mutagen, 854-855: 503197.

Lu G, Xiao H, Li, G X, et al. 2010. A gamma-tocopherol-rich mixture of tocopherols inhibits chemically induced lung tumorigenesis in A/J mice and xenograft tumor growth. Carcinogenesis, 31: 687-694.

Jacob R A, Gretz D M, Taylor P C, et al. 1998. Moderate folate depletion increases plasma homocysteine and decreases lymphocytes

DNA methylation in post-menopausal women. J Nutr, 128: 1204-1212.

Jeste S S, Geschwind D H. 2014. Disentangling the heterogeneity of autism spectrum disorder through genetic findings. Nat Rev Neurol, 10(2): 74-81.

Jiang Q. 2014. Natural forms of vitamin E: metabolism, antioxidant, and anti-inflammatory activities and their role in disease prevention and therapy. Free Radic Biol Med, 72: 76-90.

Ju J, Picinich S C, Yang Z, et al. 2010. Cancer-preventive activities of tocopherols and tocotrienols. Carcinogenesis, 31: 533-542.

Julià A, Absher D, López-Lasanta M, et al. 2017. Epigenome-wide association study of rheumatoid arthritis identifies differentially methylated loci in B cells. Hum Mol Genet, 26(14): 2803-2811.

Lee H J, Ju J, Paul S, et al. 2009. Mixed tocopherols prevent mammary tumorigenesis by inhibiting estrogen action and activating PPAR-gamma. Clin Cancer Res, 15: 4242-4249.

Lee E H, Myung S K, Jeon Y J, et al. 2011. Effects of selenium supplements on cancer prevention: meta-analysis of randomized controlled trials. Nutr Cancer, 63(8): 1185-1195.

Li J S, Miralles Fusté J, Simavorian T, et al. 2017. TZAP: a telomere-associated protein involved in telomere length control. Science, 355(6325): 638-641.

Loh W Q, Youn J, Seow W J. 2022. Vitamin E intake and risk of prostate cancer: a Meta-analysis. Nutrients, 15: 14.

Maida Y, Masutomi K. 2015. Telomerase reverse transcriptase moonlights: therapeutic targets beyond telomerase. Cancer Sci, 106(11): 1486-1492.

Martinelli M, Palmieri A, Carinci F, et al. 2022. Non-syndromic cleft palate: an overview on human genetic and environmental risk factors. Frontiers in Cell and Developmental Biology, 8: 592271.

Migliore L, Migheli F, Coppedè F. 2009. Susceptibility to aneuploidy in young mothers of Down syndrome children. Scientific World J, 9: 1052-1060.

Miller F W, Alfredsson L, Costenbader K H, et al. 2012. Epidemiology of environmental exposures and human autoimmune diseases: findings from a National Institute of Environmental Health Sciences Expert Panel Workshop. J Autoimmun, 39(4): 259-271.

Mir S M, Samavarchi Tehrani S, Goodarzi G, et al. 2020. Shelterin Complex at Telomeres: Implications in Ageing. Clin Interv Aging, 15: 827-839.

Modafferi S, Zhong X L, Kleensang A, et al. 2021. Gene-Environment Interactions in Developmental Neurotoxicity: a Case Study of Synergy between Chlorpyrifos and CHD8 Knockout in Human BrainSpheres. Environ Health Perspect, 129(7): 77001.

Nandakumar J, Cech T R. 2013. Finding the end: recruitment of telomerase to telomeres. Nat Rev Mol Cell Biol, 14(2): 69-82.

Ni J, Lu L, Fenech M, et al. 2010. Folate deficiency in human peripheral blood lymphocytes induces chromosome 8 aneuploidy but this effect is not modified by riboflavin . Environmental and Molecular Mutagenesis, 51(1): 15-22.

Ni J, Guo X H, Wang H, et al. 2018. Differences in the effects of EGCG on chromosomal stability and cell growth between normal and colon cancer cells. Molecules, 23(4): 788.

Nordahl C W, Braunschweig D, Iosif A M, et al. 2013. Maternal autoantibodies are associated with abnormal brain enlargement in a subgroup of children with autism spectrum disorder. Brain Behav Immun, 30: 61-65.

Padyukov L. 2022. Genetics of rheumatoid arthritis. Semin Immunopathol, 44(1): 47-62.

Paul L. 2011. Diet, nutrition and telomere length. J Nutr Biochem, 22(10): 895-901.

Program for Genomic Applications. SeattleSNPs: http: //pga.gs.washington.edu /summary_ data.html[2023-12-16].

Raghavan R, Riley A W, Caruso DM, et al. 2016. Maternal Plasma Folate, Vitamin B12 Levels and Multivitamin Supplement during Pregnancy and Risk of Autism Spectrum Disorders in the Boston Birth Cohort. 2016 International Meeting for Autism Research: Maternal Plasma Folate, Vitamin B12 Levels and Multivitamin Supplement during Pregnancy and Risk of Autism Spectrum Disorders in the Boston Birth Cohort (confex.com).

Raghavan R, Riley A W, Volk H, et al. 2018. Maternal Multivitamin Intake, Plasma Folate and Vitamin B12 Levels and Autism Spectrum Disorder Risk in Offspring. Paediatr Perinat Epidemiol, 32(1): 100-111.

Raychaudhuri S, Sandor C, Stahl E A, et al. 2012. Five amino acids in three HLA proteins explain most of the association between

MHC and seropositive rheumatoid arthritis. Nat Genet, 44(3): 291-296.

Rossiello F, Jurk D, Passos J F, et al. 2022. Telomere dysfunction in ageing and age-related diseases. Nat Cell Biol, 24(2): 135-147.

Schmidt R J, Hansen R L, Hartiala J, et al. 2011. Prenatal vitamins, one-carbon metabolism gene variants, and risk for autism. Epidemiology, 22(4): 476-485.

Schmidt R J, Tancredi D J, Ozonoff S, et al. 2012. Maternal periconceptional folic acid intake and risk of autism spectrum disorders and developmental delay in the CHARGE (Childhood Autism Risks from Genetics and Environment) case-control study. Am J Clin Nutr, 96(1): 80-89.

Scragg R. 2011. Vitamin D and public health: an overview of recent research on common diseases and mortality in adulthood. Public Health Nutr, 14(9): 1515-1532.

Sen A, Marsche G, Freudenberger P, et al. 2014. Association between higher plasma lutein, zeaxanthin, and vitamin C concentrations and longer telomere length: results of the Austrian Stroke Prevention Study. J Am Geriatr Soc, 62(2): 222-229.

Shahidi F, Pinaffi-Langley A C C, Fuentes J, et al. 2021.Vitamin E as an essential micronutrient for human health: Common, novel, and unexplored dietary sources. Free Radic Biol Med, 176: 312-321.

Sharif R, Thomas P, Zalewski P, et al. 2012. The role of zinc in genomic stability. Mutat Res, 733(1-2): 111-121.

Sparks J A, Costenbader K H. 2014. Genetics, environment, and gene-environment interactions in the development of systemic rheumatic diseases. Rheum Dis Clin North Am, 40(4): 637-657.

Surace A E A, Hedrich C M. 2019. The Role of Epigenetics in Autoimmune/Inflammatory Disease. Front Immunol, 10: 1525.

Surén P, Roth C, Bresnahan M, et al. 2013. Association between maternal use of folic acid supplements and risk of autism spectrum disorders in children. JAMA, 309(6): 570-577.

Wang H, Ni J, Guo X H, et al. 2023. Effects of folate on telomere length and chromosome stability of human fibroblasts and melanoma cells *in vitro* a comparison of folic acid and 5-methyltetrahydrofolate. Mutagenesis, 38(3): 160-168

Wang X, Thomas P, Xue J L, et al. 2004. Folate deficiency induces aneuploidy in human lymphocytes *in vitro*-evidence using cytokinesis-blocked cells and probes specific for chromosomes 17 and 21. Mutat Res, 551(1-2): 167-180.

Wang Z B, Zhu W, Xing Y, et al. 2022. B vitamins and prevention of cognitive decline and incident dementia: a systematic review and meta-analysis. Nutr Rev, 80(4): 931-949.

Wilson S H, Olden K. 2004. The Environmental Genome Project: phase I and beyond. Mol Interv, 4(3): 147-156.

Yeung K S, Chung B H Y, Choufani S, et al. 2017. Genome-Wide DNA Methylation Analysis of Chinese Patients with Systemic Lupus Erythematosus Identified Hypomethylation in Genes Related to the Type I Interferon Pathway. PLoS One, 12(1): e0169553.

Yuan J M, Koh W P, Sun C L, et al. 2005. Green tea intake, ACE gene polymorphism and breast cancer risk among Chinese women in Singapore. Carcinogenesis, 26(8): 1389-1394.

Yucesoy B, Vallyathan V, Landsittel D P, et al. 2011. Polymorphisms of the *IL-1* gene complex in coal miners with silicosis. Am J Ind Med, 39(3): 286-291.

Zhai R H, Jetten M, Schins R P F, et al. 1998. Polymorphisms in the promoter of the tumor necrosis factor-alpha gene in coal miners. Am J Ind Med, 34(4): 318-324.

Zhang J M, Zou L. 2020. Alternative lengthening of telomeres: from molecular mechanisms to therapeutic outlooks. Cell Biosci, 10: 30.

Zhang Y D, Gu P, Xie Y J, et al. 2022. Insights into the mechanism underlying crystalline silica-induced pulmonary fibrosis via transcriptome-wide m^{6}A methylation profile. Ecotoxicology and Environmental Safety, 247: 114215.

第十一章

公共健康与个体基因组学——借助营养-生活方式-环境与基因的互作特性促进基因组健康

如何以最新的研究成果，从基因组学水平来讨论疾病成因，寻找到更加适合的膳食、生活方式及心理社会策略来更为有效地预防疾病、维护健康，是本章着重关注的内容。现有证据表明，膳食营养、生活方式、外在环境及心理社会因素对基因组完整性的影响是决定健康状况的重要因素。膳食营养通过提供 DNA 合成、修复及调控基因表达过程中必需的辅助因子和分子，在预防基因组病理变化中起着重要作用。然而，伴随着年龄的增长会出现基因组完整性和稳定性下降，这不仅受营养失调影响，环境毒物暴露、不良生活习惯及不利的心理社会环境在其中同样起着促进作用。DNA 完整性受损是发育异常及退行性疾病的基本病理因素。将诸如营养摄取、生活方式、环境因素等各种风险因子与遗传易感性整合研究，将对有效地阻止 DNA 完整性受损具有重要价值。因此，在全球范围内实施一个以提高人群的 DNA 健康水平为宗旨的综合性公共健康策略变得尤其必要。这个策略将以寻求富含基因组维护所需微营养物、减少环境遗传毒物暴露、改善生活习惯和心理社会环境、提高基因组稳定性为最终目标。

随着分子生物学技术的突飞猛进，以及人类对个体健康的日益关注，关于营养因素如何作用于遗传物质，进而对基因表达和 DNA 完整性产生影响的认识空前增长。这些知识的正确整合，对减少非传染性疾病（如退行性疾病）的发生发展将有可能产生革命性的影响。但是，如果滥用这些知识，或是在未充分且正确理解营养-遗传相互作用机制的前提下，就会为人群或个体提供不恰当的膳食营养建议，将有可能造成意想不到的危害。因为营养-遗传的相互作用仅仅是环境对基因组产生影响的其中一个方面，除此之外，心理应激、不良生活方式和个体过度暴露于物理、化学、遗传毒物中，也会产生环境-遗传相互作用，进而严重影响基因组健康。基于此，环境-遗传相互作用的研究与营养基因组学共同构成了一个新兴的学科——公共健康基因组学（public health genomics）。目前，我们在掌握这些关键且复杂的知识上还有很多理解和认知上的空白。因此，坚持不懈地研究探讨怎样合理利用基因组学知识来改善、促进人类健康状况将是公共健康的一个重要领域。

第一节　暴露组、营养组和基因组的多样性

属于不同的地理分布、拥有文化多样性的人群，会存在膳食习惯、生活方式、生理和心理环境的多样性，这些因素都会影响人群的基因组、表观基因组（Laland et al.，2010）。食品的安全和性能的差异，让我们不得不思考从基因组水平来定义维护最佳健康状态的最低营养需求是有必要的（Rosenberg，2008；Ames，2006；Kaput et al.，2005）。到 2050 年，世界人口预计将从 25 亿持续增长到 95 亿，而食物短缺、食品加工成本的增加状况将日益严重，这就要求我们必须探寻多样化且简约的膳食模式，从而实现不仅可以用有限的食物养活更多的人，还能维护个体的健康状态的长远目标（Godfray et al.，2010）。以食物和膳食营养程度为基础，更好地了解食物和膳食模式的营养“适应性”会对解决这一挑战做出重要贡献（Kim et al.，2015，2018）。我们急需解决如下关键问题。

- 哪些食物的营养最为丰富？
- 这些食物中哪些最容易适应气候变化并能持续种植？
- 这些食物中哪些对地球环境影响最小？
- 这些食物中哪些可有效储存？
- 为了满足最佳健康的最低营养需求，这些食物的适配值是多少？

Smedman 等（2010）提出，食物分类应当优先考虑食物和饮料的营养程度及其生产的环境效应，这样才可以综合规划适宜的膳食模式。尽管这个模式并不完美，但是它为今后提出了一个适用的方向，那就是人们可以根据膳食对维持基因组和新陈代谢的营养价值及其对环境的影响去适当规划食品生产。

维护健康的最适膳食建议仍需进一步优化。最新的 WHO/FAO 建议，每人每天至少需要摄入 400g 的水果和蔬菜以预防和减轻微营养物质缺乏所带来的如心脏病、癌症、糖尿病及肥胖等慢性疾病的发生，特别是发展中国家人群尤其需要注意 400g 果蔬的每日补充（Nishida et al.，2004；FAO，2020）。然而，这一建议可能会产生一定的误导，我们以叶酸为例来简单阐明。叶酸（folate）是维护基因组完整性和胚胎发育的重要微营养物质（Stover，2009；Fenech，2012）。表 11-1 中列出了 4 种类型蔬果中的叶酸含量，因个人喜好而选择不同类型的蔬果摄入会使个体每日最终摄入的叶酸量存在差异。当个人选择摄入高叶酸含量的蔬果（如豆类、绿叶蔬菜、十字花科蔬菜）时，可满足建议中提到的每天摄入 400g 蔬果获得 400μg 叶酸含量的要求，但是如果喜欢食用根茎蔬菜或“水果”蔬菜的个体，每天则需要摄入 2.5kg 的此类蔬果才可能达到叶酸摄入的日要求水准，这显然不符合实际生活情况，因为大部分“水果”蔬菜中的叶酸含量都不到根茎蔬菜含量的一半。由此我们发现，仅规定每天食用 400g 蔬果的建议无论对提高个体健康水平还是获得营养最大效益都是不恰当的，我们急需的是根据食物的营养丰度和基于营养适应性来确定食物的合理组合方式，最终制定更准确的膳食建议（Kim et al.，2015，2018）。

表 11-1　蔬菜中的叶酸含量（DFE/100g，单位 μg）*

高叶酸含量（HF）蔬菜		低叶酸含量（LF）蔬菜	
豆类	绿叶或十字花科蔬菜	根茎蔬菜	“水果”蔬菜
红芸豆（130）	西蓝花（93）	洋葱（16）	番茄（15）
绿豆（60）	甘蓝（60）	土豆（22）	南瓜（9）
鹰嘴豆（171）	卷心菜（43）	萝卜（9）	黄瓜（6）
扁豆（180）	莴苣（142）	欧洲萝卜（57）	辣椒（11）
豌豆（59）	菠菜（146）	瑞典甘蓝（21）	茄子（14）
青豆（50）	生菜（73）	胡萝卜（14）	橄榄（0）
平均（108）	平均（93）	平均（23）	平均（9）
平均（100）		平均（16）	

*数据来源：美国农业部营养数据库（http://www.nal.usda.gov/fnic/foodcomp/search/）

DFE=dietary folate equivalent，膳食叶酸当量，括号中的为具体数值

第二节　公共健康基因组学、营养遗传学和营养基因组学

常量营养素（macronutrients）和微量营养素（micronutrients）的摄取及代谢相关遗传特征决定着个体对营养物质的需求量。随着对群体遗传结构了解的深入，我们需要综合考量营养、生活方式及环境相关的公共健康基因组学原理，将基因组学知识应用到人群健康维护层面。

对公众而言，基因检测最大的健康价值在于通过它可识别遗传亚型或者个体特异性，之后能借助人们可接受的、经济并且实用的特殊干预手段，来针对性地控制这些个体的遗传疾病风险。这种方式可成为遗传代谢性疾病如苯丙酮尿症（phenylketonuria）、乳糜泻（celiac disease）筛查和有效治疗的基础方法。某些基因检测如识别女性乳腺癌高风险的 BRCA 分型已成为临床检测的一部分，而特定营养需求和生活方式是否也可以降低疾病的风险还需进一步明确。但是，如果证实某种特定饮食和生活习惯可以降低携带载脂蛋白（APOE）ε4 等位基因突变人群的轻度认知障碍甚至阿尔茨海默病（Alzheimer's disease）的风险，APOE 基因型分析的公共健康价值将大幅度提高。目前越来越多的证据显示，与非携带者相比，APOEε4 携带者可通过适当提高维生素 B_{12} 和 ω-3 脂肪酸的摄入量来预防认知衰退的发生。

基因检测信息的广泛应用，对疾病的防范、预防及早期诊断都具有重要影响。尽管基因检测提示肺癌的风险升高未必会导致戒烟率增高，但遗传风险信息可能会促使人们参与某类疾病的预防性检查，如有结肠癌家族史的人会更主动地进行结肠癌风险基因检测。这里还需要考虑伦理问题，并不是每个人都想知道他们的遗传信息并且理解这其中的意义。此外，表观遗传变化引起的基因表达改变可能会干扰仅基于遗传信息的风险预测的准确性。只有在生物标志物与健康风险之间具有明确关联时，才应当给出相应建议。

在人群和遗传亚群层面，膳食建议仍需用现代生物学研究的工具来进行优化。尽管营养的遗传学基础及其生物学效应的认知在迅速增多，但是基因表达中表观调控的修饰

作用及其对膳食建议的影响我们还知之甚少。传统的新陈代谢分析能充分理解营养因子对健康和疾病的影响，但有时新陈代谢产物本身可能就是疾病的症状之一。因此我们还需要从基因组层面去理解疾病的成因，以评价特定个体或遗传亚群健康状态的变化。营养基因组学数据（包括基因组学、表观基因组学、转录组学和蛋白质组学）的有效利用是达到上述目标的可行的、准确的、经济节约的方式。通过遗传学理解疾病易感性，以及通过表观遗传学理解基因表达，是帮助我们制定更精确的公共健康建议的基础。针对遗传亚群或个人的膳食营养建议，需要基于有效、安全、经济的生物指标，以保证所提供建议的有效性和无害性。

近来，一系列针对整合营养基因组学和营养遗传学知识并加以运用的国际性合作正在进行。微量营养素基因组学计划（Micronutrient Genomics Project）起始于2008年，其初衷是在营养基因组学时代建立微量营养素研究知识数据库。已成立的微量营养素专家团队正在努力确定微量营养素的吸收和新陈代谢对基因功能变异的影响，并与生物信息学专家团队一起把这些信息整合起来，创建一个可供研究者和健康从业人员查询访问的生物信息网络。这些数据库和网络有助于帮助个体鉴别影响营养需求的相关遗传变异，识别相应的代谢物、蛋白质和基因组的生物标记，以便从生物利用度、生物效率和安全性的角度，依据细胞类型、需求营养素剂量和个体生长发育不同阶段，确定个体和群体的最佳营养状态。这些新方法有助于构建全面有效的、以良好健康状态维护为目标的一种或多种微量营养素干预策略。例如，最近一项研究对阿尔茨海默病（AD）患者与正常人群的脑组织基因表达进行了比较分析，发现AD中有5种重要代谢途径发生了基因表达的下调；掌握这些信息能够帮助我们设计靶向微量营养素干预策略，精准调控新陈代谢，从而增加逆转这种破坏性疾病发展的概率。

微量营养素基因组学计划（图11-1）与其他相关的国际项目如欧洲微量营养素推荐列表（European Micronutrient Recommendations Aligned，EURRECA）项目和发育所需营养的生物标记（Biomarkers of Nutrition for Development，BOND）项目有相似的战略及实施措施。EURRECA项目已完成了对确定影响关键维生素和矿物质摄取、代谢的每个已知基因的常见单核苷酸多态性的评估；BOND项目的目标是利用各种组学的发展动态，来重新定义和确认新的研究方法，以改善和验证与人类从受孕开始的生命早期1000天相关的每种微量营养素含量达到最佳健康状态时的生物标志物。这些项目的不断发展更新，可极大地推动实现个性化的营养建议及特定基因型人群的有效营养干预建议的提出。当前，我们已经制定出适宜的指南，可以更好地提出通过特定的基因型来指导个体膳食的建议。

近期研究提示基因组不仅受到遗传和表观遗传的修饰，还存在一些其他的修饰方式，因而在营养-基因相互作用的理解上，我们所面临的挑战比预期要严峻得多。例如，有报道称人类从日常食物中摄取的RNA可参与人类基因表达修饰，而摄取的DNA会参与修饰肠道中的微生物基因组。人类食用藻类时通常会伴随食用附着在藻类上的海洋细菌（marine bacteria），日本的一项研究表明，编码琼脂糖酶（agarase）和紫菜聚糖酶（porphyranase）的基因会从紫菜（一种经常食用的海带）中的*Zobellia*细菌基因组转移到人类肠组织中的拟杆菌属（*Bacteroides*）细菌基因组上。此外，有研究发现食用大米

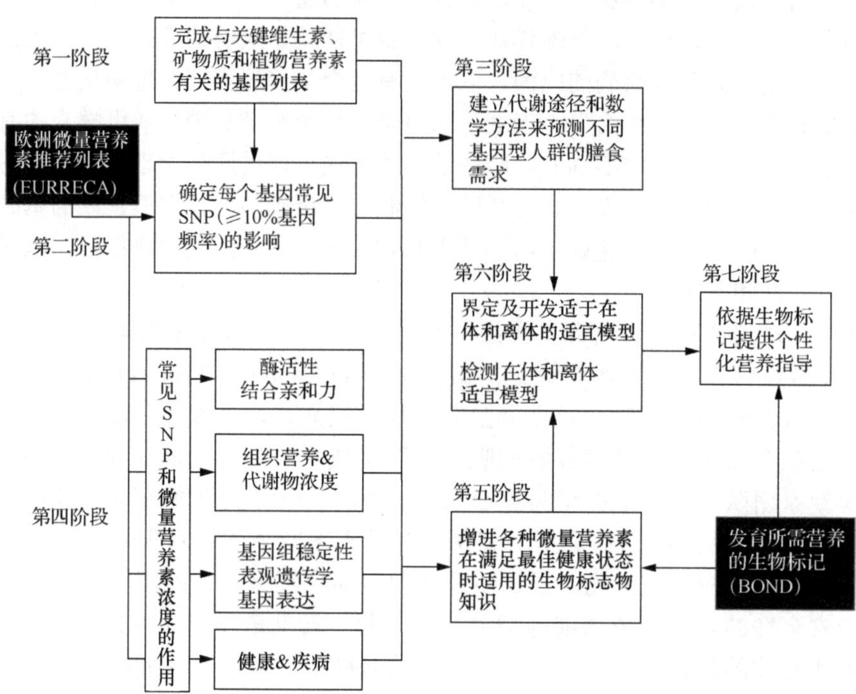

图 11-1　微量营养素基因组学项目战略及其与 EURRECA 和 BOND 项目计划的关系

后会导致大米的 microRNA，特别是 miR-168a 转移到哺乳动物的血液中，这类 microRNA 易导致低密度脂蛋白受体衔接蛋白 1（LDL receptor adapter protein 1，LDLRAP1）的表达降低，从而引起低密度脂蛋白胆固醇增加，对心血管健康产生威胁。这些重要发现明确指出，人类摄取的食物所产生的效应远比我们想象得要复杂。此外，最近一项涉及 800 名志愿者的血糖反应研究显示，在更准确地预测个体如何响应不同饮食干预方面，微生物菌群对人类健康的影响和作用变得越来越显著和重要。

第三节　DNA 损伤防范所需营养参考值

基因组损伤和与之相关的表观遗传变化对人类健康生长发育和衰老过程的影响越来越明显，而二者也是疾病防范中最基本的风险因素。染色体 DNA 损伤水平及 DNA 低甲基化水平的升高是不育（infertility）、妊娠并发症（pregnancy complication）、发育不良（developmental defect）、心血管疾病（cardiovascular disease）、神经退行性疾病（neurodegenerative disease）和癌症等疾病的预兆。我们需要对自身的遗传物质给予更多的关注，并采取有效、必要的措施来保护我们的基因组免受损伤。

我们目前已掌握较为扎实的技术，用来诊断和量化上皮组织和造血组织中碱基、基因和染色体层面的 DNA 损伤水平。这些原本是为研究环境诱变剂（environmental mutagen）对 DNA 损伤影响程度而发展起来的技术，现在也越来越多地运用到包括营养等生活方式对基因、基因-环境相互作用、DNA 损伤的影响当中。这些技术包括染色体畸变（chromosome aberration）、微核（micronucleus）、DNA 链断裂（DNA strand break）、DNA 碱基加合（DNA base adduct）和 DNA 序列缺失（DNA sequence deletion）的检测，这些技术的运用也验证了个体营养状况与疾病具有关联性。

微核是目前已知最有效的 DNA 损伤生物标志物之一，通过胞质分裂阻断微核测定法（cytokinesis-block micronucleus assay，CBMN 测定法）可以定量分析人外周血淋巴细胞微核率。相关研究清楚地表明，基因组损伤随年龄增长而显著增加。新生儿基因组损伤频率通常较低，但之后个体每增长 10 年，损伤频率均会稳定升高（图 11-2），尤其是青少年时期以后。这些观察到的结论可引发我们思考以下问题。

（1）DNA 损伤随年龄增长而增加这个事实是不可避免的吗？

（2）随年龄增长而升高的 DNA 损伤是否与营养供给不当、不良生活方式、具有遗传毒性的物理/化学环境暴露、心理与社会压力增加相关？

（3）为尽量降低 DNA 损伤相关的疾病发生风险，允许的 DNA 损伤阈值应当是多少？

（4）鉴于 DNA 损伤与发育异常和退行性疾病发生风险呈正相关关系，我们是否可以通过营造良好的环境来维持低于 DNA 损伤阈值的个体遗传损伤程度，从而降低由基因组完整性受损所增加的疾病风险？

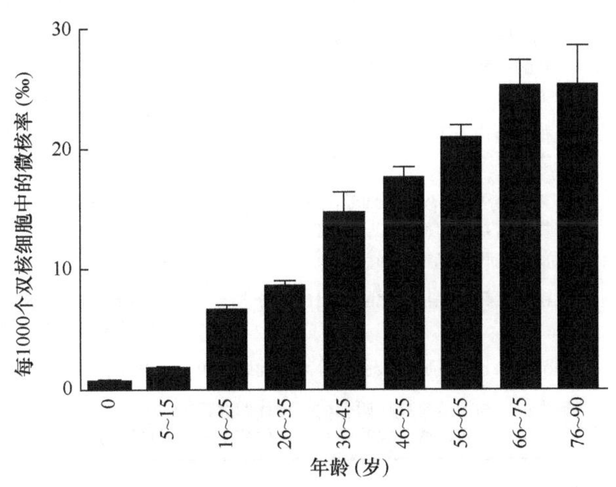

图 11-2　胞质分裂阻断微核测定法检测澳大利亚南部健康男性淋巴细胞的 DNA 损伤

每个年龄组中至少检测 15 个个体（平均值±SE）淋巴细胞中的微核（染色体断裂或损失的生物标记）发生率。在 CBMN 试验中，微核需要在一次分裂的细胞中进行评估，一次分裂的细胞通过用细胞松弛素 B 阻断胞质分裂后以双核外观鉴定

膳食因素对维持基因组健康必不可少，过去 10 年里，我们对这一观点的了解日益增加。表 11-2 总结了近年来相关研究的成果。通过检测人淋巴细胞的微核率，我们发现维生素 C、维生素 E、维生素 B_{12}、叶酸、视黄醇、β-胡萝卜素、烟酸、钙、硒和锌的摄入不足与染色体损伤增加相关。最近，大量研究把目光聚焦在膳食因素对端粒长度（telomere length）的影响上。迄今为止，大部分研究表明，一方面，叶酸、维生素 D、ω-3 脂肪酸、

谷类纤维及复合维生素的摄入与端粒长度呈正相关关系；另一方面，过多地摄入不饱和脂肪酸和加工肉制品，以及高同型半胱氨酸血症、肥胖等因素会导致端粒缩短。毫无疑问，较短的端粒容易增加基因组的不稳定性并引起组织衰老速度加快，但越来越多的证据表明，较长的端粒对基因组维护也不一定有益。尽管有研究表明较长端粒与降低心血管疾病和某几种癌症风险相关，然而，最近研究也发现，外周血白细胞端粒增长会增加如淋巴瘤、肺癌等癌症发生的风险。端粒增长可能由亚端粒区低甲基化导致，或是端粒重复序列碱基损伤，导致调控端粒长度的端粒结合蛋白 TRF1 和 TRF2 结合减少，进而引起端粒异常延伸。这些结果提示，仅以端粒长度作为基因组稳定性的指标显然是不全面的，对端粒功能失调的判断还需充分考虑其他信息，如端粒碱基损伤、端粒 DNA 链断裂、端粒磨损及端粒末端融合等。

表 11-2　特定微量营养素缺乏对基因组稳定性的作用和影响实例

微量元素	对基因组稳定性的作用	缺乏的后果
维生素 C、维生素 E、抗氧化多酚类物质（如咖啡酸）	防止 DNA 和脂质的氧化	增加 DNA 链和染色体断裂水平，DNA 氧化损伤和过氧化脂质对 DNA 的加合
叶酸、维生素 B_2、维生素 B_6 及维生素 B_{12}	维持 DNA 甲基化，将 dUMP 合成 dTMP，提高叶酸循环效率	将尿嘧啶错误插入 DNA 中，增加染色体的断裂和 DNA 的低甲基化
烟酸	是 DNA 剪切和重排、维持端粒长度所必需的多聚 ADP-核糖聚合酶（PARP）的底物	增加未修复的 DNA 缺口的水平，增加染色体断裂和重排，提高对诱变剂的敏感性
锌	铜/锌超氧化物歧化酶、内切酶Ⅳ、p53、Fapy 糖苷酶和锌指蛋白如 PARP 的一个必需的辅助因子	增加 DNA 氧化、DNA 断裂，提高染色体损伤率
铁	是核糖核苷酸还原酶和线粒体细胞色素的关键组成部分	降低 DNA 修复能力和增加线粒体 DNA 氧化损伤的倾向
镁	一系列 DNA 聚合酶的辅助因子，核苷酸切除修复、碱基切除修复和错配修复的辅助因子，微管聚合和染色体分离所必需	降低 DNA 复制的保真度和 DNA 修复能力，导致染色体错误分离
锰	线粒体锰超氧化物歧化酶的组成部分之一	增加线粒体 DNA 超氧损害的易感性，降低核 DNA 对辐射引起的损伤的抵抗力
钙	调节有丝分裂过程和染色体分离的辅助因子	引起有丝分裂功能障碍和染色体错误分离
硒	硒蛋白参与甲硫氨酸代谢和抗氧化代谢过程（如硒代甲硫氨酸、谷胱甘肽过氧化酶Ⅰ）	增加 DNA 的断裂、DNA 的氧化和诱发端粒缩短

未来十年内，除端粒外，另一个值得更多关注的遗传结构是线粒体基因组（mitochondrial genome）。当这一重要的母系遗传基因组发生缺失或点突变时，可引起诸多疾病，并加速机体衰老。尽管年龄增长和叶酸摄入不足与线粒体基因组出现大片段缺失相关，但研究也表明，复制压力可能是导致线粒体电子传递链参与蛋白缺陷、碱基序列突变的主要原因，这最终会导致 ATP 产量下降。近年来改进的定量 PCR 技术、微阵列比较基因组杂交（array comparative genomic hybridisation，aCGH）、深度测序方法（deep sequencing method）等已为我们更深入地研究营养和衰老对线粒体基因组的影响提供了更为准确的技术手段。

基于 DNA 损伤防范的推荐膳食营养素推荐供给量（recommended dietary allowance，

RDA）概念从首次提出到现在已有 21 年。在这期间，我们发现基因组稳定性对营养供给，尤其是对 DNA 合成和修复起直接作用的营养物质供给十分敏感。因此，更优选的方法是基于 DNA 损伤防范的膳食参考值（dietary reference value，DRV）制定食谱，这不仅可满足维持最优基因组健康所要求的膳食最低需求，还可保证每种营养素在安全摄入量范围内，因为某些微量营养素的过量摄入也会引起遗传毒性。确定膳食防护 DNA 损伤的膳食参考值路线图总结于图 11-3 中。

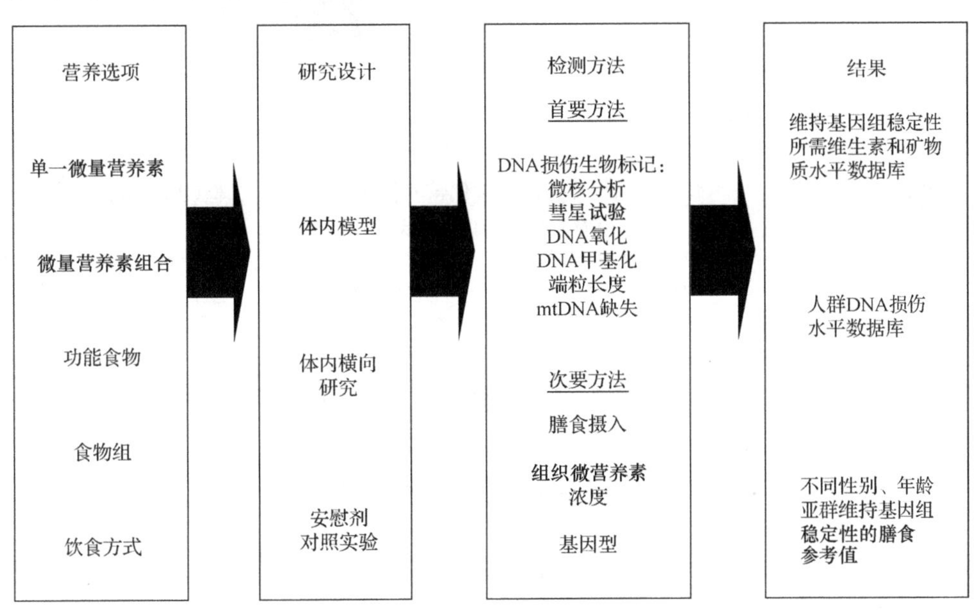

图 11-3　确定膳食预防 DNA 损伤的膳食参考值路线图

优化基因组完整性的最适 DRV 也适用于微量营养素摄入代谢缺陷、遗传缺陷的遗传亚群个体，或是 DNA 代谢相关的辅酶因特异 SNP 位点（如亚甲基四氢叶酸还原酶 MTHFR C677T 位点）而改变对辅因子或底物亲和力的个体。然而，我们对于基因-营养的相互作用及营养与基因组健康维护的关系研究仍处于起步阶段，而且遗传信息与表观遗传信息之间能否建立一个可靠的有预见性的适合模型，现在尚不明确。当然，我们已经取得了一些成就，至少叶酸-甲硫氨酸途径的模型已经成功。研究营养与基因组健康的另一条途径是用营养物质的阵列系统（代表不同的营养与代谢特点）来考量营养物质对基因组完整状况和细胞再生能力的影响，具体方法是将细胞培养在不同的微量营养素组合培养基中进行干预，再检测细胞的各方面性能（图 11-4）。这个系统可以在不考虑个体的遗传背景差异条件下，制定出有利于基因组完整性、细胞生长和功能完好的最优个性化营养组合方案。尽管这个系统还不确定运用到人体是否有效，但它可与另一个新领域碰撞出火花，即我们可从人体内取出细胞（如骨髓祖细胞、干细胞，或诱导后的多能干细胞），通过配制适合微量营养素组合的培养液，培养生长出基因组健康、细胞活力旺盛的细胞后再回输到人体，达到如骨髓移植、神经紊乱治疗、胰岛素不足矫正等目的。

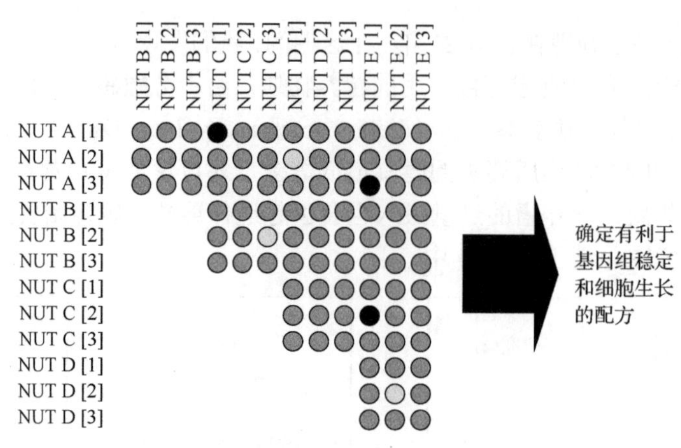

图 11-4　营养阵列——解析基因组维持的个性化营养需求的罗塞塔石碑（Rosetta Stone）

简单的营养阵列的理论实例

NUT 为单个或多种营养组合；A～E 为不同类型的营养组合；1～3 为剂量水平；不同的灰阶代表营养、剂量组合下观察到的细胞生长、活力和基因组稳定性的潜在变异指标。目标是确定个体的最佳营养组合方式

第四节　整合营养与生活方式、理化环境和心理社会环境对基因组影响的综合分析方法

成功营造一个可以保护基因组免受损伤的环境需要更为全面综合的方法，仅侧重于营养-基因组的互作来达到实现目标明显不够。这是因为：①维护基因组所必需的微量营养素的不足会导致 DNA 对环境中遗传毒物敏感性增加；②生活方式和心理因素也是影响基因组完整性的重要因素。最近一项利用 CBMN 技术了解生活方式对 DNA 损伤影响的研究显示，在以健康促进指数（health promotion index）评价为生活习惯较好的人群中，他们的淋巴细胞微核率明显偏低。这些人群每天睡眠时间在 7h 以上，工作时间在 9h 以下，每周至少有 2 天时间进行锻炼。在保持良好或适度饮食平衡的人群中也观察到类似微核率降低的效果。另一个可能影响基因组完整性的重要因素是个体生活经历。最近的横断面研究（cross-sectional study）表明，有严重残疾亲属的个体和有不良童年经历的人群白细胞端粒长度会显著缩短。究竟是心理压力影响了生活方式和营养摄入而造成基因组完整性受损，还是相应压力的应激激素代谢变化直接影响导致上述后果仍是一个悬而未决的问题。

最近在啮齿动物的研究中发现，重新恢复端粒酶的活性可使衰老小鼠的组织退化发生逆转，因此探索改进生活方式与环境因素是否也可重新激活端粒酶，进而对人类起到相似的逆转作用具有重要意义。在前列腺癌的病例中发现，综合膳食-生活方式的改善可使患者白细胞端粒酶活性增强，端粒长度增加。这些生活方式的改善包括：低脂肪膳食（10%的脂肪热量）、全面膳食、植食性膳食（多食用水果、蔬菜、未精加工的谷物、豆类，少食精制的米面）；大豆补充剂（每日 1 份豆腐加 58g 强化大豆蛋白粉状饮料）；每日 3g 鱼油、100 个国际单位的维生素 E、200μg 硒和 2g 维生素 C；适当有氧运动（每天步行 30min，每周 6 天）；调节压力（做柔和的瑜伽伸展运动，呼吸、冥想、形成意象，进一步放松身体，每天 60min，每周 6 天），以及每周一次集体活动。相似端粒酶活性增强的结果也见于静修冥想练习和培养与人为善心态练习的人群中。这些静修参与者完成静修活动后端粒酶活性有了显著的增强（$P< 0.05$），同时，他们的理解力、集中力和毅力都较活动之前有明显提高，神经过敏症状也有所减轻（$P<0.01$）。我们对肥胖人群的研究发现，在坚持了 12 周和 52 周的体重控制锻炼后，这些参与者的直肠组织端粒长度增加，但端粒酶表达没有明显上调。这个结果提示肥胖的矫正可能通过减少由氧化损伤引起的端粒缩短，或使端粒维护机制得以改善，进而增加了端粒长度。以上生活方式改进措施极有可能是通过不同的途径影响了人基因组完整性的维护机制，但还需要进一步的研究来获得对这些机制的综合了解。

第五节　讨　　论

维护身心健康需要在基因组水平对发育异常和退行性疾病风险展开必要防范。在接下来的几十年中，我们有必要把健康维护的思维上升到另一个新的高度：为机体提供适宜的营养、尽可能规避环境遗传毒物暴露、修养身心，这三者同等重要，且都应当包含到健康防范方案中。目前，一些可以提升机体健康的重要策略（如充足营养、锻炼和保障充足睡眠）已众所周知，然而提升心理健康（如创造力、毅力、自由意志、爱情、良好心态）的策略还需要更多地去挑战尝试，这个领域属于尚未成熟的精神病学和心理学科学领域，可信赖的研究检测方法也正在发展和确认当中。

因此，更进一步的、从基因组水平来提高健康质量的大众健康策略需要综合毒理基因组学、营养基因组学、生活方式基因组学和心理基因组学多个领域。随着人口老龄化趋势的日益明显，即使经济状况良好，用昂贵药物来提高患病者存活率的模式也很难维持长久，我们可以有更好的选择：设计从营养、生活方式到环境改善的一系列干预策略来维持个体良好的身心健康，减少患病时长。我们有证据支持这个选择，研究表明，通过体育锻炼等生活方式的改善，个体健康水平增加。至于改善其他因素如心理状态和营养状况，并尽量减少如遗传毒物暴露因素，是否能够减少患病时长仍然需要进一步研究。尽管如此，我们的研究让以营养改善来提升机体健康的策略逐渐变得清晰和可行，根据遗传易感性的差异进行个性化营养干预也已成为一个可行的策略。

最后，为了能够使这个健康防范综合策略成为现实，我们应当首先教育并培训一批新型健康学专业人员或医师，他们可以综合运用营养学、环境学、生活方式和心理-社会基因组学的知识，给个人及社区传达、提供最优的健康学成果。

（原著 Michael Fenech；翻译 王晗，校对 汪旭）

参 考 文 献

Ademi Z, Liew D, Hollingsworth B, et al. 2010. The economic implications of treating atherothrombotic disease in Australia, from the government perspective. Clin Ther, 32(1): 119-132.

Ames B N, Wakimoto P. 2002. Are vitamin and mineral deficiencies a major cancer risk? Nat Rev Cancer, 2(9): 694-704.

Ames B N. 2006. Low micronutrient intake may accelerate the degenerative diseases of aging through allocation of scarce micronutrients by triage. Proc Natl Acad Sci USA, 103(47): 17589-17594.

Ameur A, Stewart J B, Freyer C, et al. 2011. Ultra-deep sequencing of mouse mitochondrial DNA: mutational patterns and their origins. PLoS Genet, 7(3): e1002028.

Beetstra S, Suthers G, Dhillon V, et al. 2008. Methionine-dependence phenotype in the de novo pathway in BRCA1 and BRCA2 mutation carriers with and without breast cancer. Cancer Epidemiol Biomarkers Prev, 17(10): 2565-2571.

Bodvarsdottir S K, Steinarsdottir M, Bjarnason H, et al. 2012. Dysfunctional telomeres in human BRCA2 mutated breast tumors and cell lines. Mutat Res, 729(1-2): 90-99.

Brown B, Huang M H, Karlamangla A, et al. 2011. Do the effects of APOE-ε4 on cognitive function and decline depend upon vitamin status? MacArthur Studies of Successful Aging. J Nutr Health Aging, 15(3): 196-201.

Bull C F, Mayrhofer G, O'Callaghan N J, et al. 2014. Folate deficiency induces dysfunctional long and short telomeres; both states are associated with hypomethylation and DNA damage in human WIL2-NS cells. Cancer Prev Res(Phila), 7(1): 128-138.

Bull C F, O'Callaghan N J, Mayrhofer G, et al. 2009. Telomere length in lymphocytes of older South Australian men may be inversely associated with plasma homocysteine. Rejuvenation Res, 12(5): 341-349.

Bull C, Fenech M. 2008. Genome-health nutrigenomics and nutrigenetics: nutritional requirements or 'nutriomes' for chromosomal stability and telomere maintenance at the individual level. Proc Nutr Soc, 67(2): 146-156.

Burke W, Khoury M J, Stewart A, et al. 2006. The path from genome-based research to population health: development of an international public health genomics network. Genet Med, 8(7): 451-458.

Buxton J L, Walters R G, Visvikis-Siest S, et al. 2011. Childhood obesity is associated with shorter leukocyte telomere length. J Clin Endocrinol Metab, 96(5): 1500-1505.

Casgrain A, Collings R, Harvey L J, et al. 2010. Micronutrient bioavailability research priorities. Am J Clin Nutr, 91(5): 1423S-1429S.

Cassidy A, De Vivo I, Liu Y, et al. 2010. Associations between diet, lifestyle factors, and telomere length in women. Am J Clin Nutr, 91(5): 1273-1280.

Chou Y F, Huang R F S. 2009. Mitochondrial DNA deletions of blood lymphocytes as genetic markers of low folate-related mitochondrial genotoxicity in peripheral tissues. Eur J Nutr, 48(7): 429-436.

Cox L S, Mason P A. 2010. Prospects for rejuvenation of aged tissue by telomerase reactivation. Rejuvenation Res, 13(6): 749-754.

Dhillon V, Bull C, Fenech M. 2016. Telomeres, Ageing and Nutrition. Molecular Basis of Nutrition and Aging. A Volume in the Molecular Nutrition Series. Adelaide, SA: Academic Press: 129-140.

Douglas G V, Wiszniewska J, Lipson M H, et al. 2011. Detection of uniparental isodisomy in autosomal recessive mitochondrial DNA depletion syndrome by high-density SNP array analysis. J Hum Genet, 56(12): 834-839.

Entringer S, Epel E S, Kumsta R, et al. 2011. Stress exposure in intrauterine life is associated with shorter telomere length in young adulthood. Proc Natl Acad Sci USA, 108(33): E513-E518.

Epel E S, Blackburn E H, Lin J, et al. 2004. Accelerated telomere shortening in response to life stress. Proc Natl Acad Sci USA, 101(49): 17312-17315.

Fairweather-Tait S J. 2011. Contribution made by biomarkers of status to an FP6 Network of Excellence, EURopean micronutrient RECommendations Aligned (EURRECA). Am J Clin Nutr, 94(2): 651S-654S.

FAO. 2020. Fruit and vegetables – your dietary essentials. The International Year of Fruits and Vegetables, 2021, background paper. Rome. https: //doi.org/10.4060/cb2395en. [2022-10-18].

Farzaneh-Far R, Lin J, Epel E S, et al. 2010. Association of marine omega-3 fatty acid levels with telomeric aging in patients with coronary heart disease. JAMA, 303(3): 250-257.

Fenech M. 2001. Recommended dietary allowances (RDAs) for genomic stability. Mutat Res, 480-481: 51-54.

Fenech M. 2007. Cytokinesis-block micronucleus cytome assay. Nat Protoc, 2(5): 1084-1104.

Fenech M. 2010a. Dietary reference values of individual micronutrients and nutriomes for genome damage prevention: current status and a road map to the future. Am J Clin Nutr, 91(5): 1438S-1454S.

Fenech M. 2010b. Nutriomes and nutrient arrays-the key to personalised nutrition for DNA damage prevention and cancer growth control. Genome Integr, 1(1): 11.

Fenech M. 2012. Folate (vitamin B9) and vitamin B12 and their function in the maintenance of nuclear and mitochondrial genome integrity. Mutat Res, 733(1-2): 21-33.

Fenech M, Baghurst P, Luderer W, et al. 2005. Low intake of calcium, folate, nicotinic acid, vitamin E, retinol, beta-carotene and high intake of pantothenic acid, biotin and riboflavin are significantly associated with increased genome instability-results from a dietary intake and micronucleus index survey in South Australia. Carcinogenesis, 26(5): 991-999.

Fenech M, Bonassi S. 2011. The effect of age, gender, diet and lifestyle on DNA damage measured using micronucleus frequency in human peripheral blood lymphocytes. Mutagenesis, 26(1): 43-49.

Fenech M, El-Sohemy A, Cahill L, et al. 2011. Nutrigenetics and nutrigenomics: viewpoints on the current status and applications in nutrition research and practice. J Nutrigenet Nutrigenomics, 4(2): 69-89.

Feng L, Li J L, Yap K B, et al. 2009. Vitamin B-12, apolipoprotein E genotype, and cognitive performance in community-living older adults: evidence of a gene-micronutrient interaction. Am J Clin Nutr, 89(4): 1263-1268.

Ferguson L R, Philpott M, Karunasinghe N. 2004. Dietary cancer and prevention using antimutagens. Toxicology, 198(1-3): 147-159.

Fries J F. 2003. Measuring and monitoring success in compressing morbidity. Ann Intern Med, 139(5 Pt 2): 455-459.

Fries J F, Bruce B, Chakravarty E. 2011. Compression of morbidity 1980-2011: a focused review of paradigms and progress. J Aging Res, 2011: 261702.

Gidron Y, Russ K, Tissarchondou H, et al. 2006. The relation between psychological factors and DNA-damage: a critical review. Biol Psychol, 72(3): 291-304.

Gladych M, Wojtyla A, Rubis B. 2011. Human telomerase expression regulation. Biochem Cell Biol, 89(4): 359-376.

Godfray H C, Beddington J R, Crute I R, et al. 2010. Food security: the challenge of feeding 9 billion people. Science, 327(5967): 812-818.

Grimaldi K A, van Ommen B, Ordovas J M, et al. 2017. Proposed guidelines to evaluate scientific validity and evidence for genotype-based dietary advice. Genes Nutr, 12: 35.

Hehemann J H, Correc G, Barbeyron T, et al. 2010. Transfer of carbohydrate-active enzymes from marine bacteria to Japanese gut microbiota. Nature, 464(7290): 908-912.

Hrdlickova B, Westra H J, Franke L, et al. 2011. Celiac disease: moving from genetic associations to causal variants. Clin Genet, 80(3): 203-313.

Huang P X, Huang B, Weng H C, et al. 2009. Effects of lifestyle on micronuclei frequency in human lymphocytes in Japanese hard-metal workers. Prev Med, 48(4): 383-388.

Inoue A, Kawakami N, Ishizaki M, et al. 2009. Three job stress models/concepts and oxidative DNA damage in a sample of workers in Japan. J Psychosom Res, 66(4): 329-334.

Jackson S P, Bartek J. 2009. The DNA-damage response in human biology and disease. Nature, 461(7267): 1071-1078.

Jacob R A. 1999. The role of micronutrients in DNA synthesis and maintenance. Adv Exp Med Biol, 472: 101-113.

Jacobs T L, Epel E S, Lin J, et al. 2011. Intensive meditation training, immune cell telomerase activity, and psychological mediators. Psychoneuroendocrinology, 36(5): 664-681.

Jaskelioff M, Muller F L, Paik J H, et al. 2011. Telomerase reactivation reverses tissue degeneration in aged telomerase-deficient mice. Nature, 469(7328): 102-106.

Kaput J, Ordovas J M, Ferguson L, et al. 2005. The case for strategic international alliances to harness nutritional genomics for public and personal health. Br J Nutr, 94(5): 623-632.

Kim S, Fenech M F, Kim P J. 2018. Nutritionally recommended food for semi- to strict vegetarian diets based on large-scale nutrient composition data. Sci Rep, 8(1): 4344.

Kim S, Sung J, Foo M , et al. 2015. Uncovering the nutritional landscape of food. PLoS One, 10(3): e0118697.

Kroenke C H, Epel E, Adler N , et al. 2011. Autonomic and adrenocortical reactivity and buccal cell telomere length in kindergarten children. Psychosom Med, 73(7): 533-540.

Kussmann M, Krause L, Siffert W. 2010. Nutrigenomics: where are we with genetic and epigenetic markers for disposition and susceptibility? Nutr Rev, 68(Suppl 1): S38-S47.

Laland K N, Odling-Smee J, Myles S. 2010. How culture shaped the human genome: bringing genetics and the human sciences together. Nat Rev Genet, 11(2): 137-148.

Lan Q, Cawthon R, Shen M, et al. 2009. A prospective study of telomere length measured by monochrome multiplex quantitative PCR and risk of non-Hodgkin lymphoma. Clin Cancer Res, 15(23): 7429-7433.

Larsson N G. 2010. Somatic mitochondrial DNA mutations in mammalian aging. Annu Rev Biochem, 79: 683-706.

Matarazzo J D. 1990. Psychological assessment versus psychological testing. Validation from Binet to the school, clinic, and courtroom. Am Psychol, 45(9): 999-1017.

McBride C M, Alford S H, Reid R J, et al. 2009. Characteristics of users of online personalized genomic risk assessments: implications for physician-patient interactions. Genet Med, 11(8): 582-587.

McDorman E W, Collins B W, Allen J W. 2002. Dietary folate deficiency enhances induction of micronuclei by arsenic in mice. Environ Mol Mutagen, 40(1): 71-77.

Minihane A M, Jofre-Monseny L, Olano-Martin E , et al. 2007. ApoE genotype, cardiovascular risk and responsiveness to dietary fat manipulation. Proc Nutr Soc, 66(2): 183-197.

Mitchell J J, Trakadis Y J, Scriver C R. 2011. Phenylalanine hydroxylase deficiency. Genet Med, 13(8): 697-707.

M'kacher R, Colicchio B, Marquet V, et al. 2021.Telomere aberrations, including telomere loss, doublets, and extreme shortening, are increased in patients with infertility. Fertil Steril, 115(1): 164-173.

Moores C J, Fenech M, O'Callaghan N J. 2011. Telomere dynamics: the influence of folate and DNA methylation. Ann N Y Acad Sci, 1229: 76-88.

Nettleton J A, Diez-Roux A, Jenny N S , et al. 2008. Dietary patterns, food groups, and telomere length in the Multi-Ethnic Study of Atherosclerosis (MESA). Am J Clin Nutr, 88(5): 1405-1412.

Neuhouser M L, Nijhout H F, Gregory J F III, et al. 2011. Mathematical modeling predicts the effect of folate deficiency and excess on cancer-related biomarkers. Cancer Epidemiol Biomarkers Prev, 20(9): 1912-1917.

Nishida C, Uauy R, Kumanyika S, et al. 2004. The joint WHO/FAO expert consultation on diet, nutrition and the prevention of chronic diseases: process, product and policy implications. Public Health Nutr, 7(1A): 245-250.

Njajou O T, Cawthon R M, Blackburn E H, et al. 2012. Shorter telomeres are associated with obesity and weight gain in the elderly. Int J Obes (Lond), 36(9): 1176-1179.

O'Callaghan N J, Clifton P M, Noakes M, et al. 2009. Weight loss in obese men is associated with increased telomere length and decreased abasic sites in rectal mucosa. Rejuvenation Res, 12(3): 169-176.

O'Donovan A, Epel E, Lin J, et al. 2011. Childhood trauma associated with short leukocyte telomere length in posttraumatic stress disorder. Biol Psychiatry, 70(5): 465-471.

Oeseburg H, de Boer R A, van Gilst W H, et al. 2010. Telomere biology in healthy aging and disease. Pflugers Arch, 459(2):

259-268.

Ordovás J M, Robertson R, Cléirigh E N. 2011. Gene-gene and gene-environment interactions defining lipid-related traits. Curr Opin Lipidol, 22(2): 129-136.

Papoutsis A J, Lamore S D, Wondrak G T, et al. 2010. Resveratrol prevents epigenetic silencing of BRCA-1 by the aromatic hydrocarbon receptor in human breast cancer cells. J Nutr, 140(9): 1607-1614.

Park C B, Larsson N G. 2011. Mitochondrial DNA mutations in disease and aging. J Cell Biol, 193(5): 809-818.

Rai R, Chang S. 2011. Probing the telomere damage response. Methods Mol Biol, 735: 145-150.

Raiten D J, Namasté S, Brabin B, et al. 2011. Executive summary – Biomarkers of Nutrition for development: Building a consensus. Am J Clin Nutr, 94(2): 633S-650S.

Rees G, Martin P R, Macrae F A, et al. 2008. Screening participation in individuals with a family history of colorectal cancer: a review. Eur J Cancer Care(Engl), 17(3): 221-232.

Richards J B, Valdes A M, Gardner J P , et al. 2007. Higher serum vitamin D concentrations are associated with longer leukocyte telomere length in women. Am J Clin Nutr, 86(5): 1420-1425.

Rosenberg I H. 2008. Translating nutrition science into policy as witness and actor. Annu Rev Nutr, 28: 1-12.

Ruthotto F, Papendorf F, Wegener G , et al. 2007. Participation in screening colonoscopy in first-degree relatives from patients with colorectal cancer. Ann Oncol, 18(9): 1518-1522.

Satizabal C L, Himali J J, Beiser A S, et al. 2022. Association of red blood Cell Omega-3 Fatty Acids with MRI Markers and Cognitive Function in Midlife: The Framingham Heart Study. Neurology, 99(23): e2572-e2582.

Schultz-Larsen K, Lomholt R K, Kreiner S. 2007. Mini-mental status examination: a short form of MMSE was as accurate as the original MMSE in predicting dementia. J Clin Epidemiol, 60(3): 260-267.

Shammas M A. 2011. Telomeres, lifestyle, cancer, and aging. Curr Opin Clin Nutr Metab Care, 14(1): 28-34.

Shen M, Cawthon R, Rothman N, et al. 2011. A prospective study of telomere length measured by monochrome multiplex quantitative PCR and risk of lung cancer. Lung Cancer, 73(2): 133-137.

Sinclair D A, Oberdoerffer P. 2009. The ageing epigenome: damaged beyond repair? Ageing Res Rev, 8(3): 189-198.

Smedman A, Lindmark-Månsson H, Drewnowski A, et al. 2010. Nutrient density of beverages in relation to climate impact. Food Nutr Res, 54: 5170.

Smerecnik C, Grispen J E J, Quaak M. 2012. Effectiveness of testing for genetic susceptibility to smoking-related diseases on smoking cessation outcomes: a systematic review and meta-analysis. Tob Control, 21(3): 347-354.

Stempler S, Yizhak K, Ruppin E. 2014. Integrating transcriptomics with metabolic modeling predicts biomarkers and drug targets for Alzheimer's disease. PLoS One, 9(8): e105383.

Stover P J. 2009. One-carbon metabolism-genome interactions in folate-associated pathologies. J Nutr, 139(12): 2402-2405.

Stuart B C. 2008. How disease burden influences medication patterns for medicare beneficiaries: implications for policy. Issue Brief (Commonw Fund), 30: 1-12.

Teo T, Fenech M. 2008. The interactive effect of alcohol and folic acid on genome stability in human WIL2-NS cells measured using the cytokinesis-block micronucleus cytome assay. Mutat Res, 657(1): 32-38.

Thomas A, Cairney S, Gunthorpe W, et al. 2010. Strong Souls: development and validation of a culturally appropriate tool for assessment of social and emotional well-being in indigenous youth. Aust N Z J Psychiatry, 44(1): 40-48.

Thomas P, Wu J, Dhillon V, et al. 2011. Effect of dietary intervention on human micronucleus frequency in lymphocytes and buccal cells. Mutagenesis, 26(1): 69-76.

van Ommen B, El-Sohemy A, Hesketh J, et al. 2010. Micronutrient Genomics Project Working Group. The Micronutrient Genomics Project: a community-driven knowledge base for micronutrient research. Genes Nutr, 5(4): 285-296.

Vogiatzoglou A, Smith A D, Nurk E, et al. 2013. Cognitive function in an elderly population: interaction between vitamin B12 status, depression, and apolipoprotein E ε4: the Hordaland Homocysteine Study. Psychosom Med, 75(1): 20-29.

Voy B H. 2011. Systems genetics: a powerful approach for gene-environment interactions. J Nutr, 141(3): 515-519.

Wallace D C. 2010. Mitochondrial DNA mutations in disease and aging. Environ Mol Mutagen, 51(5): 440-450.

Wang B W E, Ramey D R, Fries J F, et al. 2002. Postponed development of disability in elderly runners: a 13-year longitudinal study. Arch Intern Med, 162(20): 2285-2294.

Wilkinson J R, Ells L J, Pencheon D, et al. 2011. Public health genomics: the interface with public health intelligence and the role of public health observatories. Public Health Genomics, 14(1): 35-42.

Williams C M, Ordovas J M, Lairon D, et al. 2008.The challenges for molecular nutrition research 1: linking genotype to healthy nutrition. Genes Nutr, 3(2): 41-49.

Xu Q, Parks C G, DeRoo L A, et al. 2009. Multivitamin use and telomere length in women. Am J Clin Nutr, 89(6): 1857-1863.

Yassine H N, Braskie M N, Mack W J, et al. 2017. Association of Docosahexaenoic Acid Supplementation with Alzheimer Disease Stage in Apolipoprotein E ε4 Carriers: A Review. JAMA Neurol, 74(3): 339-347.

Zeevi D, Korem T, Zmora N, et al. 2015. Personalized Nutrition by Prediction of Glycemic responses. Cell, 163(5): 1079-1094.

Zhang L, Hou D X, Chen X, et al. 2012. Exogenous plant MIR168a specifically targets mammalian LDLRAP1: evidence of cross-kingdom regulation by microRNA. Cell Res, 22(1): 107-126.

Chapter 11

Public Health and Personalised Genomics: harnessing the interactive effects of nutrition–lifestyle–environment and inherited genes to improve health outcomes at the genome level①

Michael Fenech

ABSTRACT

The aim of this review is to consider how new knowledge on the genomic causes of disease can be used to determine which diet, lifestyle, environmental and psycho-social strategies are likely to provide better outcomes for disease prevention and well-being. Current evidence indicates that the impact of nutrition, lifestyle, environmental and psycho-social factors on genome integrity is particularly important to health outcomes. Nutrition plays an important role in prevention of genome pathology by providing the cofactors and molecules required for DNA synthesis, DNA repair and control of gene expression. However, loss of genome integrity with age is influenced by malnutrition but also exposure to environmental genotoxins, poor lifestyle choices and adverse psycho-social environments. A holistic approach that integrates knowledge of genetic susceptibility with all of the above risk factors is required to efficiently prevent loss of DNA integrity which is the fundamental cause of developmental and degenerative diseases. A comprehensive public health policy aimed at improving DNA integrity levels in populations should be implemented worldwide by increasing access to foods rich in genome-protective micronutrients, minimising exposure to environmental genotoxins and promotion of lifestyle habits and psycho-social environments associated with improved genome stability.

---

① 本书第 11 章作者原文为英文撰写，予以保留以便读者参考。

INTRODUCTION

We find ourselves in an exciting and unprecedented state of increasing knowledge in the fields of genetics and nutrition and their impact on gene expression and DNA integrity. The correct synthesis of this knowledge has the potential to create a revolution in mitigating the deleterious health effects of non-communicable developmental and degenerative diseases. On the other hand, the misuse of such knowledge or the pretence that we properly or adequately understand the interactive effects of nutrition and genetics to provide reliable nutritional advice to genetic sub-groups or individuals can cause unexpected harm. Furthermore, the significance of these opportunities needs to be tempered by the emerging evidence that nutrient-gene interaction is but one aspect of the impact of the environment on the genome. Other factors including psycho-socially stressed environments, inappropriate lifestyle factors and excessive exposure to physical and chemical genotoxin contribute significantly to environment-genome interactions that in their totality, together with nutritional genomics, form the bulk of the emerging discipline of public health genomics. Our mastery of these critical, but complex fields of knowledge, has the best chance of being realised if we first perceive clearly our ignorance i.e. the knowledge gaps. Our perseverance in learning how to properly harness knowledge from genomics science has great potential to improve health outcomes and our understanding of what appeared to be confusion only a while ago.

GREAT DIVERSITY IN EXPOSOMES, NUTRIOMES AND GENOMES

There is now a better appreciation of the diversity between geographically and culturally diverse populations with respect to dietary patterns, lifestyles, physical and psychological environments and the consequences this may have on their genomes/epigenomes[1]. The disparity of food security and affordability highlights the need to define the minimal nutritional requirements for maintenance of optimal health at the fundamental genomic level[2-4]. The world's population is anticipated to keep on increasing by 2.5 billion to 9.5 billion by 2050 but the shortage of food and the cost of buying food is increasing, indicating that we require a different paradigm to meet the urgent need of feeding more people and feeding them better with less[5]. A better understanding of the nutritional "fitness" of foods and dietary patterns based on their nutrient density could make an important contribution to overcoming this challenge as proposed recently [6, 7]. The key questions should be addressed urgently.

- Which foods are the most nutrient-dense?
- Which of these are easiest to grow sustainably in this era of climate change?
- Which of these have the least environmental impact on the planet?
- Which of these foods can be efficiently stored?
- Which is the minimum set of these foods to meet nutritional requirements for optimal health?

Smedman et al. proposed the classification of foods and beverages based on their nutrient density and the climate impact of their production to identify those food items that should be prioritised for production and for designing sustainable dietary habits [8]. Although this proposed model is not perfect, it points in the direction of a practical approach for now and the future that could allow food production to be properly organised based on its nutritional value for genome maintenance and metabolic health as well as its environmental impact.

Dietary recommendations for optimal health need further refinement. The most recent WHO/FAO report recommends a minimum of 400g of fruit and vegetables per day for the prevention of chronic diseases such as heart disease, cancer, diabetes and obesity, as well as for the prevention and alleviation of several micronutrient deficiencies, especially in less developed countries [9, 10]. This recommendation could be misleading, as shown in Table 11-1, using folate as an example of a key micronutrient required for genome integrity and normal foetal development [11, 12]. There are essentially four different types of vegetables, some of which are actually fruits. Which vegetables one chooses or prefers can make a great difference to their folate intake or the amount consumed to achieve the daily requirement of folate. For high folate vegetables (i.e. pulses and/or leafy or cruciferous vegetables), it is sufficient to consume 400g per day to meet the recommended dietary allowance of 400μg folate per day, but if one prefers root/tuber vegetables or "fruit vegetables" then it is necessary to consume 2.5 kg per day which is impractical and could be prohibitively expensive. Furthermore, the folate level in fruit vegetables is even less than half that of roots and tubers. This example alone indicates the evident inadequacy of current recommendations with respect to the achievement of optimal health as well as maximising the efficiency of obtaining the required nutrient intakes. We urgently need more precise recommendations based on nutrient-dense foods and their appropriate combinations which can be identified based on their nutritional fitness score [6, 7].

Table 11-1 Folate content of vegetables (DFE in μg per 100g)*

High Folate (HF) Vegetables		Low Folate (LF) Vegetables	
Pulses	Leafy or cruciferous vegetables	Roots or tubers	"Fruit" vegetables
Red Kidney beans (130)	Broccoli (93)	Onions (16)	Tomato (15)
Mung beans (60)	Brussel sprouts (60)	Potato (22)	Pumpkin (9)
Chickpeas (171)	Cabbage (43)	Turnip (9)	Cucumber (6)
Lentils (180)	Endive (142)	Parsnip (57)	Capsicum (11)
Peas (59)	Spinach (146)	Swede (21)	Eggplant (14)
Lima beans (50)	Lettuce (73)	Carrot (14)	Olives (0)
Mean (108)	Mean (93)	Mean (23)	Mean (9)
Mean (100)		Mean (16)	

*Data from USDA Nutrient database (http://www.nal.usda.gov/fnic/foodcomp/search/)

DFE = dietary folate equivalent, DFE values are shown in brackets

PUBLIC HEALTH GENOMICS, NUTRIGENETICS AND NUTRIGENOMICS

The nutritional needs of a population are also determined by their genetic profile with regard to uptake and metabolism of macronutrients and micronutrients. Knowledge of the genetic structure of populations is increasing rapidly and it is therefore important to start considering the use of public health genomics principles as it relates to nutrition, lifestyle and environment [13-15]. The key principle of public health genomics is the responsible and effective translation of genome-based knowledge for the benefit of population health.

Genetic testing should have its greatest public health value when it identifies genetic sub-groups and individuals who would benefit from specific interventions based on their inherited disease risk assuming that the intervention is acceptable, inexpensive and practical. This paradigm is the basis for screening inherited metabolic disorders that can be efficiently treated, such as phenylketonuria and celiac disease [16, 17]. Other genetic tests such as BRCA testing, for identifying women at high risk for breast cancer have become a part of clinical practice, however the specific nutritional and lifestyle requirements to mitigate against the risk of this cancer remain unclear [18, 19]. Similarly, the public health value of APOE genotyping would increase if a specific diet and lifestyle regimen were identified to reduce mild cognitive impairment and eventually Alzheimer's disease risk in people with the APOEε4 allele [20, 21]. There is now increasing evidence showing that APOEε4 carriers may benefit more from higher vitamin B_{12} and omega-3 fatty acid intake as compared to non-carriers with, respect to prevention of cognitive decline [22-25].

The utility of the widespread availability of genetic information could have a stronger impact on disease prevention if apart from prioritisation for early disease detection the information itself could become a motivator for preventative behavioral change [26, 27]. The limited available data offer mixed results. Genetic tests identifying an increased risk for lung cancer do not appear to result in increased smoking cessation[28]. However, genetic risk information may motivate participation in preventive screening; for example, studies have shown that the likelihood of participating in colorectal cancer screening is positively associated with having a family history of the disease [29, 30]. There are, also ethical issues to consider because not everyone wants to know their genetic inheritance or is capable of understanding its significance. Furthermore, epigenetic changes that modify gene expression may modify the risk predictions based on genetic information alone and recommendations should only be made if their validity can be tested using biomarkers that are strongly correlated with the health risk trajectory.

Dietary recommendations at the population and genetic sub-group level also need refinement by using modern tools of biological investigation. While our understanding of the genetic basis of nutrition and its impact is increasing rapidly, the modifying effect of epigenetic adjustments of gene expression and how this may impact dietary recommendations is poorly understood. Approaches using traditional metabolic profiling have proven to be efficacious in understanding the degree to which dietary factors impact health and disease, but metabolites per se may only be a symptom of the disease and a better understanding of pathologies at the fundamental genome level is needed to assess the extent to which an individual, genetic sub-group or population have drifted from optimal health. Efficient use of the nutrigenomic toolbox (genomics, epigenomics, transcriptomics and proteomics) is required to achieve such outcomes in a manner that is practical, accurate and inexpensive. The use of genetics to understand predisposition and epigenetics to understand programming [31] is fundamental to be able to make more refined public health recommendations. Recommendations targeted to genetic subgroups or individuals will inevitably need to be linked with inexpensive biomarkers of efficacy and safety to ensure that the recommendations made are validated and that at least no harm has been done.

Recently, important international efforts to harmonise the implementation and proper use of nutrigenomic and nutrigenetic data are underway. The Micronutrients Genomics Project founded in 2008 is an initiative aimed at creating the knowledge base for micronutrient research in the nutrigenomics era [27, 32]. Micronutrient expert groups have been established with the task of identifying functional genetic variants that affect the uptake and metabolism of micronutrients and together with a bioinformatics team, consolidating this information to create biological networks that can be interrogated by researchers and health practitioners. These databases and networks are facilitating the selection of relevant genetic variations that are likely to affect nutritional requirements and identify appropriate metabolites, proteins and genomic biomarkers that can optimally determine the nutritional status of individuals and populations in terms of bioavailability and bio-efficacy and safety of a micronutrient depending on cell type, dosage and life-stage. These novel approaches will help to define comprehensively and efficiently the hallmarks of optimal health with respect to single or multiple micronutrient interventions. For example, a recent study comparing gene expression in the brains of Alzheimer's disease (AD) cases versus controls identified five key metabolic pathways that are down-regulated in AD; this knowledge, informs the design of targeted micronutrient intervention, enables tune-up of metabolism in a more precise manner, and increases the odds of reversing the progression of this devastating disease [33].

The Micronutriens Genomics Project strategies and initiatives (Figure 11-1) coincided with other related international initiatives such as the EURRECA project [34, 35] which has completed comprehensive reviews to identify common single nucleotide polymorphisms for each known gene affecting the uptake and metabolism of key vitamins and minerals and the BOND project [36] which is aimed at using current "OMIC" technology knowledge that could be used to redefine and identify novel approaches to improve and validate biomarkers of adequacy and optimal health for each micronutrient relevant to the first 1000 days of human life starting from conception. These developments are crucial for the realisation of cost-effective biomarkers for validation of the efficacy of personalised nutrition advice and nutrient-based interventions in specific genetic sub-groups and populations. Furthermore, appropriate guidelines have now been established regarding the use of specific genotypes to guide personalised dietary recommendations [37].

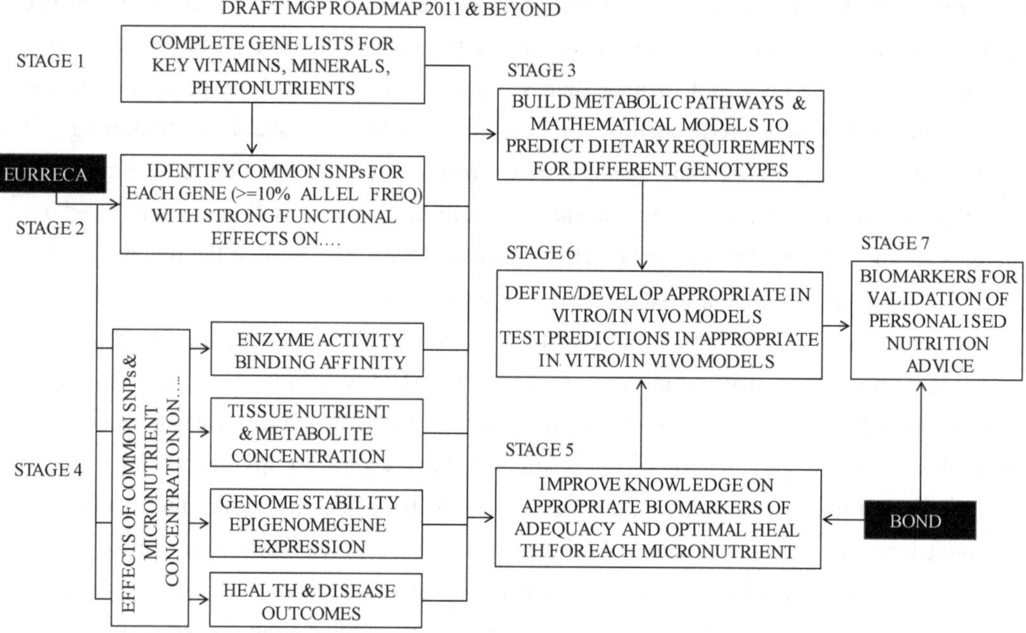

Figure 11-1 The Micronutrients Genomics Project strategy and its relationship with EURRECA and BOND project initiatives

Recent discoveries suggest that the challenges for understanding nutrient-gene interaction are perhaps wider than anticipated because of the emerging evidence that apart from the conventional concepts of inherited and epigenetic modification of the genome other paradigms are emerging. For example, it has been reported that both the RNA and DNA ingested from common foods can modify gene expression in humans and the genome of the microbiome inhabiting the gut respectively. Studies in Japan provide evidence that ingestion of marine bacteria in algae has resulted in the transfer of genes that code for agarases and porphyranases from the marine bacteria *Zobellia* in Nori (commonly consumed marine alga) to *Bacteroides* bacteria in the human gut [38]. Furthermore, ingestion of rice has been shown to result in the transfer of rice microRNA, specifically miR168a, into the blood stream of mammals causing reduced expression of the LDL receptor adapter protein 1 (LDLRAP1)[39] with the result of causing an increase in LDL cholesterol which may have unwanted consequences with respect to cardiovascular health. These remarkable observations clearly raise the question that perhaps the notion that we are what we eat may be more profound than previously imagined. Furthermore, the impact of the microbiome on health is becoming increasingly evident and important in predicting more precisely how individuals may respond to different dietary interventions as was shown recently in a glycemic response study of 800 subjects [40].

DEFINING NUTRIENT REFERENCE VALUES FOR DNA DAMAGE PREVENTION

A nucleocentric view of healthy development and aging is emerging in which damage to the genome and the associated epigenetic changes are increasingly evident as the most fundamental risk factors for preventable health disorders [41-43]. Increased levels of chromosomal DNA damage biomarkers and DNA hypomethylation are consistently shown to be predictive of infertility, pregnancy complications, developmental defects, cardiovascular disease, neurodegenerative diseases and cancer [3, 41-44]. A better effort is needed in caring for our genetic inheritance by appreciating the need to prevent harm to the genome and taking the necessary steps to do so effectively.

We now have robust technologies to diagnose and quantify DNA damage in epithelial and haematopoietic tissues at the base, gene sequence and chromosomal level that were originally developed to study the effects of environmental mutagens and are now increasingly used to study the impact of lifestyle factors including nutrition as well as gene-environment interactions. Most notable amongst these are chromosome aberration, micronucleus, DNA strand break, DNA base adduct and DNA sequence deletion assays the validation status of which with respect to nutritional status and disease association has been recently reviewed [42].

Results with one of the best-validated DNA damage biomarkers, micronuclei in peripheral blood lymphocytes measured using the cytokinesis-block micronucleus (CBMN) assay [44], clearly show that genome damage increases significantly with age, in fact, starting at a very low frequency at birth and then increasingly steadily with every decade of age thereafter (Figure 11-2) particularly from the teenage years onwards. These observations raise the following questions.

1. Is it inevitable that DNA damage increases with age?

2. Are the observed increases in DNA damage with age caused by poor choices in nutrition, adverse lifestyles, genotoxic physical/chemical environmental exposure, stressful psycho/social environments?

3. What is the DNA damage threshold we should not exceed to minimise the risk of DNA damage-driven diseases?

4. Given that the risk of developmental and degenerative diseases increases with DNA damage can we design better environments or "exposomes" that enable us to stay below the threshold of DNA damage that significantly increases the risk of diseases caused by loss of genome integrity?

Over the past decade, our knowledge of dietary factors that are essential for genome maintenance has increased remarkably. This knowledge has been published in several recent reviews [42, 45-48] and is summarised in Table 11-2. With respect to the micronucleus assay in lymphocytes, it is known that inadequate dietary intake of vitamin C, vitamin E, vitamin B_{12}, folate, retinol, beta-carotene, nicotinic acid, calcium, selenium and zinc are associated with increased chromosome damage [48-50]. More recently, attention has focused on the impact of dietary factors on telomere length. The studies, so far, suggest that longer telomeres are associated with increased dietary intake of folate, vitamin D, omega-3 fatty acids, cereal fiber and multivitamin use, however, on the other hand, increased consumption of polyunsaturated fat and processed meat as well as high plasma homocysteine and obesity are associated with shorter telomeres [51-60]. While there is little doubt that excessively short telomeres increase genomic instability and increase the rate of senescence in tissues, it is becoming evident that acquisition of longer telomeres is not necessarily benign [61,62]. Although some studies report an association of longer telomeres with reduced cardiovascular disease risk and certain cancers [61, 62] more recent studies are indicating that increased telomere length in peripheral blood leucocytes is associated with increased risk of certain cancers such as lymphoma, and lung cancer [63, 64]. This paradox is due to the emerging evidence that telomeres may be lengthened in response to hypomethylation of the sub-telomere DNA or as a result of base damage in telomere repeat sequence that reduces the binding of TRF1 and TRF2 proteins that regulate telomere length maintenance [58, 65]. Thus, it is becoming evident that telomere length on its own is an inadequate indicator of genomic stability and that information on telomere base damage, breaks in telomeric DNA, loss of telomeres and telomere end fusions is also required to properly diagnose dysfunctional telomeres [66-69].

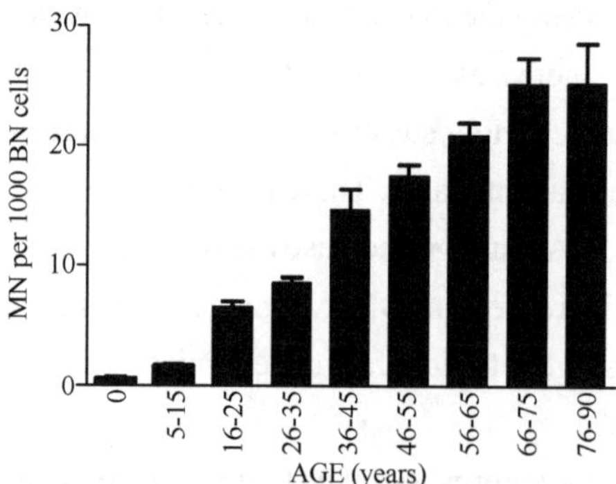

Figure 11-2 DNA damage in lymphocytes of healthy South Australian males measured using the cytokinesis-block micronucleus assay. Results in each column represent the Mean +/– 1 SE for at least 15 individuals in each age group. MN = micronuclei (a biomarker of chromosome breakage or loss); BN = binucleated cells. In the CBMN assay micronuclei are scored specifically in once-divided cells which are identified by their binucleated appearance after blocking cytokinesis with cytochalasin-B

Another important genome that deserves better attention in the next decade is the mitochondrial genome given that deletions and point mutations in this important maternally inherited genetic blueprint cause a wide range of debilitating diseases and is an important

Table 11-2 Examples of the role and the effect of deficiency of specific micronutrients on genomic stability [32, 35-37]

Micronutrient	Role in genomic stability	Consequence of deficiency
Vitamin C, Vitamin E, antioxidant polyphenols (e.g. caffeic acid)	Prevention of oxidation to DNA and lipid oxidation	Increased base-line level of DNA strand breaks, chromosome breaks oxidative DNA lesions and lipid peroxide adducts on DNA
Folate and Vitamins B_2, B_6 and B_{12}	Maintenance methylation of DNA; synthesis of dTMP from dUMP and efficient recycling of folate	Uracil misincorporation in DNA, increased chromosome breaks and DNA hypomethylation
Niacin	Required as a substrate for poly (ADP-ribose) polymerase (PARP) which is involved in cleavage and rejoining of DNA and telomere length maintenance	Increased levels of unrepaired nicks in DNA, increased chromosome breaks and rearrangements, and sensitivity to mutagens
Zinc	Required as a co-factor for Cu/Zn superoxide dismutase, endonuclease IV, function of p53, Fapy glycosylase and in Zn finger proteins such as PARP	Increased DNA oxidation , DNA breaks and elevated chromosome damage rate
Iron	Required as a component of ribonucleotide reductase and mitochondrial cytochromes	Reduced DNA repair capacity and increased propensity for oxidative damage to mitochondrial DNA
Magnesium	Required as a co-factor for a variety of DNA polymerases, in nucleotide excision repair, base excision repair and mismatch repair. Essential for microtubule polymerization and chromosome segregation	Reduced fidelity of DNA replication. Reduced DNA repair capacity. Chromosome segregation errors
Manganese	Required as a component of mitochondrial Mn superoxide dismutase	Increased susceptibility to superoxide damage to mitochondrial DNA and reduced resistance to radiation-induced damage to nuclear DNA
Calcium	Required as a cofactor for regulation of the mitotic process and chromosome segregation	Mitotic dysfunction and chromosome segregation errors
Selenium	Selenoproteins involved in methionine metabolism and antioxidant metabolism (e.g. selenomethionine, glutathione peroxidase I)	Increased in DNA strand breaks, DNA oxidation and telomere shortening

cause of accelerated aging [70]. Although large mitochondrial deletions have been shown to be increased with aging [71] and folate deficiency [72] it was shown that replication stress may be the major cause of the myriad base sequence mutations that result in defects in proteins involved in the mitochondrial electron transport chain and ultimately reduced ATP generation [73]. The recent developments of improved qPCR, array comparative genomic hybridisation (array CGH) and deep sequencing methods are already providing much improved diagnostics for studying the impact of nutrition and aging on this essential component of our genetic make-up [72, 74, 75].

It has been twenty-one years ago that the concept of recommended dietary allowances based on DNA damage was first proposed [76]. Over this period, the evidence that changes in genome stability is exquisitely sensitive to nutrient supply, particularly those nutrients that play a more direct role in DNA synthesis and repair, has increased greatly [46-58]. A more refined approach is to determine dietary reference values (DRVs) for DNA damage prevention by identifying not only the minimal requirements for achieving optimal genome integrity but also establishing the safe upper limits because excessive intake of certain micronutrients can also be genotoxic [42, 48]. A roadmap on how to determine DRVs for DNA damage prevention is summarised in Figure 11-3.

PROPOSED ROAD-MAP TO DETERMINE DRVs FOR GENOME STABILITY

NUTRITIONAL VARIABLES	STUDY DESIGN	MEASUREMENTS	OUTCOMES
SINGLE MICRONUTRIENT MICRONUTRIENT COMBINATION FUNCTIONAL FOOD FOOD GROUP DIETARY PATTERN	IN VIVO MODELS IN VIVO CROSS-SECTIONAL STUDIES PLACEBO-CONTROLLED TRIALS	*PRIMARY* DNA DAMAGE BIOMARKERS: MICRONUCLEUS CYTOME ASSAYS COMET ASSAY DNA OXIDATION DNA METHYLATION TELOMERE LENGTH mtDNA DELETION *SECONDARY* DIETARY INTAKE TISSUE MICRONUTRIENT CONCENTRATION GENOTYPE	DATABASES ON VITAMIN & MINERAL LEVELS REQUIRED FOR GENOME STABILITY DATA BASES ON DNA DAMAGE LEVELS IN HUMAN POPULATIONS DRVs FOR GENOME STABILITY IN GENETIC SUB-GROUPS DEPENDING ON GENDER AND LIFE-STAGE

Figure 11-3 Roadmap for determining dietary reference values for DNA damage prevention

Ideally DRVs based on achieving optimal genome integrity are also developed for genetic sub-groups with defects in micronutrient uptake and metabolism or defects in genes involved in DNA metabolism particularly those with defects that alter affinity for the cofactor or substrate (e.g. MTHFR C677T)[32-36]. However, our knowledge of nutrient-gene interaction as it relates to genome maintenance is still in its infancy and there is uncertainty whether all the genetic and epigenetic information can be properly modelled to make reliable predictions even though some successes, at least with respect to the folate-methionine pathway, have been achieved [77]. An alternative approach is to use a nutrient array system to interrogate the genome integrity status and regenerative capacity of cells incubated in different combinations of micronutrients that might represent a dietary pattern or supplement (Figure 11-4)[78]. In such a system, it would not be necessary to know the genetic background of an individual to identify the optimal combination for genome integrity or cell function and growth. While such a system has yet to be validated for extrapolation to *in vivo* recommendations, it already has immediate relevance to the new era that is emerging in which cells taken from the body (e.g. bone marrow progenitor cells, stem cells, or induced pluripotential stem cells) are cultured *in vitro* and then returned to the body for the therapeutic purpose (e.g. bone marrow transplantation, treatment of neurological disorders, correction of insulin insufficiency etc...).

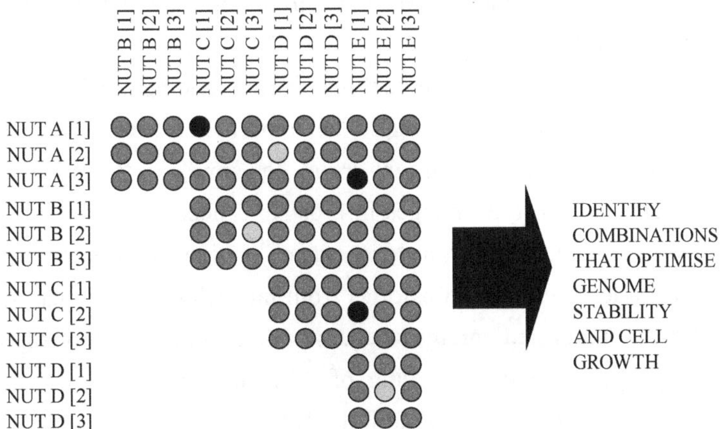

Figure 11-4 Nutrient arrays – The Rosetta Stone for unlocking personalised nutrition for genome maintenance. A theoretical example of a simple Nutrient Array microculture system. NUT = single nutrient or multiple nutrient combination; A-E = different types of nutrients or nutrient combinations; 1-3 = increasing dose levels. The different grey level colouring is simply an indication of the potential variability in cell growth, viability and genome stability that may be observed depending on the combinations used. The challenge is to identify the best combination or combinations for each individual.

A MORE HOLISTIC APPROACH THAT INTEGRATES NUTRITION AND LIFE-STYLE WITH GENOMIC EFFECTS FROM AMBIENT PHYSICAL-CHEMICAL AND PSYCHO-SOCIAL ENVIRONMENTS

Success in creating environments that prevent harm to the genome requires a more comprehensive approach than simply focusing on nutrient-genome interaction. This is because it is now evident that (in) susceptibility to the DNA damaging effects of environmental genotoxin is increased when micronutrients required for genome maintenance are deficient [76, 79-80] and (ii) lifestyle and psychological factors are also important variables that affect genome integrity [49, 81, 82]. For example, a recent study investigating the impact of lifestyle factors on DNA damage measured using the CBMN assay showed that micronucleus frequency in lymphocytes declined with healthier lifestyle habits measured using the health promotion index and amongst these sleeping more than 7h per day, working less than 9h per day, exercising at least 2 days per week were statistically significant and with an effect size of a magnitude similar to that of the beneficial effect of good or moderate nutritional balance [83]. Another important factor that may affect genome integrity is the experience of life stress. Recent cross-sectional studies in people who care for a relative with severe disability or who had adverse childhood experiences have a significant reduction in the length of telomeres in leucocytes [84-87]. Whether psychological stress causes these effects by adversely influencing nutrition and lifestyle choices or as a direct result of changes in stress hormone metabolism is an important question and remains unanswered.

It has recently been shown in rodents that reactivating telomerase in aging mice reverses tissue degeneration [88] and therefore it might be important to explore whether improving lifestyle and environmental factors might produce similar effects in humans [89,90]. Comprehensive dietary and lifestyle changes in prostate cancer cases were shown to increase telomerase activity and telomere length in leucocytes [91]. Lifestyle modifications in the latter intervention included a low fat (10% of calories from fat), whole foods, plant-based diet high in fruits, vegetables, unrefined grains, legumes and low in refined carbohydrates; supplementation with soy (one daily serving of tofu plus 58 g of a fortified soy protein powdered beverage), fish oil (3g daily), vitamin E (100 IU daily), selenium (200μg daily), and vitamin C (2g daily); moderate aerobic exercise (walking 30 min/day, 6 days/week); stress management (gentle yoga-based stretching, breathing, meditation, imagery, and progressive relaxation techniques 60 min/day, 6 days/week), and a 1h group support session once per week. Similar effects were obtained for those in an intensive retreat program of concentrative meditation techniques and complementary practices used to cultivate benevolent states of mind [92]. Telomerase activity was significantly greater in retreat participants than in controls at the end of the retreat ($P<0.05$). Increases in perceived control, decreases in neuroticism, and increases in both mindfulness and purpose in life were greater in the retreat group ($P<0.01$). Our own studies in obese men showed an increase in telomere length in rectal tissue following 12 weeks of weight loss and 52 weeks of weight loss maintenance, however telomerase expression was not increased, suggesting that metabolic changes associated with decreased adiposity either reduce mechanisms such as oxidation that cause telomere attrition or that telomere maintenance mechanisms are improved[93]. These interventions suggest the significant potential of different modes of intervention to modify genome integrity maintenance mechanisms in humans but also highlight the need for better diagnostics to obtain a more comprehensive understanding of mechanisms.

CONCLUSIONS

These observations indicate that a more holistic approach to improving health and well-being is required to maximise success in the prevention of developmental and degenerative diseases at the genome level. It is essential that in the next few decades we shift our paradigms to a higher order in which greater recognition that humans are 3-dimensional beings such that nurturing the body alone, important as it is, may be insufficient and that creation of environments that minimise excessive exposure to environmental genotoxins and that also nurture the mind and soul should be incorporated into preventative models. Some of the key health-promoting strategies for the body are already well established (e.g. nutrition, exercise and sleep); but anticipated strategies for the mind and soul (e.g. creativity, purpose, free will, love, psychological well-being) will be more challenging to test as they fall in the realm of neurology and psychology sciences which are still maturing and for which the reliable culturally-appropriate metrics are still evolving [94-96].

Therefore, further advances in public health strategies to improve well-being at the genomic level will require an integrated approach of the diverse fields of toxicogenomics, nutrigenomics, lifestyle genomics and psychogenomics, but the objectives have to be well-defined to meet the economic imperatives of our era. The current models of increasing survival during the morbidity phase of disease using expensive pharmaceuticals may no longer be sustainable even in well-run economies particularly with an ever-increasing older population structure [97, 98]. The alternative is to design nutritional, lifestyle and environmental strategies that are expected to maintain individuals in a state of good physical and mental health for as long as possible whilst compressing the morbidity phase [99, 100]. Evidence is emerging in favour of this possibility, for example, by improving lifestyle factors such as physical exercise [100,101]. Whether improving other factors in the exposome such as psychological and nutritional well-being and minimisation of genotoxin exposure provides further morbidity compression requires interrogation. At least in the case of nutrition, the concepts and strategies for improving health outcomes are becoming clearer and testable strategies for interventions are possible even taking into account differences in genetic susceptibility [27, 102, 103].

Finally for the proposed comprehensive preventative strategies to come to fruition, it is essential that we start to educate and train a new type of health professional or doctor to deliver optimal health outcomes at the individual and community level using the integrated knowledge of nutritional, environmental, lifestyle and psycho-social genomics.

REFERENCES

1. Laland K N, Odling-Smee J, Myles S. How culture shaped the human genome: bringing genetics and the human sciences together. Nat Rev Genet, 2010, 11(2): 137-148.
2. Rosenberg I H. Translating nutrition science into policy as witness and actor. Annu Rev Nutr, 2008, 28: 1-12.
3. Ames B N. Low micronutrient intake may accelerate the degenerative diseases of aging through allocation of scarce micronutrients by triage. Proc Natl Acad Sci USA, 2006, 103(47): 17589-17594.
4. Kaput J, Ordovas J M, Zucker J D, et al. The case for strategic international alliances to harness nutritional genomics for public and personal health. Br J Nutr, 2005, 94(5): 623-632.
5. Godfray H C, Beddington J R, Toulmin C, et al. Food security: the challenge of feeding 9 billion people. Science, 2010, 327(5967): 812-818.
6. Kim S, Sung J, Kim PJ, et al. Uncovering the nutritional landscape of food. PLoS One, 2015, 10(3): e0118697.
7. Kim S, Fenech M F, Kim P J. Nutritionally recommended food for semi- to strict vegetarian diets based on large-scale nutrient composition data. Sci Rep, 2018, 8(1): 4344.

8. Smedman A, Lindmark-Månsson H, Edman A K, et al. Nutrient density of beverages in relation to climate impact. Food & Nutrition Research, 2010, 54: 5170.

9. Nishida C, Uauy R, Shetty P, et al. The joint WHO/FAO expert consultation on diet, nutrition and the prevention of chronic diseases: process, product and policy implications. Public Health Nutr, 2004, 7(1A): 245-250.

10. FAO. Fruit and vegetables—your dietary essentials. The International Year of Fruits and Vegetables, 2021, background paper. Rome: FAO, 2020. https: //doi.org/10.4060/cb2395en.

11. Stover P J. One-carbon metabolism-genome interactions in folate-associated pathologies. J Nutr, 2009, 139(12): 2402-2405.

12. Fenech M. Folate (vitamin B9) and vitamin B12 and their function in the maintenance of nuclear and mitochondrial genome integrity. Mutat Res, 2012, 733(1-2): 21-33.

13. Voy B H. Systems genetics: a powerful approach for gene-environment interactions. J Nutr, 2011, 141(3): 515-519.

14. Burke W, Khoury M J, Zimmern R L, et al. The path from genome-based research to population health: development of an international public health genomics network. Genet Med, 2006, 8(7): 451-458.

15. Wilkinson J R, Ells L J, Burton H, et al. Public health genomics: the interface with public health intelligence and the role of public health observatories. Public Health Genomics, 2011, 14(1): 35-42.

16. Mitchell J J, Trakadis Y J, Scriver C R. Phenylalanine hydroxylase deficiency. Genet Med, 2011, 13(8): 697-707.

17. Hrdlickova B, Westra H J, Wijmenga C, et al. Celiac disease: moving from genetic associations to causal variants. Clin Genet, 2011, 80(3): 203-313.

18. Beetstra S, Suthers G, Fenech M, et al. Methionine-dependence phenotype in the de novo pathway in BRCA1 and BRCA2 mutation carriers with and without breast cancer. Cancer Epidemiol Biomarkers Prev, 2008, 17(10): 2565-2571.

19. Papoutsis A J, Lamore S D, Romagnolo D F, et al. Resveratrol prevents epigenetic silencing of BRCA-1 by the aromatic hydrocarbon receptor in human breast cancer cells. J Nutr, 2010, 140(9): 1607-1614.

20. Brown B, Huang M H, Kado D, et al. Do the effects of APOE-ε4 on cognitive function and decline depend upon vitamin status? MacArthur Studies of Successful Aging. J Nutr Health Aging, 2011, 15(3): 196-201.

21. Minihane A M, Jofre-Monseny L, Rimbach G, et al. ApoE genotype, cardiovascular risk and responsiveness to dietary fat manipulation. Proc Nutr Soc, 2007, 66(2): 183-197.

22. Feng L, Li J, Yap K B, et al. Vitamin B-12, apolipoprotein E genotype, and cognitive performance in community-living older adults: evidence of a gene-micronutrient interaction. Am J Clin Nutr, 2009, 89(4): 1263-1268.

23. Vogiatzoglou A, Smith A D, Refsum H, et al. Cognitive function in an elderly population: interaction between vitamin B12 status, depression, and apolipoprotein E ε4: the Hordaland Homocysteine Study. Psychosom Med, 2013, 75(1): 20-29.

24. Yassine H N, Braskie M N, Chui H C, et al. Association of Docosahexaenoic Acid supplementation with Alzheimer Disease Stage in Apolipoprotein E ε4 Carriers: A Review. JAMA Neurol, 2017, 74(3): 339-347.

25. Satizabal C L, Himali J J, Seshadri S, et al. Association of Red Blood Cell Omega-3 Fatty Acids with MRI Markers and Cognitive Function in Midlife: The Framingham Heart Study. Neurology, 2022, 99(23): e2572-e2582.

26. McBride C M, Alford S H, Brody L C, et al. Characteristics of users of online personalized genomic risk assessments: implications for physician-patient interactions. Genet Med, 2009, 11(8): 582-587.

27. Fenech M, El-Sohemy A, Head R, et al. Nutrigenetics and nutrigenomics: viewpoints on the current status and applications in nutrition research and practice. J Nutrigenet Nutrigenomics, 2011, 4(2): 69-89.

28. Smerecnik C, Grispen J E, Quaak M, et al. Effectiveness of testing for genetic susceptibility to smoking-related diseases on smoking cessation outcomes: a systematic review and meta-analysis. Tob Control, 2012, 21(3): 347-354.

29. Rees G, Martin P R, Macrae F A, et al. Screening participation in individuals with a family history of colorectal cancer: a review. Eur J Cancer Care (Engl), 2008, 17(3): 221-232.

30. Ruthotto F, Papendorf F, Greten T F, et al. Participation in screening colonoscopy in first-degree relatives from patients with colorectal cancer. Ann Oncol, 2007, 18(9): 1518-1522.

31. Kussmann M, Krause L, Siffert W. Nutrigenomics: where are we with genetic and epigenetic markers for disposition and

susceptibility? Nutr Rev, 2010, 68(Suppl 1): S38-S47.

32. van Ommen B, El-Sohemy A, Rivero D, et al. Micronutrient Genomics Project Working Group. The Micronutrient Genomics Project: a community-driven knowledge base for micronutrient research. Genes Nutr, 2010, 5(4): 285-296.
33. Stempler S, Yizhak K, Ruppin E. Integrating transcriptomics with metabolic modeling predicts biomarkers and drug targets for Alzheimer's disease. PLoS One, 2014, 9(8): e105383.
34. Casgrain A, Collings R, Fairweather-Tait S J, et al. Micronutrient bioavailability research priorities. Am J Clin Nutr, 2010, 91(5): 1423S-1429S.
35. Fairweather-Tait S J. Contribution made by biomarkers of status to an FP6 Network of Excellence, EURopean micronutrient RECommendations Aligned (EURRECA). Am J Clin Nutr, 2011, 94(2): 651S-654S.
36. Raiten DJ, Namasté S, Darnton-Hill I, et al. Executive summary—Biomarkers of Nutrition for Development: Building a Consensus. Am J Clin Nutr, 2011, 94(2): 633S-650S.
37. Grimaldi K A, van Ommen B, Bouwman J, et al. Proposed guidelines to evaluate scientific validity and evidence for genotype-based dietary advice. Genes Nutr, 2017, 12: 35.
38. Hehemann J H, Correc G, Michel G, et al. Transfer of carbohydrate-active enzymes from marine bacteria to Japanese gut microbiota. Nature, 2010, 464(7290): 908-912.
39. Zhang L, Hou D, Zhang C Y, et al. Exogenous plant MIR168a specifically targets mammalian LDLRAP1: evidence of cross-kingdom regulation by microRNA. Cell Res, 2012, 22(1): 107-126.
40. Zeevi D, Korem T, Segal E, et al. Personalized Nutrition by Prediction of Glycemic Responses. Cell, 2015, 163(5): 1079-1094.
41. Sinclair D A, Oberdoerffer P. The ageing epigenome: damaged beyond repair? Ageing Res Rev, 2009, 8(3): 189-198.
42. Fenech M F. Dietary reference values of individual micronutrients and nutriomes for genome damage prevention: current status and a road map to the future. Am J Clin Nutr, 2010, 91(5): 1438S-1454S.
43. Jackson S P, Bartek J. The DNA-damage response in human biology and disease. Nature, 2009, 461(7267): 1071-1078.
44. Fenech M. Cytokinesis-block micronucleus cytome assay. Nat Protoc, 2007, 2(5): 1084-1104.
45. Ferguson L R, Philpott M, Karunasinghe N. Dietary cancer and prevention using antimutagens. Toxicology, 2004, 198(1-3): 147-159.
46. Jacob R A. The role of micronutrients in DNA synthesis and maintenance. Adv Exp Med Biol, 1999, 472: 101-113.
47. Ames B N, Wakimoto P. Are vitamin and mineral deficiencies a major cancer risk? Nat Rev Cancer, 2002, 2(9): 694-704.
48. Fenech M, Baghurst P, Bonassi S, et al. Low intake of calcium, folate, nicotinic acid, vitamin E, retinol, beta-carotene and high intake of pantothenic acid, biotin and riboflavin are significantly associated with increased genome instability—results from a dietary intake and micronucleus index survey in South Australia. Carcinogenesis, 2005, 26(5): 991-999.
49. Fenech M, Bonassi S. The effect of age, gender, diet and lifestyle on DNA damage measured using micronucleus frequency in human peripheral blood lymphocytes. Mutagenesis, 2011, 26(1): 43-49.
50. Thomas P, Wu J, Fenech M, et al. Effect of dietary intervention on human micronucleus frequency in lymphocytes and buccal cells. Mutagenesis, 2011, 26(1): 69-76.
51. Bull C F, O'Callaghan N J, Fenech M F, et al. Telomere length in lymphocytes of older South Australian men may be inversely associated with plasma homocysteine. Rejuvenation Res, 2009, 12(5): 341-349.
52. Xu Q, Parks C G, Chen H, et al. Multivitamin use and telomere length in women. Am J Clin Nutr, 2009, 89(6): 1857-1863.
53. Richards J B, Valdes A M, Aviv A, et al. Higher serum vitamin D concentrations are associated with longer leukocyte telomere length in women. Am J Clin Nutr, 2007, 86(5): 1420-1425.
54. Farzaneh-Far R, Lin J, Whooley M A, et al. Association of marine omega-3 fatty acid levels with telomeric aging in patients with coronary heart disease. JAMA, 2010, 303(3): 250-257.
55. Cassidy A, De Vivo I, Rimm E B, et al. Associations between diet, lifestyle factors, and telomere length in women. Am J Clin Nutr, 2010, 91(5): 1273-1280.
56. Nettleton J A, Diez-Roux A, Jacobs D R Jr, et al. Dietary patterns, food groups, and telomere length in the Multi-Ethnic Study

of Atherosclerosis (MESA). Am J Clin Nutr, 2008, 88(5): 1405-1412.

57. Dhillon V, Bull C, Fenech M. Telomeres, Ageing and Nutrition. Molecular Basis of Nutrition and Aging. A Volume in the Molecular Nutrition Series. Adelaide, SA: Academic Press, 2016:129-140.
58. Bull C, Fenech M. Genome-health nutrigenomics and nutrigenetics: nutritional requirements or 'nutriomes' for chromosomal stability and telomere maintenance at the individual level. Proc Nutr Soc, 2008, 67(2): 146-156.
59. Buxton J L, Walters R G, Blakemore A I, et al. Childhood obesity is associated with shorter leukocyte telomere length. J Clin Endocrinol Metab, 2011, 96(5): 1500-1505.
60. Njajou O T, Cawthon R M, Hsueh W C, et al. Shorter telomeres are associated with obesity and weight gain in the elderly. Int J Obes(Lond), 2011, doi: 10.1038/ijo.2011.196.
61. Shammas M A. Telomeres, lifestyle, cancer, and aging. Curr Opin Clin Nutr Metab Care, 2011, 14(1): 28-34.
62. Oeseburg H, de Boer R A, van der Harst P, et al. Telomere biology in healthy aging and disease. Pflugers Arch, 2010, 459(2): 259-268.
63. Shen M, Cawthon R, Lan Q, et al. A prospective study of telomere length measured by monochrome multiplex quantitative PCR and risk of lung cancer. Lung Cancer, 2011, 73(2): 133-137.
64. Lan Q, Cawthon R, Rothman N, et al. A prospective study of telomere length measured by monochrome multiplex quantitative PCR and risk of non-Hodgkin lymphoma. Clin Cancer Res, 2009, 15(23): 7429-7433.
65. Moores C J, Fenech M, O'Callaghan N J. Telomere dynamics: the influence of folate and DNA methylation. Ann N Y Acad Sci, 2011, 1229: 76-88.
66. Rai R, Chang S. Probing the telomere damage response. Methods Mol Biol, 2011, 735: 145-150.
67. Bodvarsdottir S K, Steinarsdottir M, Eyfjord J E, et al. Dysfunctional telomeres in human BRCA2 mutated breast tumors and cell lines. Mutat Res, 2012, 729(1-2): 90-99.
68. M'kacher R, Colicchio B, Yardin C, et al. Telomere aberrations, including telomere loss, doublets, and extreme shortening, are increased in patients with infertility. Fertil Steril, 2021, 115(1): 164-173.
69. Bull C F, Mayrhofer G, Fenech M F, et al. Folate deficiency induces dysfunctional long and short telomeres; both states are associated with hypomethylation and DNA damage in human WIL2-NS cells. Cancer Prev Res (Phila), 2014, 7(1): 128-138.
70. Park C B, Larsson N G. Mitochondrial DNA mutations in disease and aging. J Cell Biol, 2011, 193(5): 809-818.
71. Wallace D C. Mitochondrial DNA mutations in disease and aging. Environ Mol Mutagen, 2010, 51(5): 440-450.
72. Chou Y F, Huang R F. Mitochondrial DNA deletions of blood lymphocytes as genetic markers of low folate-related mitochondrial genotoxicity in peripheral tissues. Eur J Nutr, 2009, 48(7): 429-436.
73. Larsson N G. Somatic mitochondrial DNA mutations in mammalian aging. Annu Rev Biochem, 2010, 79: 683-706.
74. Ameur A, Stewart J B, Gyllensten U, et al. Ultra-deep sequencing of mouse mitochondrial DNA: mutational patterns and their origins. PLoS Genet, 2011, 7(3): e1002028.
75. Douglas G V, Wiszniewska J, Lipson M H, et al. Detection of uniparental isodisomy in autosomal recessive mitochondrial DNA depletion syndrome by high-density SNP array analysis. J Hum Genet, 2011, 56(12): 834-839.
76. Fenech M. Recommended dietary allowances (RDAs) for genomic stability. Mutat Res, 2001, 480-481: 51-54.
77. Neuhouser M L, Nijhout H F, Gregory J F III, et al. Mathematical modeling predicts the effect of folate deficiency and excess on cancer-related biomarkers. Cancer Epidemiol Biomarkers Prev, 2011, 20(9): 1912-1917.
78. Fenech M F. Nutriomes and nutrient arrays - the key to personalised nutrition for DNA damage prevention and cancer growth control. Genome Integr, 2010, 1(1): 11.
79. McDorman E W, Collins B W, Allen J W. Dietary folate deficiency enhances induction of micronuclei by arsenic in mice. Environ Mol Mutagen, 2002, 40(1): 71-77.
80. Teo T, Fenech M. The interactive effect of alcohol and folic acid on genome stability in human WIL2-NS cells measured using the cytokinesis-block micronucleus cytome assay. Mutat Res, 2008, 657(1): 32-38.
81. Gidron Y, Russ K, Warner J, et al. The relation between psychological factors and DNA-damage: a critical review. Biol

Psychol, 2006, 72(3): 291-304.

82. Inoue A, Kawakami N, Shimazu A, et al. Three job stress models/concepts and oxidative DNA damage in a sample of workers in Japan. J Psychosom Res, 2009, 66(4): 329-334.
83. Huang P, Huang B, Morimoto K, et al. Effects of lifestyle on micronuclei frequency in human lymphocytes in Japanese hard-metal workers. Prev Med, 2009, 48(4): 383-388.
84. Entringer S, Epel E S, Wadhwa P D, et al. Stress exposure in intrauterine life is associated with shorter telomere length in young adulthood. Proc Natl Acad Sci USA, 2011, 108(33): E513-E518.
85. O'Donovan A, Epel E, Lin J, et al. Childhood trauma associated with short leukocyte telomere length in posttraumatic stress disorder. Biol Psychiatry, 2011, 70(5): 465-471.
86. Epel E S, Blackburn E H, Cawthon R M, et al. Accelerated telomere shortening in response to life stress. Proc Natl Acad Sci USA, 2004, 101(49): 17312-17315.
87. Kroenke C H, Epel E, Boyce W T, et al. Autonomic and adrenocortical reactivity and buccal cell telomere length in kindergarten children. Psychosom Med, 2011, 73(7): 533-540.
88. Jaskelioff M, Muller F L, Depinho R A, et al. Telomerase reactivation reverses tissue degeneration in aged telomerase-deficient mice. Nature, 2011, 469(7328): 102-106.
89. Cox L S, Mason P A. Prospects for rejuvenation of aged tissue by telomerase reactivation. Rejuvenation Res, 2010, 13(6): 749-754.
90. Gladych M, Wojtyla A, Rubis B. Human telomerase expression regulation. Biochem Cell Biol, 2011, 89(4): 359-376.
91. Jacobs T L, Epel E S, Lin J, et al. Intensive meditation training, immune cell telomerase activity, and psychological mediators. Psychoneuroendocrinology, 2011, 36(5): 664-681.
92. O'Callaghan N J, Clifton P M, Fenech M, et al. Weight loss in obese men is associated with increased telomere length and decreased abasic sites in rectal mucosa. Rejuvenation Res, 2009, 12(3): 169-176.
93. Thomas A, Cairney S, Sayers S, et al. Strong Souls: development and validation of a culturally appropriate tool for assessment of social and emotional well-being in indigenous youth. Aust N Z J Psychiatry, 2010, 44(1): 40-48.
94. Schultz-Larsen K, Lomholt R K, Kreiner S. Mini-Mental Status Examination: a short form of MMSE was as accurate as the original MMSE in predicting dementia. J Clin Epidemiol, 2007, 60(3): 260-267.
95. Matarazzo J D. Psychological assessment versus psychological testing. Validation from Binet to the school, clinic, and courtroom. Am Psychol, 1990, 45(9): 999-1017.
96. Stuart B C. How disease burden influences medication patterns for Medicare beneficiaries: implications for policy. Issue Brief(Commonw Fund), 2008, 30: 1-12.
97. Ademi Z, Liew D, Hollingsworth B, et al. The economic implications of treating atherothrombotic disease in Australia, from the government perspective. Clin Ther, 2010, 32(1): 119-132.
98. Fries J F. Measuring and monitoring success in compressing morbidity. Ann Intern Med, 2003, 139(5 Pt 2): 455-459.
99. Fries J F, Bruce B, Chakravarty E. Compression of morbidity 1980-2011: a focused review of paradigms and progress. J Aging Res, 2011: 261702.
100. Wang B W, Ramey D R, Fries J F, et al. Postponed development of disability in elderly runners: a 13-year longitudinal study. Arch Intern Med, 2002, 162(20): 2285-2294.
101. Williams C M, Ordovas J M, van Ommen B, et al. The challenges for molecular nutrition research 1: linking genotype to healthy nutrition. Genes Nutr, 2008, 3(2): 41-49.
102. Ordovás J M, Robertson R, Cléirigh E N. Gene-gene and gene-environment interactions defining lipid-related traits. Curr Opin Lipidol, 2011, 22(2): 129-136.

第十二章

遗传药理学与药物基因组学

药物是指能影响机体生理、生化和病理过程，用于预防、治疗、诊断疾病，有目的地调节人的生理机能的物质。就历史而言，但凡有了人类，也就产生了医和药；漫长的人类社会发展过程就是一部认识疾病并与之抗争的医药进化史，药物形式也由最初直接取自自然界的天然产物逐渐发展为包括天然产物、化学合成药物，以及生物工程药物等多种来源、具备不同药学特性和药理活性的分子或组合物。

作为一种特殊的商品，药物的使用必须跟医学紧密结合，有严格规定的适应证、用法和用量要求。做出这些要求的依据就是对药物的有效性和安全性的评价。从临床效果看，药物的作用具有两重性，其一为治疗效果，也称疗效（therapeutic effect），是指符合用药目的，有利于改变患者的生理、生化功能或病理过程，使患病机体恢复正常；其二为药物不良反应（adverse drug reaction，ADR），即与用药目的无关并为患者带来不适或痛苦的反应。在长期的临床实践中，人们发现不同个体对同一药物的反应存在很大的差异，无论是疗效还是不良反应。引起这种差异的因素很多，如患者性别、年龄、环境因素、疾病性质，以及药物相互作用等，但遗传因素是最重要的决定性因素。现代医学、化学、生物学及信息学等多个学科的迅速发展和相互融合，尤其是分子生物学、基因组学及蛋白质组学等多种研究技术的发展，为深入研究药物反应的遗传学差异及群体变异提供了可能性。药物遗传学和药物基因组学也在此基础上得以创立和发展，为差异性的新药研发和针对患者分层的个性化治疗提供了理论指导和实践的基础。

医药的研究和开发与其他行业相比有其特殊性。从社会层面上，医药研发直接影响到成千上万人的生命与健康，关系到国计民生；从研究内容上看，大部分的新药研究均是从低价值的化学或生物原材料发展到临床治疗的药品，中间跨越了科学、产业及医疗实践三大领域，具有极高附加值。在前期研发进程中，可根据疾病特征及不同人群的遗传背景选择靶点和适应证，从而提高新药研究的质和量；在临床应用中，根据人群的遗传背景选择治疗方案，也有利于提高临床治疗的成功率和治疗效率。现阶段我国新药研究和医药产业的发展已经在新一轮的历史转变中，逐步实现从“跟跑”向“并跑”和“领跑”的跨越，针对不同人群的药物基因组学背景开发差异化药物，对开创原始创新的新药研究局面也将具有重大意义。

第一节　遗传药理学和药物基因组学的基本概念

一、遗传药理学的概念和研究内容

遗传药理学（pharmacogenetics）又称药物遗传学，是药理学与遗传学、生物化学、分子生物学等多学科相结合发展起来的边缘学科。它主要研究遗传因素在药物反应个体变异中的作用，包括对药物代谢和药物效应的影响，尤其是由遗传因素引起的异常药物反应。通过对遗传药理学的研究，可揭示药物反应差异产生的遗传背景，发现药物异常反应的遗传基础和生化本质，同时可利用现代科技手段，预测可能的用药结果，对于指导临床用药的个体化原则、防止各种与遗传有关的药物反应具有重要的指导意义。

（一）遗传药理学的发展历史

遗传药理学的产生起源于对药物不良反应的研究。19 世纪末 20 世纪初，英国学者阿奇博尔德·伽洛德（Archibald E. Garrod）（以下简称伽洛德）发现服用镇静催眠药索佛那的个别患者会患上卟啉病和尿黑酸症，并认定这种代谢障碍所致的疾病是单基因遗传的异常药物反应。1909 年，伽洛德提出缺陷基因的遗传可引起特异性酶缺陷，从而导致白化病、胱氨酸尿和戊糖尿等“先天性代谢缺陷”，进而于 1931 年指出个体对药物反应的差异是遗传结构的差异所致。20 世纪 50 年代，莫图尔斯基（Motulsky）和沃格尔（Vogel）正式将遗传药理学作为一门药理学分支提出来。1957 年，莫图尔斯基认为某些异常的药物反应与遗传缺陷有关，1959 年，沃格尔提出了遗传药理学（pharmacogenetics）的概念。在此期间，3 个著名的药物应用实例代表了遗传药理学发展的里程碑，即伯氨喹敏感、琥珀酰胆碱敏感和异烟肼引起的神经病变。1956，卡森（Carson）等发现伯氨喹敏感性与葡萄糖-6-磷酸-脱氢酶（glucose-6-phosphate dehydrogenase，G6PD）缺乏相关，G6PD 的缺乏就是“蚕豆病”的原因。琥珀酰胆碱在临床上作为肌松药合并用于手术麻醉，卡洛（Kalow）和杰内斯特（Genest）于 1957 年证实琥珀酰胆碱肌松作用的延长是由常染色体隐性遗传引起的血清胆碱酯酶低亲和力所致。1960 年，埃文斯（Evans）等发现异烟肼用于治疗结核病时可将患者明显区分为慢、快 2 种代谢型，多年后的研究发现其机制是由位于 8 号染色体的 *N*-乙酰转移酶的 2 个基因突变所致。该项研究已成为遗传药理学史上研究药代动力学遗传性状的经典范例。

其后，人们发现一些药物代谢酶的遗传缺失，如细胞色素 P450 中的 CYP2D6、CYP2C9 和 CYP2C19 等，可改变患者对药物的代谢方式，从而影响药物代谢快慢、毒性作用及药效。药物代谢酶多态性研究逐渐成为遗传药理学发展的主体，其中尤以对异喹胍氧化代谢酶（CYP2D6）多态性的研究最为广泛和深入。由于药物代谢酶的表型和性状在不同种族中的发生率显著不同，药物反应的种族差异也逐渐成为遗传药理学的一个重要研究领域。人们不仅对多种药物代谢酶的基因多态性现象和机制有了更加深入的研究，也对各种药物转运体、药物靶点的遗传药理学性质特征进行了广泛研究。20 世纪 90 年代以后，人类基因组计划的实施和完成从根本上改变了遗传药理学的研究方式，在更加完整的基因组范围内的遗传特性与药物反应间的关系也逐渐得以完善，药物基因组学随之产生。

（二）药物反应研究的遗传基础

在长期的进化过程中，人类基因组的基本结构虽然保持稳定，但 DNA 变异一直在发生。这些基因组的 DNA 序列变异有些会被保存下来，导致群体及个体间的基因组差异，即基因组多态性。基因组多态性可影响个体对外界环境刺激产生不同的反应，包括对药物的反应性差异。对人类基因组多态性的研究可以在基因水平发现个体药物反应差异的因素，有助于新药的研究开发和药物的临床精准应用。

基因组多态性体现在 DNA 水平可包括多种不同形式的变异，如序列多态性、序列长度多态性（sequence length polymorphism，SLP）和单核苷酸多态性（single nucleotide polymorphism，SNP）等。序列多态性是指两条同源 DNA 序列长度相等，但个别核苷酸存在差别，表现为限制性片段长度多态性（restriction fragment length polymorphism，RFLP）、单链构象多态性（single-strand conformation polymorphism，SSCP）及变性梯度凝胶电泳（denaturing gradient electrophoresis，DGGE）多态性。序列长度多态性是指 DNA 序列长度不同而产生的多态性，包括大片段核苷酸序列插入、缺失引起的多态性和重复序列长度多态性。前者如拷贝数变异（copy number variation，CNV），一般由基因组重排产生；后者如以各自的核心序列首尾相连形成多次重复，从而造成不同重复单元拷贝数的小卫星 DNA 和微卫星 DNA 的多态性。另外还存在一类短的散在的重复序列，以 Alu Ⅰ 重复序列为代表，其多态性分布在不同人群中有显著区别，可用于人类疾病基因的连锁分析。

SNP 是指染色体 DNA 序列中某个位点上由单个核苷酸的置换所造成的多态性，且在群体中的发生频率不小于 1%。SNP 占所有已知 DNA 多态性的 90%以上，在人类基因组中可达到 300 万个，平均每 300～1000 个碱基对中就有 1 个。SNP 不包括碱基的插入、缺失及重复序列拷贝数的变化。SNP 存在转换（同一类型核苷酸替换）和颠换（嘧啶与嘌呤互换）2 种基本的多态性类型，人类基因组中转换和颠换的频率比例约为 2∶1。此外，在已知的与人类疾病相关的 SNP 中，CpG 岛的 SNP 出现频率较高，约占全部 SNP 的 25%，且多为 C→T，其原因可能与 CpG 中的胞嘧啶 C 易被甲基化后脱去氨基形成胸腺嘧啶有关。

根据 SNP 在基因中的位置可分为 3 类：编码区 SNP（coding region SNP，cSNP）、基因周边 SNP（peripheral SNP，pSNP）和基因间 SNP（intergenic SNP，iSNP）。位置不同，各种 SNP 对基因表达和调控的影响也不一样。处于编码区、启动子区或调控区的 SNP 可能会引起蛋白质氨基酸序列或者表达水平的差异。例如，cSNP 根据其对翻译氨基酸的影响，可分为同义 cSNP（synonymous cSNP，scSNP）和非同义 cSNP（non-synonymous cSNP，nscSNP）。非同义 cSNP 会直接改变基因编码蛋白的氨基酸序列组成，其功能影响取决于变异氨基酸位点是否对蛋白质结构或功能起到至关重要的作用。研究表明大部分的疾病或者有害的 nscSNP 都只是影响蛋白质的稳定性，只有 26%～32%的 nscSNP 会对蛋白质功能产生影响。同义 cSNP 本身并不改变蛋白质氨基酸序列，但可通过对 mRNA

二级结构、蛋白质折叠及细胞定位的影响，使疾病或药物反应性产生差异。例如，多药耐药 *MDR1* 基因中的 C236T 和 C3435T 两个 scSNP，可对蛋白质产物 P 糖蛋白（P-gp）的底物结合特异性产生影响。另外，由于蛋白质翻译存在的密码子偏好性，从常用的密码子转变为发生多态性之后的不常用密码子，会导致核糖体通过 SNP 周围 mRNA 片段时的速度发生改变，而细胞内的蛋白质折叠过程一般被认为是与翻译过程同步进行的，因此这些 scSNP 会影响 P-gp 翻译、折叠及其转移到细胞膜的时间。调控区 SNP 通过与基因调控元件的结合影响正常的基因表达调控。大多数 SNP 位于基因组的非编码区，其中部分 SNP 虽然本身不能引起基因表达的变化，但可以与其他位点的 SNP 连锁从而与疾病易感性或药物反应性关联，即连锁 SNP（linked SNP 或 indicative SNP）。

基因组 DNA 多态性的研究需要一定的标志物，先后采用的包括限制性片段长度多态性标记、重复序列多态性标记和 SNP 标记等。由于 SNP 是一种双等位基因的变异，且在 CG 序列上出现频繁，在基因组中数量巨大，分布相对均匀；遗传稳定，易于实现自动化和批量化的检测，因而被认为是新一代的遗传标记。

（三）遗传药理学的研究内容

遗传药理学旨在发现决定个体药物反应差异的遗传因素，确定其分子基础，以实现根据患者特定的代谢、消除和反应等遗传药理学信息选择合适的药物及剂量，实现真正的个体化治疗甚至疾病预防。药物反应相关 SNP 的数量、频率、致病效应强弱、遗传方式和外部因素共同决定药物反应发生的频率和强度。以 SNP 等基因多态性为标记，研究和鉴定药物异常反应的遗传学依据，确定对这些异常反应的正确应对措施，是遗传药理学的主要研究范畴。其具体的研究内容如下。

（1）阐明对个体或群体中药物反应差异具重要作用的功能蛋白质及其相关基因和基因家族，如药物生物转化酶家族、细胞膜转运蛋白家族、靶酶和靶受体家族、信号传递复合物家族及上述系统的调节因子家族等。

（2）对家系、患者和人群进行遗传学和分子生物学方面的流行病学研究，发现和阐明与药物反应变异相关的候选基因，如系谱连锁分析、同胞配对研究、相关等位基因或全基因组研究及人群的流行病学研究等。

（3）阐明药物反应蛋白质和相关基因在疾病发生、药物疗效及不良反应等方面的作用。

（4）创建相关的离体、在体研究模型和计算机模拟模型，以用于研究药物反应基因的遗传变异和相关蛋白的功能异常，包括转基因动物模型、有相似遗传机制的其他有机体生物模型、可用于分析功能效应的计算机模型及可用于确定表型的工具药等。

二、药物基因组学的概念和研究内容

药物基因组学是遗传药理学和功能基因组学在药学临床实践与药物研究中的具体应用，它从基因水平研究基因序列的多态性与药物效应多样性之间的关系，即研究基因本身及其突变体对不同个体药物作用效应差异的影响，以此为平台开发药物，指导合理用药，提高用药的安全性和有效性。

药物基因组学的研究是一个动态的、不断演化的过程。很多情况下，药物反应相关的基因多态性涉及多个基因，有的患者也不只使用一种药物。多基因，甚至全基因组范围内的药物基因组学研究可以比单一的药物-基因更好地选择治疗方案。在这个意义上，药物遗传学和药物基因组学可以通用。

（一）药物基因组学的发展历史

随着“人类基因组计划”的完成，基因组学的研究也由结构基因组学转向功能基因组学，大量的人类基因组信息有待解析和利用。而在新药研究领域，各种高通量筛选方法和组合化学技术的应用使筛选海量化合物成为可能，越来越多的新化学实体进入临床前或临床研究阶段。在既往的新药研发过程中，约有 80%的新化学实体因毒性作用不能通过Ⅰ、Ⅱ或Ⅲ期临床试验。在此情况下，1997 年 7 月 28 日，Genset 和 Abbott 实验室宣布成立世界上第一家基因制药公司，主要研究由基因变异所致患者对药物的反应性差异，并在此基础上研制和开发新的药物和个体化安全用药方法。这就是药物基因组学（pharmacogenomics）概念的最初来源。美国药学科学家协会将药物基因组学定义为“全基因组水平分析药物效应和毒性的遗传标记”。

作为一门研究开发新药和探索合理用药方法的新兴学科，药物基因组学是基因功能学与分子药理学的有机结合。它应用基因组信息和方法在整体基因组水平分析 DNA 的遗传变异和监测基因表达谱，揭示药物代谢和反应差异的遗传学本质。显然，药物基因组学区别于一般意义上的基因组学。基因组学以发现和解析基因为主要目的，而药物基因组学则以药物疗效和安全性为主要目标，研究药物在体内效应和代谢差异的基因学特性，以及各种基因突变对个体药物反应性的影响。人类基因组具有广泛的多态性，药物基因组学强调个体化，通过研究个体的遗传背景，预测其药物代谢特点和反应，实施“个体化”合理用药，用于改善患者的治疗效果，因而属于药物治疗学的范畴。药物基因组学还可以根据不同人群及不同个体的遗传特点设计、开发和研制新药。

（二）药物基因组学的研究内容

作为一门近几年在遗传学、基因组学和分子药理学基础上发展起来的新兴交叉学科，药物基因组学脱胎于遗传药理学，在很多研究中两者互相通用，但药物基因组学在研究目的和内容上还是和遗传药理学有不同的侧重。

遗传药理学侧重于对染色体上单个或少量基因的研究，阐明 DNA 序列的变异在药物反应个体差异中的作用，其主要目的是根据药物反应相关基因的遗传突变和多态性，确定针对某个患者的药物合理选择和使用剂量，以期得到最佳的治疗效果和避免严重的不良反应。而药物基因组学是在基因组整体水平上阐明人类遗传变异与药物反应关系的学科，立足于整个基因组，以向临床治疗药物的高效和安全应用提供遗传学指导作为最终目标，具体表现为运用基因组学信息：①指导新药创制；②指导临床研究，以期减少纳入病例数、试验费用、耗时及失败率；③指导药物的合理使用，实现个体化用药。

药物基因组学的研究内容主要包括两个方面：①研究不同个体的细胞、组织、器官在外源性物质（主要是药物）作用下基因表达谱的变化及其与表型特征的可能关联，以阐明外来物质体内生物效应的变化情况；②研究不同遗传变异对个体药物反应和药物效应的作用，这部分过去一直是遗传药理学的研究内容之一。

由于一个药物的体内效应和代谢涉及多个基因的相互作用，基因的多态性会导致药物反应的多样性。因此，在药物基因组学的研究中需要鉴定重要序列的多态性，重点分析与药物反应表型相关的基因型，并建立决定个体药物反应的蛋白质多样性数据库。其中，药物反应基因的多态性是药物基因组学的基础和主要研究内容。

药物基因组学以群体为研究对象，从分子水平阐明药物与基因的相互关系，其主要工具是基因多态性标记。SNP 在基因组中数量大、分布广、遗传稳定，且易实现高通量、自动化检测，在药物基因组学研究中得到了广泛应用。SNP 作为基因组的标记之一，与疾病表型和药效异化相关联。在很多情况下，靶点蛋白（酶或受体）编码基因的 SNP 可能造成功能缺损或完全丧失，少数情况下也可能通过不同的机制引起功能增强，进而引起药物反应性状的变异。基因组多态性研究将建立以 SNP 为代表的 DNA 序列变异目录，用于制定与基因类型相关的个体治疗方案并根据疗效预测和安全指数对患者进行分类治疗。

整个研究过程一般分以下几个步骤。

（1）确定与疾病发生或药物疗效相关的候选基因或基因群。

（2）鉴定该基因或基因群中的所有 SNP 位点。

（3）在临床前和临床研究中考察药物反应与该基因或基因群多态性的关系。

（4）评估该基因或基因群遗传多态性对蛋白质表达的影响。

（5）综合药代动力学和药效动力学的结果，完成人群中该基因或基因群多态性分布的统计学分析，作为未来药物治疗的指南。

三、药物反应基因的遗传药理学研究

药物基因组学研究为人们提供了丰富的药物反应基因（drug-response gene）信息。确定对药物反应起关键作用的基因多态性及作用效果，是临床针对不同人群进行药物和剂量选择的重要依据。

（一）药物反应基因

药物与机体相互作用的研究分为两类：一类是机体对药物的作用，包括药物的吸收、分布、生物转化（代谢）和排泄，即药物代谢动力学（pharmacokinetics），简称药动学；另一类是药物对机体产生的作用，包括治疗作用和不良反应，即药物效应动力学（pharmacodynamics），简称药效学。药效学和药动学所涉及的药物作用靶点（受体）、药物转运体和药物代谢酶都是在一定基因指导下合成的，这些遗传基因的变异是构成药物反应差异的决定性因素，是确定药物如何产生疗效、疾病亚型分类和药物毒副作用的依据，因而也是药物基因组学研究的关键所在。

一般而言，药物转运体和药物代谢酶基因的变异及多态性会造成不同个体对药物在体内吸收、分布、代谢及排泄的变化，从而对药效产生影响。例如，有些药物的吸收需要借助于膜蛋白的转运，膜蛋白异常可影响药物的吸收。药物的分布通常借助于血浆蛋白的运输，血浆蛋白的缺乏也会影响到药物在体内的分布。其中受遗传因素影响最大的是药物代谢过程。药物代谢主要在肝脏中进行，一般通过两个步骤完成：第一步包括氧化、还原和水解过程，通过引入羟基、氨基和羧基等极性基团到原型药物中，形成极性更大、更易排泄的代谢物；第二步为结合过程，包括药物的某些代谢物与内源性小分子如葡糖醛酸、谷胱甘肽结合，或者与甘氨酸、硫酸、甲基等基团结合，或被乙酰化，最终随尿液和胆汁排出体外。药物代谢的各个过程与代谢酶的活性密切相关，如代谢酶的基因发生变异，就会影响蛋白质的结构和表达量，从而影响酶的活性和数量，导致药物代谢反应异常。如果酶的数量或活性降低，则药物代谢速度减慢，药物或其中间代谢产物积累，就会损害机体正常生理功能；反之，药物转化速度过快，机体达不到有效浓度，药效就会降低。药效学主要研究药物对机体的作用、作用规律及作用机制。

药效学与个体对药物的敏感性有关，受药物靶点及药物转运体的影响较大。大多数药物通过与靶蛋白的结合实现对靶细胞的功能调节从而发挥药理作用。这些药物靶点通常是指具有重要的生理功能或病理效应，在体内能够与药物相结合并产生药理作用的生物大分子及其特定的结构位点。药物靶蛋白基因的遗传变异会导致靶点数目减少、功能缺陷或受体和效应器偶联反应异常，从而使药物与靶细胞不能发生正常的药物反应。这些因素在不影响药动学的情况下，影响药效的强度和性质，使机体对药物的敏感性发生变化，或改变药物的作用性质。

药物作用的结果不是单一的药效学或药动学因素能够产生的，很多药物会同时对药动和药效相关的蛋白质或通量产生影响，这时候就需要对该药物相关的反应基因进行综合考虑了。

（二）药物反应基因的遗传多态性

1. 药动学相关的遗传多态性

1）药物代谢相关基因的遗传多态性

药物代谢基因主要是肝微粒体的药物代谢酶，Ⅰ相代谢酶以细胞色素 P450（cytochrome P450）超家族为代表，影响药物的代谢和排出，导致患者对药物反应出现多样性。Ⅱ相代谢酶大部分都是转移酶，包括：UDP-葡糖醛酸基转移酶（UGT）、磺基转移酶类（SULT）、*N*-乙酰转移酶（NAT）类、谷胱甘肽 *S*-转移酶（GST），以及各种甲基转移酶类，如硫嘌呤甲基转移酶（TPMT）、儿茶酚-O-甲基转移酶（COMT），其多态性也会影响药代动力学特征。编码某些转运蛋白的基因在药物的吸收、分布、转运和排泄等方面发挥着重要的作用，其变异会影响药物的代谢，也归于此类。

在整个药物代谢酶系中，P450 占据首要位置，其活性高低决定着药物的失活速度。人体内有 30 种不同的细胞色素 P450 酶，主要包括 CYP1A2、CYP2C9、CYP2C19、CYP2D6、CYP2E1、CYP3A4 和 CYP3A5 等，临床上所使用药物的 75%是由这些酶代谢的，其中约 40%由高度多态性的酶 CYP2C9、CYP2C19 和 CYP2D6 代谢。由于代谢底物种类繁多，编码药物代谢酶的 *CYP450* 基因多态性可能会增加个体对药物或其他化学物质毒副作用的敏感性。例如，催眠药氟西泮（Flurazepam）在 P450 酶活性正常的人体内的药效持续 18h，而酶活性低的人则延迟至 3 天之久。P450 的多态性与药物的毒性和疗效有很大关联，它造成人类对药物反应的显著个体差异，尤其是对治疗安全范围较窄的药物更易产生毒副反应的异化。其中最为典型的为 CYP2D6，有 40 多种等位基因，其突变造成不同代谢表型的差别，可分为超快代谢型（ultraextensive metabolizer，UEM）、强代谢型（extensive metabolizer，EM）、中间代谢型（intermediate metabolizer，IM）和弱代谢型（poor metabolizer，PM）。弱代谢型个体对药物的代谢速度相对较慢，因而容易引起高药物浓度中毒；而强代谢型和超快代谢型对药物治疗可能会产生耐受。代谢酶中的 CYP2C9、CYP2C19、*N*-乙酰转移酶（*N*-acetyltransferase，NAT），以及硫嘌呤甲基转移酶（TMPT）等也有类似的情况。

异烟肼慢灭活是药物代谢酶 NAT 异常的一个经典例子。异烟肼（isoniazid）是常用的抗结核药，在体内主要通过 NAT 的催化作用将异烟肼转变为乙酰化异烟肼后失去活性并经肾脏排泄。按异烟肼在体内的清除速度，人群中的不同个体可分为快灭活者（rapid inactivator）和慢灭活者（slow inactivator）两种类型，前者血液中异烟肼的半衰期为 45～110min；而后者由于肝细胞内缺乏 NAT，口服异烟肼后血液中药物的半衰期可长达 2～4.5h。异烟肼慢灭活属于常染色体隐性遗传。人类 *NAT* 基因簇位于 8p21.1—p23.1，包含 *NAT1*、*NAT2* 两个功能基因和假基因 *NATP*。异烟肼主要由 *NAT2* 灭活。*NAT2* 的野生型等位基因为 *NAT2*4*，为快灭活型；目前已发现至少存在 7 个等位基因点突变共构成 10 多种不同的 *NAT2* 突变等位基因。慢灭活者基因型为各种突变型等位基因的纯合子或复合杂合子。

异烟肼乙酰化速度的个体差异对结核病疗效和不良反应均有一定影响。在疗效方面，快灭活者由于血药浓度低，疗效差且易出现耐药菌株；在不良反应方面，慢灭活者由于血液中药物保持时间长，反复给予异烟肼后容易引起蓄积中毒，有 80%发生多发性神经炎（polyneuritis），而快灭活者仅 20%有此不良反应。这是由于异烟肼在体内可与维生素 B_6 反应，使后者失活，从而导致维生素 B_6 缺乏性神经损害，故一般服异烟肼需同时服用维生素 B_6 以消除此种不良反应。此外，服用异烟肼后有个别人可发生肝炎，甚至肝坏死。发生肝损害者中 86%是快灭活者，其原因是，乙酰化异烟肼在肝中可水解为异烟酸和乙酰肼，后者对肝有毒性作用。

药物转运蛋白的遗传多态性也会影响不同个体之间的药效差异。P 糖蛋白是一种将外源性药物从细胞内排出的外排型转运体，由 *MDR1* 基因编码。口服单剂量地高辛后，*MDR1* 基因的突变型纯合子血药浓度比野生型高出 4 倍，极易出现不良反应。

2）血浆药物结合蛋白

血浆蛋白与药物的结合是影响药物在体内分布的主要因素。药物可不同程度地和血浆蛋白结合，只有未经结合的游离型药物才能通过血管壁分布到作用部位。对于血浆蛋白结合率高的药物，个体间未结合的游离型药物的比例差异很大；这些血浆结合蛋白的遗传多态性可改变药物的血浆蛋白结合率，影响药物分布和作用时间及强度。α1 酸性糖蛋白（orosomucoid，ORM）是血浆中的一组具有遗传多态性的 α1 球蛋白，可与许多药物，尤其是碱性药物结合。ORM 受控于 2 个基因座位 *ORM1* 和 *ORM2*。*ORM1* 位点常见的 3 个共显性复等位基因分别称为 *ORM1*F1*、*ORM1*F2*、*ORM1*s*，三者共同作用可产生 5 种表型。*ORM1* 的多态性使一些药物在不同基因型的个体中血浆结合蛋白率不同，如口服应用奎尼丁后，ORM1*F1 表型个体的血浆游离奎尼丁浓度比 ORM1 S 和 ORM1 F1S 个体高，因而应用奎尼丁时，监测 ORM1 表型对血浆蛋白结合率的影响有利于该药安全、有效剂量的确定和不良反应的预防。

2. 药效学相关蛋白的遗传多态性

大多数药物通过作用于靶蛋白而发挥药理作用。在成功上市的药物靶点中，比例最高的依次为：靶酶（50%）、受体（23%）、离子通道（18%）、转运蛋白（12%），以及核受体（6%），其他如核酸、抗原和结合蛋白及结构蛋白等都只有大约 2%的比例。

广义上说，所有药物或外源性物质作用的靶点都可当成是受体，编码靶蛋白的基因也被称为靶标基因或受体基因，其遗传多态性特征很可能引起药物与相应靶蛋白结合状态的微妙改变，从而对药物的疗效和不良反应产生影响。受体遗传多态性可从以下几个方面影响个体间药物效应的差异：①影响受体与药物的亲和力；②改变受体的稳定性和受体的状态，包括脱敏/增敏及受体数量的调节；③影响受体的信号转导，如膜受体与信号转导系统的耦合或核受体与靶基因的结合；④影响受体之间的相互调节，如一些细胞内激素受体的基因作为药物靶基因时，激素受体的遗传变异将会影响后者的表达。

1）酶靶点的遗传多态性

血管紧张素转换酶抑制剂（angiotensin converting enzyme inhibitor，ACEI）作为一线降压药物，可通过抑制血管紧张素转换酶的作用，减少血管紧张素Ⅱ的生成，降低血压水平，但在治疗时仍有 30%～40%的患者无应答或降压效果不明显。研究证实，血管紧张素转换酶（angiotensin converting enzyme，ACE）的基因多态性可影响 ACEI 的临床降压疗效。编码 ACE 的基因位于 17 号染色体 23 区，其第 16 号内含子由于存在或缺失一个 287bp 的 DNA 片段而呈现一个插入（insertion，I）/缺失（deletion，D）多态性。ACE D/D 型高血压患者服用贝那普利或福辛普利进行治疗时降压效果优于 ACE I/I 型。

与高脂血症发生紧密相关的羟甲基戊二酸单酰辅酶 A（HMG-CoA）还原酶是机体调节体内胆固醇稳态的重要枢纽，也是他汀类药物直接作用的靶酶。其基因序列具有 2 个多态性变异：Alu 序列相关的三核苷酸重复$(TTA)_n$、启动子附近的 HgiAI 多态。有研究表明，$(TTA)_n$ 重复次数和体内高胆固醇血症具有显著相关性。

2）受体靶点的遗传多态性

许多受体存在基因多态性并影响药物的作用，如 β_2 受体多态性对哮喘患者疗效的反应性、β 受体的数量和受体对高血压药物敏感性的影响等。磺酰脲类受体的基因多态性可改变非胰岛素依赖型糖尿病患者对磺酰脲类降糖药的反应性。

支气管扩张药沙丁胺醇（Salbutamol）是 β_2-肾上腺素受体（β_2-adrenergic receptor，β_2AR）的激动剂。针对 269 位哮喘儿童的药物基因组学研究表明，β_2AR 上第 16 位氨基酸为甘氨酸纯合子（Gly16）的个体，其对沙丁胺醇的反应强度是精氨酸纯合子（Arg16）的 5 倍。

抗高血压药物中的 β 受体阻滞药（如美托洛尔、卡维地洛等）作用于 β 受体，而体内 β 受体的数量和受体对药物敏感性的变化是造成个体对这类药物反应差异的主要原因之一。目前已知 β_1 受体存在两种突变，一种位于受体蛋白 N 端 49 位，由甘氨酸取代丝氨酸（Ser49Gly），另一种位于 C 端 389 位，由甘氨酸取代精氨酸（Arg389Gly）。研究发现，突变型纯合子（Gly49 及 Gly389）对 β 受体阻断药的敏感性下降，其反应性均不如野生型。

磺酰脲类药物能与胰岛 β 细胞膜上磺酰脲类受体 1（sulfonylurea receptor 1，SUR1）结合阻断其 ATP 敏感性钾离子通道（K_{ATP}），从而促进胰岛素分泌而发挥降糖作用。K_{ATP} 通道是调控胰岛素分泌的物质基础，由内向整流钾通道（inwardly rectifying potassium channel）Kir6.2 和 SUR1 两种亚单位构成。Kir6.2 是离子通透孔道，负责维持细胞的静息电位。该孔道关闭可使细胞去极化，促进电压依赖性钙通道开放而增加细胞内钙离子浓度，从而刺激胰岛素分泌。SUR1 对磺酰脲类药物具有高亲和力。临床上该类药物对 2 型糖尿病患者的降糖作用存在个体差异，SUR1 遗传多态性是重要的影响因素。人 SUR1 编码基因 *ABCC8* 定位于染色体 11p15.1，包含 39 个外显子。该基因存在多个多态性位点，有研究显示外显子 33 上的 Ser1369Ala 错义突变（TCC→GCC）的等位基因携带者对格列齐特更为敏感，服用格列齐特后，HbA1c 的下降程度更为明显。

3. 非特异性作用基因的遗传多态性

在对单因素疾病发病机制的研究中观察到有些基因的遗传学改变使个体对药物的反应发生变化，而这种变化与基础药代动力学和药效学无关。他克林（Tacrine）是用于治疗阿尔茨海默病的胆碱酯酶抑制剂，*APOE*（apolipoprotein E）基因是阿尔茨海默病的疾病相关基因。临床研究显示，带有同源等位基因 *APOEε4* 的患者对他克林的药物反应性较差。普伐他汀（Pravastatin）是 HMG-CoA 还原酶抑制剂，用于治疗冠状动脉粥样硬化。研究表明，胆固醇酯转运蛋白（cholesteryl ester transfer protein，CETP）有两个等位基因，该蛋白对高密度脂蛋白（high-density lipoprotein，HDL）胆固醇的代谢起关键作用。患者分成两组，一组给予普伐他丁，另一组给予安慰剂，治疗 2 年。在服用安慰剂的一组中，发现两个 *CETP* 等位基因中的一个与动脉粥样硬化的发展有密切关系。服用普伐他丁的一组没有发现遗传水平的变化，普伐他丁对服用安慰剂一组患者的动脉粥样硬化没有任何疗效。这一发现提示可通过治疗前的基因型检测遴选普伐他丁的适用人群。

（三）药物反应基因的药物基因组学研究

个体间药物反应的差异性可以从基因组差异中找到答案，药物基因组学综合人类基因组多态性和药物反应多样性之间的关系，侧重于整个基因组在药物反应和代谢中的作用，从基因组中寻找与之相关的基因及其变异；与此同时，也可以针对不同的群体，包括患者亚群基因表达的差异，选择合适的治疗方案，从而提高药物开发的效率和临床治疗的有效性。

1. 药物反应的种族差异

药物反应在不同种族患者中较为广泛地存在药物代谢和安全有效性方面的差异，从而在不同种族患者中需要不同的药物剂量甚至选择不同的药物。不同种族间药物反应性的差异主要与多态性状的分布差异有关，包括药物代谢酶、转运体和受体基因多态性的不同分布频率。对药物反应种族差异机制的了解，有助于提高对药物反应个体差异发生机制的认识，提高药物治疗个体化的水平。

代谢酶的遗传多态性在不同人种中存在显著差异。CYP2D6 的弱代谢型在白种人中的频率为 6%～10%，而在中国和日本的亚洲人种中不足 1%。美国黑种人中的 CYP2D6 的弱代谢型比例显著高于白种人。此外，不同种族人群中代谢酶突变型的分布频率或其代谢底物也会存在种族差异。

不同人种对同样药物的剂量选择会因对药物敏感性的不同而存在差异。普萘洛尔为非选择性 β_1 与 β_2 受体阻滞剂，用于治疗心律失常。静脉注射普萘洛尔后，运动心率在白种人中的降低水平比黑种人明显，以阿托品阻断自主神经对心脏的支配后，药物在 2 个人种中的反应性不再有差异。而在华人正常男性中，使心率降低 20%所需普萘洛尔的血浆浓度显著低于白种人，华人对普萘洛尔的降压作用敏感性增高，且这种高敏感性与神经支配功能无关。中国人对吗啡的敏感性低于白种人，无论是应用吗啡还是可待因，所引起的呼吸抑制都比白种人弱。作用于中枢神经系统的很多药物的代谢和反应存在显著的种族差异，如三环类抗抑郁药丙米嗪和阿米替林在东亚人群中的代谢比白种人慢，不良反应也比白种人严重，其原因可能与 CYP2D6 在不同人种中的多态性影响三环类药物的代谢有关。

2005 年 6 月，FDA 批准了一种名为拜迪尔（BiDil）的药物用于非洲裔美国籍心力衰竭患者的二线治疗，这是第一个被批准上市的专门针对某一种族的药物。BiDil 是一种由肼屈嗪（hydralazine）和硝酸异山梨酯（isosorbide）组成的复方制剂，其中硝酸异山梨酯是一氧化氮的供体，用于治疗心绞痛；而肼屈嗪则是一种抗氧化剂和血管扩张剂。美国黑种人中的心脏病死亡率高于白种人，其体内的一氧化氮生物利用度较低是原因之一。在名为“非洲裔美国人心力衰竭试验”（African American Heart Failure Trial，A-HeFT）的Ⅲ期临床试验中，与安慰剂组相比，BiDil 可使非洲裔美国籍患者死亡率下降 43%，因发生心力衰竭而导致的住院率下降 39%，而且患者心力衰竭症状也相对较轻。也有人认为 BiDil 适用人群的遴选应采用更为细致的遗传分子标记而非单纯的人种区分。因人种的区分有社会和地理因素，控制肤色和影响药物反应的基因也不一致。多项研究表明，G 蛋白 β 亚单位 3 基因（G protein subunit beta 3，*GNB3*）第 10 外显子中的单核苷酸突变 C825T 可导致剪接异常从而产生更强的 G_β 信号转导，825T 等位基因与高血压和心脏病发病率相关。在 A-HeFT 临床试验中，825T 纯合子在接受 BiDil 治疗后的死亡率下降和症状缓解均优于 *GNB3* 825C 携带者。*GNB3* 的遗传多态性很可能是 BiDil 遗传药理学的主要候选基因。

2. 华法林的药物基因组学研究

华法林是临床上广泛应用的一种香豆素类抗凝药，其结构与维生素 K 相似，在肝脏与维生素 K 环氧化物还原酶结合后，抑制维生素 K 的循环，从而抑制凝血因子在肝脏合成。华法林的有效治疗范围较窄，而且不同个体间的差异较大，抗凝不足易致血栓形成，剂量过大又会增加出血风险。20 世纪 90 年代应用候选基因法研究发现代谢酶 CYP2C9 的基因多态性对华法林的疗效差异性有显著影响。华法林有 R 和 S 两种对映异构体，其中 S 的抗凝活性较高，而 S 对映体 85%以上经 CYP2C9 代谢为无活性的 6-羟基化产物和 7-羟基化产物。CYP2C9 较常见的基因多态性有 *CYP2C9*2* 和 *CYP2C9*3*，与野生型相比，其编码的酶活性分别下降了 30%和 80%。*CYP2C9*2* 突变在白种人中的发生频率大于 10%，在亚洲人中几乎不存在；*CYP2C9*3* 突变的发生频率在白种人中为 7.5%～10%，在亚洲人中约为 3%。*CYP2C9* 基因多态性可解释约 12%的华法林剂量差异。

维生素 K 环氧化物还原酶复合体亚单位 1（vitamin K epoxide reductase complex subunit 1，VKORC1）是华法林的作用靶点，其活性被华法林抑制后，阻断了维生素 K 由氧化型生成还原型，从而抑制维生素 K 依赖性凝血因子的活化。*VKORC1* 基因的多态性位点包括–1639G>A、497T>G、1173C>T 和 3730G>A，其中位于启动子区的–1639G>A 等位基因增强了启动子活性，因此 *GG* 基因型的个体 *VKORC1* 启动子活性增高，较携带 *A* 等位基因的患者需要更高剂量的华法林才能达到抗凝效果。另有研究发现，*VKORC1* 是影响华法林需求剂量种族差异和个体差异的主要因素。中国人中 *AA* 纯合子基因型占绝大多数（约 82.1%），而高加索人 *AA* 纯合子基因型频率却很低（约 14%），这两个人种中 *AA* 基因型频率的差异与临床上发现的中国人华法林维持剂量低于高加索人相一致。

3. 抗表皮生长因子受体单克隆抗体的药物基因组学研究

表皮生长因子受体（epidermal growth factor receptor，EGFR）是肿瘤靶向药物开发的一个重要靶点。EGFR 靶向药物的疗效取决于 EGFR 信号通路活化是不是肿瘤细胞的主要生长信号。例如，患者带有 *EGFR* 基因过表达或自身活化突变，则 EGFR 靶向治疗效果好，而如果是 *EGFR* 低表达、发生自身耐药性突变或下游信号通路活化突变，则靶向治疗效果不佳或发生耐药。因此 EGFR 及其下游信号通路的突变均是 EGFR 靶向治疗的分子标志物。

西妥昔单抗是人-鼠嵌合型抗 EGFR 单抗，通过与 EGFR 胞外区结合拮抗内源性配体与受体的作用，从而阻断 EGFR 的信号转导通路，抑制肿瘤细胞生长。同时，西妥昔单抗还可通过抗体依赖的细胞毒效应杀死肿瘤细胞。与 EGFR 单克隆抗体耐药有关的最常见突变为受体下游信号分子 KRAS/BRAF 的活化突变。在随机、开放、大样本的对照临床研究中，接受基因突变检测的患者肿瘤组织样本中 *KARS* 基因突变发生率为 42.3%，主要为 *KARS* 基因 2 号外显子中至少一个突变，以 G12D、G12V、G13D、G12S、G12A 和 G12C 较为常见。研究表明，西妥昔单抗疗效与 *KARS* 基因多态性密切相关：在 *KARS* 野生型患者中，与单纯支持治疗组相比，西妥昔单抗治疗组可改善总生存期和无进展生存期，而在 *KARS* 突变型患者中，单抗治疗组和对照组的总生存期和无进展生存期没有显著差异。*KARS* 基因的多态性检测有助于确定西妥昔单抗的疗效。

四、药物基因组学的基本研究方法

药物基因组学研究的主要任务是寻找与药物反应相关联的 SNP，为药物反应机制研究、个体化用药和药物研发提供重要信息。其中涉及两方面的内容：发现和分析样本基因组中的 SNP，获得群体中 SNP 的等位基因频率和基因型频率；应用不同研究方案，如采用群体的关联分析、对候选基因或全基因组进行关联分析，从中发现药物反应相关的

SNP。

（一）SNP 的发现和鉴定方法

对 SNP 的鉴定和分析有两种不同的策略：一是基因组策略，从基因组整体层面上确定所有的 SNP 位点并构建数据库；另一种是功能研究的策略，即先确定某一种或某一类特定的疾病或药物反应，通过对比正常与患病或处理与非处理的基因序列进行对比，获得与特定功能相关的 SNP 位点信息。

原则上任何用于检测单核苷酸突变或多态的技术均可用于单核苷酸多态性的识别和检出，如限制酶消化、Southern 杂交、等位基因特异的寡核苷酸杂交、等位基因特异的 PCR 和 DNA 测序等。目前在人类基因组中搜寻 SNP 普遍采用的策略是将已定位的序列标志位点和表达序列标签进行测序。已有多种批量和自动化检出 SNP 位点的方法，如 DNA 微阵列法、基于单核苷酸引物延伸的微测序法、变性高效液相色谱法及特殊的质谱法等。

（二）基于 SNP 的关联分析方法

关联分析是药物基因组学研究中主要的研究方法，有候选基因关联分析和全基因组关联分析两种基本策略。

关联分析适合无关个体的微效多基因变异的发现研究。首先收集具有特殊性状（如某药物反应）的病例样本（无遗传关系，即无关个体），选择相关基因或基因组 SNP，通过统计分析寻找那些与对照组频率差异显著的 SNP 等位基因或基因型。为了减少待检测变异位点 SNP 数量，提高检测效能，通常在关联分析前要采用连锁不平衡（LD）检验方法，发现连锁在一起的 SNP 位点（即单体型），用单体型标签 SNP 及重要的独立 SNP 进行病例-对照的关联分析，发现病例组中的疾病相关等位基因。关联分析依据数据类型可分为两类：基于无关个体的关联分析和基于家系数据的关联分析。

关联研究主要基于 LD 进行关联分析。如果某一因素可增加某种疾病的发生风险，而该因素在疾病人群中的频率比在正常人群中高，就可认为该因素与疾病相关联。将连锁不平衡应用到大规模的关联研究中，可定位复杂的疾病基因。其基本步骤为：首先确定覆盖整个基因组的 SNP 标记，然后在特定群体中确定与该性状相关的 SNP 基因型，从而确定导致特定性状的基因组区域。如果某致病基因座与遗传标记（SNP）存在强的 LD，就可以通过比较遗传标记在患者与正常个体间的差异，最终得到该致病基因座在疾病发生中的相对危险度。在基于 SNP 的 LD 关联分析中，主要的影响因素有：所研究 SNP 位点的危险度；疾病位点等位基因的频率；标记位点等位基因的频率；两者之间的 LD 强度；群体是否处于哈迪-温伯格平衡（Hardy-Weinberg equilibrium）状态等。连锁分析和关联分析各有专攻，也有互补。

候选基因关联分析是研究已知基因遗传变异和药物反应表型之间的相关性。候选基因研究途径是利用实验方法或先前已知的药物代谢、转运、药效机制或发病机制来确定可能与药物反应相关的基因，寻找这些基因的 SNP，检验这些 SNP 与药物反应的相关性。如果相关，则可以假设这些基因变异可能导致个体的药物反应差异，可以进一步研究基因变异对药物反应的作用机制。药物代谢酶、药物转运体、药物靶标受体及其信号转导通路基因或致病基因等都是潜在的候选基因。一般认为药物反应相关 SNP 多为效应中、低危险度，而且常为多基因共同效应，位点分布广。候选基因关联分析检测此类 SNP 的效率并不高，一些相关 SNP 可能被漏检。

全基因组关联分析（genome-wide association study，GWAS）是检测全基因组遗传变异与可观测性状之间遗传关联的研究方法，于 2005 年首次报道用于年龄相关性黄斑变性的基因关联研究。GWAS 的目的是扫描整个基因组，在全基因组范围内发现基因变异与疾病或药物反应性状的关联。目前 GWAS 研究多采用两阶段方案：首先采用覆盖整个基因组的高通量 SNP 分型技术对一批样本进行扫描，然后筛选出最显著的 SNP 供第二阶段扩大样本验证。基本流程如下。

（1）经过处理的 DNA 样品与高通量 SNP 分型芯片进行杂交。

（2）通过特定的扫描仪对芯片进行扫描，将每个样品所有的 SNP 分型信息以数字形式存储于计算机中。

（3）检测分型样本和位点的得率（call rate）、病例-对照的匹配程度、人群结构的分层情况等。

（4）对经过质控的数据进行关联分析。

（5）根据关联分析结果，综合考虑基因功能多方面因素后，筛选出最有意义的一批 SNP 位点。

（6）根据需要确定验证 SNP 的数量，选择合适通量的基因分型技术在独立样本中进行验证。

（7）合并分析 GWAS 两阶段数据。

随着基因组测序成本的下降和统计方法的开发与完善，GWAS 将更多地应用于多种复杂性状的研究。具体表现如下。①多组学水平上的 GWAS 研究：基因组、转录组、蛋白质组及代谢组技术的提高，将为采用系统生物学手段研究复杂性状的遗传结构提供可能。②多性状的 GWAS 研究：如基于似然函数的线性混合模型（LMM）和广义估计方程（GEE）及这些方法的扩展。多性状的 GWAS 研究结果表明，多性状模型相对于单个性状分析能够提高关联位点检测功效。

不同 SNP 因其出现频率不一样，适用的分析方法也会有差异。一般将出现频率大于 5%的 SNP 定义为常见变异，小于 5%的为罕见变异。对于常见 SNP，可通过大样本量，采用关联分析方法发现关联 SNP；对于罕见 SNP，由于频率低，可采用家系样本的关联分析研究。关联分析既适合群体样本，也适合家系样本，在具备家系样本的条件下，采用基于家系的关联分析方法有利于发现特定病例相关的罕见 SNP。

在微效多基因变异的关联研究中，已经明确药物代谢酶突变体与药物不良反应有关。如细胞色素 P450（CYP450）是代谢外来物（药物、环境致癌物、化学毒物）的主要酶系，超过 50%的药物经其代谢，如甲苯磺丁脲、苯妥英、华法林、睾酮和氯沙坦等。CYP 靶标基因调控区的变异可能影响转录，增加或降低药物靶标数量和质量；而靶标基因编码区的变异可导致编码氨基酸序列改变，可能影响靶标蛋白与药物的结合。5-羟色胺（5-hydroxytryptamine，5-HT）是一种神经递质，参与正常生理活动，研究表明 5-HT1B

受体第 124 位氨基酸的改变可以引起一条氨基酸链对舒巴坦（一种治疗偏头痛的药物）的亲和力增加 2 倍，而亲和力增加会导致药物不良反应，患者甚至可能出现冠状动脉痉挛的严重反应。

第二节　药物基因组学和差异化新药研究

一、新药研究的历史发展和现状

（一）新药研究的历史

新药研究起初主要是经验性科学，其每一个发展阶段的突破都依赖于医学或药学基础理论的发展和实验技术的进步。现代新药研究已经逐渐演变成为基于合理化设计的系统研究过程。

最早的新药研究源于人们的生存所需，药物多取材于天然植物和动物，通过人体尝试和经验积累获得。我国的《神农本草经》及埃及的《埃伯斯医药籍》（*Ebers Papyrus*）都是这种民间医药实践经验的记载和反映。欧洲文艺复兴同时也促进了医学和药学的发展。1628 年，英国解剖学家哈维（Harvey）发现了血液循环，开创了实验药理学的新纪元。1803 年，德国药师泽尔蒂纳（Serturnes）从阿片中提取到纯吗啡，这是首个从天然产物中通过分离和结晶得到的有效药物。药物的化学本质逐渐得以阐明。到 19 世纪后期，以德国染料工业为龙头的研发机构开始合成大量新的化学结构，并对现有的药物分子进行改造，应用传染病实验动物模型进行临床前研究。1910 年，当时的诺贝尔奖获得者埃尔利希（Ehrlich）和秦佐八郎（Sahachiro Hata）发现了可以选择性杀死宿主所携带的梅毒螺旋体病菌的含砷化合物 606。药物化学从此作为一门学科得以面世。在此期间，实验药理学方法开始系统地用于药物筛选，以动物病理模型为对象的实验治疗学也开始形成和发展。这一时期的新药研究，已从“神农尝百草”式的原始模式演化为沿袭至今的经典药物发现模式：通过分离药用植物和微生物中的单一化学成分或经人工合成获得化合物，应用各种体内外筛选模型对化合物开展药理活性检测。

20 世纪上半叶是新药研究的黄金时期，现在临床上常用的药物大部分都是这个时期问世的，如以磺胺和青霉素为代表的抗生素、抗癌药、抗精神病药、抗高血压药、抗组胺药和抗肾上腺素药等。药物结构与生物活性关系的研究为创制新药与发现先导物提供了重要依据。其后的几十年是新药研究的又一次高峰。药物在体内的作用机制和代谢变化逐步得到阐明，病因及相关的生理生化改变逐渐取代单纯的药物基本结构，成为寻找新药的依据。前药理论、受体概念，以及对酶抑制剂的认识都发生在这个时期。构效关系研究由定性转向定量，为药物设计和先导结构改造奠定了理论基础。同时，药物筛选技术也有了长足的进步，如天然产物活性跟踪分离、小分子化合物库随机或定向筛选等方法的发明与应用。这些新药研究的理论和手段的不断发展在实践中结出了累累硕果。从 20 世纪 70 年代到 90 年代，每 10 年美国食品药品监督管理局（FDA）批准的新分子实体数分别为 170 个、217 个和 301 个，达到了当时新药上市数量的顶峰。

进入21世纪后，新药研究进入了一个相对缓慢的增长期。医疗器械和诊断试剂的高速发展促进了疾病的早期诊断和及时治疗，很多常见病（如高血压、高血脂和细菌感染等）已经得到了很好的控制。近年来，生命科学的各个领域和各个学科（包括结构生物学、分子生物学、分子遗传学、基因组学及生物技术等）发展迅猛，极大地丰富了新药研究所依赖的科学基础，与此同时，制药企业为了争夺国际市场，提高竞争力，在新药研究和开发中的投入持续增加。新药研究除对小分子药物筛选外，抗体药物、ADC药物、细胞治疗、核酸疫苗等不同分子实体的研发相继迎来爆发式的增长，也为新药研发拓宽了方向。

（二）新药研究的现状

随着生命科学和相关基础学科的迅速发展，新药研究开发的技术与手段日趋成熟，创新药物的研究与开发集中体现了生命科学和医药研究领域前沿的新成就与新突破。与此同时，跨国医药巨头和一些科研机构在新药发现上的投入也不断增加。目前的新药研发呈现出五大特点。

（1）新药研发面临着成本高、收益率下降的双重困境。当前，新药研发具有技术难度大、投入资金多、研发风险大、回报率高和研发周期长等特征，随着疾病复杂程度的提升，新药研发难度和成本迅速增加。

（2）药物开发风险增加。新药研究是一个耗时耗资的漫长过程，历时十多年，耗资十多亿美元。开发全新药物的失败概率极高，以创新程度最高的新化学实体（new chemical entity，NCE）为例，临床前研究的每一万个化合物中才有可能开发出一个新药。由于对药物有效性和安全性的关注度提高，新药审批机构对上市许可的要求和规范也更加严格。

（3）多种分子形式共同发展，生物药比例增幅较大。全球制药的规模由2015年的约11 050亿美元增加至2019年的13 245亿美元。其中生物制剂市场的收益增速远较化学药品市场要快，已经由2015年的约2048亿美元大幅增加至2019年的2864亿美元，复合年增长率为8.7%。随着PD-1/PD-L1临床试验的成功，各种肿瘤免疫相关的抗体药物或药物组合物的开发如火如荼；细胞治疗新药研发也因为CD19的CAR-T药物上市而蓬勃发展。2018年核酸药物在核苷酸化学修饰技术，以及LNP和GalNac递送技术的推动下重新崛起，涌现了一大批明星公司。目前已有超过20款核酸药物获批，数百项临床试验正在进行中，成为继小分子和单抗之后的第三大药物技术。自2019年开始新冠疫情的持续发展更是直接推动了 mRNA 疫苗的研发和上市。各种生物制剂的市场需求与日俱增，其市场规模预计在未来将会进一步增长。

（4）人工智能（artificial intelligence，AI）的发展为新药研发带来了新的技术手段。通过机器学习（machine learning，ML）、深度学习（deep learning，DL）等方式赋能药物靶点发现、化合物筛选等环节，大大提升了新药研发的效率，为降本增效提供了可能。应用AI技术，可缩短前期研发的时间，使新药研发的成功率从当前的12%提高到14%，每年为全球节约化合物筛选和临床试验费用约550亿美元。

（5）药物研发重心随着世界疾病谱发生变化。20世纪七八十年代主要研发重心为感染性疾病、消化系统疾病、高血压，90年代后主要集中在高血压、糖尿病、抑郁症，而目前因为环境的恶化及人口老龄化问题，药物研发的重心主要集中在肿瘤、慢性病和老年疾病等领域，其中肿瘤仍然是占比最高的研究领域。

减少风险、提高效率、降低费用是创新药物研究开发的必然趋势。在新药的研究和临床应用上，也还存在一些共同的瓶颈需要克服。

（1）药物的研发和临床应用针对的是统计意义上可治疗疾病的药物，不能因人而异进行治疗。大多数药物对患同样疾病的不同患者，有效率只占 30%～60%，部分患者还可能有严重的不良反应。

（2）对候选药物的早期综合性评估。临床试验是整个新药研发过程中最耗时间、费用最高的环节，提高临床试验的成功率对提高新药研发的速度和效率具有非常重要的意义。常规新药研究的方法是化合物经药效学筛选确定后，才进行药代动力学和安全性的评价，目前通过初步的药效学筛选进入临床前研究的化合物仅有千分之一不到，这里面又只有不到2%的化合物可被批准上市用于临床。例如，能在研发早期依据药物靶点的特性建立起敏感有效的体内外药效、药代动力学和毒理学评价方法，可望进一步减少临床开发阶段的损耗，提高药物研发的效率。药物基因组学作为全新的现代药物研究方法，可从全基因组的角度来预测和评价药物的有效性和安全性，已逐步成为发现新的药物作用靶点、优化先导化合物、论证药物药理作用、研究药物代谢规律及毒性作用的有效方法。

（3）目前国内药企普遍选择快速跟随（fast follow）的研发策略，从而导致同质化竞争严重。这不仅严重浪费了资源，也直接影响了产品的商业化表现，带量采购与医保谈判已导致同质化品种的商业价值大幅下降。“寻找差异化优势”成为新药开发的关键点。通过对药物基因组学、蛋白质组学、转录组学和代谢组学等多组学信息的综合分析，获得对不同患者及病种特征性的药物靶点和分子标记，开发有差异化优势的新药是解决目前研发困境的一个重要方向。

二、新药研究的过程

不同类型和不同创新程度药物的研究开发过程有所差异。一般而言，该过程可以分为新药的发现、临床前研究和临床研究三个阶段。由于临床前研究通常延伸至Ⅰ期临床试验，而临床阶段也起始于临床前的发现工作，这两个阶段之间存在一定的交叉和重叠。

（一）活性物质的发现与筛选

活性物质的发现是整个新药研究中最具创新性的一个环节，通常通过筛选来寻找和确认具有特定生物效应的合成化合物或天然产物。

经典的药物发现方式应用体内外各种方法测试已分离或合成的化合物活性，产生了目前临床上广泛应用的绝大多数药物分子实体。但其局限性在于高度依赖化合物资源和用于活性检测的实验动物，对药物作用的靶点知之不多。从 20 世纪后期开始，从特定的基因及靶标大分子出发，通过随机或定向筛选，获得可供继续开发的活性化合物的研究模式逐渐占据上风并成为各大制药公司药物发现的主流（图 12-1）。

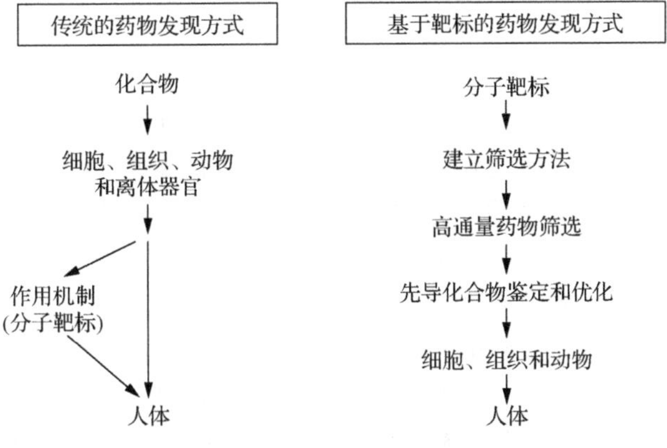

图 12-1　两种不同的药物发现方式

人们对吗啡的研究历程就是这种转变的一个很好例子。早在 5000 年前，人们就通过咀嚼或烧煮罂粟花的荚果获取鸦片用于止泻和镇痛。之后，人们从鸦片中分离得到了吗啡，但对其作用机制了解不多。20 世纪中后期，人们逐渐认识到吗啡是通过一种靶点来发挥作用的，并于 1975 年发现了人体内源性的吗啡——脑啡肽。1976 年，吗啡拮抗剂纳洛酮开发成功，应用于治疗吗啡成瘾。1992 年，第一个阿片受体基因被克隆出来，后来又确定了 μ、κ 和 δ 三种受体亚型。随着人们逐渐开始区分镇痛、镇静及成瘾性所对应的不同的阿片受体，定向配体（特别是针对 μ 亚型）识别和筛选技术应运而生，目的在于寻找优于吗啡的新药。

正如开发阿片受体选择性调节剂那样，当代药物发现往往从发病机制入手，应用多种相关的体内外实验模型筛选和确证活性化合物并依据药效和毒性数据，对其进行结构修饰、改造及优化，以期找到活性强、毒性低的候选药物进入临床前评价和临床研究。

（二）临床前研究

这一阶段的研究内容涵盖药学、药理学和毒理学三个方面。药学研究是从化学方面对候选药物进行研究和考察，以确保药品的质量，并达到标准化和规范化的要求。药理学研究主要涉及药效学、一般药理学、药代动力学和药物作用机制等。药效学研究药物对机体的作用及其机制，确定新药是否对疾病有效（有效性、优效性），药理作用的强弱和范围（量效关系、时效关系和构效关系），以及与现有药物相比有何特色等。一般药理学研究是指在主要药效以外所开展的常规观察。药代动力学研究机体对药物的吸收、分布、代谢、排泄等，确定药物达峰时间、峰值浓度、作用持续时间、半衰期和生物利用度等参数。临床前药理学研究是申报新药临床试验的基础。毒理学研究的内容包括急性毒性、长期毒性、特殊毒性和其他相关毒性试验，其目的是确保临床用药安全。临床前毒理学研究需要找出药物的毒性剂量和安全剂量范围，发现毒性反应特征，寻找毒性靶器官。如果出现毒性反应，还要考察其能否恢复，如何解救。临床前毒理学研究结果是候选药物能否过渡到临床研究的主要依据。

（三）临床研究

临床研究是指任何在人体（患者或健康志愿者）进行的系统性试验，旨在证实或揭示被试药物的作用、不良反应及其吸收、分布、代谢和排泄，确定疗效与安全性。一般临床试验分为 4 个阶段。①Ⅰ期：药物安全性试验阶段，主要观察人体对于药物的耐受程度和药代动力学，为制定给药方案提供依据。②Ⅱ期：药物安全性、有效性试验初始阶段，旨在评价药物对适应证患者的治疗作用和安全性。③Ⅲ期：药物安全性和有效性的大规模试验阶段，将进一步验证药物的疗效和安全性，评价患者受益与承担风险的程度，为新药能否注册上市提供充分的依据。④Ⅳ期：新药上市后为深入了解其疗效和不良反应或拓展新适应证而开展的研究，非必需。临床研究是决定候选药物能否成为新药并上市销售的关键阶段，只有成功通过这一过程的新药才有可能被药事管理机构批准生产和上市销售。

三、药物基因组学在新药研发中的作用

新药的研究开发与疾病的发病率、流行性和预期市场价值密切相关。受疾病影响人群的遗传学，以及涉及当前和未来治疗方法的药理学是药物研发中需要考虑的主要因素。药物基因组学在整体基因组水平上研究遗传因素对药物功效和毒性的影响，从而改变了“一种药物适用于所有人”的传统观念和开发模式，也使“个性化医学”越来越受到关注。药物基因组学适用于药物设计、临床试验、批准上市、临床使用等药物开发的整个周期，已经成为制药企业研发决策和项目选择的重要组成部分。

（一）发现新靶点和生物标记

药物基因组学综合生物信息学、高通量基因表达分析和高通量蛋白功能筛选等技术优势，以快速增长的人类基因组中所有基因信息来指导新药开发，这种大规模的系统研究可以快速、高效地发现和选择新的药物靶点及与药效、药代或病程相关的生物标记。这在一些靶点相对缺乏，又没有理想的动物模型的复杂疾病中尤其突出，人们希望基因组学的研究为诠释病因、揭示发病机制提供全新的视角，并为新靶点的发现和验证带来突破。为此，许多生物技术公司与大型医药企业建立联盟，如 DeCode、Celera、CuraGen 和 Avonex 等，旨在寻找针对肥胖症、风湿性关节炎和精神分裂症等大指征的新靶点和新药物。DeCode 公司曾声明通过对冰岛全人口的检测，在 20 多种疾病中发现了致病基因。一方面，神经调节蛋白 1（neuregulin-1，NRG1）与躁狂症的遗传相关性就是在冰岛人群中发现并在苏格兰人群中得到证实的。尽管当时 NRG1 或其受体还无法作为药物靶点，但这已在业界引起了对 NRG1 信号转导通路研究的热潮。另一方面，基因组学的系统分析有利于早期确定药物靶点本身是否存在高多态性，避免选择这些靶点可以减少因药物效应差异而带来的风险。

无论是与病因相关还是与药物反应相关，多态性表现出来的后果大多与蛋白质的改变有关。其中典型的蛋白标记可以作为生物标记用于特定样本或患者的选择，使新药的早期药效评价量度更为客观，提高药物开发的效率；后期也可应用于诊断试剂的开发，

甚至获得 FDA 批准用于临床药物使用的伴随诊断。

（二）加速新药发现的进程

在新药研究过程中，候选药物的早期确定是一个瓶颈。药物基因组学根据不同的药物反应基因进行分型，并在此基础上优化药物设计，进行临床前药效学和安全性评价。通过早期确定药物在人体内的代谢途径，识别由遗传变异引起的代谢和反应异常，可避免开发安全范围小而又与遗传变异密切相关的药物，提高后期获得药代动力学稳定的候选药物的概率，缩短研究周期。例如，在药物发现的早期同步建立高通量活性筛选模型、基于 P450 基因多态性的体外药代检测模型，以及早期体外毒性评价模型，从而获得药效学、药动学和毒理学的多种数据进行综合评估，尽早淘汰低效高毒化合物，避免时间和财力的无谓消耗。

（三）提高临床试验成功率

药物基因组学的研究以基因水平解释的个体差异来选择适合于特定药物的受试对象，使药物不良反应或抗药倾向降到最低；或将不同基因类型的受试对象分别处理，从而更客观地评价药物的临床疗效，获得指导临床用药的科学信息，提高临床试验的效率和成功率。此外，将传统的“单一标准适用于所有人”的药品开发模式转变为“目标治疗模式”，可大大降低新药的研发费用。

目前应用药物基因组学的研究结果指导临床试验已经取得了比较理想的效果。在Ⅰ期临床试验期间运用药物代谢基因多态性分析，可发现与药物代谢和不良反应相关的基因型而采取“个体化治疗”；在Ⅱ期和Ⅲ期临床试验中运用基因组学技术对患者进行分选，可以使试验规模缩小、速度加快、效果显现。市售药物一半以上都通过 P450 酶系代谢，Affymetrix 公司已有 *CYP2D6* 和 *CYP2C19* 基因芯片上市，可根据检测人群的基因多态性及其相应的代谢速率快慢决定给药类型和剂量。基因分型对于治疗效果的肯定，在赫赛汀（Herceptin）上有很好的体现。赫赛汀的靶蛋白为原癌基因人表皮生长因子受体 2（human epidermal growth factor receptor 2，HER2），由 *ERBB2*（Erb-B2 receptor tyrosine kinase 2）基因编码。在乳腺癌患者服用此药之前，首先要检查患者体内是否存在该基因的编码异常。如果病症不是由该基因突变造成的，那么服用此药将没有任何作用。这种患者基因分型与药物疗效的差异化在原发性高血压患者中也有体现。原发性高血压是多因素诱发的疾病，对于许多患者，高血压药物的不同药效和耐受性与其药物反应基因的遗传变异有关。Ferrari 发现，一种细胞骨架蛋白（cytoskeletal protein）—— 内收蛋白（adducin）的基因多态性与高血压的发病、对钠敏感性和对利尿剂的疗效相关。因此，在抗高血压治疗需要用利尿剂时，可以对患者预先进行基因检测，以确定选择是否适当。应用基因组学方法分析特定族群的基因型表达差异与疾病的相关性后，还可以开发针对特定族群的药物，目前已成功的如专治黑种人心脏疾病的药物“BiDil”就是一个范例。

根据治疗前的诊断和基因型分类结果选择用药，还有利于改进那些疗效或不良反应个体差异较大的“问题”药物。例如，第一个非典型性抗精神病药氯氮平，使用过程中发现部分患者服用后会出现严重的粒细胞缺乏症，但在粒细胞缺乏症的药物效应基因被确定后，除极少数敏感患者不能服用外，氯氮平已经成为大部分非典型性精神病患者的一线治疗药物。与疾病相关的等位基因，即便不是药物作用的靶基因，也可以作为患者分选的指标。如前面提到的他克林，对所有阿尔茨海默病患者的临床试验在统计学上是无效的，但按照 ApoE 亚型筛选试验对象后却获得了明显的临床效果。

综上所述，药物基因组学的研究成果使得人们可以在基因水平按照个体差异来选择适合于特定候选药物的受试对象，大大减少不良反应或降低抗药风险。同时，将从不同基因类型受试对象身上获得的数据分别处理，有望更为客观地评价药物的疗效，提出合理用药指导意见，提高临床试验的成功率。这种理念也可拓展至针对患者群体筛选适合特定基因类型的最佳（上市）药品，从而避免服用低效、无效，甚至是有毒的药物，增强首剂处方的有效性。在新药开发的早期，应用药物基因组学的研究成果评价活性化合物在分子靶标水平对不同基因类型的反应特点，将在特异性、有效性和成药性等方面深化认识，有助于合理设计各期临床试验和预测成药后的潜在市场份额。

四、多组学基础上的差异化新药研究

创新药物的研究分为两种不同的类型。一是选择全新靶点，开发首创一类新药（first in class，FIC），这是创新药物研发企业的终极目标。FIC 药物研发需要从作用机制、不良反应、用药方案及疗效等各方面都自行研究、验证，没有任何参考，因而风险极高。二是在已知靶点上挖掘不同的价值，针对同一靶点开发的药物相对独特的临床定位，获得差异化优势，即“me-different”，这也是当前值得重视的研发策略。

（一）多组学研究在 FIC 新药研发中的作用

通过基础研究，发现新的生物学机制一直是药物创新的源头。现代药物发现一般是从某个具体靶点出发，但是针对药物作用机制的研究往往极为复杂。疾病候选基因的解析提供了可用于新药研究的新靶点；通过多组学手段对药物作用机制进行深入研究，不仅可以发现和确证有效的生物标志物，还可能在新的药物靶点的发现和验证上有所收获。

新的药物靶点的发现往往会带来 FIC 药物的突破。临床上高血脂是导致动脉粥样硬化性心血管疾病及急性冠状动脉综合征（acute coronary syndrome，ACS）的主要危险因素之一，而低密度脂蛋白胆固醇（low density lipoprotein cholesterol，LDL-C）是降脂治疗的首要干预靶点。前蛋白转化酶枯草溶菌素 9（proprotein convertase subtilisin/kexin type 9，PCSK9）是一种肝细胞合成的丝氨酸蛋白酶，可与低密度脂蛋白受体（LDLR）结合形成复合体，最后被肝细胞内的溶酶体降解，从而阻止 LDLR 的循环利用和血液中 LDL-C 的降解，提升 LDL-C 的水平。PCSK9 的病理学报道首次出现于 2003 年，发现 PCSK9 蛋白的表达引发由 LDL-C 水平升高导致的家族性高胆固醇血症（familial hypercholesterolemia，FH）；此后不久，研究者在一些非裔美国人家族中发现 *PCSK9* 基因的功能缺失性突变导致这些家族成员的低水平 LDL-C 和心血管事件发生率。这些成果使 PCSK9 成为继 LDLR 和 apoB 之后的降血脂重要靶点。PCSK9 抑制剂随即成为各大医药公司的研发热点，其中代表性的两个药物——赛诺菲（Sanofi）和再生元（Regeneron）

联合研发的阿莫罗布单抗（Alirocumab）和安进（Amgen）研发的依洛尤单抗（Evolocumab），分别于 2015 年 7 月和 8 月被美国 FDA 批准上市。PCSK9 曾被评为最具临床应用前景的治疗靶点之一，多种形式的 PCSK9 抑制剂研发正在如火如荼地展开，包括单克隆抗体或模拟抗体蛋白物、反义寡核苷酸或小干扰 RNA（siRNA）及作用于 PCSK9 蛋白催化部位的小分子肽类。

目前有效且便宜的他汀类药物仍在降脂药物市场上占据主要地位。但在一项针对服用他汀类药物的患者的回顾性荟萃分析中发现，他汀类使用者发生白内障的比例高于非使用者，这种差异因在所分析的不同研究中趋势并不一致而难以得到确定的因果关系。应用英国生物银行（UK BioBank）40.2 万多人的数据进行分析，发现胆固醇合成限速酶 HMG-CoA 还原酶（HMG-CoA reductase）的基因异常而导致 LDL-C 水平降低的人员中发生白内障及白内障手术的比例显著增加。他汀类药物通过抑制 HMG-CoA 还原酶起效，这一结果为与他汀类药物增加白内障发生风险的关联提供了佐证。同时进行的分析中未发现 PCSK9 增加与白内障风险之间的相关性，因而 PCSK9 抑制剂相比于他汀类药物应用于有白内障发生风险的患者中有很大优势。

对已知药物作用机制及其靶蛋白谱的深入探索有助于发现新的药物靶点。激酶抑制剂是重要的癌症治疗药物，目前已有 37 种激酶抑制剂上市，另有超过 250 种正在进行临床试验。2017 年，克雷格（Klaeger）等通过化学蛋白质组学的方法，以激酶抑制剂包被的磁珠（kinobeads）富集激酶蛋白，结合定量质谱，分析了 243 种临床激酶抑制剂的靶标谱。研究发现有 21 种抑制剂可结合盐诱导激酶 2（salt inducible kinase 2，SIK2），且与 SIK2 结合的亲和力数值低于 500nmol/L；部分抑制剂可同时促进小鼠原代骨髓来源巨噬细胞释放 IL-10，抑制脂多糖（lipopolysaccharide，LPS）诱导的 TNFα 的产生。进一步实验证实 IL-10 和 TNFα 的信号均由 SIK2 介导。SIK2 被认为是炎症和自身免疫性疾病的相关靶点，但之前并未有证据表明 TNFα 和 IL-10 信号通路与其直接相关。这一研究结果不仅较全面地解析了这些激酶抑制剂的靶标蛋白谱，也有助于对 SIK2 靶点功能的深入了解和以其为靶点的新药研究。

基于表型的药物筛选也是药物发现中的一种常用策略，筛选获得的活性化合物可能作为新机制 FIC 药物发现的起点。马丁（Martin）等应用基于全细胞的杀菌实验，从大约 33 000 个小分子化合物的库里筛选得到可同时抑制革兰氏阴性细菌和革兰氏阳性细菌的化合物 SCH-79797。蛋白质组学、代谢组学和细胞实验的结果表明，该化合物可同时抑制二氢叶酸还原酶和破坏细菌细胞膜的完整性。根据 SCH-79797 改造的化合物 Irresistin-16 在淋病奈瑟氏菌（*Neisseria gonorrhoeae*）感染的小鼠模型中显示良好杀菌效应，同时对正常细胞的毒性远小于 SCH-79797，显示了其开发成针对耐药菌的新型抗生素的潜力。

（二）多组学研究在同靶点差异化新药研发中的作用

针对已知成药可能性高的靶点，通过解析疾病（如肿瘤）的整体调控网络，从而在分子机制层面提升对靶点、适应证、生物标志物的评估和发现能力，制定差异化的临床开发策略，也能为在研药物找到最能发挥价值的临床定位。例如，选择不同于 FIC

品种的适应证；根据生物标志物（biomarker）选择不同的适用人群；依据靶点蛋白信号通路或前期药物反应性的情况确定新的联用方案，以增强药效、减小毒性作用，或克服耐药等。

根据合适的生物标志物选择患者对于临床试验的成功至关重要。近年来，靶向PD-1/PD-L1的免疫疗法在不同癌种中取得了成功。尽管抗PD-1抗体可瑞达（Keytruda，简称K药）和欧狄沃（Opdivo，简称O药）Ⅰ/Ⅱ期临床试验结果相同，但最初的Ⅲ期临床试验的结果显示，仅K药而不是O药可以用作非小细胞肺癌（non-small cell lung carcinoma，NSCLC）的一线治疗，因为K药选择了肿瘤突变负荷（tumor mutation burden，TMB）作为患者选择的生物标志物。研究表明，免疫检查点抑制剂的疗效受到肿瘤基因组、患者胚系遗传因素、PD-L1表达水平、肿瘤微环境，以及肠道微生物等多种因素的综合影响。其中TMB与PD-1/PD-L1抑制剂疗效的高度相关性已得到临床证实。遗憾的是，只有很小的一部分肿瘤患者能够从免疫治疗中获益。在某些肿瘤类型中，如骨细胞癌（RCC）、人乳头状瘤病毒（HPV）阳性的头颈部鳞状细胞癌（HNSCC）患者和黑色素瘤患者的临床研究（他们随后接受了抗PD-1）表明，治疗前TMB与抑制PD-1通路的反应之间没有显著的关联。因此，针对不同的肿瘤类型，寻找能够驱动肿瘤免疫治疗应答、耐药及不良反应的决定性因素，不仅对指导临床试验意义重大，在临床治疗方案的选择中也具有重要的作用。

由于肿瘤免疫相互作用的复杂性，在静态生物标志物不足以准确预测药物反应时，动态生物标志物可能会是更好的选择。一项针对匹配的治疗前和治疗中的黑色素瘤肿瘤基因组的分析表明，治疗前与总生存期（overall survival，OS）相关的TMB仅存在于免疫治疗组，而不是在总体队列中。早期（4周）的治疗改变相关TMB（ΔTMB）与整个队列中的抗PD-1反应和OS密切相关。由于ΔTMB的测定需要在治疗中进行活检，因此这个指标不能作为初步治疗决策的指南，但可能有助于患者是否对抗PD-1治疗做出反应进行早期评估。

对于ADC药物的研发而言，选择不同的毒素和连接方式，也有可能获得差异性的有效药物。德曲妥珠单抗（ENHERTU，T-DXd，商品名优赫得），是一款Her2抗体曲妥珠单抗（Trastuzumab）和毒素德卢替康（Deruxtecan，DXd）的抗体偶联药物（antibody-drug conjugate，ADC），对Her2高表达的乳腺癌、肺癌、结直肠癌等多种肿瘤及部分Her2低表达的乳腺癌均具有良好的治疗效果。之前已有多个针对Her2的抗体或ADC药物批准上市，如维迪西妥单抗（Disitamab vedotin，RC48，商品名爱地希）及恩美曲妥珠单抗（Trastuzumab Emtansine，T-DM1，商品名赫赛莱）等。RC48荷载的细胞毒素MMAE和T-DM1荷载的美登素类衍生物DM1均为微管蛋白聚合抑制剂。DS-8201与其他Her2靶向ADC的主要区别在于，其荷载的毒素为拓扑异构酶Ⅰ抑制剂DXd且药物抗体比（drug-to-antibody ratio，DAR）为8，而DXd处理可促进Her2表达。T-DXd作用于Her2高表达的肿瘤细胞同时还提高了肿瘤细胞表面HLA-I和趋化因子CXCL9/10/11的表达，诱导抗肿瘤免疫反应。T-DM1耐药的胃癌细胞存在药物转运蛋白ABCC2和ABCG2的表达上升，T-DXd对T-DM1耐药的肿瘤细胞仍然存在杀伤效应。

（三）药物基因组学在新药研究中的应用发展趋势

2015 年 1 月 30 日美国总统奥巴马正式宣布了美国准备投资 215 亿美元的健康计划，称为“精准医学计划”（Precision Medicine Initiative），其目标是联合多个学科，通过认识基因、环境和生活方式等多个方面，在临床实践中，实现对疾病的个体化预防和治疗。而实现精准医疗的前提是需要有适合特定病种和特定人群的“精准”药物的研发。

在全球范围内精准医学战略的逐步实施下，更多有价值的个体基因多态性会被揭示，这些多态性在多种疾病发生中的功能性与重要性将会不断被阐明。药物基因组学的概念与范围也会被拓宽，其趋势可概括为以下几个方面。

（1）复杂疾病的遗传风险的预测将更加准确，同时结合环境与营养等因素，对复杂疾病做到早预防、早治疗。利用多种生物技术手段，包括全基因组关联分析（genome-wide association study，GWAS），结合多种组学技术，包括蛋白质组学、代谢物组学、表观遗传组学等，从疾病发生的机制角度阐明遗传学基础；同时联合临床人群的多种干预性措施，获得循证医学数据，联合多数据分析手段，最终获得更加准确的个体疾病风险预测和干预治疗的手段，从根本上提高对重大疾病发生的预防效果。

（2）肿瘤等重大疾病的驱动突变（driver mutation）基因的发现，让药物设计和发现的过程更加高效。药物基因组学研究有助于确立这些驱动突变基因是否为有效药物的靶点，从而对疾病实施有效的药物治疗和干预。

（3）在已有的临床药物治疗中，结合个体遗传背景，进行药物靶点、药物代谢、药物分布相关基因的检测，预测药物疗效并降低毒性，选择合适个体的有效剂量给药，节省医疗开支，造福患者和社会。

第三节　遗传药理学与个体化用药

一、个体化用药的遗传药理学基础

遗传药理学利用个体化的遗传特征去选择包括特殊群体的药物治疗方案。人类基因组学研究的成果已经改变了“一种方案适用于所有患者”的过时观点，由此打开了通向个体化给药的大门，以增强药物的疗效及降低药物引起的不良反应，还可以节省时间和费用成本。每个个体的遗传特征会影响体内药物效应、药物相互作用的多个过程和作用方式。以个体生物标志物为基础的处方设计、治疗方案及其实施过程不仅影响治疗效果，也降低了药物不良反应的发生率和其他不良事件的风险。本节意在探究最终确定的作为遗传药理学的生物标志物在药物选择及药物效应和安全性变化上的遗传药理学基础。

药物代谢酶的多态性在个体间药物反应性变化中发挥着极大的作用，可以影响个体在治疗疾病时对药物的反应。此外，一些酶的遗传缺陷也限制了药物治疗相关疾病的效果。在开始相关治疗前进行基因检测是最好的临床实践，可以提高药物的疗效和安全性。这些工作的开展离不开对治疗反应基因的确定，因此，基因检测是个体化给药的前提，是增强药物效应和药物安全性最好的临床实践前的基础。

（一）遗传药理学与药物基因组学概述

国际公共医学科学协会定义药物基因组学（或遗传药理学）为：研究个体的基因如何影响个体对药物的反应的一个研究领域。美国疾病预防控制中心（CDC）则直接将药物基因组学视为精准医疗的一个重要例子，即根据个人的基因构成，为每个患者量身定制医疗方案。美国国家人类基因组研究中心进一步认为，药物基因组学利用一个人的基因（或基因组）构成的信息来选择可能对该特定的人最有效的药物和剂量。该领域是药理学和基因组学两个领域的综合。

药物基因组学的长期目标是帮助医生选择最适合不同个体的药物和剂量方案。这样做是为了消除一种古老的观点，即认为在开发药物时每种药物对每个人的作用都是差不多的。但基因组研究改变了“一刀切”的思想，为使用和开发药物的更个性化方法打开了大门。考虑个体基因构成的方法一方面能增强药物的疗效和安全性，另一方面在治疗的时间成本和费用开销上也受益多多。

世界卫生组织将基本药物定义为满足人口优先保健需求，并在适当考虑疗效和安全性，以及相对成本效益证据的情况下选择的药物。基本药物的目的是在一个运行良好的医疗保健系统中可随时提供充足的数量、适当的剂型、有质量的保证和充足的信息，并以个人和社区能够负担的成本提供。自 1977 年以来，世界卫生组织制定了一份示范基本药物清单（EML），成员方可以对其进行修改，以使基本药物在医疗系统中保持最新状态。当前版本的清单是 2019 年 6 月更新的第 21 份世界卫生组织 EML。个体化用药方案的实施有利于这一目标的实现。

（二）药物基因组学在个体化用药中是如何发挥作用的

个体 DNA 影响药物与机体相互作用的多个环节，包括对体内药物代谢动力学和药物效应动力学诸因素的影响，具体作用环节涉及药物的跨膜转运、生物转化。前者与药物的吸收、分布和排泄相关。由于体内药物的跨膜转运主要是以简单扩散的形式进行的，药物浓度、理化因素和环境的 pH 直接决定了吸收的快慢、分布的广度和速度、排泄的速度和程度，个体遗传方面的因素影响不大。但后者，即药物的生物转化/代谢则深受遗传因素的影响。就目前的认识水平而言，已经明确的药物基因组学的效应节点有如下几种。

1. 药物受体

受体是细胞或生物体的组成部分，大多数药物都是通过与受体结合并启动可观察药物效果的效应链而发挥效应的。患者的基因（DNA）构成决定了受体的类型和数量，这可能影响药物的作用。有些人可能需要比大多数人更高或更低剂量的药物或不同的药物。如果将受体、抗体与药物综合起来考虑，往往可以起到良好的临床治疗效果。

恩美曲妥珠单抗（Trastuzumab Emtansine，赫赛莱，T-DM1）对乳腺癌的治疗效应就是此方面的典型例子。有些乳腺癌患者体内能产生过多的人表皮生长因子受体 2

（HER2），即 HER2 阳性乳腺癌占所有乳腺癌的 20%～25%，HER2 蛋白的高表达预示着癌细胞生长速度加快，且 HER2 过表达与癌细胞的转移有关，常提示其预后较差。T-DM1 由两个核心的功能部分组成：第一是抗体（导弹体），第二是强化疗药（核弹头）。这两者通过特殊的连接物结合到一起，兼具了抗体药物的靶向性和化疗药的强大杀伤力，达到 1+1>2 的效果。其中的曲妥珠单抗（Trastuzumab，赫赛汀）就是抗体部分，而恩美（Emtansine）则是化疗药部分。赫赛莱的抗体部分——曲妥珠单抗本身就是治疗 HER2 阳性肿瘤的靶向药。T-DM1 在小规模临床系列中显示出潜在的活性，因为它通过与癌细胞上的 HER2 结合并杀死它们而起作用。就受体的可用性而言，这意味着如果患者肿瘤有大量 HER2（HER2 阳性），医生可能会开 T-DM1；但是，如果肿瘤没有足够的 HER2（HER2 阴性），T-DM1 则对这样的患者无效。

2. 药物的摄取

有些药物在靶细胞内具有细胞内受体或类似于受体的结合位点，这些药物发挥作用就需要进入其所作用的组织和细胞中。细胞吸收药物的能力和速度由该细胞的基因构成决定。基因构成也会影响一些药物从其作用的细胞中清除的速度，如果药物从细胞中排出的速度太快，它们可能由于积聚不到足够的浓度而观察不到应有的效果。吸收减少可能意味着药物不能很好地发挥作用，并可能导致药物在机体的其他部位堆积而引起相应的不良反应。

例如，在治疗血脂异常（血液中的胆固醇和/或甘油三酯水平升高）时，他汀类药物可被用来降低肝脏中的胆固醇，但这些药物被认为会导致肌肉问题。服用辛伐他汀治疗该病需要通过 *SLCO1B1* 基因编码的蛋白质将药物摄入肝脏。一些人的这种基因发生了特定的变化，导致辛伐他汀进入肝脏的量减少。摄入高剂量辛伐他汀可能导致药物在肌肉中积聚，导致肌肉无力和疼痛。因此，在开具辛伐他汀处方之前，应对 *SLCO1B1* 基因进行基因检测，以检查辛伐他汀是否为最佳使用的他汀类药物。

3. 药物的代谢

影响酶水平的遗传因素造成了药物代谢的差异，产生了药物代谢的“遗传多态性”。如果患者体内的药物代谢比大多数人更快，为了达到有效血药浓度，往往需要给予患者更大剂量的药物；如果药物代谢减慢，则在药物效应增强的同时引起的不良反应也会更大。

由细胞色素 P450 介导的 Ⅰ 相酶代谢反应通常修饰官能团（—OH、—SH、$—NH_2$、$—OCH_3$），导致相关化合物的生物活性改变。Ⅰ 相酶参与 75%以上处方药的代谢；因此，这些酶的多态性可能会显著影响其血液水平，进而改变对许多药物的作用。

（三）药物基因组学对药物治疗的影响

掌握药物基因组学的相关知识可以更好地理解个体对药物不同反应背后的原因。遗传变异及其对药物的相关反应变异的发现，为向个体患者推荐药物治疗方案提供了依据。基于基因构成的处方、设计和治疗的实施不仅可以改善治疗效果，而且可以减小毒性和降低其他不良事件的风险。因此，基因检测促进了对个体变异及其对药物反应、代谢排泄、毒性的影响的更好理解，这将取代以前临床普遍采用的试错式的治疗方法。此外，药物基因组学促进了个性化医疗的开展，此项工作开展的前提是确定影响疗效的遗传因素，即所谓的治疗反应基因。

二、治疗反应基因的确定

（一）治疗反应基因概述

在药物治疗中，了解遗传多样性有助于降低疾病对药物反应的易感性和变异性。药物基因组学是一门专注于研究个体对治疗反应的遗传基础学科。尽管开发为患者基因型量身定制的个性化药物的任务是一项重大的科学挑战，但药物基因组学已经开始影响医生/科学家设计临床试验的方式，其对医学实践的冲击即将到来。最近的证据表明，大多数处方药对不超过 60%的患者有效，并且大量患者也会产生严重的不良反应。因此，需要更好地了解调节患者对药物反应性的遗传因素，以阐明所涉及的分子机制并研究与每个患者匹配最合适的药物的新治疗策略。

尽管药物治疗构成了医学的主体，但对于大多数药物而言，患者的治疗反应存在相当大的差异。在某些情况下，可能会发生不可预见的严重不良反应。对患者来说，这是一种危险的、可能危及生命的情况，在社会层面上，药物不良反应是导致老年人入院的最常见原因，也是导致其疾病和死亡的主要原因。在某些情况下，遗传变异已被证明会影响疗效和安全性，例如，在应用双香豆素、华法林或异烟肼的情况下，患者对这些药物的反应变化在很大程度上可以归因于 CYP450 基因家族的多态性，该多态性赋予这些药物快速或缓慢的乙酰化作用。遗传变异可能导致基因调节功能的差异，因此它们的 mRNA 和/或蛋白质表达的变化可能随之而来。药物基因组学则能测量 mRNA 和蛋白质信息在药物反应中的差异，尽管此方面的成功案例相对较少，但这种方法有望使我们能够描述个体基因组成的这些差异，并准确预测患者对药物的反应，以解决疗效和安全性问题。

体内治疗反应基因众多，如果将其一一鉴定出来，将是海量的工作。近年来，微阵列技术通过在单个实验中实现高通量基因表达谱分析，彻底改变了生物医学研究的几乎所有领域，从而允许在器官分化和发育的背景下检查不同物种中的数千个基因，以寻找疾病的易感基因和药物的新靶标。表达微阵列的使用，未来有望使我们很快获得更多关于疾病易感性和进展的基因表达变化的全面理解，生物标志物将越来越多地用作治疗反应的诊断和预后指标，并提供对新靶标发现过程的新见解。

鉴于治疗反应基因对于个体化给药的重要性，该领域下一步的工作重点将会聚焦于此。下面简要概述一些与药物遗传效应相关的关键例子，以使读者能初步了解遗传药理学在疾病管控方面的潜力。

（二）与药物遗传效应相关的治疗反应基因典型例证

1. 代谢酶的遗传药理学：CYP450 和药物转运蛋白基因

细胞色素 P450（CYP450）酶系统参与各种代谢和生物合成过程，并构成在大多数生物体（从细菌到人类）中发现的血红素酶的超家族。常用处方药物在体内的生物转化过程大部分（大约 60%）是由这些酶完成的。下面简要列举一些具有代表性的酶系。

1）CYP2D6

3 种主要表型已经被确定与 CYP2D6 氧化代谢的药物底物有关。缓慢代谢者（具有缺陷的 *CYP2D6* 等位基因）、正常代谢者（野生型）和超快速代谢者都具有不同数量的 CYP2D6 功能酶基因。在高加索人群中，大约 7%的 *CYP2D6* 等位基因有缺陷，导致在常规治疗剂量下潜在地增加各种药物代谢物的浓度。一些最常用的药物，如 β 受体阻滞剂和三环类抗抑郁药，是 CYP2D6 的底物。已知后者会导致归因于三环类抗抑郁药水平升高的不良反应。这些包括但不限于危及生命的心律失常和其他由 CYP2D6 代谢活性降低引起的心脏毒性作用。现有的技术已经可以进行诊断测试，以事先识别那些有风险的人。

2）CYP2C9

据报道，CYP2C9 中存在 3 个有缺陷的等位基因，其中 2 个导致活性降低。在不同人群中，有缺陷的等位基因变化范围为 1%～13%。CYP2C9 的底物包括非甾体抗炎药和降血糖药。CYP2C9 的临床相关性在用于治疗 2 型糖尿病的药物代谢中特别明显，其中这些药物的清除率降低可能导致严重的低血糖。另一个相关的例子是 *S*-华法林，可能发生大出血。

3）CYP2C19

CYP2C19 是具有高度多态性的酶系统，大约 3%的高加索人具有等位基因变异，使他们成为慢代谢者。相比之下，几乎 20%的亚洲人携带慢代谢等位基因。等位基因第 9 外显子突变完全消除了酶活性。这对于大多数作为 CYP2C19 底物的药物来说，是有问题的，因为大多数药物是由几种 CYP450 酶代谢的。一个重要的例外是药物奥美拉唑，它仅被 CYP3A4 部分代谢，慢代谢者和快代谢者的时量曲线下面积（AUC）有高达 12 倍的差别。

4）药物转运体

大多数药物的血药浓度和组织浓度受代谢酶和转运蛋白的基因结构与功能间个体差异的影响。转运蛋白是控制药物摄取、分布和消除的蛋白。多药耐药基因（*MDR1*）编码一种 P 糖蛋白（P-gp），后者属于三磷酸腺苷（ATP）结合盒（ABC）蛋白。*MDR1* 基因最初被发现为导致肿瘤对许多不同细胞毒性因子交叉耐药的基因。P-gp 转运多种底物，包括化疗药物他莫昔芬和米托蒽醌、抗生素头孢替坦和头孢唑啉、免疫抑制剂环孢菌素 A、抗心律失常药物奎尼丁、抗慢性心功能不全药物地高辛，以及阿片类药物吗啡等。许多过表达 P-gp 的癌症患者往往预后不良，特别是白血病患者。在 *MDR1* 基因中发现了多个单核苷酸多态性（SNP），其中一些 SNP 与 P-gp 的表达有关，特别是外显子 26 的 C/T 多态性。在最近的一项研究中，对奈非那韦和依非韦雷尼的抗病毒反应显示，P-gp 与 *MDR1* 基因 3435C/T 的等位基因变异相关。携带 2 个 3435T 等位基因拷贝的纯合子患者显示出更低的血清浓度，CD4 T 细胞计数恢复更快，病毒载量下降更快，提示 *MDR1* 3435C/T 变异可作为 HIV 患者抗病毒治疗后免疫恢复的预测指标。大约 50%的高加索人在 3435MDR1 多态位点上是杂合子（*C/T*），而 25%的人为纯合子（*C/C*）或（*T/T*）。相比之下，非裔美国人 *CC* 基因型的概率为 67%～83%，而 *TT* 等位基因的概率很低。在炎症性肠病和系统性红斑狼疮患者中，P-gp 表达增加也与糖皮质激素临床反应的变化有关。总之，这些研究表明，*MDR1* 基因在调节肿瘤耐药性、免疫功能和多种药物代谢方面存在重要的变异。

2. 癌症的遗传药理学靶点

对于大多数癌症患者，常规的组织病理学评估，包括肿瘤的等级和分期，不足以准确预测肿瘤的生物学行为。基于此认识，人们正在进行大量的努力，以期在分子水平上识别和表征各种癌症。通过寻找与患者对抗癌治疗反应相关的预后生物标志物，来预测哪些肿瘤最有可能发展或复发，哪些侵袭性肿瘤会转移预计将成为该领域今后的发展方向。

1）雌激素和孕激素受体

在美国和其他西方国家，大约 1/10 的女性患乳腺癌。鉴于该肿瘤不可接受的约 40%的高死亡率，在任何给定时间对每个患者施用最有效的治疗成为挽救生命的重要手段。尽管辅助化疗和激素治疗将肿瘤转移风险降低了约 1/3，但依据目前可获得的临床进展最佳指标，包括淋巴结状态、肿瘤大小和组织学分级，仍无法准确预测结果。

2）雌激素受体调节剂

雌激素受体和/或孕激素受体在肿瘤上的存在被认为是有利的，因为具有这些生物学特征的患者可以接受激素治疗。他莫昔芬是一种选择性雌激素受体调节剂（SERM），在正常乳腺组织和乳腺癌细胞中充当雌激素拮抗剂，在肝细胞和骨细胞中也作为拮抗剂存在。除了降低血清胆固醇和预防绝经后骨质疏松症，他莫昔芬是乳腺癌各阶段治疗最有效和广泛使用的激素。最近，该药物被批准用于预防高危人群的乳腺癌。在最近一项荟萃分析中，纳入了 5 年观察期 55 项临床试验中使用他莫昔芬辅助治疗的 37 000 名女性信息，在 10 年的时间期限内，肿瘤的复发率和死亡率分别降低了 47%和 26%。在接受他莫昔芬的患者中，对侧乳腺癌的发生率也降低了 50%，此效应与原发肿瘤的雌激素受体（ER）状态无关。目前有几种 SERM 正在临床试验中。托瑞米芬是一种相对较新的 SERM 药物，其性质与他莫昔芬相似。然而，与他莫昔芬不同，托瑞米芬似乎不会增加子宫内膜癌的风险。根据迄今为止获得的信息，美国食品药品监督管理局（FDA）已将托瑞米芬的使用限制在患有转移性乳腺癌的绝经后妇女中。雷洛昔芬是另一种抗雌激素 SERM，已被批准用于治疗更年期后妇女的骨质疏松症。

3）芳香化酶抑制剂

芳香化酶属于细胞色素 P450 酶，可催化雄激素向雌激素的转化，是绝经后妇女雌激素合成的主要来源。芳香化酶是雌激素合成的最后一步反应催化酶，它的抑制为绝经后妇女干预激素依赖性乳腺癌提供了一种机制。与他莫昔芬相比，非甾体类（如阿那曲唑和来曲唑）与甾体类（如依西美坦）芳香化酶抑制剂（AI）作为转移性疾病的一线和二线治疗药物都具有更好的疗效和更小的毒性。在 21 个国家的 381 个研究和医疗中心的 9300 名早期乳腺癌妇女患者中开展的靶向开放染色质测定（ATAC）研究的初步结果（阿那曲唑、他莫昔芬，单独或联合试验）显示，在雌激素受体阳性患者的无病生存率和对侧乳腺癌发生率等指标上，阿那曲唑的疗效远优于他莫昔芬，但联合用药组与他莫昔芬相比没有疗效或安全性方面的优势。

4）雌激素受体拮抗剂

氟维司群（Faslodex）是一种强效抗雌激素药物，通过下调雌激素受体（ER）介导其作用。它只是有抗雌激素的作用，并且没有表现出与他莫昔芬和相关药物的部分激动剂活性相关的不良反应。研究显示，在对他莫昔芬或相关药物无效的绝经后晚期乳腺癌妇女中，其疗效与口服阿那曲唑相当。因此，它为临床医生提供了他莫昔芬耐药性发展后的替代治疗策略。氟维司群作为他莫昔芬辅助治疗后的后续治疗也可能是有益的，以缓解围绕他莫昔芬长期治疗（5 年）的一些担忧。

抗雌激素是预防癌症和降低高危患者复发风险，以及抗转移的最有效疗法之一。因此，ER 表达已成为预测乳腺癌治疗反应的有价值的标志物。

5）表皮生长因子受体家族

表皮生长因子（EGF）途径已被确定为细胞生长和复制的关键调节剂。越来越多的证据表明，表皮生长因子受体（EGFR）通路积极参与多种实体瘤，包括非小细胞肺癌（NSCLC）、前列腺癌、乳腺癌、胃癌、结肠癌、卵巢癌和头颈部肿瘤。癌细胞中 EGFR 的过表达与继发性疾病、转移表型的发展，以及不良的预后有关。吉非替尼（Iressa™）是一种新的酪氨酸激酶抑制剂，可直接阻断细胞生长和分裂的信号，已被批准用于治疗无法手术或复发的 NSCLC，并正在其他实体瘤的临床试验中进行测试。其他靶向 EGFR 的药物还有厄罗替尼（Tarceva™）和西妥昔单抗（Erbitux™），它们目前也完成了临床试验，已在临床应用。

HER2/neu

HER2/neu 在 20%～30%的乳腺癌患者中过表达。最近的证据明确支持 HER2 过表达与总生存期和无病生存期降低之间的联系，尤其是在已有淋巴结阳性的患者中。HER2 扩增与肿瘤不良预后相关。HER2 作为预测标志物的最大价值在于预测针对 HER2 的治疗反应，特别是赫赛汀。事实上，HER2 阳性乳腺癌患者从赫赛汀治疗中获得了显著的临床益处。目前 HER2 检测已经成为乳腺癌患者优化管理的一个组成部分。在所有原发性乳腺癌的诊断和复发时确定 HER2 状态是很重要的，因为 HER2 的过表达和扩增可用于确定接受赫赛汀治疗的患者。正因如此，HER2 已经接近于成为临床预后和对治疗反应预测因素的风向标，并且它已经成为乳腺癌患者常规评估的一部分。对 HER2 状态的预先了解是决定能否使用赫赛汀治疗的绝对要求。

6）硫嘌呤甲基转移酶

硫嘌呤甲基转移酶（TPMT）代谢硫代嘌呤药物，例如，巯基嘌呤、硫唑嘌呤和硫鸟嘌呤。TPMT 活性具有多态性，10%的群体为杂合子，大约 1/300 活性低或缺乏活性。TPMT 活性低或缺乏的患者在服用标准剂量的硫代嘌呤药物后发生严重血液毒性的风险高。因此，事先鉴别出有此类并发症风险的患者就显出其重要性了。TPMT 活性改变的分子基础在于 3 个不同的等位基因，它们占杂合子和纯合子突变患者的 95%。然而，在由其突变引起的低 TPMT 活性事件患者中，已经发现存在显著的种族差异。尽管需要进一步的临床研究来更好地理解和量化这些药物的剂量，但已经提出了基于 TPMT 特异性基因型的给药指南，用于在白血病患者中使用巯基嘌呤。鉴于 TPMT 缺乏患者中硫代嘌呤药物相关毒性的严重程度，在使用这些药物之前对整个患者群体进行 TPMT 多态性筛查已被证明具有成本效益。通过在患者接受硫代嘌呤之前测定硫代嘌呤转移酶活性，可以事先确定酶的效力，并避免与该酶的遗传测定活性密切相关的危及生命的并发症。因此，筛选 *TPMT* 基因的遗传变异为解读基因组信息以指导患者治疗提供了理想的模型。

7）*N*-乙酰转移酶

N-乙酰转移酶（NAT）最初被鉴定为负责抗结核药物异烟肼灭活的酶。然而，NAT 在致癌物代谢中也起着重要作用。*N*-乙酰化代谢途径是许多药物和化学物质代谢的主要途径。*NAT* 基因的功能多态性最初与职业性和吸烟相关性膀胱癌的易感性差异有关。基于底物，个体可以表征为“快”或“慢”乙酰化型。具有慢表型的个体是慢等位基因的纯合子，而具有快速表型的受试者是杂合子或快速等位基因的纯合子。慢乙酰化型的频率在世界范围内有所不同，在亚洲为 5%～10%，在某些欧洲人群中达到 90%。已鉴定出 2 个功能相关的人类 *NAT* 基因——*NAT1* 和 *NAT2*，它们具有高度多态性，并在多个等位基因基序上编码。这些多态性与所得表型之间的关系已得到充分确立。

3. 中枢神经系统疾病的遗传药理学靶点

尽管对情感障碍患者的药物治疗已改善了全球数百万患者的预后，但对精神抑郁症的药物治疗只在不超过 2/3 的病例中是有效的，并且没有治疗反应的生物学标记。除了鉴定治疗反应的基因组标记物（这将构成公共卫生价值的巨大临床优势），遗传药理学的应用还可能为开发疗效高、不良反应小的新型药物提供新的靶标。

1）血清素（5-羟色胺）转运体

与三环抗抑郁药相比，选择性 5-羟色胺再摄取抑制剂（SSRI）因其疗效和相对小的不良反应而被广泛用于治疗抑郁症。SSRI 通过干扰 5-羟色胺转运蛋白（SERT）的活性而起作用。在 *SERT* 基因中，已经报道了有许多多态性，并且 SERT 启动子的遗传变异与功能改变有关。例如，在接受重度抑郁症治疗的患者中，SERT-PR 位点的短等位基因（44bp 删除）与氟伏沙明和帕罗西汀的疗效降低间存在关联。

2）多巴胺转运蛋白

3%和 5%的学龄儿童存在注意力缺陷/多动障碍。使用精神兴奋剂有效地治疗了主要症状，例如，注意力不集中、多动和冲动行为。其中哌甲酯（利他林）是美国最常用的处方。这些药物在许多情况下是有益的，然而，临床反应和不良事件间的个体间差异还是引起了人们的注意。哌甲酯结合并直接抑制多巴胺转运蛋白（DAT1）。有人研究了与多巴胺作用和代谢有关基因（如 *DAT1*、*D2* 和 *D4* 受体基因）的变异，以试图解释多动症患者对哌甲酯和其他精神兴奋剂的临床反应的变异性。研究表明：*DAT1* 的 *10/10* 基因型与对哌甲酯反应缺失之间具有显著关联性，但与多巴胺受体的多态性间没有任何关联。这些结果在最近一个更大的患者队列中得到了证实。

3）多巴胺和 5-羟色胺受体

氯氮平是治疗精神分裂症的有效药物，但是，并非所有患者都能从治疗中受益，有些患者可发生不良反应，而另一些患者则无法获得足够的疗效。几项研究结果报道了氯氮平反应与多巴胺受体 3（D_3）基因、多巴胺受体 4（D_4）基因及 5-羟色胺受体（5-HT）2A 和 5A 基因多态性之间的关联。在最近的一项研究中，Arranz 等筛选了高达 19 种多态性的组合，这些多态性预测了精神分裂症患者对氯氮平的临床反应，具有很高的准确性。这 19 个单核苷酸多态性位于 8 个受体基因和 1 个转运蛋白基因中，包括 a_{2A}-受体、D_3 受体、5-HT_{2A}、5-HT_{2C}、5-HT_{3A}、5-HT_{5A}、组胺 H_1 受体、组胺 H_2 受体和 5-羟色胺转运蛋白的基因。6 种多态性的组合，包括 5-HT_{2A}102T/C、His452Tyr、5-HT_{2C}-330GT/-244CT、Cys23Ser、5-HTTLPR、H_2-1018G/A，预测临床反应有 76.86%的准确性（x^2=35.8；P=0.0001），灵敏度为 95.89（±0.04），此结果提示这些多态性可用于识别那些最有可能取得良好疗效的患者。

4）载脂蛋白 E

除了在心血管疾病中发挥作用，载脂蛋白 E（ApoE）还与迟发性和散发性阿尔茨海默病（AD）有关。在中枢神经系统（CNS）中，ApoE 对膜重塑过程中胆固醇和磷脂的调集和再分布起关键作用。在一项评估 ApoE 基因型对他克林（一种乙酰胆碱酯酶抑制剂）治疗效应的有反应/无反应队列研究中，根据 AD 评估量表（ADAS）的测量，超过 80%的 ApoE4 阴性携带者对他克林表现出明显的临床反应，而 apoE4 阳性携带者的 ADAS 评分比基线水平差。ApoE 基因型也与调节靶向血管加压素活性药物的反应有关。因此，ApoE 正在成为预测对他克林的临床反应的潜在有用标记。

4. 呼吸系统疾病的遗传药理学靶点

目前广泛使用的哮喘治疗药物有四大类：①吸入用于缓解气道阻塞的 β_2 受体激动剂（β 激动剂）（如沙丁胺醇、沙美特罗、非诺特罗）；②吸入和全身使用的糖皮质激素（如氟替卡松、倍氯米松、曲安奈德、泼尼松）；③茶碱及其衍生物；④半胱氨酰白三烯途径的抑制剂和受体拮抗剂（如孟鲁司特、普鲁司特、扎鲁司特、齐洛顿）。以下内容总结了哮喘中有关 β 激动剂和半胱氨酰白三烯途径抑制剂的遗传药理学研究。

1）β_2 肾上腺素能受体

已发现 β_2 肾上腺素能受体（β_2AR）编码区域的 4 个多态性，其中的 3 个可导致受体与野生型相比具有不同的性质。这些多态性包括 Arg16→Gly、Gln27→Glu、Val34→Met，还有 Thr164→Ile，其中前两种最为常见。大多数研究发现，哮喘患者与健康的非哮喘对照组之间这些多态性的频率没有差异。因此，β_2AR 的遗传变异性似乎在哮喘中没有发挥主要作用。然而，这些多态性虽然不是致病因素，但可能对疾病产生影响。其他研究评估了 16 位和 27 位 β_2AR 多态性与遗传性过敏症之间的关系，包括 IgE 水平。据报道，β_2AR 的 Glu27 形式与血清 IgE 浓度对数之间存在显著关联性，表明 β_2AR 多态性可能会改变哮喘表型。

已有几项研究评估了 β_2AR 多态性对 β 激动剂与支气管高反应性和哮喘控制的治疗反应的调节作用。这些研究表明，某些 β_2AR 多态性会影响对 β 激动剂治疗的临床反应，这可能会影响哮喘表型，从而使这些候选变异者最终可能为哮喘的个体化治疗提供依据。

2）半胱氨酰白三烯途径遗传药理学

白三烯是二十碳四烯酸化合物，其衍生自花生四烯酸，并表现出广泛的药理和生理活性。3 种酶专业性地参与白三烯的形成，包括 5-脂氧酶（$ALOX_5$）、白三烯 C_4 合酶（LTC_4）和 LTA_4 环氧水解酶。$ALOX_5$ 是产生半胱氨酰白三烯（LTC_4、LTD_4、LTE_4）和有效的中性粒细胞化学引诱剂 LTB_4 所需的关键酶。抑制 $ALOX_5$ 活性或拮抗半胱氨酰白三烯在其受体部位作用的药物已被证明可以减轻哮喘患者的支气管收缩。

ALOX5 基因在启动子-报告基因上下游的突变具有显著的功能性结果，具有可变数目串联重复序列（VNTR）而不是野生型（即核心启动子中序列 GGGCGG 的 5 个重复序列）的患者已经显示出 *ALOX5* 基因的转录水平降低，并产生了较低水平的白三烯。

白三烯 LTC_4 合酶是另一种在其启动子区域（A-444C）具有已知 SNP 的酶，据报道，其 *C* 等位基因频率在严重哮喘患者中较高，其中-444C 变体与半胱氨酰白三烯产生增多有关，提示具有 *A/A* 基因型的患者可能患有白三烯引起的哮喘。这些发现提供了可能的证据，表明除了 *ALOX5*，可能还有另一个可以调节白三烯途径的遗传药理学基序。与半胱氨酰白三烯合成减少相关的 DNA 序列变体是否也与对治疗反应降低有关尚待确定。

5. 心血管疾病的遗传药理学靶点

动脉粥样硬化至少部分归因于潜在的免疫介导的过程，并在生命早期发作，最终导致严重的临床表现，如心肌梗死、不稳定型心绞痛和脑中风。在西方社会中，心血管事件的发生率增加归因于潜在的免疫过程，该过程被其他心血管危险因素（如高胆固醇血症、高血压、吸烟、糖尿病和肥胖）放大，后者本身具有自己的遗传背景。本部分概述了该领域一些关键问题。

1）载脂蛋白 E

他汀类药物主要通过抑制羟甲基戊二酸单酰辅酶 A（HMG-CoA）还原酶活性起作用。尽管他汀类药物属于可用的最有效的降胆固醇药物之一，但高脂血症患者在降脂反应中表现出明显的变异性，这可能至少部分是由遗传差异所致。在已显示与脂质代谢有关的多个候选基因中，大多数注意力都集中在 apoE 基序上。apoE 对于富含甘油三酯的脂蛋白成分的正常分解代谢至关重要。apoE 基序上的 3 个常见等位基因编码了 3 个主要的 apoE 亚型。在禁食和餐后状态下，apoE 基序上 *apoE* 基因的遗传变异与血浆脂蛋白浓度有关。在这方面，与 *E3* 等位基因相比，*E2* 等位基因与较低的血浆总胆固醇和低密度脂蛋白（LDL）胆固醇水平相关，而 *E4* 等位基因则与较高的血浆总胆固醇和 LDL 胆固醇水平相关，而据报道 *apoE E2* 携带者对他汀类降脂药物治疗更敏感。*apoE E4* 等位基因已在一些研究中显示与饮食干预反应增加有关。

2）血管紧张素转换酶

血管紧张素转换酶（ACE）在血压调节中起关键作用。冠状动脉支架后再狭窄是一个主要的健康问题，主要归因于内膜增生，ACE 抑制剂可以减轻这种情况。因此，需要确定发生再狭窄风险较高的患者。在这方面，*ACE* 基因内含子 16 中的插入/缺失（I/D）多态性由于与血清 ACE 活性的相关性而引起了广泛关注。最近报道了 *D* 等位基因携带者与冠状动脉支架置入后再狭窄风险降低之间的关联。

（三）微阵列在疾病反应基因研究中的应用

使用商业化的全基因组或靶向阵列及“内部”斑点阵列的研究产生了大量信息，这些信息大大加深了我们对健康和疾病中的人类生物学的理解。这些研究对于解决涉及器官分化和发育的分子途径问题特别重要。最近，它们在筛选疾病易感基因和新药物靶标方面的价值已变得很明显。实际上，DNA 微阵列技术已被证明在基因组的高通量筛选中起着重要作用。微阵列通常用于各种组织和细胞培养系统中 mRNA 表达水平的整体评估，以及多态性评分。微阵列分析的 2 个主要技术平台包括：①斑点微阵列，其中预先合成的单链或双链 DNA 结合到载玻片上；②高密度寡核苷酸阵列，其中使用光不稳定核苷酸直接在晶片上化学合成低聚物组。该技术的更新应用包括基于阵列的比较基因组杂交（CGH）和高密度蛋白质微阵列，其允许评估蛋白质-蛋白质、蛋白质-DNA、蛋白质-RNA 和蛋白质-配体的相互作用。

过去十年我们见证了微阵列各种应用的爆炸式增长。以下部分仅重点介绍一些旨在识别可能充当治疗反应生物标志物，以及可能的新药物靶标的基因的研究。

1. 预测治疗反应/临床结果

除了对癌症分类的重要贡献，DNA 微阵列还被用于定义与疾病中对各种抗癌药物的治疗反应相关的不同基因表达谱，如弥漫性大 B 细胞淋巴瘤和原发性乳腺癌。35%～40%的弥漫性大 B 细胞淋巴瘤对蒽环素有反应。通过使用 cDNA 阵列分析分子特征，Alizadeh 等（2000）证明弥漫性大 B 细胞淋巴瘤由两大类组成：生发中心 B 细胞样型和活化 B 细胞样型。生发中心 B 细胞样弥漫性大 B 细胞淋巴瘤患者的 5 年总生存率高于活化型患者，为 76%，后者为 16%。最近，Rosenwald 等（2002）从 240 名弥漫性大 B 细胞淋巴瘤患者的活检中区分了 3 种不同的基因表达谱亚型：生发中心 B 细胞样、活化 B 细胞样和 3 型谱。然后使用临床和基因表达数据来鉴定预测结果的基因。使用来自 160 名患者的基因表达数据构建了由 17 个基因组成的分子预测因子，并在 80 名患者的独立集合上验证了该预测因子。因此，基因表达谱分析方法产生有价值的生物标志物，使医生能够靶向最有可能从常规疗法中受益的患者，并专注于那些没有受益的患者的替代疗法。

在 van't Veer 等（2002）的一项研究中，检查了来自年轻淋巴结阴性乳腺癌患者的 98 例原发性肿瘤的表达模式，以及一组 70 个基因“分类器”。其表达谱与远处转移出现的最短间隔（即不良预后特征）最准确相关，然后在较大的患者队列中进行了鉴定和分析。后一项研究包括 295 名原发性乳腺癌患者，他们要么是淋巴结阴性，要么是淋巴结阳性。其中，180 个肿瘤被分类为不良预后特征，115 个被分类为具有良好预后特征。在不良和良好的肿瘤表达谱队列中，平均 10 年生存率分别为 54.6%和 94.5%。有趣的是，淋巴结受累与表达谱无关，而患者的年龄，ER 状态和组织学分级与特定的表达谱模式相关，在预后不良组中，年龄较小和组织学分级较高更为普遍，而 ER 阳性状态表明预后良好。

在 Sotiriou 等（2002）的研究中，使用来自乳腺肿瘤的细针抽吸物来研究是否可以获得足够的用于微阵列分析的 RNA，以及是否可以使用特定的基因表达谱来区分对化疗有不同反应的患者。尽管对一小部分患者进行了分析，但作者确定了一组 37 个基因，这些基因将治疗前样品的反应状态与缺乏反应区分开。由于对化学疗法的耐药性是一个主要问题，因此建立药物反应的预测标志物具有重要价值。手术前对晚期乳腺癌的新辅助治疗的使用正在增加，并且相应的生物标志物将有助于选择符合此类治疗条件的患者。许多乳腺癌患者在切除原发肿瘤后会因可能的肿瘤扩散而接受不必要的治疗。分子分析将为谁可能需要这种治疗提供更准确的预测。

2. 新型药物靶向基因的发现

一些研究已经尝试将糖皮质激素（GC）抗性与构成GC应答途径的基因中的已知多态性变异相关联。尽管糖皮质激素受体单位或其反应元件的结构和功能改变都是糖皮质激素反应性的重要决定因素，但这些研究尚未得出相关的临床预测。在最近的一项使用微阵列检查从哮喘患者获得的外周血细胞（PBM）中基因表达谱的研究中，结果表明这些患者是糖皮质激素治疗应答者或无应答者，糖皮质激素应答者可以仅使用几个基因以超过85%的准确度与无应答者分离。糖皮质激素抗性患者也被聚集到家庭中并检查连锁关系。

最近在一项使用DNA微阵列的研究中报道了一组银屑病的独特基因。通过比较银屑病患者的皮损和未受累的皮肤，定义了一组在表达水平上显示两倍或更大差异的159个基因。其中，有几个被定位到疾病相关基因座。该基因组以100%的准确性预测正常皮肤与病变皮肤特有的表达模式，并且这些基因的一个子集也可用于监测治疗反应。

微阵列也已与遗传连锁研究相结合，以在实验模型中剖析疾病易感基因。最近一项在实验性过敏性哮喘小鼠模型中使用数量性状基因座（QTL）分析的研究显示，在2号染色体上存在控制变应原诱导的气道高反应性(AHR)的2个不同基因座 *abhr1* 和 *abhr2*。在比较从易感（A/J）、抗性（C3H/HeJ）和具有各种表型的回交小鼠获得的肺RNA表达谱的研究中，Karp等（2000）鉴定了21个不同表达的基因，包括定位于任一基因座的补体因子5（C5）。抗AHR小鼠中C5的表达水平显著高于AHR易感小鼠。亲本品系中 *C5* 基因的序列分析显示A/J小鼠的5′未转移区域中2bp缺失，导致C5 mRNA水平降低和功能性C5蛋白缺乏。在回交后代中，与杂合子的低应答者相比，在易感A/J衍生的 *C5* 等位基因的纯合子小鼠中发现了更极端的AHR。作者得出结论，C5缺乏症可能会干扰单核细胞/巨噬细胞白介素-12的产生，从而改变确定哮喘易感性的免疫调节机制。

连锁分析与微阵列表达分析相结合也已用于鉴定心血管疾病中的候选基因。在这方面，调节高密度脂蛋白胆固醇（HDL-C）表型的QTL位于狒狒的18号染色体中。通过为目标区域组装细菌人工染色体（BAC）克隆的重叠群，创建了由来自染色体区域的基因组成的阵列。该染色体区域在允许人类BAC用于组装重叠群的物种之间高度保守。暴露于不同饮食的对比HDL1-C表型的同胞狒狒的肝脏cDNA用于筛选不同表达的基因。

在最近的研究中，Lock等（2002）选择了从多发性硬化症（MS）患者的尸检样品中获得的急性和慢性病变中不同表达的基因。这些基因被用作实验性自身免疫性脑膜炎（EAE）（MS的实验模型）的治疗靶标。值得注意的是，粒细胞集落刺激因子（GM-CSF）在急性斑块中过表达，但在慢性斑块中不表达，而Fcγ受体在慢性斑块中上调，而在急性斑块中不增加。与对照组相比，在诱导EAE之前使用GM-CSF可以阻止疾病发作并降低疾病评分。与野生型小鼠相比，在 *FcγR* 敲除小鼠中也改善了EAE。

三、药物基因组学与个体化治疗

个体化的治疗重点是根据患者生物标志物分层特征定制正确的治疗策略。2015 年 1 月，美国总统奥巴马宣布启动“精准医学计划”，其内涵就包括了个体化治疗这一理念。药物基因组学在个体化治疗临床转化中的主要应用包括：根据基因多态性对药物效应和不良反应的影响，确定合适的分子标记，选择合适的个体、适宜的药物和剂量，量体裁衣，因人施药，真正实现个体化的精准治疗。

（一）针对患者基因型选择合适的药物

1. 根据基因多态性对药物效应的影响，选择适宜的人群

药物代谢酶、药物靶点基因及影响药效的其他功能基因的多态性均可影响患者个体选择及给药方案的确定。有些前体药物在体内需经代谢酶反应才能转化成活性药物，当此代谢酶基因突变或其多态性使酶活性降低或无功能时，前体药物的效应就会降低或无效。典型的例子就是甲基吗啡（又名可待因）在体内需经 CYP2D6 酶代谢转化成吗啡后才能发挥相关的效应。在 CYP2D6 弱代谢人群中，体内的 CYP2D6 酶产量不足，这一转化不易实现，因而这些患者就不宜使用该药。但在 CYP2D6 超强代谢人群中，由于体内 CYP2D6 酶过量，少量的可待因会很快转化成过量的吗啡而造成药物过量甚至生命危险。

在分子靶向药物的临床应用中，针对疾病靶点的分子分型可用于预测药物的疗效。如前面所提及的曲妥珠单抗，其对 HER2 扩增阳性的乳腺癌患者有效，而对 HER2 扩增阴性的患者疗效并不显著。

2. 根据基因多态性对药物不良反应的影响，选择合适的药物

药物不良反应按其与药理作用有无关联可分为 3 类。①A 型（augmented）不良反应，是指由于药物的药理作用增强而引起的不良反应，其发生与用药剂量密切相关，一般容易预测，发生率虽较高但死亡率较低。②B 型（bizarre）不良反应，是与药物常规药理作用无关的异常反应，与用药剂量无关，难以预测，发生率较低，但死亡率高，包括特异质反应和过敏反应。③C 型（chronic）不良反应，是指与药品本身药理作用无关的异常反应，一般在长期用药后出现，其潜伏期较长，药品和不良反应之间没有明确的时间关系，特点是背景发生率高，用药史复杂，难以用试验重复，发生机制不清，有待于进一步研究和探讨。这几种不良反应中，A 型不良反应可通过调整剂量避免，而 B 型不良反应需要换另外的药物，如由红细胞葡萄糖-6-磷酸脱氢酶缺乏引起的伯氨喹所致的急性溶血性贫血、线粒体 DNA 12S rRNA 遗传多态性引起的氨基糖苷类抗生素所致的耳毒性等。

（二）针对患者基因型选择合适的药物剂量

药物治疗的有效剂量和毒性剂量之间会有一个安全范围，此即“治疗窗”。药物剂量的选择原则就是兼顾效应和毒性反应的发生，在确定疗效的同时，尽量避免药物不良反应的发生。药物代谢酶、药物转运体的基因多态性等方面的变化均可引起蛋白活性的改

变，进而影响血药浓度的高低，导致最终药物疗效和不良反应间的差异。药物作用靶点的变异可直接影响药物效应。因此需根据患者的基因多态性调整给药剂量。例如，华法林的治疗窗很小，个体差异大，且药物作用效果还受年龄、体重等因素的影响，其初始给药剂量需综合各因素进行精确计算。

精准医学的倡导和发展促进了药物基因组学研究的发展及个体化给药在临床上的应用，但个体化治疗的实施过程中还依然存在诸多困境：①药物基因组学研究中的种族差异限制了其研究成果在不同人种间的应用；②临床药物基因组学研究还需要深化，目前尚缺乏前瞻性、大样本、多中心、随机对照试验，并且很多研究结果常出现不一致的情况，因此难以向临床转化；③药物反应基因检测的费用限制了其在临床的推广和普及；④药物基因检测的技术和数据分析还需要统一和规范。为促进药物基因组学的研究成果应用于临床的个体化治疗，目前国际上已成立了多个多学科的组织，以综合药物基因组学研究的数据和信息，代表性的有欧洲药物基因组学和个体化治疗协会（European Society for Pharmacogenomics and Personalized Therapy，ESPPT）、伊美遗传药理学网络（Ibero-American Network of Pharmacogenetics，RIBEF）等。

（周彩红　许正新）

参考文献

卢兹凡，李萌. 2018. 药物基因组学理论和应用. 北京：科学出版社: 9-76.

阳国平，郭成贤. 2016. 药物基因组学与个体化治疗用药决策. 北京：人民卫生出版社: 93-105.

杨宝峰，陈建国. 2018. 药理学. 第 9 版. 北京：人民卫生出版社: 22-31.

左伋. 2018. 医学遗传学. 第 7 版. 北京：中国医药科技出版社: 78-88.

Aaronson S A. 1991. Growth factors and cancer. Science, 254(5035): 1146-1153.

Aithal G P, Day C P, Kesteven P J, et al. 1999. Association of polymorphisms in the cytochrome P450 CYP2C9 with warfarin dose requirement and risk of bleeding complications. Lancet, 353(9154): 717-719.

Alizadeh A A, Eisen M B, Davis R E, et al. 2000. Distinct types of diffuse large B-cell lymphoma identified by gene expression profiling. Nature, 403(6769): 503-511.

Amant C, Bauters C, Bodart J C, et al. 1997. D allele of the angiotensin I-converting enzyme is a major risk factor for restenosis after coronary stenting. Circulation, 96(1): 56-60.

Anagnostou V, Bardelli A, Chan T A, et al. 2022. The status of tumor mutational burden and immunotherapy. Nat Cancer, 3(6): 652-656.

Arranz M, Collier D, Sodhi M, et al. 1995. Association between clozapine response and allelic variation in 5-HT2A receptor gene. Lancet, 346(8970): 281-282.

Arranz M, Munro J, Birkett J, et al. 2000. Pharmacogenetic prediction of clozapine response. Lancet, 355(9215): 1615-1616.

Arranz M J, Munro J, Owen M J, et al. 1998. Evidence for association between polymorphisms in the promoter and coding regions of the 5-HT2A receptor gene and response to clozapine. Mol Psychiatry, 3(1): 61-66.

Bamberger C M, Bamberger A M, de Castro M, et al. 1995. Glucocorticoid receptor beta, a potential endogenous inhibitor of glucocorticoid action in humans. J Clin Invest, 95(6): 2435-2441.

Barkley R A, McMurray M B, Edelbrock C S, et al. 1990. Side effects of methylphenidate in children with attention deficit hyperactivity disorder: a systemic, placebo-controlled evaluation. Pediatrics, 86(2): 184-192.

Bast R C Jr, Ravdin P, Hayes D F, et al. 2001. American Society of Clinical Oncology Tumor Markers Expert Panel. 2000 update of recommendations for the use of tumor markers in breast and colorectal cancer: clinical practice guidelines of the American Society of Clinical Oncology. J Clin Oncol, 19(6): 1865-1878.

Bernard S, Neville K A, Nguyen A T, et al. 2006. Interethnic differences in genetic polymorphisms of CYP2D6 in the U.S. population: clinical implications. Oncologist, 11: 126-135.

Bhasker C R, Hardiman G. 2010. Advances in pharmacogenomics technologies. Pharmacogenomics, 11(4): 481-5.

Birkett J T, Arranz M J, Munro J, et al. 2000. Association analysis of the 5-HT5A gene in depression, psychosis and antipsychotic response. Neuroreport, 11(9): 2017-2020.

Bohm R, Cascorbi I. 2016. Pharmacogenetics and predictive testing of drug hypersensitivity reactions. Front Pharmacol, 7: 396.

Borg A, Tandon A K, Sigurdsson H, et al. 1990. HER-2/neu amplification predicts poor survival in node-positive breast cancer . Cancer Res, 50(14): 4332-4337.

Braun S, Pantel K, Müller P, et al. 2000. Cytokeratin-positive cells in the bone marrow and survival of patients with stage I, II, or III breast cancer. N Engl J Med, 342(8): 525-533.

Brinkmann U, Roots I, Eichelbaum M. 2001. Pharmacogenetics of the human drug-transporter gene MDR1: impact of polymorphisms on pharmacotherapy. Drug Discov Today, 6(16): 835-839.

Bross P F, Cohen M H, Williams G A, et al. 2002. FDA drug approval summaries: fulvestrant. Oncologist, 7(6): 477-480.

Buzdar A U. 2002. Anastrozole (Arimidex) in clinical practice versus the old 'gold standard', tamoxifen. Expert Rev Anticancer Ther, 2(6): 623-629.

Campbell S J, Gaulton A, Marshall J, et al. 2010. Visualizing the drug target landscape. Drug Discov Today, 15(1-2): 3-15.

Cartwright R A, Glashan R W, Rogers H J, et al. 1982. Role of N-acetyltransferase phenotypes in bladder carcinogenesis: a pharmacogenetic epidemiological approach to bladder cancer. Lancet, 2(8303): 842-845.

Centers for Disease Control (CDC). 2020. Pharmacogenomics: What does it mean for your health? https: //www.cdc.gov/genomics/disease/pharma.htm. [2022-9-28].

Chen C J, Chin J E, Ueda K, et al. 1986. Internal duplication and homology with bacterial transport proteins in the *mdr1* (*P*-glycoprotein) gene from multidrug-resistant human cells. Cell, 47(3): 381-389.

Cheung V G, Morley M, Aguilar F, et al. 1999. Making and reading microarrays. Nat Genet, 21(1 suppl 1): 15-19.

Cho R J, Mindrinos M, Richards D R, et al. 1999. Genome-wide mapping with biallelic markers in Arabidopsis thaliana. Nat Genet, 23(2): 203-207.

Clarke P A, te Poele R, Wooster R, et al. 2001. Gene expression microarray analysis in cancer biology, pharmacology, and drug development: progress and potential. Biochem Pharmacol, 62(10): 1311-1336.

Cohen B M, Ennulat D J, Centorrino F, et al. 1999. Polymorphisms of the dopamine D4 receptor and response to antipsychotic drugs. Psychopharmacology, 141(1): 6-10.

Coqueret O, Dugas B, Mencia-Huerta J M, et al. 1995. Regulation of IgE production from human mononuclear cells by beta 2-adrenoceptor agonists. Clin Exp Allergy, 25(4): 304-311.

Cox L A, Birnbaum S, VandeBerg J L. 2002. Identification of candidate genes regulating HDL cholesterol using a chromosomal region expression array. Genome Res, 12(11): 1693-1702.

Curran M E. 1998. Potassium ion channels and human disease: phenotypes to drug targets? Curr Opin Biotechol, 9(6): 565-572.

Cutler D J, Zwick M E, Carrasquillo M M, et al. 2001. High-throughput variation detection and genotyping using microarrays. Genome Res, 11(11): 1913-1925.

Daly A K. 2004. Pharmacogenetics of the cytochromes P450. Curr Top Med Chem, 4(16): 1733-1744.

D'amato M, Vitiani L R, Petrelli G, et al. 1998. Association of persistent bronchial hyperresponsiveness with beta2-adrenoceptor (ADRB2) haplotypes. Am J Respir Crit Care Med, 158(6): 1968-1973.

Davignon J, Gregg R E, Sing C F. 1988. Apolipoprotein E polymorphism and atherosclerosis. Arteriosclerosis, 8(1): 1-21.

Debouck C, Goodfellow P N. 1999. DNA microarrays in drug discovery and development. Nat Genet, 21(1 Suppl 1): 48-50.

Dewar J C, Wheatley A P, Venn A, et al. 1998. Beta2-adrenoceptor polymorphisms are in linkage disequilibrium, but are not associated with asthma in an adult population. Clin Exp Allergy, 28(4): 442-448.

Dewar J C, Wilkinson J, Wheatley A, et al. 1997. The glutamine 27 beta2-adrenoceptor polymorphism is associated with elevated IgE levels in asthmatic families. J Allergy Clin Immunol, 100(2): 261-265.

Dhooge C, De Moerloose B, Laureys G, et al. 1999. *P*-glycoprotein is an independent prognostic factor predicting relapse in childhood acute lymphoblastic leukaemia: results of a 6-year prospective study. Br J Haematol, 105(3): 676-683.

Diaz-Borjon A, Richaud-Patin Y, Alvarado de la Barrera C, et al. 2000. Multidrug resistance-1 (MDR-1) in rheumatic autoimmune disorders. Part II: increased P-glycoprotein activity in lymphocytes from systemic lupus erythematosus patients might affect steroid requirements for disease control. Joint Bone Spine, 67: 40-48.

Donckier J E, Roelants V, Pochet J M. 2000. Staging of non-small-cell lung cancer with positron-emission tomography. N Engl J Med, 343(21): 1572.

Downs J R, Clearfield M, Weis S, et al. 1998. Primary prevention of acute coronary events with lovastatine in men and women with average cholesterol levels. JAMA, 279(20): 1615-1622.

Drazen J M, Israel E, O'Byrne P M. 1999. Treatment of asthma with drugs modifying the leukotriene pathway. N Engl J Med, 340(3): 197-206.

EBCTC Group. 1998. Tamoxifen for early breast cancer: an overview of the randomised trials. Lancet, 351(9114): 1451-1467.

Evans D A P. 1968. Genetic variations in the acetylation of isoniazid and other drugs. Ann NY Acad Sci, 151(2): 723-733.

Evans J, Swart M, Soko N, et al. 2015. A global health diagnostic for personalized medicine in resource-constrained world settings: a simple PCR-RFLP method for genotyping CYP2B6g.15582C>T and science and policy relevance for optimal use of antiretroviral drug efavirenz. Omics, 19(6): 332-338.

Ewart S L, Kuperman D, Schadt E, et al. 2000. Quantitative trait loci controlling allergen-induced airway hyperresponsiveness in inbred mice. Am J Respir Cell Mol Biol, 23(4): 537-545.

Farabegoli F, Ceccarelli C, Santini D, et al. 1999. c-erbB-2 over-expression in amplified and non-amplified breast carcinoma samples. Int J Cancer, 84(3): 273-277.

Farrell R J, Murphy A, Long A, et al. 2000. High multidrug resistance (P-glycoprotein 170) expression in inflammatory bowel disease patients who fail medical therapy. Gastroenterology, 118(2): 279-288.

Fellay J, Marzolini C, Meaden E R, et al. 2002. Response to antiretroviral treatment in HIV-1-infected individuals with allelic variants of the multidrug resistance transporter 1: a pharmacogenetics study. Lancet, 359(9300): 30-36.

Gerhold D L, Jensen R V, Gullans S R. 2002. Better therapeutics through microarrays. Nat Genet, 32(Suppl 1): 547-551.

Ghouse J, Ahlberg G, Skov A G, et al. 2022. Association of common and rare genetic variation in the 3-hydroxy-3-methylglutaryl coenzyme A reductase gene and cataract risk. J Am Heart Assoc, 11: e025361.

Golub T R, Slonim D K, Tamayo P, et al. 1999. Molecular classification of cancer: class discovery and class prediction by gene expression monitoring. Science, 286(5439): 531-537.

Goustin A S, Leof E B, Shipley G D, et al. 1986. Growth factors and cancer. Cancer Res, 46(3): 1015-1029.

Grant S F A. 2001. Pharmacogenetics and pharmacogenomics: tailored drug therapy for the 21st century. Trends Pharmacol Sci, 22(1): 3-4.

Hacia J G, Brody L C, Chee M S, et al. 1996. Detection of heterozygous mutations in BRCA1 using high density oligonucleotide arrays and two-colour fluorescence analysis. Nat Genet, 14(4): 441-447.

Hakonarson H, Bjornsdottir U S, Halapi E, et al. 2002. A major susceptibility gene for asthma maps to chromosome 14q24. Am J Hum Genet, 71(3): 483-491.

Hakonarson H, Bjornsdottir U S, Halapi E, et al. 2005. Profiling of genes expressed in peripheral blood mononuclear cells predicts glucocorticoid sensitivity in asthma patients. Proc Natl Acad Sci USA, 102(41): 14789-14794.

Hancox R J, Sears M R, Taylor D R. 1998. Polymorphism of the beta2-adrenoceptor and the response to long-term beta2-agonist therapy in asthma. Eur Respir J, 11(3): 589-593.

Hasler J A, Estabrook R, Murray M, et al. 1999. Human cytochromes P450. Mol Aspect Med, 20(1-2): 1-137.

Heils A, Mössner R, Lesch K P. 1997. The human serotonin transporter gene polymorphism-basic research and clinical implications. J Neural Transm, 104(10): 1005-1014.

Heils A, Teufel A, Petri S, et al. 1996. Allelic variation of human serotonin transporter gene expression. J Neurochem, 66(6): 2621-2624.

Hibma J E, Giacomini K M. 2018. Pharmacogenomics. In: Katzung B G. Basic & Clinical Pharmacology. 14th ed. New York: McGraw-Hill Education: 74-88.

Hiemke C, Hartter S. 2000. Pharmacokinetics of selective serotonin reuptake inhibitors. Pharmacol Ther, 85(1): 11-28.

Hoffmeyer S, Burk O, von Richter O, et al. 2000. Functional polymorphisms of the human multidrug-resistance gene: multiple sequence variations and correlation of one allele with P-glycoprotein expression and activity *in vivo*. Proc Natl Acad Sci USA, 97(7): 3473-3478.

Holloway A J, van Laar R K, Tothill R W, et al. 2002. Options available—from start to finish—for obtaining data from DNA microarrays II. Nat Genet, 32(Suppl 1): 481-489.

Hwu H G, Hong C J, Lee Y L, et al. 1998. Dopamine D4 receptor gene polymorphisms and neuroleptic response in schizophrenia. Biol Psychiatry, 44(6): 483-487.

Hyman E, Kauraniemi P, Hautaniemi S, et al. 2002. Impact of DNA amplification on gene expression patterns in breast cancer. Cancer Res, 62(21): 6240-6245.

Hynes N E. 1993. Amplification and overexpression of the erbB-2 gene in human tumors: its involvement in tumor development, significance as a prognostic factor, and potential as a target for cancer therapy. Semin Cancer Biol, 4(1): 19-26.

Hynes N E, Stern D F. 1994. The biology of erbB-2/neu/HER-2 and its role in cancer. Biochem Biophys Acta Rev Cancer, 1198(2-3): 165-184.

In K H, Asano K, Beier D, et al. 1997. Naturally occurring mutations in the human 5-lipoxygenase gene promoter that modify transcription factor binding and reporter gene transcription. J Clin Invest, 99(5): 1130-1137.

Ingelman-Sundberg M. 2004. Pharmacogenetics of cytochrome P450 and its applications in drug therapy: the past, present and future. Trends Pharmacol Sci, 25: 193-200.

Jain K K. 2000. Applications of biochip and microarray systems in pharmacogenomics. Pharmacogenomics, 1(3): 289-307.

Karp C L, Grupe A, Schadt E, et al. 2000. Identification of complement factor 5 as a susceptibility locus for experimental allergic asthma. Nat Immunol, 1(3): 221-226.

Kelly K L, Rapport M D, DuPaul G J. 1988. Attention deficit disorder and methylphenidate: a multi-step analysis of dose-response effects on children's cardiovascular functioning. Int Clin Psychopharmacol, 3(2): 167-181.

Klaeger S, Heinzlmeir S, Wilhelm M, et al. 2017. The target landscape of clinical kinase drugs. Science, 358(6367): eaan4368.

Krynetski E Y, Tai H L, Yates C R, et al. 1996. Genetic polymorphism of thiopurine S-methyltransferase: clinical importance and molecular mechanisms. Pharmacogenetics, 6(4): 279-290.

Lane S J. 1997. Pathogenesis of steroid-resistant asthma. Br J Hosp Med, 57(8): 394-398.

Liggett S B. 2000. The pharmacogenetics of beta2-adrenergic receptors: relevance to asthma. J Allergy Clin Immunol, 105(2): S487-S492.

Lock C, Hermans G, Pedotti R, et al. 2002. Gene-microarray analysis of multiple sclerosis lesions yields new targets validated in autoimmune encephalomyelitis. Nat Med, 8(5): 500-508.

Lockhart D J, Dong H L, Byrne M C, et al. 1996. Expression monitoring by hybridization to high-density oligonucleotide arrays. Nat Biotechnol, 14(13): 1675-1680.

Lonetti A, Fontana M C, Martinelli G, et al. 2005. Single nucleotide polymorphisms as genomic markers for high-throughput pharmacogenomic studies. Methods Mol Biol, 1368: 143-159.

Long-Term Intervention with Pravastatin in Ischaemic Disease (LIPID) Study Group. 1998. Prevention of cardiovascular events and death with pravastatin in patients with coronary heart disease and a broad range of initial cholesterol levels. N Engl J Med, 339(19): 1349-1357.

Malhotra A K, Goldman D, Buchanan R, et al. 1998. The dopamine D3 receptor (DRD3) Ser9Gly polymorphism and schizophrenia: a haplotype relative risk study and association with clozapine response. Mol Psychiatry, 3(1): 72-75.

Marabelle A, Fakih M, Lopez J, et al. 2020. Association of tumour mutational burden with outcomes in patients with advanced solid tumours treated with pembrolizumab: prospective biomarker analysis of the multicohort, open-label, phase 2 KEYNOTE-158 study. Lancet Oncol, 21(10): 1353-1365.

Maroñasa O, Latorrea A, Dopazo J, et al. 2016. Progress in pharmacogenetics: consortiums and new strategies. Drug Metabol Pers Ther, 31(1): 17-23.

Martin J K, Sheehan J P, Bratton B P, et al. 2020. A dual-mechanism antibiotic kills gram-negative bacteria and avoids drug resistance. Cell, 181(7): 1518-1532.

Martinez F D, Graves P E, Baldini M, et al. 1997. Association between genetic polymorphisms of the beta2-adrenoceptor and response to albuterol in children with and without a history of wheezing. J Clin Invest, 100(12): 3184-3188.

Marton M J, DeRisi J L, Bennett H A, et al. 1998. Drug target validation and identification of secondary drug target effects using DNA microarrays. Nature Med, 4(11): 1293-1301.

Masellis M, Basile V S, Muglia P, et al. 2002. Phychiatric pharmacogenetics: personalizing psychostimulant therapy in attention-deficit/hyperactivity disorder. Behav Brain Res, 130(1-2): 85-90.

McLeod H L, Evans W E. 2001. Pharmacogenomics: unlocking the human genome for better drug therapy. Annu Rev Pharmacol Toxicol, 41: 101-121.

McLeod H L, Krynetski E Y, Relling M V, et al. 2000. Genetic polymorphism of thiopurine methyltransferase and its clinical relevance for childhood acute lymphoblastic leukemia. Leukemia, 14(4): 567-572.

McLeod H L, Siva C. 2002. The thiopurine S-methyltransferase gene locus—implications for clinical pharmacogenomics. Pharmacogenomics, 3(1): 89-98.

Monni O, Barlund M, Mousses S, et al. 2001. Comprehensive copy number and gene expression profiling of the 17q23 amplicon in human breast cancer. Proc Natl Acad Sci USA, 98(10): 5711-5716.

Montermurro F, Delaloge S, Barrios C H, et al. 2020.Trastuzumab emtansine (T-DM1) in patients with HER2-positive metastatic breast cancer and brain metastases: exploratory final analysis of cohort 1 from KAMILLA, a single-arm phase IIIb clinical trial. Annals of Oncology, 31(10): 1350-1358.

Nakajima S, Mimura K, Matsumoto T, et al. 2021. The effects of T-DXd on the expression of HLA class I and chemokines CXCL9/10/11 in HER2-overexpressing gastric cancer cells. Sci Rep, 11(1): 16891.

National Human Genome Research Institute. 2020. Pharmacogenomics FAQ. https: //www. genome.gov/FAQ/Pharmacogenomics. [2022-12-15].

National Institute of General Medical Sciences. 2020. Pharmacogenomics. https: //www.nigms. nih.gov/education/fact-sheets/Pages/pharmacogenomics.aspx. [2020-1-8].

Oestreicher J L, Walters I B, Kikuchi T, et al. 2001. Molecular classification of psoriasis disease-associated genes through pharmacogenomic expression profiling. Pharmacogenomics J, 1(4): 272-287.

Okumura K, Sone T, Kondo J, et al. 2002. Quinapril prevents restenosis after coronary stenting in patients with angiotensin-converting enzyme D allele. Circ J, 66(4): 311-316.

Ordovas J M, Lopez-Miranda J, Perez-Jimenez F, et al. 1995. Effect of apolipoprotein E and A-IV phenotypes on the low density lipoprotein response to HMG CoA reductase inhibitor therapy. Atherosclerosis, 113(2): 157-166.

Ordovas J M, Schaefer E J. 1999. Genes, variation of cholesterol and fat intake and serum lipids. Curr Opin Lipidol, 10(1): 15-22.

O'Regan R M, Jordan V C. 2002. The evolution of tamoxifen therapy in breast cancer: selective oestrogen-receptor modulators and down regulators. Lancet Oncol, 3(4): 207-214.

Palmer L, Silverman E, Weiss S, et al. 2002. Pharmacogenetics of asthma. Am J Respir Crit Care Med, 165(7): 861-865.

Pasta A, Cremonini A L, Pisciotta L, et al. 2020. PCSK9 inhibitors for treating hypercholesterolemia. Expert Opinion on Pharmacotherapy, 21(3): 353-363.

Perou C M, Sørlie T, Eisen M B, et al. 2000. Molecular portraits of human breast tumours. Nature, 406(6797): 747-752.

Pirmohamed M. 2023. Pharmacogenomics: current status and future perspectives. Nat Rev Genet, 24: 350-362.

Poirier J. 1999. Apolipoprotein E: a pharmacogenetic target for the treatment of Alzheimer's disease. Mol Diagn, 4(4): 335-341.

Poirier J, Delisle M C, Quirion R, et al. 1995. Apolipoprotein E4 allele as a predictor of cholinergic deficits and treatment outcome in Alzheimer disease. Proc Natl Acad Sci USA, 92(26): 12260-12264.

Pollack J R, Perou C M, Alizadeh A A, et al. 1999. Genome-wide analysis of DNA copy-number changes using cDNA microarrays. Nat Genet, 23(1): 41-46.

Prakash S, Agrawal S. 2016. Significance of Pharmacogenetics and Pharmacogenomics Research in Current Medical Practice. Curr Drug Metab, 17: 862-876.

Puga A, Nebert D W, McKinnon R A, et al. 1997. Genetic polymorphisms in human drug-metabolizing enzymes: potential uses of reverse genetics to identify genes of toxicological relevance. Crit Rev Toxicol, 27(2): 199-222.

Rahmioglu N, Ahmadi K R. 2010. Classical twin design in modern pharmacogenomics studies. Pharmacogenomics, 11(2): 215-226.

Ranson M. 2002. ZD1839 (IressaTM): for more than just non-small cell lung cancer. Oncologist, 7(Suppl 4): 16-24.

Reihsaus E, Innis M, MacIntyre N, et al. 1993. Mutations in the gene encoding for the beta 2- adrenergic receptor in normal and asthmatic subjects. Am J Respir Cell Mol Biol, 8(3): 334-339.

Relling M V, Evans W E. 2015. Pharmacogenomics in the clinic. Nature, 526(7573): 343-350.

Ribeiro C, Martins P, Grazina M. 2017. Genotyping CYP2D6 by three different methods: advantages and disadvantages. Drug Metab Pers Ther, 32: 33-37.

Richard F, Helbecque N, Neuman E, et al. 1997. APOE genotyping and response to drug treatment in Alzheimer's disease. Lancet, 349(9051): 539.

Rigat B, Hubert C, Alhenc-Gelas F, et al. 1990. An insertion/deletion polymorphism in the angiotensin I-converting enzyme gene accounting for half the variance of serum enzyme levels. J Clin Invest, 86(4): 1343-1346.

Roberts R L, Begg E J, Joyce P R, et al. 2002. How the pharmacogenetics of cytochrome P450 enzymes may affect prescribing. N Z Med J, 115(1150): 137-140.

Roden D M. 2001. Principles in pharmacogenetics. Epilepsia, 42(Suppl 5): 44-48.

Rodondi N, Darioli R, Ramelet A A, et al. 2002. High risk for hyperlipidemia and the metabolic syndrome after an episode of hypertriglyceridemia during 13-cis retinoic acid therapy for acne: a pharmacogenetic study. Ann Intern Med, 136(8): 582-589.

Roman T, Szobot C, Martins S, et al. 2002. Dopamine transporter gene and response to methylphenidate in attention-deficit/hyperactivity disorder. Pharmacogenetics, 12(6): 497-499.

Rosenwald A, Wright G, Chan W C, et al. 2002. The use of molecular profiling to predict survival after chemotherapy for diffuse large B-cell lymphoma. N Engl J Med, 346(25): 1937-1947.

Roses A D. 2000a. Pharmacogenetics and future drug development and delivery. Lancet, 355(9212): 1358-1361.

Roses A D. 2000b. Pharmacogenetics and the practice of medicine. Nature, 405(6788): 857-865.

Ross J S, Fletcher J A. 1998. The HER-2/neu oncogene in breast cancer: prognostic factor, predictive factor, and target for therapy. Stem Cells, 16(6): 413-428.

Sacks F M, Pfeffer M A, Moye L A, et al. 1996. The effect of pravastatine on coronary events after myocardial infarction in patients with average cholesterol levels. N Engl J Med, 335(14): 1001-1009.

Salomon D S, Brandt R, Ciardiello F, et al. 1995. Epidermal growth factor-related peptides and their receptors in human malignancies. Crit Rev Oncol Hematol, 19(3): 183-232.

Samuelsson B, Dahlén S E, Lindgren J A , et al. 1987. Leukotrienes and lipoxins: structures, biosynthesis, and biological effects. Science, 237(4819): 1171-1176.

Scharfetter J, Chaudhry H R, Hornik K, et al. 1999. Dopamine D3 receptor gene polymorphism and response to clozapine in schizophrenic Pakastani patients. Eur Neuropsychopharmacol, 10(1): 17-20.

Schena M, Shalon D, Davis R W, et al. 1995. Quantitative monitoring of gene expression patterns with a complementary DNA microarray. Science, 270(5235): 467-470.

Schena M, Shalon D, Heller R, et al. 1996. Parallel human genome analysis: microarray-based expression monitoring of 1000 genes. Proc Natl Acad Sci USA, 93(20): 10614-10619.

Schuck R N, Grillo J A. 2016. Pharmacogenomic biomarkers: an FDA perspective on utilization in biological product labeling. AAPS J, 18(3): 573-577.

Serretti A, Lilli R, Smeraldi E. 2002. Pharmacogenetics in affective disorders. Eur J Pharmacol, 438(3): 117-128.

Sha D, Jin Z, Budzcies J, et al. 2020. Tumor mutational burden(TMB)as a predictive biomarker in solid tumors. Cancer Discov, 10(12): 1808-1825.

Shaikh S, Collier D A, Sham P C, et al. 1999. Allelic association between a Ser-9-Gly polymorphism in the dopamine D3 receptor gene and schizophrenia. Hum Genet, 97(6): 714-719.

Sher E R, Leung D Y, Surs W, et al. 1994. Steroid-resistant asthma. Cellular mechanisms contributing to inadequate response to glucocorticoid therapy. J Clin Invest, 93(1): 33-39.

Silverman E S, Du J, De Sanctis G T, et al. 1998. Egr-1 and Sp1 interact functionally with the 5-lipoxygenase promoter and its naturally occurring mutants. Am J Respir Cell Mol Bio, 19(2): 316-323.

Singh D B. 2020. The Impact of Pharmacogenomics in Personalized Medicine. In: Silva A C, Moreira J N, Lobo J M S, et al. Current Applications of Pharmaceutical Biotechnology. Switzerland: Springer: 369-394.

Slamon D J, Clark G M, Wong S G, et al. 1987. Human breast cancer: correlation of relapse and survival with amplification of the HER-2/neu oncogene. Science, 235(4785): 177-182.

Slamon D J, Godolphin W, Jones L A, et al. 1989. Studies of the HER-2/neu proto-oncogene in human breast and ovarian cancer. Science, 244(4905): 707-712.

Smeraldi E, Zanardi R, Benedetti F, et al. 1998. Polymorphism within the promoter of the serotonin transporter gene and antidepressant efficacy of fluvoxamine. Mol Psychiatry, 3(6): 508-511.

Smith B L. 2000. Approaches to breast-cancer staging. N Engl J Med, 342(8): 580-581.

Sotiriou C, Powles T J, Dowsett M, et al. 2002. Gene expression profiles derived from fine needle aspiration correlate with response to systemic chemotherapy in breast cancer. Breast Cancer Res, 4(3): R3.

Sousa A R, Lane S J, Cidlowski J A, et al. 2000. Glucocorticoid resistance in asthma is associated with elevated in vivo expression of the glucocorticoid receptor beta—isoform. J Allergy Clin Immunol, 105(5): 943-950.

Tan S, Hall I P, Dewar J, et al. 1997. Association between beta 2-adrenoceptor polymorphism and susceptibility to bronchodilator desensitisation in moderately severe stable asthmatics. Lancet, 350(9083): 995-999.

Teama S. 2018. DNA Polymorphisms: DNA-based molecular markers and their application in medicine. Genetic Diversity and Disease Susceptibility, DOI: 10.5772/intechopen.79517.

United States Food and Drug Administration (USFDA). 2020. Table of pharmacogenomic biomarkers in drug labeling. https://www.fda.gov/media/124784/. [2022-12-16].

Upton A, Johnson N, Sandy J, et al. 2001. Arylamine *N*-acetyltransferases - of mice, men and microorganisms. Trends Pharmacol Sci, 22(3): 140-146.

van de Vijver M J, He Y D, van't Veer L J, et al. 2002. A gene-expression signature as a predictor of survival in breast cancer. N Engl J Med, 347(25): 1999-2009.

van't Veer L J, Dai H Y, van De Vijver M J, et al. 2002. Gene expression profiling predicts clinical outcome of breast cancer. Nature, 415(6871): 530-536.

Venkatakrishnan K, von Moltke L L, Greenblatt D J. 2001. Human drug metabolism and the cytochromes P450: application and relevance of in vitro models. J Clin Pharmacol, 41(11): 1149-1179.

Vogel C U, Peiter A, Feuring M, et al. 2001. Drug therapy in the old age. Drug effects in the elderly. MMW Fortschr Med, 143(51-52): 33-35.

Voora D, Shah S H, Spasojevic I, et al. 2009. The SLCO1B1*5 genetic variant is associated with statin-induced side effects. Journal of the American College of Cardiology, 54(17): 1609-1616.

Weber W, Hein H. 1985. Arylamine N-acetyltransferases. Pharmacol Rev, 37: 25-70.

Winsberg B G, Comings D E. 1999. Association of the dopamine transporter gene(DAT1)with poor methylphenidate response. J Am Acad Child Adolesc Psychiatry, 38(12): 1474-1477.

Woolcock A J. 1993. Steroid resistant asthma: what is the clinical definition? Eur Respir J, 6(5): 743-747.

World Health Organization. 2021a. Essential medicines. https: //www.who.int/topics/essential_ medicines/en/. [2022-1-31].

World Health Organization. 2021b. WHO Model Lists of Essential Medicines. https: //www.who. int/topics/essential_medicines/en/. [2022-12-29].

Yarchoan M, Hopkins A, Jaffee E M. 2017. Tumor mutational burden and response rate to PD-1 inhibition. N Engl J Med, 377(25): 2500-2501.

Yu Y W Y, Tsai S J, Chen T J, et al. 2002. Association study of the serotonin transporter promoter polymorphism and symptomatology and antidepressant response in major depressive disorders. Mol Psychiatry, 7(10): 1115-1119.

Zannis V I, Just P W, Breslow J L. 1981. Human apolipoprotein E isoprotein subclasses are genetically determined. Am J Hum Genet, 33(1): 11-24.

Zastrow M. 2018. Drug Receptors & Pharmacodynamics. In: Katzung B G. Basic & Clinical Pharmacology. 14th ed. New York: McGraw-Hill Education: 20-40.

Zdanowicz M M. 2017. Concepts in Pharmacogenomics: fundamentals and therapeutic applications in personalized medicine. Bethesda, MD: American Society of Health-System Pharmacists(ASHP): 183-212.

Zhu H, Bilgin M, Bangham R, et al. 2001. Global analysis of protein activities using proteome chips. Science, 293(5537): 2101-2105.

Zhu H, Snyder M. 2001. Protein arrays and microarrays. Curr Opin Chem Biol, 5(1): 40-45.

第十三章

基因治疗概论

第一节　基因治疗的一般概念

基因治疗（gene therapy），最初的定义是将外源基因导入靶细胞，以纠正或补偿因基因缺陷或基因表达异常引起的疾病，但不同国家或组织对此都有不同的定义。1993 年，美国食品药品监督管理局（FDA）给出的定义为：基于修饰活细胞遗传物质而进行的医学干预。细胞能够体外修饰，随后再注入患者体内；或将基因治疗产品直接注入患者体内，使细胞内发生遗传学改变，用于预防、治疗、诊断或缓解人类疾病。2003 年，我国国家食品药品监督管理局颁布的《人基因治疗研究和制剂质量控制技术指导原则》中将基因治疗定义为改变细胞遗传物质为基础的医学治疗，目前仅限于体细胞。这种遗传操作的目的是预防、治疗人类疾病。因此基因治疗实质上是一种以预防和治疗疾病为目的的人类基因转移技术，是以改变人的遗传物质为基础的生物医学治疗。

在大部分人都对遗传学中心法则有所了解的今天，理解基因治疗的基本原理已不再困难。由于基因治疗显而易见的原理，现在没有人试图否定其科学定位。尤其是在农作物和养殖业领域，在基因修饰取得巨大成功后，人们对基因治疗的重要性和必然性更加确信无疑。而且，普通和初入该领域的人似乎比长期从事有关研究的人员具有更加乐观的看法。然而，尽管基因治疗的基本原理貌似简单，人们对该领域的发展前景也寄予厚望，但真正实施起来，就技术层面而言，对于人类这样一种最终受益的异常复杂、大型且长寿的群体，目前依然存在着极多且极其困难的问题，要将该技术在实际工作中运用仍然有很坎坷的路要走。

作为基因治疗的物质基础，在核酸和遗传密码被认识的同时就有人提出了基因治疗的可能性，尽管当时大部分学者认为遗传物质可能不具备操作性，基因治疗因而也缺乏可行性，但是在 20 世纪 70 年代成功进行基因操作后，成功的基因治疗几乎被认定为必然。大量的人力投到了基因治疗学科。大家关心最多的是如何把基因转到适当的地方，基因载体在基因治疗领域的地位就是在这种情况下确立的；如果基因没有到达正确的地方，则是无用甚至是有害的。因此，在基因载体之外，又产生了第二个问题，那就是靶细胞的需求。

从根治遗传病的角度来看，因为生殖细胞的基因治疗可完全修正个体的遗传缺陷，疾病基因在个体中消除而不再传递给下一代，理论上似乎是最好的选择。然而就人类而言，生殖细胞遗传操作所存在的潜在技术不完善，可能导致应用过程中的不确定性和安全隐患，可能为人类基因组和基因库带来不可控的风险；同时可能产生社会公平与正义冲击，导致社会发展伦理问题的出现。所以，尽管目前从理论到技术层面均有实施生殖细胞基因治疗的可能，但是基因治疗一般都在体细胞内完成，并且把外源基因不进入生殖细胞基因组作为一条必须恪守的红线。

第二节　基因治疗的历史事件和基本原则

一、基因治疗重要的历史事件

基因治疗的历史可以分为基础研究（1909～1973 年）、临床试验开始（1989～2003 年）、萧条到繁荣（2003～2022 年），以及未来发展这 4 个阶段。就发展历程而言，丹麦遗传学家约翰森（Johannsen）于 1909 年创用 gene 一词，1953 年美国科学家沃森（Watson）和克里克（Crick）发现 DNA 双螺旋结构，20 世纪 30 年代基因工程（genetic engineering）的兴起，20 世纪 60 年代发现的细菌基因转移，以及由此发展起来的真核细胞的基因转移技术，20 世纪 70 年代对限制性内切酶和连接酶的认识等重要遗传学历史事件成为基因治疗的根本理论技术基础。重组 DNA 技术使人们能够将选定的治疗基因导入工程载体。随着病毒转移遗传物质的能力被发现，病毒载体逐渐成为一种有前途的基因转移工具。这些技术进步使研究人员能成功应用基因治疗载体将特定遗传物质转移到靶细胞，以实现治疗目的。基因治疗的尝试，可视为始于 20 世纪 70 年代美国医生斯坦菲尔德·罗杰斯（Stanfield Rogers）的工作，因有报道称乳头瘤病毒可降低血液精氨酸水平，其试图通过注射含精氨酸酶的乳头瘤病毒治疗一对姐妹的精氨酸血症，尽管没有治疗基因，但是该实验观察到的病毒感染导致血液精氨酸水平下降这一现象，提示后者可能由病毒基因表达所致。首次真正的基因治疗，是由马丁·克莱因（Martin Cline）进行的地中海贫血基因治疗，其修改试验方案，将原来批准使用的野生型治疗基因换成重组基因，又在伦理委员会反对的情况下进行了临床试验。他的违规与失败直接导致基因治疗被禁止到 1989 年。但这一尝试也具有一定的历史意义，一是促使了《人体细胞基因治疗方案的设计和提请批准的注意要点》的出台，1998 年 3 月，更为完善的《人体细胞治疗和基因治疗指导原则》（Guidance for Human Somatic Cell Therapy and Gene Therapy）诞生，且仍在不断更新中；二是发现重组基因具有一定程度的安全性，虽然治疗没有达成预期效果，但是没出现很严重的不良反应。

如果说 20 世纪 70 年代的基因操作从理论上证明了基因治疗的可行性、90 年代前的工作是一些基本探索的话，威廉 • 弗兰奇 • 安德森（W. F. Anderson）1990 年 9 月首例获准的人类基因治疗临床试验获得成功，则标志着基因治疗从概念变成了现实；其领导下成功的腺苷脱氨酶（adenosine deaminase，ADA）缺乏治疗实践证明了基因治疗的可行性。我国复旦大学薛京伦教授，于 1987 年起，在国家 863 计划项目的资助下，系统开展了血友病 B 基因治疗基础和临床试验研究，取得了安全有效的成果，在全球为中国基因治疗赢得了一席之地。这些工作是 21 世纪 20 年代以来，基因治疗大放异彩的生命力之来源。

基因治疗的实践在蓬勃发展的同时，也经历了波折和低谷。

1999 年 9 月 17 日，18 岁的杰西·基辛格（Jesse Gelsinger）因患先天性鸟氨酸氨甲酰基转移酶（OTC）缺乏症，而在美国宾夕法尼亚大学参加一项基因治疗临床试验时不幸去世，成为世界上首位因基因治疗而丧生的患者。基因治疗研究因此在全球范围内受到了巨大的打击而第一次陷入低谷。美国食品药品监督管理局（FDA）和美国国立卫生研究院（National Institutes of Health，NIH）对此事件调查认为：①重症患者可能不适宜作基因治疗；②对 Gelsinger 采用了门静脉注射最大剂量的重组病毒激发了机体致命的免疫反应，导致患者多器官衰竭而死亡。FDA 和 NIH 的重组 DNA 顾问委员会负责人认为，绝大多数基因治疗临床试验没有明显的和不可预见的风险，具有十分广阔前景，应坚持而不是放弃。2000 年 3 月，FDA 和 NIH 制定了基因治疗临床试验监察计划，定期开办基因治疗安全性专题研讨会，以促使基因治疗沿着更为安全的轨道行进。

另一次基因治疗相关的事故是在 X-性连锁隐性遗传的重度联合免疫缺陷（SCID-X1）基因治疗患者（所谓的“泡泡男孩”）中出现白血病病例。SCID-X1 患者接受逆转录病毒介导的基因转染治疗后，5 例出现了无法控制的白血病，研究因此被迫停止。这一事件也使得其他以逆转录病毒为载体的多项研究均被叫停。进一步的研究发现，在参与试验的患者 T 细胞中，逆转录病毒载体插入了患者原癌基因 *LMO2* 启动子附近。该事件发生后，针对该临床试验所涉及的病例，人们又在动物模型及多种人类细胞上进行了有关逆转录病毒整合位点与危险性的研究。尽管在小鼠中也同样发现 *LMO2* 基因获得插入突变，但是在不同细胞中逆转录病毒插入激活癌基因可能不是必然事件，即便激活 *LMO2*，与肿瘤发生的关联也尚待阐明。然而，该事件同时提示，需要更好地理解疾病的生物学本质，对现有的基因载体转运系统需要进行改进、对不同载体的利用的危险性进行分级，有必要对每一项临床治疗的危险因素进行评估。上述 5 名罹患白血病的孩子，有 1 名不幸去世，其他 4 名在接受化疗后痊愈，所有这些参与试验的人员，10 年后仍然健在，提示基于骨髓干细胞的基因治疗成功地治愈了他们严重的免疫功能缺陷。科学家从此事件中吸取了教训，开发出了新的逆转录病毒载体。2014 年的临床试验结果表明，其有效性和安全性都得到了极大的改善和提高。

腺相关病毒（adeno-associated virus，AAV）载体一直被认为是目前使用的病毒载体的安全典范。人类社会的大部分人都感染过 AAV，但是迄今都未见任何与该病毒感染有关的人类疾病。2007 年 8 月，*Science* 报道了“安全的”AAV 载体携带的抗 *TNF* 基因在高度限制的关节腔使用治疗类风湿，引起了新的基因治疗相关的患者死亡事件。尽管随后的调查显示该事件与基因治疗本身无关，但该事件本身及随后引起的思考修补了基因治疗系统及管理上的又一个被忽视的漏洞。

继 2009 年成功治疗先天性黑内障患者、2014 年逆转录病毒载体显著改善 X-SCID 儿童免疫功能等报道之后，基因治疗在脂蛋白脂酶缺乏症、芳香族 L-氨基酸脱羧酶缺乏症、无脉络膜病等一系列遗传疾病治疗的战场上捷报频传。据 2022 年 2 月 16 日的报道，美国食品药品监督管理局已授予基因治疗公司快速通道资格，以使其产品能用于治疗肾上腺脊髓神经病。安斯泰来（Astellas）于 2022 年公布了在糖原贮积症Ⅱ型病成人患者中，基因疗法表现了良好的安全性和耐受性。bioRxiv 2022 年的报道显示，每月接受一次基因疗法，可使寿命延长 40%，显示出“返老还童”的“逆生长”现象。由此可见，基因治疗在解决当今棘手的医疗和社会问题上具有很强的生命力。

基因治疗目前的主要目标依然是医学领域最艰难的疾病课题，2007 年 Malech 发表在 *Blood* 的研究报告为，治疗 3 例由逆转录病毒转导的自体外周动员的 $CD3/4^{+}$造血干细胞的患者，结果显示，对某些 SCID 患儿进行基因治疗可能使免疫功能达到有临床益处的改善。在基因治疗方面经验日丰的 FDA 经过严格的审核权衡后也认为，尽管存在潜在的风险，但是对于罹患重症的患者而言，基因治疗利远大于弊。然而，基因治疗任重道远，需要不懈地努力才有成功的可能。基因治疗的里程碑和失败，提示了这个领域的荆棘挑战与未来（表 13-1）。

表 13-1 基因治疗的主要历史事件

时间	事件
20 世纪 70 年代	Stanfield Rogers，乳头瘤病毒治疗精氨酸血症，失败
20 世纪 80 年代	Martin Cline，基因治疗地中海贫血，违规并失败，导致基因治疗被禁止到 1989 年
1985 年	制定《人体细胞基因治疗方案的设计和提请批准的注意要点》
1990 年	W. F. Anderson，基因治疗 ADA 缺乏获得成功
1991 年	薛京伦，基因治疗血友病 B 获得成功
1999 年	Gelsinger 事件
2003 年	继发于基因治疗的白血病事件
2003 年	《人基因治疗研究和制剂质量控制技术指导原则》
2005 年	基因导入耳蜗的毛细胞，恢复豚鼠 80%听力
2006 年	治愈骨髓系统疾病
2007 年	恢复了一群先天失明的小狗的视力
2007 年	*AAV2* 基因治疗类风湿相关的死亡事件
2008 年	*LCA* 基因治疗临床试验获得进展
2008 年	AAV 治疗脂蛋白脂肪酶缺失症获得进展
2009 年	SCID，8 人长期跟踪多年后痊愈
2009 年	莱贝尔先天性黑内障，4 人重新获得视力
2009 年	帕金森病患者转入 3 个基因提高多巴胺分泌效果很好
2011 年	肿瘤免疫 CAR-T 细胞治疗获得进展
2012 年	AAV 治疗血友病 B 获得进展
2012 年	治疗脂蛋白酶缺乏症的 Glybera 在欧盟被批准上市
2014 年	AAV 治疗无脉络膜病获得进展
2014 年	使用基因疗法对 HIV 患者治疗取得阶段性成果
2015 年	美国 FDA 批准了 Imlygic（T-VEC）溶瘤病毒用于治疗黑色素瘤
2016 年	治疗 ADA-SCID 的 Strimvelis 在欧洲被批准上市
2017～2018 年	治疗先天性黑内障的 Luxturna 在美国、欧洲被批准上市
2019～2020 年	治疗 2 岁以下脊髓性肌萎缩症患儿的 Zolgensma 在美国、欧洲被批准上市
2022 年	治疗 18 个月以上芳香族 L-氨基酸脱羧酶缺乏症的 Upstaza 在欧洲被批准上市
2022 年	治疗 A 型血友病的 Roctavian™ 在欧洲被批准上市
2022～2023 年	治疗 B 型血友病的 Hemgenix 在美国、欧洲被批准上市

二、基因治疗的基本原则问题

1975 年，美国国立卫生研究院（NIH）召集和组织了一个重组 DNA 顾问委员会（Recombinant DNA Advisory Committee，RAC），制定了一系列有关进行重组 DNA 研究的法规，接着，RAC 任命了一个人体基因治疗的分委员会（Human Gene Therapy Subcommittee），并于 1985 年颁布了一个权威性的文件《人体细胞基因治疗方案的设计和提请批准的注意要点》。需要考量的问题如下：①被治疗的疾病是否严重到必须要用这种全新的和从未尝试过的疗法？②该病目前是否有其他治疗方法？③根据已有的实验室和临床研究，基因治疗对于患者及其子女和接触者的安全性如何估计？④根据已有的实验室和临床研究，基因治疗的疗效预计将如何？⑤如何公正地选择受试患者？⑥需要保证患者的知情同意权。⑦保护接受基因治疗的患者的隐私权。

时至今日，有关基因治疗的科学研究或者临床试验仍然需要充分回答以上问题后才能深入开展。在 20 世纪，科学界曾为基因治疗设定了严格的禁区：①严禁对患者进行生殖细胞的基因治疗临床试验；②禁止增强性基因治疗用于增强或改善某些特性。然而，随着科学技术的进步，尤其是以重组腺相关病毒（rAAV）载体为代表的新一代转基因病毒载体，以及以 CRISPR/Cas9 为代表的新一代基因编辑技术在基础和临床研究中的应用，近年来，曾经的“禁区”不断被一些所谓的科学狂人谨慎地突破，甚至导致了具有遗传缺陷的个体诞生，由此引发了全球关于人类道德和伦理底线的大讨论，继而催生了由美国科学院和医学科学院牵头编撰的《人类基因组编辑：科学、伦理与管理》（*Human Genome Editing: Science, Ethics, and Governance*）问世，提出了可遗传生殖系统基因编辑 10 条规范标准：①没有可替代疗法；②仅限于预防某种严重疾病；③仅限于已经被证实可致病或强烈影响疾病的基因；④仅限于将基因改变为在人群中普遍存在的、与正常生理状态有关的、没有明显不良反应的基因；⑤有充足的临床前试验和临床试验数据表明可信的风险和对健康的有益性；⑥临床试验中有持续的、严格的监管，保证对受试者的安全及对受试者健康的影响；⑦具有全面的、尊重个人自主性的长期多代的随访计划；⑧在保证隐私的基础上，提供临床试验的最大透明度；⑨不断评估包括受试者及公众在内的健康与社会影响；⑩有效的监督机制，足以在上述情况受到侵犯时阻止该临床试验。此外，该报告对于增强性基因治疗、基因编辑仍然持否定态度。报告委员会建议，在现阶段，凡是不出于以治疗疾病为目的的生殖细胞基因治疗、基因编辑都不应该获得批准。从内容上来看，虽然该报告主要针对基因编辑，但很显然也同时对基因治疗提出了基本要求。

第三节　基因治疗的理论与技术基础

基因治疗的基本理论基础是遗传学的中心法则，按照该法则，修改基因的碱基类别和序列将改变生物对应的性状，也就是说通过改变疾病的基因可以达到治疗疾病的目的。然而，由于对遗传物质可操作性的疑问，一直到 20 世纪 70 年代基因操作技术获得成功后，基因治疗才被提上议事日程，尽管其间经历了大约 20 年的挫折，但通过科研人员不懈的努力和探索，尤其是方法和技术上的创新，终于在 20 世纪 90 年代，用实践验证了基因治疗的可行性。所以说基因操作技术是基因治疗的基本技术基础。

生物学中心法则像宪法一样难以用于大多数具体的案例，而基因组学则是在生物学中心法则下研究生物基因的结构、功能与调节，为基因治疗及纠正策略提供疾病的基因基础、诊断标记和治疗基因。基因操作技术为实现基因治疗提供了具体方法。目前，基因治疗的操作可以分为基因组操作与基因组外操作。治疗获得短期有效表达较为常见，而获得长期安全有效表达依然困难。这不仅仅源于基因组、细胞及免疫系统的复杂性，也源于操作体系本身的特性并没有被完全阐明。在此过程中，基因组学与基因操作的相互指导与完善构成了基因治疗发展的基本理论与技术基础（图 13-1）。

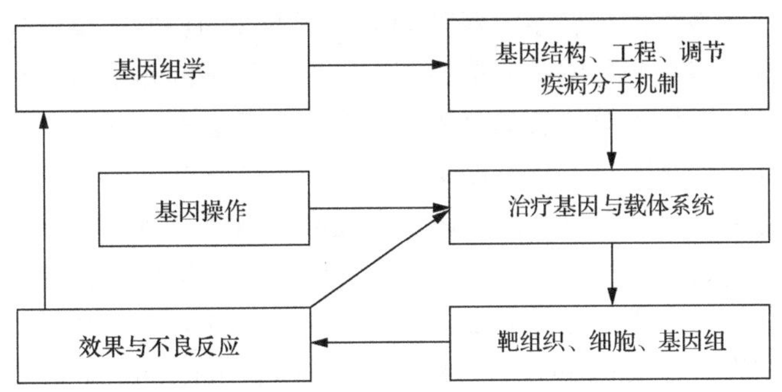

图 13-1 基因治疗的理论与技术基础

一、基因治疗的理论基础

依据中心法则，生物信息流的每一个位点都可以成为干预性状的靶标。现代医学干预的位点也广泛分布于各个水平，但是大部分位点在蛋白质及以下水平。与其他药物不同，基因治疗试图提供一种作用靶点相似、内容和机制各异的干预方法。目前的基因治疗主要集中在 DNA 水平，即中心法则的开端。这是因为 DNA 处于信息流的源头，稳定并易于操作。但理想的预期靶标则是基因组。基因组的差异性对于解释个体差异与疾病本质间的关系至关重要，研究有可能为基因治疗提供适应证；基因组的研究成为基因操作最主要的信息依据，其提供需要修饰的基因、调节模式，以及靶细胞组织，并预测结果；有关基因表达的调控研究可能从根本上改变目前基因治疗的操作体系。

断裂基因是高等生物基因的根本特性之一。早期的基因治疗大部分使用 cDNA 作为目的基因，这一方面是由于载体系统的限制，另一方面则源于对 cDNA 表达效率与基因相同的认知。使用 cDNA 的操作也取得了一定的预期效果，但是随后出现的表达效率低、表达不稳定情况提示真核生物基因发挥功能需要内含子参与，基于该认识使用含有部分内含子序列的迷你基因在某些情况下也确实取得了更好的表达效果。

早在发现原核生物的操纵子时，人们就普遍认识到高等生物基因组也含有类似但更加复杂精准的基因调控系统。启动子就是必需的基本元件之一。早期基因治疗的目的基因一般通过附加 LTR 启动子或 CMV 启动子。在多个基因治疗案例中，基因表现为一过性表达。这与病毒几乎不能与细胞基因共同长期表达是一致的，可能与病毒本身的生物学特性和细胞基因组的防御机制有关。使用细胞的持家基因启动子和组织细胞特异性基因启动子（如泛素蛋白酶启动子、白蛋白启动子及 EF 启动子等）可以获得比病毒启动子体系更长时间的表达。除启动子元件外，增强子也是一类提高真核生物基因表达的重要元件，在基因治疗体系中使用增强子也是目前一种常规的策略。基因组学的研究发现，大多数基因调控元件往往要比编码序列长很多，多种调控元件可以接受细胞内环境的复杂因素从而指导基因正确地表达。这些元件的鉴定与研究都将有望完善基因治疗体系。

转基因失活是基因操作中一种常见的现象。染色质结构的研究发现，基因组被分为许多功能水平差异的区域，即所谓的染色质区室。处于细胞失活染色质区室的转基因往往没有转录活性。有鉴于此，在转基因单位两侧附加隔离元件成为一种提高转基因表达效率的方法。2003 年发生的逆转录病毒基因治疗后继发的白血病事件提示在转基因单位两侧附加隔离元件可能是一种明智的选择。一方面，转基因如果插入到癌基因附近有可能诱发肿瘤发生，如果插入单位有隔离子，则有望避免这种情况发生。另一方面，如果插入含有隔离元件的转基因单位到抗癌基因也可能导致这些基因的失活，但是考虑到丢失突变一般表现为隐性遗传特点，预期该不良反应比激活癌基因要小一些。

基因组学为目前最活跃的学科之一，基因组学的研究结果也将继续影响基因治疗的实践。例如，新发现的广泛存在的 microRNA 调节就可能对治疗基因体系的设计提出了新的要求，避免产生异常 microRNA，以及避免被细胞 microRNA 影响。尽可能把治疗基因体系设计得与原来的基因相似并且递送到相似的区域可能是目前基因治疗的基本原则要求。

二、基因治疗的技术基础

（一）基因治疗的技术方法

常规分子生物学技术是基因治疗的技术基础，鉴于其通用性与普及性，这里不再赘述。需要讨论的是基因治疗所面临的特殊技术问题，也就是安全性与有效性的权衡问题。

在疾病的遗传分子基础确定后，从理论上讲，原位修复应该是最为可靠的方法。这里涉及两个问题：一是有没有这种方法；二是该方法的效率如何。前者的答案是肯定的，同源重组和寡核苷酸介导的原位修复都可以在一定情况下获得基因的原位修正。但是这两种方法的效率都非常低。尽管在动物模型上验证其有可以检测到的结果，但对于人类这种大型生物要实现其治疗意义几乎没有可能。事实上同源重组目前主要限于模式生物的敲除（knock-out）和敲入（knock-in）操作，而寡核苷酸介导的原位修复则还限于细胞系的操作。

目前主要的基因治疗操作可以分为两种形式：目的基因整合到染色体和目的基因游离于基因组。从基因治疗效果的角度上看，因为具有修饰基因的细胞，以及该细胞的子代均可以表达转基因，所以整合毫无疑问地可以更好地稳定表达；而游离的目的基因则可能在细胞内被清除或在细胞分裂中丢失。但是整合具有一定插入突变的风险，尤其是继发于基因治疗的白血病事件后，这种安全考量更加引人关注。在目的基因上附加病毒 LTR 和 ITR 序列、人类染色体着丝粒序列都可以延长目的基因的表达时间。夏家辉院士团队使用天然的人类细小染色体构建的基因载体还获得了与人类正常染色体类似的分离特性。但总体来看，稳定性上升总是伴随效率的下降。现在还没有载体可以达到与逆转录病毒整合转基因的效率。游离于基因组的基因治疗操作主要针对骨骼肌细胞、心肌细胞、肝细胞等终端分化细胞，也取得了较好的疗效。

以上两种基因操作，整合的风险在于影响基因组其他基因的表达，而同源重组等原位修复技术由于效率过度低下难以满足治疗要求，引导基因定点整合到染色体安全的区域就成为一种中庸的选择。定点整合广泛见于低等生物的基因组交换事件，并且这些机制也被用于体外的基因操作。例如，Cre-LoxP 系统就被广泛应用于体外操作体系，但由于其缺乏人类基因组内在位点，因此没有实际用于基因治疗的转基因。噬菌体 C31 整合酶可以介导大片段的基因插入人类基因组相对安全的位点，并且未见严重不良反应的报道，基础研究中利用该系统在小鼠成功使 *hFIX* 等基因表达且达到治疗效果。30 多年前，科学家发现野生型腺相关病毒（AAV）基因组具有在人 19 号染色体定点整合的能力。这一发现加速了此后一系列对该病毒的研究。可惜的是，深入研究表明该病毒定点整合的能力取决于其所表达的 Rep 蛋白，而用于基因治疗的重组型腺相关病毒（rAAV）载体由于剔除了该基因序列，从而失去了定点整合的能力。30 多年后，人们发现了 rAAV 载体基因组的另一个特殊能力，即以游离形式长期稳定存在于非分裂细胞的特点。基于此，科学家成功地将其应用于肝细胞、肌细胞、神经细胞等终端分裂细胞的基因治疗上。然而，如何使 rAAV 载体携带的基因组定点整合到人细胞基因组，长久以来一直是研究者的梦想及努力的方向。

基因治疗在可以预期的将来还不会变成非处方药。理想状况下，基因治疗提供的服务应该和药物或手术一样方便，只有这样才能扩展其应用范围。早期基因治疗技术一般采用体外修饰自体细胞然后回输治疗疾病的策略，其优势是安全性和有效性方便控制，但是需要两次住院过程，以及一个漫长复杂的基因操作、有效性与安全性试验，所以时间、设备、人力和技术成本都非常高，也非常不方便。多个医药公司都试图将早期成功的基因治疗方案产业化，但是由于成本高及预期患者太少而最终放弃。然而，对于罕见的遗传病，该方案依然是最好的解决方法。如果把基因治疗看成一台复杂的外科手术，这种方案的可接受程度就大大增加了，但这种情形的市场预期应该不够理想。

非整合性病毒载体基因治疗药物是一种像药物的方案，这种方法至少在小的模式生物上获得了成功，病毒载体一般表现为一种一次性安全有效的药物。但是当其应用到大型动物时，简单地加大剂量似乎并不能产生预期的效果，这种情况在人类中尤其明显。一般认为这是由于人类漫长的生命周期中建立了对这些病毒深刻的免疫记忆与强大的清除能力，因此它们对人类才是安全的病毒。在人类，构建克服免疫影响的方法可能是非整合性病毒载体基因治疗药物最关键的技术条件。

作为药物，必须在特定靶位点发挥作用。在动物试验中，基因治疗药物往往通过机械的方法递送到特定部位聚集，这种方法当然也能用于部分人类基因治疗案例。但是，最理想药物应该能够常规用药，并在特定部位聚集发挥功能，对其他部位无不良影响。病毒一般有一定的组织细胞感染谱，其组织细胞特异性为基因治疗药物提供了靶向信息；另外，通过分子修饰（如配体-受体修饰、抗原-抗体修饰）也可以提高基因治疗药物靶向特异性组织细胞的能力；使用组织细胞特异性启动子和转录后调节元件也是治疗基因发挥靶向性表达的基本策略。但在目前的靶向性研究中，出现靶向性元件影响治疗基因表达也有报道。因此，靶向性技术研究是基因治疗技术研究的核心课题之一。

（二）基因载体

把治疗基因转移到预定部位需要理想的载体，这是基因治疗的核心问题之一。从载体的生物学属性来看，分为病毒载体与非病毒载体两大类，它们各有千秋，前者靶向性和基因转移效率较高，后者安全性较好。最常见的载体类型是病毒载体。与非病毒载体相比，病毒载体具有更高的转导效率、更强的工程化能力和高度特异性的基因递送特点。到目前为止，如果要总结基因载体的研究实践，可以用学习病毒、超越病毒来概括。常用的病毒载体有如下几种。

1. 逆转录病毒载体

逆转录病毒（retrovirus）又称反转录病毒，为 RNA 病毒，其基因组含 2 条单链 RNA 分子，病毒进入细胞后，病毒 RNA 即反转录为双链 DNA 分子，此 DNA 能进入宿主细胞的细胞核并整合到基因组中。在转基因操作中，逆转录病毒载体是应用广泛的基因转移载体，其高效的整合表达体系让其他载体望尘莫及。

逆转录病毒载体基因转移系统包括两部分：一部分是含有病毒结构基因的产病毒辅助细胞，其能够产生病毒结构蛋白，但由于缺乏包装信号及其他顺式元件，辅助细胞本身不能产生病毒颗粒；另一部分是用外源目的基因替换病毒结构基因的重组型逆转录病毒载体，载体含有包装信号等一些顺式元件。后者转移到产病毒辅助细胞中，由前者提供包装病毒所需结构蛋白，构建带有包装信号及目的基因的病毒载体 RNA，形成具有感染能力的缺陷型逆转录病毒，用于进一步的基因转移。

2. 腺病毒载体

人类腺病毒（adenovirus，AdV）是一类分布广泛的呼吸道病毒。基因组为双链 DNA，大约 36kb。腺病毒作为基因治疗的载体具有以下特点：①感染的宿主范围大，能感染分裂和不分裂的细胞，拓宽了基因治疗靶细胞的选择范围；②感染效率高，有时甚至可达 100%；③治疗的安全性高，病毒基因组 DNA 不整合到染色体上，无插入突变激活癌基因的风险，这在仅短期表达即可满足需要的肿瘤基因治疗中具有明显的优势；④制备方便，病毒滴度高，浓缩后滴度可达 10^{11}PFU/mL；⑤腺病毒对人类较安全，虽然某些腺病毒可引起人呼吸系统的急性感染，但是改造后的腺病毒载体在多年的临床试验上是安全的；⑥可以介导较大片段的基因转移，在呼吸道及消化道途径的基因治疗中具有很好的应用潜力，可将重组腺病毒制备成胶囊或喷雾剂等形式，通过肠道或呼吸道进行基因转移。

到目前为止，腺病毒载体已发展到了第三代。第一代腺病毒载体包括 E1 区缺失的 AdV 表达载体、E3 区缺失的 AdV 表达载体、联合缺失的 AdV 表达载体和由此衍生的改进型载体。这类载体无野生型病毒污染，而且病毒为复制缺陷型，较为安全，所以成为有临床应用价值的基因转移载体。但是，由于腺病毒载体可诱导机体的细胞免疫和体液免疫反应，可使外源基因的表达水平在短期内降低，重复注射也会因为机体产生的中和抗体而失效。第一代腺病毒载体因其中低水平表达的病毒蛋白而对宿主细胞毒性大，免疫原性强，限制了其在基因治疗上的应用。第二代腺病毒载体带有 E2 区缺陷，或者在 E2 区发生了温度敏感型突变（temperature-sensitive mutation），或有 3 个区联合缺陷。第三代腺病毒载体又称微小腺病毒载体（mini-adenovirus，mini-Ad）、辅助病毒依赖型腺病毒载体（helper-dependent adenovirus，HDAd）或腺病毒微型染色体（adenovirus minichromosome）。考虑到腺病毒载体的弊病主要源于遗留在载体中的腺病毒结构基因，这一代载体已把它们全部去除，只保留了腺病毒复制包装所必需的顺式作用元件，即基因组两端的末端反向重复（inverted terminal repeat，ITR）序列和包装信号，总长不到 1kb，空白区却有约 36kb。腺病毒载体系统的完善还在进一步研究中。

3. 腺相关病毒载体

腺相关病毒（adeno-associated virus，AAV）是迄今为止所发现的人类病毒中唯一一种与人类疾病没有任何关联的病毒，它能将其基因组定点整合到人 19 号染色体的特定区域。AAV 在病毒分类学上属细小病毒科，是复制缺陷型病毒，其复制必须依赖于辅助病毒（如腺病毒）。

重组型腺相关病毒（rAAV）载体具有许多优点：①它是一种非病原性的人类病毒，大大减少了野生型病毒对患者的危害；②重组型载体虽然丢失了野生型病毒基因组定点整合的能力，但是在转染非分裂细胞的时候，载体基因组将以游离体的形式独立于人基因组而长期存在，大大降低了随机插入导致肿瘤发生的风险；③宿主范围广，转导频率高，无组织特异性，能感染分裂与非分裂细胞，可以用于多种疾病的治疗；④rAAV 载体删除了所有和野生型病毒相关的基因序列，以及 5′和 3′非编码区域，仅保留末端病毒载体包装所必需的 145bp 的 ITR，一般认为 ITR 序列是转录中性的，虽然有报道提出 ITR 有一定的启动子作用，但是其调控外源基因表达的能力可以忽略不计；⑤在细胞层面上，AAV 对超感染没有免疫性，可以向同一细胞引入多种不同基因或对同一细胞反复感染；⑥外壳蛋白小，易于改造。血清型 2 型 rAAV（rAAV2）是当今构建病毒载体最多的原始毒株。最近的研究表明，部分其他血清型 AAV 的基因转移和表达的效率要大大高于 AAV2，如小鼠肌内注射 AAV1 后，凝血因子Ⅸ表达可以比原来用 AAV2 时提高 1000 倍。

近些年，科学家发现并改造获得了 13 种血清型（serotype）及近百种外壳蛋白变异体（variant）。每一种外壳蛋白都有可能对一类特殊细胞有一定的靶向性。当然，AAV 也有局限性，比如包装容量有限，不能超过 5.2kb；缺乏大量制备的简便有效的方法等；由于 AAV 是一种人类病毒，因此在人体层面上存在免疫原性、抗体反应等；另外重组病毒的非定点整合特性也是一个需要考量的因素。

科学家对 rAAV 载体外壳蛋白的研究与改造经历了 20 多年的历程。20 世纪 90 年代，人们测序鉴定了多种野生血清型的 AAV 基因组，其中外壳蛋白序列往往被成功应用于 rAAV 载体的构建。在这一阶段，科学家发现 rAAV 载体外壳蛋白的改变，有时仅仅涉及数个氨基酸（如 AAV1 与 AAV6 仅相差 6 个氨基酸），rAAV 载体外壳蛋白的改变就可以赋予 rAAV 载体全新的靶向性；进入 21 世纪，科学家对 rAAV 载体外壳蛋白进行了人为突变，从最初由佛罗里达大学 Nicholas Muzyczka 教授所提出的随机突变，到 Arun Srivastava 教授的定点突变，再到 Jude Samulski 教授的替换突变（即将一种血清型的部分外壳蛋白序列替换为另一种血清型外壳蛋白在相近位置上的序列），以及小片段插入等，科学家获得了一系列靶向性迥异的 rAAV 载体。尤其值得一提的是，2008 年在 David Schaffer 教授课题组诞生了一种全新的技术，即 rAAV 外壳蛋白文库。每一种文库均含有不低于 100 万种不同的 AAV 外壳蛋白。科学家利用这些文库，以及各自感兴趣的靶细胞就能筛选出有独特靶向性的 AAV 外壳蛋白。

4. 单纯疱疹病毒载体

单纯疱疹病毒（herpes simplex virus，HSV）属于有包膜的双链 DNA 疱疹病毒，基因组长为 152kb。HSV 载体的优点在于宿主范围广，可感染非分裂细胞，尤其是能高效感染神经系统细胞，这在很多神经系统疾病的基因治疗研究中具有很大的应用潜力。此外，HSV 载体的制备容易。在目前所有的病毒载体系统中，HSV 载体外源基因容量最大，可达 30kb，可以携带较大的外源基因或者多个外源基因。HSV 的缺陷在于外源 DNA 不整合，对细胞有毒性。

HSV 是天然的致病病毒，其危险性很高。早期的 HSV 载体系统制备是通过野生型的 HSV 感染细胞后，将带外源基因的载体转染该细胞，细胞可包装产生带外源基因的重组 HSV 颗粒，但这样制备的重组 HSV 会带有野生型病毒的污染，给治疗的安全性带来隐患。为了解决这个问题，人们提出了许多改良措施，譬如用一种温度敏感的 HSV 代替野生型 HSV，温度敏感型 HSV 在 31℃条件下可以正常存在，在 37℃时温度敏感型病毒则失去感染繁殖能力，这样就可以将制备的病毒混合物用温度来选择得到纯化的重组 HSV。另外一种改进的 HSV 载体系统与腺病毒载体系统类似，先将 HSV 的基因组部分片段转染细胞用于提供反式互补，而后将带目的基因的载体转染包装细胞，在细胞内发生同源重组，产生重组 HSV 颗粒。目前人们已经应用 HSV 基因转移系统，将 *lacZ*、*neo*、*HPRT*、*NGF* 等基因转移到中枢神经系统并获得表达，动物试验也取得了阶段性结果。但由于病毒的细胞毒性、存在免疫原性及同源重组产生野生型 HSV 的可能性，其在临床上的应用受到限制，以 HSV 作为基因治疗载体进行临床试验的案例不多。

理想的基因治疗载体应具有高转导效率、诱导长期稳定表达、靶细胞特异性、负载容量等特性。基因治疗临床试验的十年趋势分析结果显示，以慢病毒、腺病毒和 AAV 为代表的病毒载体，在临床中使用广泛。其中，慢病毒和逆转录病毒在 CAR-T 细胞或 TCR 修饰的 T 细胞产品中广泛使用；AAV 载体由于安全性高、持续表达时间长、免疫原性低、血清型多等特点，主要用作遗传性疾病的体内基因治疗载体，成为目前最具前景的基因治疗载体；腺病毒载体作为溶瘤病毒产品和病毒疫苗产品而广为人知。

（三）基因治疗的特异靶向转移

自 1990 年基因治疗诞生以来，其在遗传病、肿瘤、心血管疾病、血液疾病、神经系统疾病等的研究上取得了较快发展。然而它的疗效并不像当初人们预计的那样理想，治疗的安全性和有效性离人们的预期还有一定的差距，这与靶向性不理想有很大的关联。

基因治疗的靶向性是指将基因的治疗作用限定在特定的靶细胞、组织或器官的特定靶位，而不影响其他细胞、组织或器官的功能。实现靶向性治疗的主要途径如下：①基因转移的靶向性，即将目的基因导入特定的靶细胞；②基因表达的靶向性，即通过调控使目的基因在特定的组织器官中表达；③基因表达的时相性，即调控目的基因的表达时间和表达的水平。

1. 基因转移的靶向性

（1）受体-配体或抗原-抗体介导的靶向基因转移。有人报道用抗表皮生长因子受体（epidermal growth factor receptor，EGFR）单克隆抗体的 Fab 段通过多聚赖氨酸与目的基因 *HSV-tk* 形成亲和复合物，通过 EGFR 介导的内吞作用将目的基因特异性地导入靶细胞。

（2）病毒介导的靶向基因转移。某些病毒能特异性地感染人体的某些组织细胞，利用这一特点可将目的基因特异地导入靶细胞中。例如，HSV 具有嗜神经性，可用于构建神经系统疾病的基因载体。逆转录病毒只能感染分裂细胞，可用于治疗神经系统肿瘤，这是因为神经系统中分裂的细胞都是肿瘤细胞和为肿瘤供血的血管内皮细胞。

（3）理化因素介导的靶向性。事实上，最简单的靶向性就是定点注射。目前开展的肿瘤基因治疗的大部分研究及临床试验采取的都是肿瘤内局部注射，从而使基因表达局限在肿瘤内。最热门的技术和研究热点包括了纳米颗粒的磁介导靶向、光敏颗粒等。

2. 基因表达的靶向性

如果基因的靶向性转移无法实现，还可以利用特异性的调控元件，譬如组织特异性的基因启动子控制目的基因只在靶细胞内表达。外源性治疗基因导入细胞后，由于靶细胞内特异的转录激活因子作用于组织特异性的启动子，从而激活治疗基因的表达，而其他非靶细胞内由于缺乏特异的转录激活因子，因而外源基因即使导入也不表达。目前使用的组织特异性基因启动子可分为两类：正常组织中的特异性启动子和病理状态下组织中的特异性启动子。常见的有甲胎蛋白（AFP）启动子、癌胚抗原（CEA）启动子等。例如，有研究人员将氯霉素乙酰基转移酶基因（*CAT*）置于骨钙素基因启动子的控制之下，转染黏着性骨髓细胞，静脉输注经转染的骨髓细胞后，证实尽管骨髓细胞分布于各种组织内，但 *CAT* 仅在骨组织中表达。

3. 基因表达时相性的调控

借助靶向性转移和靶向性表达能把目的基因的表达限制在特定的靶细胞中。外源基因的表达时间和表达水平不受调控，而很多疾病的基因治疗则要求目的基因在一定时间和一定水平进行表达。基因表达时间过短或表达水平过低则起不到治疗作用，反之，若表达时间过长或表达水平过高则又会引起机体其他方面的不良反应。因此必须精确调控目的基因的表达时间和表达水平。目前采取的方法大都是用无毒的小分子药物如四环素、蜕皮激素等来调控转录因子的活性，由转录因子调节目的基因的表达。

三、基因治疗的靶细胞

基因治疗的核心问题是外源基因在靶细胞中的高效导入、长期并特异性表达。因此，适合不同基因转移的靶细胞的研究是基因治疗研究的重要内容。出于安全性、伦理和道德层面的要求，遗传病基因治疗中应用较多的靶细胞均为体细胞，如造血干细胞、皮肤成纤维细胞、肌细胞和肝细胞；肿瘤基因治疗中最常用的是肿瘤细胞本身，其次是T淋巴细胞和造血干细胞。

（一）造血干细胞

造血干细胞（hematopoietic stem cell，HSC）具有自我更新和分化为血液及免疫系统中各种成熟细胞的能力。目的基因转移到造血干细胞后，随造血干细胞的自我更新和分化在体内长期表达。CD34抗原是人HSC/HPC分离纯化的主要标志，c-kit又称干细胞因子受体（SCF-R）或CD117，是小鼠主要的造血干细胞表面标志。依据上述的细胞表面标志而采用的抗体介导的细胞分选技术包括流式细胞仪细胞分选法、平面黏附分离法、免疫磁珠分离法等。

慢病毒载体可以介导外源基因在人造血干细胞中的植入，并在多谱系的造血细胞中实现目的基因的长期表达。同时，慢病毒载体转导后的造血干细胞在体内能保持正常的自我更新能力和分化谱系特征。慢病毒载体转导造血干细胞早期的研究显示，这种载体可以转导静息的非分裂造血祖细胞和处于G_0期的$CD34^+CD38^-$细胞。但也有报道显示，VSV-G假型慢病毒载体和小鼠白血病病毒（MLV）在没有细胞因子的培养基中转导小鼠造血干细胞的效率较低，而在含有IL-3、IL-6、干细胞因子（SCF）的条件下转导造血干细胞效率提高。慢病毒载体可以转导生长抑制的细胞系，但在不同细胞周期状态的造血干细胞中慢病毒介导的基因转移效率不一，推测慢病毒载体的转导尽管不需要细胞分裂，但仍依赖于细胞周期。尽管细胞因子的刺激可以提高转导率，但随后细胞快速分裂可能导致转导的基因在子代细胞中丢失。因此，理想的转导需要在载体整合之前激活细胞但不是启动细胞的快速增殖。

除了慢病毒，早期的研究对2型rAAV能否高效转导造血干细胞也有较大的争议。2013年，美国佛罗里达大学的Srivastava和Ling教授提出6型rAAV对造血干细胞有较好的靶向性，定点突变其外壳蛋白后能更进一步提高转导效率。2015年以来，使用该载体对造血干细胞的基因转移研究陆续发表于*Science Translational Medicine*、*Nature Biotechnology*等顶级科技杂志。

（二）皮肤成纤维细胞

用皮肤成纤维细胞进行基因转移及表达的研究起步较晚。皮肤成纤维细胞容易获取，能体外培养并能及时去除异常细胞，也容易植回体内，不良反应容易被发现。皮肤成纤维细胞属于已分化的细胞，对外源基因表达的影响较小，很多导入的基因均能正常表达，其合成和分泌的蛋白质可以通过血液供其他细胞使用。逆转录病毒载体在原代皮肤成纤维细胞中具有很高的转移效率（超过50%）。将带有*neo*基因和ADA cDNA的病毒载体转入患者皮肤成纤维细胞，用G418选择，得到了能生产具生物活性的ADA蛋白的细胞。通过逆转录病毒载体的基因转移，人体皮肤成纤维细胞已能够产生具有生物活性的ADA、葡糖脑苷脂酶、嘌呤核苷磷酸化酶、低密度脂蛋白和人凝血因子Ⅷ、人凝血因子Ⅸ、神经生长因子，以及用于制备肿瘤疫苗的各种细胞因子。有研究人员将人生长激素基因转移到体外培养的小鼠 LTK-成纤维细胞，然后将这些细胞移植到小鼠体内，能在小鼠血液中检测到所合成的人生长激素，植入的细胞最长可存活 3 个月以上。薛京伦教授团队应用逆转录病毒载体将 *hFⅨ* cDNA 转移到两例血友病 B 患者皮肤成纤维细胞中，*hFⅨ*不仅在患者皮肤成纤维细胞中高效表达，而且将这些含 *hFⅨ* cDNA 的皮肤成纤维细胞自体植回患者体内后，*hFⅨ* 仍能持续高水平表达 2 年以上，患者出血症状不同程度减轻，获得了安全有效的结果。

（三）肝细胞

成年哺乳动物肝细胞基本上是不分裂的高度分化细胞，对逆转录病毒感染不敏感，可被腺病毒感染。当肝脏受到损伤或部分切除时，肝细胞能重新进入细胞分裂而再生，这样就可以进行逆转录病毒的高效感染。1987 年，Ledley 等用无血清培养液成功地培养了新生小鼠肝细胞，并证明肝细胞能够被带有 *neo* 基因的逆转录病毒载体感染而显示 G418 抗性。研究证明逆转录病毒载体能有效地感染原代培养的大鼠肝细胞，并表达外源人的基因 *HPRT* 和 *neo*。研究人员将一个带有 *β-gal* 及 *neo* 基因的逆转录病毒载体转入原代培养的成年大鼠肝细胞，25%的肝细胞能够有效地表达 β 半乳糖苷酶。研究人员还把人低密度脂蛋白（LDL）受体 cDNA 基因转移到有遗传性高脂血症的 watanaba 兔肝细胞中，转染细胞 LDL 受体活性比正常兔肝细胞高 4 倍。Ponder（2011）运用脂质体将基因 *CAT* 及 *lac Z* 高效转移到肝细胞的研究中，发现 *CMV*、β 肌动蛋白基因启动子在肝细胞中有较强的调控基因表达的能力。

2002 年，宾夕法尼亚大学 Wilson 教授在寻找新型 AAV 外壳蛋白的过程中意外发现重组型 8 型腺相关病毒载体（rAAV8）通过静脉注射能高效靶向转导小鼠肝细胞。有意思的是，在离体培养的肝细胞中，rAAV8 的转导效率极低，具体原因至今不明确。虽然近年来对于 rAAV8 是否在体内高效转导人肝细胞有争议，但无论如何，rAAV8 现已成为小鼠肝细胞基因治疗研究的黄金标准。

（四）肌细胞

肌细胞是基因治疗的理想靶细胞之一，虽然研究较晚，但进展较快，已经成为非常有发展前景的靶细胞。肌肉是药物注射的常用组织，有一定的耐受性，肌肉组织数量多、易获取；成肌细胞（肌肉前体细胞）容易分离培养，并易于病毒基因的转移；基因转移成肌细胞容易移植回肌肉，并且易与原位肌纤维融合，移植处有丰富的血管可以将基因产物运输到全身。

（五）肿瘤细胞

肿瘤细胞是肿瘤基因治疗研究中最常用的靶细胞，无论采用免疫增强基因、药敏自杀基因还是肿瘤抑制基因，肿瘤细胞总是首选的靶细胞。在增强免疫系统功能的基因治疗方面，人们首先采用细胞因子类基因转移 TIL 淋巴细胞，期望增强淋巴细胞对肿瘤的特异杀伤作用，由于在人体内 TIL 的靶向性不强等因素，人们把研究重点转到了肿瘤细胞上，希望能够通过细胞因子基因的转移增强肿瘤细胞的免疫原性。IL-2、IL-4、γ 干扰素（IFNγ）、G-CSF、TNF 等细胞因子基因转移到肿瘤细胞中能不同程度地增强肿瘤的免疫原性，使机体的抗肿瘤能力增强。除了细胞因子，MHC 抗原基因、共刺激因子、癌抗原基因甚至一些抑癌基因、异种基因转移肿瘤细胞均能起免疫增强和保护作用。此外，药敏自杀基因 *HSK-tk*、*CD* 等基因转移到肿瘤细胞中，加入前药核苷酸类似物更昔洛韦（GCV）、阿昔洛韦（ACV）或 5-氟胞嘧啶（5-FC）治疗，能显著提高肿瘤细胞对这些药物的敏感性而使肿瘤细胞死亡。

（六）T 淋巴细胞

T 淋巴细胞来源于骨髓的多能干细胞。在人体胚胎期和初生期，骨髓中的一部分多能干细胞或前 T 细胞迁移到胸腺内，在胸腺激素的诱导下分化成熟，成为具有免疫活性的 T 淋巴细胞（以下简称为 T 细胞）。目前以 T 细胞为靶细胞的基因治疗主要集中在艾滋病和血液系统癌症上。Sangamo 公司利用锌指蛋白（ZFN）介导基因编辑敲除 T 细胞基因组中的 *CCR5* 基因，从而使其对 HIV 具有抗感染的特性。在肿瘤免疫治疗领域，目前以逆转录病毒、慢病毒或者睡美人转座子介导针对特定肿瘤抗原的嵌合抗原受体（CAR）基因在 T 细胞表达的基因疗法取得了重大的成功。目前，使用最广泛的是添加了共刺激域的第二代 CAR，比较成功的肿瘤抗原靶点包括 CD19 和 BCMA，CAR-T 技术在血液系统癌症的基因治疗中达到了 90%以上完全应答的治疗效果。降低 CAR-T 治疗中的细胞因子风暴的毒性作用，以及如何使 CAR-T 技术成功应用于实体瘤，是当前 CAR-T 肿瘤免疫治疗领域两个重要的发展方向。

第四节　基因治疗的现状与范例

基因治疗的疗效和安全性需要长期的观察才能定论，所以定义基因治疗的现状是一个难题，预期基因治疗的下一个实践是重大突破还是不幸事件也不现实。《载体学》（*Vectorology*）主编在创刊号中，对基因治疗的描述也许能局部代表专业人员对于基因治疗现状的基本看法：From Wild West to Main Stream（从狂野的西部到主流）。基因治疗目前还不是主流，但我们不能就此否认它成为主流的潜力，基因治疗有望突破性地解决现代医学中的各种疑难问题。

基因治疗从开始到现在，其主要的研究靶标依然是目前医学难以解决的困难问题。据统计，2010～2020 年，共进行了 1908 项基因治疗临床试验，内容主要涵盖 3 个重要领域：癌症、单基因或多基因遗传性疾病、传染病。总体来看，基因治疗仍然属于探索阶段，一朝突破是不现实的，因为这些复杂疾病本身就是现代医学数十年攻而未克、鲜有进展的领域。基因治疗需要在疾病病因和发生发展的遗传机制得以揭晓后，才会展示其无限的活力和用武之地。

一、遗传病的基因治疗

基因治疗依然是大部分遗传病唯一或最好的治疗方法，近十余年基因治疗临床试验的数据显示，虽然其总体数量略逊于肿瘤，但后者多处于Ⅰ期临床试验，而前者大多处于Ⅲ期临床试验阶段，进度显然超过其他类别的疾病，这就是为什么基因治疗后有继发白血病的案例但公众依然对基因治疗持信任态度，即便后期有肿瘤发生，其整个生活质量依然优于遗传疾病基因治疗前的状况，此处列举几例以飨读者。

（一）ADA 缺乏症

人体中腺苷脱氨酶（ADA）的缺乏可使 T 淋巴细胞因代谢产物的累积而死亡，从而导致重症联合免疫缺陷病（SCID）。大约 25%的 SCID 患者由 ADA 缺乏引起（ADA-SCID）。多年以来，ADA 缺乏症一直是遗传病基因治疗的首选模式疾病，因其由单个基因缺陷引起，基因治疗的可操作性较强，成功的可能性较大。此外，*ADA* 基因调控简单，始终处于开启的状态，其表达量无须精确调控，很少量就有疗效，表达过多也无明显不良反应。*ADA* 基因治疗的探索具有很高的科学价值和很大的示范作用，其成功可极大地加速基因治疗的发展。

ADA 缺乏症基因治疗主要策略是利用逆转录病毒载体将 *ADA* 基因转移到骨髓造血细胞、淋巴细胞或皮肤成纤维细胞中。在离体细胞试验中外源 *ADA* 基因均能较好地表达，1990 年 9 月，美国 Blease 小组对 1 位 4 岁 ADA 缺乏症女孩进行了世界首例基因治疗临床试验，患者体内输注遗传修饰的 T 细胞约 1×10^{10} 个，每 1～2 个月一次，连续输注 1 年，间断半年，再输注 3 次，一共输注 11 次，2 年后停止基因治疗，治疗的同时辅以 PEG-ADA 治疗。患者接受基因治疗 5 年中，体内 ADA 浓度由低于正常值的 1%上升到接近正常值的 20%，淋巴细胞数量正常，细胞和免疫功能正常，病情好转，尤其是在基因治疗停止后，外源 *ADA* 基因仍然继续表达。1991 年 1 月，1 位 9 岁的 ADA 缺乏症患者也接受了 12 次类似的遗传修饰细胞输注，T 细胞上升至正常范围的高值，在基因治疗停止后，T 细胞含量持续 1 年多处于正常范围，其细胞和免疫功能上升。但是，由于基因转移效率低，其 ADA 水平没有明显上升。这 2 名女孩儿都在辅助药物的帮助下，由隔离病房走进正常生活。该项基因治疗临床试验表明：外源 *ADA* 基因能够在患者体内整合并表达，患者的免疫功能得到改善，取得了安全有效的结果。研究者随后又进行了骨髓细胞途径的 *ADA* 基因治疗，但治疗效果没有前两例明显。1992 年 3 月和 1993 年 7 月，意大利的 Bordignon 等先后对 2 名 ADA 缺乏症患者进行了基因治疗临床试验，采用转染 *ADA* 基因的淋巴细胞和造血干细胞进行输注，基因治疗结束 2 年后，能够表达 *ADA* 基因的淋巴细胞和骨髓细胞长期存活。遗传修饰的造血干细胞能够分化为表达 *ADA* 的 T 淋巴细胞，患者细胞免疫和体液免疫功能恢复正常，也获得了安全有效的结果。荷兰、日本等国也开展了类似研究，取得了安全有效的结果。1999 年，法国科学家采用逆转录病毒途径，以 $CD34^+$骨髓造血干细胞为靶细胞，对 2 例 SCID 婴儿成功实施基因治疗，患儿不再服用任何药物就从隔离病房走向正常生活，机体免疫功能完全恢复，能够抵抗外界的各种病毒、细菌等病原体的感染。科学家称这是基因治疗取得完全成功的第一个报道，极大地鼓舞了基因治疗研究者的信心，促进了相关研究。

（二）血友病 B

血友病（hemophilia）B 是基因治疗的模式病种之一，是凝血因子Ⅸ的缺乏而引起的

X 染色体连锁隐性遗传病，患者往往由于凝血功能障碍而流血不止或自发性出血，患者的关节长期淤血可引起关节严重损伤乃至失能，症状严重时危及生命。血友病 B 的常规治疗以输血和血制品为主，可能引起严重输血反应、病原体感染，此外还因凝血因子在血液中半衰期短，需要经常性地输入，烦琐且治疗费用昂贵。因而迫切需要找到一种安全、方便、廉价的治疗手段。

基因治疗为血友病 B 的治疗开辟了一条新的途径。血友病 B 是基因治疗的理想病种，其发病的生化和遗传机制已经被阐明。hFⅨ是分泌型蛋白，能在多种组织中表达、加工和分泌，靶组织选择范围广，靶基因表达量只要达到正常人 hFⅨ血浆浓度的 10%（约 500ng/mL）左右，就能完全纠正患者凝血功能的缺陷；此外，血友病 B 有基因敲除的动物模型，有成熟的 hFⅨ表达量和凝血活性的测定方法，便于进行疗效评价。1987 年，Anson 等首次提出经皮肤细胞基因治疗血友病 B 设想。从 1989 年起，St Louis、Palmer 等相继对小鼠进行了血友病 B 基因治疗的小鼠动物试验，其后 Kay 等以患血友病 B 的狗进行动物试验，能够准确评价凝血因子Ⅸ的治疗效果。无论在离体研究还是在动物试验中，人或狗的 FⅨ cDNA 均能够高效表达。复旦大学遗传学研究所薛京伦教授团队自 1987 年起，以血友病 B 为基因治疗研究对象，进行了 hFⅨ的离体试验、动物试验、安全性检测，并于 1991 年成功地开展了世界首例血友病 B 基因治疗的 I 期临床试验，共有 4 名血友病 B 患者接受了基因治疗。治疗后患者经体内 hFⅨ浓度上升，出血症状得到不同程度缓解，均取得了安全有效的结果。该研究仅仅晚于美国的 ADA 缺乏症基因治疗临床试验，是我国基因治疗研究领域的一个标志性成果，在国际上为我国基因治疗赢得了一席之地。此后，相关的基因治疗的临床试验研究在国内外广泛开展，为了进一步提高血友病 B 基因治疗的效果，腺病毒、腺相关病毒、慢病毒及非病毒载体都进入了研究者的视野。1999 年，High 等在 AAV 基因治疗血友病 B 动物试验获得显著效果的基础上和 Avigen 公司合作，开展了血友病 B 基因治疗的临床试验，通过肌内注射 rAAV 载体介导的转基因实现了 hFⅨ表达。I 期临床试验表明患者的凝血活性由<1%上升到 1.4%，其安全性也得到证实。后续一系列使用新的 AAV 载体进行的类似试验也获得了较好的治疗效果。但总的来说，血友病 B 的基因治疗在大动物和人体试验的结果还不尽如人意，且人体的免疫反应强，还需进一步提高有效性和安全性。

遗传病的基因治疗目前还只局限在少数单基因隐性遗传病，对缺陷的蛋白质表达量的要求不高。其主要采用替代疗法，将有功能的基因导入人体，表达出功能蛋白质，纠正患者的临床症状。但是，对于显性有害突变导致的遗传病，转入正常的功能基因对治疗没有作用，这就要求在基因治疗的策略上进行调整。例如，通过反义技术或基因调控将有害突变的基因沉默，或者采用同源重组的方法进行定点纠错，使突变基因回复为野生型基因。就现已开展的基础和临床研究实践而言，同源重组效率还较低，虽然代表了基因治疗的方向，但在实际应用中还有待深入的基础研究；目前还不能确保反义技术的特异性抑制，所以遗传病基因治疗的路还很长，需要不断地探索和积累。

二、肿瘤的基因治疗

由于肿瘤的发病率和死亡率高，病因复杂多样，异质性高，危害程度大。整体来看，目前缺乏有效的治疗手段，因而人们对肿瘤治疗的探索持百花齐放态度，随着科学的发展和技术的进步，肿瘤的常规治疗已经从手术治疗发展到化学治疗、放射治疗到生物治疗和综合治疗等方法，取得了一定的进展，但是仍然不能从根本上治愈肿瘤；随着基因转移方法的逐渐成熟，肿瘤基因治疗的研究成为近二十几年来基因治疗的主要研究内容和热点，而基因治疗与细胞治疗的完美结合，如 CAR-T 等技术的应用，使基因治疗在肿瘤领域的开展呈现出乐观的前景，目前进入肿瘤基因治疗的临床试验数量大大高于其他病种。

在肿瘤基因治疗类型选择上，大多选择恶性程度高、其他方法难以治疗的肿瘤作为研究对象。近十年的数据资料表明，血液系统相关癌症的基因治疗临床试验数量最多，其次是胃肠道和神经系统相关癌症，如白血病、淋巴瘤、黑色素瘤、多发性骨髓瘤、恶性脑胶质瘤、肾母细胞瘤、肝癌、肺癌、胃癌、肠癌等。所采用的基因转移方法也异于遗传病，一般不需要目的基因在体内的长期表达，多以瞬时表达达到治疗效果为目标。到目前为止，已有一些被批准用于癌症治疗的基因治疗产品，如 Gendicine、Oncorine、Rexin-G、Imlyga、Delytact，以及 8 个 CAR-T 细胞治疗产品，包括 Kymriah、Yescarta、tecartus、breyanzi、abecma、ARI-0001、carteyva 和 carvykti。

肿瘤基因治疗的实施主要包括以下 3 个方面：①确定具有治疗意义的目的基因；②建立高效的基因转移的载体系统，更多时候需要向肿瘤细胞的靶向性转移；③调控目的基因在靶细胞中的表达，达到治疗肿瘤的目的。

（一）肿瘤基因治疗选用的外源基因

肿瘤基因治疗是通过将外源基因导入目的细胞并有效表达从而达到治疗的目的。按目的基因的功能可以将导入外源基因治疗的方式分为以下几种。

1. 抑癌基因的导入和癌基因的反义核酸导入治疗

肿瘤形成的分子机制涉及癌基因的激活和抑癌基因的失活，癌基因和抑癌基因对细胞的生长发育与分化起正负调节作用。目前，肿瘤的研究热点已经从癌基因过渡到抑癌基因，近年来相继克隆了 *Rb*、*p53*、*NF1*、*DCC*、*ERBA*、*APC*、*MTS*、*nm23* 等，尤其在超过 50%的肿瘤中都发现有 *p53* 的突变，是抑癌基因中的“明星”基因。抑癌基因的各种突变会引起癌基因的激活导致细胞持续增殖而形成肿瘤。因此，人们希望利用抑癌基因的转移使肿瘤细胞的表型恢复正常或细胞凋亡。*Rb* 基因缺陷可导致视网膜母细胞瘤、小细胞肺癌，膀胱癌等肿瘤，将正常 *Rb* 基因导入视网膜母细胞瘤中，该细胞将失去致瘤能力；将野生型 *p53* 基因转染肿瘤细胞，肿瘤细胞可发生凋亡、在动物体内致瘤能力下降。Clayman 等采用腺病毒携带 *p53* 治疗头颈部肿瘤取得了较好的疗效；针对突变 *p53* 基因的反义疗法在白血病治疗中可能会引起白血病细胞的凋亡。由于 *p53* 基因的表达可增强细胞的免疫原性，产生旁观者效应，因而人们设想将免疫相关基因与 *p53* 联合运用于基因治疗，还有人设想将突变的 P53 蛋白制备成瘤苗，预防和治疗肿瘤。抑癌基因 *MTS* 突变与 75%的肿瘤形成和发生有关。*p16* 基因[又称多肿瘤抑制因子（multiple tumor suppressor 1，MTS1）]直接与肿瘤抑制相关，*p16* 基因治疗研究具有较广阔的前景。*nm23*

基因能够抑制肿瘤转移，Leorle 等将 *nm23* 转染具有高度转移能力的黑色素瘤细胞，肿瘤细胞的致瘤能力虽然没有下降，但是其转移能力下降了 90%，因而，*nm23* 基因可以与其他基因联用成为肿瘤基因治疗手段之一。

癌细胞不同于正常细胞的生长表型，缘于其基因水平上抑癌基因突变、失活和/或癌基因的突变、扩增、过度表达。针对前者可以将具有正常功能的野生型抑癌基因转移至肿瘤细胞中，重建失活的抑癌基因功能，恢复细胞的正常生长表型，或者诱导肿瘤细胞凋亡，从而达到控制肿瘤细胞异常生长的目的。对于后者，常采用反义技术在转录和翻译水平阻断肿瘤细胞中异常基因的表达，从而引起细胞的表型逆转或细胞凋亡。近年来反义技术在离体试验和动物试验中取得了较好的结果，特别是在神经胶质瘤的基因治疗中取得可喜的进展。反义基因治疗分为 3 类：①利用质粒载体或病毒载体转化或转染肿瘤细胞，在细胞内转录出能与目的基因 mRNA 互补的反义 RNA，形成双链 RNA，从而阻断目的基因蛋白质的翻译；②体外人工合成反义寡核苷酸片段，经过化学修饰导入细胞，与 mRNA 结合，形成 RNA-DNA 杂合链或核苷酸三聚体，抑制目的基因的翻译或转录；③利用特异性的核酶（ribozyme），根据癌基因设计出特异的“锤头”或“发夹”结构，通过其催化切割功能，降解异常表达的靶基因 mRNA，间接抑制基因的翻译。反义核酸基因治疗在靶基因选择上，可以分为癌基因、异常的抑癌基因、生长因子及其受体细胞信号转导系统、细胞周期调控物质等。反义核酸基因治疗不但在体外实验和动物模型上取得了显著效果，临床试验亦显示出理想的治疗效果。

在癌基因的反义基因治疗研究中，目前已供选择的靶基因很广泛。其中，癌基因包括 *c-src*、*c-fos*、*H-ras*、*K-ras*、*c-myc*、*P120* 等；自分泌的生长因子及其受体基因包括 *IGF-1*、*IGF-1* 受体、*EGF*、*TGFα* 等。Amini 等将表达 *src* 反义基因的质粒导入 *v-src* 过度表达的转化细胞，该细胞的致瘤性下降。癌基因的反义基因治疗所用基因及肿瘤类型繁多，一些肿瘤同时存在多种癌基因表达，这就需要从多种癌基因的共同通路探索治疗的靶基因，如 *c-fos* 是 *c-src*、*c-ras*、*c-raf* 和多种生长因子信号转导的共同通路，*c-fos* 的反义基因能够抑制多种异常基因的表达，使细胞表型逆转，致瘤性下降。生长因子及其受体的反义基因治疗可以阻断肿瘤的自分泌生长因子的效应，达到治疗效果。TGFα 在肝癌细胞中属自分泌生长因子，Laird 将带有 TGFα 反义基因的逆转录病毒感染肝癌细胞株，细胞在裸鼠体内的致瘤性下降。Lian 将 *IGF-1* 反义基因导入 C6 大鼠胶质瘤细胞，该细胞的致瘤性下降，而且可引起特异性免疫反应，导致肿瘤细胞被特异性清除。进一步研究发现该瘤苗能够模拟临床治疗，对已形成肿瘤和肿瘤切除的小鼠均有治疗和预防作用。

反义基因治疗虽然已进入临床试验，但是，由于肿瘤发生机制复杂，肿瘤的发生往往涉及多个基因的多个信号通路，单一的癌基因抑制难以抑制肿瘤的发展，另外，反义核酸的特异性的抑制效率也是一个极具挑战的难题，其对其他正常基因表达的影响有待临床试验的深入研究。

2. 免疫基因疗法

肿瘤的发生发展过程中存在着机体免疫系统对肿瘤细胞的免疫耐受，使得肿瘤免疫治疗失败，这是免疫治疗面临的重大挑战。这种状态可能源于肿瘤细胞本身的免疫原性不强（如 MHC 表达不足），也可能源于抗原呈递细胞（APC）不能提供足够的共刺激信号（如 B7），或者机体免疫因子分泌不足等。以下方法可以纠正机体的肿瘤免疫耐受状态。

（1）MHC 抗原与免疫应答和免疫识别有关，只有 T 细胞识别了 APC 细胞上的 MHC 抗原后，才能识别外来抗原产生免疫应答。免疫效应细胞只有识别肿瘤细胞表面的 MHC 抗原后，才能产生针对肿瘤细胞的特异性杀伤。由于肿瘤细胞存在功能性 MHC Ⅰ类抗原和/或共刺激信号表达较少，因而可能逃避免疫系统的监督作用。可以将一些与免疫识别有关的基因（如 *HLA*、*B7* 等）转染到体外培养的肿瘤细胞，经照射后再植入肿瘤患者体内；或者将表达 HLA-B7 的病毒载体或质粒 DNA 与脂质体复合物直接注射到瘤体内，以增强肿瘤细胞对机体免疫系统的免疫原性，激活机体的抗肿瘤免疫活性。这方面的工作主要是将小鼠的 H-2 抗原导入，例如，Mialdea 将 *H-2Kb* 和 *H-2Dd* 导入 H-2 阴性的小鼠 GR9 细胞中，荷瘤小鼠存活率分别为 67%和 83%，两种 *H-2* 基因同时运用，存活率达 100%。与细胞因子的基因治疗类似，*MHC* 基因治疗效果与肿瘤的种类、肿瘤的 *MHC* 表达情况、瘤苗的 *MHC* 表达水平等相关。*MHC* 基因与细胞因子基因联合运用治疗肿瘤可望取得更好的抗肿瘤效果。肿瘤的 *MHC* 基因治疗已在 1993 年由 Nabel 等首先引入临床，他们将 *HLA-B7* 基因用脂质体包埋直接注射到 5 例 HLA-B7 阴性的黑色素瘤患者瘤内，患者的 CTL 活性明显提高，肿瘤不同程度地缩小，其中 1 名患者肿瘤完全消失。

（2）制备肿瘤 DNA 瘤苗。许多肿瘤都能够表达一些肿瘤特异的抗原，将这些在正常机体内不表达的肿瘤特异性抗原的编码基因导入患者体内，通过其在机体内的表达而激发机体对抗原的免疫反应。例如，黑色素瘤相关抗原 MAGE、酪氨酸酶、癌基因融合基因产物 P210bcr-abl、病毒基因产物 HPV-E6、E7、癌胚抗原 CEA 等，这些肿瘤特异性抗原的编码基因可用于制备肿瘤 DNA 瘤苗。肿瘤 DNA 瘤苗的转移途径包括重组病毒感染、直接注射和细胞介导等。

3. 自杀基因疗法

将某些细菌或病毒中特有的药物敏感基因导入肿瘤细胞，使肿瘤细胞能表达某些酶类，将原来无毒的抗病毒药物或化疗前体药物代谢转化成细胞毒性药物而杀伤肿瘤细胞，这种使肿瘤细胞自杀的基因称为自杀基因。1986 年，Moolten 首次报道将Ⅰ型单纯疱疹病毒的胸苷激酶基因（*HSV-tk*）转入肿瘤细胞，可以提高 HSV-tk 的特异性底物核苷类似物（Nas）对肿瘤细胞杀伤的敏感性。*HSV-tk* 基因编码含 376 个氨基酸的蛋白质，该蛋白质转换脱氧胸苷（Thd）为胸苷酸（TMP）。人类胸苷激酶（TK）的底物范围较窄，只能催化胸苷磷酸化为胸苷酸，但疱疹病毒的 TK 还可以催化一些 Nas 磷酸化。Nas 在细胞 TK 作用下不被磷酸化，对未转染 *HSV-tk* 的细胞不起作用；当在导入 *HSV-tk* 基因并表达的细胞中，HSV-tk 催化 Nas 磷酸化形成 NasTP，NasTP 对细胞有强烈毒性，抑制 DNA 合成，可导致表达 *HSV-tk* 的细胞死亡。因此 *HSV-tk* 基因被称为药物敏感性基因（drug sensitive gene）或自杀基因（suicide gene）。目前肿瘤基因治疗中广泛应用并具有较好临床前景的自杀基因还有：细菌胞嘧啶脱氨酶基因（*CD*）、大肠杆菌的 *DeoD* 基因、细胞色素 P450 基因、黄嘌呤-鸟嘌呤核糖转移酶基因（*XGPRT*）等，这些基因的作用原理都是通过将药物前体变为毒性产物，抑制 DNA 合成。

4. 抗肿瘤血管生成基因治疗

考虑到血管生成在肿瘤发生发展中的重要作用，抗血管生成成为肿瘤基因治疗的重要切入点。虽然近年来研究发现血管生成抑制剂血管抑素（angiostatin）和血管内皮抑制蛋白（endostatin）对肿瘤动物模型有明确疗效，但是长期而系统地重复注射这类蛋白质药物，不仅代价高昂，而且治疗复杂，抗血管生成的基因治疗在很大程度上解决了这一问题。抑制肿瘤血管生成的基因治疗的原理是基于肿瘤和正常内皮细胞之间基因表达的差异，因而选择性地抑制肿瘤内皮细胞中异常基因的表达，抑制肿瘤血管生成，从而达到治疗肿瘤的目的。抗肿瘤血管生成基因治疗的研究主要包括：①针对血管生成生长因子及其受体的基因治疗，通过基因的反义技术或拮抗剂抑制 VEGF/VEGFR 的功能，也可采用核酶、抗 VEGF 单克隆抗体等进行抗肿瘤血管生成的基因治疗；②血管生成抑制因子基因治疗，将抑制因子基因直接导入肿瘤组织；③针对肿瘤血管内皮细胞的自杀基因治疗等。这些方法特异性地将治疗基因转移到肿瘤组织内，表达蛋白药物，作用于肿瘤的微血管内皮细胞而控制肿瘤生长，发挥治疗的效应。虽然目前抗血管生成基因治疗尚未进入临床，但在临床应用上的应用前景十分广阔。抗血管生成基因的因子包括内皮抑素、血管抑素和干扰素-α。

5. 耐药基因的基因治疗

在肿瘤治疗中，采用抗肿瘤的化学药物治疗是除手术切除以外最常规的方案。化疗面临的最大问题是肿瘤细胞的耐药性，以及造血细胞对化疗药物的敏感性，其中多药耐受基因（*MDR*）是研究较深入的一组耐药基因，其可将细胞内的药物包括化疗药物泵出细胞外，细胞可因此对化疗药物产生耐受。针对 *MDR* 的这种特性，可从以下两方面考虑解决化疗耐药问题：①应用反义 RNA 技术，导入 *MDR* 基因的反义片段，抑制肿瘤细胞中异常活化的 *MDR* 基因，从而增加肿瘤细胞对化疗药物的敏感性；②将 *MDR* 基因导入造血干细胞，使骨髓细胞表达 *MDR* 基因，产生对化疗药物的抗性，抵御化疗药物的损害，从而可增加肿瘤化疗药物剂量，提高化疗疗效。Hanania 等发现，将在体外经 *MDR1* 基因修饰后的裸鼠骨髓造血干细胞回输入卵巢癌或乳腺癌裸鼠化疗模型体内，可明显提高泰素用量。研究发现，除了 *MDR* 基因，一些新的耐药基因已被克隆，如 *ALH1*、*ALH3* 等。不同的耐药基因所耐受的药物谱不同，这些耐药基因需要协同作用，才能进一步提高基因治疗的效果。

（二）基因转移的方式及所采用的载体

目的基因高效转移到靶细胞内是基因治疗的重要环节。目前肿瘤基因治疗方式可分为 *ex vivo* 途径和 *in vivo* 两种途径。所谓 *ex vivo* 就是由患者体内分离出靶细胞，在体外完成基因转移后再回输到患者体内，此种方法的优点为靶细胞明确、转染效率高；而 *in vivo* 途径是将目的基因插入载体，将载体（病毒或质粒）直接注入肿瘤部位或通过血液循环注入体内，在体内完成向靶细胞的基因转移，这种基因转移的靶向性和转染效率较低，但具有操作简便、费用低的优点，代表了临床应用的方向。

肿瘤基因治疗的基因转移方法较多，包括物理、化学和生物三大类。前两种是非病毒方法，包括裸质粒直接注射、多价阳离子包裹 DNA 转染、电转化、脂质体转化和受体介导的转化等。生物学方法为病毒方法，是指通过携带有目的基因的病毒感染靶细胞介导目的基因转移。

（三）肿瘤基因治疗的靶向性和目的基因调控的研究

肿瘤基因治疗中，将目的基因有选择地导入肿瘤细胞或其他靶细胞，是治疗成功的关键。近年来，人们在广泛研究的基础上提出了许多方案。例如，通过改进给药途径和方式，或通过修饰载体和基因，来提高基因转移或基因表达的靶向性。

肿瘤基因治疗给药途径中，最常用的是向肿瘤组织直接注射，或者在超声或 CT 引导下定位注射。该方法操作简便，常用于体表的晚期肿瘤。但由于使用时很难达到瘤内均匀分布，即使有旁观者效应的作用，疗效往往也会打折扣。对于盆/腹腔肿瘤可以采取腹腔注射的方法，而肺癌基因治疗则可采取气管内给药的方式。

构建能与特定位点专一结合并进入靶细胞的载体是实现肿瘤基因治疗靶向性的主要研究方向。目前这方面研究较活跃，具体包括：①利用某些病毒能选择性感染人体特异组织的性能，选择和构建特异性载体。例如，将逆转录病毒的 env 蛋白改为如 VSVG 糖蛋白就改变了其嗜性。②利用肿瘤细胞表达的一些相对特异的受体来构建载体。例如，研究发现 *VEGF* 在黑色素瘤、大肠癌、乳腺癌等多种肿瘤中表达升高，Li 等据此设计了含 VEGF 受体结合区的多肽并将其与目的基因相连，可以介导目的基因特异性地进入表达 VEGF 受体的细胞。

如果基因转移达不到靶向性，有时也可以通过特异性表达的调控元件，使目的基因在局部选择性地攻击肿瘤细胞，即通过构建含有细胞特异性启动子序列的重组载体来调控目的基因特异性表达，达到靶向性治疗的目的。例如，在人乳多空病毒 TC 的小核心启动子中发现了与神经细胞特异性转录因子 Tst21 作用的序列，在人脊髓灰质炎病毒中发现了与其靶向感染胃肠细胞有关的特异性启动子，利用这些与病毒有关的启动子片段能分别达到神经细胞、胃肠细胞靶向性表达的目的。

（四）肿瘤基因治疗的临床试验

晚期肿瘤患者治疗的难度大、存活率低，使得肿瘤基因治疗在很早就被批准进入临床试验。1989 年，Rosenberg 首次对恶性黑色素瘤患者进行了基因治疗的临床试验，此后这类研究层出不穷，很多研究表现出一定的临床疗效。目前肿瘤基因治疗的临床方案持续增加，远远超过了其他疾病的基因治疗研究，许多制剂已进入Ⅰ期、Ⅱ期临床试验，甚至已有进入Ⅲ期临床试验的报告。

常用于肿瘤基因治疗临床试验的目的基因有抑癌基因（如 *p53*）、自杀基因、耐药基因、反义基因等。目前研究较多的是 *p53* 基因，主要是重组腺病毒 p53。美国自 1995 年以来即开始了重组腺病毒 p53 制品的临床试验，并已完成了Ⅰ期、Ⅱ期临床试验及部分Ⅲ期临床试验。我国的 Ad-p53 制剂已经完成临床试验，成为全世界第一个基因治疗的上市药物，具有划时代的意义。这极大地鼓舞了基因治疗研究者的信心，推动了相关研究的发展。

三、传染病的基因治疗

除了肿瘤和遗传病，人们也一直在努力寻找治疗一些严重传染病（如艾滋病、疟疾等）的基因治疗方法，如使用基因疫苗、淋巴因子转基因表达、RNA 干扰等。埃博拉出血热、丙型肝炎、人乳头瘤病毒（HPV）感染和乙型肝炎是临床试验最多的传染病。随着新冠疫情的暴发，2019 年 12 月以来又启动了 29 项针对新冠病毒的临床试验。但从获批的基因治疗产品数量来看，基因治疗在传染病领域的广泛应用还有漫长的路要走。

第五节　基因治疗展望

基因治疗的基本理论依据是中心法则中基因决定性状的基本法则，从理论上讲，基因治疗是可能治疗所有疾病的神奇方法。French Anderson 甚至提出基因治疗可以用于改进人类的一些性状（如智力、身高等）和用于优生工程。基因治疗，目前主要集中在无法治疗的疾病上，首先解决目前其他方法不能治疗的疾病，所选择的病例也是最为严重或进入晚期的情形。由于一些特定的疾病，过了一个特定的生长发育阶段可能就没有任何方法可以纠正，基因治疗应该在选择病例上更加具有预见性，而不仅仅专注希望微薄的严重晚期病例。Gelsinger 事件给予人类的启示中，除了严格监控，另一个教训就是不要选择危重病例。对于这样的病例，即便不发生事故，也可能使应有的疗效被掩盖。

自基因治疗诞生以来，已为许多此前无药可治的患者带来了新的希望，极大地改变了他们的人生。但是基因治疗所涉及的基因组学、免疫学、分子病因学中的大量科学问题目前尚待解决，出现困难在所难免。此外，在基因操作技术层面，高效原位基因组修复技术尚未成熟，在基因组随机插入，以及附加在基因组之外的治疗基因既产生治疗效果又不发生不良反应的期待在理论上尚难以成立；再加上人类道德和伦理等层面的困惑，基因治疗的飞跃还需要社会科学、自然科学多学科的理论和实践方面的综合突破。此外，基因治疗一段时间以后，出现逐渐失效的现象，重复给药也是该领域亟待攻克的难题之一。科学家正通过设计更好的病毒、设计除病毒以外的新型载体、利用抗癌疗法或器官移植药物来攻克基因治疗的现有挑战，使患者有望接受更多次的基因治疗。引用一句哲言：前途是光明的，道路是曲折的！

（薛京伦　许正新　陈金中　汪　旭）

参考文献

陈金中，薛京伦. 2007. 载体学与基因操作. 北京：科学出版社.

彭朝晖，薛京伦，徐钤，等. 1994. 基因治疗：基础与临床. 北京：中国科学技术出版社.

张晓志，林鸿，杨晓燕，等. 2004. 重组腺病毒临床级基因治疗制品的质量控制. 中华医学杂志，84(10): 849-852.

Arabi F, Mansouri V, Ahmadbeigi N. 2022. Gene therapy clinical trials, where do we go? An overview. Biomed Pharmacother, 153: 113324.

Chen G X, Zheng L H, Liu S Y, et al. 2011. rAd-p53 enhances the sensitivity of human gastric cancer cells to chemotherapy. World J Gastroenterol, 17(38): 4289-4297.

Davey M G, Flake A W. 2011. Genetic therapy for the fetus: a once in a lifetime opportunity. Hum Gene Ther, 22(4): 383-385.

Friedmantn T. 1989. Progress toward human gene therapy. Science, 244(4910): 1275-1281.

Friedmantn T. 1991. Therapy for Genetic Disease. Oxford, England: Oxford University Press.

Friedmantn T. 1992. A brief history of gene therapy. Nature Genet, 2(2): 93-98.

Friedmantn T, Roblin R. 1972. Gene therapy for human genetic disease? Science, 175(4025): 949-955.

Hanley B P, Brewer K, Church G. 2021. Results of a 5-year N-of-1 growth hormone releasing hormone gene therapy experiment. Rejuvenation Res, 24(6): 424-433.

Hindi S M, Petrany M J, Greenfeld E, et al. 2023. Enveloped viruses pseudotyped with mammalian myogenic cell fusogens target skeletal muscle for gene delivery. Cell, 186(10): 2062-2077, e17.

Jonsen M A F. 1982. President's Commission for the Study of Ethical Problems in Medicine and Biomedical and Behavioral Research. Washington, DC: Government Printing Office: 1-115.

Juengst E T. 1990. The NIH "Points to Consider" and the limits of human gene therapy. Hum Gene Ther, 1(4): 425-433.

Kaiser J. 2007. Clinical research. Death prompts a review of gene therapy vector. Science, 317(5838): 580.

Kaiser J. 2011. Clinical research. Gene therapists celebrate a decade of progress. Science, 334(6052): 29-30.

Kantoff P W, Freema S M, Anderson W F. 1988. Prospects for gene therapy for immunodeficiency diseases. Annu Rev Immunol, 6: 581-594.

Lusky M. 2005. Good manufacturing practice production of adenoviral vectors for clinical trials. Hum Gene Ther, 16(3): 281-291.

Nathwani A C, Tuddenham E G D, Rangarajan S, et al. 2011. Adenovirus-associated virus vector-mediated gene transfer in hemophilia B. N Engl J Med, 365(25): 2357-2365.

Ponder K P. 2011. Merry christmas for patients with hemophilia B. N Engl J Med, 365(25): 2424-2425.

Sauer A V, Brigida I, Carriglio N, et al. 2012. Alterations in the adenosine metabolism and CD39/CD73 adenosinergic machinery cause loss of Treg cell function and autoimmunity in ADA-deficient SCID. Blood, 119(6): 1428-1439.

Schaffer D V, Zhou W C. 2005. Gene Therapy and Gene Delivery System. Berlin, Heidelberg: Springer.

Trobridge G D. 2011. Genotoxicity of retroviral hematopoietic stem cell gene therapy. Expert Opin Biol Ther, 11(5): 581-593.

Walters L R.1985. Points to consider in the design and submission of human somatic cell gene therapy protocols. Recomb DNA Tech Bull, 8(4): 181-186.

Yan S, Zheng X, Lin Y Q, et al. 2023. Cas9-mediated replacement of expanded CAG repeats in a pig model of Huntington's disease. Nat Biomed Eng, 7(5): 629-646.